DELIUS KLASING

Dr. Etzold
Diplom-Ingenieur für Fahrzeugtechnik

So wird's gemacht

pflegen – warten – reparieren

Band 79

VW GOLF III /
Limousine und Variant
VW VENTO

Benziner

1,4 l/ 44 kW (60 PS) 9/91 – 12/98
1,6 l/ 55 kW (75 PS) 8/92 – 12/98
1,6 l/ 74 kW (100 PS) 8/94 – 12/98
1,8 l/ 55 kW (75 PS) 9/91 – 12/98
1,8 l/ 66 kW (90 PS) 9/91 – 12/98
2,0 l/ 85 kW (115 PS) 9/91 – 12/98
2,0 l/110 kW (150 PS) 8/92 – 12/98
2,8 l/128 kW (174 PS) 9/91 – 12/98
2,9 l/140 kW (190 PS) 8/94 – 12/98

Delius Klasing Verlag

Redaktion: Günter Skrobanek (Text)
Christine Etzold (Bild)

Bibliografische Information der Deutschen Nationalbibliothek

Die Deutsche Nationalbibliothek verzeichnet diese Publikation in der Deutschen Nationalbibliografie; detaillierte bibliografische Daten sind im Internet über http://dnb.dnb.de abrufbar.

16. Auflage / C
ISBN 978-3-7688-0761-6

Alle Angaben ohne Gewähr
Druck: Kunst- und Werbedruck, Bad Oeynhausen
Printed in Germany 2019

Delius Klasing Verlag, Siekerwall 21, D-33602 Bielefeld
Tel.: 0521/559-0, Fax: 0521/559-115
E-Mail: info@delius-klasing.de
www.delius-klasing.de
http://sowirdsgemacht.com

Lieber Leser,

obwohl die Automobile von Modellgeneration zu Modellgeneration technisch wesentlich aufwendiger und komplizierter werden, greifen von Jahr zu Jahr immer mehr Heimwerker zum »So wird's gemacht«-Handbuch. Die Erklärung dafür ist einfach: Weil die Technik des Automobils komplizierter geworden ist, kommt man selbst als Fachmann bei Wartungs- und Reparaturarbeiten am Fahrzeug ohne eine spezielle Anleitung nicht mehr aus.

Auch der fachkundige Hobbymonteur, der sein Fahrzeug selbst wartet und repariert, sollte bedenken, daß der Fachmann viel Erfahrung hat und durch die Weiterschulung und den ständigen Erfahrungsaustausch über den neuesten Technikstand verfügt. Mithin kann es für die Überwachung und Erhaltung der Betriebs- und Verkehrssicherheit des eigenen Fahrzeugs sinnvoll sein, in regelmäßigen Abständen eine Fachwerkstatt aufzusuchen.

Grundsätzlich muß sich der Heimwerker natürlich darüber im klaren sein, daß man mit Hilfe eines Handbuches nicht automatisch zum Kfz-Mechaniker wird. Auch deshalb sollte man nur solche Arbeiten durchführen, die man sich selbst zutraut. Das gilt insbesondere für jene Arbeiten, die die Verkehrssicherheit des Fahrzeugs beeinträchtigen können. Gerade in diesem Punkt sorgt das »So wird's gemacht«-Handbuch jedoch für praktizierte Verkehrssicherheit. Durch die exakte Beschreibung der erforderlichen Arbeitsschritte und den Hinweis, die Sicherheitsaspekte nicht außer acht zu lassen, wird der Heimwerker vor der Arbeit entsprechend sensibilisiert und fachlich richtig informiert. Auch wird darauf hingewiesen, im Zweifelsfall die Arbeit lieber einem Fachmann zu überlassen.

Vor jedem Arbeitsgang empfiehlt sich ein Blick in das vorliegende Buch. Dadurch werden Umfang und Schwierigkeitsgrad der Reparatur offenbar. Außerdem wird deutlich, welche Ersatz- oder Verschleißteile eingekauft werden müssen und ob unter Umständen die Arbeit nur mit Hilfe von Spezialwerkzeug durchgeführt werden kann.

Für die meisten Schraubverbindungen ist das Anzugsmoment angegeben. Bei Schraubverbindungen, die in jedem Fall mit einem Drehmomentschlüssel angezogen werden müssen (Zylinderkopf, Achsverbindungen usw.), ist der Wert **fett** gedruckt. Nach Möglichkeit sollte man generell jede Schraubverbindung mit einem Drehmomentschlüssel anziehen. Übrigens: Für viele Schraubverbindungen sind Innen- oder Außen-Torxschlüssel erforderlich.

Das vorliegende Buch kann natürlich auch nicht auf jede aktuelle, technische Frage eingehen. Dennoch hoffe ich, daß die getroffene Auswahl an Reparatur-, Wartungs- und Pflegehinweisen in den meisten Fällen die auftretenden Probleme zufriedenstellend löst.

Rüdiger Etzold

Inhaltsverzeichnis

Der Motor

Die Motoren im GOLF/VENTO

Für den Antrieb stehen im GOLF/VENTO Benzinmotoren mit 4- und 6 Zylindern zur Verfügung. Beim 4-Zylindermotor stehen die Zylinder hintereinander in einer Reihe, beim 6-Zylinder sind jeweils 3 Zylinder in einem Winkel von 15° zueinander versetzt. Deshalb spricht man in diesem Fall auch von einem VR-Motor. »V« steht für die Winkelstellung der Zylinder zueinander, »R« für die Reihenbauweise. Üblich bei V-Motoren war bisher ein Zylinderwinkel von 60° oder 90°.

Das Triebwerk ist im Motorraum quer zur Fahrtrichtung eingebaut und wird zusammen mit dem Getriebe nach vorn ausgebaut. Hierfür ist ein geeigneter Kran erforderlich.

In den aus Grauguß bestehenden Motorblock sind die Zylinderbohrungen eingelassen. Bei hohem Verschleiß oder Riefen an den Zylinderwänden können die Zylinder von einer Fachwerkstatt gehont, also ausgeschliffen werden. Anschließend müssen dann allerdings Kolben mit Übermaß eingebaut werden. Im unteren Teil des Motorblocks befindet sich die Kurbelwelle, die von den Kurbelwellenlagern abgestützt wird. Über Gleitlager sind die Pleuel, die die Verbindung zu den Kolben herstellen, mit der Kurbelwelle verbunden. Den unteren Abschluß des Motors bildet die Ölwanne, in der sich das für die Schmierung und Kühlung erforderliche Motoröl sammelt. Auf den Motorblock ist der Zylinderkopf aufgeschraubt. Der Zylinderkopf besteht aus Aluminium, weil dieses Metall eine bessere Wärmeleitfähigkeit und ein geringeres Gewicht gegenüber Grauguß aufweist.

Abgas- und Ansaugkrümmer sind beim 1,8-l und 2,0-l/115 PS-Motor platzsparend auf einer Seite an den Zylinderkopf angeschraubt. Oben im Zylinderkopf befindet sich die Nockenwelle. Sie wird über einen Zahnriemen von der Kurbelwelle angetrieben. Die Nockenwelle betätigt über hydraulische Tassenstößel die senkrecht hängenden Ein- und Auslaßventile. Die Hydrostößel gleichen automatisch jegliches Ventilspiel aus, so daß das Einstellen des Ventilspiels entfällt. Beim 2,0-l/16V-Motor treibt der Zahnriemen die Nockenwelle für die Auslaßventile an, eine Steuerkette verbindet Auslaß- und Einlaßnockenwelle.

Der Zylinderkopf des VR-6-Motors ist ebenso wie beim 1,4-/1,6-l-Motor und 2,0-l-16V-Motor nach dem sogenannten Querstromprinzip aufgebaut. Das bedeutet, daß das frische Kraftstoff-Luftgemisch auf der einen Seite des Zylinderkopfes einströmt, während die verbrannten Gase auf der gegenüberliegenden Seite ausgestoßen werden. Durch die Querstrom-Anordnung ist für gute Leistungsausbeute ein schneller Gaswechsel sichergestellt. Oben im Zylinderkopf befinden sich beim VR-6 die 2 Nockenwellen, die über die obere Steuerkette von der Zwischenwelle angetrieben werden. Die Zwischenwelle ist ebenfalls durch eine Steuerkette mit der Kurbelwelle verbunden. Angeordnet ist der Steuerkettenantrieb an der Schwungradseite des Motors. Wie bei den anderen Motoren, wird auch beim VR-6 das Ventilspiel durch hydraulische Tassenstößel ausgeglichen.

Für die Motorschmierung sorgt eine Ölpumpe, die sich in der Ölwanne befindet und durch eine Zwischenwelle (1,8-/2,0-/2,8-/2,9-l-Motor) angetrieben wird. Beim 1,4-/1,6-l-Motor erfolgt der Ölpumpenantrieb durch eine separate Kette über das Zahnrad vorn an der Kurbelwelle.

Die Kühlmittelpumpe befindet sich beim 1,4-/1,6-/2,8-/2,9-l-Motor vorn im Kurbelgehäuse. Beim 1,8-/2,0-l-Motor ist die Kühlmittelpumpe seitlich am Motorblock angeflanscht. Der Antrieb der Kühlmittelpumpe erfolgt über einen Keilrippenriemen, der unter anderem auch den Generator, gegebenenfalls die Lenkhilfpumpe oder den Kompressor für die Klimaanlage antreibt. Beim 1,4-/1,6-l-Motor dient die Kühlmittelpumpe zum Spannen des Zahnriemens und wird auch durch diesen angetrieben. Zu beachten ist, daß das Kühlmittel ganzjährig mit VW-Kühlerfrost- und Korrosionsschutzmittel versetzt sein muß.

Für die Aufbereitung eines zündfähigen Kraftstoff-Luftgemisches steht für alle Motoren eine Kraftstoffeinspritzung zur Verfügung, die in der Regel wartungsfrei arbeitet.

Der Zündfunke wird von einer elektronischen Zündanlage erzeugt, die den Zündzeitpunkt praktisch konstant hält.

Warnhinweis: Der Kühler-Lüfter kann sich auch bei abgestelltem Motor und ausgeschalteter Zündanlage einschalten. Hervorgerufen durch Stauwärme im Motorraum kann dies auch mehrmals geschehen. Bei Arbeiten im Motorraum und warmem Motor muß deshalb immer mit einem plötzlichen Einschalten des Kühler-Lüfters gerechnet werden. Oder: Man zieht den elektrischen Stecker vom Lüftermotor ab.

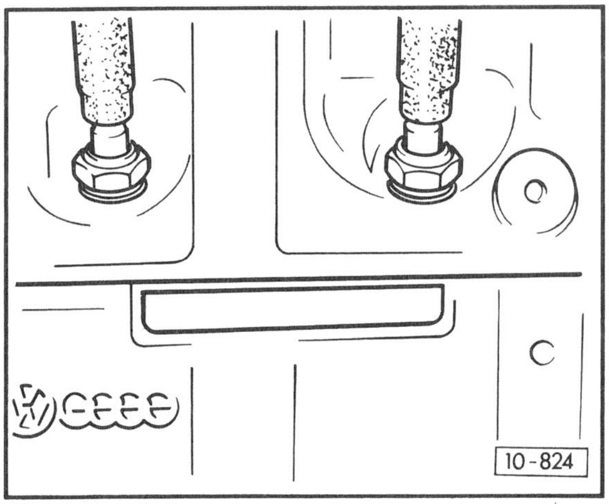

- Motornummer und Kennbuchstaben sind am Motorblock oberhalb des Ölfilters eingeschlagen. Die Abbildung zeigt den 1,8-l und 2,0-l/115-PS-Motor.
  - **1,4-/1,6-l-Motor:** Auf der getriebeseitigen Stirnfläche des Motorblocks unterhalb des Kühlmittelreglergehäuses.
  - **16V-Motor:** Auf der Stirnfläche des Motorblocks oberhalb der Kurbelgehäuseentlüftung.
  - **2,8-/2,9-l-Motor:** An der vorderen Stirnfläche des Motorblocks (Keilrippenriemenseite), unterhalb der Trennstelle zwischen Zylinderkopf und Motorblock. **Ab 8/94** befindet sich die Motornummer auf der linken Seite des Motors hinter dem Zylinderkopfdeckel auf dem Motorblock.

Hinweis: Bei einigen Motoren befindet sich zusätzlich ein Aufkleber mit Motornummer und Kennbuchstaben auf dem Zahnriemenschutz oben (4-Zylindermotor) oder auf dem Ventildeckel links (6-Zylindermotor).

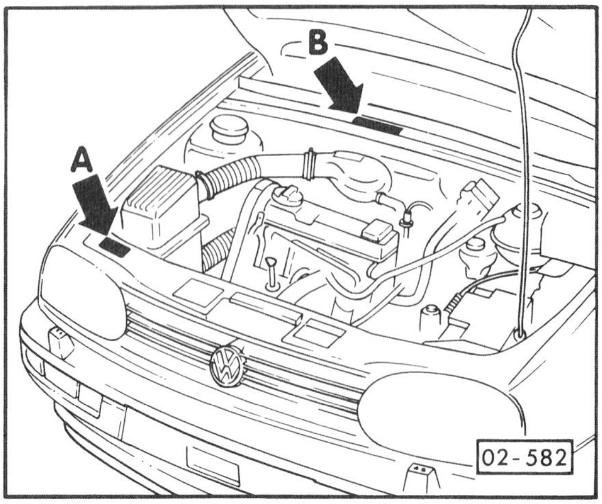

- Das Typschild –A– sitzt rechts auf dem Schloßträger.
- Die Fahrgestellnummer –B– ist an der hinteren Querwand des Motorraums angebracht.

Aufschlüsselung der Fahrgestellnummer:

W	V	W	Z	Z	Z	1	H	Z	N	W	1	2	3	4	5	6
①			②			③		④	⑤	⑥	⑦					

① Welt-Herstellerzeichen WVW = VW AG
② Füllzeichen, außer Modelle für USA
③ 2stellige Typenkurzbezeichnung aus den ersten beiden Stellen der offiziellen Typenbezeichnung.
1H = VW GOLF
④ Weitere Füllzeichen
⑤ Angabe des Bau-/Modelljahres: N = 1992, O = 1993 usw.
⑥ Produktionsstätten innerhalb des VW-Konzerns,
H – Hannover, W – Wolfsburg, E – Emden, A – Ingolstadt, N – Neckarsulm, K – Osnabrück, B – Brüssel.
⑦ Laufende Numerierung; beginnt in jedem Modelljahr mit 000001.

Die wichtigsten Motordaten GOLF/VENTO

Motorbezeichnung	1,4 l	1,4 l	1,4 l	1,6 l	1,6 l	1,6 l
Motor-Kennbuchstaben	**ABD**	**ABD**	**AEX/APQ**	**ABU**	**AEA**	**AEE**
Fertigung von – bis	9/91 - 7/92	8/92 - 7/95	8/95 - 12/98	8/92 - 9/94	9/94 -7/95	8/95 - 12/98
Hubraum cm^3	1391	1390	1390	1598	1598	1598
Leistung kW bei 1/min PS bei 1/min	44/5200 60/5200	44/5200 60/5200	44/4700 60/4700	55/5200 75/5200	55/5200 75/5200	55/4800 75/4800
Drehmoment Nm bei 1/min	107/2800	107/2400	116/2800	126/2600	128/2800	135/2800
Bohrung ∅ mm	75,0	75,0	76,5	76,5	76,5	76,5
Hub mm	79,14	78,7	75,6	86,9	86,9	86,9
Verdichtung	9,2	9,2	10,2	9,3	9,8	9,8
Kraftstoff bleifrei ROZ	Normal/91	Normal/91	Super/95	Normal/91	Super/95[2)]	Super/95[2)]
Einspritzung	Mono-Motronic	Mono-Motronic	Motronic MP 9.0	Mono-Motronic	Mono-Motronic 1.3	MPI Marelli 1AV
Zündfolge	1-3-4-2	1-3-4-2	1-3-4-2	1-3-4-2	1-3-4-2	1-3-4-2

Motorbezeichnung	1,6 l	1,6 l	1,6 l	1,8 l	1,8 l	1,8 l	2,0 l
Motor-Kennbuchstaben	**AEK**	**AFT**	**AKS**	**AAM/ANN**	**ABS**	**ADZ/ANP**	**2E**
Fertigung von – bis	8/94 - 10/95	11/95 - 6/97	7/97 - 12/98	9/91 - 12/98	9/91 - 9/94	10/94 - 12/98	9/91 - 9/94
Hubraum cm^3	1598	1598	1598	1781	1781	1781	1984
Leistung kW bei 1/min PS bei 1/min	74/5800 100/5800	74/5800 100/5800	74/5800 100/5800	55/5000 75/5000	66/5500 90/5500	66/5500 90/5500	85/5400 115/5400
Drehmoment Nm bei 1/min	135/4400	140/3500	140/3500	140/2500	145/2500	145/2500	166/3200
Bohrung ∅ mm	81,0	81,0	81,0	81,0	81,0	81,0	82,5
Hub mm	77,4	77,4	77,4	86,4	86,4	86,4	92,8
Verdichtung	10,3	10,3	10,3	9,0	10,0	10,0	10,4
Kraftstoff bleifrei ROZ	Super/95	Super/95	Super/95	Normal/91	Super/95	Super/95[2)]	Super/95[2)]
Einspritzung	Motronic M2.9	Simos 4S2	Simos	Mono-Motronic	Mono-Motronic	Mono-Motronic	Digifant
Zündfolge	1-3-4-2	1-3-4-2	1-3-4-2	1-3-4-2	1-3-4-2	1-3-4-2	1-3-4-2

Motorbezeichnung	2,0 l	2,0 l	2,0 l	2,0 l / 16V	2,8 l / VR6	2,9 l / VR6
Motor-Kennbuchstaben	**ADY**	**AGG**	**AKR**	**ABF**	**AAA**	**ABV**
Fertigung von – bis	10/94 - 7/95	8/95 - 6/97	7/97 - 12/98	8/92 - 12/98	9/91 - 12/98	8/94 - 12/98
Hubraum cm^3	1984	1984	1984	1984	2792	2861
Leistung kW bei 1/min PS bei 1/min	85/5400 115/5400	85/5400 115/5400	85/5400 115/5400	110/6000 150/6000	128/5800 174/5800	140/5800 190/5800
Drehmoment Nm bei 1/min	166/3200	166/2600	166/2600	180/4800	235[1)]/4200	245/4200
Bohrung ∅ mm	82,5	82,5	82,5	82,5	81	82
Hub mm	92,8	92,8	92,8	92,8	90,3	90,3
Verdichtung	10,0	9,6	9,6	10,5	10,0	10,0
Kraftstoff bleifrei ROZ	Super/95	Super/95	Super/95	Super/95	Super/95/98[1)]	SuperPlus/98[3)]
Einspritzung	Simos	Simos	Simos	Digifant	Motronic M2.9	Motronic M3.8.1
Zündfolge	1-3-4-2	1-3-4-2	1-3-4-2	1-3-4-2	1-5-3-6-2-4	1-5-3-6-2-4

[1]) Bei Verwendung von Super Plus-Kraftstoff (ROZ 98) wird ein Motordrehmoment von 240 Nm erreicht.
[2]) Es kann auch Normalkraftstoff (ROZ 91) verwendet werden, dies ist aber mit geringer Leistungsminderung verbunden.
[3]) Es kann auch Super (ROZ 95) verwendet werden, dies ist mit geringer Leistungsminderung verbunden.

Motor aus- und einbauen

Der Motor wird mit Getriebe nach vorn ausgebaut. Zum Ausbau des Motors wird ein Kran benötigt. In **keinem Fall** darf der Motor mit einem Rangierheber nach unten abgesenkt werden, da der Heber am Motor schwerwiegende Schäden verursachen würde.

Da auch auf der Wagenunterseite einige Verbindungen gelöst werden müssen, werden vier Unterstellböcke sowie zum Aufbocken des Wagens ein Rangierheber benötigt. Vor der Montage im Motorraum sollten die Kotflügel mit Decken geschützt werden.

Je nach Baujahr und Ausstattung können die elektrischen Leitungen beziehungsweise Unterdruck- oder Kühlmittelschläuche unterschiedlich im Motorraum verlegt sein. Da im einzelnen nicht auf jede Variante eingegangen werden kann, empfiehlt es sich, die jeweilige Leitung vor dem Ausbau mit Tesaband zu kennzeichnen. Beschrieben wird der Aus- und Einbau der 1,8-l- und 2,0-l-Motoren. Bei den anderen Motoren ist sinngemäß vorzugehen.

Ausbau

- Batterie ausbauen, Warnhinweise beachten, siehe Seite 234.
- Vorratsbehälter für Servolenkung mit Innensechskantschlüssel SW 5 vom Batteriehalter abschrauben und mit angeschlossenen Leitungen am Aufbau aufhängen.
- Halter für Batterie abschrauben.
- Kühlmittel ablassen, siehe Seite 66.

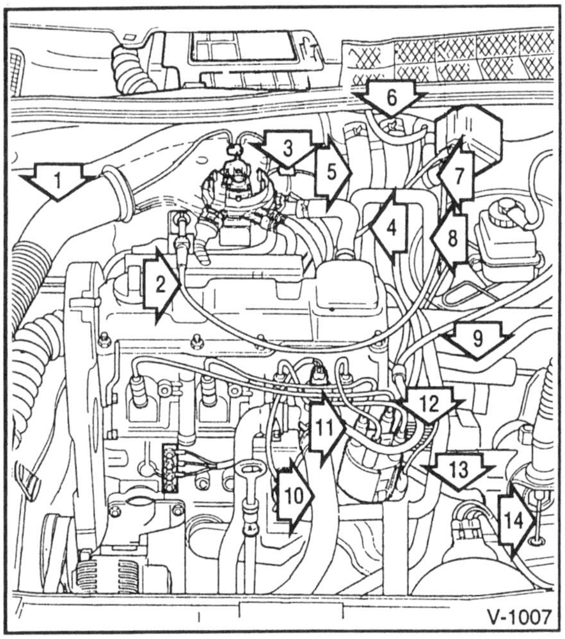

V-1007

- Folgende Kühlmittelschläuche vom Motor abziehen, vorher Klemmschellen mit Zange, z. B. HAZET 798-5, zusammendrücken und zurückschieben:
  – Oberen Schlauch –10– vom Kühler am Kühlmittelstutzen.
  – Unteren Schlauch vom Kühler am Kühlmittelreglergehäuse.
  – Entlüftungsschlauch –11– vom Ausgleichbehälter am Kühlmittelstutzen.
  – Schlauch –9– für Kühlmittelzufluß vom Ausgleichbehälter am Verteilerstück.
  – 2 Heizungsschläuche –5/6– an der Spritzwand.
- Alle elektrischen Leitungen zum Motor abziehen beziehungsweise abklemmen:
  – Zentralstecker »Motor« –12–. Dazu Stecker um ¼ Umdrehung (90°) nach links drehen und abziehen. Die braune Linie auf dem Stecker zeigt in verriegeltem Zustand nach oben, in entriegeltem Zustand nach vorn.
  – Massekabel –13– vom Motor, unterhalb des Zentralsteckers.
  – Steckverbindung –3– für Saugrohrheizung trennen.
  – Steckverbindung für Lambdasonde am Halter hinteres Motorlager trennen.
  – Massekabel –4– vom Zylinderkopfdeckel.
  – Am Generator dicke Leitung (B+) und dünne blaue Leitung (D+) abklemmen, Kabelhalter am Generator abschrauben und Kabel aus den Kabelhaltern am Motorlager und am Anlasser herausnehmen.
  – Am Anlasser dickes schwarzes Kabel abklemmen, Stekker mit rot/schwarzem Kabel abziehen.
  – Hochspannungsleitung –7– zwischen Zündverteiler und Zündtrafo.
  – Stecker vom Rückfahrlichtschalter am Getriebe.
  – Stecker vom Geber für Geschwindigkeitsmesser am Getriebe.
- Luftschlauch –1– zwischen Luftfilter und Ansaugluftstutze abziehen, dazu Schraubschellen lösen.
- Gaszug –2– am Drosselklappenteil und am Widerlager aushängen, siehe Seite 79.

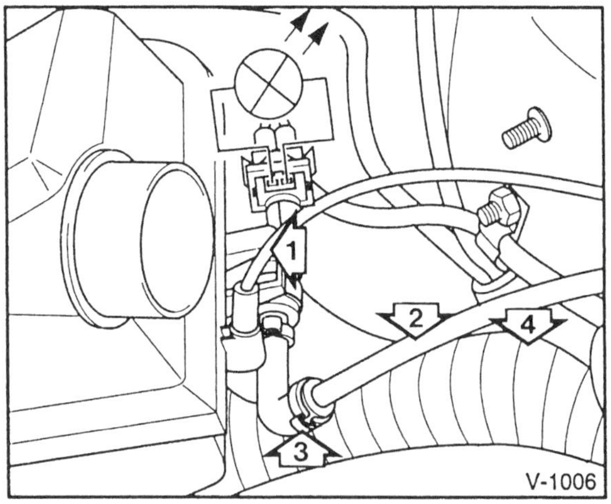

V-1006

- Warmluftschlauch –4– am Warmluftfangblech abziehen, dazu Schraubschelle lösen.
- Folgende Unterdruckschläuche abziehen:
  – Am Bremskraftverstärker Winkelstück mit Schraubendreher abhebeln –8– (Abbildung V-1007).
  – Am Luftfilter Schlauch –1– für Warmluftklappenstellung.
  – Am Verbindungsstück Schlauch –2– für Aktivkohlefilter. Klemmschelle –3– gegebenenfalls durchkneifen und beim Einbau Schraubschelle verwenden.

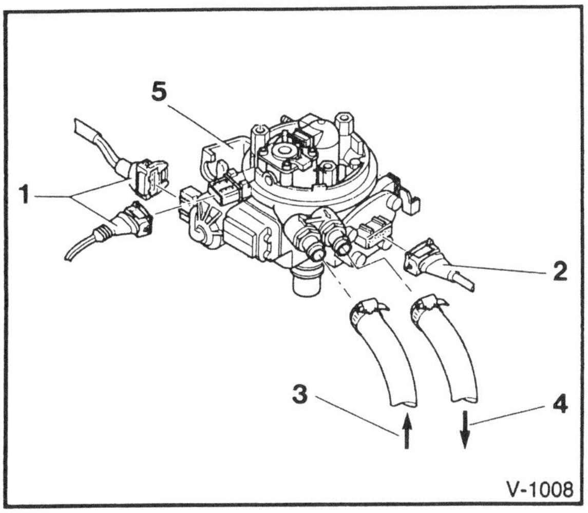

- Kraftstoffvorlauf- –3– und Rücklaufleitung –4– von der Einspritzeinheit –5– abziehen, vorher Schlauchklemmen lösen. Beim Abziehen Lappen unterlegen und eventuell auslaufenden Kraftstoff auffangen. Leitungen umgehend mit geeignetem Stopfen verschließen. Dazu beispielsweise saubere Schrauben mit entsprechendem Gewindedurchmesser in die Schläuche stecken. Kraftstoffleitungen am Kunststoffhalter ausclipsen und zur Seite legen. Elektrische Steckverbindungen –1– und –2– abziehen.
- Fahrzeug aufbocken, siehe Seite 289.
- Vorderes Abgasrohr abschrauben. Abgasanlage etwas absenken und mit Draht am Aufbau aufhängen, siehe auch Seite 103.
- Gelenkwelle am Getriebe abschrauben und mit Drahthaken aufhängen, siehe Seite 134.

Fahrzeuge mit Klimaanlage

Achtung: Der Kältemittelkreislauf der Klimaanlage darf **nicht** geöffnet werden. Das Kältemittel enthält Freon oder Frigen und kann bei Hautberührung zu Erfrierungen führen. Der Motor kann allerdings auch ausgebaut werden, ohne daß der Kältemittelkreislauf geöffnet wird.

- Keilrippenriemen ausbauen, siehe Seite 41.
- Klimakompressor mit Halter abschrauben und am Schloßträger mit Draht so aufhängen, daß die Schläuche entlastet sind.
- Flüssigkeitsbehälter für Klimaanlage abschrauben und frei hängenlassen.
- Schloßträger mit Anbauteilen an den Radhausspitzen und den Längsträgern abschrauben, siehe Seite 188.
- Schloßträger mit Anbauteilen auf Längsträger ablegen und mit Draht sichern.

Alle Modelle

- Kühler ausbauen, siehe Seite 69.
- Schloßträger ausbauen, siehe Seite 188.

Fahrzeuge mit Servolenkung:

- Keilriemen für Servopumpe ausbauen, siehe Seite 44.
- Flügelpumpe mit Halter abschrauben und mit angeschlossenen Schläuchen seitlich ablegen.

Alle Modelle

- Kupplungsseil –14– (Abbildung V-1007) am Betätigungshebel aushängen, siehe Seite 113.
- **1,4-/1,6-l-Motor:** Spitzschraube für Schaltfingerbefestigung herausdrehen, Schaltbetätigung trennen.

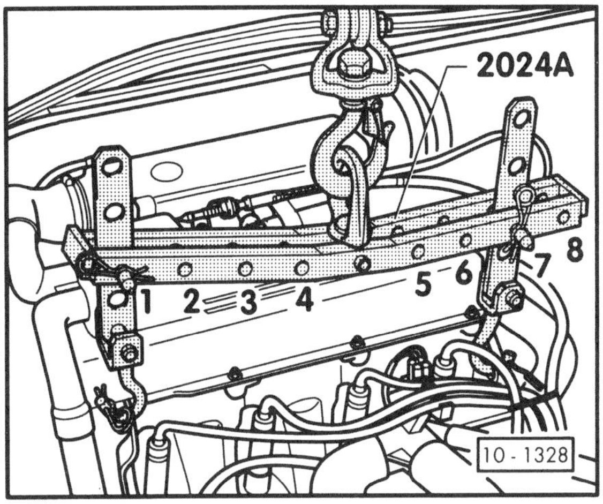

- Aufhängevorrichtung V.A.G-2024A wie folgt in die Aufhängeösen des Motors einhängen:

  1,8-/2,0-l-Motor: (Abbildung) Riemenscheibenseite: 2. Bohrung der Lochschiene in Position 1; Schwungradseite: 2. Bohrung der Lochschiene in Position 7; **Bolzen mit Sicherungsbügel sichern**.

  1,4-/1,6-l-Motor: Riemenscheibenseite: 2. Bohrung der Lochschiene in Position 1; Schwungradseite: 2. Bohrung der Lochschiene in Position 6; **Bolzen mit Sicherungsbügel sichern**.

Fahrzeuge mit Automatikgetriebe:

- Keilrippenriemen ausbauen, siehe Seite 41.
- Riemenscheibe/Schwingungsdämpfer der Kurbelwelle ausbauen, dazu 4 Befestigungsschrauben mit Innensechskantschlüssel SW 6 herausdrehen.
- Riemenscheibe für Kühlmittelpumpe ausbauen, siehe Seite 19.
- Aufhängevorrichtung V.A.G-2024A wie folgt in die Aufhängeösen des Motors einhängen. Riemenscheibenseite: 4. Bohrung der Lochschiene in Position 1; Schwungradseite: 2. Bohrung der Lochschiene in Position 6; **Bolzen mit Sicherungsbügel sichern**.

Alle Modelle

Achtung: Zur Abstimmung auf die Schwerpunktlage des Aggregates müssen die Lochschienen der Aufnahmehaken in Position und Länge richtig abgesteckt werden. Die mit 1–4 beschrifteten Absteckpositionen des Tragbügels zeigen zur Riemenscheibe. Die Bohrungen in den Lochschienen werden vom Haken ab gezählt.

- Steht die Aufhängevorrichtung nicht zur Verfügung, geeignete Kette in die Aufhängeösen des Motors einhängen.
- Motor mit Werkstattkran so weit anheben, bis die Motorlager entlastet sind.
- Motorträger abschrauben.
- Prüfen, ob sämtliche Schläuche und Leitungen, die vom Motor zum Aufbau führen, abgezogen sind.
- Motor mit Getriebe nach vorn herausheben.

Achtung: Der Motor muß beim Herausheben sorgfältig geführt werden, um Beschädigungen am Aufbau zu vermeiden.

Der Motor kann erst nach dem Ausbau vom Getriebe abgeflanscht werden. Dazu die Befestigungsschrauben Motor/Getriebe herausdrehen, siehe auch Seite 117.

Einbau

- Motorlager, Kühlmittel-, Öl- und Kraftstoffschläuche auf Porosität oder Risse prüfen, falls erforderlich erneuern.
- Kupplungs-Mitnehmerscheibe auf ausreichende Belagdicke sowie Belagzustand prüfen. Bei fortgeschrittenem Verschleiß beziehungsweise hoher Kilometerleistung Kupplung komplett austauschen. Falls das Kupplungsausrücklager beim Treten des Kupplungspedals Geräusche verursachte, Lager auswechseln.
- Kupplungsausrücklager auf Verschleiß prüfen, gegebenenfalls ersetzen, siehe Seite 106.
- Kupplungsausrücklager und Verzahnung der Antriebswelle reinigen und dünn beispielsweise mit MoS_2- oder V.A.G-Fett G000100 schmieren. **Achtung:** Führungshülse des Ausrücklagers **nicht** schmieren.
- Prüfen, ob die Paßhülsen zur Zentrierung von Motor und Getriebe im Motorblock vorhanden sind, gegebenenfalls Paßhülsen einsetzen.
- Zwischenplatte auf Paßhülsen aufsetzen und an einigen Punkten mit etwas Fett am Motorblock ankleben.
- Motor am Getriebe anflanschen. Dabei Getriebe-Antriebswelle so verdrehen, daß sie in Kupplung und Schwungrad eingreift. Es kann auch die Kurbelwelle an der Zentralschraube entsprechend verdreht werden.
- Verbindungsschrauben Motor/Getriebe mit folgendem Anzugsdrehmoment festziehen:
  M10-Schrauben: **60 Nm**;
  M12-Schrauben: **80 Nm**.
  Achtung: Das Anzugsdrehmoment der M10-Schrauben beträgt bei den Motoren ABD, ABU, AEA, AEE, AEX und APQ **45 Nm**.
- Triebwerk vorsichtig in den Motorraum einführen. Darauf achten, daß der Motor sorgfältig geführt wird, um Beschädigungen an den Antriebswellen zu vermeiden.

- Motorlagerung einbauen. Dabei darauf achten, daß die Aussparung an der Konsole vom Motorlager hinten rechts und Motorlager vorn in die Aufnahmezapfen der Gummimetallager einrasten –Pfeile–.
- Aufhängevorrichtung aushängen.
- **Neue,** selbstsichernde Muttern für Motorlager 5 bis 6 Umdrehungen anschrauben, nicht festziehen.
- Motorlagerung durch kräftige Schüttelbewegungen spannungsfrei einrichten. Anschließend Motorlager mit **60 Nm** festziehen.
- Motorträger mit **50 Nm** am Aufbau anschrauben.
- Gelenkwellen am Getriebe einbauen, siehe Seite 134.
- **1,4-/1,6-l-Motor:** Spitzschraube für Schaltfingerbefestigung ersetzen und mit **20 Nm** anziehen. Gewinde im Schaltfinger reinigen, siehe auch Seite 125.
- Abgasrohr an Abgaskrümmer anschrauben, siehe Seite 103.
- Riemenscheibe/Schwingungsdämpfer ansetzen, paßt nur in einer Stellung, und mit **20 Nm** anschrauben.
- Kältekompressor anschrauben.
- Servopumpe mit **25 Nm** anschrauben.
- Keilrippenriemen einbauen, siehe Seite 41.
- Keilriemen einbauen, siehe Seite 44.
- Kupplungsseil einhängen, siehe Seite 113.
- Schloßträger einbauen, siehe Seite 188.
- Kühler einbauen, siehe Seite 69.
- Fahrzeug ablassen, siehe Seite 289.
- Kraftstoffvorlauf- und Rücklaufleitung an der Einspritzeinheit aufschieben und mit Schlauchklemmen sichern. **Achtung:** Kraftstoffleitungen nicht vertauschen. Die Vorlaufleitung ist auf dem Schlauch mit einem Pfeil gekennzeichnet, der zur Einspritzeinheit zeigt. An den Verbindungsstücken rechts hinten im Motorraum sind die Schläuche mit der schwarzen Vorlauf- und der blauen Rücklaufleitung verbunden. Leitungen am Kunststoffhalter einclipsen.
- Sämtliche Unterdruckschläuche aufschieben, gegebenenfalls mit Schellen sichern, siehe unter »Ausbau«.

- Warmluftschlauch am Warmluftfangblech aufschieben und mit Schraubschelle sichern.
- Gaszug am Drosselklappenteil und am Widerlager einhängen, siehe Seite 79.
- Luftschlauch zwischen Luftfilter und Ansauglufthutze aufschieben und mit Schraubschellen sichern. Darauf achten, daß die an Schlauch und Ansauglufthutze angebrachten Pfeile sich gegenüberstehen.
- Sämtliche elektrischen Leitungen zum Motor anschließen, siehe unter »Ausbau«.
- Kühlmittelschläuche zum Motor aufschieben und mit Schellen sichern, siehe unter »Ausbau«.
- Halter für Batterie anschrauben.
- Batterie einbauen, Hinweise beachten, siehe Seite 240.
- Vorratsbehälter für Servolenkung mit Innensechskantschlüssel SW 5 am Batteriehalter anschrauben
- Ölstand in Motor und Getriebe prüfen, gegebenenfalls auffüllen, siehe Seite 295.
- Kühlmittel auf Gefrierschutz prüfen und auffüllen, siehe Seite 66.
- Gaszug einstellen, siehe Seite 79.
- Motor auf Betriebstemperatur bringen. Dazu Motor warmfahren bis die Kühlmittel-Temperaturanzeige normale Betriebstemperatur des Kühlmittels signalisiert. Der Zeiger steht dann auf der +90° C-Marke. Anschließend noch mindestens 5 km weiterfahren, damit auch eine ausreichende Motoröltemperatur sichergestellt ist.
- Schlauchanschlüsse auf Dichtheit prüfen.
- Zündzeitpunkt prüfen, siehe Seite 52.
- Leerlauf prüfen, siehe Seite 98.
- Scheinwerfereinstellung prüfen, siehe Seite 261.
- Zeituhr einstellen.
- Diebstahlcode für Radio eingeben, siehe Kapitel »Radio-Codierung eingeben«.

Anzugsdrehmomente 6-Zylindermotor:

Motorträger an Aufbau	80 Nm
Motor an Getriebe – Schrauben M10	60 Nm
– Schrauben M12	80 Nm
Gelenkwellen an Flansch	45 Nm
Abgasrohr vorn an Abgaskrümmer	40 Nm
an Katalysator	25 Nm
Flügelpumpe für Servolenkung an Halter	25 Nm

Anzugsdrehmomente Motorlagerung

Die Anzugsdrehmomente gelten für eingeölte Schrauben.

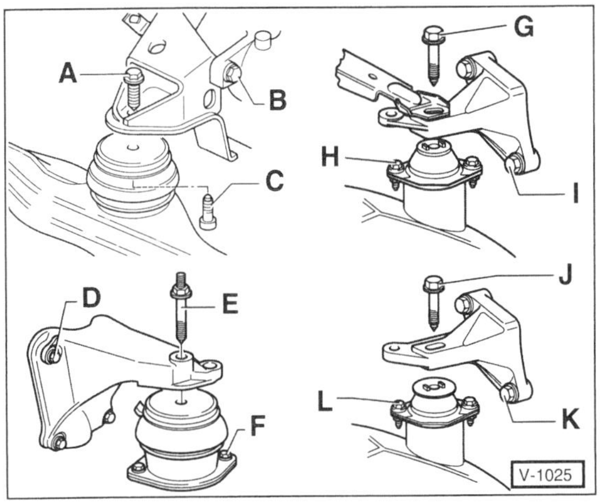

Motor	1,4-/1,6-l außer AEK/AFT	1,8-/2,0-l 2-Ventiler und AEK/AFT	2,0-l 16V	6-Zylinder
Lager vorn				
A	50 Nm*	55 Nm	50 Nm	60 Nm
B	45 Nm*	45 Nm (55 Nm)**	55 Nm	60 Nm
C	50 Nm*	55 Nm	50 Nm	55 Nm
Lager hinten rechts				
D	25 Nm	25 Nm	25 Nm	60 Nm
E	50 Nm	60 Nm	50 Nm	60 Nm
F	25 Nm	25 Nm	25 Nm	25 Nm
Lager hinten links				
G	50 Nm	60 Nm	50 Nm	–
H	25 Nm	30 Nm	25 Nm	–
I	60 Nm	25 Nm	25 Nm	–
Lager hinten links				
J	–	–	–	60 Nm
K	–	–	–	25 Nm
L	–	–	–	25 Nm

*) Die Abbildung weicht etwas von dem im Fahrzeug eingebauten Lager ab.

**) Klammerwert gilt in Verbindung mit Automatikgetriebe.

Keilriementrieb/Zahnriementrieb

1,6-l/100 PS-/1,8-/2,0-l-Motor (einschließlich 16V-Motor)

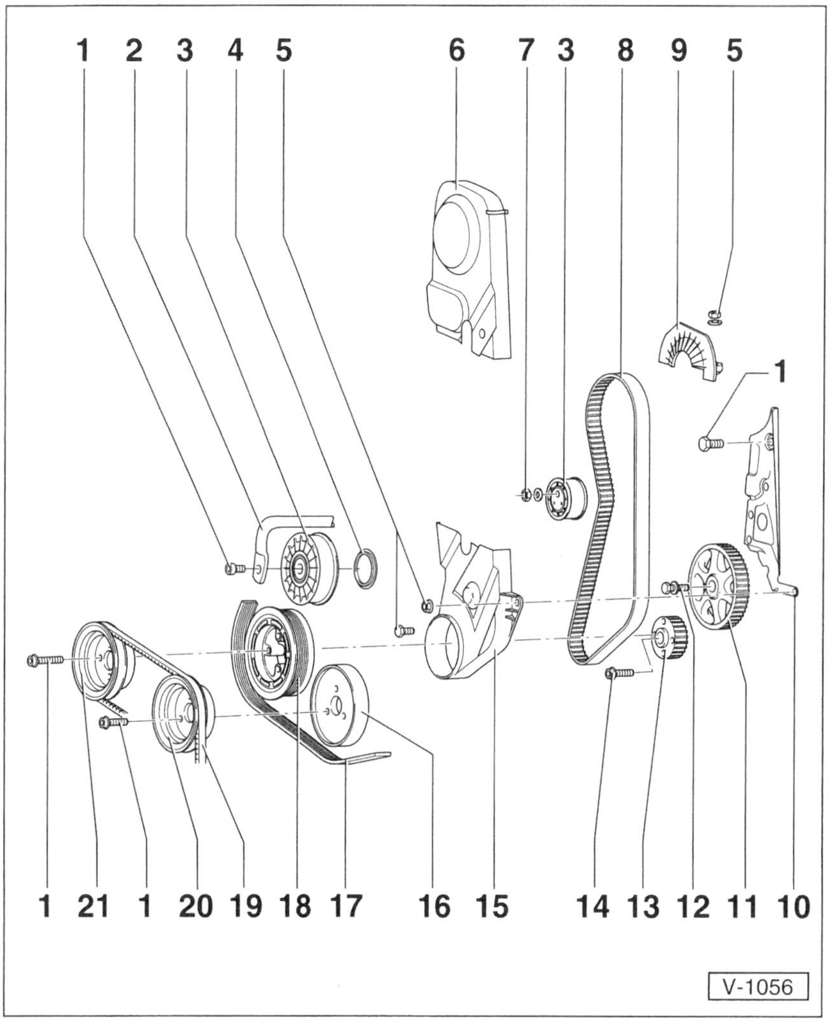

1 – **Schraube, 20 Nm**

2 – **Spannhebel**

3 – **Spannrolle**

4 – **Staubschutzkappe**

5 – **Mutter, 10 Nm**

6 – **Zahnriemenabdeckung oben**

7 – **Mutter**
M8: **25 Nm;**
M10: **45 Nm.**

8 – **Zahnriemen**
Auf Verschleiß prüfen. Vor dem Ausbau Laufrichtung kennzeichnen. Der Zahnriemen darf **nicht** geknickt werden.

9 – **Zahnriemenschutz hinten oben**
Nur 1,8-l-Motor.

10 – **Zahnriemenabdeckung hinten**

11 – **Zwischenwellenrad**
Stellung beim Einbau des Zahnriemens beachten.

12 – **Schraube, 80 Nm**

13 – **Zahnriemenrad Kurbelwelle**

14 – **Schraube**
Anzugsdrehmoment:
90 Nm + ¼ Umdrehung (90°)
Schraube immer ersetzen. Zum Lösen und Anziehen wird der Gegenhalter V.A.G-3099 benötigt. Schraube mit geöltem Gewinde einsetzen. Das Weiterdrehen der Schraube um 90° kann in mehreren Stufen erfolgen.

15 – **Zahnriemenabdeckung unten**

16 – **Riemenscheibe**
Für Kühlmittelpumpe. Ausführung für Keilrippenriemen.

17 – **Keilrippenriemen**
Vor dem Ausbau Laufrichtung kennzeichnen. Zum Spannen Generator lösen und wieder festziehen. Zum Ausbau Generator nach unten drücken. Nach dem Einbau bei gelöstem Generator Motor mehrmals durchdrehen (ca. 10 Motorumdrehungen), dazu Anlasser kurzzeitig betätigen (Stecker vom Hallgeber abziehen), dann Generatorschrauben mit 25 Nm festziehen.

18 – **Kurbelwellen-Riemenscheibe/ Schwingungsdämpfer**
Die Montage ist nur in einer Stellung möglich, die Bohrungen sind entsprechend versetzt.

19 – **Keilriemen**
Spannung durch Daumendruck prüfen. Keilriemen für Servopumpe: Neu und gelaufen – ca. 5 mm.

20 – **Riemenscheibe**
Für Kühlmittelpumpe. Ausführung für Keilriemen.

21 – **Riemenscheibe**

Zahnriemen entspannen/spannen

1,6-l/100 PS-/1,8-/2,0-l-Motor (einschließlich 16V-Motor)

Entspannen

- Oberen Zahnriemenschutz ausbauen.

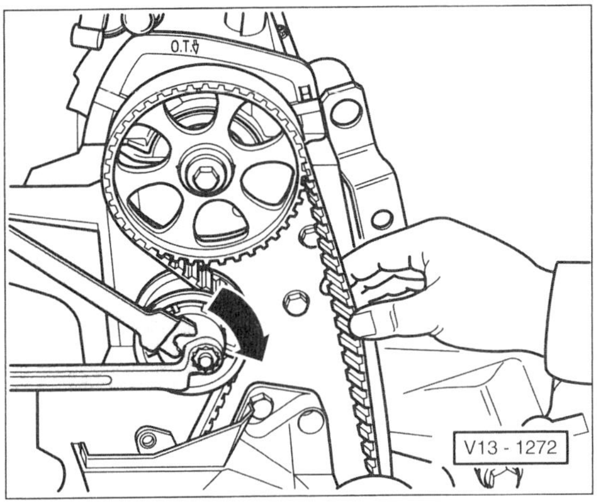

- Mutterndreher, zum Beispiel HAZET 2587, an der Spannrolle ansetzen.
- Befestigungsschraube für Spannrolle mit Ringschlüssel lösen.
- Spannrolle nach links drehen (entgegen der Pfeilrichtung) und Zahnriemen entspannen.

Spannen

- Spannrolle nach rechts drehen –Pfeilrichtung– und Zahnriemen spannen.
- Der Zahnriemen muß sich **mittig** zwischen Nocken- und Zwischenwellenrad mit Daumen und Zeigefinger gerade noch um 90° verdrehen lassen.
- Klemmutter an der Spannrolle mit **45 Nm** festziehen.

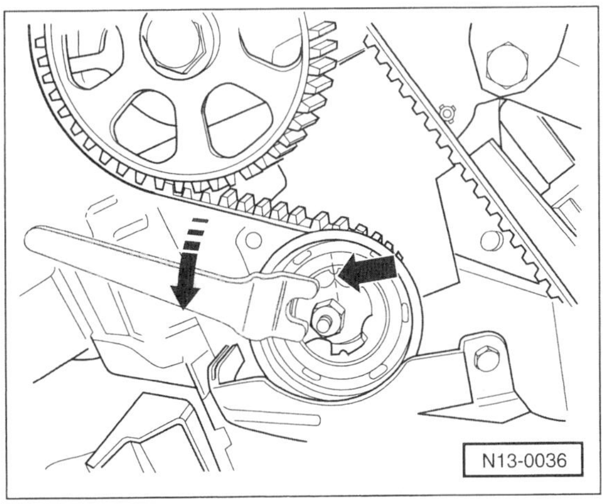

- **Halbautomatische Spannrolle (Motor ABF seit 2/94):** Spannrolle mit Mutterndreher bei gelöster Klemmutter in Pfeilrichtung bis zum Anschlag drehen. Anschließend Spannrolle wieder lösen, bis sich die Markierungen –Pfeil– genau gegenüberstehen. In dieser Stellung Klemmutter mit **25 Nm** festziehen.
- **Funktion der Spannrolle prüfen:** Mit dem Daumen Zahnriemen kräftig eindrücken, dabei müssen sich die Markierungen auf der Spannrolle verschieben. Anschließend Zahnriemen loslassen – die Markierungen müssen wieder in die Ausgangslage zurückgehen.
- Oberen Zahnriemenschutz einbauen.
- Motor laufen lassen. Ein pfeifender Zahnriemen ist in der Regel zu stark gespannt.

Zahnriemen aus- und einbauen

1,6-l/100 PS-/1,8-/2,0-l-Motor (einschließlich 16V-Motor)

Ausbau

- Keilriemen für Servopumpe ausbauen, siehe Seite 44.
- Keilrippenriemen ausbauen, siehe Seite 41.
- Kurbelwelle auf Oberen Totpunkt (OT) für Zylinder 1 stellen und Einstellung nicht mehr verändern.

Motor auf OT für Zylinder 1 stellen

- Obere Zahnriemenabdeckung ausbauen. Dazu 2 Clipse öffnen und Abdeckung nach oben herausnehmen.
- Motor-Kurbelwelle drehen bis sich die Nockenwelle in OT-Stellung befindet.
- Das Durchdrehen des Motors (Kurbelwelle) kann auf mehrere Arten erfolgen:
  1. Fahrzeug seitlich vorn aufbocken. Fünften Gang einlegen, Handbremse anziehen. Angehobenes Vorderrad durch Hilfsperson von Hand durchdrehen lassen. Dadurch dreht sich auch die Motor-Kurbelwelle.
  2. Fahrzeug auf ebene Fläche stellen. Fünften Gang einlegen. Fahrzeug vor- oder zurückschieben.
  3. Kurbelwelle an der Zentralschraube des Schwingungsdämpfers mit 12-kant-Stecknuß SW 19 (z.B. HAZET 880TZ19) durchdrehen. Vorher Fahrzeug aufbocken und Riemenscheibenverkleidung abziehen, Getriebe in Leerlaufstellung schalten.

Achtung: Motor **nicht** an der Befestigungsschraube des Nockenwellenwellenrades durchdrehen. Dadurch wird der Zahnriemen überbeansprucht.

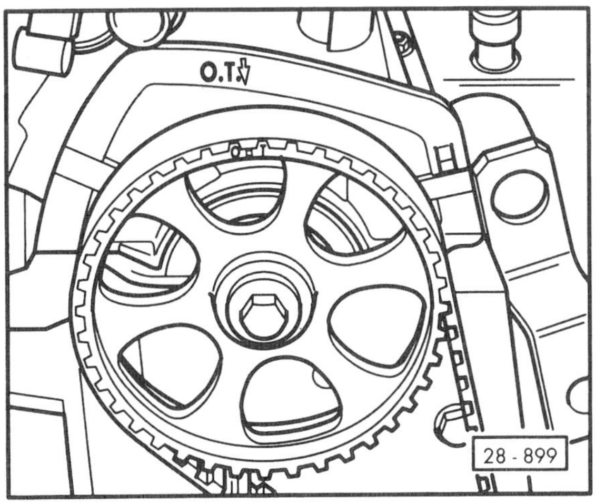

- Motor durchdrehen bis die Markierung auf dem Nockenwellenrad mit der OT-Markierung am Zylinderkopfdeckel beziehungsweise Zahnriemenschutz übereinstimmt. Der Motor steht dann in Zünd-OT-Stellung für Zylinder 1.

- Fahrzeug aufbocken, siehe Seite 289.
- Riemenscheibenabdeckung nach unten abziehen.
- Riemenscheibe/Schwingungsdämpfer an der Kurbelwelle mit Innensechskantschlüssel SW 6 abschrauben.
- Riemenscheibe für Kühlmittelpumpe mit Innensechskantschlüssel SW 6 abschrauben. Damit sich beim Lösen der Schrauben die Riemenscheibe nicht mitdreht, Schraubendreher zwischen Schraubenkopf und Welle einsetzen und gegenhalten. Zuerst alle 3 Schrauben lösen, dann herausdrehen.
- Untere Zahnriemenabdeckung abschrauben.
- Laufrichtung des Zahnriemens durch einen Pfeil mit einem Fettstift auf dem Zahnriemen markieren. Der Zahnriemen dreht sich im Uhrzeigersinn.
- Zahnriemen entspannen und abnehmen.

Achtung: OT-Stellung von Nocken-, Kurbel- und Zwischenwelle bei ausgebautem Zahnriemen **nicht** mehr verändern. Falls die Nockenwelle bei ausgebautem Zahnriemen verdreht werden muß, darauf achten, daß die Kurbelwelle nicht auf OT steht (Beschädigungsgefahr für Ventile und Kolbenböden). Dazu Stellung des Kurbelwellenrades markieren (mit Farbe eine Markierung auf dem Kurbelwellenrad und am Motorblock anbringen). Anschließend Kurbelwellenrad um ¼ Umdrehung (90°) vor- oder zurückdrehen.

Einbau

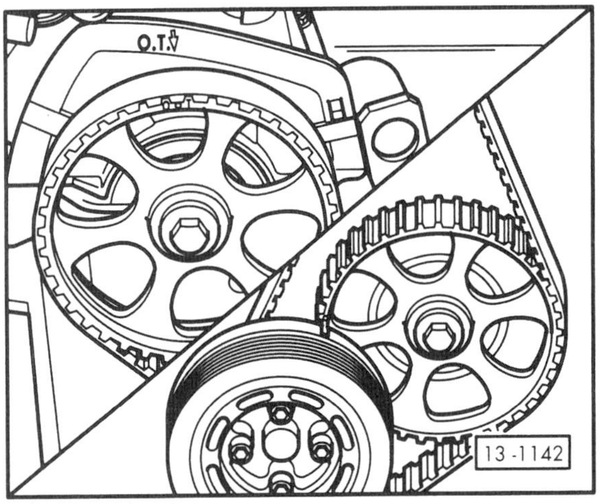

- OT-Stellung von Nocken-, Kurbel- und Zwischenwelle prüfen, gegebenenfalls einstellen.
- Prüfen, ob sich die Nockenwelle in OT-Stellung für Zylinder 1 befindet. Die Markierung auf dem Nockenwellenrad stimmt dann mit der Markierung auf der Zahnriemenabdeckung überein, linker Teil der Abbildung. Gegebenenfalls Nockenwelle ohne aufgelegten Zahnriemen vorsichtig verdrehen. Dabei darf die Kurbelwelle **nicht** auf OT stehen.
- Zahnriemen auf Kurbelwellen- und Zwischenwellenrad auflegen. Dabei die beim Ausbau angebrachte Laufrichtungsmarkierung beachten. Ein gebrauchter Zahnriemen darf nur in der bisherigen Laufrichtung wieder eingebaut werden.
- Schwingungsdämpfer ansetzen und mit einer Schraube anschrauben. Der Schwingungsdämpfer paßt nur in einer Stellung auf das Kurbelwellenrad.
- Markierung am Schwingungsdämpfer mit der Markierung am Zwischenwellenrad auf Übereinstimmung bringen, rechter Teil der Abbildung. Kurbelwelle und Zwischenwelle befinden sich jetzt in OT-Stellung.
- Zahnriemen auf das Nockenwellenrad auflegen.
- Zahnriemen spannen.
- Motor zweimal durchdrehen und OT-Stellung von Nocken-, Kurbel- und Zwischenwelle prüfen. **Sämtliche Markierungen müssen bei gespanntem Zahnriemen gleichzeitig übereinstimmen,** gegebenenfalls Zahnriemen wieder abnehmen und Einstellung wiederholen.
- Schwingungsdämpfer abnehmen.
- Zahnriemenschutz unten anschrauben.
- Riemenscheibe für Kühlmittelpumpe anschrauben. Schrauben zunächst handfest beiziehen, dann Riemenscheibe zwischen Schraubenkopf und Welle gegenhalten, damit sich die Riemenscheibe nicht mitdreht. Schrauben mit **20 Nm** festziehen.
- Riemenscheibe/Schwingungsdämpfer ansetzen und mit **20 Nm** festschrauben.
- Keilrippenriemen einbauen, siehe Seite 41.
- Keilriemen für Servopumpe einbauen, siehe Seite 44.
- Fahrzeug ablassen, siehe Seite 289.
- Oberen Zahnriemenschutz einbauen.
- Motor laufen lassen. Ein pfeifender Zahnriemen ist in der Regel zu stark gespannt.
- Zündzeitpunkt prüfen, gegebenenfalls einstellen.

Achtung: Bei Reparaturen, die das Abnehmen des Zahnriemens nur vom Nockenwellenrad erfordern, ist die Zahnriemeneinstellung wie folgt vorzunehmen (trotzdem komplettes Kapitel durchlesen):

- Markierung am Nockenwellenrad mit der OT-Markierung am Zylinderkopfdeckel oder Zahnriemenschutz auf Übereinstimmung bringen, siehe Abbildung 28-899 auf Seite 19. Dazu Motor-Kurbelwelle durchdrehen (Zahnriemen ist eingebaut).
- Zahnriemen entspannen und vom Nockenwellenrad abnehmen. **Achtung:** Anschließend Stellung von Nockenwelle und Zwischenwelle nicht mehr verändern.

Achtung: Falls die Nockenwelle ohne Zahnriemen gedreht wird, darauf achten, daß die Kurbelwelle **nicht** auf OT steht. Sonst: Beschädigungsgefahr für Ventile und Kolbenböden.

- Zahnriemen auflegen und spannen.

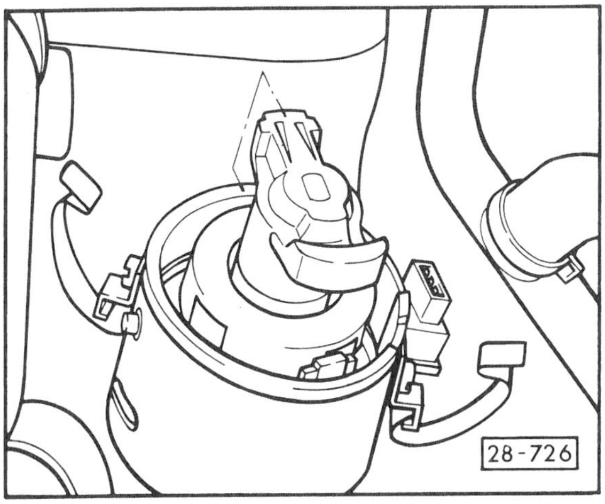

- Zündverteilerdeckel abnehmen, dazu 2 Blechklammern mit Schraubendreher abdrücken. Prüfen, ob Verteilerläufer zur Markierung (Kerbe, sichtbar durch Aussparung der Staubkappe) für Zylinder 1 am Rand des Verteilergehäuses zeigt. Sollte das nicht der Fall sein, ist der Zündverteiler so weit zu drehen, bis die Markierungen übereinstimmen. Gegebenenfalls Zündverteiler neu einsetzen, siehe Seite 49.
- Kurbelwelle zweimal durchdrehen und prüfen, ob Nockenwellen- und Kurbelwellenmarkierung mit ihren Bezugspunkten übereinstimmen, siehe Abbildung 13-1142.
- Verteilerdeckel aufsetzen, Blechklammern aufdrücken. Der Deckel paßt nur in einer Stellung.
- Motor laufen lassen. Ein pfeifender Zahnriemen ist in der Regel zu stark gespannt.
- Zündzeitpunkt prüfen, gegebenenfalls einstellen, siehe Seite 52.

Zahnriementrieb

1,4-l/60 PS- und 1,6-l/75 PS-Motor

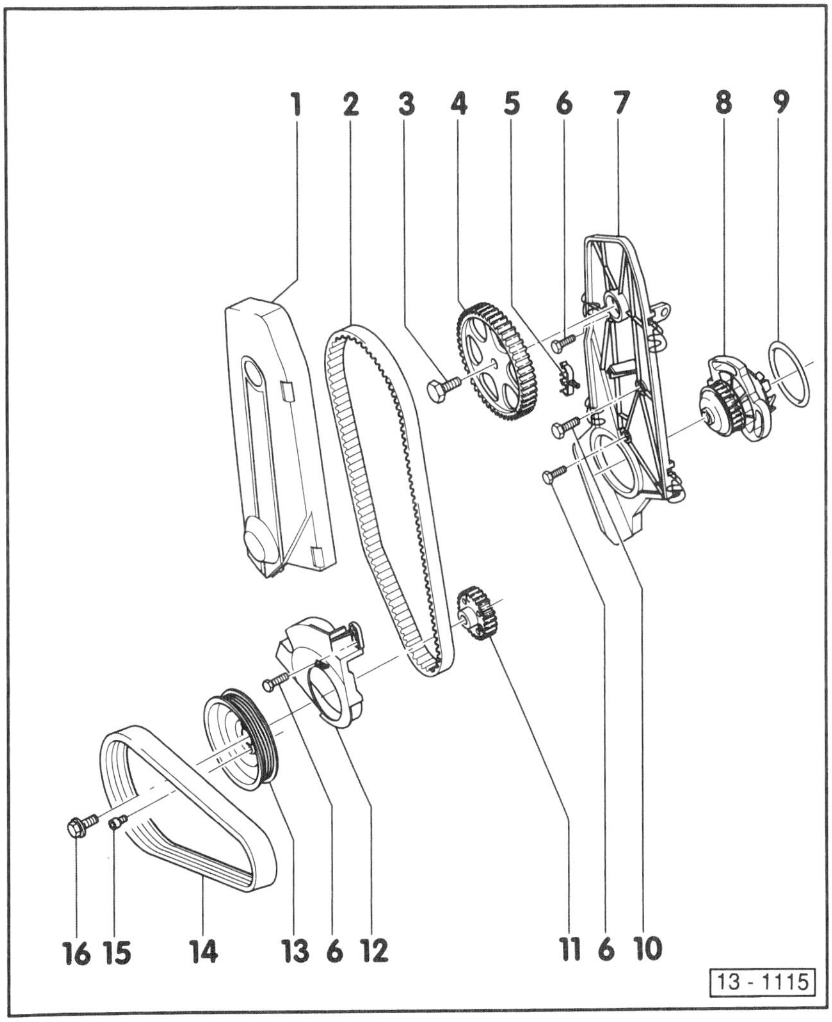

1 – **Zahnriemenschutz-Oberteil**

2 – **Zahnriemen**

3 – **Befestigungsschraube für Nockenwellen-Zahnrad**
Anzugsdrehmoment
Motor ABD, ABU, AEA: **80 Nm;**
Motor AEX, AEE: **20 Nm**, anschließend ¼ **Umdrehung (90°) weiterdrehen**. Schraube immer ersetzen.

4 – **Nockenwellenrad**

5 – **Halter**
Für Vorlauf- und Rücklaufleitung.

6 – **Schraube, 10 Nm**
Mit Sicherungsmittel, z. B. VW-D6, einsetzen.

7 – **Zahnriemenschutz hinten**

8 – **Kühlmittelpumpe**

9 – **O-Ring**
Bei Beschädigung ersetzen.

10 – **Schraube, M6: 10 Nm**
Schraube, M8: 20 Nm
Mit Sicherungsmittel, z. B. VW-D6, einsetzen.

11 – **Kurbelwellen-Zahnriemenrad**

12 – **Zahnriemenschutz-Unterteil**

13 – **Riemenscheibe**

14 – **Keilrippenriemen**
Vor dem Ausbau Laufrichtung auf dem Keilrippenriemen durch Pfeil kennzeichnen.

15 – **Schraube, 20 Nm**

16 – **Schraube**
Sechskant-Schraube anziehen:
90 Nm + ⅓ Umdrehung (120°)
Zwölfkant-Schraube anziehen:
90 Nm + ¼ Umdrehung (90°)
Schraube mit geöltem Gewinde einsetzen. Das Weiterdrehen der Schraube kann in mehreren Stufen erfolgen. Schraube immer ersetzen.

Zahnriemen entspannen/spannen

1,4-l/60 PS- und 1,6-l/75 PS-Motor

Entspannen Motor ABD, ABU

- Befestigungsschrauben für Kühlmittelpumpe lösen.

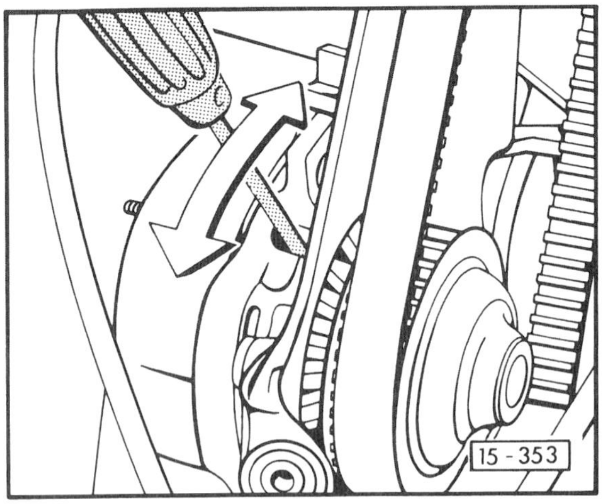

- Kühlmittelpumpe mit großem Schraubendreher in den Langlöchern verdrehen und dadurch Zahnriemen entspannen.

Spannen

- Zahnriemen durch Drehen der Kühlmittelpumpe spannen.

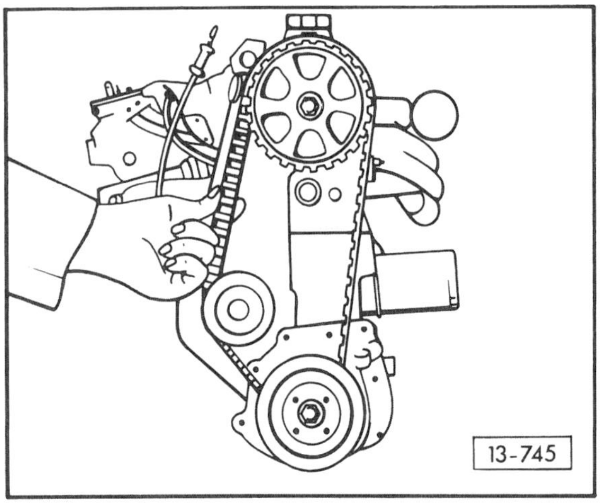

- Der Zahnriemen ist richtig gespannt, wenn er sich **mittig** zwischen Nocken- und Kühlmittelpumpenrad mit Daumen und Zeigefinger gerade noch um 90° verdrehen läßt.
- Befestigungsschrauben für Kühlmittelpumpe mit **20 Nm** festziehen.
- Oberen Zahnriemenschutz einbauen.
- Motor laufen lassen. Ein pfeifender Zahnriemen ist in der Regel zu stark gespannt.

Entspannen Motor AEA, AEE, AEX, APQ

- Oberen Zahnriemenschutz ausbauen.

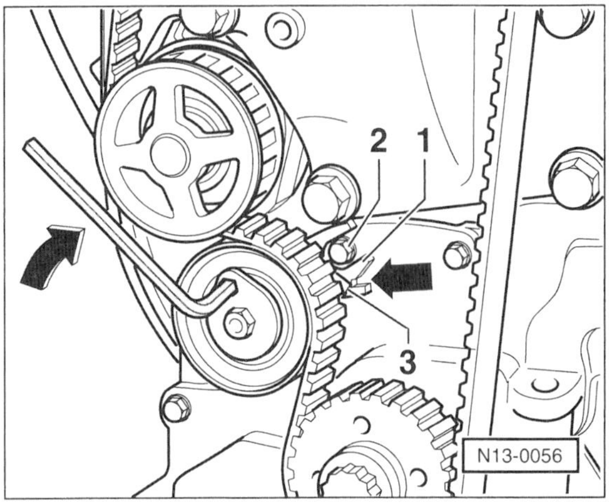

- Klemmutter lösen und Spannrolle mit Innensechskantschlüssel entgegen der Pfeilrichtung drehen.

Spannen

- Falls erforderlich, Klemmutter lösen: Die Aussparung der Grundplatte –1– muß über die Befestigungsschraube –2– greifen.
- Zahnriemen durch Verdrehen der Spannrolle in Pfeilrichtung spannen, bis der Zeiger –3– über der Kerbe in der Grundplatte steht –Pfeil–. Klemmutter an der Spannrolle mit **20 Nm** festziehen.
- Motor zweimal durchdrehen und OT-Stellung von Nocken- und Kurbelwelle prüfen. **Sämtliche Markierungen müssen bei gespanntem Zahnriemen gleichzeitig übereinstimmen,** gegebenenfalls Zahnriemen abnehmen und Steuerzeiten einstellen.
- Zahnriemenschutz-Ober- und Unterteil einbauen.
- Motor laufen lassen. Ein pfeifender Zahnriemen ist in der Regel zu stark gespannt.

Zahnriemen aus- und einbauen

1,4-, 1,6-l-Motor

Ausbau

- Keilrippenriemen ausbauen, siehe Seite 41.
- Kurbelwelle auf OT für Zylinder 1 stellen und Einstellung nicht mehr verändern.

Motor auf OT für Zylinder 1 stellen

- Obere Zahnriemenabdeckung ausbauen.
- Motor-Kurbelwelle drehen bis sich die Nockenwelle in OT-Stellung befindet.

- Das Durchdrehen des Motors kann auf mehrere Arten erfolgen:
  1. Fahrzeug seitlich vorn aufbocken. Fünften Gang einlegen, Handbremse anziehen. Angehobenes Vorderrad durchdrehen. Dadurch dreht sich auch die Motor-Kurbelwelle. Zum Drehen des Rades wird eine Hilfsperson benötigt.
  2. Fahrzeug auf ebene Fläche stellen. Fünften Gang einlegen. Fahrzeug vor- oder zurückschieben.
  3. Getriebe in Leerlaufstellung schalten, Handbremse anziehen. Kurbelwelle an der Zentralschraube des Schwingungsdämpfers durchdrehen.

Achtung: Motor **nicht** an der Befestigungsschraube des Nockenwellenwellenrades durchdrehen. Dadurch wird der Zahnriemen überbeansprucht.

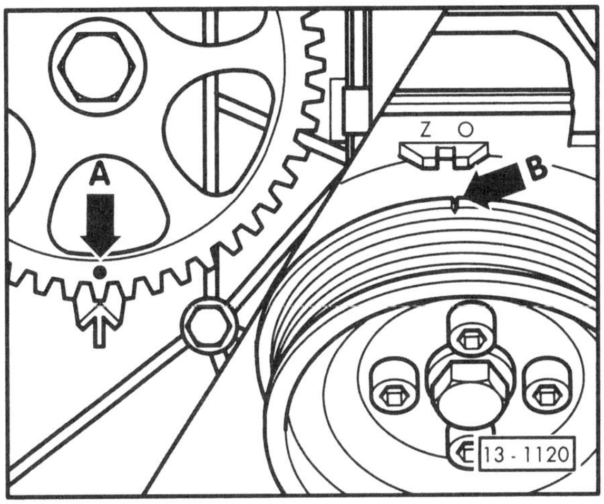

- Motor durchdrehen bis die Markierung auf dem Nockenwellenrad –A– mit der OT-Markierung –Pfeil– am Zahnriemenschutz übereinstimmt (linker Teil der Abbildung). Der Motor steht dann in Zünd-OT-Stellung für Zylinder 1.

- Riemenscheibe mit 4 Innensechskantschrauben von der Kurbelwelle abschrauben.
- Untere Zahnriemenabdeckung abschrauben.
- Laufrichtung des Zahnriemens durch einen Pfeil mit einem Fettstift auf dem Zahnriemen markieren. Der Zahnriemen dreht sich im Uhrzeigersinn.
- Zahnriemen entspannen und abnehmen.

Achtung: OT-Stellung von Nockenwelle und Kurbelwelle bei ausgebautem Zahnriemen **nicht** mehr verändern. Falls die Nockenwelle bei ausgebautem Zahnriemen verdreht werden muß, darauf achten, daß die Kurbelwelle nicht im Oberen Totpunkt steht (Beschädigungsgefahr für Ventile und Kolbenböden). Dazu Stellung des Kurbelwellenrades markieren (mit Farbe eine Markierung auf dem Kurbelwellenrad und am Motorblock anbringen). Anschließend Kurbelwellenrad um ¼ Umdrehung (90°) vor- oder zurückdrehen.

Einbau

- Zahnriemen auf das Zahnriemenrad der Kurbelwelle auflegen. Dabei die vor dem Ausbau angebrachte Markierung der Laufrichtung beachten. Ein gebrauchter Zahnriemen darf nur in der bisherigen Laufrichtung wieder eingebaut werden.
- Zahnriemenschutz-Unterteil einbauen.
- Riemenscheibe mit 4 Schrauben anschrauben. Die Riemenscheibe paßt nur in einer Stellung auf das Kurbelwellenzahnrad, Fixierung beachten.

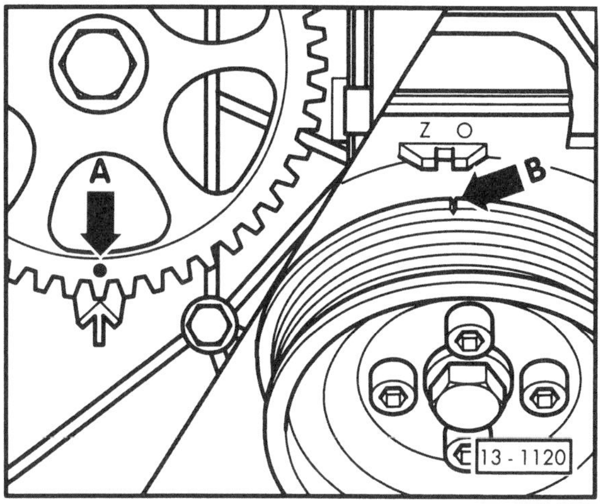

- OT-Stellung von Nockenwelle –linke Abbildung– und Kurbelwelle –rechte Abbildung– prüfen.

Achtung: Falls die Nockenwelle ohne aufgelegten Zahnriemen verdreht werden muß, darauf achten, daß dabei die Kurbelwelle **nicht** auf OT steht (Beschädigungsgefahr für Ventile und Kolben.

- Zahnriemen auf Nockenwellen- und Kühlmittelpumpen-

Zahnrad auflegen.

- Zahnriemen spannen.
- Motor zweimal durchdrehen und OT-Stellung von Nocken- und Kurbelwelle prüfen. **Sämtliche Markierungen müssen bei gespanntem Zahnriemen gleichzeitig übereinstimmen,** gegebenenfalls Zahnriemen wieder abnehmen und Einstellung wiederholen.
- Zahnriemenschutz-Oberteil einbauen.
- Keilrippenriemen einbauen, siehe Seite 41.
- Motor laufen lassen. Ein pfeifender Zahnriemen ist in der Regel zu stark gespannt.
- Zündzeitpunkt prüfen, gegebenenfalls einstellen.

Nockenwelle/Ventiltrieb

1,6-l/100 PS-, 1,8-l-, 2,0-l/115 PS-Motor

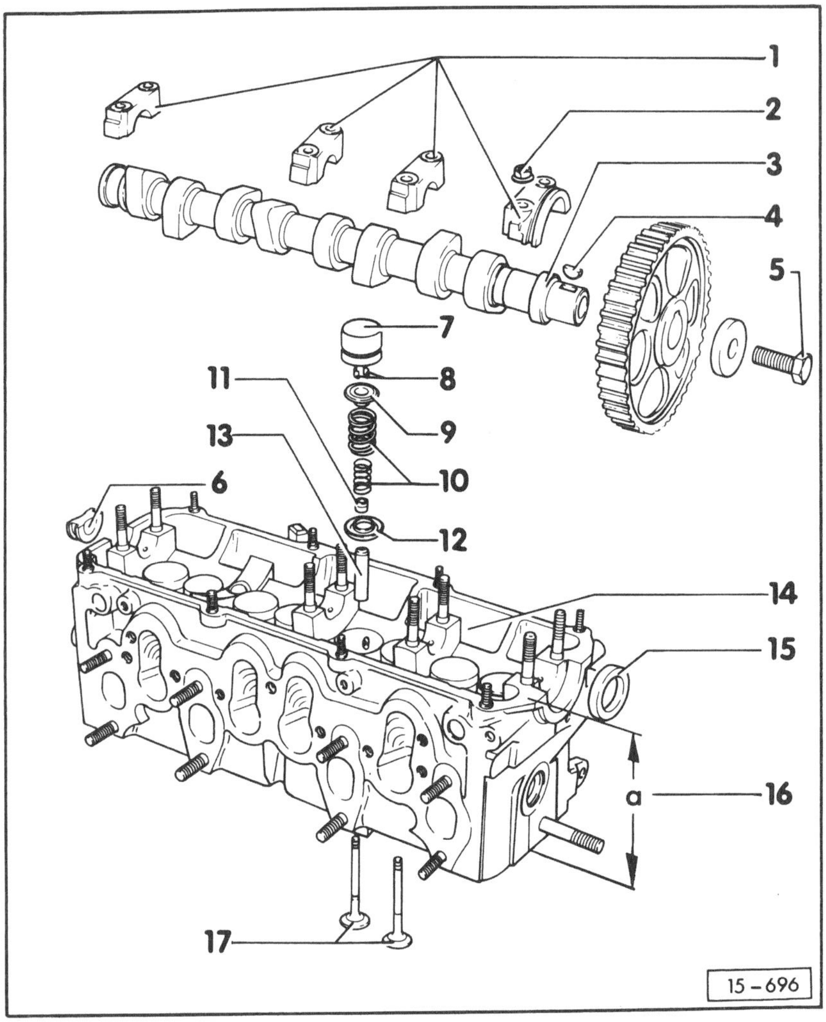

1 – **Lagerdeckel**
Auf Mittenversatz der Bohrungen achten. Der 1,6-l/100 PS-Motor besitzt 5 Lagerdeckel.

2 – **Mutter, 20 Nm**

3 – **Nockenwelle**
Radialspiel mit Plastikgage prüfen (Werkstattarbeit). Verschleißgrenze: 0,1 mm. Max. Schlag: 0,01 mm.

4 – **Scheibenfeder**
Auf festen Sitz prüfen

5 – **Befestigungsschraube, 80 Nm**

6 – **Verschlußstopfen**
Nur 1,8-l-Motor

7 – **Tassenstößel (Hydrostößel)**
Mit der Lauffläche nach unten ablegen. Vor dem Einbau Axialspiel der Nockenwelle prüfen. Lauffläche der Tassenstößel ölen, beim Einbau Stößel nicht vertauschen.

8 – **Ventilkegelstücke**

9 – **Ventilfederteller oben**
Kennzeichnung: Fase innen, breite Fase außen. Fase = abgeschrägte Kante.

10 – **Ventilfeder außen**
Ventilfeder innen

11 – **Ventilschaftabdichtung**

12 – **Ventilfederteller unten**

13 – **Ventilführung**
Verschleiß prüfen.

14 – **Zylinderkopf**

15 – **Dichtring**

16 – **a = Zylinderkopfhöhe**
Nacharbeitungsmaß = Mindesthöhe des Zylinderkopfes: a = 132,6 mm.

17 – **Ventile**
Dürfen nur eingeschliffen, nicht nachgearbeitet werden.

Nockenwelle aus- und einbauen

Ausbau

- Oberen Zahnriemenschutz ausbauen, siehe Seite 18.
- Zylinderkopfdeckel ausbauen.
- Kurbelwelle auf OT Zylinder 1 stellen, siehe Seite 19.

Achtung: Motorstellung nicht mehr verändern.

- Zahnriemen entspannen und nur oben vom Nockenwellenrad abnehmen, siehe Seite 19.
- Nockenwellenrad von vorn mit einem Dorn arretieren. Dazu einen geeigneten Dorn oder stabilen Schraubendreher durch eine Bohrung im Nockenwellenrad schieben und auf der Oberkante des Zylinderkopfes abstützen. Um eine Beschädigung der Dichtfläche des Zylinderkopfes zu vermeiden, ein Stück Holz unterlegen. Schraubendreher festhalten und Befestigungsschraube für Nockenwelle lösen. Nockenwellenrad abschrauben und abnehmen, gegebenenfalls mit leichten Schlägen eines Gummihammers abtreiben. Scheibenfeder für Nockenwelle entfernen.
- **1,8-l-, 2,0-l/115 PS-Motor:** Sämtliche 4 Lagerdeckel sind von vorn nach hinten mit den Zahlen 1, 2, 3 und 5 gekennzeichnet. **1,6-l/100 PS-Motor:** Die 5 Lagerdeckel sind von vorn nach hinten mit 1 bis 5 durchnumeriert.
- **1,8-l-, 2,0-l/115 PS-Motor:** Zuerst Lagerdeckel 1 und 3 ausbauen. Dann Lagerdeckel 2 und 5 abwechselnd über Kreuz lösen. **1,6-l/100 PS-Motor:** Zuerst Lagerdeckel 1, 3, 5 und dann Lagerdeckel 2 und 4 abwechselnd über Kreuz lösen.

1,4-l/60 PS- und 1,6-l/75 PS-Motor

- Zündverteiler ausbauen, siehe Seite 49.

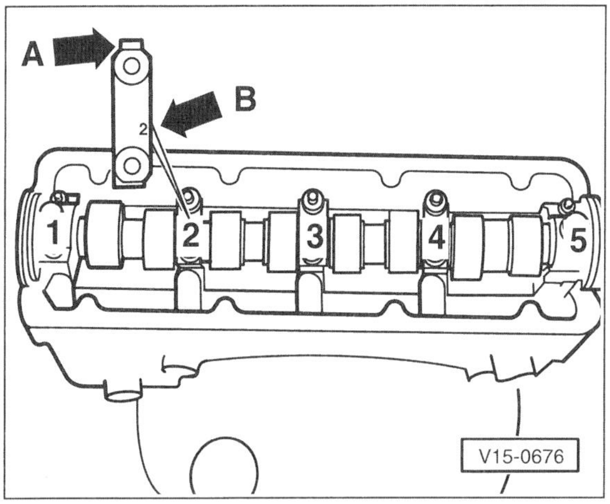

- Sämtliche Lagerdeckel kennzeichnen.
- Zuerst Lagerdeckel 5, 1 und 3 ausbauen. Dann Lagerdeckel 2 und 4 abwechselnd über Kreuz lösen.

- Nockenwelle herausnehmen.

Achtung: Falls die Tassenstößel herausgenommen werden, diese kennzeichnen, damit sie an gleicher Stelle wieder eingesetzt werden können. Tassenstößel mit der **Lauffläche** (Nockenwellenseite) **nach unten** ablegen.

Einbau

- Vor dem Einbau kann die Nockenwelle gegebenenfalls von einer Werkstatt auf Schlag geprüft werden. Verschleißgrenze: 0,01 mm.

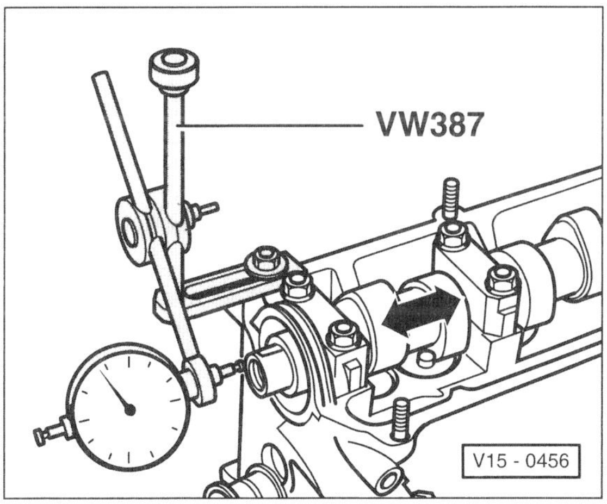

- Wird bei Motoren mit höherer Laufleistung oder Geräuschen im Ventiltrieb die bisherige Nockenwelle wieder eingebaut, ist es zweckmäßig, das Axialspiel zu prüfen. Zum Beispiel mit dem Spezialwerkzeug VW 387. Verschleißgrenze: 0,15 mm. Die Messung erfolgt bei ausgebauten Tassenstößeln und montierten ersten und letzten Lagerdeckeln.

- Neuen Dichtring für Nockenwelle einsetzen. Vorher Dichtlippe und äußeren Rand des Dichtringes leicht einölen.
- Verschlußstopfen bei Beschädigungen erneuern.

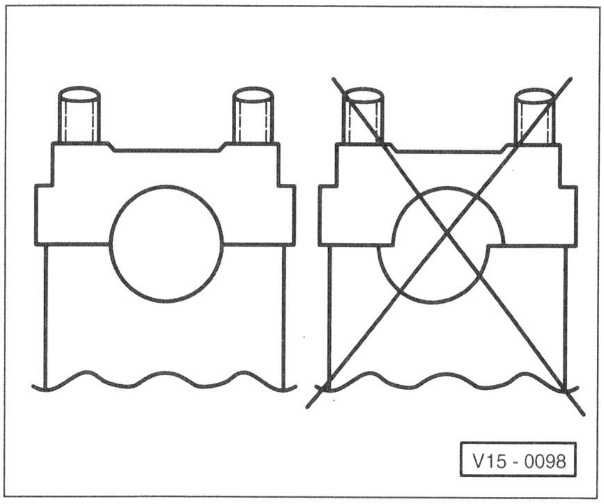

- Lagerdeckel probeweise aufsetzen und auf Mittenversatz der Bohrungen achten. Die Lagerdeckel müssen so aufgesetzt werden, daß die Bohrungen von Lagerdeckel und Zylinderkopf übereinstimmen. Auf Markierung der Lagerdeckel achten.
- Falls die Tassenstößel herausgenommen waren, Tassenstößel an der gleichen Stelle wieder einsetzen. Tassenstößel leicht einölen und beim Einsetzen nicht verkanten.

Achtung: Die Tassenstößel dürfen nicht vertauscht werden.

- Nockenwelle einölen und einsetzen.

1,6-l/100 PS-, 1,8-l-, 2,0-l/115 PS-Motor

Achtung: Die Nocken für Zylinder 1 müssen beim Einsetzen nach oben zeigen. Lagerdeckel entsprechend der Numerierung einsetzen. Auf Mittenversatz achten: Lagerdeckel 2 und 5 (1,6-l-Motor: 2 und 4) abwechselnd über Kreuz mit **20 Nm** anziehen.

- Lagerdeckel 1 und 3 (1,6-l/100 PS: 1, 3, 5) einbauen und mit **20 Nm** festziehen.
- Scheibenfeder für Nockenwellenrad einsetzen. Nockenwellenrad aufsetzen und mit **80 Nm** festziehen. Dabei Nockenwellenrad mit Dorn gegenhalten.

1,4-l/60 PS-/1,6-l/75 PS-Motor

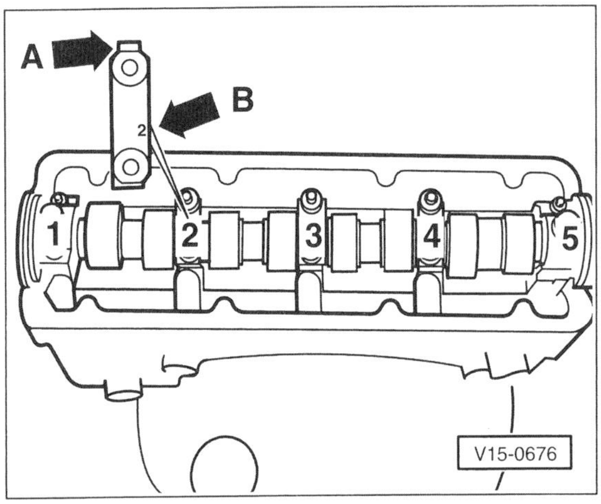

Achtung: Einbaulage der Lagerdeckel beachten. Breiter Anguß –A– zeigt zur Ansaugseite und Nummer des Lagerdeckels –B– ist von der Abgasseite her lesbar.

- Zuerst Lagerdeckel 2 und 4 abwechselnd über Kreuz anziehen und mit **6 Nm** festziehen.
- Zündverteiler einbauen, siehe Seite 49.
- Lagerdeckel 1 und 5 an den Anlageflächen mit Dichtmittel AMV17400401 bestreichen.
- Lagerdeckel 3, 1 und 5 einbauen und mit **6 Nm** festziehen.
- Alle Muttern für Nockenwellenlagerdeckel um ¼ **Umdrehung** (90°) weiterdrehen.
- Schrauben für Lagerdeckel 5 einsetzen und mit **10 Nm** festziehen.
- Nockenwellenrad mit **20 Nm** anschrauben, anschließend Schraube um ¼ **Umdrehung** (90°) weiterdrehen.

- Zahnriemen auf Nockenwellenrad auflegen. Auf richtige Stellung von Nockenwellenrad und Verteilerläufer achten, siehe Seite 22.
- Zahnriemen spannen, siehe Seite 22.
- Zylinderkopfdeckel mit **neuen** Dichtungen und **neuen** Schrauben ansetzen, mit **5 Nm** anschrauben und anschließend ¼ **Umdrehung** weiterdrehen.
- Oberen Zahnriemenschutz einbauen.

Achtung: Falls neue Tassenstößel eingebaut wurden, darf der Motor ca. 30 Minuten nicht gestartet werden, sonst setzen die Ventile auf den Kolben auf.

Der Zylinderkopf

1,8-l-, 2,0-l/115 PS-Motor

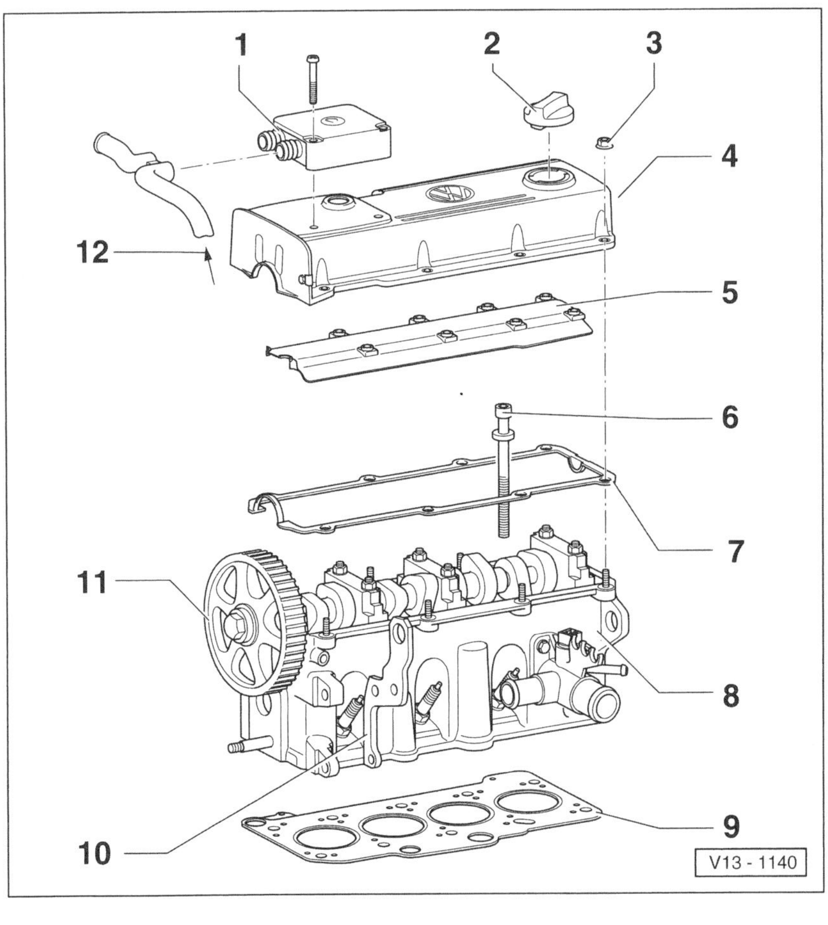

1 – **Druckregelventil**
Für Kurbelgehäuse-Entlüftung. Nur bei Motor 2E.

2 – **Verschlußdeckel**

3 – **Mutter, 10 Nm**

4 – **Zylinderkopfdeckel**
Bei Motor AAM und ABS Blechdeckel mit Verstärkungsleiste.

5 – **Ölabweiser**

6 – **Zylinderkopfschraube**

7 – **Dichtung Zylinderkopfdeckel**
Bei Beschädigung ersetzen. Bei Motor AAM und ABS 3-teilig, grundsätzlich ersetzen.

8 – **Zylinderkopf**

9 – **Zylinderkopfdichtung**

10 – **Aufhängeöse**

11 – **Nockenwellenrad**

12 – **von Kurbelgehäuse-Entlüftung**
Beim Motor ABS wird die Kurbelgehäuse-Entlüftung durch eine Metalleitung verlängert.

Zylinderkopf aus- und einbauen/ Zylinderkopfdichtung ersetzen

4-Zylindermotor

Zylinderkopf nur bei abgekühltem Motor (Raumtemperatur) ausbauen. Abgas- und Ansaugkrümmer bleiben angeschlossen.

Eine defekte Zylinderkopfdichtung ist an einem oder mehreren der folgenden Merkmale erkennbar:

- Leistungsverlust.
- Kühlflüssigkeitsverlust. Weiße Abgaswolken bei warmem Motor.
- Ölverlust.
- Kühlflüssigkeit im Motoröl, Ölstand nimmt nicht ab, sondern zu. Graue Farbe des Motoröls, Schaumbläschen am Peilstab, Öl dünnflüssig.
- Motoröl in der Kühlflüssigkeit.
- Kühlflüssigkeit sprudelt stark.
- Keine Kompression auf 2 benachbarten Zylindern.

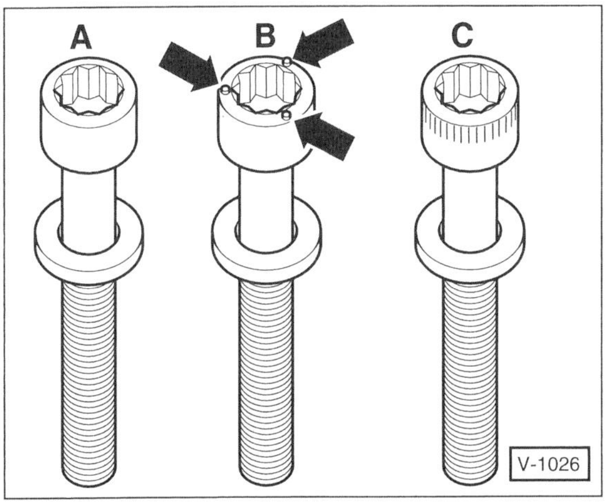

Achtung: Seit 3/95 wird bei den Motoren AEK, AFT, AKS, AAM, ADZ, ADY, (ABF seit 2/94) eine Metall-Zylinderkopfdichtung mit zugehörigen Zylinderkopfschrauben –B– eingebaut. Die Metall-Dichtung kann auch bei bisherigen Motoren (auch ABS, 2E) verwendet werden, allerdings werden dann auch die zugehörigen Schrauben –B– benötigt. Erkennbar sind die Schrauben an den Erhebungen –Pfeile– am Schraubenkopf. Bisherige Zylinderkopfschraube –A– mit glattem Schraubenkopf **nicht** verwenden für Metall-Zylinderkopfdichtung. Beim Motor ABF ist der Schraubenkopf gerändelt –C–.

Ausbau

- Batterie-Massekabel (–) abklemmen. **Achtung:** Dadurch werden die elektronischen Speicher gelöscht, zum Beispiel Motor-Fehlerspeicher oder Radiocode. Batterie nur bei **ausgeschalteter Zündung** abklemmen, da sonst das Steuergerät der Einspritzanlage beschädigt werden kann. Vor dem Abklemmen sollten auch die Hinweise im Kapitel »Radio« bzw. »Batterie aus- und einbauen« durchgelesen werden.
- 1,8-/2,0-l-Motor: 4 Zündkerzenstecker abziehen. Verteilerkappe ausbauen. Hochspannungsleitung vom Zündtrafo abziehen. Verteilerkappe mit Zündleitungen herausnehmen.
- Kühlmittel ablassen, siehe Seite 66.
- Entlüftungsschlauch vom Ausgleichbehälter am Kühlmittelstutzen abziehen.
- Kühlmittelstutzen am Zylinderkopf abschrauben und mit Schläuchen wegklappen, gegebenenfalls mit Draht am Aufbau befestigen.
- Heizungsschlauch links am Zylinderkopf abziehen.
- Kühlmittelschlauch am Saugrohr abziehen.
- Ansaugluftthutze abschrauben, Schlauch für Kurbelgehäuseentlüftung und Unterdruckschlauch für Temperaturregler Ansaugluftvorwärmung abziehen, Luftschlauch vom Luftfilter abziehen, vorher Schlauchschelle öffnen. Ansaugluftthutze mit Luftschlauch herausnehmen.
- Gaszug –2– am Drosselklappenteil und am Widerlager aushängen, siehe Seite 79.
- Massekabel vom Zylinderkopfdeckel abschrauben.
- Leitung für Kurbelgehäuseentlüftung ausbauen. Dazu Schlauchanschluß am Zylinderkopfdeckel abziehen, gegebenenfalls Klemmschelle mit Seitenschneider durchschneiden. Sicherungsklammer der Leitung am Motorblock mit Schraubendreher abhebeln, Leitung herausziehen, O-Ring herausnehmen.
- Steckverbindung für Saugrohrheizung trennen.
- Steckverbindung für Lambdasonde am Halter des hinteren Motorlagers trennen.

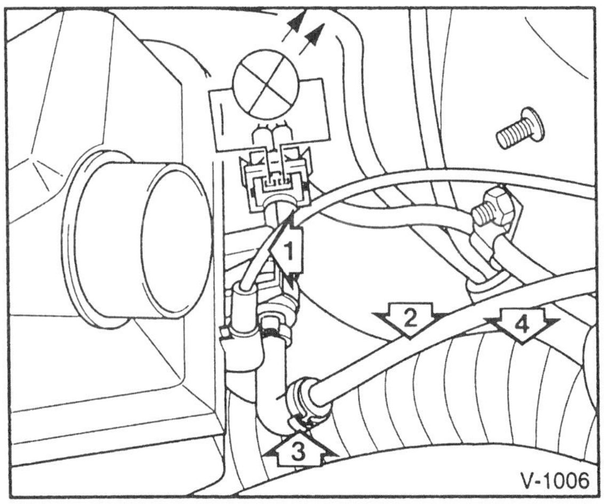

- Warmluftschlauch –4– am Warmluftfangblech abziehen, dazu Schraubschelle lösen.
- Folgende Unterdruckschläuche abziehen:
  – Am Bremskraftverstärker Winkelstück mit Schraubendreher abhebeln –8– (Abbildung V-1007, Kapitel »Motorausbau«).
  – Am Luftfilter Schlauch –1– für Warmluftklappenstellung.
  – Am Verbindungsstück Schlauch –2– für Aktivkohlefilter. Klemmschelle –3– gegebenenfalls durchkneifen und beim Einbau Schraubschelle verwenden.

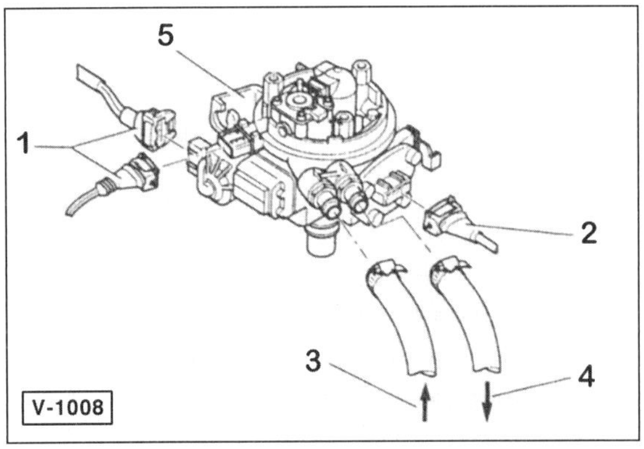

- **Mono-Motronic:** 3 Anschlußstecker –1/2– für Einspritzeinheit abziehen.
- Kraftstoffvorlauf- –3– und Rücklaufleitung –4– von der Einspritzeinheit –5– abziehen, vorher Schlauchklemmen lösen. Beim Abziehen Lappen unterlegen und eventuell auslaufenden Kraftstoff auffangen. Leitungen umgehend mit geeignetem Stopfen verschließen. Dazu beispielsweise saubere Schrauben mit entsprechendem Gewindedurchmesser in die Schläuche stecken. Kraftstoffleitungen am Kunststoffhalter ausclipsen und zur Seite legen.
- **Digifant (2,0-l-Motoren):** Einspritzventile ausbauen, siehe Seite 90.
- **16V-Motor:** Sammelsaugrohr-Oberteil (= Gußteil oberhalb vom Zylinderkopf) am Flansch abschrauben. Papierdichtung entfernen, sie muß beim Einbau ersetzt werden.
- Fahrzeug aufbocken, siehe Seite 289.
- Abgasrohr am Abgaskrümmer abschrauben. Abgasanlage etwas absenken und mit Draht aufhängen, siehe auch Seite 103.
- Obere Zahnriemenabdeckung ausbauen, siehe Seite 18.
- Zahnriemen entspannen und oben von der Nockenwelle abnehmen, siehe Seite 19.
- **1,8-l-Motor:** Hintere Zahnriemenabdeckung am Zylinderkopf abschrauben, siehe Seite 18.
- **1,4-/1,6-l-Motor:** Nockenwellenrad und hintere Zahnriemenabdeckung abschrauben, siehe Seite 21.
- Zylinderkopfdeckel abschrauben und Ölabweiser herausnehmen, siehe Seite 26.
- Dichtung(en) für Zylinderkopfdeckel abnehmen.

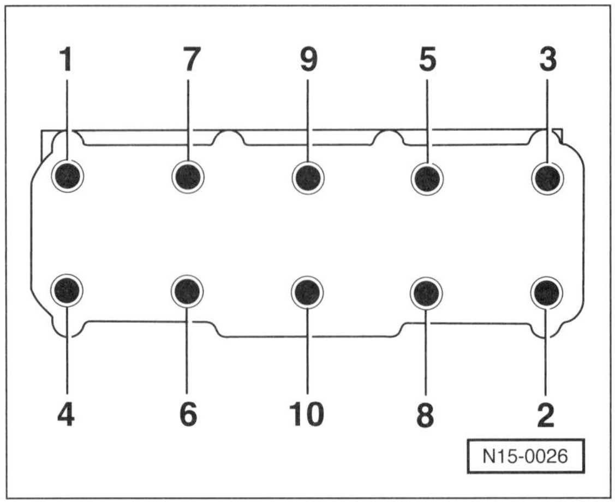

- Zylinderkopfschrauben mit Innenvielzahnschlüssel (z. B. HAZET 990 Slg-12) in der angegebenen Reihenfolge zunächst ½ Umdrehung lösen und dann in derselben Reihenfolge ganz herausdrehen.
- Prüfen, ob sämtliche Leitungen und Schläuche, die zum Zylinderkopf führen, abgezogen sind.
- Zylinderkopf abheben und auf zwei Holzleisten legen.
- Zylinderkopfdichtung abnehmen.

Einbau

Vor dem Einbau Zylinderkopf und Motorblock mit geeignetem Schaber vorsichtig von Dichtungsresten freimachen. Darauf achten, daß kein Schmutz in die Motorblock-Öffnungen fällt. Bohrungen mit Lappen verschließen.

- Prüfen, ob die Bohrungen für die Zylinderkopfschrauben frei von Öl sind. Gegebenenfalls einen sauberen Lappen in die Bohrungen einführen und Öl aufsaugen. **Achtung:** Verbleibt Öl in den Bohrungen, kann beim Anziehen der Schrauben der Motorblock beschädigt werden.
- Zylinderkopf mit Stahllineal auf Verzug prüfen.

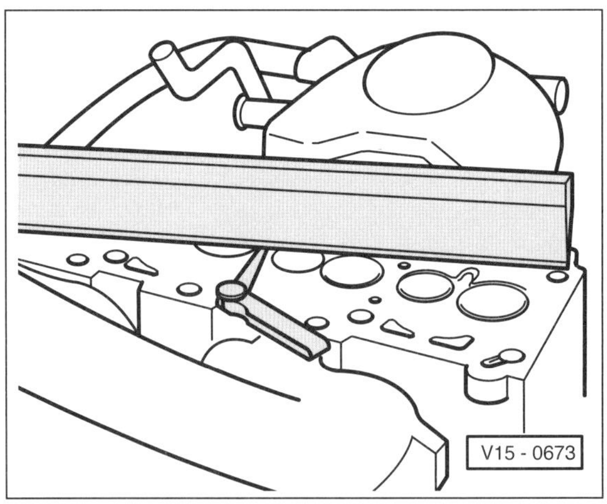

- Verzug mit Stahllineal und Fühlerblattlehre an verschiedenen Stellen des Zylinderkopfes prüfen. Die zulässigen Unebenheiten dürfen maximal 0,1 mm (16V-Motor: 0,05 mm nicht überschreiten.

Achtung: Werden die Dichtflächen des Zylinderkopfes nachgearbeitet, darf die zulässige Mindesthöhe nicht unterschritten werden, siehe Seite 39

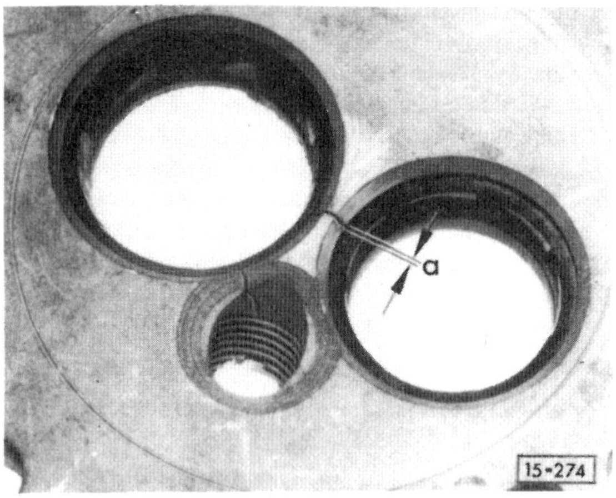

- Zylinderköpfe mit Rissen zwischen den Ventilsitzen beziehungsweise dem Ventilsitzring und den ersten Gewindegängen des Zündkerzengewindes können ohne Herabsetzung der Lebensdauer weiterverwendet und überholt werden, wenn der oder die Risse eine Breite von a = max. 0,5 mm nicht überschreiten.
- Zylinderkopfdichtung grundsätzlich ersetzen.

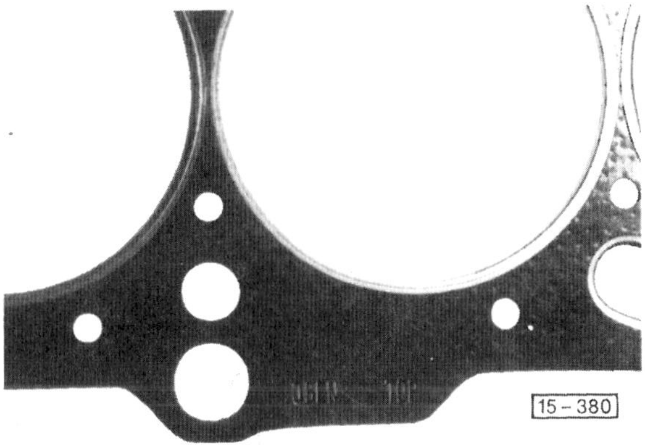

- Die Aufschrift »oben« muß zum Zylinderkopf zeigen. Zylinderkopfdichtung ohne Dichtungsmittel so auflegen, daß keine Bohrungen verdeckt werden.
- Kurbelwelle an der Riemenscheibe so verdrehen, daß alle Kolben ungefähr auf gleicher Höhe stehen. Kurbelwelle drehen, siehe Seite 19.
- Zylinderkopf aufsetzen, dabei Führungsstifte im Motorblock beachten. Gegebenenfalls neue Führungsstifte in die beiden äußeren Bohrungen an der Ansaugseite einsetzen. Darauf achten, daß sich die Nockenwelle in OT-Stellung für Zylinder 1 befindet, siehe Seite 19.
- Die 10 Zylinderkopfschrauben mit Unterlegscheiben ansetzen und handfest anziehen. **Zylinderkopfschrauben grundsätzlich ersetzen.** Je nach eingebauter Zylinderkopfdichtung zugehörige Zylinderkopfschrauben verwenden, siehe Seite 27.

Achtung: Das Anziehen der Zylinderkopfschrauben ist mit größter Sorgfalt durchzuführen. Vor dem Anziehen der Schrauben Drehmomentschlüssel auf seine Genauigkeit prüfen. Die Kopfschrauben bei kaltem Motor anziehen.

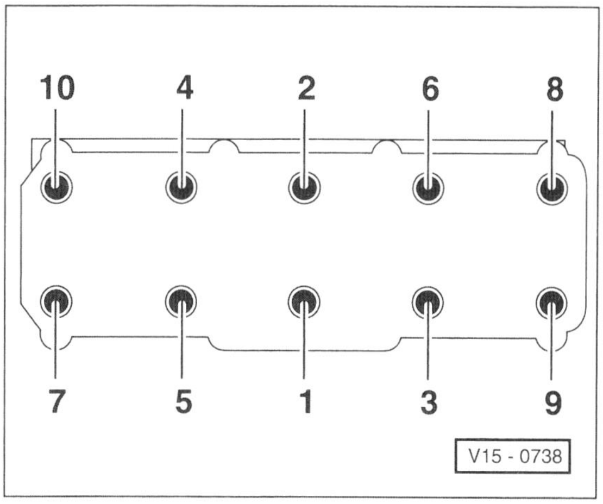

- Die Zylinderkopfschrauben werden in 4 Stufen angezogen. Schrauben in jeder Stufe jeweils in der Reihenfolge von 1 bis 10 anziehen. Die Werte gelten für alle Motoren:

1. Stufe: mit Drehmomentschlüssel **40 Nm**
2. Stufe: mit Drehmomentschlüssel **60 Nm**
3. Stufe: 1/4 Umdrehung (90°) mit **starrem** Schlüssel ohne abzusetzen weiterdrehen.
4. Stufe: 1/4 Umdrehung (90°) mit **starrem** Schlüssel ohne abzusetzen weiterdrehen.

- Beim Anziehen der Zylinderkopfschrauben Drehwinkel abschätzen. Schlüsselgriff längs zum Motor ansetzen und in einem Zug drehen, bis der Griff quer zum Motor steht (1/4 Umdrehung = 90°).

Achtung: Ein Nachziehen der Zylinderkopfschrauben bei warmem Motor, im Rahmen der Wartung oder nach Reparaturen ist **nicht zulässig.**

Achtung: Beim Einbau eines Austausch-Zylinderkopfes mit montierter Nockenwelle müssen die Berührungsflächen zwischen Tassenstößel und Nockenbahn nach Einbau des Zylinderkopfes geölt werden.

- Kurbelwelle auf OT für Zylinder 1 stellen, siehe Seite 19.
- Dichtung(en) für Zylinderkopfdeckel auflegen.
- Ölabweiser oben in den Zylinderkopf einsetzen, Zylinderkopfdeckel auflegen, Verstärkungsleisten auflegen, Befestigungsmuttern mit 10 Nm anschrauben. Dabei Zahnriemenabdeckung oben hinten sowie Halter für elektrische Leitungen und Massekabel mit anschrauben.
- Zahnriemen auf das Nockenwellenzahnrad auflegen und spannen, siehe Seite 19.
- Obere Zahnriemenabdeckung einbauen, siehe Seite 18.
- Abgasrohr am Abgaskrümmer abschrauben, siehe Seite 103.
- Fahrzeug ablassen, siehe Seite 289.

- Mono-Motronic: Kraftstoffvorlauf- und Rücklaufleitung an der Einspritzeinheit aufschieben und mit Schlauchschellen sichern. **Achtung:** Kraftstoffleitungen nicht vertauschen. Die Vorlaufleitung ist auf dem Schlauch mit einem Pfeil gekennzeichnet, der zur Einspritzeinheit zeigt. An den Verbindungsstücken rechts hinten im Motorraum sind die Schläuche mit der schwarzen Vorlauf- und der blauen Rücklaufleitung verbunden. Leitungen am Kunststoffhalter einclipsen.
- 3 Anschlußstecker für Einspritzeinheit aufstecken.
- Digifant: Einspritzventile einbauen, siehe Seite 90.
- 16V-Motor: Ansaugrohr-Ober- und -Unterteil von Dichtungsresten befreien. Neue Dichtung zwischenlegen und Oberteil mit **20 Nm** gleichmäßig über Kreuz in mehreren Durchgängen anschrauben.
- Sämtliche Unterdruckschläuche aufschieben, gegebenenfalls mit Schellen sichern, siehe unter »Ausbau«.
- Warmluftschlauch am Warmluftfangblech aufschieben und mit Schraubschelle sichern.
- Gaszug am Drosselklappenteil und am Widerlager einhängen, siehe Seite 79.
- Steckverbindung für Lambdasonde am Halter des hinteren Motorlagers zusammenstecken.
- Steckverbindung für Saugrohrheizung verbinden.
- Ansauglufthutze an der Einspritzeinheit anschrauben. Unterdruckschlauch für Temperaturregler Ansaugluftvorwärmung aufstecken, Luftschlauch am Luftfilter aufstecken und mit Schraubschelle sichern.
- Leitung für Kurbelgehäuseentlüftung einbauen. Dazu Schlauchanschlüsse am Zylinderkopfdeckel und an der Ansauglufthutze aufstecken und mit Schellen sichern. O-Ring über die Rohrleitung schieben, Leitung vorsichtig in die Aufnahme am Motorblock einsetzen. Dabei darauf achten, daß der O-Ring nicht gequetscht wird. Leitung mit Sicherungsklammer in der Aufnahme arretieren.
- Kühlmittelschlauch am Saugrohr aufstecken und mit Schelle sichern. Das Saugrohr ist am Zylinderkopf angeschraubt.
- Heizungsschlauch links am Zylinderkopf aufstecken und mit Schelle sichern.
- Kühlmittelstutzen am Zylinderkopf anschrauben.
- Entlüftungsschlauch vom Ausgleichbehälter am Kühlmittelstutzen aufstecken und mit Schelle sichern.
- Falls ausgebaut, Verteilerkappe aufsetzen und 2 Blechklammern aufdrücken. Die Verteilerkappe paßt nur in einer Stellung auf den Verteiler. 4 Zündkerzenstecker auf die Zündkerzen stecken, durch hin- und herbewegen der Stecker festen Sitz prüfen. Beim Aufstecken die Zündreihenfolge 1-3-4-2 beachten. Die Zylinder werden von rechts nach links mit 1 bis 4 bezeichnet. Zylinder 1 befindet sich also an der Keilriemenseite. Das Zündkabel für Zylinder 1 sitzt auf der Verteilerkappe über der OT-Markierung am Verteilerrand. Die OT-Markierung ist nur sichtbar wenn die Verteilerkappe abgenommen ist. Da der Verteilerläufer im Betrieb rechts herum dreht (im Uhrzeigersinn), muß das Zündkabel rechts neben dem für Zylinder 1 auf die Zündkerze für Zylinder 3 gesteckt werden (Zündreihenfolge 1-3-4-2) usw.
- Hochspannungsleitung am Zündtrafo aufstecken.
- Ölstand im Motor prüfen, gegebenenfalls auffüllen, siehe Seite 297.
- Kühlmittel auf Gefrierschutz prüfen und auffüllen, siehe Seite 66.
- Gaszug einstellen, siehe Seite 79.
- Batterie-Massekabel (–) anklemmen. **Achtung:** Batterie nur bei **ausgeschalteter Zündung** anklemmen, sonst kann das Steuergerät der Einspritzanlage beschädigt werden.
- Motor auf Betriebstemperatur bringen. Dazu Motor warmfahren bis die Kühlmittel-Temperaturanzeige normale Betriebstemperatur des Kühlmittels signalisiert. Der Zeiger steht dann auf der +90° C-Marke. Anschließend noch mindestens 5 km weiterfahren, damit auch eine ausreichende Motoröltemperatur sichergestellt ist.
- Ölstand und Kühlmittelstand überprüfen und sämtliche Schlauchanschlüsse auf Dichtheit prüfen.
- Zündzeitpunkt prüfen, siehe Seite 52.
- Leerlaufdrehzahl prüfen.
- Zeituhr einstellen.
- Diebstahlcode für Radio eingeben, siehe Kapitel »Radio-Codierung eingeben«.

Steuerkettentrieb

2,8-/2,9-l-Motor VR-6

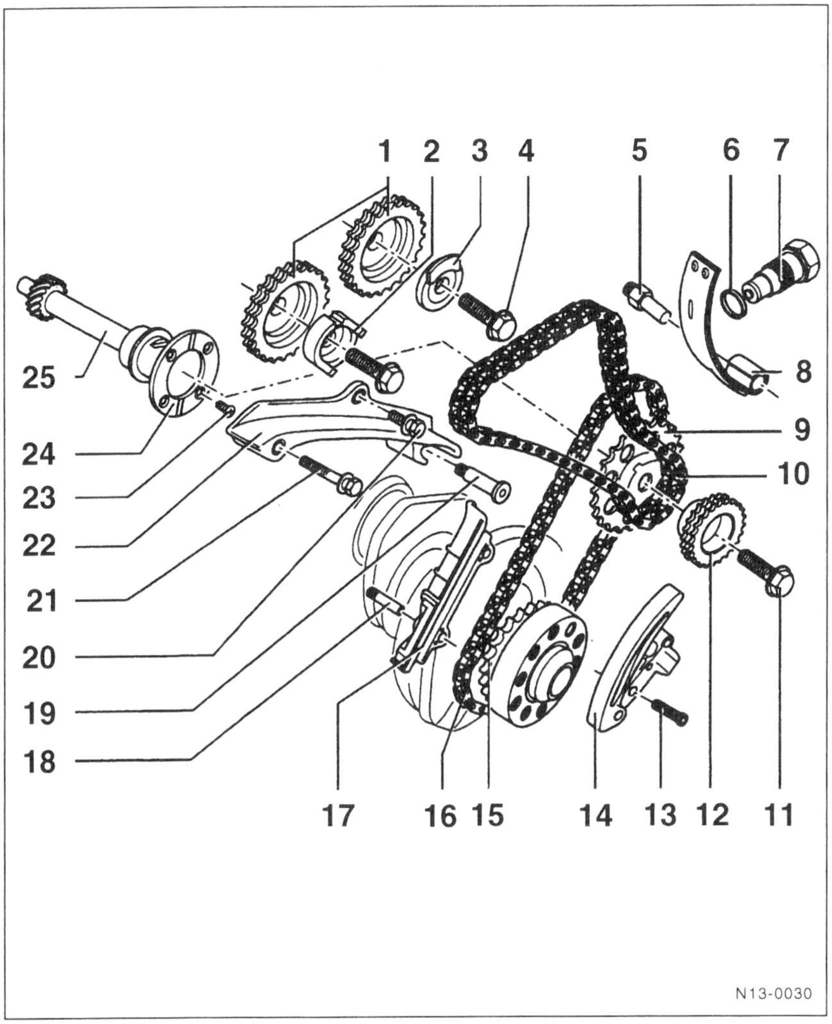

1 – **Nockenwellenkettenrad**

2 – **Kupplung für Zündverteiler**

3 – **Geberrad**
Bei elektronischer Hochspannungsverteilung mit Hallgeber.

4 – **Schraube, 100 Nm**
Zum Aus- und Einbau Nockenwelle mit Gabelschlüssel SW 24 gegenhalten.

5 – **Lagerbolzen, 25 Nm**

6 – **Dichtring**

7 – **Kettenspanner, 30 Nm**
Für obere Steuerkette. Motor nur mit eingebautem Kettenspanner drehen.

8 – **Spannschiene**

9 – **Kettenrad**

10 – **Obere Steuerkette**

11 – **Schraube, 100 Nm**

12 – **Kettenrad**
Für obere Steuerkette.

13 – **Schraube, 10 Nm**

14 – **Kettenspanner mit Spannschiene**

15 – **Antriebszahnrad**
In Kurbelwelle eingearbeitet. Wenn der angeschliffene Zahn der Lagertrennfuge gegenübersteht, befindet sich die Kurbelwelle in OT-Stellung für Zylinder 1.

16 – **Untere Steuerkette**

17 – **Gleitschiene**

18 – **Bolzen ohne Bund, 25 Nm**

19 – **Bolzen mit Bund, 25 Nm**

20 – **Schraube, 20 Nm**
Mit Sicherungsmittel, z. B. VW D6, einsetzen.

21 – **Schraube, 20 Nm**

22 – **Gleitschiene**
Für obere Steuerkette.

23 – **Schraube, 10 Nm**

24 – **Anlaufscheibe**

25 – **Zwischenwelle**

Achtung: Ab Motornummer AAA-217001 beziehungsweise ABV-021781 wird statt der Doppelrollenkette –7– eine Einfachrollenkette mit geänderter Spannschiene eingebaut. Dadurch ändert sich der Kettenspanner.

Der zusammen mit der Doppelrollenkette verwendete Kettenspanner verfügt über eine Ölbohrung an der Stirnseite. Er darf nur zusammen mit der Doppelrollenkette verwendet werden. Bei Motoren mit Einfachrollenkette kommt ein Kettenspanner ohne Ölbohrung zum Einsatz.

Die Einfachrollenkette darf nur mit dem Kettenspanner ohne Ölbohrung und mit der geänderten Spannschiene verwendet werden.

Vor dem Einbau eines Kettenspanners mit Ölbohrung, muß der Kettenspanner entlüftet werden. Dazu einen Draht mit ∅ 0,8 mm bis zum Kugelventil in die Ölbohrung schieben und Druckkolben bis zum Anschlag zusammenschieben. Springt der Kolben anschließend wieder heraus, Vorgang wiederholen.

Hinweis: Dichtungen beziehungsweise Dichtringe grundsätzlich erneuern. Ausnahme: Falls nur die Nockenwellenradabdeckung oder der Dichtflansch steuertriebseitig abgebaut worden ist, können diese wieder mit VW-Dichtmittel AMV 18800102 an der Zylinderkopfdichtung montiert werden.

Zylinderkopf aus- und einbauen/Steuerzeiten einstellen

2,8-/2,9-l-Motor VR-6

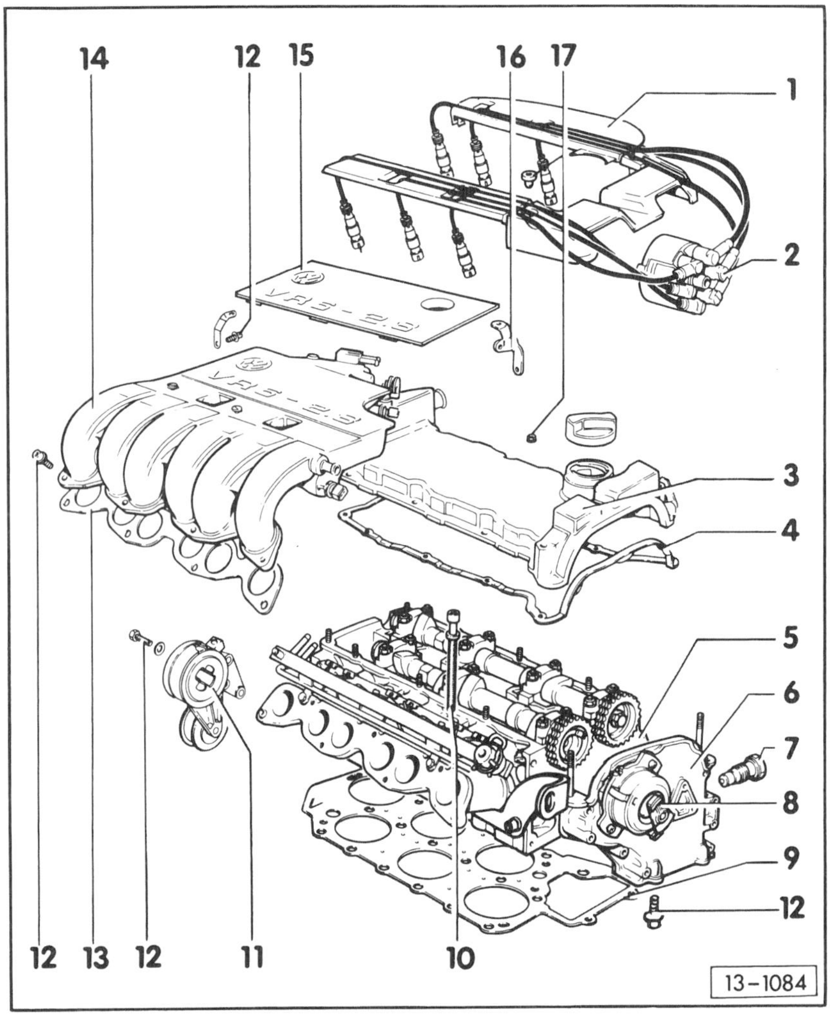

1 – **Zündkabelführung**

2 – **Zündverteilerkappe mit Zündkabel**

3 – **Zylinderkopfdeckel**

4 – **Dichtung für Zylinderkopfdeckel**
Beim Ersetzen Einbaulage beachten.

5 – **Zylinderkopf**

6 – **Nockenwellenradabdeckung**
Dichtfläche mit VW-Dichtmittel AMV18800102 einstreichen. Falls nur die Nockenwellenradabdeckung abgebaut ist, vor dem Einbau Zylinderkopfdichtung für die Montage vorbereiten, siehe Abbildung 15-821.

7 – **Kettenspanner, 30 Nm**

8 – **Zündverteiler**

9 – **Zylinderkopfdichtung**
Einbaulage beachten: Die Kennzeichnung »TOP« muß zum Zylinderkopf zeigen.

10 – **Zylinderkopfschraube**

11 – **Spannrolle für Keilrippenriemen**

12 – **Schraube, 25 Nm**

13 – **Dichtung für Saugrohr-Oberteil**

14 – **Saugrohr-Oberteil**
Erst am Saugrohr-Unterteil festziehen, dann an den Abstützungen hinten festziehen.

15 – **Abdeckung**

16 – **Saugrohrabstützung**

17 – **Mutter, 10 Nm**

Der Zylinderkopf des 6-Zylindermotors wird im Prinzip auf dieselbe Weise ausgebaut wie beim 4-Zylindermotor. Im folgenden wird nur auf die wichtigsten Unterschiede eingegangen.

- Batterie-Massekabel (–) abklemmen. **Achtung:** Dadurch werden die elektronischen Speicher gelöscht, zum Beispiel Motor-Fehlerspeicher oder Radiocode. Batterie nur bei **ausgeschalteter Zündung** abklemmen, da sonst das Steuergerät der Einspritzanlage beschädigt werden kann. Nach Ausschalten der Zündung mindestens 20 Sekunden warten, damit sich der Hitzdraht im Luftmassenmesser freibrennen kann. Vor dem Abklemmen sollten auch die Hinweise im Kapitel »Radio« bzw. »Batterie aus- und einbauen« durchgelesen werden.

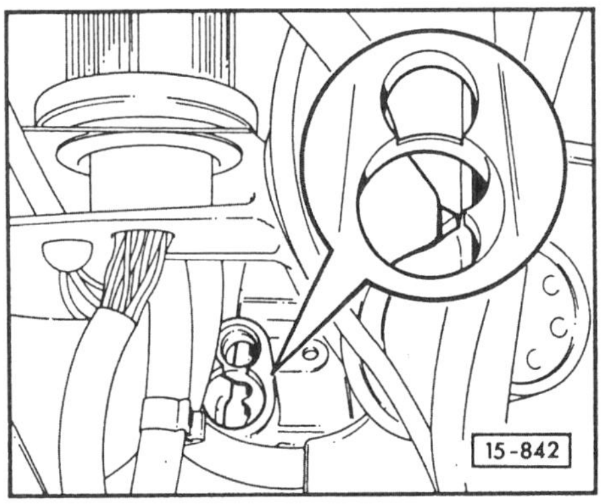

- Kolben für Zylinder 1 auf OT stellen. Dazu Kurbelwelle verdrehen, bis der markierte Zahn (ab 11/91 dreieckig –Abbildung–, bis 10/91 rundgeschliffen) gegenüber der Bezugsmarke steht. Fahrzeuge mit Automatikgetriebe besitzen 3 OT-Markierungen »0« auf dem Drehmomentwandler. Um die richtige OT-Stellung herauszufinden, Zündkerze für Zylinder 1 herausdrehen und mit Schweißdraht OT-Stellung des Kolbens für Zylinder 1 prüfen.

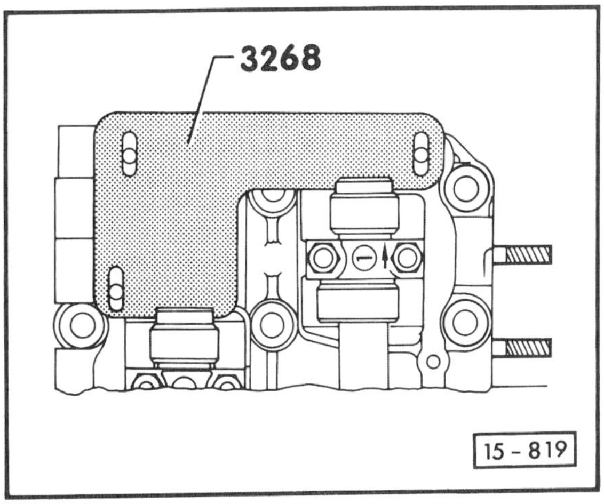

- Nockenwellenlineal VW-3268 in beide Wellennuten einlegen. Das Lineal läßt sich nur in jeder 2. OT-Stellung einsetzen.
- Vor dem Ausbau der oberen Steuerkette Laufrichtung mit Farbe markieren. Falls dieselbe Steuerkette wieder eingebaut wird, unbedingt Laufrichtung beibehalten.
- Die 20 Zylinderkopfschrauben entgegen der Anzugsreihenfolge, also von 20 nach 1 lösen, siehe Abbildung 15-817.

Einbau

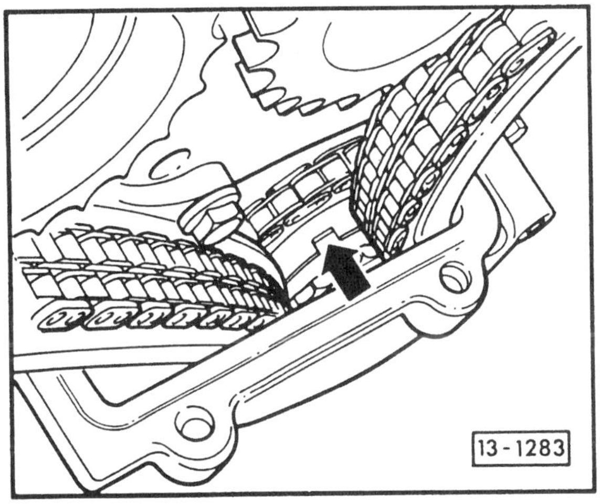

- Prüfen, ob sich der Motor in OT-Stellung für Zylinder 1 befindet. Bei richtiger Einstellung ist am Kettenrad der Zwischenwelle eine Nut –Pfeil– zu erkennen. Ist die Nut nicht zu sehen, Kurbelwelle einmal in Motordrehrichtung weiterdrehen. **Achtung:** Wird die Kurbelwelle bei ausgebautem Zylinderkopf gedreht, muß die Steuerkette durch einen Helfer von Hand mitgeführt werden, damit sie sich nicht verhaken kann.

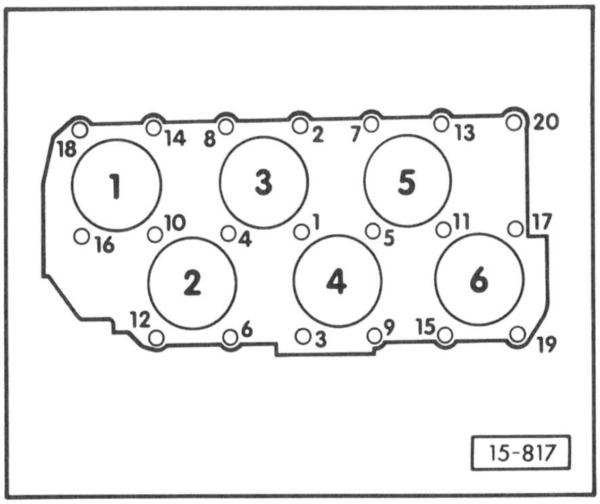

- Prüfen, ob sich die Paßhülsen in den Bohrungen 12 und 20 befinden, gegebenenfalls einsetzen.

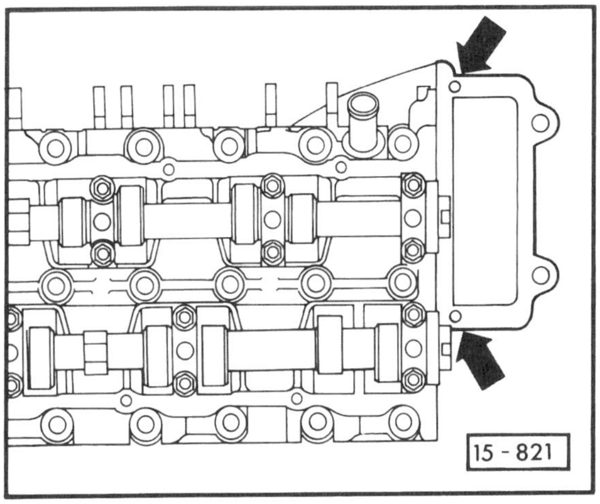

- Zylinderkopfdichtung vorbereiten. Dazu Bohrungen mit 3 mm ∅ –Pfeile– in der Zylinderkopfdichtung von alter Dichtmasse säubern und anschließend mit VW-Dichtmittel AMV18800102 auffüllen.
- Zylinderkopfdichtung so auflegen, daß die Aufschrift »TOP« nach oben, also zum Zylinderkopf zeigt.
- Zylinderkopf mit eingelegtem Nockenwellenlineal aufsetzen.
- Die 20 Zylinderkopfschrauben mit Unterlegscheiben ansetzen und handfest anziehen. **Zylinderkopfschrauben grundsätzlich ersetzen.**
- Die Zylinderkopfschrauben werden in 4 Stufen angezogen. Schrauben in jeder Stufe jeweils in der Reihenfolge von 1 bis 20 anziehen.

1. **Stufe:** mit Drehmomentschlüssel **40 Nm**
2. **Stufe:** mit Drehmomentschlüssel **60 Nm**
3. **Stufe:** ¼ **Umdrehung (90°)** mit **starrem** Schlüssel ohne abzusetzen weiterdrehen.
4. **Stufe:** ¼ **Umdrehung (90°)** mit **starrem** Schlüssel ohne abzusetzen weiterdrehen.

- Beim Anziehen der Zylinderkopfschrauben Drehwinkel abschätzen. Schlüsselgriff längs zum Motor ansetzen und in einem Zug drehen, bis der Griff quer zum Motor steht (1/4 Umdrehung = 90°).

Achtung: Ein Nachziehen der Zylinderkopfschrauben bei warmem Motor, im Rahmen der Wartung oder nach Reparaturen, ist **nicht zulässig.**

Achtung: Beim Einbau eines Austausch-Zylinderkopfes mit montierter Nockenwelle müssen die Berührungsflächen zwischen Tassenstößel und Nockenbahn nach Einbau des Zylinderkopfes geölt werden.

- Gleitschiene auf Lagerbolzen aufstecken und am Zylinderkopf anschrauben.
- Obere Steuerkette auf Zwischenwelle auflegen, dabei Laufrichtungskennzeichnung beachten.
- Nockenwellenkettenrad mit aufgelegter oberer Steuerkette und gegebenenfalls mit Kupplung für Zündverteiler an kurzer Nockenwelle für Zylinderreihe 2, 4, 6 anschrauben, siehe auch Seite 31.
- Nockenwellenkettenrad mit aufgelegter oberer Steuerkette an Nockenwelle für Zylinderreihe 1, 3, 5 anschrauben. Gegebenenfalls Geberrad für elektronische Zündspannungsverteilung anbringen, siehe auch Seite 31.
- Nockenwellenlineal herausnehmen.

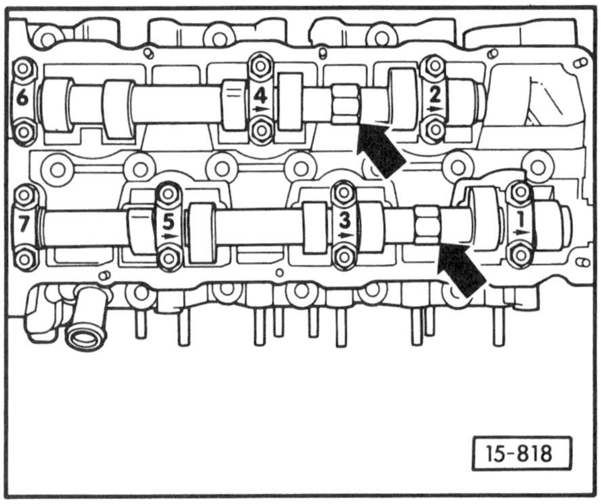

15-818

- Nockenwellenkettenräder mit **100 Nm** anziehen. Dabei Nockenwelle mit Gabelschlüssel SW 24 am Sechskant –Pfeile– gegenhalten. **Achtung:** Beim Festziehen oder Lösen der Nockenwellenräder darf das Nockenwellenlineal **nicht** eingelegt sein.
- An Nockenwellenabdeckung Dichtfläche mit AMV-188 001 02 einstreichen und Dichtring einsetzen. Nockenwellenabdeckung einbauen.
- Kettenspanner einschrauben.
- Kurbelwelle zweimal um 360° in Motordrehrichtung drehen und Zylinder 1 erneut auf OT stellen.

Achtung: Motor nur mit eingeschraubtem Kettenspanner drehen! Andernfalls kann die Steuerkette überspringen.

- **Neues** Kühlmittel auf Gefrierschutz prüfen und auffüllen, siehe Seite 66.

Achtung: Bisheriges Kühlmittel **nicht** wiederverwenden.

Steuerzeiten-Einstellung

13-1052

- Stellung der Kurbelwelle zur Zwischenwelle kontrollieren beziehungsweise einstellen. Der angeschliffene Zahn des Kurbelwellenzahnrades –B– muß der Lagertrennfuge gegenüberstehen.
- Die Markierung am Zwischenwellenrad muß mit der Kerbe –C– auf der Anlaufscheibe fluchten. A = Montageöffnung, um die Sperrverzahnung des Kettenspanners mit einem kleinen Schraubenzieher zu lösen.

Hydraulische Tassenstößel prüfen

Alle Motoren

Die hydraulischen Tassenstößel gleichen jegliches Ventilspiel aus. Dadurch muß das Ventilspiel im Rahmen der Wartung **nicht** mehr eingestellt werden; außerdem ergibt sich eine Geräuschminderung im Ventiltrieb.

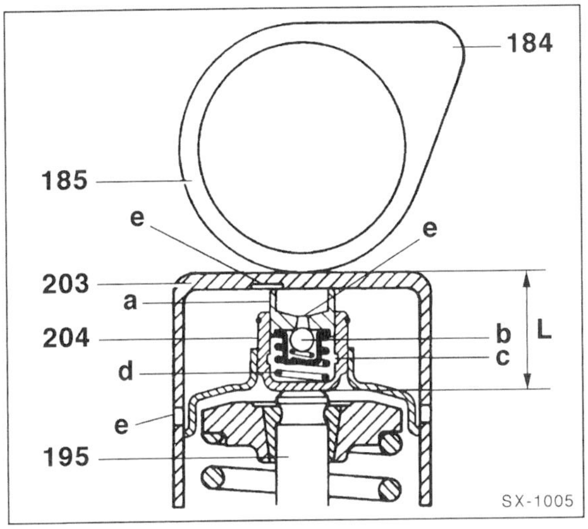

Bei laufendem Motor wird der Tassenstößel –203– entlastet, wenn der Nocken –184– der Nockenwelle –185– nach oben zeigt.

Die Feder –d– drückt dann das Ausgleichelement –204– auseinander, so daß es unten am Ventilschaft –195– anliegt und oben der Druckbolzen –a– den Tassenstößel –203– gegen die Nockenwelle drückt. In dieser Stellung kann über kleine Bohrungen –e– Motoröl in oder aus dem Arbeitsraum –c– fließen. Sobald der Tassenstößel durch den Nocken der sich drehenden Nockenwelle wieder belastet wird, schließt sich das Kugelventil –b– und das eingeschlossene Öl wirkt, da es sich nicht verdichten läßt, wie ein fester Körper. Die Länge –L– wird also bei jeder Umdrehung der Nockenwelle den entsprechenden Größenänderungen der Bauteile im Ventiltrieb angepaßt.

Äußerliches Kennzeichen der hydraulischen Tassenstößel sind eine umlaufende Ölnut und fehlende Einstellscheiben. Reparaturen an den Hydrostößeln sind nicht möglich.

Achtung: Geräusche im Ventiltrieb beim Anlassen des Motors sind normal. Beim Motorstillstand wird je nach Stellung des Nockens mehr oder weniger Öl aus dem einzelnen Ventilstößel herausgedrückt. Dies führt zu Geräuschen, bis sich die Hydrostößel bei laufendem Motor wieder mit Motoröl gefüllt haben. Unter Umständen kann dieser Vorgang so lange dauern, bis der Motor seine Betriebstemperatur erreicht hat. Um eine einwandfreie Funktion der Hydrostößel zu gewährleisten, befindet sich im Zylinderkopf eine Ölrücklaufsperre, welche verhindert, daß sich die Ölkanäle im Zylinderkopf bei abgestelltem Motor vollständig entleeren.

Prüfen

Die hydraulischen Ventilstößel sind zu prüfen, wenn nach Erreichen der Betriebstemperatur Geräusche im Ventiltrieb auftreten.

- Motor auf Betriebstemperatur bringen. Dazu Motor warmfahren bis die Kühlmittel-Temperaturanzeige normale Betriebstemperatur des Kühlmittels signalisiert. Anschließend noch mindestens 5 km weiterfahren, damit auch eine ausreichende Motoröltemperatur sichergestellt ist.
- Motor im Leerlauf drehen lassen, bis der Lüfter für Kühler einschaltet.
- Motordrehzahl 2 Minuten lang auf ca. 2500/min erhöhen.
- Falls die hydraulischen Stößel immer noch laut sind, Motor abstellen und Zylinderkopfdeckel ausbauen.
- Kurbelwelle und damit auch Nockenwelle so weit drehen, bis die Nocken des zu prüfenden Zylinders nach oben stehen. Kurbelwelle verdrehen, siehe im Kapitel »Zahnriemen ausbauen« auf Seite 19.

Achtung: Nicht an der Befestigungsschraube des Nockenwellenrades drehen, da hierdurch der Zahnriemen überbeansprucht wird.

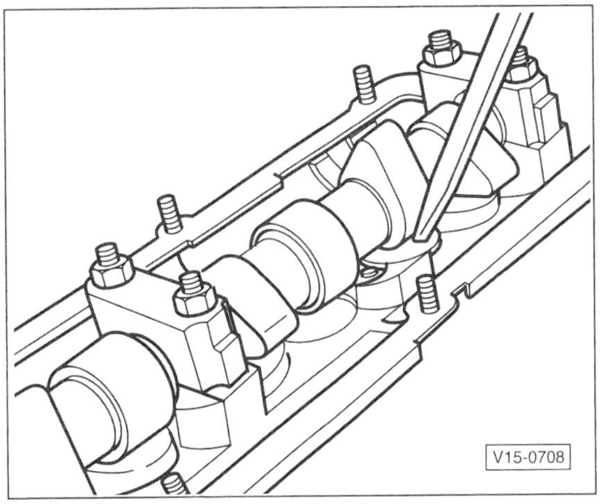

- Tassenstößel mit Holz- oder Kunststoffkeil nach unten drücken. Falls dabei ein Leerweg von mehr als 0,2 mm zu spüren ist, bevor das Ventil bewegt wird, Tassenstößel austauschen.

Achtung: Nach dem Einbau eines neuen Hydrostößels darf der Motor ca. **30 Minuten nicht gestartet** werden, sonst kann das Ventil auf dem Kolben aufsetzen und dadurch Kolben und/oder Ventil beschädigen.

Ventil aus- und einbauen

Alle Motoren

Ausbau

- Zylinderkopf ausbauen, siehe Seite 27.

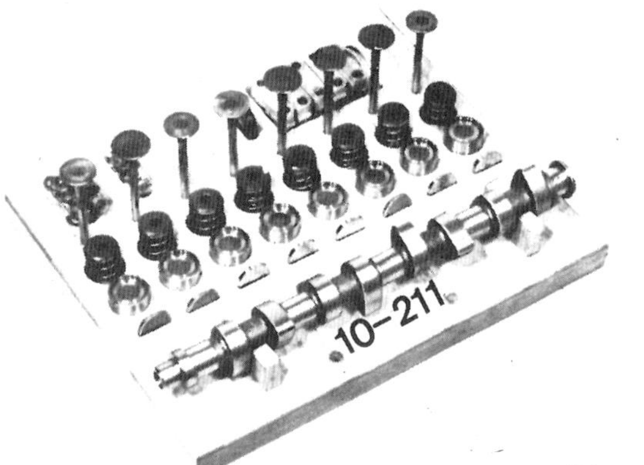

A 72/649

Achtung: Werden Teile der Ventilsteuerung wieder verwendet, müssen diese an gleicher Stelle eingebaut werden. Damit keine Verwechslungen vorkommen, empfiehlt es sich, ein entsprechendes Ablagebrett anzufertigen.

- Nockenwelle ausbauen, siehe Seite 24.
- Tassenstößel markieren und herausnehmen. **Achtung:** Tassenstößel mit der **Lauffläche** (Nockenwellenseite) **nach unten** ablegen.

- Ventilfedern ausbauen. Hierzu benutzen die Werkstätten ein Spezialwerkzeug (VW 2037). Man kann die Ventilkegelstücke – und damit die Ventile einschließlich der Ventilfedern – auch mit Hilfe einer handelsüblichen Ventilfederzange ausbauen. Allerdings müssen dann unter Umständen Ansaug- oder Abgaskrümmer abgeschraubt werden.
- Ventilfedern zusammendrücken und Ventilkegelstücke herausnehmen. Ventilfederteller oben und Ventilfedern abnehmen. Ventil herausziehen.
- Ventilschaftabdichtung herausziehen, siehe Seite 37.

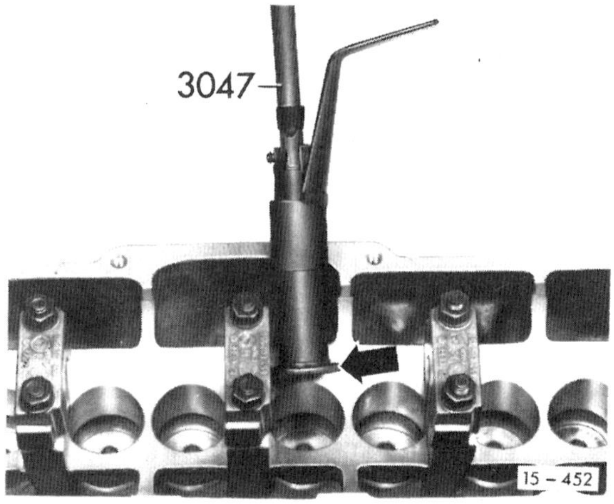

- Unteren Ventilfederteller –Pfeil– mit Werkzeug VW-3047 oder HAZET-Werkzeug 791-5/791-2 ausbauen.

Einbau

Vor Einbau der Ventile Ventilführungen prüfen und eventuell Ventilsitze nacharbeiten bzw. einschleifen, siehe Seite 39.

Achtung: Neue Ventilfederteller sind an der Unterkante der Bohrung für die Kegelstücke vereinzelt sehr scharfkantig. Dadurch können die Ventilschäfte beschädigt werden (Riefen etc.). Beschädigte Ventile ersetzen, Ventilfederteller vor dem Einbau gegebenenfalls entgraten.

- Untere Federauflage einsetzen.
- Ventilschaft an den Anlageflächen der Ventilkegelstücke entgraten.
- Aus Sicherheitsgründen Ventilschaftabdichtungen **grundsätzlich erneuern.**
- Ventilschaft leicht einölen und Ventil einsetzen. Ein- und Auslaßventile nicht verwechseln!
- Neue Ventilschaftabdichtung aufschieben, siehe Seite 37.

Achtung: Erfolgt die Montage ohne Verwendung der Kunststoffhülse, werden die Ventilschaftabdichtungen beschädigt! Der Motor braucht dann übermäßig viel Öl!

- Ventilfedern einsetzen. Werden die Ventilfedern ersetzt, Ventilfedern nur paarweise auswechseln.

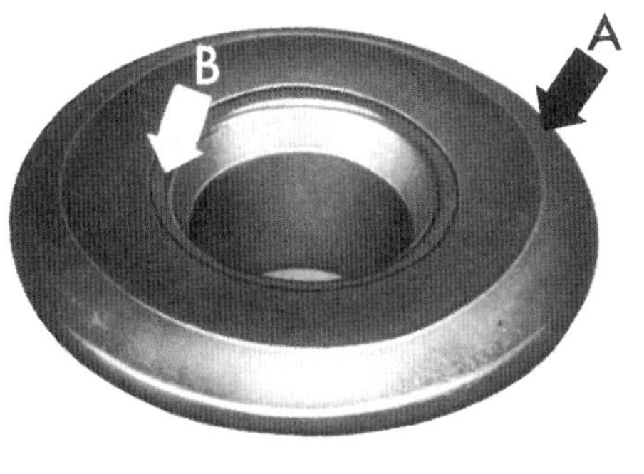

15 - 477

- Ventilteller oben einsetzen. Die Ventilfederteller haben außen eine breite Fase –A– und eine Fase innen –Pfeil B–.
- Ventilfedern mit Ventilfederzange zusammendrücken und Ventilkegelstücke so einsetzen, daß sie in den Nuten des Ventils einrasten. Ventilfederzange entspannen und nächstes Ventil einsetzen.
- Axialspiel der Nockenwelle prüfen, siehe Seite 24.
- Alle Tassenstößel mit Motoröl einölen und nach der Kennzeichnung in die Bohrung einsetzen.
- Nockenwelle einbauen, siehe Seite 24.
- Zylinderkopfdichtung erneuern, Zylinderkopf einbauen, siehe Seite 27.

Ventilschaftabdichtungen ersetzen

Alle Motoren

Hoher Ölverbrauch kann auf verschlissene Ventilschaftabdichtungen zurückzuführen sein. Die Ventilschaftabdichtungen können auch **bei eingebautem Zylinderkopf** ausgebaut werden, allerdings werden dann das Spezialwerkzeug VW 2036 mit VW 541/1A oder HAZET 2577-2 sowie Preßluft benötigt.

Ausbau

- Nockenwelle und Tassenstößel ausbauen, siehe Seite 24.
- Kolben des jeweiligen Zylinders in den **Unteren** Totpunkt (UT) stellen. Dazu Kurbelwelle zunächst auf OT für Zylinder 1 stellen, siehe Kapitel »Zahnriemen ausbauen« auf Seite 19.
- Wenn Zylinder 1 im OT (Oberen Totpunkt) steht, befinden sich gleichzeitig die Zylinder 2 und 3 im Unteren Totpunkt (UT). Schwingungsdämpfer von unten mit Kreide markieren, dann Kurbelwelle um ½ Umdrehung (180°) weiterdrehen, bis die Kreidemarkierung oben steht. Jetzt stehen die Zylinder 1 und 4 im UT. Der Schwingungsdämpfer ist auf der Zahnriemenseite an die Kurbelwelle beziehungsweise an das Kurbelwellenzahnrad angeschraubt.
- Sämtliche Zündkerzen herausschrauben.
- Druckluft-Adapter VW 653/3 oder HAZET 3428 mit Druckschlauch in das Zündkerzengewinde des betreffenden Zylinders einschrauben.

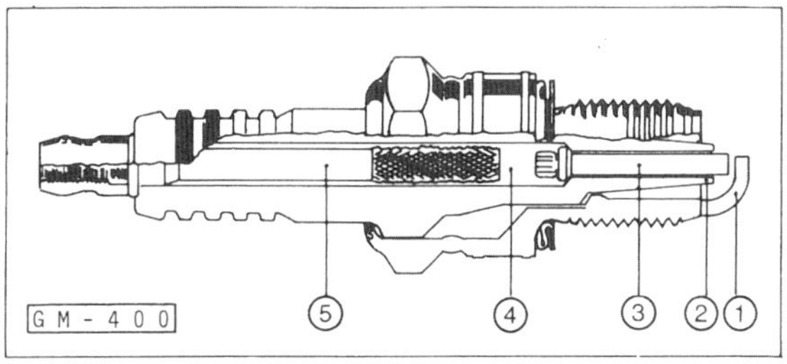

- Falls das Spezialwerkzeug nicht zur Verfügung steht, Druckluft-Adapter aus einer alten Zündkerze anfertigen. Dazu Masseelektrode –1– abkneifen. Keramik-Isolator –2– mit Schraubendreher abbrechen und Mittelelektrode –3– durch Hin- und Herbiegen abbrechen und herausnehmen. Rest der Mittelelektrode zusammen mit Glasschmelze –4– und Anschlußbolzen –5– mit geeignetem Durchschlag (ca. 3 mm) heraustreiben. Dabei Zündkerze in Schraubstock einspannen oder in entsprechendem Schraubendrehereinsatz (Stecknuß) einsetzen. **Achtung:** Das Gewinde der Zündkerze darf nicht beschädigt werden, um Folgeschäden an der Gewindebohrung im Zylinderkopf zu vermeiden.
- Vorbereitete Zündkerze in den betreffenden Zylinder einschrauben und mit Druckluftschlauch verbinden.
- Über Druckluftschlauch ständig mindestens 6 bar Überdruck in den Zylinder blasen.

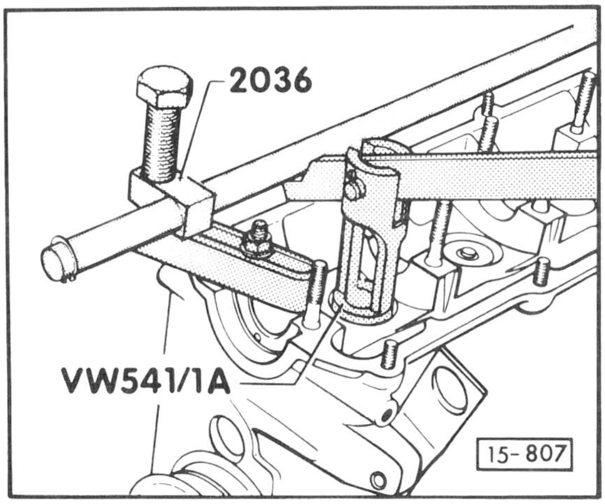

- VW-Werkzeug 2036 am Lagerbock 1 und 4 anschrauben und Ventilfedern mit Werkzeug VW 541/1A zusammendrücken. Es kann auch das HAZET-Werkzeug 2577-2 verwendet werden. In diesem Fall die am Werkzeug angebrachte Gegenhaltevorrichtung am Stehbolzen für die Nockenwellenbefestigung anschrauben und Ventilfedern mit Spannwerkzeug zusammendrücken.

Achtung: Der Kolben muß dabei im UT stehen.

- Ventilkegelstücke herausnehmen, Ventilfedern entspannen.

Achtung: Festsitzende Ventilkegelstücke mit **leichten** Hammerschlägen auf den Montagehebel lösen.

- Ventilfederteller und Ventilfedern herausnehmen.

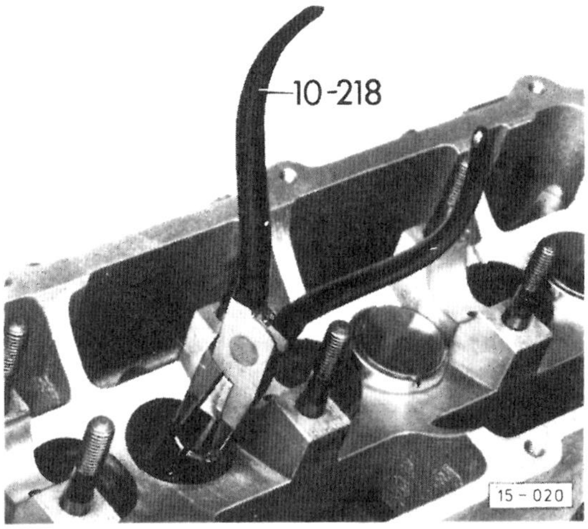

- Ventilschaftabdichtung herausziehen. Zum Ausbau benutzen die Werkstätten ein Spezialwerkzeug (VW 10-218 oder VW 3047A, HAZET 791-5 oder Schlagauszieher HAZET 791-2). Alte Ventilschaftabdichtungen sitzen in der Regel sehr fest. Für den Ausbau sollte deshalb möglichst ein Schlagauszieher benutzt werden.

Einbau

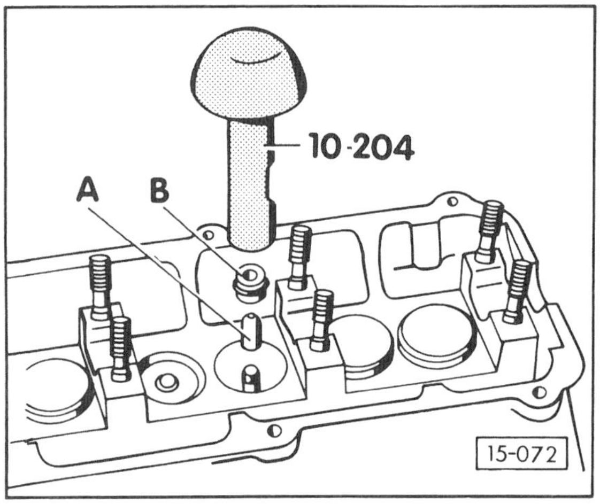

- Kunststoffhülse –A– (wird mit Dichtungen mitgeliefert) auf Ventilschaft stecken. Ventilschaftabdichtung –B– leicht einölen, in den Aufdrücker VW 10-204 oder HAZET 2577 einsetzen und vorsichtig auf die Ventilführung schieben. Hülse und Aufdrücker abnehmen. **Achtung:** Bei den 1,8-/2,0-l-Motoren (AAM, ANN, ANP, ADZ, ADY) ab 11/94 verwendet die Fachwerkstatt den Aufdrücker VW-3129.

Achtung: Erfolgt die Montage ohne Verwendung der Kunststoffhülse, werden die Ventilschaftabdichtungen beschädigt! Der Motor braucht dann übermäßig viel Öl!

- Ventilfedern und Ventilfederteller einsetzen und spannen.
- Ventilkegelstücke einsetzen, Ventilfedern entspannen.
- Auf die gleiche Weise sämtliche Ventilschaftabdichtungen erneuern. Tassenstößel und Nockenwelle einbauen, siehe Seite 24.

Ventilführungen prüfen

Alle Motoren

Bei Instandsetzungsarbeiten von Motoren mit undichten Ventilen genügt es nicht, die Ventile zu bearbeiten beziehungsweise zu ersetzen. Es ist außerdem dringend erforderlich, die Ventilführungen auf Verschleiß zu prüfen. Besonders wichtig ist die Prüfung an Motoren mit längerer Laufzeit. Ist der Verschleiß zu groß, sind entweder die Ventilführungen zu erneuern (Werkstattarbeit!), oder der Zylinderkopf ist auszutauschen.

- Rückstände an Ventilführungen mit Reinigungsahle entfernen.
- Neues Ventil in die Führung stecken. Ventilschaftende muß mit Führung abschließen.

Achtung: Wegen der unterschiedlichen Schaft- und Tellerdurchmesser nur **Einlaßventil** in **Einlaßführung** beziehungsweise **Auslaßventil** in **Auslaßführung** verwenden.

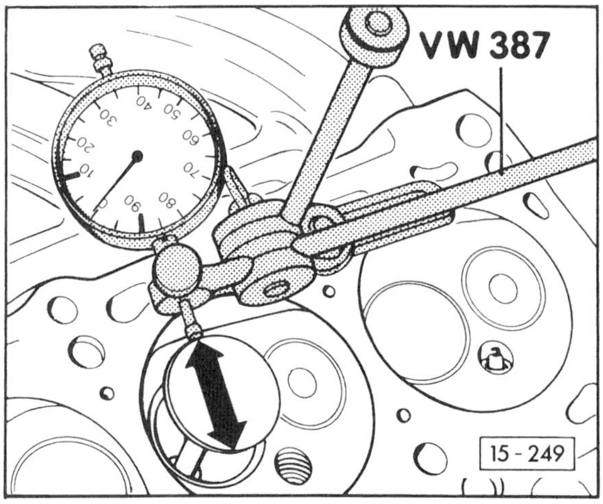

- Kippspiel ermitteln. Hierzu benutzen die VW-Werkstätten das Spezialwerkzeug VW 387. Verschleißgrenze Einlaßventilführung: 1,0 mm, Auslaßventilführung: 1,3 mm.
- Bei zu großem Kippspiel Ventilführungen von Werkstatt erneuern lassen.

Ventilsitz im Zylinderkopf/ Ventile nacharbeiten

Alle Motoren

Ventilsitze mit Verschleiß- oder Verbrennungsspuren können nachgearbeitet werden, solange das maximal zulässige Nacharbeitungsmaß eingehalten wird. Wird das Nacharbeitungsmaß überschritten, ist die Funktion des hydraulischen Ventilspielausgleiches nicht mehr gewährleistet. In diesem Fall Zylinderkopf ersetzen. Ventilsitze immer nur so weit nacharbeiten, daß ein einwandfreies Tragbild erreicht wird. Ventilsitzringe können mit den üblichen Werkstattmitteln erneuert werden. Für das Nacharbeiten werden Reibahlen benötigt. Da der Umgang mit diesen Werkzeugen eine spezielle Erfahrung erfordert, sollte man die Arbeiten von einer Werkstatt durchführen lassen.

Achtung: Auslaßventilsitzringe sind zusätzlich mit einer Verengung versehen. Beim Nacharbeiten ist unbedingt darauf zu achten, daß der Radius der Verengung nicht beschädigt wird.

Nacharbeitsmaß Zylinderkopf

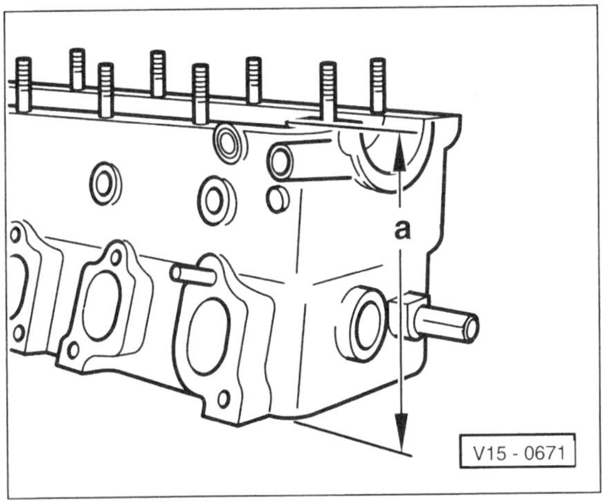

1,4-/1,6(75 PS)-l-Motor: ...... a = 135,6 mm
1,6(100 PS)-/1,8-/2,0-l-Motor: .. a = 132,6 mm
2,0-l-16V-Motor: .... a = 118,1 mm
2,8-/2,9-l-Motor: .... a = 139,5 mm

Ventilmaße

Achtung: Die Ventile dürfen **nicht** nachgearbeitet werden. Nur das Einschleifen ist zulässig.

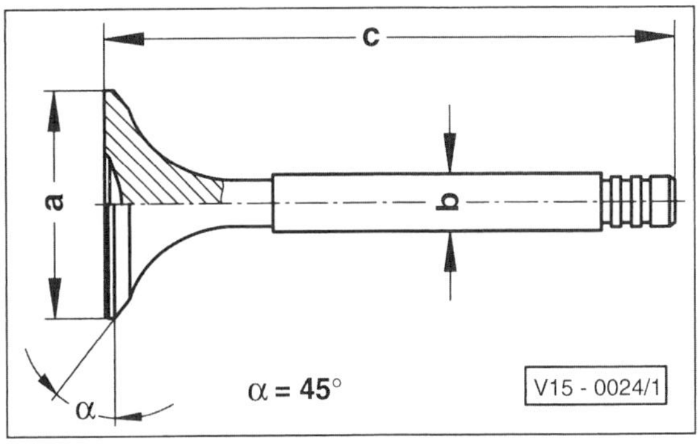

Motor	Einlaßventil	Auslaßventil
1,4-l-Motor **ABD** bis 7/92	a = 36,0 mm ∅	a = 29,0 mm ∅
	b = 7,965 mm ∅	b = 7,945 mm ∅
	c = 99,3 mm	c = 99,1 mm
1,4-l-Motor **ABD, AEX, APQ** ab 8/92	a = 36,0 mm ∅	a = 29,0 mm ∅
	b = 6,97 mm ∅	b = 6,95 mm ∅
	c = 99,3 mm	c = 99,1 mm
1,6-l-Motor **ABU**	a = 34,6 mm ∅	a = 29,0 mm ∅
	b = 6,963 mm ∅	b = 6,943 mm ∅
	c = 94,8 mm	c = 95,0 mm
1,6-l-Motor **AEA, AEE**	a = 35,6 mm ∅	a = 29,0 mm ∅
	b = 6,963 mm ∅	b = 6,943 mm ∅
	c = 94,8 mm	c = 95,0 mm
1,6-l-Motor **AEK** bis 10/94	a = 39,5±0,15 mm ∅	a = 33,0+0,3 mm ∅
	b = 7,94 mm ∅	b = 7,95 mm ∅
	c = 91,90 mm	c = 91,20 mm
1,6-l-Motor **AEK, AFT, AKS** ab 11/94	a = 39,5±0,15 mm ∅	a = 32,9±0,15 mm ∅
	b = 6,92±0,02 mm ∅	b = 6,92±0,02 mm ∅
	c = 91,85 mm	c = 91,15 mm
1,8-l-Motor **AAM, ABS, ANN** bis 10/94	a = 38,0 mm ∅	a = 33,0 mm ∅
	b = 7,97 mm ∅	b = 7,95 mm ∅
	c = 91,90 mm	c = 91,20 mm
1,8-l-Motor **AAM, ADZ, ANP** ab 11/94	a = 37,95±0,15 mm ∅	a = 32,9±0,15 mm ∅
	b = 6,92±0,02 mm ∅	b = 6,92±0,02 mm ∅
	c = 91,85 mm	c = 91,15 mm
2,0-l-Motor **ADY, 2E** bis 10/94	a = 39,5 mm ∅	a = 33,0 mm ∅
	b = 7,97 mm ∅	b = 7,95 mm ∅
	c = 91,90 mm	c = 91,20 mm
2,0-l-Motor **ADY** ab 11/94	a = 39,5±0,15 mm ∅	a = 32,9±0,15 mm ∅
	b = 6,92±0,02 mm ∅	b = 6,92±0,02 mm ∅
	c = 91,85 mm	c = 91,15 mm
2,0-l-Motor **ABF**	a = 32,0 mm ∅	a = 27,0 mm ∅
	b = 6,97 mm ∅	b = 6,94 mm ∅
	c = 95,5 mm	c = 98,0 mm
2,8-l-Motor 2,9-l-Motor **AAA, ABV**	a = 39,0 mm ∅	a = 34,2 mm ∅
	b = 6,97 mm ∅	b = 6,95 mm ∅
	c = 105,95 mm	c = 106,95

Ventilsitz einschleifen

Alle Motoren

Bei einwandfrei bearbeiteten Ventilsitzringen und neuen Ventilen ist das Einschleifen der Ventilsitze im Zylinderkopf nicht unbedingt erforderlich.

- Die Ventile dürfen nur mit feinkörniger Schleifpaste eingeschliffen werden. Für die notwendigen Drehbewegungen wird ein Gummisauger auf den Ventilteller gesetzt. Rillenbildung auf den Sitzflächen beim Einschleifen läßt sich durch häufiges Anheben und gleichmäßiges Weiterdrehen des Ventils während des Schleifvorgangs vermeiden.

Achtung: Die Schleifpaste ist nach dem Einschleifen sorgfältig zu entfernen.

- Geprüft werden kann der Schleifvorgang am Tragbild sowie mit Kraftstoff: Ventil lose einsetzen, Kraftstoff in Brennraum einfüllen, Kraftstoff darf nicht aus der Ventilführung auslaufen. Sonst Schleifvorgang wiederholen.

Kompression prüfen

Alle Motoren

Die Kompressionsprüfung erlaubt Rückschlüsse über den Zustand des Motors. Und zwar läßt sich bei der Prüfung feststellen, ob die Ventile oder die Kolben (Kolbenringe) in Ordnung beziehungsweise verschlissen sind. Außerdem zeigen die Prüfwerte an, ob der Motor austauschreif ist beziehungsweise komplett überholt werden muß. Für die Prüfung wird ein Kompressionsdruckprüfer benötigt, der für Benzinmotoren recht preiswert in Fachgeschäften angeboten wird.

Der Druckunterschied zwischen den einzelnen Zylindern darf maximal 3,0 bar betragen. Falls ein oder mehrere Zylinder gegenüber den anderen einen Druckunterschied von mehr als 3,0 bar haben, ist dies ein Hinweis auf defekte Ventile, verschlissene Kolbenringe beziehungsweise Zylinderlaufbahnen. Ist die Verschleißgrenze erreicht, muß der Motor überholt beziehungsweise ausgetauscht werden.

Motor	Kompressionsdruck in bar	
	Neu	Verschleißgrenze
1,4-l 60 PS, 1,6-l 75 PS	10 – 15	7,0
1,8-l 75 PS	9 – 12	7,0
1,6-l 100 PS/ 1,8-l 90 PS, 2,0-l 115/150 PS	10 – 13	7,5
2,8-/2,9-l VR6	11 – 13	7,5

- Zur Prüfung der Kompression muß die Motoröltemperatur mindestens +30° C betragen. Der Ölfilter ist dann gut handwarm, gegebenenfalls Motor warmfahren. Die Motortemperatur darf nicht zu hoch sein, da sonst beim Herausschrauben der Zündkerzen das Gewinde im Zylinderkopf beschädigt werden kann.
- Zündung ausschalten.
- Stecker vom Hallgeber am Zündverteiler abziehen.
- Sämtliche Zündkerzenstecker abziehen. Hierzu gibt es eine spezielle Zange, zum Beispiel HAZET 1849. Damit dürfen die Stecker jedoch nur an den Blechhülsen, falls vorhanden, gefaßt werden.
- Anschließend Zündkerzen-Nischen im Zylinderkopf mit Preßluft ausblasen, und alle Zündkerzen mit geeignetem Kerzenschlüssel herausschrauben.
- Motor mit Anlasser ein paarmal durchdrehen, damit Rückstände und Ruß herausgeschleudert werden. **Achtung:** Getriebe in Leerlaufstellung und Handbremse angezogen.
- Kompressionsdruckprüfer entsprechend der Bedienungsanleitung in die Zündkerzenöffnung drücken oder einschrauben.
- Von Helfer Gaspedal ganz durchtreten lassen und während der ganzen Prüfung mit dem Fuß festhalten.
- Motor ca. 8 Umdrehungen drehen lassen, bis kein Druckanstieg mehr auf dem Meßgerät erfolgt.
- Nacheinander sämtliche Zylinder prüfen und mit Sollwert vergleichen.
- Anschließend Zündkerzen einschrauben und Zündkabel aufstecken, siehe Seite 54.
- Stecker für Hallgeber aufstecken.

Keilrippenriemen ersetzen/spannen

4-Zylindermotor

Der GOLF/VENTO ist mit einem Keilrippenriemen ausgestattet, der Generator, Kühlmittelpumpe und, falls vorhanden den Kompressor für die Klimaanlage antreibt. Die Flügelpumpe der Servolenkung wird durch einen zusätzlichen Keilriemen angetrieben. Der Keilrippenriemen ist breiter als der Keilriemen und besitzt mehrere längslaufende Rippen. Je nach Ausführung wird der Keilrippenriemen durch eine Spannrolle oder durch eine Spannfeder unterhalb des Generators gespannt.

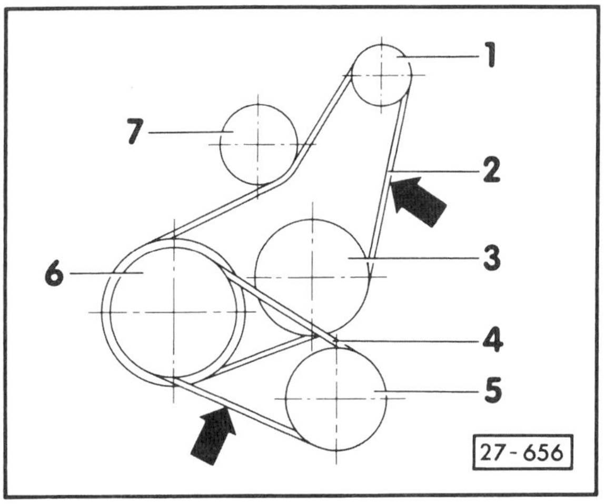

1 – Riemenscheibe Drehstromgenerator
2 – Keilrippenriemen
3 – Riemenscheibe Kühlmittelpumpe
4 – Keilriemen
5 – Riemenscheibe Flügelpumpe für Servolenkung
6 – Riemenscheibe Kurbelwelle
7 – Spannrolle

Riementrieb *ohne* Spannrolle

Ausbau

- Keilriemen für Servopumpe ausbauen.
- Laufrichtung des Keilrippenriemens kennzeichnen. Dazu mit Filz- oder Fettstift auf dem Riemen einen Pfeil in Laufrichtung anbringen. Der Motor dreht, von der Keilrippenriemenseite aus gesehen, rechts herum, also im Uhrzeigersinn.

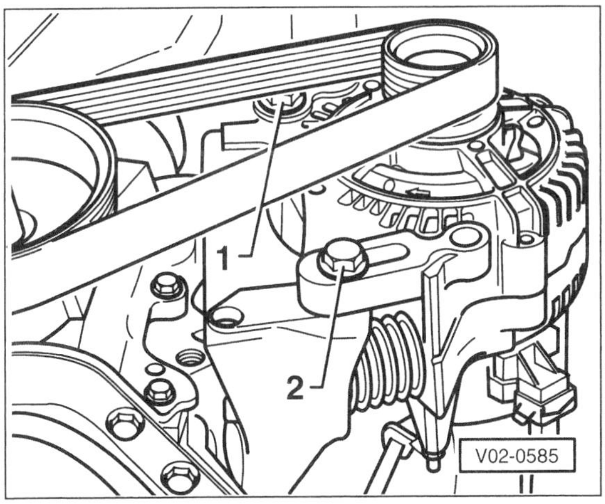

- Befestigungsschrauben –1– für Generatorlagerung und –2– für Spannbügel mindestens eine Umdrehung lösen.

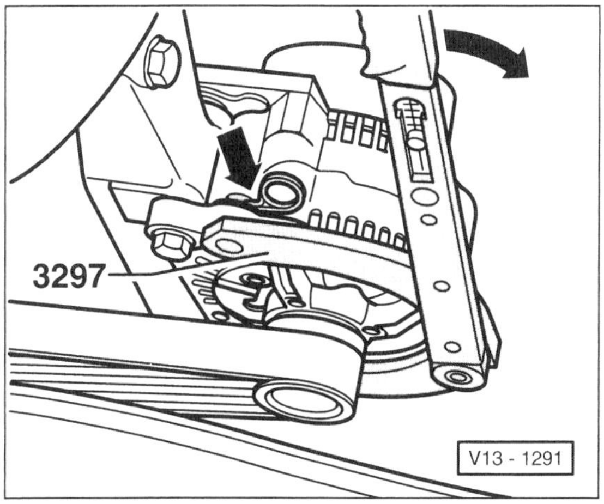

- Generator mit Spezialwerkzeug VW-3297 oder mit einem Montierhebel nach unten, entgegen der Federkraft der Spannfeder, drücken und dadurch Keilrippenriemen entspannen. Spannhebel VW-3297 mit Absteckstift sichern –Pfeil–.
- Spritzschutz für Riementrieb nach unten abziehen.
- Keilrippenriemen abnehmen.

Zustand des Keilrippenriemens prüfen. Dabei auf folgende Beschädigungen achten:

- Risse oder Brüche
- Abtrennung von Deckschicht oder Zugsträngen
- Ausfransen der Zugstränge
- Ausgefranste oder glasige Flanken
- Öl- oder Fettspuren

- Ein beschädigter Keilrippenriemen muß umgehend ersetzt werden.

Einbau

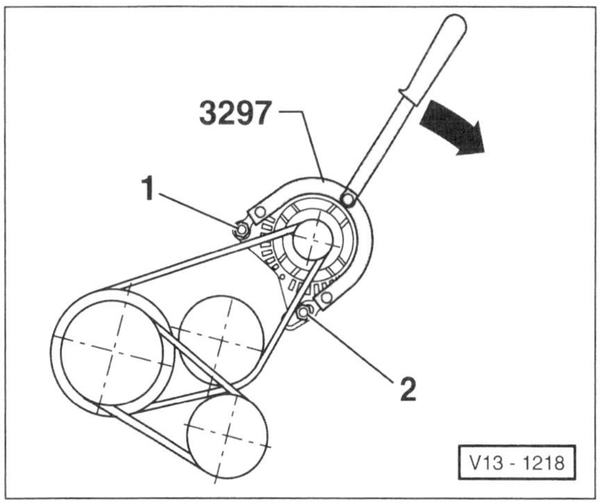

- Generator mindestens 3mal mit dem Spezialwerkzeug VW 3297 bis zum Anschlag nach unten drücken, um die Leichtgängigkeit des Generators sicherzustellen.

- Keilrippenriemen auf die Riemenscheibe der Kurbelwelle auflegen. Generator herunterdrücken und Keilrippenriemen über die Riemenscheibe des Generators legen.

Achtung: Wird der bisherige Riemen wieder eingebaut, Markierung der Laufrichtung beachten. Ein Einbau entgegen der bisherigen Laufrichtung erhöht den Verschleiß des Riemens beziehungsweise kann diesen zerstören. Daher Keilrippenriemen immer so einbauen, daß der angebrachte Pfeil in Laufrichtung des Motors zeigt, also in Uhrzeigersinn.

Spannen

- Motor starten und kurze Zeit (mindestens 10 Sekunden) im Leerlauf laufen lassen, dabei wird der Keilrippenriemen durch die eingebaute Feder gespannt. **Achtung:** Die Generatorschrauben bleiben dabei gelöst. Soll der Keilrippenriemen am ausgebauten Motor gespannt werden, Motor an der Kurbelwellenriemenscheibe bei gelösten Generatorschrauben ca. 10 Motorumdrehungen durchdrehen.
- Befestigungsschrauben –1– und –2– mit **25 Nm** festziehen. **Achtung:** Dabei die Schraube –2– zuerst festziehen. Beim Festziehen nicht auf dem Generator abstützen und den Keilrippenriemen nicht berühren.
- Spritzschutz für Riementrieb mit den Blechclips auf die Befestigungsstifte aufdrücken.

Riementrieb *mit* Spannrolle

Ausbau

- Keilriemen für Servopumpe ausbauen.
- Laufrichtung des Keilrippenriemens kennzeichnen. Dazu mit Filz- oder Fettstift auf dem Riemen einen Pfeil in Laufrichtung anbringen. Der Motor dreht, von der Keilrippenriemenseite aus gesehen, rechts herum, also im Uhrzeigersinn.

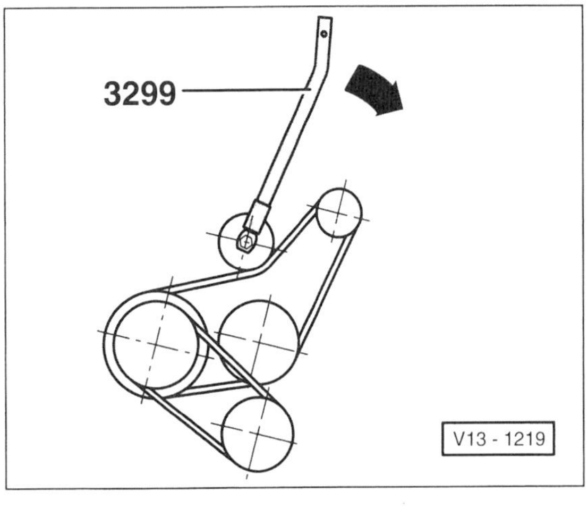

V13 - 1219

- Spannrolle mit Hebel VW-3299 anheben. Dazu Hebel nach unten drücken –Pfeilrichtung–. Dadurch wird der Keilrippenriemen entspannt.
- Spritzschutz für Riementrieb nach unten abziehen.
- Keilrippenriemen abnehmen.
- Zustand des Keilrippenriemens prüfen. Dabei auf folgende Beschädigungen achten:
  - Risse oder Brüche
  - Abtrennung von Deckschicht oder Zugsträngen
  - Ausfransen der Zugstränge
  - Ausgefranste oder glasige Flanken
  - Öl- oder Fettspuren
- Ein beschädigter Keilrippenriemen muß umgehend ersetzt werden.

Einbau

- Keilrippenriemen auf die Riemenscheiben von Kurbelwelle und Kühlmittelpumpe auflegen. **Achtung:** Wird der bisherige Riemen wieder eingebaut, Markierung der Laufrichtung beachten. Ein Einbau entgegen der bisherigen Laufrichtung erhöht den Verschleiß des Riemens beziehungsweise kann diesen zerstören. Daher Keilrippenriemen immer so einbauen, daß der angebrachte Pfeil in Laufrichtung des Motors zeigt, also in Uhrzeigersinn.
- Spannrolle mit Hebel anheben, Keilrippenriemen auf Spannrolle und Generator auflegen. Anschließend Spannrolle entspannen.
- Spritzschutz für Riementrieb mit den Blechclips auf die Befestigungsstifte aufdrücken.

6-Zylindermotor

Durch den Keilrippenriemen werden alle Nebenaggregate angetrieben. Bei Fahrzeugen mit Klimaanlage ist ein Doppel-Keilrippenriemen eingebaut, der auf beiden Seiten Längsrippen besitzt und somit beidseitig Kräfte übertragen kann. Dadurch entfällt die Umlenkrolle. Die Riemenspannung erfolgt durch eine automatische Spannvorrichtung. Der Riemen muß bei der Wartung zwar überprüft, aber nicht nachgespannt werden.

Ausbau

- Luftfiltergehäuse komplett ausbauen, siehe Seite 88/95.

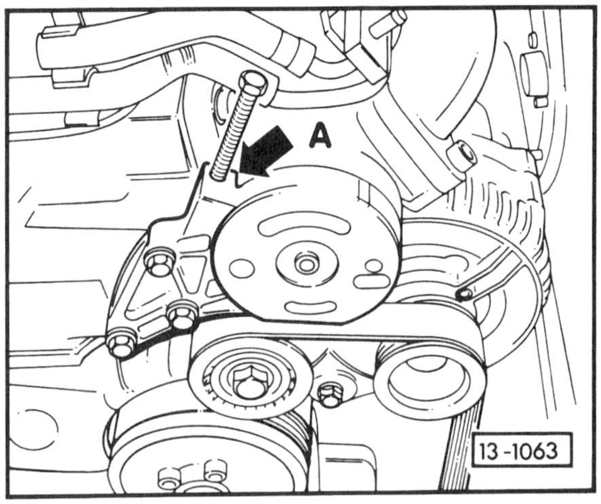

13-1063

- Schraube M8/x80 in die Gewindebohrung –A– der Spannrolle soweit einschrauben, bis der Keilrippenriemen entspannt ist.

Achtung: Schraube **nur** soweit einschrauben, bis der Keilrippenriemen abgenommen werden kann, sonst kann das Gehäuse der Spannrolle beschädigt werden.

- Keilrippenriemen abnehmen.
- Zustand des Keilrippenriemens prüfen. Dabei auf folgende Beschädigungen achten:
  - Risse oder Brüche
  - Abtrennung von Deckschicht oder Zugsträngen
  - Ausfransen der Zugstränge
  - Ausgefranste oder glasige Flanken.
  - Öl- oder Fettspuren
- Ein beschädigter Keilrippenriemen muß umgehend ersetzt werden.

Einbau

- Vor dem Einbau prüfen, ob alle Aggregate fest montiert sind.

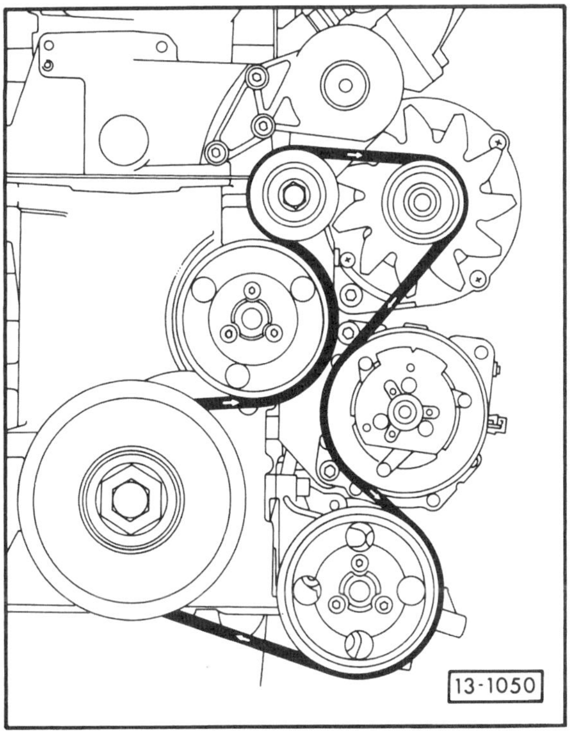

- Keilrippenriemen – wie in der Abbildung gezeigt – auflegen.
- Schraube M8 x 80 wieder herausdrehen.
- Korrekte Lage des Keilrippenriemens auf den Riemenscheiben sichtprüfen.
- Luftfiltergehäuse einbauen.
- Motor starten und im Leerlauf drehen lassen. Riemenlauf sichtprüfen.

Besonderheiten 1,8-/2,0-l-Motor mit Klimaanlage ab 6/95

Spannen

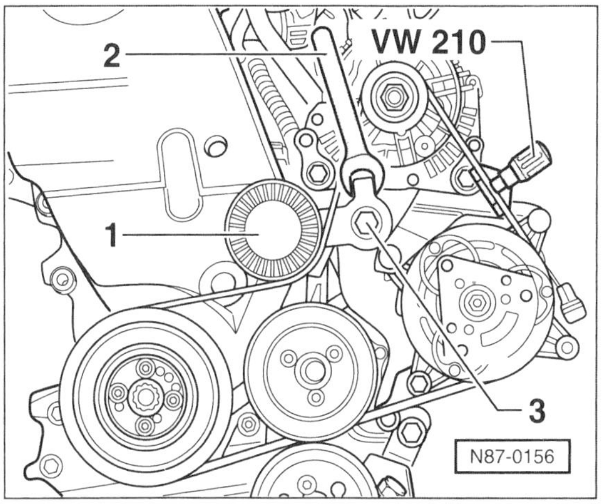

- Prüfgerät VW-210 auf 15 Skalenwerte voreinstellen und am Keilrippenriemen zwischen Kompressor und Generator ansetzen.
- Schraube –3– lösen.
- Spannrolle –1– mit Maulschlüssel –2– nach unten drücken, bis sich am Prüfgerät VW-210 die Markierung am Stößel mit dem voreingestellten Wert deckt.
- In dieser Stellung Schraube –3– mit **85 Nm** anziehen.

Keilrippenriemen auflegen

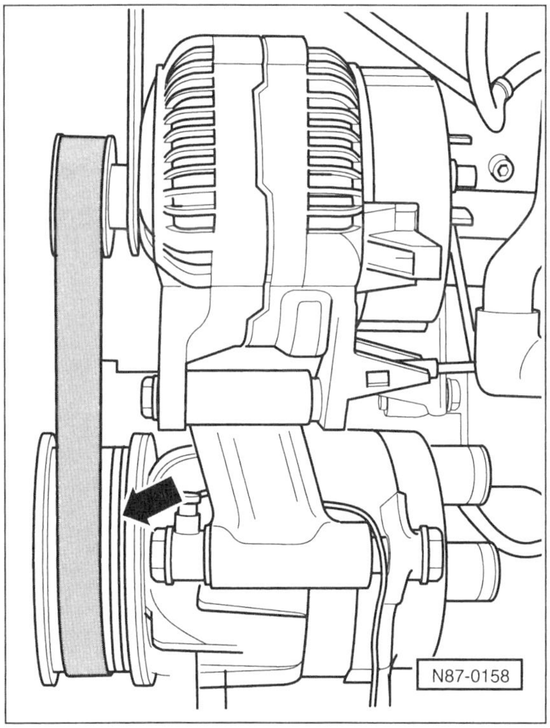

- Keilrippenriemen so auf die Riemenscheibe des Kompressors auflegen, daß er zur Riemenscheibe des Generators fluchtet.

Achtung: Der Keilrippenriemen hat 6 und die Riemenscheibe des Kompressors 8 Rillen. Beim Auflegen des Keilrippenriemens muß deshalb besonders darauf geachtet werden, daß die ersten beiden Rillen auf der Kompressorseite freibleiben –Pfeil–.

Keilriemen für Servo-Pumpe (Lenkhilfe) ersetzen/spannen

Der Keilriemen ist richtig gespannt, wenn er sich zwischen den beiden Keilriemenscheiben mit dem Daumen ca. 5 mm durchdrücken läßt.

- Fahrzeug vorn rechts aufbocken.
- Spritzschutz für Riementrieb nach unten abziehen.

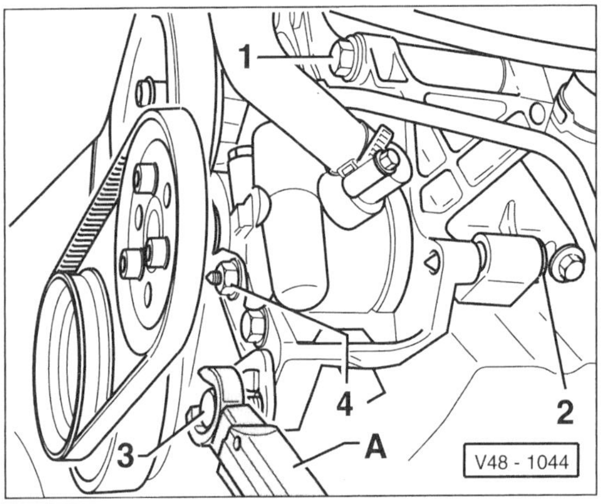

- Befestigungsmutter –4– für Spannbügel (falls vorhanden), Befestigungsschrauben –1– und –2– für Flügelpumpe, sowie Klemmschraube –3– für Spannbügel, mindestens 1 Umdrehung lösen.
- Spannmutter –4– zurückdrehen, dadurch Keilriemen entspannen und abnehmen.
- Keilriemen auflegen.
- Spannmutter nach links drehen und dadurch Keilriemen spannen. Der Keilriemen ist richtig gespannt, wenn die Spannmutter bei einem gelaufenen Keilriemen mit einem Drehmoment von 4 Nm nach links gedreht wird, bei einem neuen Keilriemen mit 7 Nm. Mutter in dieser Stellung halten und Klemmschraube mit **25 Nm** festziehen.

Achtung: Zum Anziehen der Spannmutter wird ein Drehmomentschlüssel mit Ringschlüsseleinsatz SW 22 benötigt. Steht ein geeigneter Drehmomentschlüssel nicht zur Verfügung, Spannmutter anziehen, bis sich der Riemen mit dem Daumen noch ca. 5 mm durchbiegen läßt; dann Klemmschraube festziehen.

- Befestigungsschraube –1– mit **45 Nm**, Befestigungsschraube –2– und Mutter –4– (falls vorhanden) mit **25 Nm** festziehen.
- Fahrzeug ablassen.
- Probefahrt durchführen und Keilriemenspannung erneut prüfen.
- Spritzschutz für Riementrieb mit den Blechclips auf die Befestigungsstifte aufdrücken.

Störungsdiagnose Motor

Wenn der Motor nicht anspringt, Fehler systematisch einkreisen. Damit der Motor überhaupt anspringen kann, müssen beim Benzinmotor immer zwei Grundvoraussetzungen erfüllt sein: Das Kraftstoff-Luftgemisch muß bis in die Zylinder gelangen und der Zündfunke muß an den Zündkerzenelektroden überschlagen. Als erstes ist deshalb immer zu prüfen, ob überhaupt Kraftstoff gefördert wird. Wie man dabei vorgeht, steht in den Kapiteln »Kraftstoffanlage« und »Einspritzanlage«.

Um festzustellen, ob ein Zündfunke vorhanden ist, Zündkerzen herausschrauben, in Zündkerzenstecker stecken und einzeln gegen Masse halten. Dabei Kerzenstecker oder Zündkabel **nicht** mit der Hand festhalten, sondern eine gut isolierte Zange nehmen. Von Hilfsperson Motor starten lassen. **Achtung:** Um Schäden am Katalysator zu vermeiden, darf dabei kein Benzin eingespritzt werden. Daher Stecker vom Kraftstoffpumpenrelais abziehen. Wenn kein Zündfunke überspringt, Fehler entsprechend dem Kapitel »Zündanlage« aufspüren. **Achtung: Sicherheitshinweise für elektronische Zündanlage beachten.**

Störung: Der Motor springt schlecht oder gar nicht an.

Ursache	Abhilfe
Bedienungsfehler beim Starten. **Benzinmotor**	■ Handbremse anziehen, Kupplung treten. Zündschlüssel drehen und starten bis der Motor anspringt. Dann erst Zündschlüssel loslassen. Kein Gas geben. Grundsätzlich sofort losfahren, nur bei strengem Frost Motor ca. 30 Sekunden warmlaufen lassen. Wenn der Motor nach mehreren Startversuchen trotz einzelner Zündungen nicht anspringt, nochmals mit vollständig niedergetretenem Gaspedal starten. **Achtung:** Häufige vergebliche Startversuche hintereinander können den Katalysator schädigen, da unverbranntes Benzin in den Katalysator gelangt und bei Erwärmung explosionsartig verbrennt. ■ **Nur bei heißem Motor** nach dem Anspringen etwas Gas geben.
Sicherung defekt für: – Elektrische Kraftstoffpumpe. – Elektronische Einspritzanlage. – Streifen-Sicherung für Vorglühanlage.	■ Sicherung prüfen, siehe »Elektrische Anlage«.
Kraftstoffanlage defekt, verschmutzt Leitung geknickt, verstopft.	■ Kraftstoff-Fördermenge überprüfen.
Zündanlage defekt, verschmutzt oder verstellt.	■ Zündanlage entsprechend Störungsdiagnose überprüfen.
Anlasser dreht zu langsam.	■ Batterie laden. Anlasserstromkreis überprüfen.
Kompressionsdruck zu niedrig.	■ Hydraulische Tassenstößel prüfen, Motor überholen.
Falsche Steuerzeiten.	■ Steuerzeiten überprüfen, Zahnriemenspannung kontrollieren.
Zylinderkopfdichtung defekt.	■ Dichtung ersetzen.
Wegfahrsperre sperrt den Motor. Der Motor springt normal an und geht kurz danach wieder aus. Dabei leuchtet das Symbol für Wegfahrsperre im Kombiinstrument kurz auf.	■ Um eine Weiterfahrt zu ermöglichen empfiehlt es sich folgendermaßen vorzugehen: ◆ Zündschlüssel rausziehen und etwas warten. ◆ Zündschlüssel um 180° gedreht ins Zündschloss stecken und etwas warten. ◆ Zündung einschalten. Wenn die Kontrollleuchte für Wegfahrsperre jetzt leuchtet (nicht blinkt) kann der Motor gestartet werden. ◆ Ersatzschlüssel verwenden. ■ Führt dies nicht zum Erfolg, beziehungsweise tritt der Fehler häufig auf, System der Wegfahrsperre in der Werkstatt überprüfen lassen.

Die Zündanlage

Die Zündanlage erzeugt für jeden Zylinder des Benzinmotors im richtigen Augenblick den Zündfunken. Dieser setzt das angesaugte Kraftstoffluftgemisch in Brand. In der Zündspule wird hierzu die Batteriespannung von 12 Volt auf 25.000 bis 30.000 Volt umgeformt.

Die GOLF-/VENTO-Motoren sind mit vollelektronischen Zünd- und Einspritzanlagen ausgestattet. In diesem Kapitel wird vorwiegend auf das Zündsystem eingegangen. Übersichtsbilder über die Einbaulage der Bauteile befinden sich im Kapitel »Die Benzin-Einspritzanlage«.

Die elektronische Zündanlage arbeitet verschleißlos und muß im Rahmen der Wartung nicht nachjustiert werden. Aufgrund ihrer elektronischen Bauteile ist die Zündanlage sehr zuverlässig und ausgesprochen reparaturarm.

Die Zündanlage besteht aus:

Motor	Zündanlage
44 kW/60 PS 55 kW/75 PS 66 kW/90 PS	❑ 4 Zündkerzen ❑ Zündtrafo ❑ Zündverteiler mit Hallgeber ❑ Motor-Steuergerät
74 kW/100 PS 85 kW/115 PS 110 kW/150 PS	❑ 4 Zündkerzen ❑ Zündtrafo ❑ Zündverteiler mit Hallgeber ❑ Klopfsensor (16V: 2 Sensoren) ❑ Motor-Steuergerät
128 kW/174 PS bis 8/92	❑ 6 Zündkerzen ❑ Zündtrafo ❑ Zündverteiler mit Hallgeber ❑ 2 Klopfsensoren ❑ Motor-Steuergerät
128 kW/174 PS ab 9/92	❑ 6 Zündkerzen ❑ Zündtrafo mit 3 Zündspulen ❑ Hallgeber ❑ 2 Klopfsensoren ❑ Motor-Steuergerät

Zünd- und Einspritzanlage haben ein gemeinsames elektronisches Steuergerät, welches mit einem Fehlerspeicher ausgestattet ist. Treten in der Motorelektronik während der Fahrt Fehler auf, werden diese in dem Fehlerspeicher abgelegt. Vor Reparaturen an der Zündanlage muß zunächst der Fehlerspeicher abgerufen werden. Abgerufen wird der Fehlerspeicher mit dem Fehlerauslesegerät VW 1551/1 über den schwarzen und weißen Diagnosestecker unter der Abdeckung links neben dem Schalter für die heizbare Heckscheibe.

Da das Fehlerauslesegerät dem Heimwerker in der Regel nicht zur Verfügung steht, empfiehlt es sich, den Ausdruck von einer VW-Werkstatt ausführen zu lassen.

Da die Signale von einigen Sensoren, zum Beispiel Kühlmittel-Temperaturgeber oder Klopfsensor, außer für die Zündzeitpunktsteuerung auch für die Regelung der Benzineinspritzung von Bedeutung sind, können sie auch im Kapitel »Benzin-Einspritzanlage« beschrieben sein.

Achtung: Bei Arbeiten an der Zündung sind die Sicherheitsmaßnahmen bei elektronischen Zündanlagen zu beachten.

Funktion der Zündanlage

Der GOLF/VENTO besitzt eine vollelektronische, kennfeldgesteuerte Zündanlage. Das gemeinsame Steuergerät für Zünd- und Einspritzanlage hat die Aufgabe, die Zündverstellung durch ein fest eingespeichertes Kennfeld zu steuern. Beim 6-Zylindermotor ist das Zündkennfeld auf den Betrieb mit Super Plus-Kraftstoff (98 ROZ) ausgelegt, bei Motorbetrieb mit anderem Kraftstoff (z.B. Super 95 ROZ) werden die Zündzeitpunkte von der Klopfregelung bestimmt. Funktion der Klopfregelung siehe im Kapitel »Benzin-Einspritzanlage«.

Bei der kennfeldgesteuerten Zündanlage ist der optimale Zündzeitpunkt vom jeweiligen Betriebszustand des Motors abhängig. Als Meßgrößen dienen die Motordrehzahl, die Motortemperatur und der Lastzustand (Saugrohrunterdruck, Drosselklappenstellung). Darunter versteht man die momentane Belastung des Motors. Denn es ist ein Unterschied, ob das Fahrzeug beispielsweise mit 4000/min einen Berg rauf- oder runterfährt.

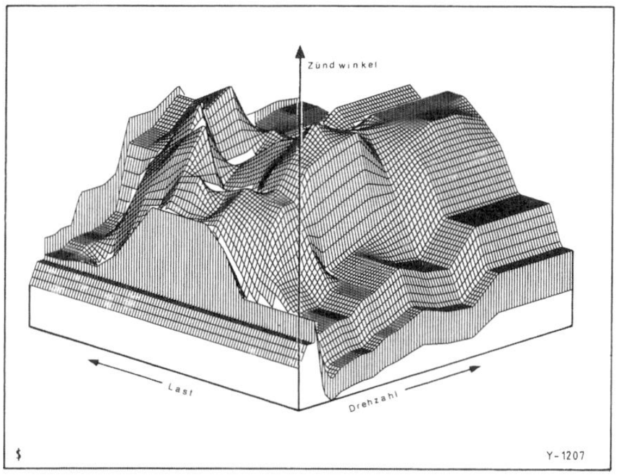

Das erforderliche Kennfeld für die Zündanlage wird durch Versuche auf dem Motorprüfstand ermittelt und anschließend in Fahrversuchen so abgestimmt, daß sich die günstigsten Werte für Verbrauch, Abgas und Fahrverhalten ergeben. Die ermittelten Werte werden im Steuergerät gespeichert.

Während der Fahrt werden aus den Funktionen Motordrehzahl, Motortemperatur und Lastzustand Signale an das Steuergerät gegeben, welches dann aus dem festgelegten Zündkennfeld für den momentanen Betriebszustand den richtigen Zündzeitpunkt, zum Beispiel 10° vor OT oder 0°, bestimmt.

Bei Ausfall der Steuerungsgrößen können Mängel im Fahrverhalten auftreten, und zwar durch verringerte Motorleistung. Eventuell kann sich auch der Verbrauch erhöhen. Langfristige Schäden am Motor sind nicht zu befürchten, wenn der Defekt alsbald behoben wird.

Der Zündverteiler ist mit einem wartungsfreien Hallgeber ausgestattet. Der Hallgeber besteht aus einer berührungslos arbeitenden Magnetschranke und einer an der Verteilerwelle befestigten Rotorblende. Er bestimmt über das Steuergerät der Zündanlage den Aus- und Einschaltzeitpunkt des Zündspulenstromes und damit den Zündzeitpunkt.

Der Zündtrafo vereinigt Zündspule, Schaltgerät und Leistungsendstufe in einem Gehäuse. Dadurch werden Spannungsverluste, wie sie in elektrischen Leitungen und Steckverbindungen auftreten, verringert.

6-Zylindermotor ab 9/92: Verteilerlose Zündanlage

Die Hochspannungsverteilung auf die einzelnen Zylinder erfolgt durch statisch arbeitende, elektronisch gesteuerte Bauteile, die den herkömmlichen mechanisch arbeitenden Verteiler mit Verteilerläufer ersetzen. Die Zündanlage besitzt 3 in einem Gehäuse untergebrachte Zündspulen, die am Zylinderkopf befestigt sind. Synchronisiert wird die Zündanlage durch Signale, die ein Hallgeber an das Motronic-Steuergerät abgibt. Der Geber sitzt seitlich am Zylinderkopf und mißt die Umdrehungen der Nockenwelle.

Sicherheitsmaßnahmen zur elektronischen Zündanlage/ Einspritzanlage

Bei elektronischen Zündanlagen beträgt die Zündspannung bis zu 30 kV (Kilovolt). Unter ungünstigen Umständen, zum Beispiel Feuchtigkeit im Motorraum, können Spannungsspitzen die Isolation durchschlagen, was bei Berührung zu Elektroschocks führt.

Um Verletzungen von Personen und/oder die Zerstörung der elektronischen Zündanlage zu vermeiden, ist bei Arbeiten an Fahrzeugen mit elektronischer Zündanlage folgendes zu beachten:

- Alle außer 6-Zylindermotor ab 9/92: Bevor der Motor mit Anlaßdrehzahl betrieben (z. B. Kompressionsdruckprüfung) wird, Zündung ausschalten und Stecker vom Hallgeber (am Zündverteiler) abziehen.
- 6-Zylindermotor ab 9/92: Bevor der Motor mit Anlaßdrehzahl betrieben wird, Zündung ausschalten und Stecker vom Zündtrafo, sowie Sicherung Nr. 18 abziehen.
- Zündkabel nicht bei laufendem Motor bzw. bei Anlaßdrehzahl mit der Hand berühren bzw. abziehen.
- Leitungen der Zündanlage nur bei ausgeschalteter Zündung abklemmen.
- Das An- und Abklemmen von Meßgeräteleitungen (Drehzahlmesser/Zündungstester) nur bei ausgeschalteter Zündung vornehmen.
- An Klemme 1 (–) dürfen kein Entstörkondensator und keine Prüflampe angeschlossen werden.
- Die Starthilfe mit einem Schnellader ist nur bis zu 1 Minute mit maximal 16,5 Volt zulässig. Nach jedem Startversuch muß eine Pause von mindestens 1 Minute eingelegt werden.
- Die Zündspule darf nicht durch eine andere Ausführung ersetzt werden. Auf keinen Fall darf eine für unterbrechergesteuerte Zündanlagen vorgesehene Zündspule eingebaut werden.
- Den Zündverteilerläufer mit 1 kΩ (Kennzeichnung R1) nicht gegen einen anderen tauschen, auch nicht bei Radioentstörung.
- Bei der Entstörung an den Hochspannungsleitungen nur Widerstände mit 1 kΩ und Zündkerzenstecker mit 5 kΩ verwenden.
- Die Batterie darf nur bei ausgeschalteter Zündung komplett abgeklemmt werden. Sonst kann das Steuergerät der Zünd- und Einspritzanlage beschädigt werden.
- Motorwäsche nur bei ausgeschalteter Zündung durchführen.
- Personen mit einem Herzschrittmacher sollen keine Arbeiten an der elektronischen Zündanlage durchführen.

Zündverteiler/Zündtrafo

1,6-l/100 PS-, 1,8-l-, 2,0-l/115 PS-Motor

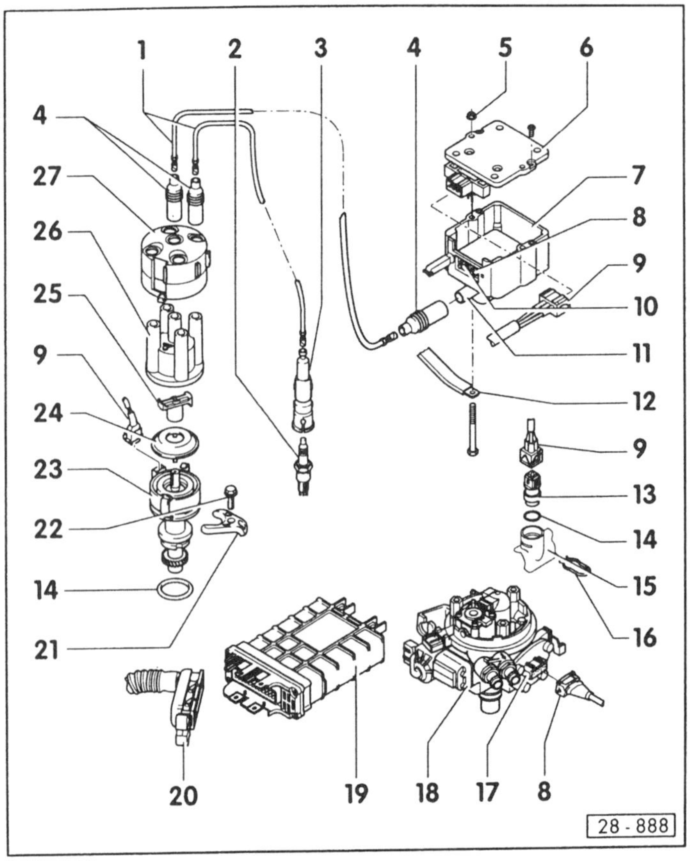

1 – **Zündleitung**
Auf Durchgang prüfen.

2 – **Zündkerze, 30 Nm**

3 – **Zündkerzenstecker**
Widerstand 4 bis 6 kΩ.

4 – **Entstörstecker**
Widerstand 0,6 bis 1,4 kΩ.

5 – **Mutter, 10 Nm**

6 – **Endstufe für Zündtrafo**

7 – **Zündtrafo**

8 – **Klemme 15 (+)**

9 – **Anschlußstecker**

10 – **Klemme 1 (–)**

11 – **Klemme 4**

12 – **Masseband**

13 – **Geber für Kühlmitteltemperatur**

14 – **O-Ring**

15 – **Anschlußstutzen**

16 – **Halteklammer**

17 – **Drosselklappenpotentiometer**[1]

18 – **Einspritzeinheit Mono-Motronic**[1]

19 – **Steuergerät Zünd- und Einspritzanlage**

20 – **Anschlußstecker**

21 – **Klemme**

22 – **Klemmschraube, 25 Nm**

23 – **Zündverteiler mit Hallgeber**

24 – **Staubschutzkappe**

25 – **Zündverteilerläufer**
Widerstand 0,6 bis 1,4 kΩ, Kennzeichnung: R1.

26 – **Verteilerkappe**

27 – **Abschirmring**

[1]) Nur 1,8-l-Motor

Zündverteiler/Zündtrafo

1,4-l/60 PS- und 1,6-l/75 PS-Motor

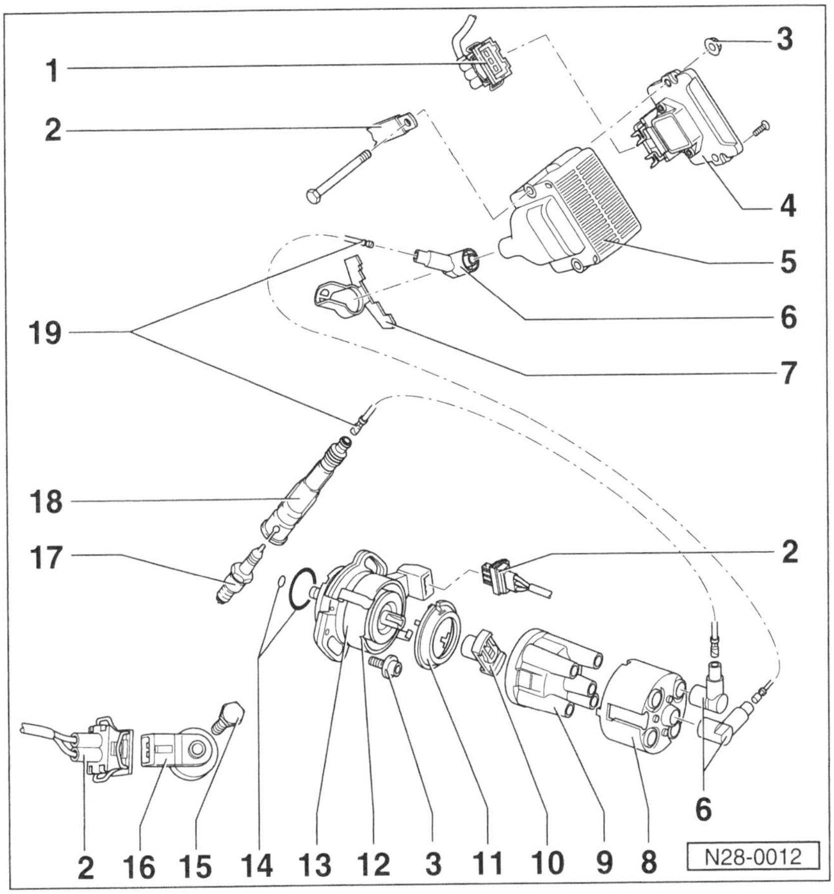

1 – **Anschlußstecker**

2 – **Masseband**

3 – **Mutter, 10 Nm**

4 – **Endstufe für Zündtrafo**

5 – **Zündtrafo**

6 – **Entstörstecker**
Widerstand 0,6 bis 1,4 kΩ.

7 – **Verdrehsicherung**
Ab 8/95.

8 – **Abschirmkappe**

9 – **Verteilerkappe**

10 – **Zündverteilerläufer**
Widerstand 0,6 bis 1,4 kΩ, Kennzeichnung: R1.

11 – **Staubschutzkappe**

12 – **Markierung Zylinder 1**

13 – **Zündverteiler mit Hallgeber**

14 – **O-Ring**
Bei Beschädigung ersetzen.

15 – **Schraube, 20 Nm**
Achtung: Das Anzugsdrehmoment hat Einfluß auf die Funktion des Klopfsensors.

16 – **Klopfsensor**
Nur bei Motor **AEA, AEE, AEX, APQ.**

17 – **Zündkerze, 25 Nm**

18 – **Zündkerzenstecker**
Widerstand 4 bis 6 kΩ.

19 – **Zündleitung**

Zündverteiler aus- und einbauen

1,6-l/100 PS-, 1,8-l-, 2,0-l/115 PS-Motor bis 9/94

Ein kompletter Ausbau des Zündverteilers ist nur bei größeren Reparaturen notwendig.

Ausbau

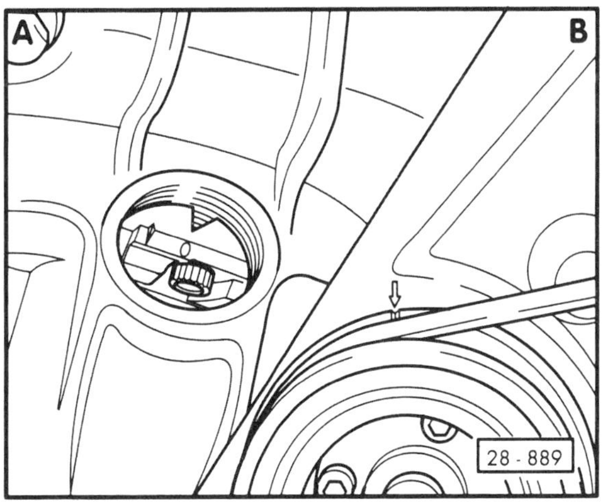

- Kurbelwelle auf OT für Zylinder 1 stellen. Dazu Motor durchdrehen, bis die OT-Markierungen, wie in der Abbildung gezeigt, mit den Bezugsmarken übereinstimmen. A = Markierung am Schwungrad, vorher Kunststoff-Abdeckkappe aus der Getriebeglocke herausziehen; B = Markierungen an Kurbelwellen-Riemenscheibe und Zahnriemenabdeckung. **Hinweis:** Die OT-Markierungen am Nockenwellenzahnrad und Zahnriemenschutz sind besser zugänglich als die Markierungen –B–, dazu obere Zahnriemenabdeckung ausbauen. »Markierung Nockenwellenzahnrad« und »Motor durchdrehen«, siehe Seite 19.
- Zündkabel am Verteiler abziehen oder Verteilerkappe abnehmen, dazu Klemmbügel mit Schraubendreher seitlich abhebeln.
- Stecker am Hallgeber abziehen.
- Klemmschraube am Verteilerfuß herausdrehen, vorher Abdeckkappe abheben. Halter abnehmen und Zündverteiler herausziehen.

Achtung: Motorstellung bei ausgebautem Verteiler **nicht** verändern.

Einbau

Vor dem Einbau prüfen, ob der Motor auf OT für Zylinder 1 steht. Das heißt, die Markierungen an Kurbelwellen-Riemenscheibe beziehungsweise Schwungrad und Nockenwellenrad müssen gleichzeitig übereinstimmen.

- In der Zündverteilerbohrung Aufnahmezapfen der Ölpumpenwelle fluchtend zur Gewindebohrung stellen, siehe Abbildung.

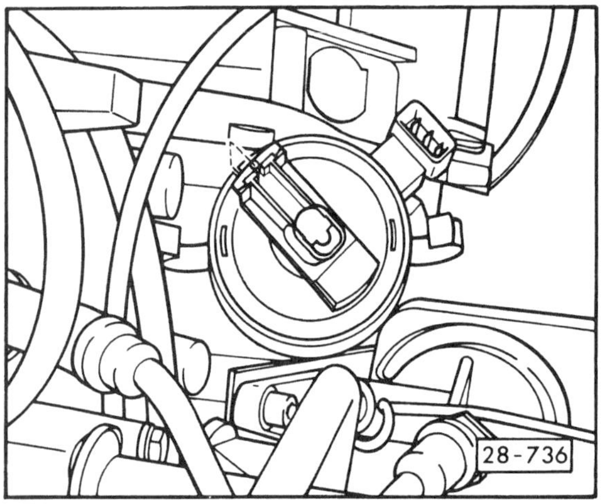

- Verteilerläufer so stellen, daß die Markierung an der Zunge über der Kerbe am Rand des Verteilergehäuses steht.
- Zündverteiler in dieser Stellung einsetzen und anschrauben.
- Zündverteilerkappe aufsetzen, Blechklammern aufdrücken. Vorher Verteilerkappe auf Risse und Spuren von Kriechströmen prüfen, gegebenenfalls ersetzen.
- Falls ausgebaut, Zündkabel entsprechend der Zünd-Reihenfolge 1-3-4-2 auf die Verteilerkappe aufstecken. Der Anschluß für das Zündkabel für Zylinder 1 befindet sich über der OT-Marke am Zündverteilerrand, dann folgen im Uhrzeigersinn der Anschluß für Zylinder 3, dann für Zylinder 4 und schließlich der Anschluß für Zylinder 2.
- Zündzeitpunkt prüfen, beziehungsweise einstellen.

1,4-l/60 PS- und 1,6-l/75 PS-Motor

Der Zündverteiler befindet sich links am Zylinderkopf. Er wird mit 2 Klemmschrauben angeschraubt. Über eine Mitnehmer-Kupplung wird er direkt durch die Nockenwelle angetrieben. Der Aus- und Einbau erfolgt im Prinzip auf die gleiche Weise wie beim 1,8-, 2,0-l-Motor. Vor dem Einbau O-Ring –18–, Abbildung 28-894, auf Beschädigung und richtigen Sitz prüfen. Gegebenenfalls O-Ring erneuern.

2,8-l-Motor VR-6 bis 8/92

Der Zündverteiler ist mit 2 Schrauben an der linken Nockenwellenrad-Abdeckung angeschraubt. Angetrieben wird er über eine Mitnehmerkupplung, die zusammen mit dem Nockenwellenzahnrad an die kurze Nockenwelle für die Zylinderreihe 2, 4, 6 angeschraubt ist. Der Aus- und Einbau erfolgt im Prinzip auf die gleiche Weise wie beim 1,4-l-Motor. Vor dem Einbau O-Ring –18–, Abbildung 28-894, auf Beschädigung und richtigen Sitz prüfen. Gegebenenfalls O-Ring erneuern. Der Zündverteiler kann nur in einer Stellung eingebaut werden, eine Einstellung der Zündung ist nicht möglich.

Zündtrafo prüfen

6-Zylindermotor bis 8/92, alle 4-Zylindermotoren

Der Zündtrafo befindet sich im Motorraum an der Spritzwand. Der Zündtrafo vereinigt Zündspule, Schaltgerät und Leistungsendstufe in einem Gehäuse.

- Anschlußstecker und Zündleitung vom Zündtrafo abziehen.

Primärwiderstand der Zündspule prüfen

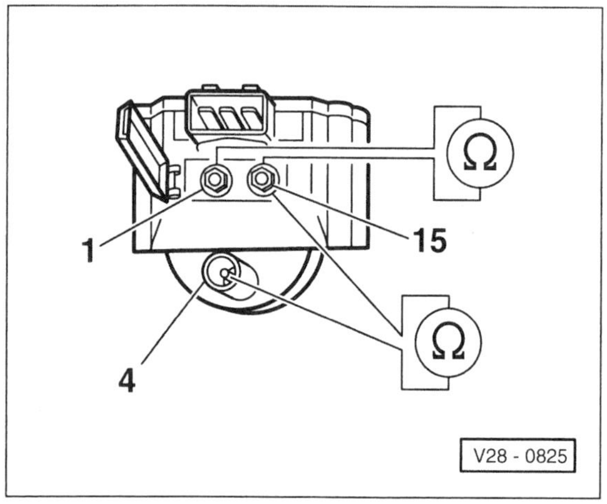

- Ohmmeter an die Klemmen 1 und 15 anschließen.
- **Sollwert** 1,4-/1,6-l-Motor und Motor ABF: . . .0,5 – 1,2 Ω
  1,8-l-Motor und Motor 2E: . . . . .0,5 – 0,7 Ω.
  2,0-l-Motor ADY/AGG und
  1,6-l-Motor AFT: . . . . .0,5 – 1,5 Ω.

Sekundärwiderstand der Zündspule prüfen

- Ohmmeter an die Klemmen 15 und 4 anschließen.
- **Sollwert:** 3 – 4 kΩ;
  1,6-l/100 PS-Motor ab 11/95: 2,5 – 4 kΩ;
  2,0-l/115-PS-Motor ab 10/94: 2,5 – 4 kΩ:
  6-Zylindermotor von 3/92 bis 8/92: 7,4 – 9,4 kΩ.
- Werden die Sollwerte nicht erreicht, Zündtrafo ausbauen und Endstufe abschrauben, siehe Abbildung 28-888.
- Prüfung wiederholen. Werden die Sollwerte jetzt erreicht, Endstufe prüfen, andernfalls Zündtrafo ersetzen.

Endstufe für Zündtrafo prüfen

Spannungsversorgung prüfen

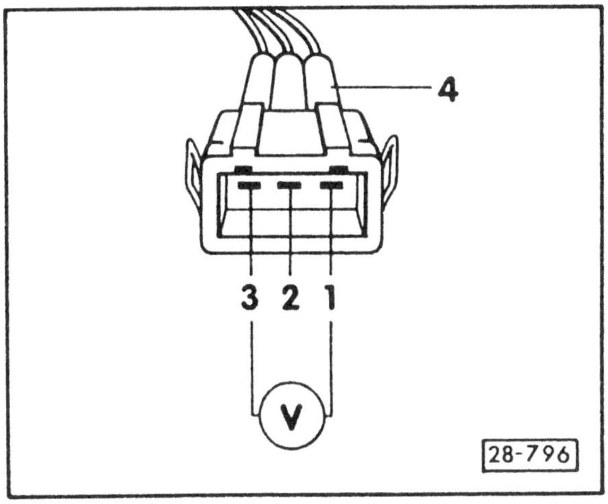

- Anschlußstecker vom Zündtrafo abziehen.
- Voltmeter zwischen Kontakt 1 und 3 (–) des Steckers –4– anlegen. **Achtung:** Beim 6-Zylindermotor seit 9/92 ist der Anschlußstecker 5polig, hier das Voltmeter an die beiden äußeren Klemmen (1 und 5) anschließen.
- Zündung einschalten, Sollwert: Batteriespannung, also 12 bis 14 Volt. Gegebenenfalls Leitungsunterbrechung nach Stromlaufplan beseitigen.
- Zündung ausschalten, Voltmeter abklemmen.

Ansteuerung prüfen

- Stecker für Einspritzventil(e) an der Einspritzeinheit abziehen, damit kein Kraftstoff eingespritzt wird. Beim 6-Zylindermotor seit 9/92 stattdessen Sicherung 18 abziehen.

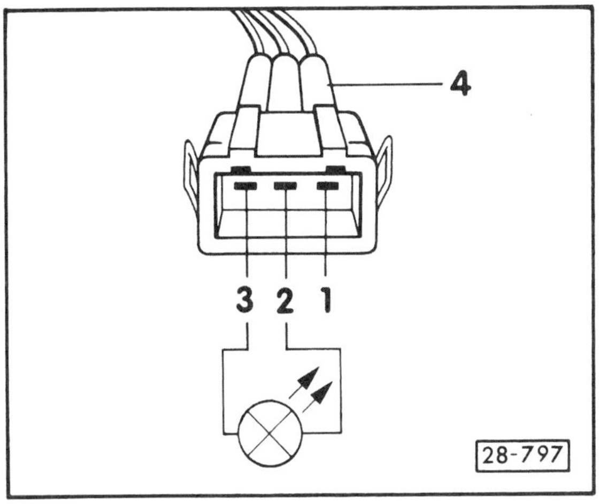

- Diodenprüflampe zwischen die Kontakte 2 und 3 des Zündtrafo-Steckers –4– anschließen. **Achtung:** Bei dieser Prüfung Anschlußteile des Zündtrafo sowie Prüfleitung nicht mit der Hand berühren.
- 6-Zylindermotor seit 9/92: Diodenprüflampe nacheinander zwischen die Kontakte 1 und 2, 1 und 3, 1 und 4 anschließen.
- Anlasser betätigen. Die Leuchtdiode muß dabei flackern.
- Andernfalls Hallgeber prüfen. Wird kein Fehler gefunden, dürfte das Steuergerät für Zünd- und Einspritzanlage defekt sein.
- Zündung ausschalten, Stecker am Zündtrafo aufstecken.

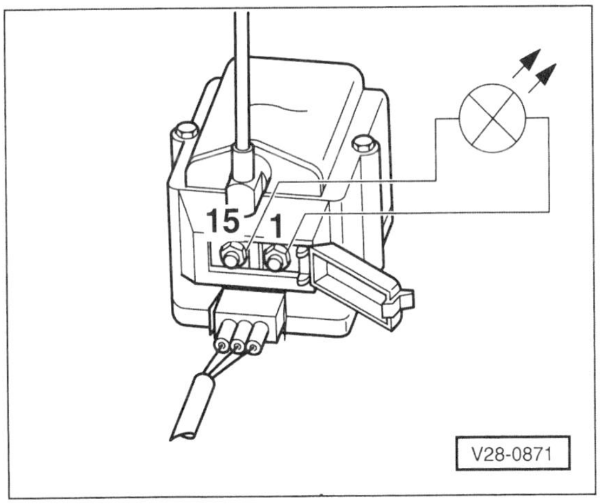

- Nur 4-Zylindermotoren, 6-Zylindermotor bis 8/92: Diodenprüflampe zwischen die Klemmen 1 und 15 am Zündtrafo anschließen.
- Anlasser betätigen. Die Leuchtdiode muß flackern, andernfalls Zündspule mit Leistungsendstufe ersetzen.
- Stecker für Einspritzventil an der Einspritzeinheit aufstecken, beziehungsweise Sicherung 18 einsetzen.

Hallgeber prüfen

Spannungsversorgung prüfen

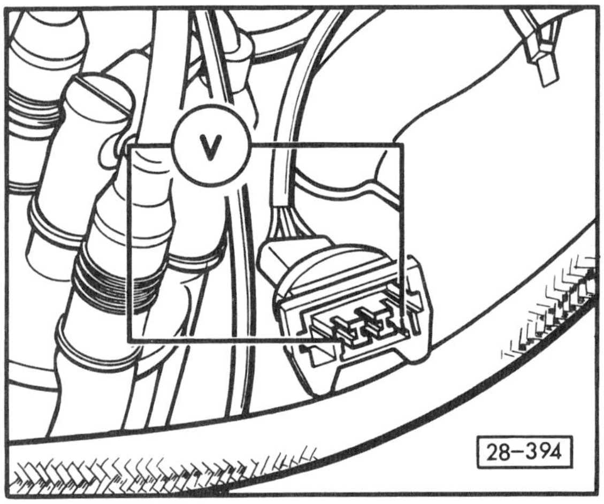

- Stecker am Hallgeber (Zündverteiler) abziehen. Beim 6-Zylindermotor seit 9/92 sitzt der Hallgeber anstelle des bisherigen Verteilers am Zylinderkopf.
- Voltmeter an die äußeren Kontakte anschließen.
- Zündung einschalten.
- Sollwert:
  1,4-, 1,8-l-Motor:. . . . . mind. **9** Volt
  2,0-l-Motor und **16V**: . . . . mind. **10** Volt
  100 PS-Motor bis 10/95: . . . . mind. **4,5** Volt
  2,8-l-Motor bis 8/92: . . . . mind. **4,5** Volt
  2,8-l-Motor ab 9/92, **2,9-l-**Motor: . . . . **12 – 14** Volt
- Falls der Sollwert nicht erreicht wird, dürfte das Steuergerät defekt sein.
- Zündung ausschalten.

Funktion prüfen (Nur 1,8-, 2,0-l/115-PS-Motor)

- Stecker für Einspritzventil(e), beim 2,0-l-Motor auch am Kaltstartventil, abziehen.

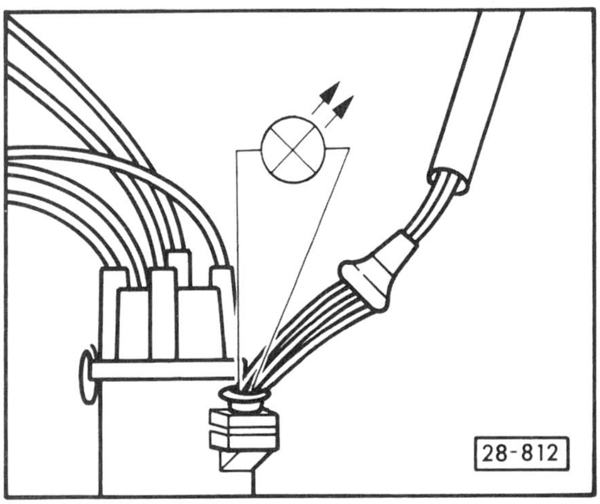

- Gummitülle des Steckers vom Hallgeber abziehen und Stecker am Hallgeber aufstecken.
- Diodenprüflampe zwischen mittlere und äußere Leitung am Stecker für Hallgeber anschließen.

Achtung: Bei dieser Prüfung Anschlußteile von Zündtrafo sowie Prüfleitung nicht mit der Hand berühren.

- Anlasser betätigen.
- Die Leuchtdiode muß flackern. Andernfalls dürfte der Hallgeber defekt sein. In diesem Fall Zündverteiler ersetzen.
- **1,8-l-Motor:** Stecker für Einspritzventil an der Einspritzeinheit aufstecken.
- **2,0-l-Motor:** Stecker für Einspritzventile und Kaltstartventil aufstecken.

Zündzeitpunkt prüfen/einstellen

4-Zylindermotoren bis 85 kW/115 PS

Zum Prüfen und Einstellen werden ein Drehzahlmesser und eine Zündblitzlampe benötigt.

Achtung: Zündzeitpunkt nur nach dem Einbau des Zündverteilers einstellen oder wenn der Zündzeitpunkt beim Prüfen von Leerlaufdrehzahl und CO-Gehalt außerhalb des Prüfwertes liegt.

- Falls vorhanden, Klimaanlage ausschalten.
- Motor auf Betriebstemperatur bringen. Dazu Motor warmfahren bis die Kühlmittel-Temperaturanzeige normale Betriebstemperatur des Kühlmittels signalisiert. Der Zeiger steht dann auf der +90° C-Marke. Anschließend noch mindestens 5 km weiterfahren, damit auch eine ausreichende Motoröltemperatur sichergestellt ist.
- Motor abstellen.
- Drehzahlmesser an Klemme 1 und Klemme 15 der Zündspule (Zündtrafo) anschließen. **Achtung:** Zündung muß dabei ausgeschaltet sein.

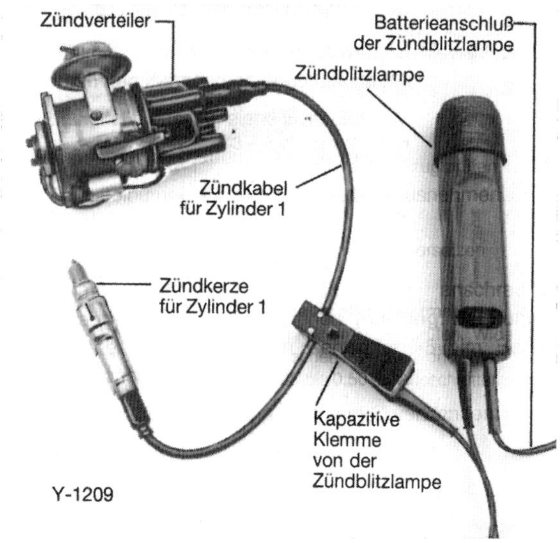

- Zündblitzlampe an Plus- und Minuspol der Batterie anschließen. Kapazitive Klemme an Zündkabel für Zylinder 1 anklemmen.

Achtung: Da bei laufendem Motor Verletzungsgefahr durch den plötzlich anlaufenden Lüfter besteht, vorher Mehrfachstecker vom Lüfter abziehen.

1,8-, 2,0-l-Motor

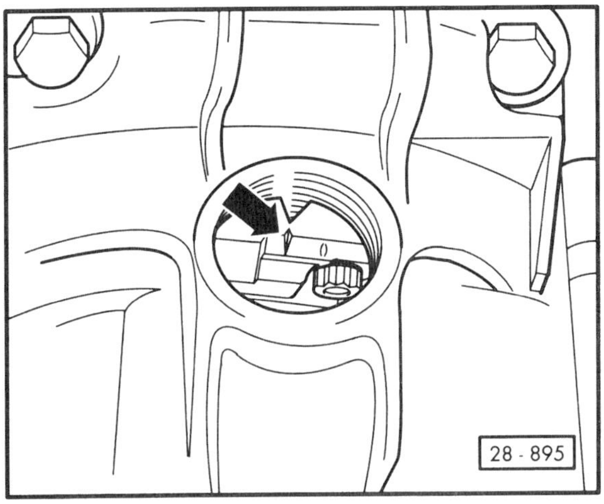

- Kunststoffabdeckung in der Kupplungsglocke herausziehen.
- Motor starten und im Leerlauf laufen lassen. Beim 85 kW/115 PS-Motor Drehzahl auf 2000 bis 2500/min erhöhen.
- Mit Zündblitzlampe in das Sichtfenster der Kupplungsglocke blitzen.

1,4-/1,6-l-Motor

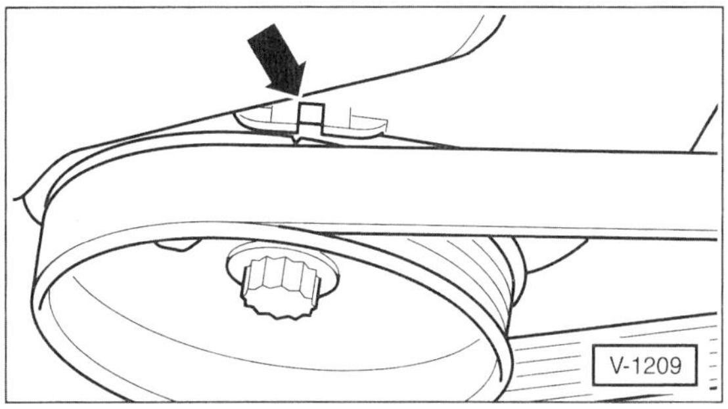

- Motor starten und im Leerlauf laufen lassen.
- Mit Zündblitzlampe Zündzeitpunktmarkierung –Pfeil– anblitzen.

- Die Zündung ist richtig eingestellt, wenn beim Anblitzen die Zündzeitpunktkerbe unterhalb der Bezugsmarke scheinbar stillsteht.
- Falls der Zündzeitpunkt nicht innerhalb des Prüfwertes liegt, Zündzeitpunkt auf Einstellwert einstellen.
- Dazu Klemmschraube(n) am Verteiler etwas lösen und Zündverteiler verdrehen, bis sich der Einstellwert mit der Bezugsmarke deckt.
- Befestigungsschraube(n) mit 25 Nm festziehen.
- Leerlaufeinstellung prüfen.
- Meßgeräte bei ausgeschalteter Zündung entfernen.
- Kunststoffabdeckung in die Öffnung der Kupplungsglocke eindrücken.
- Fehlerspeicher von VW-Werkstatt abfragen und löschen lassen.

Zündzeitpunktwerte

Motor	Motor-Kenn-buchstaben	Zündzeitpunkt vor OT Prüfwert	Einstellwert	Leerlaufdrehzahl 1/min	Prüfdrehzahl 1/min	Drehzahlbegrenzung 1/min
1,4-l	ABD	3° bis 7°	5° ± 1°	750 – 850	–	6300
1,4-l	AEX, APQ	3° bis 8°	6° ± 1°	650 – 750	1400 – 1600	5600 – 6100
1,6-l	ABU	3° bis 7°	5° ± 1°	750 – 850	–	6100
1,6-l	AEA	2° bis 7°	5° ± 1°	750 – 850	–	6300
1,6-l	AEE	3° bis 8°	6° ± 1°	600 – 700	1150 – 1400	5700 – 6100
1,6-l	AEK	0° bis 15°	–	800 – 880	–	6200 – 6400
1,8-l	AAM, ANN, ANP	4° bis 8°	6° ± 1°	700 – 1000	–	6300
1,8-l	ABS	4° bis 8°	6° ± 1°	700 – 1000	–	6300
1,8-l	ADZ	4° bis 8°	6° ± 1°	700 – 1000	–	6300
2,0-l	2E	4° bis 8°	6° ± 1°	770 – 870	2000 – 2500	6400 – 6500
2,0-l	ADY, AGG, AKR	5° bis 15°	–	750 – 850	–	6200 – 6500
2,0-l 16V	ABF	3° bis 9°	–	775 – 875	–	7000
VR-6	AAA, ABV	6° schwank.	–	650 – 750	–	–

Die Zündkerzen

Zündkerzentechnik

Die Zündkerze besteht aus der Mittel-Elektrode, dem Isolator mit Gehäuse und der oder den Masse-Elektrode(n). Zwischen Mittel- und Masse-Elektrode springt der Zündfunke über, der das Kraftstoff-/Luftgemisch entzündet. Man sollte niemals vom vorgeschriebenen Zündkerzentyp abweichen, der unter anderem von der Wärmewert-Kennzahl bestimmt wird.

Die Wärmewert-Kennzahl gibt den Grad der Wärmebelastbarkeit einer Zündkerze an. Je niedriger die Wärmewert-Kennzahl einer Kerze ist, desto höher ist die Wärmebelastbarkeit. Die Kerze kann also die Wärme besser ableiten, wodurch schädliche Glühzündungen (Motorklopfen) verhindert werden. Eine Kerze mit hoher Wärmebelastbarkeit hat allerdings den Nachteil, daß ihre Selbstreinigungstemperatur ebenfalls höher liegt. Sie neigt daher schneller zum Verrußen, insbesondere dann, wenn der Motor häufig seine Betriebstemperatur während der Fahrt nicht erreicht (Stadtverkehr, Kurzstreckenverkehr im Winter).

Der richtige Zündkerzen-Wärmewert wird vom Automobilhersteller festgelegt. Es gibt Zündkerzen mit einem oder mehreren Polen, mit unterschiedlicher Gewindelänge und unterschiedlichem Gewindedurchmesser. Beim Auswechseln von Zündkerzen ist es deshalb wichtig, daß nur solche Kerzen verwendet werden, die der Vorschrift des Automobilherstellers entsprechen.

Die durchschnittliche Lebensdauer von Zündkerzen ist recht unterschiedlich. Dabei spielt auch der Elektrodenwerkstoff eine wichtige Rolle. Die Chrom-Nickel-Legierung zeichnet sich durch sehr hohe Wärmeableitung und hohe Korrosionsfestigkeit aus; Silber bietet das beste Wärmeleitvermögen aller Metalle und Platin-Elektroden verfügen über eine hohe Korrosions- und Abbrandfestigkeit. Die Lebensdauer von Zündkerzen beträgt zwischen 20.000 Kilometer und bis zu 100.000 Kilometer, je nachdem, welcher Elektrodenwerkstoff verwendet wurde und ob ein- oder mehrpolige Zündkerzen zum Einsatz kommen.

Zündkerzengewinde erneuern

Falls festgestellt wird, daß das Zündkerzengewinde defekt ist, muß dieses erneuert werden. Dazu gibt es unter anderem von BERU einen entsprechenden Werkzeug- und Reparatursatz. Mit einem Spezialbohrer wird das alte Gewinde herausgeschält; der Zylinderkopf muß dazu nicht ausgebaut werden. Anschließend wird ein neues Gewinde in den Zylinderkopf geschnitten und die Zündkerze mit einem speziellen Gewindeeinsatz reingedreht. Nachträglich eingebaute Zündkerzengewindeeinsätze sitzen sicher und sind kompressionsdicht.

Zündkerzen einbauen

- Zündkerzen nur bei kaltem oder handwarmem Motor wechseln. **Achtung:** Wenn die Kerzen bei heißem Motor herausgedreht werden, kann das Kerzengewinde des Leichtmetall-Zylinderkopfes ausreißen.
- Zündkerzen von Hand bis zur Anlage am Zylinderkopf einschrauben. **Achtung:** Dabei Kerzen nicht verkanten.
- Zündkerzen mit **25 Nm** beziehungsweise **30 Nm** festziehen, siehe Zündkerzentabelle auf Seite 55.
- Kerzenstecker aufstecken. Durch Hin- und Herbewegen festen Sitz der Kerzenstecker und Zündkabel prüfen.

Zündkerzen für den GOLF/VENTO

Je nach Motor sind im GOLF und VENTO unterschiedliche Zündkerzentypen eingesetzt. In der folgenden Tabelle werden, aufgelistet nach den Motorkennbuchstaben, Zündkerzen verschiedener Hersteller aufgeführt.

Achtung: Es kann sein, daß inzwischen für einzelne Motoren andere Zündkerzenwerte gelten, so daß unsere Tabelle möglicherweise nicht auf dem neuesten Stand ist. Um die aktuelle Zündkerze für Ihren Fahrzeugmotor zu ermitteln, benötigt der Fachhandel die **Fahrzeug-Ident.-** und die **3 Schlüsselnummern**. Diese Nummern sind im Fahrzeugschein aufgeführt. Sie sollten beim Kauf von Zündkerzen angegeben werden.

Die richtige Zündkerze für den GOLF/VENTO

Motor	Kennbuch-staben	BOSCH	BERU	CHAMPION	NGK	Elektroden-abstand	Wechsel-intervall	Anzugs-drehmoment
1,4-l	ABD	W 8 DTC	14-8 DTU	N 7 BYC	BP 5 ET	0,7 - 0,9 mm	30.000 km	25 Nm
		–	–	–	BUR 6 ET	0,7 - 0,9 mm	60.000 km	25 Nm
1,4-l	AEX/APQ	W 7 LTCR	–	–	BUR 6 ET	1)	60.000 km	25 Nm
1,6-l	ABU	W 8 DTC	14-8 DTU	N 9 BYC	–	0,7 - 0,9 mm	30.000 km	25 Nm
		–	–	–	BUR 6 ET	0,7 - 0,9 mm	60.000 km	25 Nm
1,6-l	AEA	–	–	–	BUR 6 ET	0,7 - 0,9 mm	60.000 km	25 Nm
1,6-l	AEE	W 7 LTCR	–	–	BUR 6 ET	1)	60.000 km	25 Nm
1,6-l	AEK/AKS	–	–	–	BKUR 5 ET	0,7 - 0,9 mm	60.000 km	30 Nm
1,6-l	AFT	F 7 LTCR	–	–	BKUR6ET-10	1,0 mm	60.000 km	30 Nm
1,8-l	AAM/ANN	W 8 LTCR	14 GH-8 DTUR	–	BUR 5 ET	1)	60.000 km	25 Nm
1,8-l	ABS/ADZ/ANP	W 7 LTCR	14 GH-7 DTUR	–	BUR 6 ET	1)	60.000 km	25 Nm
2,0-l	2E	–	–	N 7 BMC	–	max. 0,6 mm	30.000 km	30 Nm
		–	–	–	BUR 6 ET	0,7 - 0,9 mm	60.000 km	30 Nm
2,0-l	ADY/AGG/AKR	–	–	–	BUR 6 ET	0,7 - 0,9 mm	60.000 km	30 Nm
2,0-l	ABF	F 5 DPOR	–	–	BKUR6ET-10	2)	30.000 km	30 Nm
2,8-l/ 2,9 l	AAA/ABV	–	–	–	BKR 5 EKU	0,7 mm	30.000 km	25 Nm
		–	–	–	BKR 5 EKUP	0,7 mm	60.000 km	25 Nm

1) Elektrodenabstand für BOSCH-Kerze: 0,9 - 1,1 mm, für BERU- und NGK-Kerze: 0,7 - 0,9 mm.
2) Elektrodenabstand für BOSCH-Kerze: 0,6 - 0,7 mm und für NGK-Kerze: 1,0 mm.

Störungsdiagnose Zündanlage

Störung: Der Motor springt schlecht oder gar nicht an.

Ursache	Abhilfe
Kein Zündfunke vorhanden. Verteilerkappe feucht, verschmutzt.	■ Verteilerkappe reinigen und trocknen, innen mit Zündspray einsprühen.
Risse in der Verteilerkappe, Brandkanäle.	■ Verteilerkappe erneuern.
Schleifkohle in der Zündverteilerkappe abgenutzt.	■ Schleifkohle erneuern.
Widerstand des Verteilerläufers zu hoch,Verteilerläufer defekt.	■ Verteilerläufer erneuern.
Abbrand an den Kontakten in der Verteilerkappe.	■ Verteilerkappe und Verteilerläufer erneuern.
Widerstand in Zündkerzenleitung/Zündkerzenstecker zu hoch.	■ Zündleitung/Zündkerzenstecker erneuern.
Zündkerzenstecker in falscher Reihenfolge aufgesteckt.	■ Zündkerzenstecker nach Zündfolge aufstecken: 4-Zylindermotor: **1-3-4-2** 6-Zylindermotor: **1-5-3-6-2-4**
Zündkerzen wegen zu vieler Startversuche naß.	■ Zündkerzen ausbauen und trocknen.
Zündkerzen außen feucht und verschmutzt.	■ Zündkerzen reinigen, trocknen, Silikonschutzkappe auf Zündkerze und Stecker schieben.
Leistung der Zündspule zu gering.	■ Elektrische Leitungen am Zündtrafo (Zündspule) auf festen Sitz und guten Kontakt prüfen.
Zündspule gerissen, Brandkanäle.	■ Zündspule erneuern.
Spannungsverlust durch Berührung elektrischer Anschlüsse bzw. Leitungen mit Schläuchen des Motors.	■ Elektrische Leitungen richtig führen.
Keine Stromversorgung des Steuergerätes.	■ Elektrische Leitungen nach Stromlaufplan prüfen.
Sicherung Nr. 18 defekt.	■ Sicherung prüfen, gegebenenfalls ersetzen.
Kraftstoffpumpenrelais, Stromversorgungsrelais Hallgeber, Motronic/Digifant, Geber für Motordrehzahl defekt.	■ Relais, Hallgeber, Drehzahlgeber prüfen, gegebenenfalls ersetzen.

Motor-Schmierung

Für die Motor-Schmierung sind **Mehrbereichsöle** vorgeschrieben, so daß ein jahreszeitbedingter (Sommer/Winter) Ölwechsel nicht erforderlich ist. Mehrbereichsöle bauen auf einem dünnflüssigen Einbereichsöl auf (z. B. 10 W) und werden durch sogenannte »Viskositätsindexverbesserer« im heißen Zustand stabilisiert. Dadurch ist sowohl für den kalten wie auch für den heißen Motor die richtige Schmierfähigkeit gegeben.

Es können auch **Leichtlauföle** verwendet werden. Dabei handelt es sich um Mehrbereichsöle, denen unter anderem Reibwertverminderer zugesetzt wurden, wodurch sich die Reibung innerhalb des Motors vermindert. Für das Leichtlauföl wird als Grundöl ein Synthetiköl verwendet. Die Angabe »Mineralisch«, »Teilsynthetisch« oder »Vollsynthetisch« ist nur ein Hinweis auf die Zusammensetzung des Basisöls. Zusammen mit den übrigen Bestandteilen können sich ganz unterschiedliche Qualitäten ergeben.

Anwendungsbereich/Viskositätsklassen

Die SAE-Bezeichnung gibt die Viskosität (Zähflüssigkeit) des Motoröls an. Beispiel: SAE 10 W 40:

10 – Viskosität des Öls in kaltem Zustand. Je kleiner die Zahl, desto dünnflüssiger ist das kalte Motoröl.

W – Das Motoröl ist wintertauglich.

40 – Viskosität des Öls in heißem Zustand. Je größer die Zahl, desto dickflüssiger ist das heiße Motoröl.

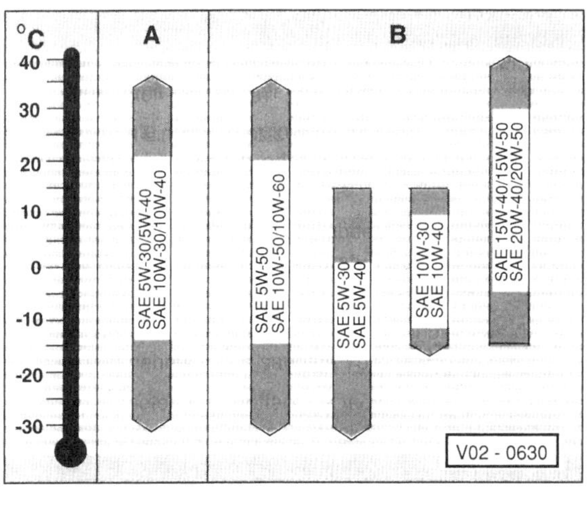

A – Mehrbereichs-Leichtlauföle

B – Mehrbereichsöle

Da sich die Einsatzbereiche benachbarter SAE-Klassen überschneiden, können kurzfristige Temperaturschwankungen unberücksichtigt bleiben. Es ist zulässig, Öle verschiedener Viskositätsklassen miteinander zu mischen, wenn einmal Öl nachgefüllt werden muß und die Außentemperaturen nicht mehr der Viskositätsklasse des im Motor befindlichen Öles entsprechen.

Zusatzschmiermittel – gleich welcher Art – sollen weder dem Kraftstoff noch den Schmierölen beigemischt werden.

Spezifikation des Motoröls

Die Qualität eines Motoröls wird durch Normen der Automobil- sowie der Ölhersteller gekennzeichnet.

Die Klassifikation der Motoröle amerikanischer Ölhersteller erfolgt nach dem **API**-System (API: American Petroleum Institut): Die Kennzeichnung erfolgt durch jeweils zwei Buchstaben. Der erste Buchstabe gibt den Anwendungsbereich an: **S** = Service, für **Ottomotoren** geeignet; **C** = Commercial, für **Dieselmotoren** geeignet. Der zweite Buchstabe gibt die Qualität in alphabetischer Reihenfolge an. Von höchster Qualität sind Öle der Spezifikation **SL** für Ottomotoren und **CF** für Dieselmotoren.

Europäische Ölhersteller geben eine **ACEA**-Spezifikation an (ACEA: **A**ssociation des **C**onstructeurs **E**uropéens de l'**A**utomobile). Dabei wird insbesondere die europäische Motorentechnologie berücksichtigt. Öle für Benzinmotoren erhalten die Klassen ACEA A1-96 bis A3-96; Dieselmotoröle erhalten die Klassen B1-96 bis B3-96. **»96«** steht für den Beginn der Gültigkeit der ACEA-Klassifikation im Jahr 1996. Motoröle mit höheren Jahreszahlangaben können ebenfalls verwendet werden. Von höchster Qualität sind Öle **A3** für Benzin- und **B3** für Dieselmotoren.

Achtung: Motorenöle, die vom Hersteller ausdrücklich als Öle für Diesel-Motoren bezeichnet werden, sind für Ottomotoren nicht geeignet. Es gibt Öle, die sowohl für den Otto- als auch für den Diesel-Motor geeignet sind. In diesem Fall sind beide Spezifikationen (Beispiel: ACEA A3/B3 oder API SH/CD) auf der Öldose vermerkt.

Das richtige Motoröl für den VW GOLF/VENTO

VW hat für die VW-Modelle **eigene Ölnormen** festgelegt. Grundsätzlich sollen nur Öle verwendet werden, die diese Normen erfüllen. Die VW-Norm steht dann auf der Öldose.

Benziner: Mehrbereichsöl **501 01** oder Leichtlauföl **500 00** sowie **502 00.** Sollte kein Öl der angegebenen VW/AUDI-Spezifikationen zur Verfügung stehen, kann zum Nachfüllen ein Mehrbereichs- oder Leichtlauföl der Spezifikation API-**SF** oder **SG** beziehungsweise ACEA-**A3** verwendet werden.

Dieselmotor: Mehrbereichsöl **501 01** oder **505 00**, oder Leichtlauföl **500 00**. Ebenso kann ein Mehrbereichsöl nach API-**CD** oder gemäß ACEA-**B3** verwendet werden.

Turbodiesel: Mehrbereichsöl **501 01** zusammen mit **505 00** oder Leichtlauföl **500 00/505 00.**

Achtung:
Seit 4/99 werden für neue VW-Fahrzeuge mit »Longlife-Service-System« spezielle Longlife-Motorenöle vorgeschrieben, die nicht in bisherige Fahrzeuge eingefüllt werden dürfen. Longlife-Motorenöle nach den VW-Normen **503 00** für Benziner und **506 00** für Dieselmotoren dürfen **nicht** im vorliegenden VW GOLF/VENTO verwendet werden.

Ölverbrauch

Bei einem Verbrennungsmotor versteht man unter dem Ölverbrauch diejenige Ölmenge, die als Folge des Verbrennungsvorganges verbraucht wird. Auf keinen Fall ist Ölverbrauch mit Ölverlust gleichzusetzen, wie er durch Undichtigkeiten an Ölwanne, Zylinderkopfdeckel usw. auftritt.

Normaler Ölverbrauch entsteht durch Verbrennung jeweils kleiner Mengen im Zylinder; durch Abführen von Verbrennungsrückständen und Abrieb-Partikeln. Zudem verschleißt das Öl durch hohe Temperaturen und hohe Drücke, denen es im Motor fortwährend ausgesetzt ist.

Ferner haben auch äußere Betriebsverhältnisse, Fahrweise sowie Fertigungstoleranzen einen Einfluß auf den Ölverbrauch. Der Ölverbrauch darf höchstens 1,0 l/1000 km betragen.

Unbedingt muß Öl nachgefüllt werden, wenn die »Nachfüll«-Markierung erreicht ist (Nachfüllmenge dann max. 1 l).

Achtung: Bei Katalysator-Motoren besonders darauf achten, daß auf keinen Fall die Max.-Markierung am Ölpeilstab überschritten wird. Das überschüssige Öl gelangt sonst aufgrund unvollständiger Verbrennung in den Katalysator und kann das Edelmetall beschädigen oder den Katalysator vollständig zerstören.

Der Ölkreislauf

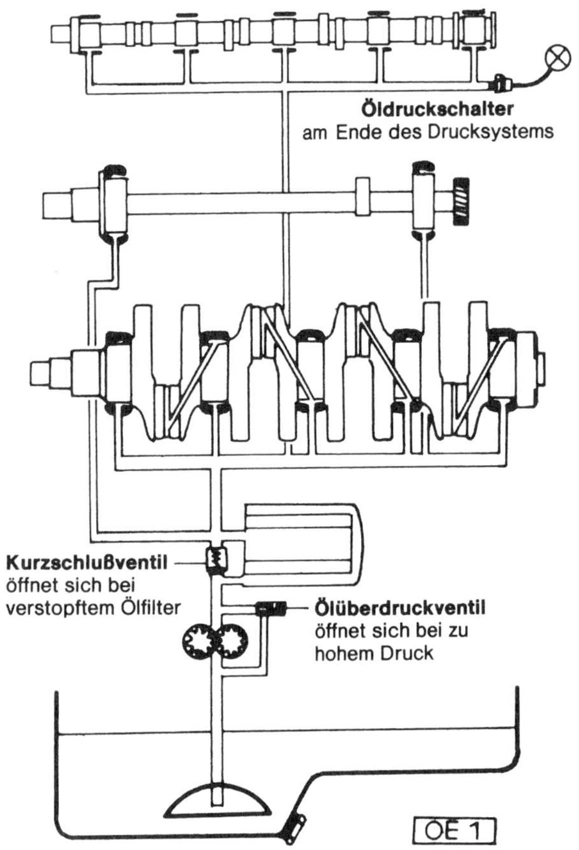

Die Ölpumpe saugt das Motoröl über den Ölsaugkorb aus der Ölwanne an und drückt es in den Ölfilter. An der Druckseite der Ölpumpe befindet sich ein Überdruckventil (Öldruckregelventil). Bei zu hohem Öldruck öffnet das Ventil, und ein Teil des Öls kann in die Ölwanne zurückfließen.

Durch die Mittelachse der Ölfilterpatrone gelangt das gefilterte Öl in den Hauptölkanal. Bei verstopftem Ölfilter leitet ein Kurzschlußventil das Öl direkt und ungefiltert in den Hauptölkanal. Im Ölfilterstutzen beziehungsweise in der Steigleitung zum Zylinderkopf befindet sich ein Rückschlagventil, das ein Leerlaufen der Ölkanäle und der hydraulischen Tassenstößel bei Motorstillstand verhindert.

Vom Hauptölkanal zweigen Kanäle ab zur Schmierung der Kurbelwellenlager. Durch schräge Bohrungen in der Kurbelwelle wird das Öl an die Pleuellager geleitet und von dort gegen Kolbenbolzen und Zylinder gespritzt.

Gleichzeitig gelangt Motoröl über Steigleitungen in den Zylinderkopf und versorgt dort Nockenwellenlager, Tassenstößel und beim 6-Zylindermotor den oberen Kettenspanner.

Die dynamische Öldruckkontrolle

Der VW GOLF/VENTO ist mit einer dynamischen Öldruckkontrolle ausgerüstet. Das heißt, die Öldruckkontrolle erfolgt in Abhängigkeit von der Motordrehzahl.

Liegt die Motordrehzahl unter 2000/min und sinkt gleichzeitig der Öldruck unter ca. 0,3 bar, so blinkt die Warnleuchte für Öldruck am Armaturenbrett. Bei einer Motordrehzahl über 2000/min muß der Öldruck mindestens 1,8 bar (je nach Motor: 0,9 oder 1,4 bar) betragen, sonst blinkt wiederum die Warnleuchte und der Summer ertönt.

Blinkt während der Fahrt die Öl-Warnleuchte und der Summer ertönt, so kann das folgende Ursachen haben:

1. Ölstand zu niedrig
2. Störung in der Elektrik von Schalter und Warnleuchte
3. Ölpumpe fördert nicht
4. Lager der Kurbelwelle defekt

Zunächst also sofort den Motor abstellen und den Ölstand kontrollieren, gegebenenfalls Öl nachfüllen. Anschließend Motor starten und im Leerlauf drehen lassen, die Warnleuchte darf nun nicht mehr blinken. Drehzahl auf über 2000/min erhöhen, Leuchte darf nicht blinken und der Summer darf nicht ertönen. Ist dies der Fall, kann die Fahrt fortgesetzt werden.

Ist der Ölstand jedoch in Ordnung und besteht am Ort keine weitere Prüf-Möglichkeit, keinesfalls weiterfahren, sondern Fahrzeug abschleppen lassen und Öldruck prüfen.

Bei ausreichendem Öldruck beide Öldruckschalter und die elektrischen Zuleitungen nach Schaltplan prüfen. Falls kein Fehler gefunden wurde, Öldruck-Kontrollrelais ersetzen.

Öldruckschalter/Öldruck überprüfen

Es sind 2 Öldruckschalter eingebaut, die bei unterschiedlichem Öldruck ansprechen. Beim 2,8-/2,9-l-Motor befinden sich die Öldruckschalter oben am Ölfilterhalter. Die Einbauorte der Öldruckschalter bei den anderen Motoren gehen aus den Übersichtsabbildungen hervor, siehe Seite 60/61.

Prüfen

- Ölstand kontrollieren.
- Elektrische Leitungen für beide Öldruckschalter nach Stromlaufplan überprüfen.
- Fahrzeug warmfahren, die Öltemperatur soll ca. +80° C betragen.

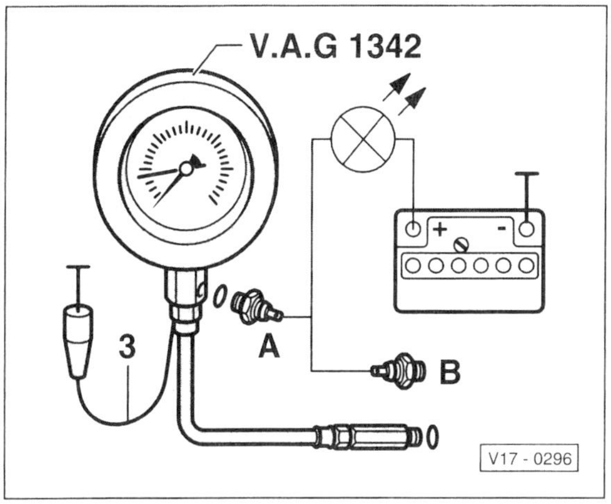

- 0,25-/0,3-bar-Öldruckschalter ausbauen und in das Prüfgerät V.A.G-1342 einschrauben –A–.
- Prüfgerät anstelle des Öldruckschalters in den Zylinderkopf einschrauben.
- Braune Leitung –3– des Prüfgerätes an Masse (–) legen.
- Diodenprüflampe mit Hilfsleitungen an Batterie plus (+) und Öldruckschalter –A– anschließen. Die Leuchtdiode muß aufleuchten.
- Motor anlassen und Drehzahl langsam erhöhen. Sobald der Prüfdruck (Tabelle) erreicht wird muß die Leuchtdiode verlöschen, andernfalls Öldruckschalter ersetzen.
- Diodenprüflampe am 0,9-/1,4-/1,8-bar-Öldruckschalter –B– anschließen.
- Drehzahl erhöhen. Sobald der Prüfdruck (Tabelle) erreicht wird muß die Leuchtdiode aufleuchten, andernfalls Öldruckschalter ersetzen.
- Drehzahl weiter erhöhen. Bei 2000/min und +80 °C Öltemperatur soll der Ölüberdruck mindestens 2,0 bar betragen.
- Geringerer Öldruck weist auf verschlissene Kurbelwellenlager hin.
- Drehzahl weiter erhöhen. Der Öldruck darf dabei den Maximalwert 7,0 bar **nicht** überschreiten. Andernfalls Ölpumpendeckel mit Überdruckventil ersetzen.
- Öldruckschalter einschrauben und mit richtigem Drehmoment (Tabelle) festziehen. Bei Undichtigkeit Dichtring mit Seitenschneider aufkneifen und ersetzen.

Motor	**Einsatz**	**Öldruck-schalter**	**Isolierung**	**Prüfdruck**	**Anzugs-drehmoment**
1,4-/1,6-l (60/75 PS)	9/91 – 8/92	0,3 bar	braun	0,15 – 0,45 bar	25 Nm
		1,4 bar	schwarz	1,2 – 1,6 bar	25 Nm
	ab 9/92	0,25 bar	blau	0,15 – 0,35 bar	25 Nm
		0,9 bar	grau	0,7 – 1,1 bar	25 Nm
1,6-l (100 PS)	–	0,25 bar	blau	0,15 – 0,35 bar	25 Nm
		1,8 bar	weiß	1,6 – 2,0 bar	25 Nm
1,8-/2,0-l (75/90/115 PS)	9/91 – 2/96	0,3 bar	braun	0,15 – 0,45 bar	25 Nm
		1,8 bar	weiß	1,6 – 2,0 bar	25 Nm
	ab 3/96	0,25 bar	blau	0,15 – 0,35 bar	25 Nm
		1,8 bar	weiß	1,6 – 2,0 bar	25 Nm
2,0-l (150 PS)	–	0,3 bar	braun	0,15 – 0,45 bar	25 Nm
		1,8 bar	weiß	1,6 – 2,0 bar	25 Nm
2,8-/2,9-l (174/190 PS)	–	0,3 bar	braun	0,15 – 0,45 bar	20 Nm
		1,4 bar	schwarz	1,2 – 1,6 bar	25 Nm

Ölwanne/Ölpumpe/Ölfilter

1,6-l/100 PS-, 1,8-l-, 2,0-l-Motor

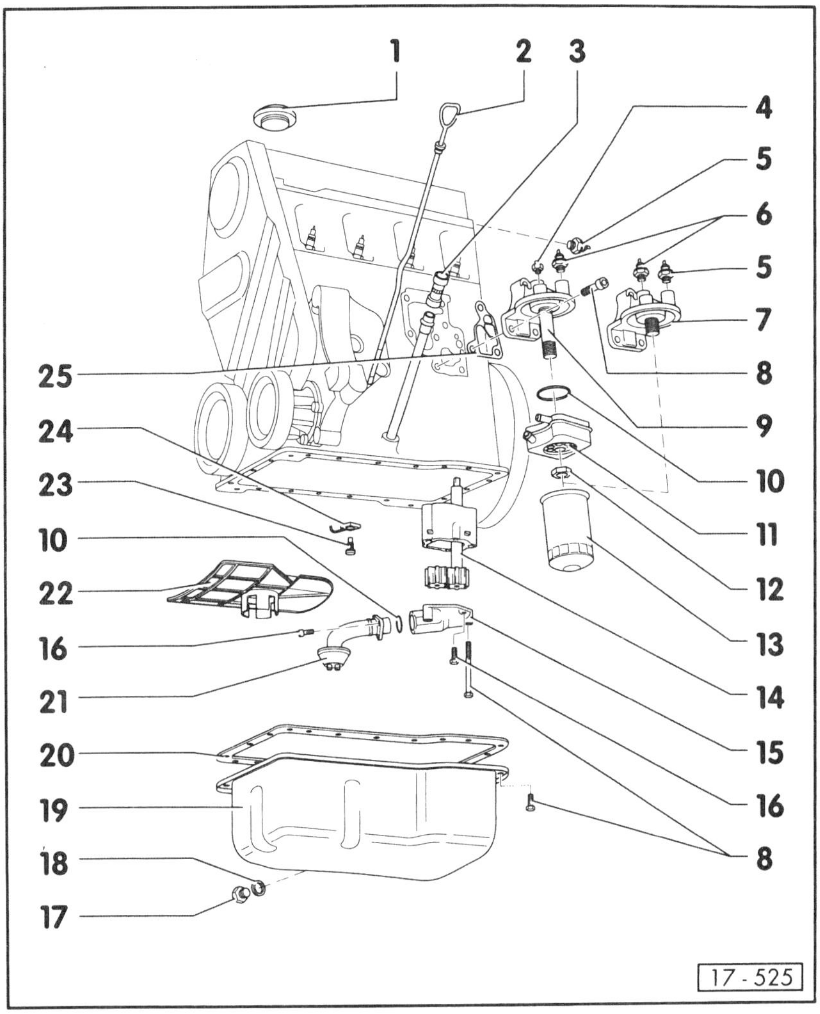

1 – **Verschlußdeckel**

2 – **Ölmeßstab**
Mengendifferenz zwischen Min.- und Max.-Markierung beträgt 1,0 Liter. Bei Ölstand über Max.-Markierung besteht die Gefahr von Katalysatorschäden.

3 – **Einführtrichter**
Zum Ölabsaugen abziehen.

4 – **Geber für Öltemperatur, 10 Nm**

5 – **0,3 bar Öldruckschalter, 25 Nm**
Serienmäßiger Dichtring ist nicht abnehmbar. Bei Undichtigkeit Dichtring durchkneifen und ersetzen.

6 – **1,8 bar Öldruckschalter, 25 Nm**
Serienmäßiger Dichtring ist nicht abnehmbar. Bei Undichtigkeit Dichtring durchkneifen und ersetzen.

7 – **Ölfilterhalter, 1,8-l-Motor**
Mit Ölrücklaufsperre für hydraulische Tassenstößel.

8 – **Schraube, 20 Nm**

9 – **Ölfilterhalter, 2,0-l-Motor**
Mit Ölrücklaufsperre für hydraulische Tassenstößel.

10 – **O-Ring**
Bei Beschädigung ersetzen.

11 – **Ölkühler**
Berührungsflächen zum Flansch außerhalb des Dichtrings mit VW-Dichtmittel AMV-188 100 02 einstreichen. Auf Freigang zu umliegenden Bauteilen achten.

12 – **Mutter, 25 Nm**

13 – **Ölfilter**
Einbauhinweise auf dem Ölfilter beachten. Von Hand anziehen.

14 – **Zahnräder**

15 – **Ölpumpendeckel mit Überdruckventil**
Öffnungsdruck des Überdruckventils: 5,7 – 6,7 bar.

16 – **Schraube, 10 Nm**

17 – **Ölablaßschraube, 30 Nm**

18 – **Dichtring**
Immer ersetzen.

19 – **Ölwanne**

20 – **Dichtung für Ölwanne**
Immer ersetzen, nicht ankleben, auf richtige Lage achten.

21 – **Saugleitung**

22 – **Schwallwand**
Nur bei ausgebauter Ölpumpe montieren.

23 – **Überdruckventil, 27 Nm**
Öffnungsdruck 2,5 – 3,2 bar Überdruck.

24 – **Ölspritzdüse**
Zur Kolbenkühlung.

25 – **Dichtung**
Immer ersetzen.

Ölwanne/Ölpumpe/Ölfilter

1,4-l/60 PS- und 1,6-l/75 PS-Motor

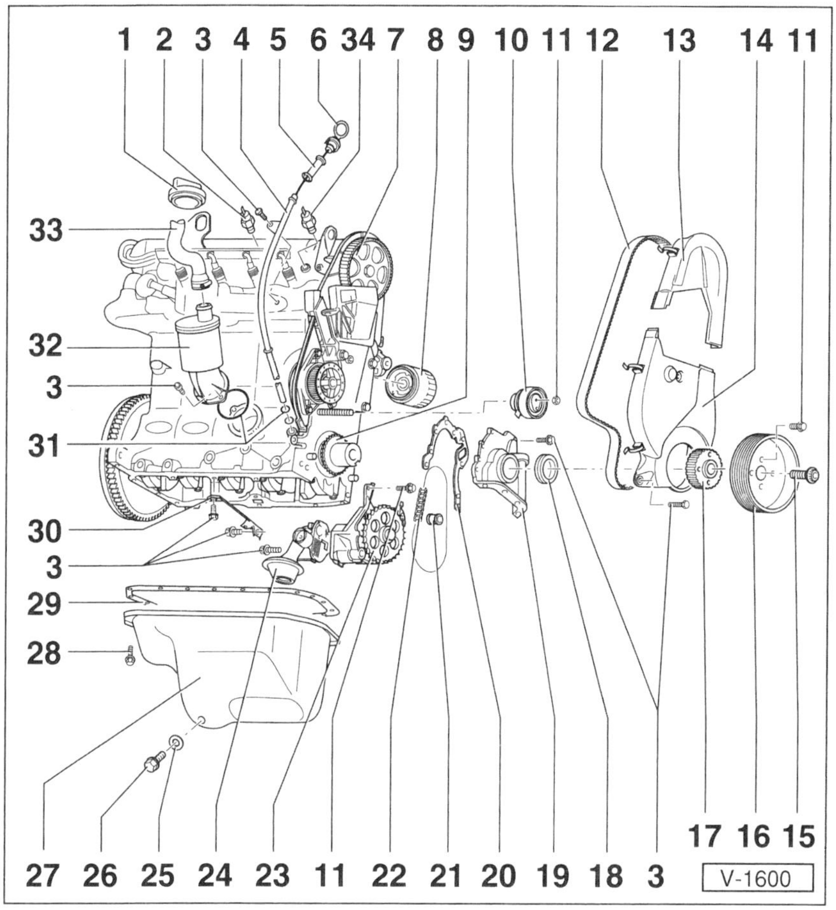

1 – **Verschlußdeckel**
Dichtung prüfen, bei Beschädigung ersetzen.

2 – **0,3/0,25 bar Öldruckschalter, 25 Nm**
Dichtring bei Undichtigkeit aufkneifen und ersetzen.
0,3-bar-Schalter: braun.
0,25-bar-Schalter: blau

3 – **Schraube, 10 Nm**

4 – **Führungsrohr**

5 – **Einführtrichter**
Zum Ölabsaugen abziehen.

6 – **Ölmeßstab**
Mengendifferenz zwischen Min.- und Max.-Markierung beträgt 1,0 Liter. Bei Ölstand über Max.-Markierung besteht die Gefahr von Katalysatorschäden.

7 – **Nockenwellenrad**

8 – **Ölfilter**
Einbauhinweise auf dem Ölfilter beachten. Von Hand anziehen.

9 – **Kettenrad**

10 – **Spannrolle**
Nur Kennbuchstabe AEA/AEE.

11 – **Schraube, 20 Nm**

12 – **Zahnriemen**

13 – **Zahnriemen-Abdeckung oben**

14 – **Zahnriemen-Abdeckung unten**

15 – **6-Kantschraube, 90 Nm + ⅓ Umdrehung (120°) weiterdrehen**
12-Kantschraube, 90 Nm + ¼ Umdrehung (90°) weiterdrehen
Schraube immer erneuern, geölt einsetzen. Das Weiterdrehen kann in mehreren Stufen erfolgen. Für den Weiterdrehwinkel empfiehlt sich eine handelsübliche Winkelmeßscheibe, z. B. HAZET 6690.

16 – **Riemenscheibe**
Bei Montage auf Fixierung achten.

17 – **Zahnriemenrad-Kurbelwelle**

18 – **Dichtring**

19 – **Dichtflansch**

20 – **Dichtung**
Immer ersetzen.

21 – **Dichtbuchse**
Auf Beschädigung prüfen, ggf. ersetzen. Dichtung zur Montage einölen und zuerst in den Dichtflansch einsetzen.

22 – **Kette**
Durch Verschieben der Ölpumpe spannen. Spannung durch leichten Daumendruck prüfen.
Motor ABD bis 12/93 und Motor ABU bis 1/93: Durchdrückung = 1,5 – 2,0 mm.
Motor ABD ab 1/94, Motor ABU ab 2/93 und Motor AEX/AEA/AEE: Durchdrückung = 4,0 – 5,0 mm.
Achtung: Beim Motor ABD von 2/93 bis 9/93 zum Spannen der Kette Gleitschiene ausbauen.

23 – **Ölpumpe**

24 – **Ölpumpendeckel mit Überdruckventil**
Öffnungsdruck: 4,0 – 5,0 bar Überdruck. Sieb bei Verschmutzung reinigen.

25 – **Dichtring**
Immer ersetzen.

26 – **Ölablaßschraube, 20 Nm**

27 – **Ölwanne**
Vor der Montage Dichtfläche mit Flachschaber reinigen. Es kann auch eine Bohrmaschine mit rotierender Kunststoffbürste verwendet werden.
Motor AEA mit 020-Getriebe ab 12/94 sowie Motor AEX, AEE, APQ: Aluminium-Ölwanne anstelle der bisherigen Blech-Ölwanne.

28 – **Schraube**
Bei Blech-Ölwanne **15 Nm.**
Bei Aluminium-Ölwanne **13 Nm.**

29 – **Dichtung (nicht vorhanden bei 1,4-/1,6-l-Motoren ab 9/95)**
Immer ersetzen, vor dem Auflegen Übergänge mit Dichtmittel "D2" bestreichen.
1,6-l-Motor AEA mit 020-Getriebe ab 12/94: Metalldichtung immer ersetzen.

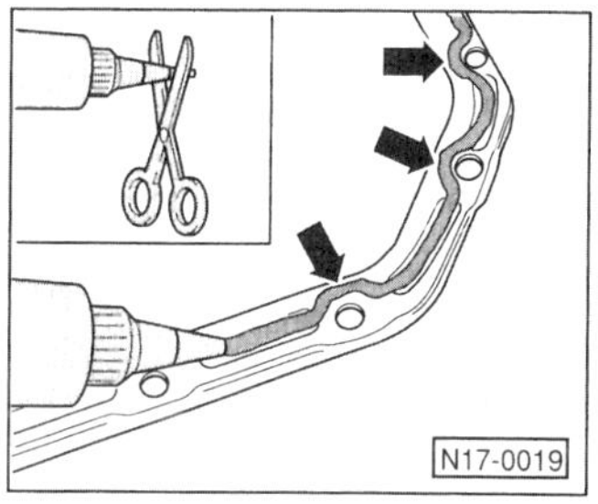

Achtung: Bei **1,4-/1,6-l-Motoren ab 9/95** umlaufend eine 3 bis 4 mm dicke, durchgehende Raupe Silikondichtmittel von VW auf die Ölwannen-Dichtfläche auftragen. Die Raupe muß innen an den Schraubenbohrungen verlaufen. Ölwanne innerhalb von 5 Minuten nach auftragen des Dichtmittels einbauen. Anschließend Dichtmittel ca. 30 Minuten trocknen lassen.

30 – **Halter**

31 – **O-Ring**
Immer ersetzen.

32 – **Ölabscheider**

33 – **zum Luftfilter**

34 – **1,4/0,9 bar Öldruckschalter, 25 Nm**
Dichtring bei Undichtigkeit aufkneifen und ersetzen.
1,4-bar-Schalter: schwarz.
0,9-bar-Schalter: grau

Störungsdiagnose Ölkreislauf

Störung	Ursache	Abhilfe
Kontrolleuchte leuchtet nicht nach Einschalten der Zündung.	0,3-bar-Öldruckschalter defekt.	■ Zündung einschalten, Leitung vom Öldruckschalter abziehen und gegen Masse halten. Wenn die Kontrollampe leuchtet, Schalter ersetzen.
	Strom zum Schalter unterbrochen, Kontakte korrodiert.	■ Elektrische Leitung und Anschlüsse prüfen.
	Kontrollampe defekt.	■ Kontrollampe ersetzen.
Kontrollicht erlischt nicht nach Anspringen des Motors.	Öl sehr warm.	■ Unbedenklich, wenn Kontrollicht beim Gasgeben erlischt.
Kontrollicht erlischt nicht beim Gasgeben bzw. leuchtet während der Fahrt.	Öldruck zu gering.	■ Ölstand prüfen, ggf. auffüllen; Öldruck nach Vorschrift prüfen.
	Elektrische Leitung zum 0,3-bar-Öldruckschalter hat Kurzschluß gegenüber Masse.	■ Kabel am Schalter abziehen und isoliert ablegen (nicht gegen Masse legen), Zündung einschalten. Wenn die Kontrollampe aufleuchtet, Leitung überprüfen.
	0,3-bar-Öldruckschalter defekt.	■ Schalter auswechseln.
Kontrolleuchte blinkt während der Fahrt, Summer ertönt.	Öldruckschalter 1,8 bar (1,8-/2,0-l-Motor), beziehungsweise 1,4 bar (1,4-/2,8-/2,9-l-Motor) ist defekt.	■ Öldruck prüfen, Öldruckschalter prüfen. Ist der Öldruck in Ordnung obwohl der Summer ertönt, kann für die Weiterfahrt kurzfristig die elektrische Leitung abgezogen und gegen Masse gelegt werden. Falls der Summer immer noch ertönt, Steuerrelais aus der Fassung ziehen. Öldruckschalter sowie Steuergerät sobald wie möglich prüfen, gegebenenfalls ersetzen.
Zu niedriger Öldruck im gesamten Drehzahlbereich.	Zu wenig Öl im Motor.	■ Motoröl nachfüllen.
	Ansaugsieb in der Saugglocke verschmutzt, Saugrohr gebrochen.	■ Ölwanne ausbauen, Ansaugsieb reinigen, ggf. Saugrohr ersetzen.
	Ölpumpe verschlissen.	■ Ölpumpe ausbauen und prüfen, gegebenenfalls ersetzen.
	Lagerschaden.	■ Motor demontieren.
Zu niedriger Öldruck im unteren Drehzahlbereich.	Öldruckregelventil klemmt in offenem Zustand durch Verschmutzung.	■ Öldruckregelventil ausbauen und prüfen.
Zu hoher Öldruck bei Drehzahlen über 2.000/min.	Öldruckregelventil öffnet nicht wegen Verschmutzung.	■ Öldruckregelventil ausbauen und prüfen.

Die Motor-Kühlung

Kühler / Lüfter

4-Zylindermotor

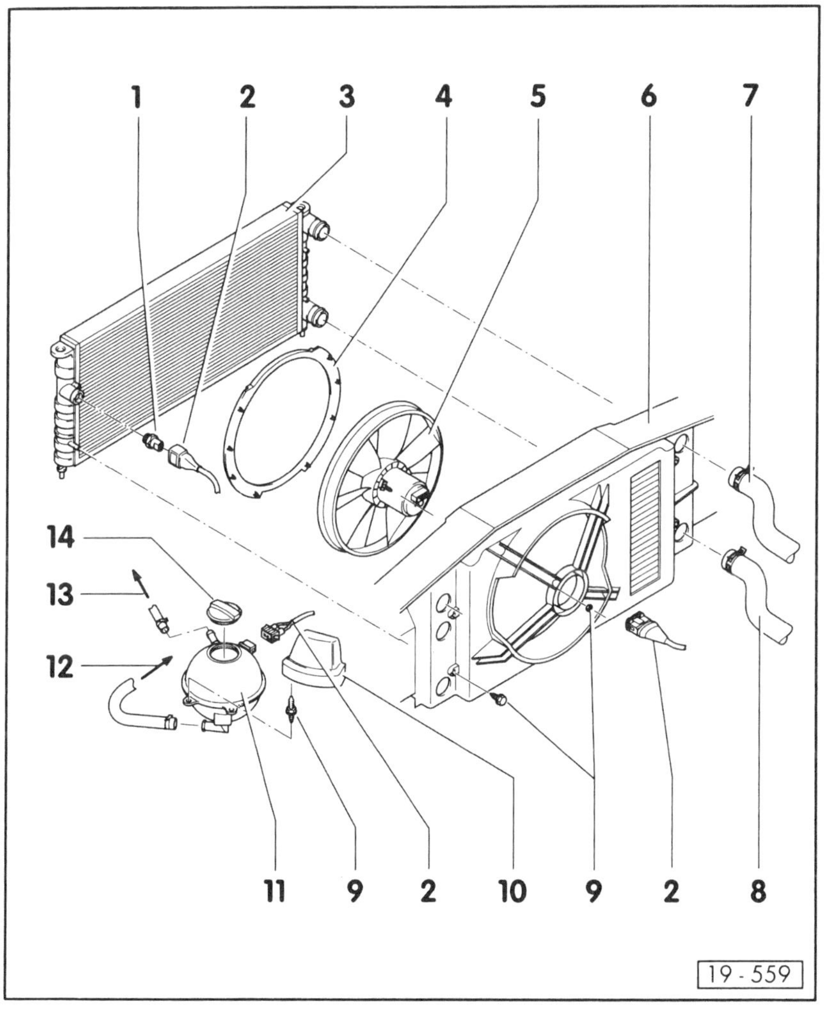

1 – **Thermoschalter, 35 Nm**
2 – **Anschlußstecker**
3 – **Kühler**
4 – **Lüfterring**
5 – **Lüfter für Kühler**
6 – **Schloßträger**
7 – **Kühlmittelschlauch oben**
8 – **Kühlmittelschlauch unten**
9 – **Schraube/Mutter, 10 Nm**
10 – **Abdeckung**
11 – **Ausgleichbehälter**
12 – **zum Kühlmittelrohr**
13 – **zum Anschlußstutzen**
14 – **Verschlußdeckel**

Achtung: Schlauchverbindungen sind entweder mit Federbandschellen oder mit Schraubschellen gesichert. Vorhandene Federbandschellen können auch durch Schraubschellen ersetzt werden. Zur Montage der Federbandschellen eignet sich besonders die Zange HAZET 798-5.

Der Kühlmittelkreislauf

Der Kühlmittelkreislauf wird thermostatisch geregelt. Solange der Motor kalt ist, zirkuliert das Kühlmittel nur im Zylinderkopf sowie im Motorblock und im Wärmetauscher. Mit zunehmender Erwärmung öffnet der Kühlmittelregler den großen Kühlmittelkreislauf. Das Kühlmittel wird von der ständig im Einsatz befindlichen Kühlmittelpumpe über den Kühler geleitet. Die Kühlflüssigkeit durchströmt den Kühler von oben nach unten und wird dabei durch die an den Kühlrippen vorbeistreichende Luft gekühlt.

Zur Verstärkung der Kühlluft besitzt der GOLF/VENTO je nach Ausstattung einen oder zwei temperaturgesteuerte Lüfter. Angesteuert werden die Lüfter über einen 2stufigen Thermoschalter, der links am Wasserkasten des Kühlers eingeschraubt ist. Bei einer Kühlmitteltemperatur von +92 – +97° C schaltet der Thermoschalter den Lüfter in der ersten Stufe (halbe Drehzahl) ein. Steigt die Kühlmitteltemperatur auf +99 – + 105° C werden die Lüfter auf volle Drehzahl geschaltet.

Der 6-Zylindermotor besitzt einen Elektrolüfter, dessen Motor über einen dünnen Keilrippenriemen ebenfalls den zweiten Lüfter antreibt. Damit der Lüfter in der 1. Stufe mit halber Geschwindigkeit läuft wird ein Vorwiderstand zwischengeschaltet.

Durch die nicht ständig mitlaufenden Lüfter erhöht sich die nutzbare Motorleistung und der Kraftstoffverbrauch vermindert sich.

Achtung: Die Elektrolüfter können sich auch bei ausgeschalteter Zündung einschalten. Durch Stauwärme im Motorraum ist auch **mehrmaliges Einschalten möglich.**

Kühlmittelpumpe, Kühlmittelregler, Ölkühler

1,6-l/100 PS-, 1,8-l-, 2,0-l-Motor

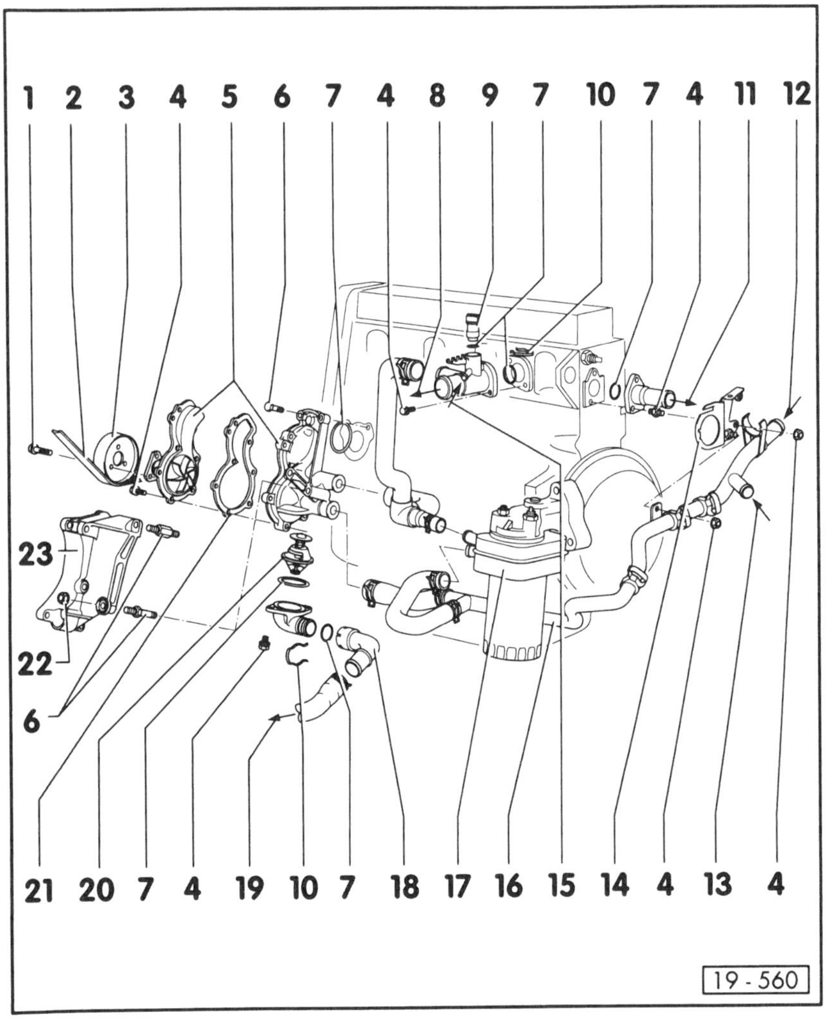

1 – **Schraube, 20 Nm**
2 – **Keilrippenriemen**
3 – **Riemenscheibe**
4 – **Schraube, 10 Nm**
5 – **Kühlmittelpumpe**
6 – **Schraube**
Anzugsdrehmoment: **20 Nm + ¼ Umdrehung (90°)weiterdrehen.**
7 – **O-Ring**
8 – **zum Kühler oben**
9 – **Geber für Kühlmitteltemperatur**
Mit Geber für Kühlmitteltemperaturanzeige.
10 – **Halter**
11 – **zum Wärmetauscher**
12 – **vom Wärmetauscher**
13 – **vom Ausgleichbehälter**
14 – **Halter**
15 – **vom Ausgleichbehälter**
16 – **Kühlmittelrohr**
17 – **Ölkühler**
Nur 2,0-l-Motor.
18 – **Anschlußstutzen**
19 – **vom Kühler unten**
20 – **Kühlmittelregler**
21 – **Dichtung**
22 – **Schraube, 30 Nm**
23 – **Halter für Generator**

Kühlmittelpumpe, Kühlmittelregler, Ölkühler

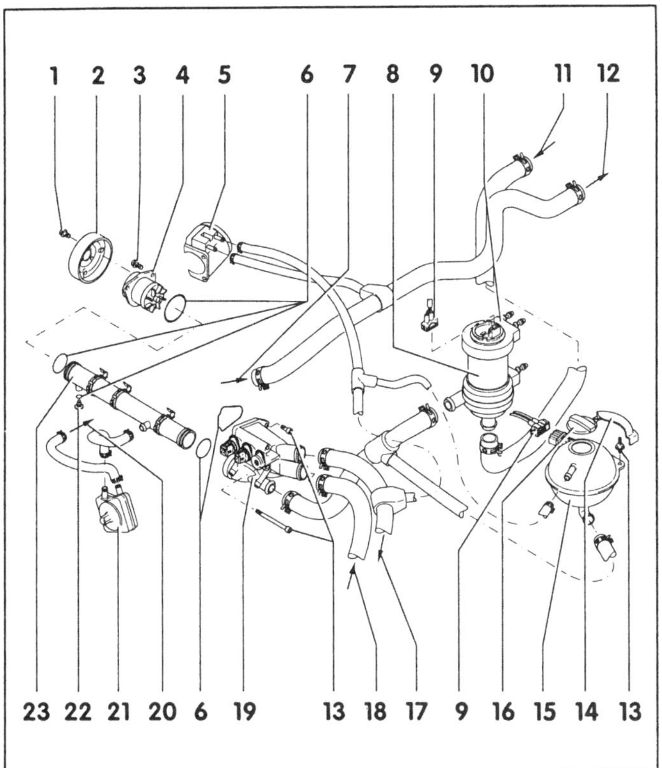

19 - 562

2,8-/2,9-l-Motor VR-6

1 – **Befestigungsschraube, 25 Nm**
2 – **Riemenscheibe**
3 – **Schraube, 20 Nm**
4 – **Kühlmittelpumpe**
5 – **Drosselklappenstutzen**
6 – **O-Ring**
Immer ersetzen.
7 – **vom Zylinderkopf**
8 – **Pumpe für Kühlmittelnachlauf**
9 – **Anschlußstecker**
10 – **Haltegummi**
11 – **vom Wärmetauscher**
12 – **zum Wärmetauscher**
13 – **Schraube, 10 Nm**
14 – **Verkleidung**
15 – **Ausgleichbehälter**
16 – **Verschlußdeckel**
17 – **Kühlmittelschlauch oben**
18 – **Kühlmittelschlauch unten**
19 – **Kühlmittelreglergehäuse**
20 – **zum Motorblock**
21 – **Ölkühler**
22 – **Ablaßschraube**
23 – **Kühlmittelrohr**

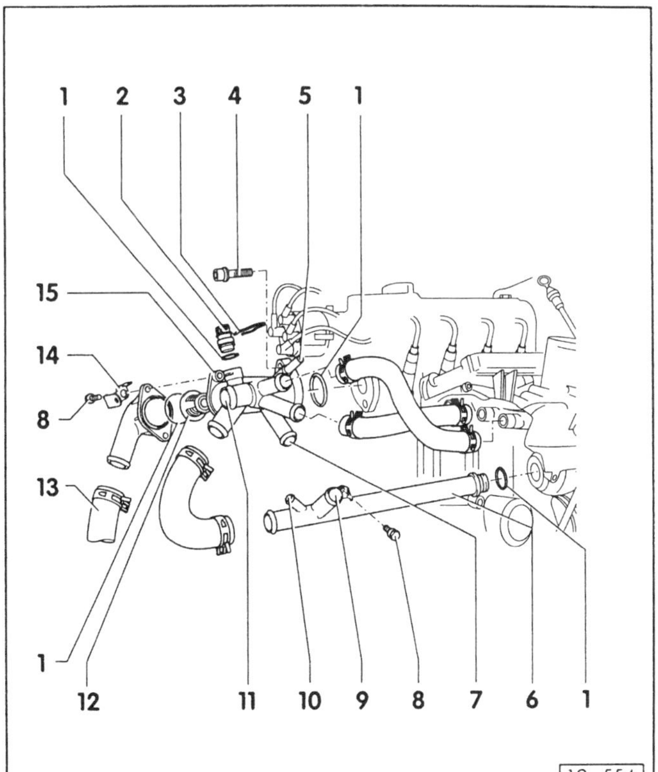

19 - 554

1,4-l-Motor

1 – **O-Ring**
2 – **Geber für Kühlmitteltemperatur**
Mit Geber für Kühlmitteltemperatur-anzeige.
3 – **Halteklammer**
4 – **Schraube, 20 Nm**
5 – **zum Ausgleichbehälter**
6 – **Kühlmittelrohr**
7 – **zum Wärmetauscher**
8 – **Schraube, 10 Nm**
9 – **vom Wärmetauscher**
10 – **zum Ausgleichbehälter**
11 – **zum Kühler oben**
12 – **Kühlmittelregler**
13 – **zum Kühler unten**
14 – **Halter**
15 – **Kühlmittelregler-Gehäuse**

Kühler-Frostschutzmittel

Die Kühlanlage wird ganzjährig mit einer Mischung aus Wasser und Kühlerfrost- und Korrosions-Schutzmittel befüllt. Dies verhindert Frost- und Korrosionsschäden, Kalkansatz und hebt außerdem die Siedetemperatur des Kühlmittels an. Im Kühlkreislauf entsteht durch die Ausdehnung der Flüssigkeit bei Erwärmung ein Überdruck, was ebenfalls zur Siedepunkterhöhung der Kühlflüssigkeit beiträgt. Der Druck wird durch ein Ventil im Verschlußdeckel am Ausgleichbehälter begrenzt, das bei 1,4 - 1,6 bar öffnet. Erforderlich ist der höhere Siedepunkt der Kühlflüssigkeit für ein einwandfreies Funktionieren der Motor-Kühlung. Bei zu niedrigem Siedepunkt der Flüssigkeit kann es zu einem Hitzestau kommen, wodurch der Kühlkreislauf behindert und die Kühlung des Motors vermindert wird. Deshalb muß das Kühlsystem unbedingt ganzjährig mit einer Kühlkonzentrat-Mischung gefüllt sein.

Bis 6/96 wird serienmäßig das **silikathaltige** VW-Kühlkonzentrat **G11** verwendet. Es ist an der **grünen Farbe** erkennbar. Zum Nachfüllen kann **G11** oder ein anderes Kühlkonzentrat mit dem Vermerk »gemäß TL-VW 774 **C**« verwendet werden, oder das neuentwickelte **G12 plus**.

Seit 7/96 wird serienmäßig das **silikatfreie** VW-Kühlkonzentrat **G12** verwendet. Es ist an der **roten Farbe** erkennbar. Zum Nachfüllen kann **G12** oder ein anderes Kühlkonzentrat mit dem Vermerk »gemäß TL-VW 774 **D**« verwendet werden, oder das neuentwickelte **G12 plus**.

Achtung: Die Kühlmittelzusätze **G11** und **G12** dürfen **nicht vermischt** werden, sonst kommt es zu **schwerwiegenden Motorschäden.**

Fahrzeuge **bis 6/96** können auf das bessere G12 umgestellt werden. Dazu vorher das Kühlsystem vollständig entleeren, mit reinem Wasser auffüllen und durchspülen. Ablaßschraube schließen und neue Wasser/G12-Mischung einfüllen.

Hinweis: Seit 2002 empfiehlt VW das Kühlkonzentrat **G12 plus** »gemäß TL-VW 774 **F**«für alle Motoren. Es ist an der **lila** Färbung erkennbar und darf mit beiden anderen Konzentraten G11 und G12 vermischt werden.

Kühlmittel-Mischungsverhältnis in Litern

Motor	Frostschutz				Füllmenge
	bis –25° C		bis –35° C		
	G11/ G12	Wasser	G11/ G12	Wasser	
1,4-/1,6-l, 2,0-l 16V	2,25	3,35	2,8	2,8	5,6
1,8-l/2,0-l 8V	2,6	3,9	3,25	3,25	6,5
2,8-/2,9-l VR6	3,5	6,5	5,0	5,0	10,0

Der Frostschutz sollte in unseren Breiten bis ca. –25° C reichen.

Achtung: Bei Arbeiten am Kühlsystem unbedingt darauf achten, daß **kein Kühlmittel auf den Zahnriemen** gelangt. Der Glykolanteil des Kühlmittels kann das Gewebe des Zahnriemens so schädigen, daß der Riemen nach einiger Betriebszeit reißt, wodurch schwerwiegende Motorschäden auftreten können.

Kühlmittel wechseln

Das Kühlmittel muß nur nach Reparaturen am Kühlsystem, bei denen das Kühlmittel abgelassen wurde, erneuert werden. Ein Wechsel im Rahmen der jährlichen Wartung ist nicht vorgesehen. Falls bei Reparaturen der Zylinderkopf, die Zylinderkopfdichtung, der Kühler, der Wärmetauscher oder der Motor ersetzt wurden, muß die Kühlflüssigkeit auf jeden Fall ersetzt werden. Das ist erforderlich, weil sich die Korrosionsschutzanteile in der Einlaufphase an den neuen Leichtmetallteilen absetzen und somit eine dauerhafte Korrosionsschutzschicht bilden. Bei gebrauchter Kühlflüssigkeit ist der Korrosionsschutzanteil in der Regel nicht mehr groß genug, um eine ausreichende Schutzschicht an den neuen Teilen zu bilden.

Achtung: Kühlmittel ist leicht giftig und sollte nicht einfach weggeschüttet werden. Gemeinde- und Stadtverwaltungen informieren darüber, wo sich die nächste Problemstoff-Sammelstelle befindet beziehungsweise wie das alte Kühlmittel entsorgt werden soll.

Ablassen

- Fahrzeug aufbocken.
- Verschlußdeckel am Ausgleichbehälter öffnen.

Achtung: Bei heißem Motor vor dem Öffnen des Deckels einen dicken Lappen auflegen, um Verbrühungen durch heiße Kühlflüssigkeit oder Dampf zu vermeiden. Deckel nur bei Kühlmitteltemperaturen unter +90° C abnehmen.

- Sauberes Auffanggefäß unter Motor oder Kühler stellen.

1,6-l/100 PS-, 1,8-l-, 2,0-l-Motor

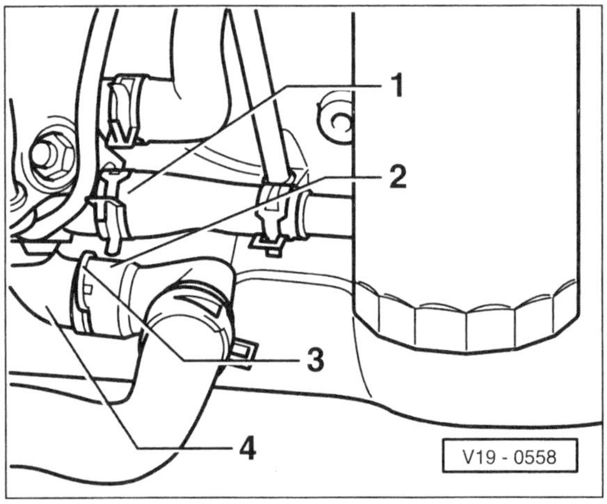

- Das Kühlmittel kann an verschiedenen Stellen abgelassen werden.
  1. Kühlmittelschlauch –1– abziehen; Anschlußstutzen –2– abziehen, vorher Halteklammer –3– herausziehen.
  2. Flansch –4– für Kühlmittelregler abschrauben.

- **1,4-l/60 PS- und 1,6-l/75 PS-Motor:** Unteren Schlauch am Kühler abziehen.
- **2,8-/2,9-l-Motor:** Ablaßschraube –22– (Abbildung 19-562) am Kühlmittelrohr herausdrehen. **Achtung:** Zum gezielten Ablassen Kühlmittelrohr leicht verdrehen.
- Kühlmittel vollständig ablassen.

Auffüllen

- Kühlmittelschläuche aufschieben und mit Schellen sichern. Kühlmittelregler einbauen. Flansch für Kühlmittelregler anschrauben. Ablaßschraube am Kühlmittelrohr einschrauben.
- Fahrzeug ablassen, siehe Seite 289.

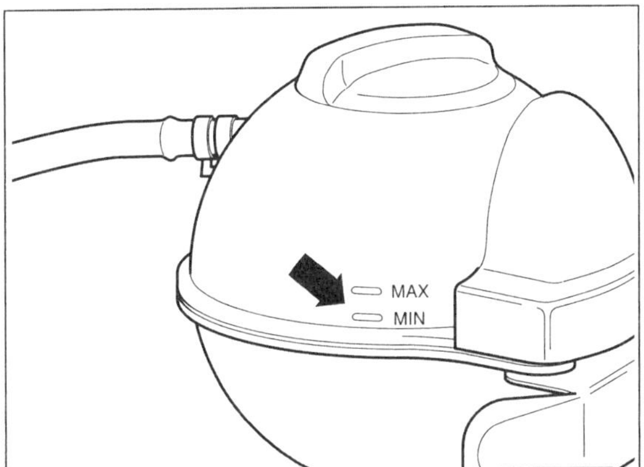

V19-0556

- Kühlmittel langsam bis zur MAX-Markierung am Ausgleichbehälter auffüllen.
- Ausgleichbehälter verschließen.
- Motor laufen lassen, bis der Elektrolüfter anläuft.
- Motor abstellen.
- Kühlmittelstand prüfen und gegebenenfalls bis etwas über die MAX-Markierung ergänzen. Bei betriebswarmem Motor muß der Kühlmittelstand etwas über der MAX-Markierung, bei kaltem Motor zwischen der MAX- und der MIN-Markierung liegen.

Kühlmittelregler aus- und einbauen/prüfen

Ausbau

Achtung: Die Bezeichnungen für die Bauteile beziehen sich auf das Kühlsystem des 1,8-, 2,0-l-Motors siehe Abbildung 19-560.

- Fahrzeug aufbocken, siehe Seite 289.
- Falls vorhanden, Servopumpe mit Halter abschrauben und mit angeschlossenen Leitungen aufhängen.
- Geeignetes Gefäß unter den Kühlmittel-Anschlußstutzen stellen.
- Anschlußstutzen für Kühlmittelregler –20– abschrauben –4–, Kühlmittel ablassen und auffangen.
- Dichtring –7– herausnehmen.
- Kühlmittelregler –20– herausnehmen.

Prüfen

- Maß –a– am Regler messen, siehe Abbildung SX-1802.

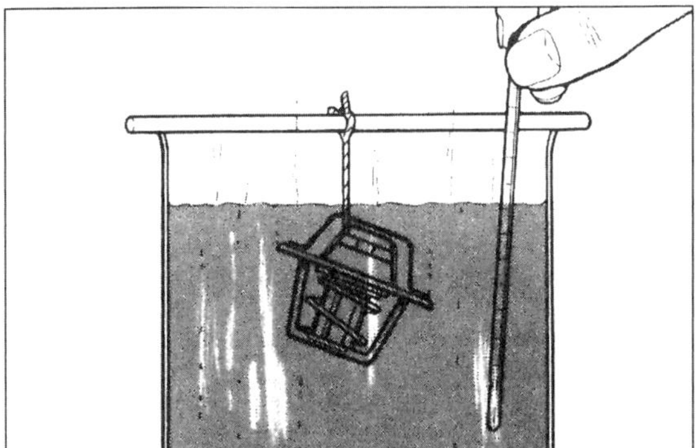
SX-1801

- Regler im Wasserbad erwärmen. Dabei darf der Thermostat nicht die Wände des Behälters berühren.
- Temperatur mit einem Thermometer kontrollieren.
  1,6-l/100 PS-, 1,8-l-, 2,0-l-Motor:
  Regler-Öffnungsbeginn ca. +87° C
  Regler-Öffnungsende ca. +102° C.

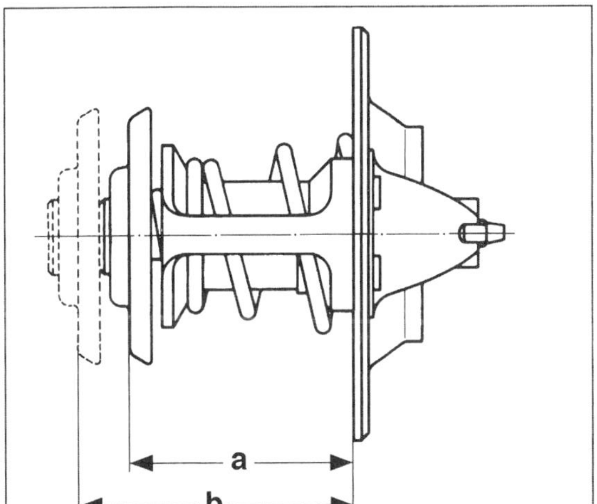

SX-1802

- Nach Erhitzen des Reglers auf ca. +100° C muß Maß –b– gegenüber Maß –a– um ca. 7 mm größer sein. Von Öffnungsbeginn bis Öffnungsende muß der Öffnungshub mindestens 7 mm betragen.

Einbau

- Dichtring ersetzen, Kühlmittelregler einsetzen und Deckel anschrauben.
- Falls ausgebaut, Servopumpe mit Halter anschrauben, Keilriemen auflegen und spannen.
- Fahrzeug ablassen, siehe Seite 289.
- Kühlflüssigkeit auffüllen.
- Motor laufen lassen, bis Kühlmittelregler öffnet. Deckel-Dichtung und Kühlmittelschlauch auf Dichtigkeit überprüfen.

1,4-l/60 PS- und 1,6-l/75 PS-Motor

Achtung: Die Bezeichnungen für die Bauteile beziehen sich auf die Abbildung 19-554.

- Kühlmittel ablassen.
- Deckel für Kühlmittelregler vom Kühlmittelreglergehäuse –15– mit 2 Schrauben abschrauben und mit Schlauch –13– zur Seite legen.
- Kühlmittelregler –12– herausnehmen und prüfen. Öffnungsbeginn ca. 84° C, Ende ca. 98° C, Öffnungshub mindestens 7 mm.
- Dichtring –1– ersetzen, Kühlmittelregler einsetzen und Deckel anschrauben.

2,8-/2,9-l-Motor VR-6

Achtung: Die Bezeichnungen für die Bauteile beziehen sich auf die Abbildung 19-562.

- Kühlmittel ablassen.
- Deckel für Kühlmittelregler vom Kühlmittelreglergehäuse –19– mit 3 Schrauben abschrauben und mit Schlauch –18– zur Seite legen.
- Kühlmittelregler herausnehmen und prüfen. Öffnungsbeginn ca. 80° C, Ende ca. 105° C, Öffnungshub mindestens 7 mm.
- Dichtring ersetzen, Kühlmittelregler einsetzen und Deckel anschrauben.

Kühlmittelpumpe aus- und einbauen

1,6-l/100 PS-, 1,8-l-, 2,0-l-Motor

Achtung: Die Bezeichnungen für die Bauteile beziehen sich auf die Abbildung 19-560.

Ausbau

- Fahrzeug aufbocken, siehe Seite 289.
- Falls vorhanden, Servopumpe für Lenkung mit Halter abschrauben und mit angeschlossenen Leitungen aufhängen.
- Generator ausbauen, siehe Seite 248.
- Halter –23– für Generator abschrauben –22–.
- Kühlmittel ablassen.
- Kühlmittelregler –20– ausbauen.
- Schrauben –1– für Keilriemenscheibe –3– mit Innensechskantschlüssel SW 6 lösen. Damit sich hierbei die Riemenscheibe nicht mitdreht, Schraubendreher zwischen einem Schraubenkopf und der Pumpenwelle einsetzen und Riemenscheibe gegenhalten.
- Kühlmittelschläuche am Kühlmittelpumpengehäuse abziehen, vorher Schellen lösen.
- Befestigungsschrauben –6– herausdrehen und Pumpe –5– abnehmen.
- Welle der Kühlmittelpumpe drehen und auf leichten Lauf prüfen.
- Bei Beschädigung sowie Undichtigkeiten am Pumpenlager, Kühlmittelpumpe komplett ersetzen.

Einbau

- Kühlmittelpumpe mit **neuem** Dichtring –7– ansetzen und mit **20 Nm** anschrauben. Anschließend Schrauben 1/4 Umdrehung (90°) weiterdrehen.

Achtung: Wurde nur die Papierdichtung –21– oder das Lagergehäuse mit Pumpenrad ersetzt, Lagergehäuse mit **10 Nm** anschrauben. Dabei Schrauben auf keinen Fall zu stark anziehen.

- Kühlmittelregler einbauen.
- Kühlmittelschläuche aufschieben und mit Schellen sichern.
- Riemenscheibe anschrauben.
- Halter für Generator mit 30 Nm anschrauben.
- Generator einbauen, siehe Seite 248.
- Keilrippenriemen einbauen und spannen, siehe Seite 41.
- Falls ausgebaut, Servopumpe mit Halter anschrauben, Keilriemen auflegen und spannen.
- Fahrzeug ablassen, siehe Seite 289.
- Kühlflüssigkeit auffüllen.
- Nach Probefahrt: Kühlmittelschläuche und Kühlmittelpumpe auf Dichtheit überprüfen.

1,4-l/60 PS- und 1,6-l/75 PS-Motor

Die Kühlmittelpumpe befindet sich vorn im Motorblock und wird durch den Zahnriemen angetrieben.

- Kühlmittel ablassen, siehe Seite 66.
- Zahnriemen ausbauen, siehe Seite 22.
- Kühlmittelpumpe abschrauben und herausnehmen.

Einbau

- Dichtring ersetzen, Kühlmittelpumpe anschrauben, Schrauben mit **10 Nm** festziehen. **Achtung:** Bei Pumpen mit einer eingeschlagenen Kennziffer »5« im Befestigungsflansch-

Bereich, Übergröße-Dichtring mit 5 mm ∅ verwenden.

- Zahnriemen einbauen, siehe Seite 22.
- Kühlflüssigkeit auffüllen.
- Nach Probefahrt: Dichtigkeit der Kühlmittelpumpe prüfen.

Kühler aus- und einbauen

Achtung: Die Bezeichnungen beziehen sich auf Abbildung 19-559.

Ausbau

- Kühlmittel ablassen und auffangen.
- Kühlergrill ausbauen, siehe Seite 187.
- Haltestütze für Deckelschloß und Hupe abschrauben.
- Stoßfängerabdeckung und Querträger ausbauen, siehe Seite 188.
- **1,4-l/60 PS- und 1,6-l/75 PS-Motor:** Linken Scheinwerfer ausbauen, siehe Seite 260.
- **2,8-/2,9-l-Motor VR-6:** Stoßfänger und Scheinwerfer ausbauen, siehe Seite 188/260.
- Kühlmittelschläuche oben –7– und unten –8– vom Kühler abnehmen, vorher Schlauchschellen lösen.
- Elektrischen Stecker –2– vom Thermoschalter –1– links am Kühler abziehen.
- Stecker –2– für Lüftermotor –5– abziehen.
- Befestigungsschrauben des Kühlers herausschrauben und Kühler nach vorn herausnehmen.

Fahrzeuge mit Klimaanlage

Achtung: Der Kältemittelkreislauf der Klimaanlage darf **nicht** geöffnet werden. Das Kältemittel kann bei Hautberührungen Erfrierungen hervorrufen. Um Beschädigungen am Kondensator, Kältemittel-Leitungen/Schläuchen zu vermeiden, ist darauf zu achten, daß Leitungen und Schläuche nicht überdehnt, geknickt oder verbogen werden.

- Scheinwerfer ausbauen.
- Flüssigkeitsbehälter für Klimaanlage abschrauben und frei hängen lassen.
- Kondensator vom Kühler abschrauben.
- Halteschelle für Kühlmittelleitung vom Schloßträger abschrauben.
- Kondensator soweit wie möglich nach vorne ziehen.
- Kühler soweit nach vorne ziehen bis sich die Anschlüsse für Kühlmittelschläuche im Schloßträger befinden. Kühler etwas nach rechts drücken und gleichzeitig vorsichtig zwischen Schloßträger und Kondensator nach unten herausziehen.

Einbau

- Kühler einsetzen und anschrauben.
- Stecker für Lüftermotor aufstecken.
- Stecker für Thermoschalter aufstecken.
- Stoßfängerabdeckung und Querträger einbauen, siehe Seite 188.
- Haltestütze für Deckelschloß und Hupe anschrauben.
- Kühlergrill einbauen, siehe Seite 187.
- Kühlmittelschläuche unten und oben aufschieben und mit Schellen sichern.
- **1,4-l/60 PS- und 1,6-l/75 PS-Motor:** Linken Scheinwerfer einbauen, siehe Seite 260.
- **2,8-/2,9-l-Motor VR-6:** Stoßfänger und Scheinwerfer einbauen, siehe Seite 188/260.
- Neues Kühlmittel auffüllen. **Achtung:** Gebrauchtes Kühlmittel nicht wiederverwenden.
- Nach Probefahrt sämtliche Anschlüsse Kühler/Kühlmittelschlauch auf Dichtigkeit überprüfen.

Fahrzeuge mit Klimaanlage

- Kühler vorsichtig zwischen Schloßträger und Kondensator einführen.
- Halteschelle für Kühlmittelleitung am Schloßträger anschrauben.
- Kondensator am Kühler anschrauben.
- Flüssigkeitsbehälter für Klimaanlage anschrauben.
- Scheinwerfer einbauen.
- Scheinwerfereinstellung prüfen, gegebenenfalls korrigieren.

Kühlsystem prüfen

Undichtigkeiten im Kühlsystem und die Funktion des Überdruckventils im Kühler-Verschluß können mit dem Prüfgerät V.A.G 1274 und 1274/1A überprüft werden.

- Prüfgerät auf den Einfüllstutzen am Ausgleichbehälter aufsetzen. Mit der Handpumpe des Gerätes einen Überdruck von ca. 1,0 bar erzeugen und halten. Fällt der Druck ab, Kühlsystem auf Undichtigkeit sichtprüfen und Leckstelle beseitigen.
- Zum Überprüfen des Überdruckventils im Verschlußdeckel des Ausgleichbehälters Prüfgerät auf Verschlußdeckel aufsetzen. Überdruck mit der Handpumpe erzeugen. Bei einem Überdruck von 1,2–1,5 bar muß das Überdruckventil öffnen.

Thermoschalter für Elektrolüfter prüfen

Der Thermoschalter ist zu prüfen, wenn bei heißem Motor der Lüfter nicht einschaltet. Prüfvoraussetzung: Kühlmittelregler, Kühler und Verschlußdeckel für Kühlsystem sind in Ordnung.

Der Thermoschalter für den Elektrolüfter sitzt links auf halber Höhe am Kühler, siehe Position –1– in Abbildung 19-559. Der Thermoschalter hat zwei Schaltstufen. Bei erhöhter Temperatur schaltet er den Lüfter auf eine höhere Geschwindigkeit.

- Sicherung Nr. 19 prüfen, gegebenenfalls ersetzen.

Schaltstufe	Kabelfarbe	Schalttemperatur	
		Ein	Aus
1	rot/weiß	92 – 97° C	84 – 91° C
2	rot/schwarz	99 – 105° C	91 – 98° C
+	rot	–	–

- Prüfen, ob der Kühler im Bereich des Thermoschalters überhaupt heiß wird.
- Stecker vom Thermoschalter abziehen. Am Kabelstecker der Zuleitung zuerst Klemme + (plus) mit Klemme 1 (rot/weißes Kabel) verbinden, der Lüfter muß in langsamer Geschwindigkeit laufen. Dann Klemme + mit Klemme 2 (rot/schwarzes Kabel) verbinden, der Lüfter muß mit schneller Geschwindigkeit laufen. Wenn der Elektrolüfter jetzt beidesmal anläuft, Thermoschalter ersetzen.
- Wenn der Lüfter nicht anläuft, beziehungsweise wenn der Lüfter nur in einer Geschwindigkeit läuft, elektrische Leitungen gemäß Stromlaufplan prüfen. Anschlüsse auf guten Kontakt und festen Sitz kontrollieren.
- Anzugsdrehmoment für Thermoschalter: **35 Nm**.
- Neuen Thermoschalter auf Funktion überprüfen. Motor warmfahren und so lange im Leerlauf laufen lassen, bis der Lüfter für Kühlmittel einschaltet.

Thermoschalter für Kühlmittelumlauf/ Kühlerlüfternachlauf prüfen

2,8-/2,9-l-Motor VR-6

Der 6-Zylindermotor besitzt im Kühlmittelkreislauf eine zusätzliche elektrische Pumpe, die zusammen mit der mechanischen Kühlmittelpumpe für die Umwälzung des Kühlmittels sorgt. Die Elektropumpe läuft bei eingeschalteter Zündung. Nach Ausschalten der Zündung läuft die Pumpe, gesteuert durch ein Zeitrelais und einen Temperaturfühler, bis maximal 10 Minuten nach. Dadurch wird in der Nachheizphase des Motors ein zu starkes Aufheizen des Motors verhindert. Gleichzeitig wird durch das Zeitrelais auch der Kühlerlüfter für die Nachlaufzeit eingeschaltet.

- Zündung ein- und ausschalten.

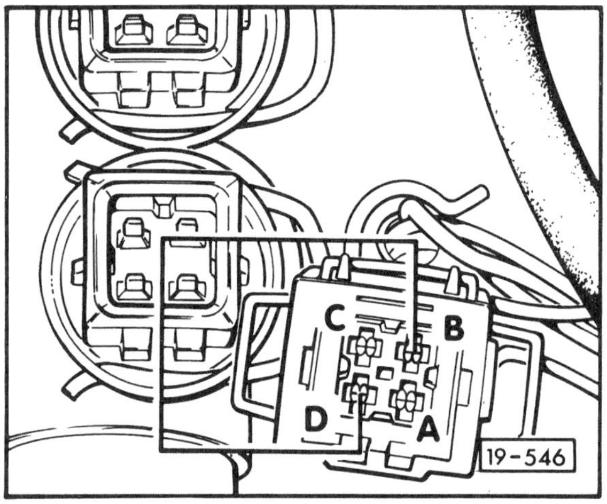

19-546

- 4fach-Stecker vom Thermoschalter abziehen. Der Thermoschalter ist der mittlere Schalter am Kühlmittelstutzen. Er hat folgende Schaltstufen: Ein: +101 bis +107° C; Aus: +94 bis +100° C.
- Kontakte –B– und –D– mit Hilfskabel überbrücken. An Kontakt –B– führt die braun/rote Leitung, an Kontakt –D– die braune Leitung.
- Die elektrische Pumpe für Kühlmittelumlauf muß jetzt ebenso anlaufen wie der Kühlerlüfter.

Achtung: Da das Zeit-Relais durch das Ein- und Ausschalten der Zündung immer nur für ca. 10 Minuten betriebsbereit ist, muß in dieser Zeit die Prüfung durchgeführt werden.

- Laufen Elektrolüfter und Pumpe **nicht**, Leitungsunterbrechung nach Stromlaufplan ermitteln und beseitigen beziehungsweise Zeit-Relais ersetzen.
- Zündung ausschalten.

Störungsdiagnose Motor-Kühlung

Störung: Die Kühlmitteltemperatur ist zu hoch, die Kontrolleuchte im Armaturenbrett leuchtet während der Fahrt.

Ursache	Abhilfe
Zu wenig Kühlflüssigkeit im Kreislauf.	■ Ausgleichbehälter muß bis zur Markierung voll sein. Gegebenenfalls Kühlmittel nachfüllen. Kühlsystem auf Dichtheit prüfen.
Kühlmittelregler (Thermostat) öffnet nicht, Kühlflüssigkeit zirkuliert nur im kleinen Kreislauf.	■ Prüfen, ob der obere Kühlmittelschlauch warm wird. Wenn nicht, Regler ausbauen und prüfen, gegebenenfalls Regler ersetzen. **Unterwegs:** Thermostat ausbauen. Ohne Thermostat erreicht der Motor seine normale Betriebstemperatur später oder gar nicht, deshalb defekten Thermostat alsbald ersetzen.
Kühlerlamellen verschmutzt.	■ Kühler von der Motorseite her mit Preßluft durchblasen.
Kühler innen durch Kalkablagerungen oder Rost zugesetzt, unterer Kühlerschlauch wird nicht warm.	■ Kühler erneuern.
Elektrolüfter läuft nicht.	■ Stecker an Thermoschalter und Lüftermotor auf festen Sitz und guten Kontakt prüfen. ■ Thermoschalter prüfen. Unterwegs: Thermoschalter überbrücken durch kurzschließen der Steckerkontakte am Thermoschalter. Der Lüfter läuft dann immer mit, solange die Zündung eingeschaltet ist. ■ Prüfen, ob Spannung am Stecker für Lüftermotor anliegt (Zündung eingeschaltet, Stecker für Thermoschalter überbrückt). Wenn ja, Lüftermotor ersetzen.
Kühler-Verschlußdeckel defekt.	■ Druckprüfung durchführen.
Kühlmitteltemperaturanzeige defekt.	■ Anzeigegerät/Geber überprüfen lassen.
Kühlmittelpumpe defekt.	■ Kühlmittelpumpe ausbauen und überprüfen.
Thermoschalter/Pumpe für Kühlmittelumlauf defekt.	■ Thermoschalter für Kühlmittelumlauf prüfen.

Störung: Die Kühlmitteltemperatur ist zu niedrig, Motor erreicht seine Betriebstemperatur spät oder gar nicht.

Ursache	Abhilfe
Kühlmittelregler (Thermostat) bleibt in offenem Zustand hängen.	■ Regler ausbauen und prüfen, gegebenenfalls Regler ersetzen.

Die Kraftstoffanlage

Zur Kraftstoffanlage gehören der Kraftstoffbehälter mit Aktivkohlebehälter, die Kraftstoffleitungen, der Kraftstoff-Filter, die Kraftstoffpumpe und die Einspritzanlage mit Luftfilter.

Der Kraftstoffbehälter ist am Fahrzeugunterboden hinter der Hinterachse angeordnet. Der jeweilige Kraftstoffvorrat wird dem Fahrer durch eine Kraftstoffvorratsanzeige angezeigt. Über ein Entlüftungssystem wird der Tank entlüftet.

Sicherheits- und Sauberkeitsregeln bei Arbeiten an der Kraftstoffversorgung

Bei Arbeiten an der Kraftstoffversorgung sind die folgenden Regeln zur Sicherheit und Sauberkeit sorgfältig zu beachten:

Sicherheitshinweise

- **Kein offenes Feuer, nicht rauchen, keine glühenden oder sehr heißen Teile in die Nähe des Arbeitsplatzes bringen. Unfallgefahr! Feuerlöscher bereitstellen.**
- **Unbedingt für gute Belüftung des Arbeitsplatzes sorgen. Kraftstoffdämpfe sind giftig.**
- Das Kraftstoffsystem steht unter Druck. Beim Öffnen der Anlage kann Kraftstoff herausspritzen, daher austretenden Kraftstoff mit einem Lappen auffangen. **Schutzbrille tragen.**

- Verbindungsstellen und deren Umgebung vor dem Lösen gründlich mit Kaltreiniger oder Benzin reinigen.
- Ausgebaute Teile auf einer sauberen Unterlage ablegen und abdecken. Folien oder Papier verwenden. Keine fasernden Lappen benutzen!
- Geöffnete Bauteile sorgfältig abdecken beziehungsweise verschließen, wenn die Reparatur nicht umgehend ausgeführt wird.
- Ersatzteile erst unmittelbar vor dem Einbau aus der Verpackung nehmen. Nur saubere Teile einbauen.
- Bei geöffneter Kraftstoffanlage möglichst nicht mit Druckluft arbeiten. Das Fahrzeug möglichst nicht bewegen.
- Keine silikonhaltigen Dichtmittel verwenden. Vom Motor angesaugte Spuren von Silikonbestandteilen werden im Motor nicht verbrannt und schädigen die Lambdasonde.

Fernbedienung herstellen/anschließen

Die Fernbedienung wird für Arbeiten benötigt, bei denen die elektrische Kraftstoffpumpe Kraftstoff fördern soll, ohne daß der Motor läuft.

Folgende Bauteile werden benötigt:
1 Druckkontaktschalter.
1 Krokodilklemme (ausreichend groß für Batteriepol).
1 „Fliegende Sicherung:" Gehäuse und 8-Ampere-Sicherung
1 geeigneter Flachstecker, der in einen Sicherungssockel im Sicherungskasten, seitlich am Armaturenbrett eingesteckt werden kann.
1 doppeladriges Kabel mit je 1,5 mm^2 Querschnitt und ca. 5 m Länge.

Achtung: Vor dem Anschließen der Fernbedienung Sicherung Nr. 18 im Sicherungskasten prüfen.

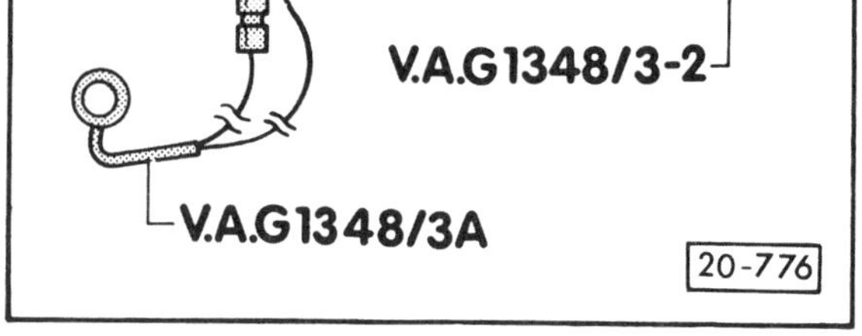

Hinweis: Die VW-Werkstätten verwenden die gezeigten Hilfskabel mit Druckschalter und 8-Ampere-Sicherung. Gegebenenfalls Kabel selbst herstellen.

- Kraftstoffpumpen-Relais aus der Relaisplatte (Relaisplatz Nr. 12) herausziehen.
- Fernbedienung mit dem Flachstecker am Kontakt 4 von Relaisplatz 12 vorsichtig einstecken.
- Fernbedienung mit der Krokodilklemme an den Batterie-Pluspol (+) anschließen.

Kraftstoffbehälter / Kraftstoffpumpe / Kraftstoffilter

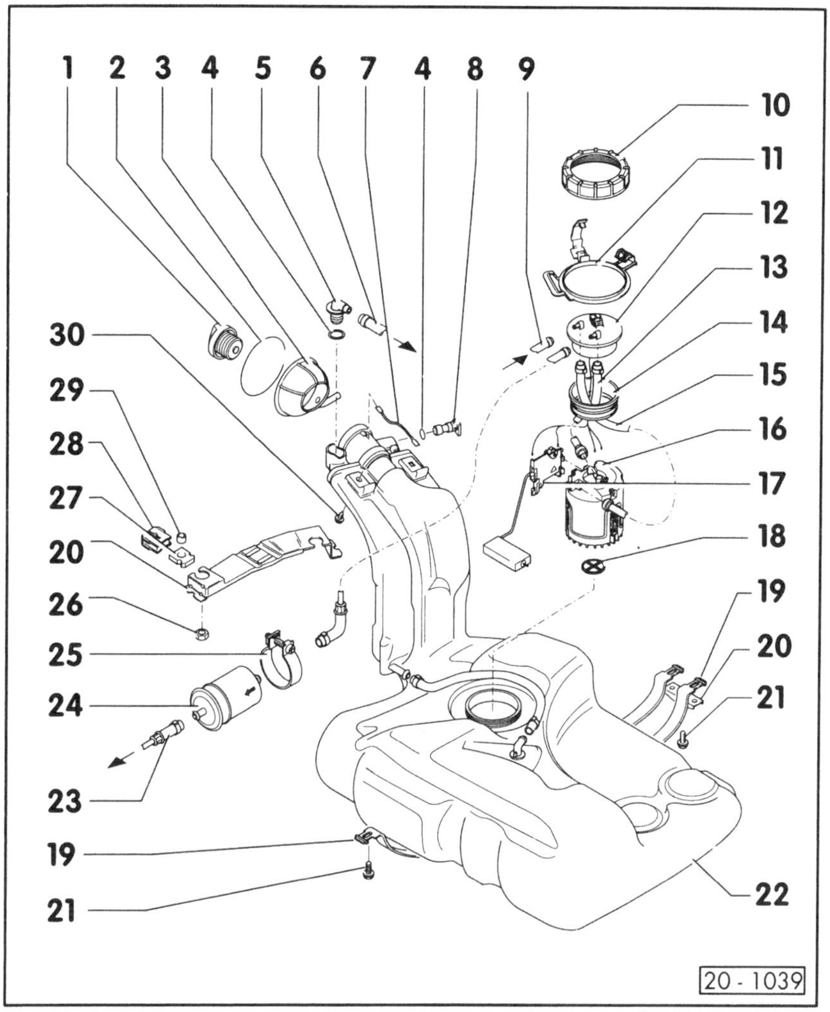

1 – **Verschlußdeckel**

2 – **Spannring**

3 – **Gummitopf**

4 – **O-Ring**

5 – **Schwerkraftventil**
Zum Ausbau Ventil nach oben aus dem Einfüllstutzen herausclipsen. Ventil auf Durchgang prüfen: Ventil senkrecht: –offen–, Ventil um 45° gekippt: –geschlossen–.

6 – **Entlüftungsleitung**
Zum Aktivkohlebehälter.

7 – **Masseverbindung**

8 – **Entlüftungsventil**

9 – **Rücklaufleitung**
Blau, vom Kraftstoffverteiler bzw. von Einspritzeinheit.

10 – **Überwurfmutter**

11 – **Schlauchführung**

12 – **Flansch**
Einbaulage am Kraftstoffbehälter beachten.

13 – **Vorlaufschlauch**

14 – **Dichtring**
Zur Montage mit Kraftstoff benetzen.

15 – **Rücklaufschlauch**

16 – **Kraftstoffpumpe**

17 – **Tankgeber**

18 – **Sieb**

19 – **Spannband**

20 – **Halter**

21 – **Schraube, 25 Nm**

22 – **Kraftstoffbehälter**

23 – **Vorlaufleitung**
Schwarz, zum Kraftstoffverteiler bzw. zur Einspritzeinheit.

24 – **Kraftstoffilter**
Einbaulage: Pfeil zeigt in Durchflußrichtung.

25 – **Halteschelle**

26 – **Mutter, 20 Nm**

27 – **Gummipuffer**

28 – **Federklammer**

29 – **Distanzbuchse**

30 – **Schraube, 10 Nm**

Kraftstoffpumpe prüfen

Die Kraftstoffpumpe befindet sich im Tank.

Prüfvoraussetzungen: Batterie voll geladen (12 Volt), Kraftstoffilter in einwandfreiem Zustand.

Spannungsversorgung prüfen

- Sicherung Nr. 18 für Kraftstoffpumpe prüfen. Defekte Sicherung auswechseln.
- Zündung einschalten, die Kraftstoffpumpe muß **kurzzeitig** hörbar anlaufen. Bei hohem Umgebungsgeräuschpegel ist zur Hörprobe eine Hilfsperson in der Nähe der Kraftstoffpumpe erforderlich.
- Läuft die Pumpe nicht, Fernbedienung anschließen.
- Schalter der Fernbedienung drücken. Wenn die Pumpe jetzt anläuft, Kraftstoffpumpenrelais prüfen.

Läuft die Kraftstoffpumpe nicht an, ist folgendermaßen vorzugehen:

- Im Kofferraum Abdeckung für Geber Kraftstoffvorratsanzeige (Tankgeber) und Kraftstoffpumpe abschrauben.

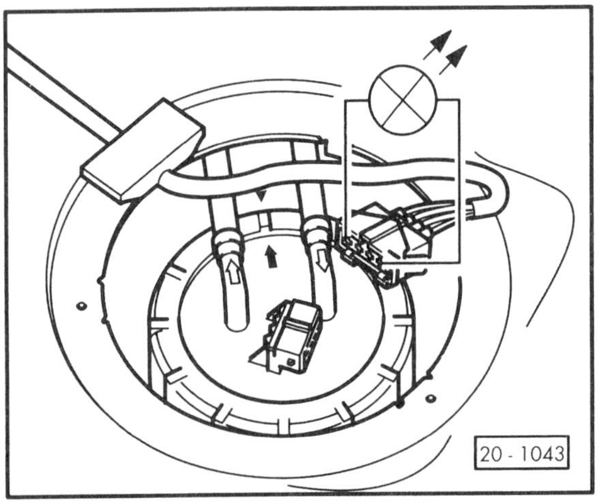

- Steckverbindung für Tankgeber und Kraftstoffpumpe abziehen, dazu die seitlichen Haltenasen mit kleinem Schraubendreher etwas abheben.
- Diodenprüflampe oder Voltmeter an die beiden äußeren Kontakte des Steckers anschließen.
- Fernbedienung drücken. Das Meßgerät muß ca. Batteriespannung (12 Volt) anzeigen, sonst Leitungsunterbrechung nach Stromlaufplan ermitteln und beseitigen.
- Wenn Batteriespannung angezeigt wird, Tankgeber ausbauen.
- Prüfen, ob die elektrischen Leitungen zwischen Flansch und Kraftstoffpumpe angeschlossen sind beziehungsweise guten Kontakt haben. Leitungen vom Gebergehäuse zur Kraftstoffpumpe mit Ohmmeter und Hilfsleitungen auf Durchgang prüfen und gegebenenfalls Unterbrechung beseitigen, siehe Seite 233.
- Liegt keine Unterbrechung vor, Kraftstoffpumpe ersetzen.
- Tankgeber einbauen, elektrische Leitungen anschließen.

Fördermenge prüfen

- Voltmeter mit 2 Hilfsleitungen an die Kraftstoffpumpe anschließen. Fernbetätigung drücken, Spannung ablesen und als Meßwert **) notieren (ca. 2 Volt weniger als Batteriespannung, 12 V).
- Zum Druckabbau Tank-Verschlußdeckel kurzzeitig abnehmen.

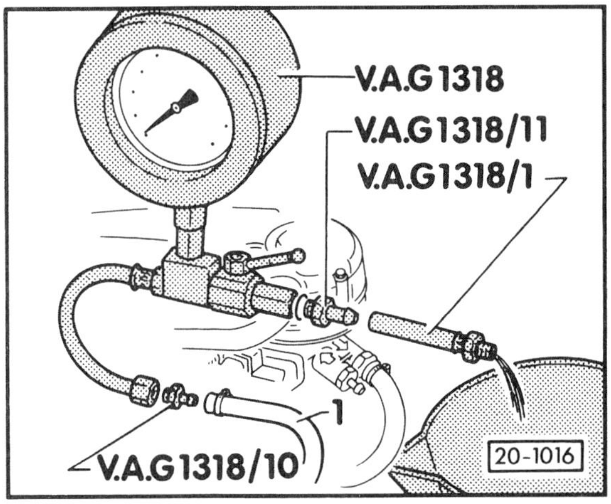

- Kraftstoff-Vorlaufleitung –1– an der Einspritzeinheit abschrauben. Kraftstoffresistenten Hilfsschlauch mit einem Zwischenstück anschließen und in ein Meßgefäß halten. Druckmeßvorrichtung mit Absperrhahn dazwischenschalten. Die Abbildung zeigt den 1,8-l-Motor.
- Fernbedienung betätigen und dabei Absperrhahn langsam schließen, bis am Manometer folgender Überdruck in bar angezeigt wird. Absperrhahn in dieser Stellung belassen.
  1,4-/1,6-/1,8-l-Motor (Mono-Motr.): . . 1,2 bar Überdruck,
  1,4-/1,6-l-Motor ab 8/95: . . . . 3,0 bar Überdruck,
  2,0-l-Motor: . . . . 3,0 bar Überdruck,
  2,8-/2,9-l-Motor bis 7/95: . . . . 4,0 bar Überdruck.
  2,8-/2,9-l-Motor ab 8/95: . . . . 3,0 bar Überdruck.
- Meßglas entleeren.
- Schalter der Fernbedienung **30 Sekunden** betätigen.

1,4-/1,6-/1,8-l-Motor

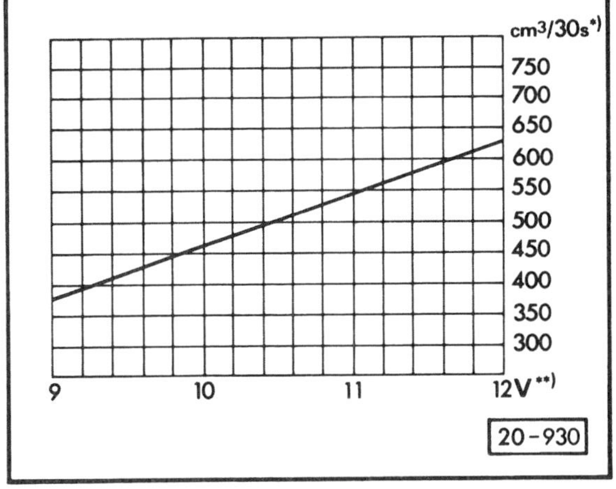

1,6-l/100 PS-, 2,0-l-Motor (einschließlich 16V)

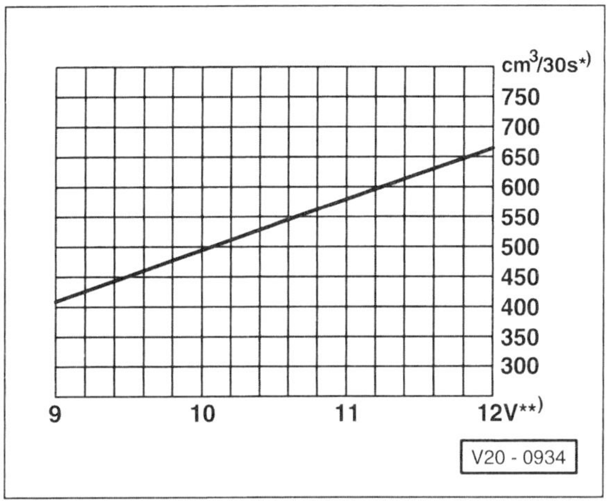

V20 - 0934

2,8-/2,9-l-Motor bis 7/95

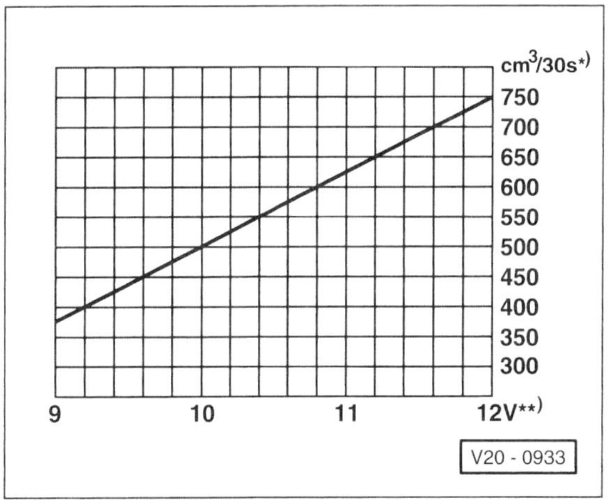

V20 - 0933

2,8-/2,9-l-Motor ab 7/95

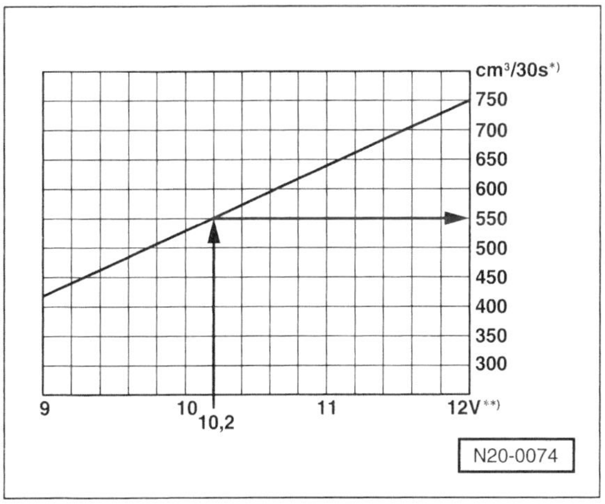

N20-0074

- Anhand des notierten Spannungs-Meßwertes **) Sollwert der Mindestfördermenge *) aus dem Diagramm ermitteln. **Beispiel Diagramm N20-0074:** Während der Prüfung wird eine Batteriespannung von 12,2 Volt an der Batterie gemessen. Da die Spannung an der Pumpe ca. 2 Volt geringer als die Batteriespannung ist, ergibt sich eine Vergleichsspannung **) an der Pumpe von 10,2 Volt. Die entsprechende Mindestfördermenge beträgt dann 550 cm^3/30 s.
- Mindestfördermenge *) mit gemessener Fördermenge vergleichen.

Achtung: Ist die Spannungsversorgung in Ordnung, die Fördermenge jedoch zu gering, sichtprüfen, ob die Kraftstoffleitungen geknickt oder verstopft sind. Ist dies nicht der Fall, Prüfung wie folgt fortsetzen.

- Kraftstoffilter prüfen. Dazu Vorlaufschlauch vom Kraftstoffilter-Eingang abziehen, Druckmeßvorrichtung an den Vorlaufschlauch anschließen und Prüfung wiederholen. Wird jetzt die Mindestfördermenge erreicht, Kraftstoffilter ersetzen.
- Kraftstoff-Fördereinheit ausbauen und Filtersieb auf Verschmutzung prüfen, gegebenenfalls reinigen.

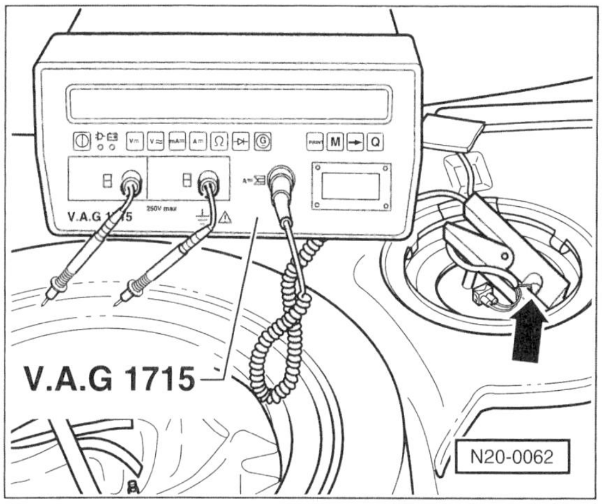

N20-0062

- Stromaufnahme der Kraftstoffpumpe im Leerlauf prüfen. Dazu Stromzange –Pfeil– an die rot/gelbe Leitung des Kabelstrangs anschließen. Sollwert: max 8 Ampere. Wird der Sollwert überschritten, Kraftstoff-Fördereinheit ersetzen.

Rückschlagventil der Kraftstoffpumpe prüfen

- Absperrhahn der Druckmeßvorrichtung schließen.
- Schalter der Fernbedienung in kurzen Abständen betätigen, bis folgender Überdruck aufgebaut ist:
  1,4-/1,6-/1,8-l-Motor (Mono-Motr.): . . . 2,0 bar Überdruck,
  1,4-/1,6-l-Motor ab 8/95: . . . . 3,0 bar Überdruck,
  1,6-l 100 PS-/2,0-l-Motor: . . . . 3,0 bar Überdruck,
  2,8-/2,9-l-Motor bis 7/95: . . . . 4,0 bar Überdruck.
  2,8-/2,9-l-Motor ab 8/95: . . . . 3,0 bar Überdruck.
- Liegt der Druck über dem angegebenen Sollwert, Absperrhahn vorsichtig geringfügig öffnen bis der Druck auf den Sollwert abgesunken ist. **Achtung:** Spritzgefahr beim Öffnen des Absperrhahns, daher Meßglas vor den freien Anschluß der Druckmeßvorrichtung halten.

- Falls der angegebene Überdruck nach 1 Minute noch nicht erreicht ist, sind entweder die Leitungsanschlüsse beziehungsweise das Rückschlagventil undicht.
- Druckabfall prüfen. Nach 10 Minuten darf der Druck nicht unter folgende Werte abfallen:
  1,4-/1,6-/1,8-l-Motor (Mono-Motr.): . . . 1,2 bar Überdruck,
  1,4-/1,6-l-Motor ab 8/95 u. 2,0-l-Mot.: . 2,0 bar Überdruck,
  2,8-/2,9-l-Motor bis 7/95: . . . . 3,0 bar Überdruck.
  2,8-/2,9-l-Motor ab 8/95: . . . . 2,2 bar Überdruck.
- Andernfalls Leitungsanschlüsse auf Dichtheit prüfen.
- Falls kein Fehler gefunden wurde, Kraftstoffpumpe mit Rückschlagventil ersetzen.
- Fernbedienung abbauen.
- Abdeckung für Tankgeber anschrauben.

Kraftstoffpumpenrelais prüfen

Das Kraftstoffpumpenrelais ist zu prüfen, wenn die Kraftstoffpumpe nicht läuft.

- Sicherung Nr. 18 für Kraftstoffpumpe prüfen. Defekte Sicherung auswechseln.

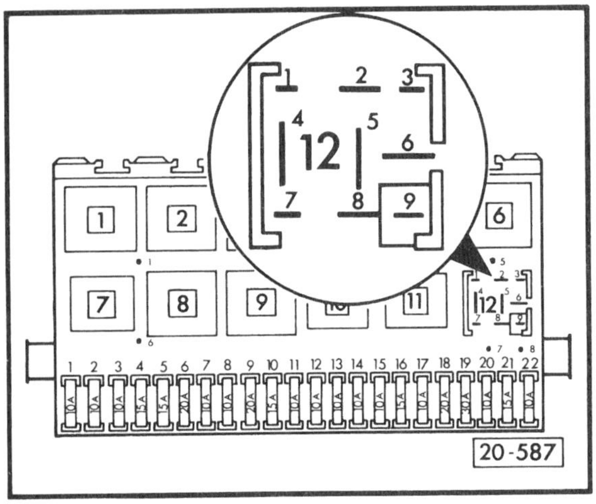

- Kraftstoffpumpen-Relais aus der Relaisplatte (Relaisplatz Nr. 12) herausziehen.
- Zündung einschalten.
- Diodenprüflampe nacheinander wie folgt anschließen:
  – zwischen Kontakt –6– und Masse (–);
  – zwischen Kontakt –2– und Masse (–);
  – zwischen Kontakt –6– und –4–.
  Die Diodenprüflampe muß leuchten. Andernfalls Leitungsunterbrechung nach Stromlaufplan ermitteln und beseitigen.
- Zündung ausschalten.
- Diodenprüflampe mit Hilfsleitungen zwischen die Kontakte –2– und –3– anschließen.
- Zündung einschalten. Die Leuchtdiode muß für ca. 1 Sekunde aufleuchten. Andernfalls Leitungsunterbrechung zum Einspritz-Steuergerät nach Stromlaufplan ermitteln und beseitigen beziehungsweise Steuergerät ersetzen.

Kraftstoffpumpe/Tankgeber aus- und einbauen

Die Kraftstoffpumpe befindet sich zusammen mit dem Tankgeber im Kraftstoffvorratsbehälter.

Der Tankgeber besteht aus einem Schwimmer und einem Potentiometer. Mit sinkendem Kraftstoffspiegel sinkt auch der Schwimmer des Tankgebers ab. Ein mit dem Schwimmer verbundenes Potentiometer erhöht dabei den elektrischen Widerstand des Gebers. Dadurch sinkt die Spannung am Anzeigeinstrument, und der Zeiger der Kraftstoffanzeige geht in Richtung »leer« zurück.

Achtung: Beim Ausbau der Kraftstoffpumpe kann etwas Kraftstoff austreten. Kraftstoffdämpfe sind giftig und feuergefährlich, deshalb auf besonders gute Belüftung des Arbeitsplatzes achten. Hautkontakt mit Kraftstoff vermeiden. Kraftstoffbeständige Handschuhe tragen. Kein offenes Feuer, Brandgefahr!

Ausbau

- Batterie-Massekabel (–) abklemmen. **Achtung:** Dadurch werden die elektronischen Speicher gelöscht, zum Beispiel Motor-Fehlerspeicher oder Radiocode. Die Batterie darf nur bei ausgeschalteter Zündung abgeklemmt werden, da sonst das Steuergerät der Einspritzanlage beschädigt wird. Beim 2,8-/2,9-l-Motor nach dem Ausschalten der Zündung ca. 20 Sekunden warten, da sich der Hitzdraht im Luftmassenmesser freibrennen muß. Vor dem Abklemmen sollten auch die Hinweise im Kapitel »Radio« bzw. »Batterie aus- und einbauen« durchgelesen werden.
- Kofferraumboden hockklappen.
- Abdeckblech abschrauben.

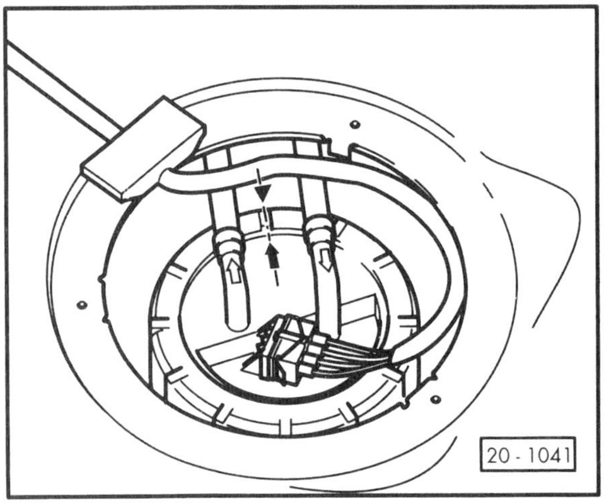

- Steckverbindung für Tankgeber und Kraftstoffpumpe abziehen, dazu die seitlichen Haltenasen mit kleinem Schraubendreher etwas abheben.
- Vor- und Rücklaufleitung abziehen, vorher Schellen lösen. Leitungen mit geeigneten Stopfen verschließen, z.B. saubere Schraube mit geeignetem Durchmesser in die Leitung stecken.

- Überwurfmutter mit Spezialwerkzeug VW-3217 lösen. Falls das Werkzeug nicht zur Verfügung steht, Bajonettverschluß mit Holzstange und leichten Hammerschlägen lösen.
- Flansch und Dichtring aus der Öffnung des Kraftstoffbehälters ziehen.
- Kraftstoff-Fördereinheit durch Drehen nach links aus dem Bajonettverschluß lösen und herausnehmen. **Achtung:** Beim Herausziehen Lappen unterlegen und eventuell austretenden Kraftstoff auffangen.

Einbau

- Kraftstoff-Fördereinheit in den Kraftstoffvorratsbehälter einsetzen. Darauf achten, daß dabei der Geber für Kraftstoffvorratsanzeige nicht verbogen wird. Dichtring vor dem Einbau mit Kraftstoff benetzen.

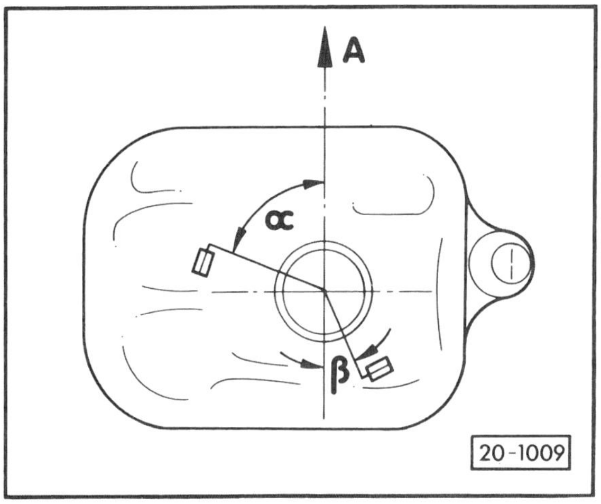

- Bei richtiger Montage der Kraftstoff-Fördereinheit zeigt der Schwimmer der Kraftstoffvorratsanzeige zur Fahrtrichtung –A–: $\alpha = 5°$.
- Flansch nach rechts drehen und dadurch Bajonettverschluß arretieren.
- Einbaulage des Flansches kontrollieren. Der Pfeil auf dem Flansch muß zur Dreiecksmarkierung auf dem Tank zeigen, siehe Abbildung 20-1041.
- Überwurfmutter ansetzen und festschrauben.
- Vor- und Rücklaufschlauch aufstecken und mit Schlauchschellen sichern. Der Rücklaufschlauch ist blau und kommt auf den in der Abbildung rechts dargestellten Anschluß.
- Stecker aufschieben.
- Abdeckblech einbauen.
- Kofferraumboden herunterklappen.
- Batterie-Massekabel (–) anklemmen. **Achtung:** Batterie nur bei **ausgeschalteter Zündung** anklemmen, sonst kann das Steuergerät der Einspritzanlage beschädigt werden.
- Zeituhr einstellen. Diebstahlcode für Radio eingeben.

Kraftstoffilter aus- und einbauen

Der Kraftstoffilter befindet sich am Unterboden rechts hinten.

Achtung: Beim Ausbau des Kraftstoffilters kann etwas Kraftstoff austreten. Kraftstoffdämpfe sind giftig und feuergefährlich, deshalb auf besonders gute Belüftung des Arbeitsplatzes achten. Kein offenes Feuer, Brandgefahr!

Ausbau

- Fahrzeug aufbocken, siehe Seite 289.
- Geeignetes Gefäß unterstellen um herauslaufenden Kraftstoff aufzufangen.

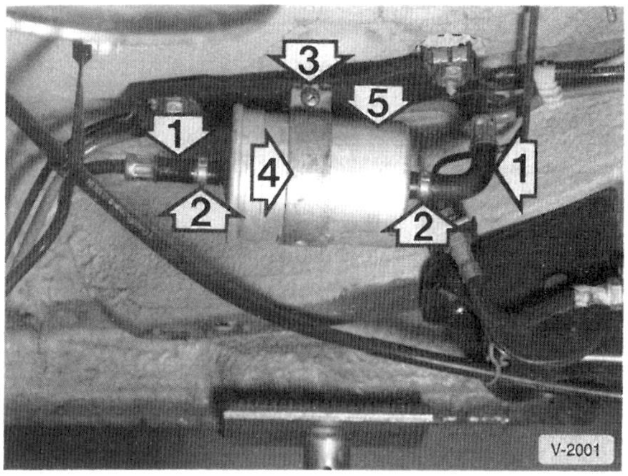

- Kraftstoffschläuche –1– mit geeigneten Klemmschellen abklemmen.
- Schlauchklemmen –2– mit Seitenschneider durchschneiden. Beim Einbau stattdessen Schraubschellen verwenden.
- Befestigungsschraube –3– herausdrehen und Halteschelle –4– abnehmen.
- Kraftstoffilter –5– aus den Schläuchen herausziehen. **Achtung:** Der Filter ist vollständig mit Kraftstoff gefüllt.

Einbau

- Neuen Kraftstoffilter so einsetzen, daß die Pfeilmarkierung auf dem Filter in Durchflußrichtung zeigt –Pfeil–.
- Schläuche aufschieben, Schraubschellen beiziehen.
- Filter mit Halteschelle anschrauben.
- Schlauchschellen festziehen.
- Fahrzeug ablassen, siehe Seite 289.
- Nach einer Probefahrt sichtprüfen, ob die Schlauchanschlüsse dicht sind.

Das Aktivkohlesystem

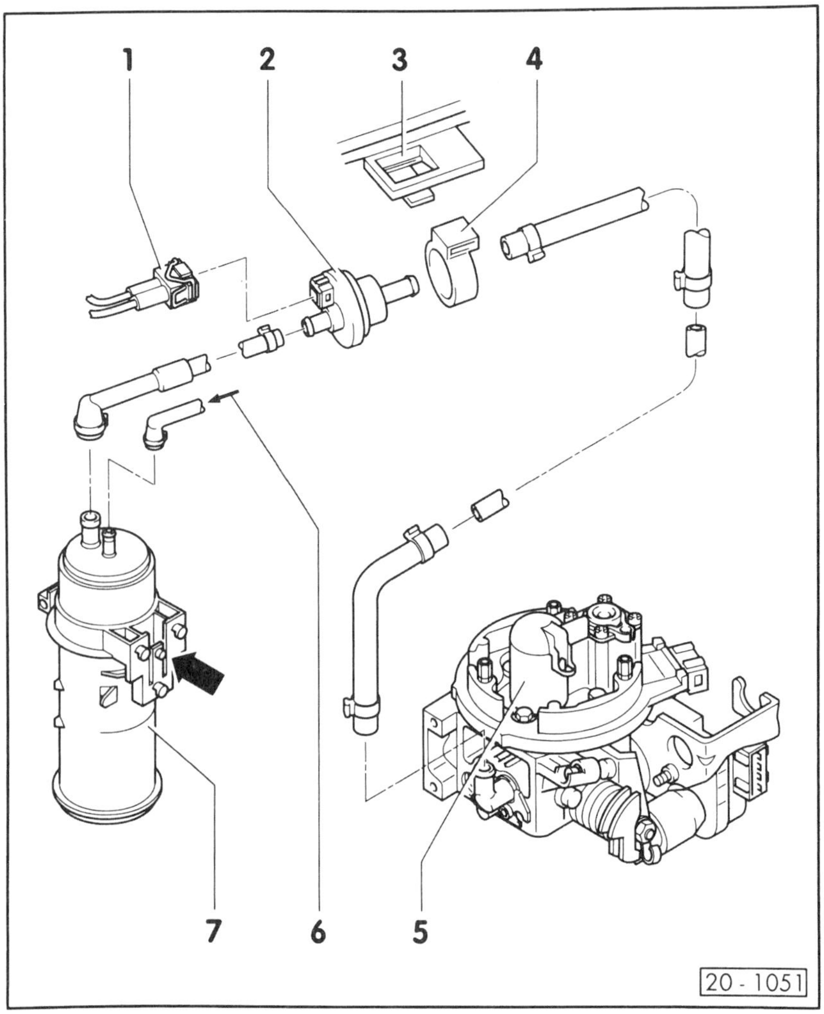

1 – **Anschlußstecker**

2 – **Magnetventil, getaktet**
Einbaulage beachten. Der Pfeil zeigt in Durchflußrichtung. Das Ventil ist bei ausgeschalteter Zündung in Pfeilrichtung **offen** beziehungsweise bei den Motoren **ADZ** (90 PS) und **ABF** (150 PS) **geschlossen**.

3 – **Halter**
Am Luftfilter-Unterteil.

4 – **Haltering**

5 – **Einspritzeinheit**

6 – **Entlüftungsleitung**

7 – **Aktivkohlebehälter**
Einbauort: Radkasten vorn rechts. Zum Ausbau Sicherungslasche in Pfeilrichtung drücken.

Bedingt durch wechselnde Temperaturverhältnisse entstehen im Kraftstofftank Kraftstoffdämpfe, die bei konventionellen Tankbe- und Entlüftungssystemen ins Freie gelangen. Um diese Verdunstungsemissionen zu vermeiden, wird ein Aktivkohlesystem eingesetzt.

Bei stehendem und laufendem Motor gelangen infolge von Benzinaufheizung Kraftstoffdämpfe über eine Schlauchverbindung in den Aktivkohlebehälter und werden dort gespeichert. Der Aktivkohlebehälter befindet sich unter dem rechten Kotflügel im Radkasten.

Im Fahrbetrieb wird Frischluft, die vom Motor angesaugt wird, in den Aktivkohlebehälter geleitet. Die Frischluft löst die an der Aktivkohle haftenden Kraftstoffteilchen und leitet sie durch die Entlüftungsleitung zur Verbrennung in den Motor. In der Entlüftungsleitung befindet sich ein Magnetventil, das die Entlüftungsmenge reguliert. Angesteuert wird das Ventil vom Steuergerät der Einspritzanlage. Dabei läßt sich der Öffnungsquerschnitt vom Steuergerät je nach Drehzahl, Last und Lambda-Regelfunktion stufenlos regulieren. Bei Vollast ist das Ventil beispielsweise ganz geöffnet, bei Schubabschaltung ganz geschlossen. Wenn der Stromkreis unterbrochen ist, dann ist das Ventil in Pfeilrichtung offen.

Gaszug einstellen

Achtung: Der Gaszug ist sehr knickempfindlich und daher beim Einbau besonders sorgfältig zu behandeln. Ein einziger leichter Knick kann zum späteren Bruch im Fahrbetrieb führen. Züge, die geknickt wurden, dürfen deswegen **nicht** eingebaut werden.

- Gaspedal in Vollgasstellung drücken und in dieser Stellung festklemmen oder durch Helfer halten lassen.

Fahrzeuge mit Automatikgetriebe

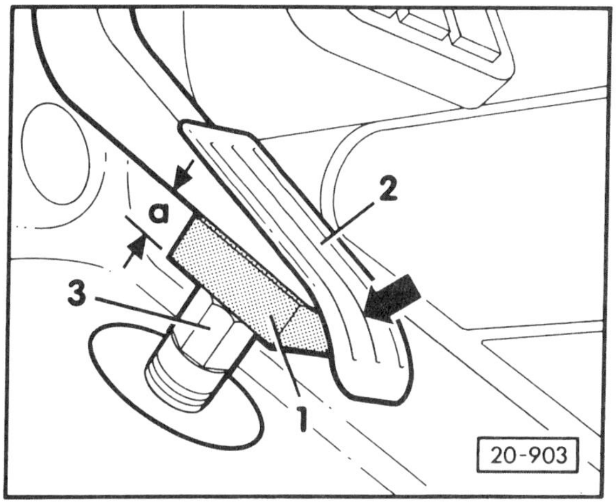

- Distanzstück –1– mit einer Stärke von a = 15 mm zwischen Gaspedal –2– und Anschlag –3– klemmen und Gaspedal in dieser Stellung festhalten.

- **2,8-/2,9-l-Motor VR-6:** Zündkabelführung und Abdeckung über dem Drosselklappenstutzen ausbauen.
- Prüfen, ob der Drosselklappenhebel am Vollastanschlag anliegt.

1,4-/1,6-/1,8-l-Motor

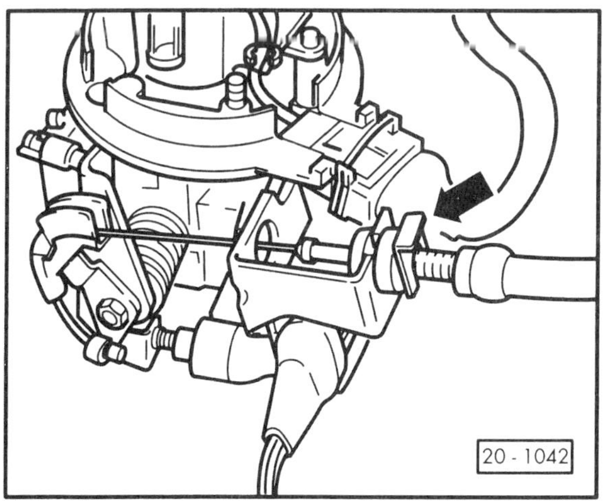

2,0-l-Motor

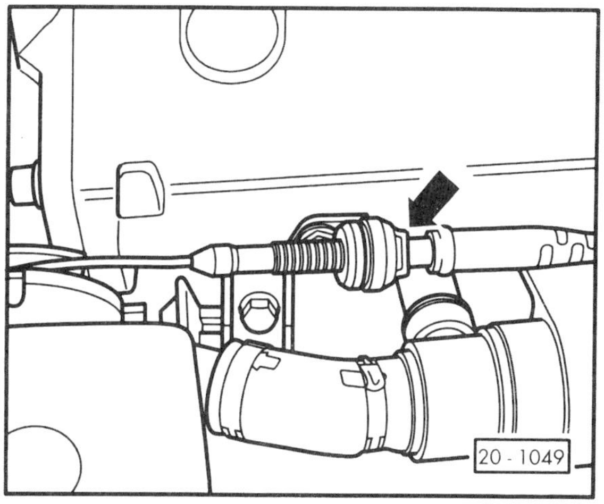

2,8-/2,9-l-Motor VR-6

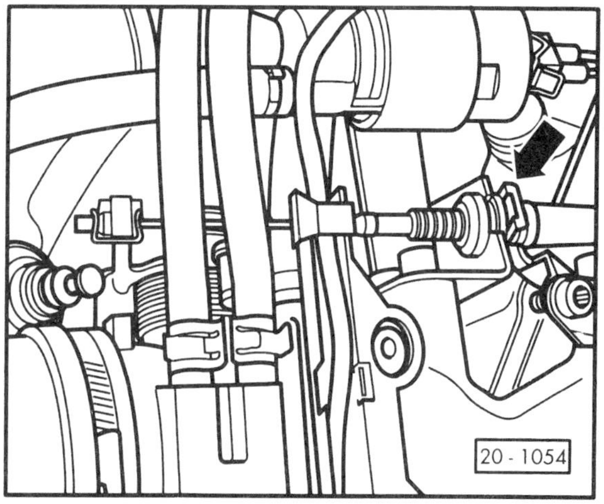

- Andernfalls Sicherungsklammer –Pfeil– herausziehen, Gaszug am Widerlager herausziehen bis der Drosselklappenhebel am Vollastanschlag anliegt. In dieser Stellung Sicherungsklammer aufstecken. Bei richtiger Einstellung erreicht der Drosselklappenhebel **knapp** die Vollaststellung wobei das Spiel am Drosselklappenhebel maximal 1 mm betragen darf.
- Gaspedal loslassen
- **2,8-/2,9-l-Motor VR-6:** Zündkabelführung und Abdeckung über dem Drosselklappenstutzen einbauen.

Fahrzeuge mit Automatikgetriebe

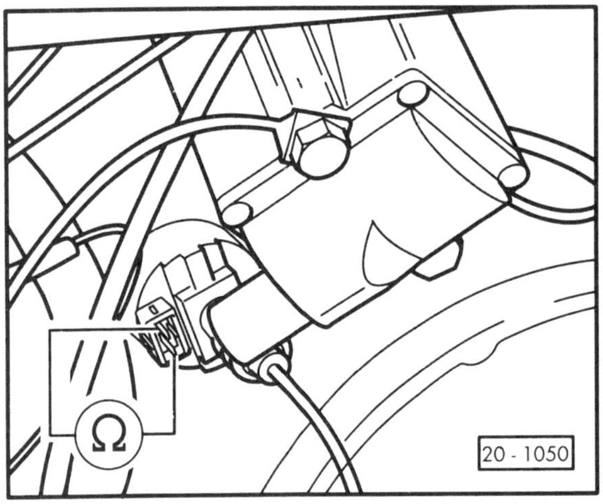

- Ohmmeter, wie in der Abbildung gezeigt, an den Kickdown-Schalter anschließen.
- Widerstand messen, Sollwert ∞ Ω.
- Gaspedal langsam in Richtung Vollgas bewegen. Kurz nach dem Kick-down-Druckpunkt muß der Widerstand auf 0 Ω abfallen. Das Gaspedal muß sich dabei kurz vor dem Anschlag befinden.

Die Benzin-Einspritzanlage

Die GOLF-/VENTO-Motoren sind mit unterschiedlichen Einspritzanlagen ausgestattet.

Motor	Einspritzanlage
60, 75 PS bis 7/95 u. 90 PS	❒ **Mono-Motronic**
60 PS ab 8/95	❒ Motronic MP 9.0
75 PS ab 8/95	❒ **Magneti-Marelli 1AV**
100 PS bis 10/95	❒ Motronic
100 PS ab 11/95	❒ **Simos**
115 PS bis 9/94	❒ VW-Digifant
115 PS ab 10/94	❒ **Simos**
150 PS	❒ VW-Digifant
174, 190 PS	❒ **Motronic**

Die Vorteile der Benzineinspritzung gegenüber einem Vergaser sind:

- Genau dosierte Kraftstoffmenge in jedem Betriebszustand des Motors, dadurch geringer Verbrauch bei guten Fahrleistungen.
- Reduzierung der Abgas-Schadstoffe durch exakte Kraftstoffzumessung und lambdageregelten Katalysator.
- Eigendiagnose des Einspritz-Steuergerätes, dadurch schnelleres Auffinden von Defekten.
- Die Benzineinspritzanlage ist mit einem Fehlerspeicher ausgestattet. Treten während des Betriebs Defekte in der Zünd- und Einspritzanlage auf, so werden diese im Speicher abgelegt. Abgespeicherte Fehler können mit Hilfe eines VW-Auslesegerätes ausgedruckt werden. Sollten die Einspritzanlage beziehungsweise der Motor nicht einwandfrei arbeiten, so kann die VW-Werkstatt gegen Kostenerstattung eine Fehlerliste ausdrucken, um gegebenenfalls den Defekt dann selbst zu beheben. **Achtung:** Wird die Batterie abgeklemmt, werden die Fehler im Speicher gelöscht. Treten die gleichen Fehler während einer anschließenden Fahrt wieder auf, werden sie im Speicher wieder abgelegt.

Die Einspritzanlage besitzt langzeitstabile Bauteile und ist praktisch wartungsfrei, nur der Luftfiltereinsatz muß alle 30.000 km gewechselt werden. Wesentliche Einstell- und Reparaturarbeiten können nur mit Hilfe von teuren VW-Prüfgeräten durchgeführt werden, so daß diese Arbeiten nur noch von entsprechend ausgerüsteten Fachwerkstätten ausgeführt werden können.

Achtung: Bei Arbeiten an der Einspritzanlage sind die Sauberkeitsregeln für die Kraftstoffanlage ebenso zu beachten wie die Sicherheitshinweise zur Zündanlage, siehe Seite 47.

Achtung: Vor der Demontage sind die entsprechenden Teile mit Kaltreiniger zu säubern. **Die Anlage steht unter Druck.** Deshalb ist vor dem Auswechseln von Teilen der **Druck im System abzubauen.** Hierzu Kraftstoffleitung zwischen Kraftstoffpumpe und Filter vorsichtig lösen. Beim Abziehen Lappen um die Leitung legen.

Der Überdruck baut sich von selbst ab (ohne Lösen der Leitung), wenn der Motor einige Stunden abgestellt ist.

Funktion der Benzin-Einspritzung

Der Kraftstoff wird aus dem Kraftstoffbehälter von der elektrischen Kraftstoffpumpe angesaugt und über den am Unterboden angebrachten Kraftstoffilter zur Einspritzeinheit gefördert. Ein Druckregler sorgt dafür, daß der Druck im Kraftstoffsystem konstant gehalten wird.

Über elektrisch angesteuerte Einspritzventile wird der Kraftstoff intermittierend, also stoßweise in das Ansaugrohr direkt vor die Einlaßventile des Motors gespritzt. Das Motor-Steuergerät regelt die Einspritzzeit und dadurch die Einspritzmenge. Bei längerer Öffnung der Einspritzventile wird mehr Kraftstoff eingespritzt.

Die Verbrennungsluft wird vom Motor über den Luftfilter angesaugt und durchströmt Drosselklappeneinheit sowie Saugrohr bis zu den Einlaßventilen. Geregelt wird die Luftmenge durch die Drosselklappe, die der Fahrer über Gaspedal und Gaszug betätigt.

Das Motor-Steuergerät ist ein kleiner, sehr schnell arbeitender Computer. Es bestimmt den optimalen Zündzeitpunkt, den Einspritzzeitpunkt und die Einspritzmenge. Informationen von verschiedenen Fühlern und Gebern sorgen in jeder Fahrsituation für die richtig bemessene Kraftstoffmenge.

Fallen wichtige Geber aus, schaltet das Steuergerät auf ein Notlaufprogramm um, damit Motorschäden vermieden werden und weitergefahren werden kann. In diesem Fall ruckelt der Motor und neigt beim Gasgeben zum Absterben.

Sensoren der Einspritzanlagen

- Das **Drosselklappenpotentiometer** ist am Drosselklappenteil untergebracht. Es übermittelt dem Steuergerät die Winkelstellung der Drosselklappe.
- Der **Leerlaufschalter** übermittelt dem Steuergerät die Leerlaufstellung der Drosselklappe. Dadurch wird insbesondere die Schubabschaltung gesteuert, denn solange sich die Drosselklappe in Leerlaufstellung befindet und gleichzeitig die Drehzahl über einem bestimmten Wert liegt, wird vom Steuergerät die Kraftstoffzufuhr für den Motor gesperrt.
- Beim **Geber für Kühlmitteltemperatur** handelt es sich um einen NTC-Widerstand. Das heißt, der Widerstand ändert sich entsprechend der Kühlmitteltemperatur und damit auch entsprechend der Motortemperatur. Die Information über die Kühlmitteltemperatur dient als Korrekturfaktor für Zündzeitpunkt und Einspritzzeit bei kaltem und warmem Motor. Andere Funktionen wie Klopfregelung und Abgasrückführung werden nur bei entsprechender Motortemperatur eingeschaltet.
- Der **Geber für Ansauglufttemperatur** ist ebenfalls ein NTC-Widerstand, der mit zunehmender Ausaugluft-Temperatur seinen Widerstand verringert. Die Kennlinie des Gebers entspricht der des Kühlmittel-Temperaturgebers (ausgenommen bei der 1AV-Einspritzanlage).
- Die **Lambdasonde** (Sauerstoffsensor) mißt den Sauerstoffgehalt im Abgasstrom und schickt entsprechende Spannungssignale an das Motor-Steuergerät. Daraufhin verändert das Steuergerät die eingespritzte Kraftstoffmenge, so daß die Abgase größtenteils im Katalysator nachverbrannt werden können. Dadurch werden die Abgasschadstoffe immer auf dem geringsten Wert gehalten. Die Lambdasonde ist immer vor dem Katalysator eingeschraubt, je nach Motor im Abgaskrümmer oder im vorderen Abgasrohr.
- Die Tankentlüftung besteht aus dem **Aktivkohlbehälter** und einem **Magnetventil.** Im Aktivkohlebehälter werden Kraftstoffdämpfe gespeichert, die sich durch Erwärmung des Kraftstoffs im Tank bilden. Bei laufendem Motor und geöffnetem Magnetventil werden die Kraftstoffdämpfe aus dem Aktivkohlebehälter abgesaugt und dem Motor zur Verbrennung zugeführt. Die Kraftstoffdämpfe werden also durch den Aktivkohlefilter wirtschaftlich genutzt und gelangen nicht ins Freie. Angesteuert wird das Magnetventil vom Motor-Steuergerät.
- Der **Hallgeber** im Zündverteiler überträgt die aktuelle Motordrehzahl an das Steuergerät.

Mono-Motronic

Die Mono-Motronic besitzt, im Gegensatz zu den anderen Einspritzsystemen nur **ein** zentrales Einspritzventil für alle Zylinder. Die Verteilung des Kraftstoffs auf die einzelnen Zylinder erfolgt wie beim Vergaser durch das Sammelsaugrohr.

- Das **Drosselklappenpotentiometer** erfaßt die Winkelstellung der Drosselklappe. Diese Information dient dem Steuergerät zusammen mit der momentanen Motordrehzahl als Maß für die angesaugte Luftmenge.
- Der **Leerlaufschalter** übermittelt dem Steuergerät die Leerlaufstellung der Drosselklappe. Das Steuergerät öffnet oder schließt über einen Stellmotor die Drosselklappe und regelt die Leerlaufdrehzahl auf den Sollwert.
- Der **Geber für Ansauglufttemperatur** sitzt im Halter des Einspritzventils.
- Die **Lambdasonde** (Sauerstoffsensor) ist am Abgaskrümmer eingeschraubt.

Digifant

Digifant ist eine von VW entwickelte Einspritzanlage. Im Gegensatz zur Mono-Motronic besitzt sie 4 Einspritzventile, für jeden Zylinder eines.

Die Einspritzventile sind in das Kraftstoffverteilerrohr eingesteckt. Ein Druckregler am Verteilerrohr sorgt dafür, daß der Druck im Kraftstoffsystem konstant bei ca. 2,5 bar gehalten wird. Der Schwingungsdämpfer im Druckregler verringert Druckschwingungen in der Rücklaufleitung.

Die angesaugte Luftmenge wird von einem **Luftmengenmesser** gemessen. Im Gehäuse des Luftmengenmessers befindet sich eine Stauklappe, die von der Luftströmung in eine bestimmte Stellung ausgelenkt und gehalten wird. Die Winkelstellung der Stauklappe dient als Maß für die durchströmende Luftmenge. Über ein Potentiometer werden entsprechende Signale von der Stauklappe an das Steuergerät übermittelt.

- Der Klopfsensor sitzt am Motorblock etwa auf Höhe von Zylinder 2. Eine selektive Klopfregelung sorgt dafür, daß der Zündzeitpunkt an der Klopfgrenze gehalten und automatisch an die verwendete Kraftstoffqualität angepaßt wird. Die Klopfregelung erlaubt eine hohe Verdichtung des Motors. Dadurch kann die Energie des Kraftstoffes besser ausgenutzt werden, was gleichzeitig zu einer Senkung des Kraftstoffverbrauchs führt. Die Klopfregelung besteht aus dem Klopfsensor und der entsprechenden Auswertelektronik.

  Durch die hohe Verdichtung eines Motors kann klopfende Verbrennung eintreten, was auf die Dauer zu Motorschäden führt. Um das zu vermeiden, ist ein Klopfsensor erforderlich, der eine falsche Verbrennung registriert und dafür sorgt, daß die Zündung in Richtung spät verändert wird. Bei Ausfall des Klopfsensors verstellt das Steuergerät den Zündzeitpunkt automatisch so weit in Richtung spät, daß der Motor keinen Schaden nimmt. Das ist allerdings mit einer Leistungsminderung verbunden, die ebenfalls eintritt, wenn anstelle von unverbleitem Superbenzin (ROZ 95 oder ROZ 98) bleifreies Normalbenzin (ROZ 91) getankt wird.

- Das **Steuerventil für Leerlaufstabilisierung** regelt die Leerlaufdrehzahl insbesondere während der Warmlaufphase und wenn der Motor durch elektrische Verbraucher belastet wird.
- Der **Drucksensor** sitzt im Steuergerät und ist über einen Schlauch mit dem Saugrohr verbunden.
- **Bis 7/93:** Das **Kaltstartventil** spritzt während der Starterbetätigung bei kaltem Motor zusätzlich Kraftstoff in das Saugrohr. Ein defektes Kaltstartventil verursacht Startschwierigkeiten (kalt und warm), Übergangsstörungen und hohen Kraftstoffverbrauch.

Simos

Im Gegensatz zur Digifant ist bei der Simos anstelle des Luft**mengen**messers ein Luft**massen**messer eingebaut. Der Luftmassenmesser hat folgende Vorteile: geringe Baugröße, automatischer Ausgleich von Temperatur- und Höheneinflüssen, keine beweglichen Bauteile und daher geringer Verschleiß. Für die Luftmassenmessung wird ein elektrisch erwärmter Hitzdraht durch die vorbeistreichende Ansaugluft abgekühlt. Um die Temperatur des Hitzdrahtes konstant zu halten, ändert sich der Heizstrom entsprechend der angesaugten Luft. Anhand der Schwankungen des Heizstromes erkennt das Steuergerät den Lastzustand des Motors und regelt dementsprechend die Einspritzmenge. Um eine Verfälschung durch Verunreinigungen zu vermeiden, glüht sich der Hitzdraht nach jedem Abschalten des Motors automatisch frei.

- Der **Geber für Ansauglufttemperatur** ist am Luftfilteroberteil eingesteckt.
- Die **Drosselklappen-Steuereinheit** hat die Aufgabe unter allen Betriebsbedingungen und Motorbelastungen den Leerlauf des Motors zu stabilisieren. Sie besteht aus Drosselklappensteller, Potentiometer für Drosselklappensteller, Drosselklappenpotentiometer und Leerlaufschalter.
  - ◆ Der **Drosselklappensteller** ist ein kleiner Elektromotor mit dessen Hilfe das Steuergerät die Winkelstellung der Drosselklappe den jeweiligen Betriebsbedingungen anpaßt.
  - ◆ Das **Potentiometer für Drosselklappensteller** informiert das Steuergerät über die aktuelle Stellung des Drosselklappenstellers.

Motronic/1AV

Im Gegensatz zu den anderen Einspritzanlagen erfolgt bei der Motronic die Kraftstoffeinspritzung **sequentiell.** Das heißt, die Einspritzventile werden getrennt und dadurch einzeln angesteuert und spritzen den Kraftstoff entsprechend der Zündfolge vor die Einlaßventile des Motors. Durch die Wahl des Einspritzzeitpunktes im Verhältnis zu den Öffnungszeiten der Einlaßventile können Abgas- und Leistungsverhalten besser abgestimmt werden. Außerdem spricht der Motor beim Beschleunigen schneller an.

Motronic M2.9 (VR6-Motor bis 7/95 und 1,6-l/100 PS-Motor bis 10/95):

- Der **Geber für Motordrehzahl** ist ein Induktivgeber und auf der vorderen Seite des Kurbelgehäuses eingesteckt. Das Signal des Zündzeitpunktgebers ist beim Motorstart erforderlich, um zusammen mit dem Hallgebersignal den Zünd-OT des 1. Zylinders zu erkennen. Bei fehlendem Signal springt der Motor nicht an.
- Der **Hallgeber** befindet sich im Zündverteiler. Das Arbeitsprinzip des Hallgebers ist bei der Funktionsbeschreibung der Zündanlage erläutert. Das Signal des Hallgebers ist beim Motorstart erforderlich, um zusammen mit dem Signal des Zündzeitpunktgebers den Zünd-OT des 1. Zylinders zu erkennen. Bei fehlendem Signal kann das Steuergerät Zylinder 1 und 6 nicht unterscheiden. Die Klopfregelung schaltet dann auf Notlaufprogramm, was sich durch Leistungsverlust bemerkbar macht.
- Die beiden **Klopfsensoren** des 6-Zylinder-Motors sitzen auf beiden Seiten des Motorblocks etwa zwischen den Zylindern 1 und 3 sowie 4 und 6. Der 4-Zylinder-Motor benötigt nur einen Klopfsensor.
- Die **Lambdasonde** ist vorn in das Katalysatorgehäuse eingeschraubt.
- Das **LFR-Ventil** (LFR = Leerlauffüllungsregelung) ist zwischen Luftansaugschlauch und Saugrohr angeordnet. Es reguliert die Leerlaufluftmenge unter Umgehung der Drosselklappe. Dadurch wird eine gleichbleibende Leerlaufdrehzahl erreicht, unabhängig davon, ob gerade Zusatzverbraucher, wie etwa Servolenkung oder Kältekompressor, eingeschaltet sind. Angesteuert wird das LFR-Ventil vom Motor-Steuergerät.
- Der **Geber für Ansauglufttemperatur** sitzt auf der linken Seite am Saugrohr. Sein Signal dient zur Steuerung der Leerlaufstabilisierung und zur Zündwinkelkorrektur. Bei Ausfall des Gebers können Kaltstartschwierigkeiten bei Außentemperaturen und 0° C auftreten.

Motronic 3.8.1 (VR6-Motor ab 8/95):

- Leerlaufregelung durch **Drosselklappen-Steuereinheit** wie Simos-Einspritzung.
- Anstelle der Hitzdraht-Luftmassenmessung jetzt **Heißfilm**-Luftmassenmesser. Vorteil: Keine Schmutzablagerungen und dadurch kein Freibrennen erforderlich.
- Durch **Sekundärlufteinblasung** werden die Abgasschadstoffe des Motors beim Warmlaufen verringert. Dazu bläst eine elektrische Pumpe Frischluft in die Auslaßkanäle des Motors. Die eingeblasene Luft dient dazu, die im Abgas noch vorhandenen unverbrannten Bestandteile nachzuverbrennen. Dadurch verringert sich der Gehalt an schädlichen Kohlenwasserstoffen und Kohlenmonoxid. Außerdem erhöht sich die Abgastemperatur, wodurch der Katalysator schneller auf Betriebstemperatur kommt und die Lambdaregelung eher einsetzt.
- Die **Abgasrückführung** führt je nach Motor-Betriebszustand über ein geregeltes Ventil eine bestimmte Menge Abgas wieder der Ansaugluft zu. Dadurch senkt sich die Verbrennungstemperatur. Je niedriger die Verbrennungstemperatur ist, desto weniger giftige Stickoxidanteile bilden sich im Abgas.

1,4-l-Motor ab 8/95: Motronic MP 9.0
1,6-l-Motor ab 8/95: Magneti-Marelli 1AV

Die Einspritzanlagen sind weitgehend baugleich. Lediglich das vordere Abgasrohr ist beim 1,4-l-Motor einflutig, beim 1,6-l-Motor zweiflutig ausgelegt.

Als Hauptgröße für die Kraftstoffzumessung dient dem Steuergerät der Unterdruck im Ansaugkrümmer. Der Unterdruck hängt von der aktuellen Drosselklappenstellung (Gaspedalstellung) sowie von der Motordrehzahl ab. Zusammen mit der Ansaugluft-Temperatur stellen diese Werte ein Maß für die angesaugte Luftmasse dar. Der Fühler für Saugrohrdruck und Ansaugluft-Temperatur sitzt direkt am Saugrohr, das aus Kunststoff gefertigt ist.

- Leerlaufregelung durch **Drosselklappen-Steuereinheit** wie Simos-Einspritzung.
- Die Leerlaufdrehzahl wird bei heißem Motor angehoben, wodurch für einen ausreichenden Öldruck auch bei sehr dünnflüssigem Öl gesorgt wird. Sie wird auch angehoben, wenn die Batteriespannung absinkt, damit die Batterie nicht weiter entladen wird. Durch diese Steuerung kann der normale Leerlauf sehr niedrig gehalten werden, wodurch sich der Kraftstoffverbrauch vermindert.

Drosselklappen-Steuereinheit

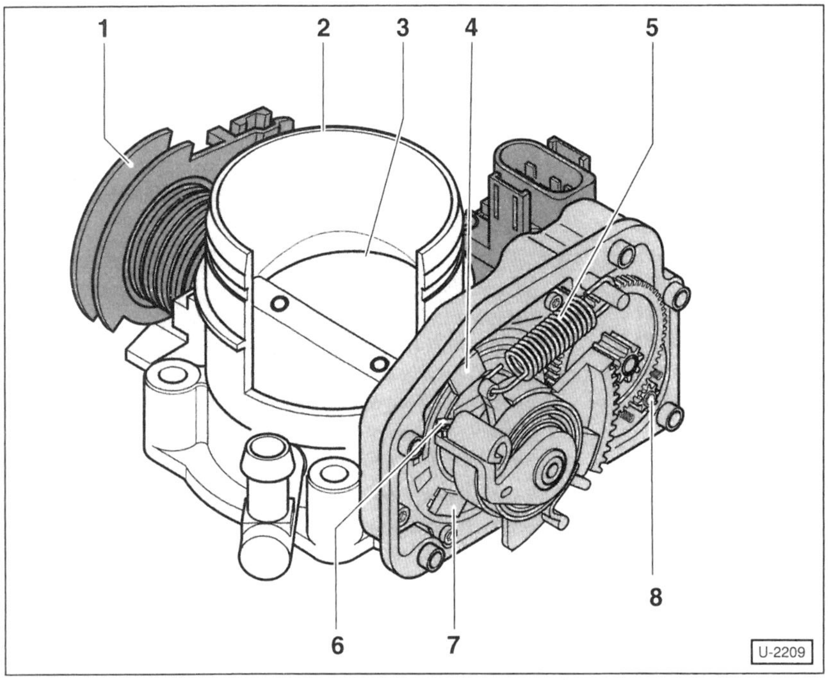

Simos ab 10/94, Motronic ab 8/95

1 – **Gaszug-Seilscheibe**
Dient zur Führung und Befestigung des Gaszuges.

2 – **Ansaugstutzen**

3 – **Drosselklappe**

4 – **Drosselklappensteller-Potentiometer**
Übermittelt dem Steuergerät die Stellung des Drosselklappenstellers.

5 – **Notlauffeder**
Stellt bei Spannungsunterbrechung die Drosselklappe in Grundstellung. Die Verstellung der Drosselklappe durch den Fahrer über den Gaszug wird dadurch nicht beeinflußt.

6 – **Leerlaufschalter**

7 – **Drosselklappenpotentiometer**
Übermittelt dem Steuergerät die Stellung der Drosselklappe.

8 – **Drosselklappensteller**

Zwischenflansch, Saugrohrvorwärmung

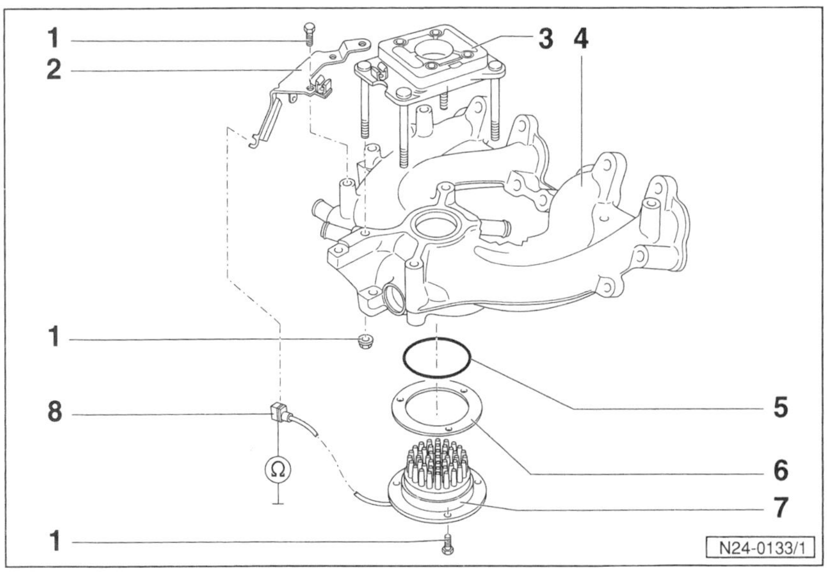

Mono-Motronic

1 – **Schraube, 10 Nm**

2 – **Halter**

3 – **Zwischenflansch**
Auf Risse und Verzug prüfen.

4 – **Ansaugrohr**

5 – **O-Ring**
Bei Beschädigung ersetzen

6 – **Dichtung**

7 – **Ansaugrohrvorwärmer**
Bei kaltem Motor prüfen. Widerstand zwischen Stecker und Masse (–): 0,25 bis 0,50 Ω. Ausschalttemperatur ca. +60 °C.

8 – **Anschlußstecker**

Einspritzeinheit Mono-Motronic

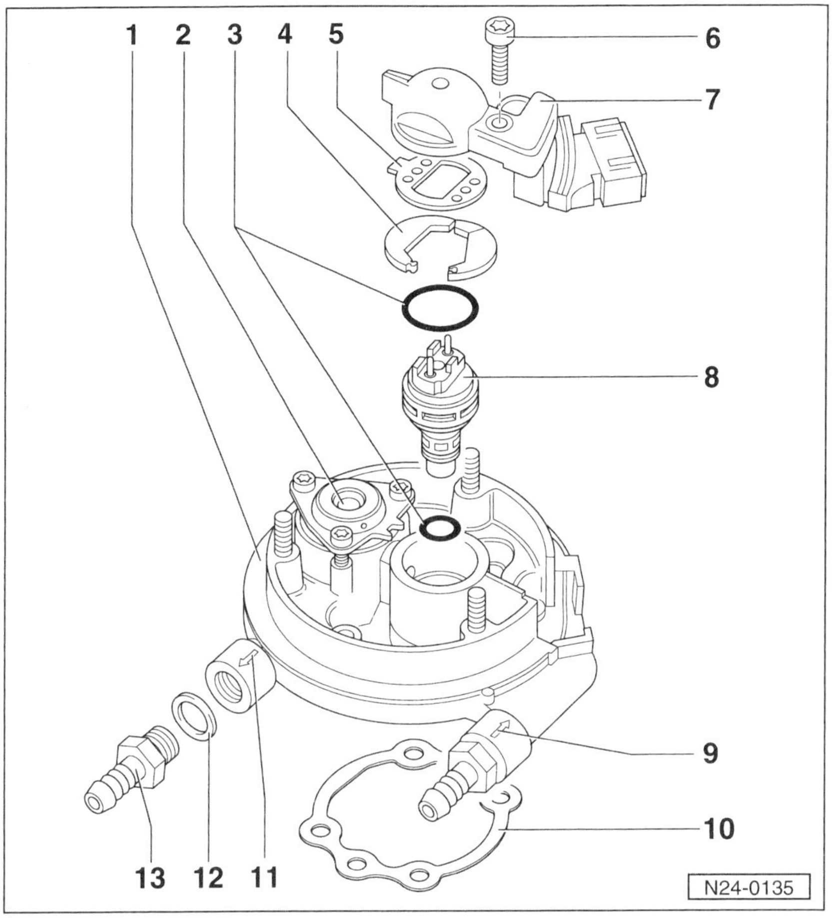

Oberteil

1 – **Einspritzeinheit-Oberteil**

2 – **Kraftstoff-Druckregler**

3 – **O-Ring**
Immer ersetzen.

4 – **Sicherungsscheibe**
Zur O-Ring Montage abnehmen.

5 – **Dichtung**
Immer ersetzen.

6 – **Schraube, 5 Nm**
Mit Sicherungsmittel D6 einsetzen.

7 – **Halter für Einspritzventil**
Mit Geber für Ansauglufttemperatur.

8 – **Einspritzventil**

9 – **Kraftstoffzulauf**

10 – **Dichtung**
Immer ersetzen.

11 – **Kraftstoffrücklauf**

12 – **Dichtung**
Immer ersetzen.

13 – **Anschlußstutzen**

Achtung: Die Abbildungen zeigen den 1,4-/1,6-l-Motor.

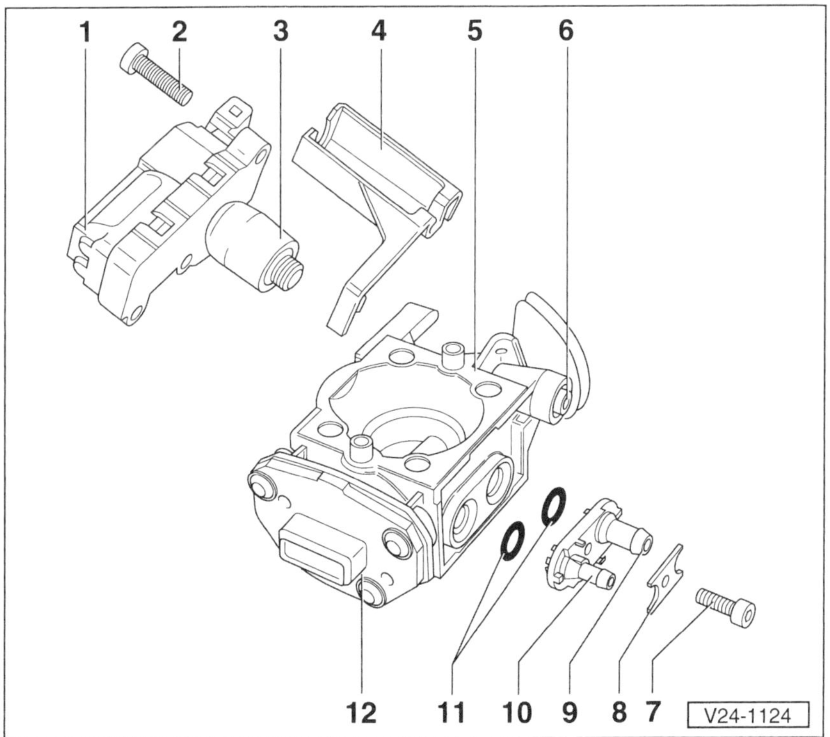

Unterteil

1 – **Drosselklappensteller**
Mit Geber für Drosselklappensteller und Leerlaufschalter. Beim Einbau darauf achten, daß der Leerlaufschalter nur über das Kunststoffplättchen des Schalters mit der Anschlagschraube betätigt werden kann. Ggf. Widerlager –4– lösen und ausrichten. Nach dem Ersetzen Leerlaufschalter-Einstellung prüfen.

2 – **Schraube, 6 Nm**

3 – **Leerlaufschalter**

4 – **Widerlager für Gaszug**

5 – **Einspritzeinheit-Unterteil**

6 – **Begrenzungsschraube**
Achtung: Die Schraube ist werksseitig gesichert, **nicht** verstellen!

7 – **Schraube, 3 Nm**

8 – **Halter**

9 – **Unterdruckanschluß**
Für Aktivkohlebehälter-Anlage.

10 – **Unterdruckanschluß**
Für Ansaugluftvorwärmung.

11 – **O-Ring**
Bei Beschädigung ersetzen.

12 – **Drosselklappenpotentiometer**
Darf nicht eingestellt werden. Bei Defekt: Unterteil ersetzen.

Einspritzventil prüfen

Mono-Motronic

Funktion prüfen

Achtung: Beim 1,6-l-Motor AEA Funktionsprüfung durch Stellglieddiagnose durchführen (Werkstattarbeit).

- Prüfen, ob die Sicherung Nr. 18 in Ordnung ist.
- Ansauglufthutze beziehungsweise Luftfilter von der Einspritzeinheit abschrauben.

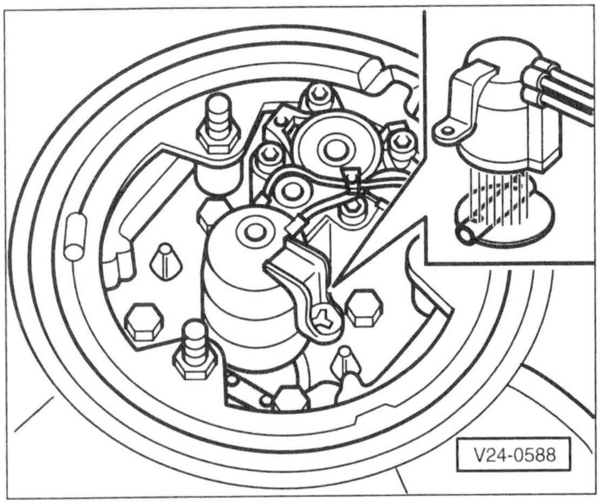

- Motor starten und im Leerlauf laufen lassen. Falls der Motor nicht anspringt, Anlasser durch Helfer betätigen lassen.
- Abspritzstrahl muß auf der Drosselklappe sichtbar sein.
- Zündung ausschalten und Einspritzventil auf Dichtheit prüfen: Es dürfen nicht mehr als 2 Tropfen pro Minute austreten.

Ist kein Abspritzstrahl zu erkennen:

- Kraftstoff-Druckregler prüfen (Werkstattarbeit).
- Ansteuerung prüfen.

Ansteuerung prüfen

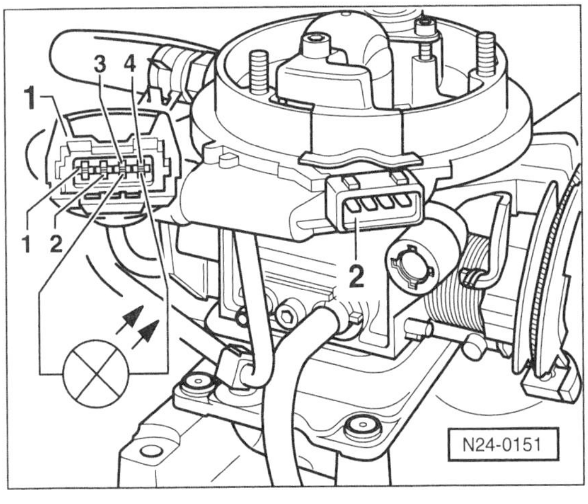

- 4fach-Stecker –1– vom Anschluß –2– abziehen.
- Diodenprüflampe an den Stecker –1– anschließen. **Achtung:** Beim Motor ABD befindet sich der Stecker vorn.
  Motor **ABD:** Kontakte 2 und 3
  Motor **ABU, AEA:** Kontakte 3 und 4
- Anlasser betätigen und Spannungsversorgung für Einspritzventil prüfen.
- Die Leuchtdiode muß flackern. In diesem Fall Zündung ausschalten und Einspritzventil ersetzen.
- Flackert die Leuchtdiode nicht, ist folgendermaßen vorzugehen:
- Zündung ausschalten.
- Leitung zwischen 4fach-Stecker Kontakt 3 und Steuergerät nach Stromlaufplan auf Unterbrechung prüfen. Dabei ist zu beachten, daß von der Zentralsteckverbindung zum Steuergerät eine Widerstandsleitung mit einem Leitungswiderstand von max. 3,5 Ω eingebaut ist.
- Leitung zwischen 4fach-Stecker Kontakt 2 (ABD) oder 4 (ABU, AEA) und Relaisplatte nach Stromlaufplan auf Unterbrechung prüfen. Dabei ist zu beachten, daß von der Zentralsteckverbindung zur Relaisplatte eine Widerstandsleitung mit einem Leitungswiderstand von max. 2,5 Ω eingebaut ist.
- Zusätzlich Leitungen auf Kurzschluß untereinander prüfen. Sollwert: ∞ Ω.
- Wird kein Fehler in der Leitung festgestellt, dürfte das Steuergerät der Mono-Motronic defekt sein. **Achtung**: Bevor das Steuergerät ersetzt wird, elektrische Prüfung der Einspritzanlage durchführen lassen (Werkstattarbeit).

Widerstand prüfen

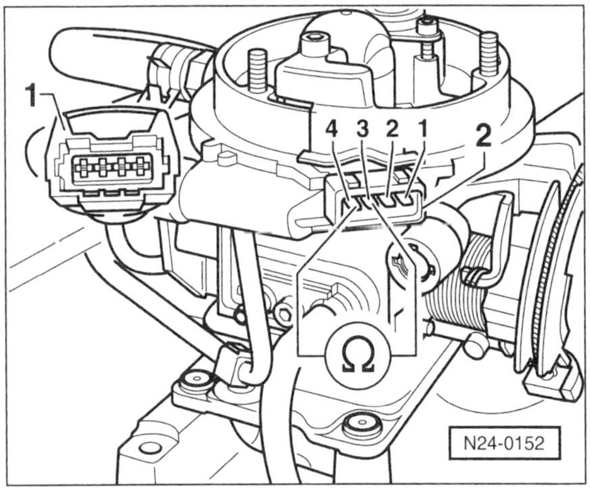

- Stecker –1– vom Anschluß –2– abziehen.
- Ohmmeter am Anschluß –2– anschließen und Widerstand prüfen.
  Motor **ABD:** Kontakte 2 und 3
  Motor **ABU, AEA:** Kontakte 3 und 4
  Sollwert: 1,2 – 1,6 Ω bei einer Umgebungstemperatur von +15 bis +30° C.
- Stecker aufschieben.
- Luftfilter oder Ansaughutze einbauen.

Ansaugluftvorwärmung prüfen

Mono-Motronic

Die Ansaugluftvorwärmung wird temperaturabhängig über eine Luftklappe im Luftansaugstutzen geregelt. Bei defekter Ansaugluftvorwärmung können folgende Beanstandungen auftreten:

- Schlechter Leerlauf in der Warmlaufphase.
- Übergangsstörungen.
- Schlechte Leistung, Höchstgeschwindigkeit wird nicht erreicht.
- Hoher Kraftstoffverbrauch.

Prüfvoraussetzung: Der Motor muß Umgebungstemperatur haben, die Ansaugluft max. +35° C.

- Unterdruckschläuche von der Membrandose zum Temperaturregler und vom Temperaturregler zur Einspritzeinheit auf festen Sitz prüfen.
- Schläuche durch Verbiegen auf Beschädigung und Porosität untersuchen, gegebenenfalls auswechseln.

Fahrzeuge mit Luftfilter am Radkasten

- Luftfilterdeckel ausbauen und Luftfiltereinsatz herausnehmen, siehe Seite 88.

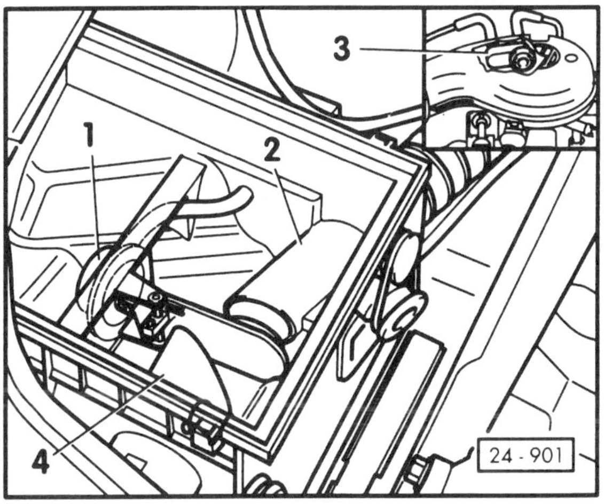

- Stellung und Leichtgängigkeit der Regelklappe im Luftfiltergehäuse prüfen. Die Regelklappe muß den Warmluftkanal –2– verschließen.
- Motor starten und im Leerlauf drehen lassen (Luftfilter bleibt ausgebaut). Die Regelklappe muß jetzt den Kaltluftstutzen –4– verschließen.
- Andernfalls Unterdruckleitungen am Temperaturregler –3– abziehen und zusammenstecken. Bleibt der Warmluftstutzen verschlossen, ist die Unterdruckdose –1– defekt. Verschließt die Regelklappe den Kaltluftstutzen, ist der Temperaturregler defekt.

Achtung: Bei laufendem Motor ist die Stellung der Regelklappe von der Temperatur des Temperaturreglers abhängig:
unter +35° C: Temperaturregler offen, Kaltluftstutzen zu
über +45° C: Temperaturregler zu, Warmluftstutzen zu

- Luftfiltereinsatz in das Gehäuse legen, Deckel einbauen, siehe Seite 88.

1,4-l-Motor mit rundem Luftfilter (bis 7/92)

- Ansaugstutzen des Luftfilters ausbauen.

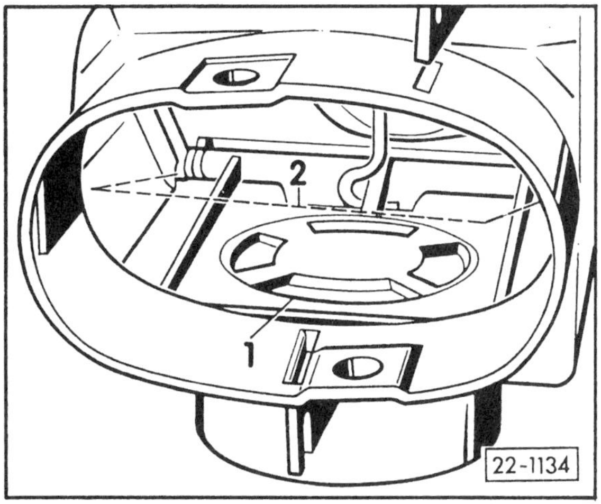

- Stellung und Leichtgängigkeit der Regelklappe im Luftfiltergehäuse prüfen.

über +22° C: Klappe muß den Warmluftkanal verschließen –1–
von –20 bis +22° C: Klappe muß etwas bis maximal 2/3 weit geöffnet sein –2–.

Achtung: Die Funktion des Thermo-Elementes läßt sich durch Besprühen mit handelsüblichem Kältespray einfach prüfen.

- Funktion und Leichtgängigkeit der Regelklappe prüfen. Dazu Hilfsschlauch auf den Unterdruckanschluß aufschieben und durch Saugen am Hilfsschlauch prüfen, ob sich die Regelklappe bewegt.
- Unterdruckleitung wieder aufstecken.
- Motor starten und im Leerlauf laufen lassen. Die Regelklappe muß aufgezogen werden.
- Unterdruckschlauch vom Temperaturregler an der Einspritzeinheit abziehen. Die Regelklappe muß nach max. 20 Sekunden ihre Ausgangslage eingenommen haben.

Luftfilter, Luftmengenmesser

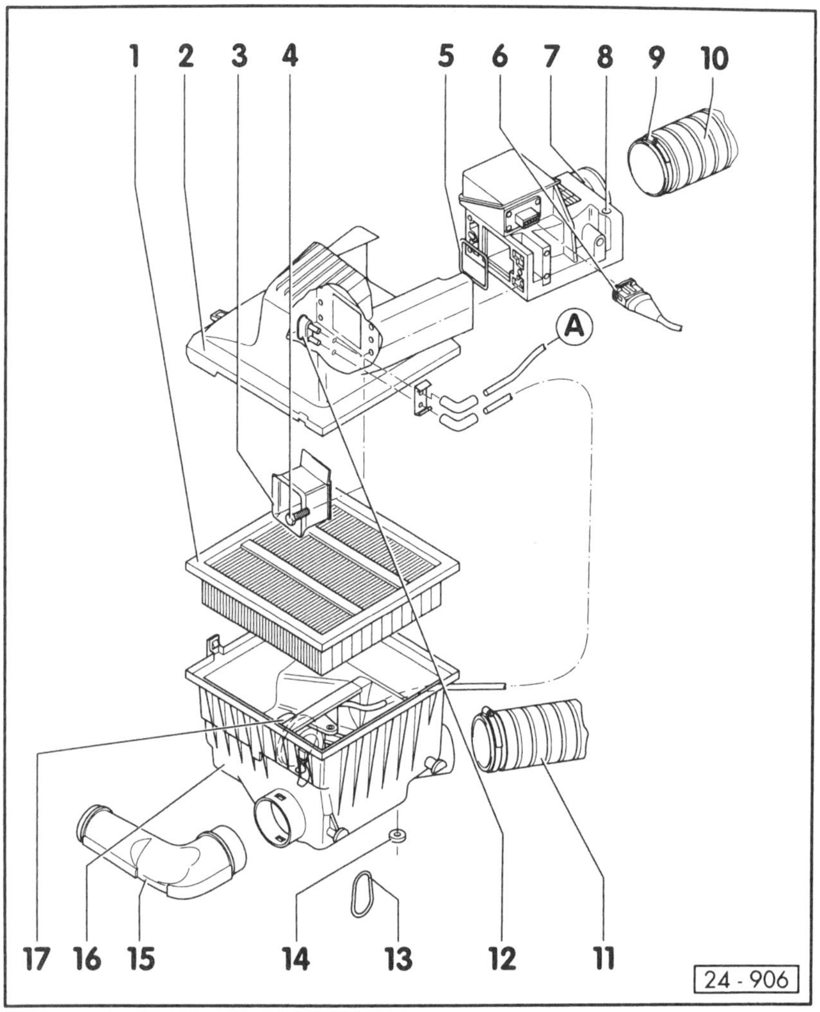

115-PS-Motor 2E

1 – **Luftfiltereinsatz**
2 – **Luftfilter-Oberteil**
3 – **Luftführung**
4 – **Schraube, 5 Nm**
5 – **Dichtring**
6 – **Anschlußstecker**
7 – **Luftmengenmesser**
Mit Geber für Ansauglufttemperatur und Potentiometer.
8 – **Metallstopfen**
Nicht herausziehen.
9 – **Schraubschelle**
10 – **Ansaugschlauch**
11 – **Schlauch**
Zum Abgaskrümmer.
12 – **Temperaturregler**
So einbauen, daß der Schlauchanschluß aus Messing unten liegt.
13 – **Haltering**
14 – **Gummischeibe**
15 – **Luftführung**
16 – **Luftfilter-Unterteil**
17 – **Unterdruckdose**

Kaltstartventil prüfen

Motor 2E bis 7/93

Das Kaltstartventil ist zu prüfen, wenn der kalte Motor schlecht anspringt beziehungsweise unrund läuft, oder wenn der Kraftstoffverbrauch zu hoch ist.

Achtung: Das Kaltstartventil spritzt nur bei einer Kühlmitteltemperatur unter +15° C ein.

- Stecker für Einspritzventile am Kraftstoffverteiler abziehen.

Spannungsversorgung prüfen

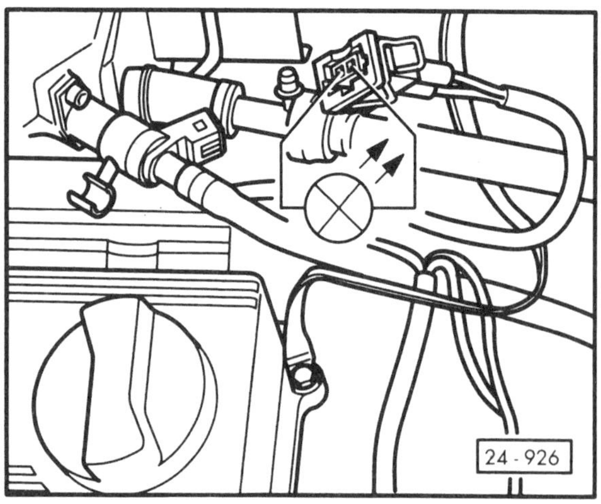

- Stecker am Kaltstartventil abziehen und Diodenprüflampe anschließen.
- Stecker vom Geber für Kühlmitteltemperatur abziehen.

- Anlasser betätigen. Die Leuchtdiode muß 1 bis 4 Sekunden aufleuchten.
- Andernfalls Leitungsunterbrechung nach Stromlaufplan ermitteln und beseitigen.

Funktion prüfen

- Stecker vom Geber für Kühlmitteltemperatur und für Einspritzventile bleiben abgezogen.
- Stecker am Kaltstartventil aufstecken.

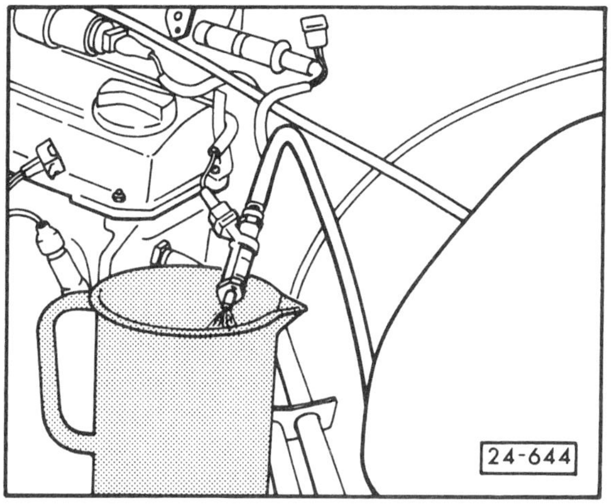

24-644

- Kaltstartventil abschrauben und in ein Meßglas halten.
- Anlasser betätigen.
- Das Kaltstartventil muß 1 bis 4 Sekunden lang in einem gleichförmigen Kegel abspritzen.
- Kaltstartventil an der Düse abtrocknen. Innerhalb von 1 Minute darf am Kaltstartventil kein Tropfen abfallen. Auch äußerlich darf das Ventil nicht feucht werden.
- Kaltstartventil einsetzen und anschrauben.
- Stecker am Geber für Kühlmitteltemperatur und für Einspritzventile aufschieben.

Einspritzventile prüfen

Digifant

Die Einspritzventile spritzen den Kraftstoff intermittierend ein, das heißt, pro Kurbelwellenumdrehung wird jeweils die Hälfte des für einen Ansaugtakt notwendigen Kraftstoffs eingespritzt. Dabei spritzt das Ventil den Kraftstoff kegelförmig ein und schließt nach dem Abspritzen dicht ab. Undichte Ventile bewirken Heißstartschwierigkeiten. Defekte Einspritzventile lassen den Motor bisweilen nachdieseln und führen zu Motoraussetzern.

Widerstand prüfen

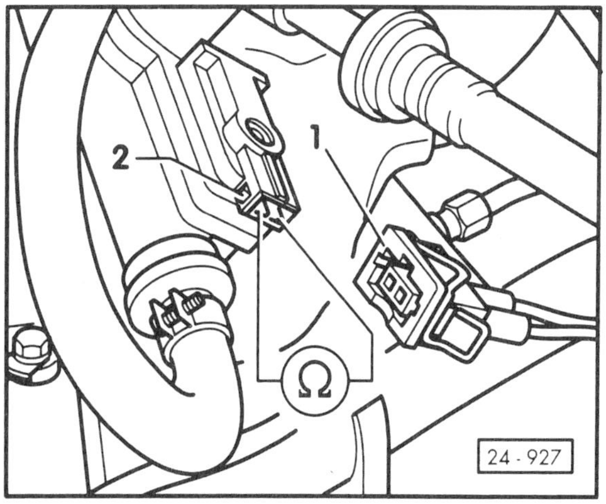

24-927

- **Motor 2E:** Stecker –1– am Anschluß für Einspritzventile –2– abziehen.
- Widerstand für alle Einspritzventile am Anschluß –2– prüfen. Wird der Sollwert von 3,7 bis 5,0 Ω angezeigt, sind alle 4 Ventile in Ordnung.
- Andernfalls Einspritzventile ausbauen und Widerstand der einzelnen Ventile prüfen. Sollwert, siehe Seite 98.

Motor ABF:

- 5fach-Stecker am Anschluß für Einspritzventile abziehen.
- An den Kontakten des Anschlusses Widerstand der einzelnen Ventile prüfen. Sollwert, siehe Seite 98.
- Die Kontakte des Anschlusses werden von links nach rechts mit 1 bis 5 bezeichnet. Widerstand der einzelnen Einspritzventile entsprechend folgender Kontaktzuordnung prüfen:

Einspritzventil	1	2	3	4
Kontakte	1 + 5	2 + 5	3 + 5	4 + 5

Achtung: Die weiteren Prüfungen der Einspritzventile für den Motor **ABF** (Kontaktzuordnung des Anschlußsteckers beachten) sind prinzipiell gleich wie bei den Motoren AEX und AEE, siehe Seite 96.

Spannungsversorgung prüfen (Motor 2E)

- Hallgeber prüfen, siehe Seite 52.
- **Bis 7/93:** Stecker am Kaltstartventil abziehen.

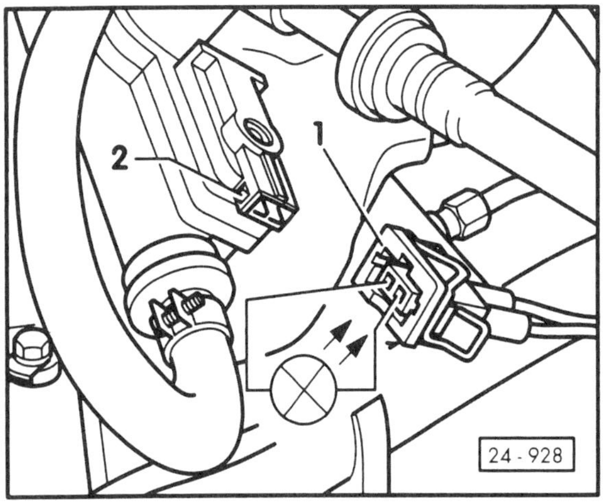

- Spannungsversorgung für **alle** Einspritzventile prüfen. Dazu Diodenprüflampe an Stecker –1– anschließen. Anlasser betätigen (Helfer). Die Leuchtdiode muß flackern.

Leuchtdiode leuchtet ständig:

- Masseleitung (–) von der Batterie zum Getriebe ersetzen. Gegebenenfalls Digifant-Steuergerät ersetzen.

Leuchtdiode flackert nicht und leuchtet nicht:

- Stecker –1– auf Anschluß –2– stecken.
- Leitungsunterbrechung zwischen Ventilen und Steuergerät ermitteln und beseitigen. Einspritzanlage elektrisch prüfen lassen. Unter Umständen muß das Steuergerät ersetzt werden.
- Falls eingeschaltet, Zündung ausschalten.

Strahlbild und Dichtheit prüfen

- **Bis 7/93:** Stecker vom Kaltstartventil ist abgezogen.
- Kraftstoffverteiler komplett mit Einspritzventilen ausbauen.

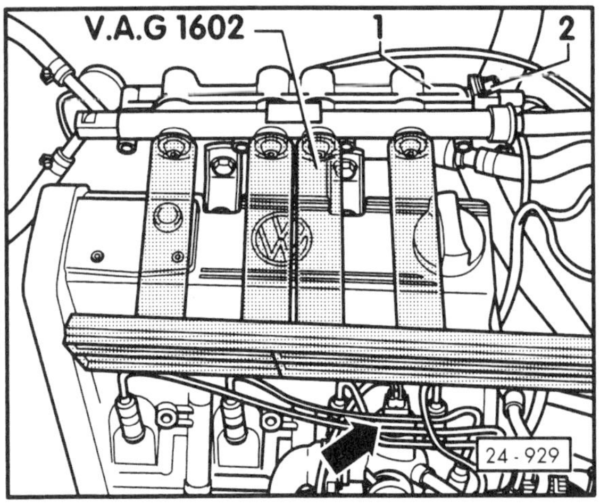

- Stecker –Pfeil– für Temperaturgeber am Kühlmittelstutzen abziehen.
- Kraftstoff-Vor- und Rücklaufleitung am Kraftstoffverteiler aufstecken.
- **Bis 7/93:** Schlauch am Kaltstartventil aufstecken.
- Einspritzventile in ein geeignetes Meßgefäß halten. **Achtung:** Augen schützen, Spritzgefahr!
- Stecker für Einspritzventile –2– mit Hilfsleitungen auf den Anschluß –1– des Kraftstoffverteilers stecken.
- Mehrfachstecker vom Zündtrafo abziehen.
- Anlasser von Hilfsperson einige Sekunden betätigen lassen, dabei Strahlbilder der Einspritzventile miteinander vergleichen. Der Kraftstoff muß kegelförmig austreten und bei allen Einspritzventilen gleich aussehen.
- Stecker –2– für die Einspritzventile abziehen.
- Zündung ca. 5 Sekunden einschalten, Anlasser nicht betätigen. Pro Minute und Ventil dürfen nicht mehr als 2 Tropfen Kraftstoff aus den Einspritzventilen austreten.
- Ventile einbauen.
- Stecker für Temperaturgeber, Kaltstartventil und Zündtrafo aufschieben.

Achtung: Beim Wiedereinstecken der Ventile darauf achten, daß die O-Ringe nicht beschädigt werden. Dichtringe auf Beschädigungen prüfen, gegebenenfalls ersetzen. Dichtringe vor dem Einsetzen mit sauberem Motoröl benetzen.

Einspritzventile aus- und einbauen

Digifant im Motor 2E

Ausbau

- Ansaugschlauch und Drosselklappenstutzen ausbauen.
- Stecker für Einspritzventile am Kraftstoffverteiler abziehen.
- Kraftstoff-Rücklauf-Leitung am Kraftstoffverteiler abziehen.
- Kraftstoff-Vorlauf-Leitung am Kraftstoffverteiler abziehen. **Achtung:** Leitung steht unter Kraftstoffdruck. Zum Schutz gegen Kraftstoffspritzer Leitung vorher mit einem Putzlappen abdecken.
- Unterdruckschlauch vom Kraftstoff-Druckregler am Abzweigstück abziehen.
- **Bis 7/93:** Schlauch vom Kaltstartventil abziehen.
- Bei Fahrzeugen mit Automatikgetriebe und ohne ABS: Saugstrahlpumpe ausbauen.
- Innensechskant-Befestigungsschrauben, SW 5, für Kraftstoffverteiler herausdrehen.
- Kraftstoffverteiler mit Einspritzventilen in Fahrtrichtung rechts herausziehen.

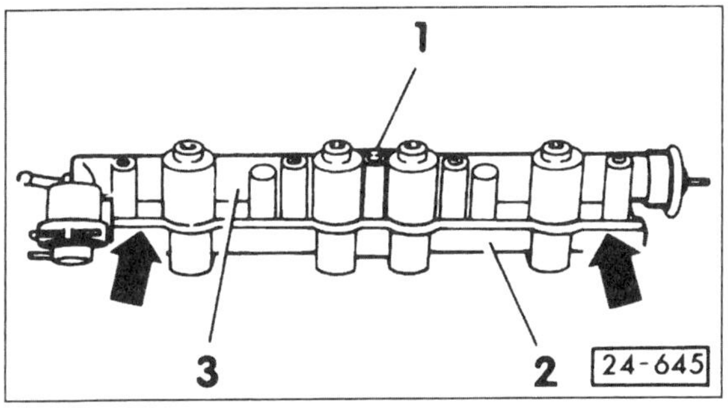

- Schraube –1– herausdrehen und Kraftstoffverteiler-Oberteil –2– vom Kraftstoffverteiler –3– abhebeln –Pfeile–.

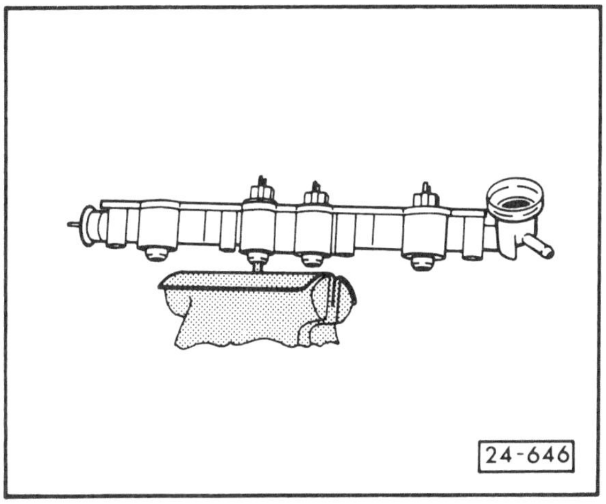

- Innensechskantschraube M6 mit der Gewindeseite in einen Schraubstock einspannen und Einspritzventile herausdrücken.

Einbau

Achtung: Beschädigte Dichtringe beziehungsweise Dichtung sowie O-Ringe der Einspritzventile ersetzen.

- Dichtung auf Kraftstoffverteiler-Oberteil auflegen.

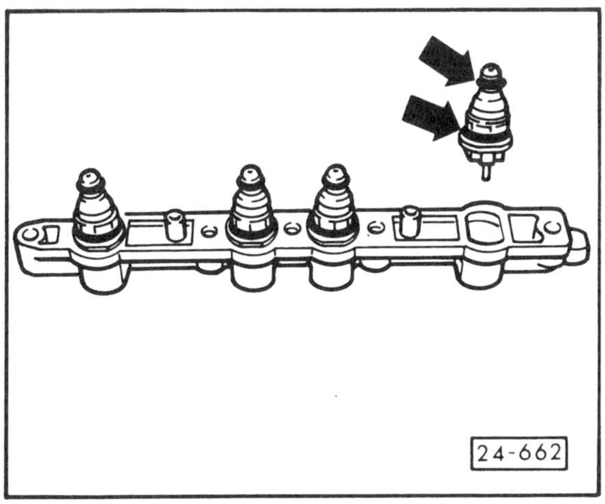

- Einspritzventile mit neuen O-Ringen in das Oberteil des Kraftstoffverteilers stecken. Vorher O-Ringe leicht mit sauberem Motoröl benetzen.
- Oberteil mit Einspritzventilen in den Kraftstoffverteiler drücken.

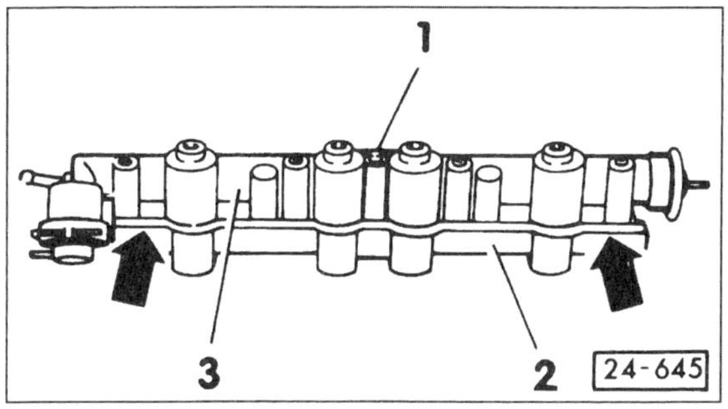

- Schraube –1– mit 10 Nm festziehen.
- Kraftstoffverteiler auf das Sammelsaugrohr aufsetzen und Befestigungsschrauben mit 10 Nm festziehen.
- Unterdruckschlauch am Kraftstoff-Druckregler aufstecken.
- Vor- und Rücklaufleitung aufschieben. Dabei kommt die schwarze Vorlaufleitung auf den Anschluß am Kraftstoffverteiler und die blaue Rücklaufleitung auf den Anschluß am Kraftstoffverteiler/Druckregler.
- **Bis 7/93:** Schlauch für Kaltstartventil aufschieben.
- Falls ausgebaut, Saugstrahlpumpe einbauen.
- Stecker für Einspritzventile aufstecken.
- Ansaugschlauch und Drosselklappenstutzen einbauen.

Simos ab 10.94

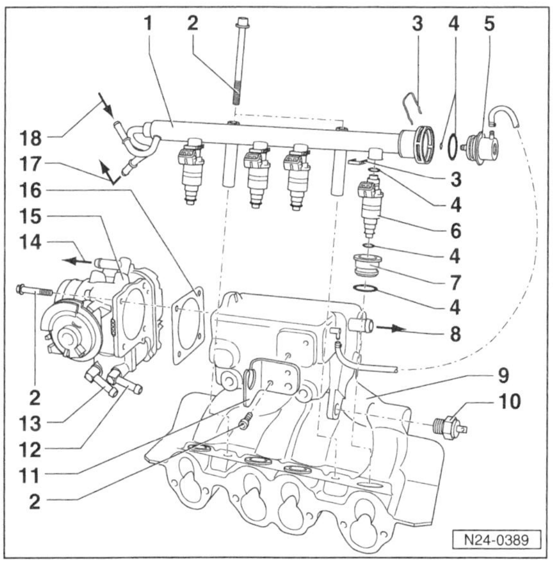

1 – Kraftstoffverteiler
2 – Schraube M6, 10 Nm
Schraube M8, 20 Nm
3 – Halteklammer
4 – O-Ring
5 – Kraftstoff-Druckregler
6 – Einspritzventil
7 – Einsatz für Einspritzventil
8 – zum Bremskraftverstärker
9 – Saugrohr
10 – Thermoschalter
11 – Widerlager
12 – vom Ausgleichbehälter
13 – zum Zylinderkopf
14 – Magnetventil 1
15 – Drosselklappen-Steuereinheit
16 – Dichtung
17 – Rücklaufschlauch
18 – Vorlaufschlauch

Ansaugluftvorwärmung prüfen

Digifant

Die Ansaugluftvorwärmung wird temperaturabhängig über eine Luftklappe im Luftansaugstutzen geregelt. Bei defekter Ansaugluftvorwärmung können folgende Beanstandungen auftreten:

- Schlechter Leerlauf in der Warmlaufphase.
- Übergangsstörungen.
- Schlechte Leistung, Höchstgeschwindigkeit wird nicht erreicht.
- Hoher Kraftstoffverbrauch.

Prüfvoraussetzung: Der Motor muß Umgebungstemperatur haben, die Ansaugluft unter +20° C.

- Unterdruckschläuche von der Membrandose zum Temperaturregler und vom Temperaturregler zur Einspritzeinheit auf festen Sitz prüfen.
- Schläuche durch Verbiegen auf Beschädigung und Porosität untersuchen, gegebenenfalls auswechseln.
- Luftfilterdeckel ausbauen und Luftfiltereinsatz herausnehmen, siehe Seite 88.

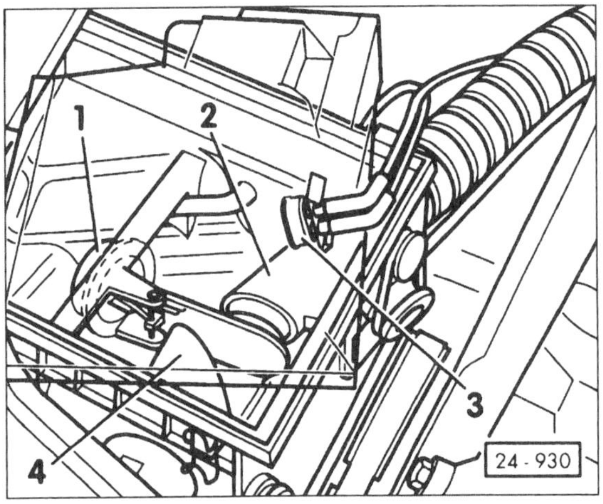

- Stellung und Leichtgängigkeit der Regelklappe im Luftfiltergehäuse prüfen. Die Regelklappe muß den Warmluftkanal –2– verschließen.
- Motor starten und im Leerlauf drehen lassen (Luftfilter bleibt ausgebaut). Die Regelklappe muß jetzt den Kaltluftstutzen –4– verschließen.
- Andernfalls Unterdruckleitungen am Temperaturregler –3– abziehen und zusammenstecken. Bleibt der Warmluftstutzen verschlossen, ist die Unterdruckdose –1– defekt. Verschließt die Regelklappe den Kaltluftstutzen, ist der Temperaturregler defekt.

Achtung: Bei laufendem Motor ist die Stellung der Regelklappe von der Temperatur des Temperaturreglers abhängig:
unter +20° C: Temperaturregler offen, Kaltluftstutzen verschlossen
über +30° C: Temperaturregler zu, Warmluftstutzen verschlossen

- Luftfiltereinsatz in das Gehäuse legen, Deckel einbauen, siehe Seite 88.

Luftansaugsystem auf Undichtigkeit (Falschluft) prüfen

Alle Motoren

Benötigte Hilfsmittel: Handelsübliches Motorlecksuchspray, z. B. VW-G 001 800 A1.

Durch den Unterdruck im Ansaugsystem wird das Lecksuchspray mit der Falschluft angesaugt. Das Lecksuchspray setzt die Zündwilligkeit des Gemisches herab. Dies führt zu einem Abfallen der Motordrehzahl und zu einer Veränderung des Lambdasondenwertes.

Achtung: Die auf der Dose aufgeführten Sicherheitsvorschriften müssen unbedingt eingehalten werden.

- Motor starten und im Leerlauf drehen lassen.
- Teile des Ansaugsystems systematisch mit Motorlecksuchspray besprühen.
- Fällt die Motordrehzahl kurzzeitig ab und verändert sich der Anzeigewert der Lambda-Regelung: Besprühte Stelle des Ansaugsystems auf Undichtigkeit prüfen und die Undichtigkeit beseitigen.

Hinweis: Falls das Motorlecksuchspray nicht zur Verfügung steht, kann das Ansaugsystem auch mit etwas Benzin geprüft werden. **Achtung: Benzindämpfe sind giftig, nicht einatmen!**

- Motor im Leerlaufdrehen lassen und Dichtstellen sowie Anschlüsse im Ansaugtrakt mit Benzin bestreichen. Wenn sich die Drehzahl kurzfristig erhöht, undichte Stelle beseitigen.

Simos Zünd- und Einspritzanlage

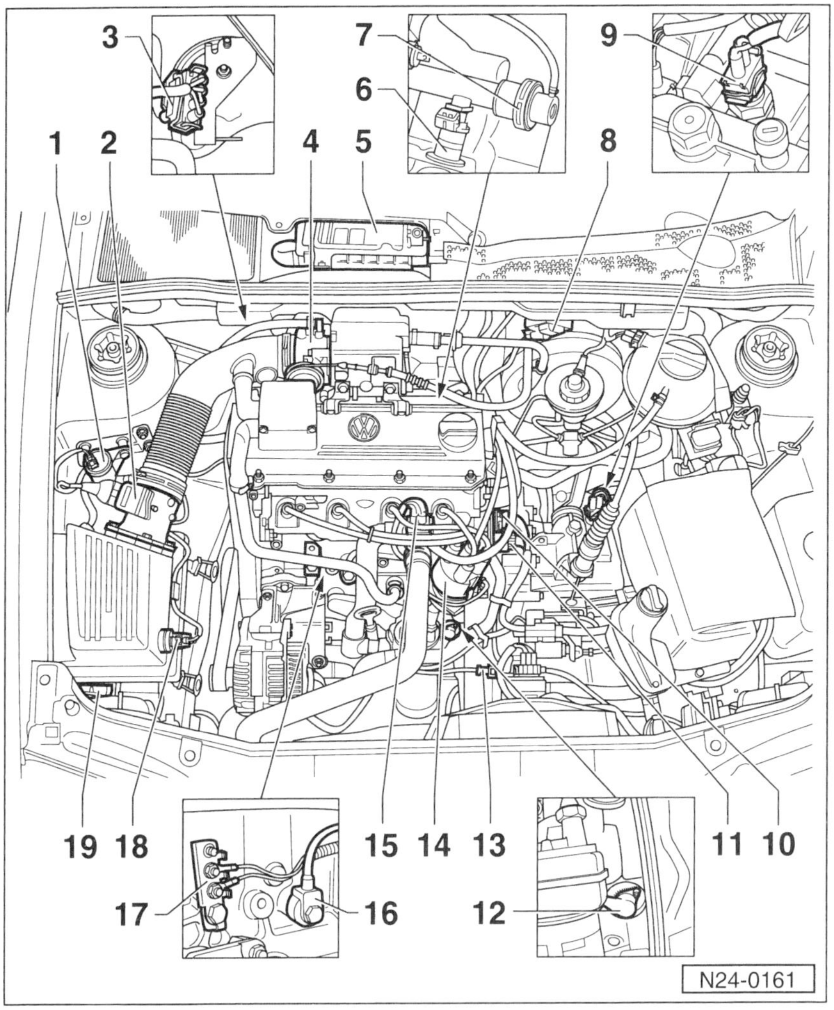

2,0-l-/115-PS-Motor ab 10/94

1 – **Magnetventil 1**
Für Aktivkohlebehälter.

2 – **Luftmassenmesser**

3 – **4fach-Steckverbindung**
Für Lambdasonde und Lambdasondenheizung.

4 – **Drosselklappen-Steuereinheit**

5 – **Simos-Steuergerät**

6 – **Einspritzventil**

7 – **Kraftstoff-Druckregler**

8 – **Zündtrafo**

9 – **Geber für Geschwindigkeitsmesser**

10 – **3fach-Steckverbindung**
Für Klopfsensor, Farbe: braun.

11 – **Zentral-Steckverbindung**

12 – **Geber für Motordrehzahl**

13 – **3fach-Steckverbindung**
Für Geber Motordrehzahl, Farbe: schwarz.

14 – **Zündverteiler mit Hallgeber**

15 – **Geber für Kühlmitteltemperatur**
Mit Geber für Kühlmitteltemperaturanzeige.

16 – **Klopfsensor 1**

17 – **Masseanschluß Motor**

18 – **Geber für Ansauglufttemperatur**

19 – **Aktivkohlebehälter**
Befindet sich unter dem Luftfilter.

Luftfilter

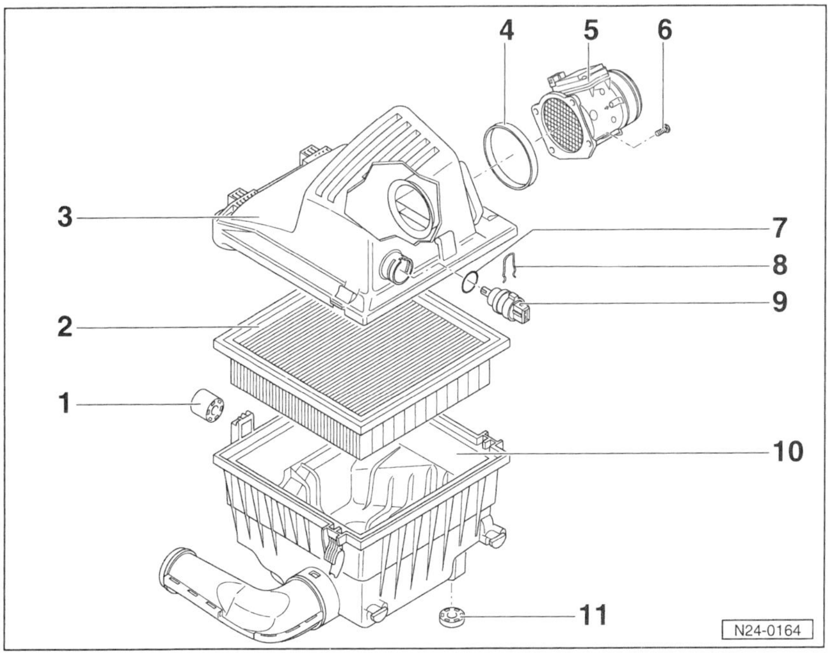

2,0-l-/115-PS-Motor ab 10/94

1 – **Gummitülle**

2 – **Filtereinsatz**

3 – **Luftfilteroberteil**

4 – **Dichtung**
Bei Beschädigung ersetzen.

5 – **Luftmassenmesser**

6 – **Schraube, 10 Nm**

7 – **O-Ring**
Bei Beschädigung ersetzen.

8 – **Halteklammer**
Auf festen Sitz prüfen.

9 – **Geber für Ansauglufttemperatur**

10 – **Luftfilterunterteil**

11 – **Unterlage**

Saugrohr/Kraftstoffverteiler/Einspritzventile

Motronic MP 9.0/Marrelli 1AV-Einspritzanlage im 1,4-/1,6-l-Motor ab 8/95

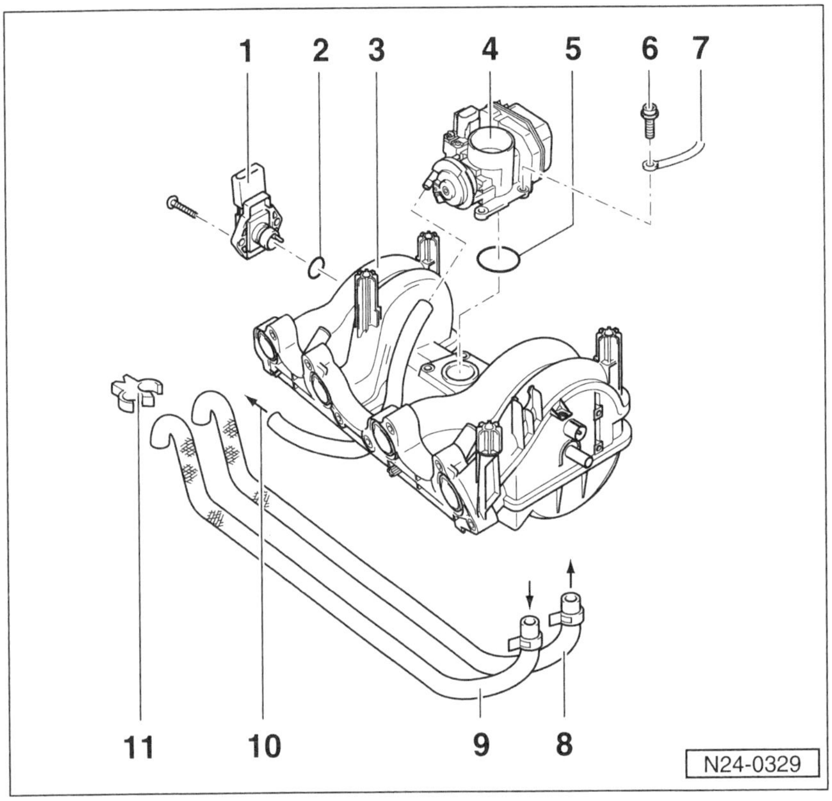

1 – **Geber für Saugrohrdruck mit Geber für Ansauglufttemperatur**

2 – **O-Ring**
Bei Beschädigung ersetzen.

3 – **Saugrohr**

4 – **Drosselklappen-Steuereinheit**

5 – **O-Ring**
Bei Beschädigung ersetzen.

6 – **Schraube, 10 Nm**

7 – **Masseleitung**
Für Drosselklappen-Steuereinheit.

8 – **Vorlaufschlauch**
In das Saugrohr unten einclipsen.

9 – **Rücklaufschlauch**
In das Saugrohr unten einclipsen.

10 – **zum Magnetventil 1 für Aktivkohlebehälter**

11 – **Halteclip**

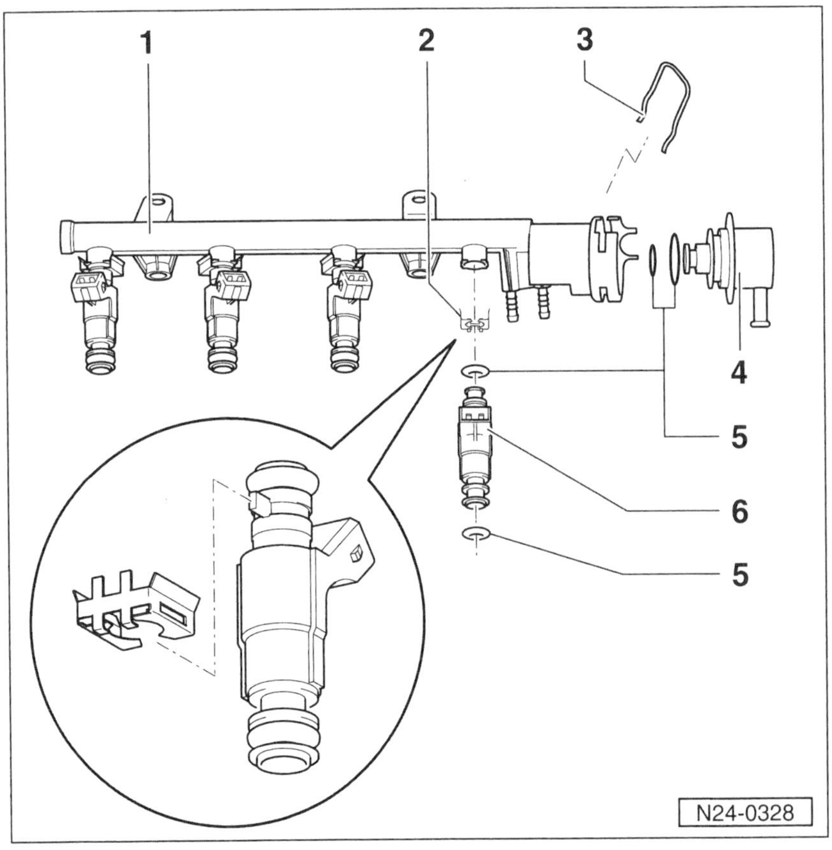

1 – **Kraftstoffverteiler**

2 – **Halteklammer**
Auf richtigen Sitz am Einspritzventil und Kraftstoffverteiler achten, siehe Abbildung.

3 – **Halteklammer**

4 – **Kraftstoff-Druckregler**
System-Druck (Druckregler in Funktion): ca. 2,5 bar.
Vorlauf-Druck (Unterdruckschlauch am Druckregler abgezogen): ca. 3,0 bar.

5 – **O-Ring**
Bei Beschädigungen ersetzen.

6 – **Einspritzventil**
Widerstand 10 Ω bis 17 Ω.

Der Luftfilter

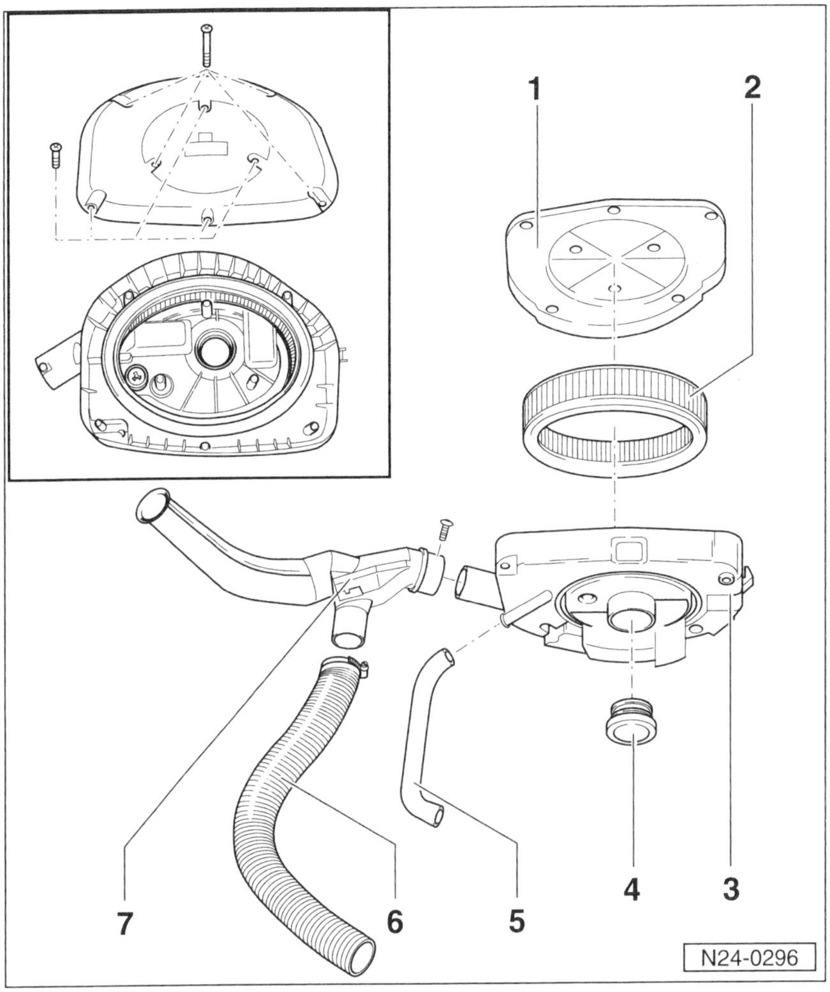

1 – **Luftfilterdeckel**

2 – **Filtereinsatz**

3 – **Luftfilterunterteil**

4 – **Dichtung**
Bei Beschädigung ersetzen.

5 – **Schlauch für Kurbelgehäuseentlüftung**

6 – **Warmluftschlauch**

7 – **Ansaugstutzen mit Regelklappe**

Die Abbildung zeigt den 1,4-/1,6-l-Motor ab 8/95.

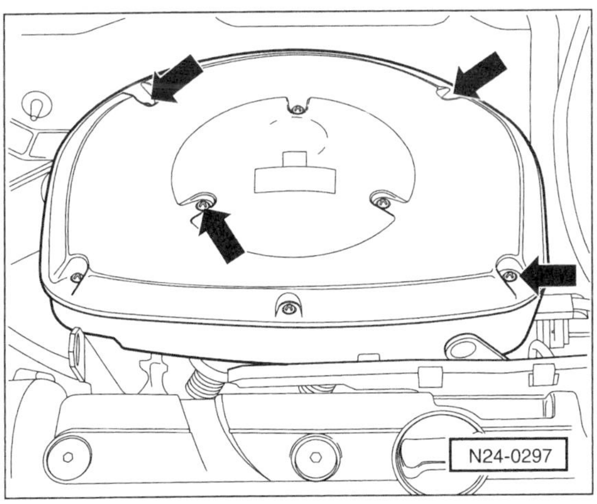

- Zum Abschrauben des Luftfilters 4 Schrauben –Pfeile– herausdrehen.

Ansaugluftvorwärmung prüfen

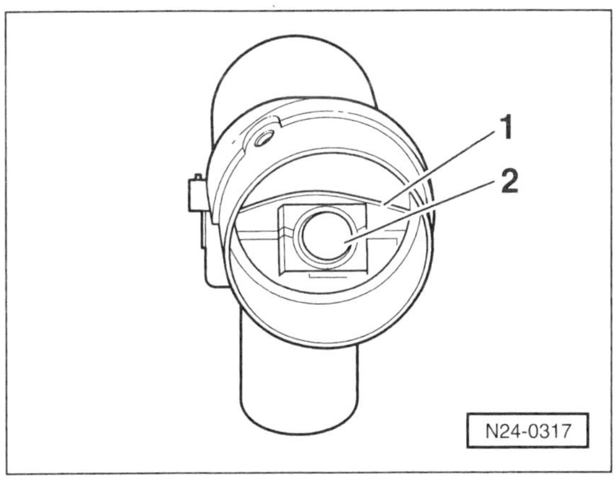

- Ansaugstutzen ausbauen.
- Stellung der Regelklappe –1– prüfen:
  - Über +23° C – Klappe verschließt Wamluftanschluß.
  - Unter –10° C – Klappe öffnet Wamluftanschluß.

Achtung: Zum Prüfen Thermoelement –2– durch Einsprühen mit Kältespray abkühlen.

Einspritzventile prüfen

Die Einspritzventile spritzen den Kraftstoff intermittierend ein, das heißt, pro Kurbelwellenumdrehung wird jeweils die Hälfte des für einen Ansaugtakt notwendigen Kraftstoffs eingespritzt. Dabei spritzt das Ventil den Kraftstoff kegelförmig ein und schließt nach dem Abspritzen dicht ab. Undichte Ventile bewirken Heißstartschwierigkeiten. Defekte Einspritzventile lassen den Motor bisweilen nachdieseln und führen zu Motoraussetzern.

Prüfvoraussetzung: Hallgeber und Kraftstoffpumpenrelais sind in Ordnung, gegebenenfalls prüfen.

- Luftfilter ausbauen, siehe Seite 95.

Spannungsversorgung prüfen

- Stecker von den Einspritzventilen –Pfeile– abziehen.
- Diodenprüflampe an Stecker für Zylinder 1 anschließen. Anlasser betätigen (Helfer). Die Leuchtdiode muß flackern.
- Prüfung für Zylinder 2 bis 4 wiederholen.

Falls Leuchtdiode an keinem Zylinder flackert:

- Diodenprüflampe an Kontakt 1 des Steckers für Zylinder 1 und an Masse anschließen.
- Anlasser betätigen: Die Leuchtdiode muß leuchten. Andernfalls Leitungsverbindung zum Kraftstoffpumpenrelais nach Stromlaufplan auf Durchgang prüfen (Leitungswiderstand: max. 1,5 Ω).

Falls Leuchtdiode an einem oder mehreren Zylindern nicht flackert:

- Leitungsunterbrechung zwischen Ventilen und Steuergerät beziehungsweise Kurzschluß der Leitungen untereinander (Sollwert: ∞ Ω) ermitteln und beseitigen. Einspritzanlage elektrisch prüfen lassen. Unter Umständen muß das Steuergerät ersetzt werden.
- Falls eingeschaltet, Zündung ausschalten.

Widerstand prüfen

- Widerstand an jedem Einspritzventil prüfen. **Sollwert:** 14 Ω – 17 Ω.
- Beträgt der Meßwert 0 Ω, Kurzschluß ermitteln und beseitigen, gegebenenfalls defektes Einspritzventil ersetzen.

Strahlbild und Dichtheit prüfen

- 3fach-Stecker vom Zündtrafo abziehen.
- 4fach-Stecker vom Kühlmitteltemperaturgeber abziehen. Kontakte 1 und 3 des Steckers mit einem 15 kΩ-Widerstand überbrücken.
- Stecker von folgenden Bauteilen abziehen:
  - Drosselklappen-Steuereinheit
  - Öldruckschalter
  - Geber für Saugrohrdruck
- Kabelstrang an Saugrohr und Kühlmittelregler-Gehäuse ausclipsen.
- Kraftstoffverteiler komplett mit Einspritzventilen und angeschlossenen Kraftstoffschläuchen ausbauen.

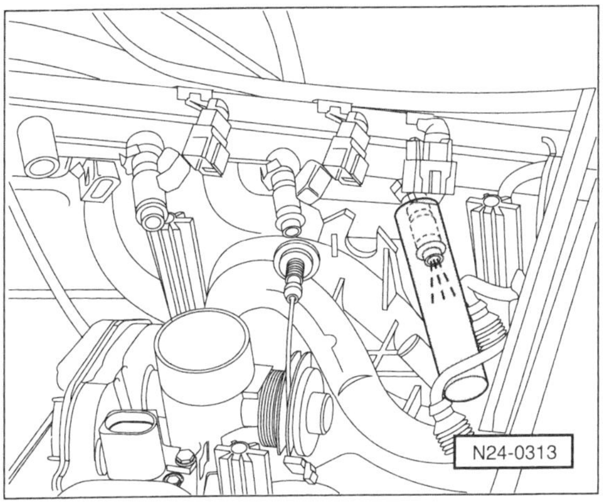

- Geeignetes Meßgefäß unter das zu prüfende Einspritzventil halten und **Stecker von den übrigen Ventilen abziehen. Achtung:** Augen schützen, Spritzgefahr!
- Anlasser von Hilfsperson einige Sekunden betätigen lassen. Das Einspritzventil muß pulsierend abspritzen. Strahlbilder der Einspritzventile miteinander vergleichen. Der Kraftstoff muß kegelförmig austreten und bei allen Einspritzventilen gleich aussehen.
- Anschließend Dichtheit des Einspritzventils prüfen. Es dürfen nicht mehr als 2 Tropfen pro Minute austreten.
- Kraftstoffverteiler mit Einspritzventilen einbauen.

Achtung: Beim Wiedereinstecken der Ventile darauf achten, daß die O-Ringe nicht beschädigt werden. Dichtringe auf Beschädigungen prüfen, gegebenenfalls ersetzen. Dichtringe vor dem Einsetzen mit sauberem Motoröl benetzen.

- Mehrfachstecker aufschieben.
- Luftfilter einbauen, siehe Seite 95.

Temperaturgeber prüfen

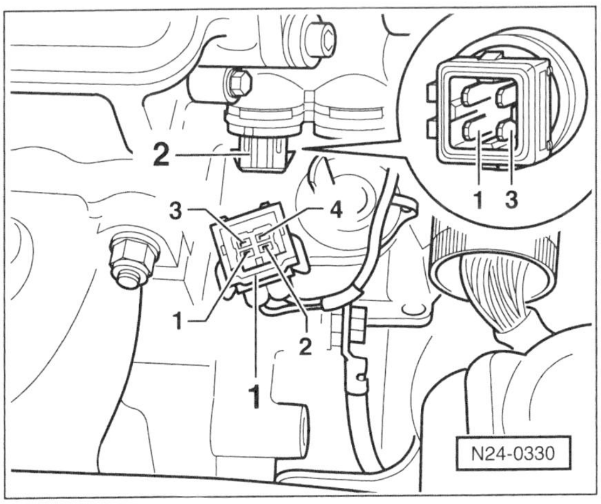

- Stecker –1– vom Kühlmittel-Temperaturgeber –2– abziehen.
- Mit Ohmmeter Widerstand zwischen den Kontakten 1 und 3 am Geber messen und mit Sollwert vergleichen.

Widerstandswerte für Temperaturgeber

Achtung: Die Kennlinien für Kühlmittel- und Ansaugluft-Temperaturgeber sind gleich, außer beim 1,6-l-Motor AEE.

- Geber für Kühlmitteltemperatur
- Geber für Ansauglufttemperatur
  - ◆ zwischen den äußeren Klemmen des braunen Steckers vorn an der Einspritzeinheit messen
  - ◆ Widerstand ist abhängig von der Temperatur der Einspritzeinheit

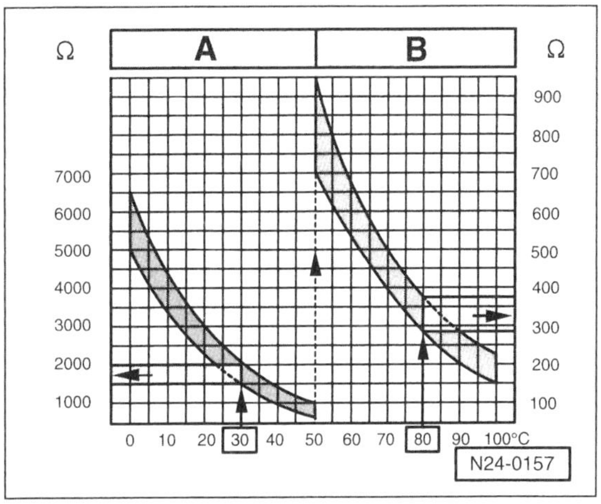

Der Bereich A zeigt die Widerstandswerte für den Temperaturbereich 0 bis +50 °C, Bereich B die Werte für den Temperaturbereich +50 bis +100 °C.

Ablesebeispiele:

+ 30 °C entspricht einem Widerstand von 1500 – 2000 Ω.
+ 80 °C entspricht einem Widerstand von 275 – 375 Ω.

- Wird der Sollwert nicht erreicht, Temperaturgeber ersetzen.

Ansaugluft-Temperaturgeber 1,6-l-Motor AEE

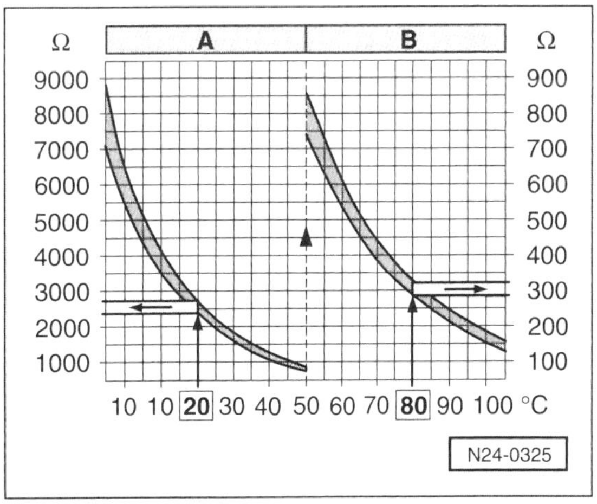

Ablesebeispiele:

+ 20 °C entspricht einem Widerstand von 2340 – 2680 Ω.
+ 80 °C entspricht einem Widerstand von 290 – 330 Ω.

Technische Daten Benzin-Einspritzanlage

Mono-Motronic

Motor **Kennbuchstaben**	**1,4-l** **ABD**	**1,6-l** **ABU**	**1,6-l** **AEA**	**1,8-l** **AAM**	**1,8-l** **ABS**	**1,8-l** **ADZ**
Leerlaufdrehzahl 1/min CO-Gehalt Vol.% Drehzahlbegrenzung 1/min	750 – 850 max. 0,5 6300	750 – 850 max. 0,5 6100	750 – 850 max. 0,5 6300	700 – 1000 max. 0,5 6300	700 – 1000 max. 0,5 6300	700 – 1000 max. 0,5 6300
Druckregler **Kraftstoffdruck** bei Leerlauf- oder Anlasserdrehzahl **Haltedruck** nach dem Ausschalten der Zündung	 0,8 – 1,2 bar nach 5 Minuten mindestens 0,5 bar Überdruck					
Drosselklappensteller/Leerlaufschalter Anschlußstecker 4polig (6polig) Widerstand zw. Kontakt 1 + 2 (1 + 6) Widerstand zw. Kontakt 3 + 4 (4 + 5) – wenn Drosselklappe geschlossen – wenn Drosselklappe geöffnet	 3 – 200 Ω max. 200 Ω ∞ Ω					
Einspritzventil Abspritzstrahl Widerstand zwischen Kontakt 2 + 3 bei +15 bis +30° C Umgebungstemperatur	 sichtbar auf Drosselklappe 1,2 – 1,6 Ω					

Digifant/Simos

Motor-Kennbuchstaben Motorleistung Einspritzanlage	**2E** 85 kW/115 PS Digifant	**AFT** 74 kW/100 PS Simos	**ADY/AGG** 85 kW/115 PS Simos	**ABF** bis 9/94 110 kW/150 PS Digifant 3.0	**ABF** ab 10/94 110 kW/150 PS Digifant 3.2
Leerlaufdrehzahl 1/min CO-Gehalt Vol.% Drehzahlbegrenzung 1/min	770 – 870 0,2 – 1,2 6400 – 6500	790 – 890 max. 0,5 6300 – 6500	750 – 850 max. 0,5 6200 – 6500	775 – 875 0,3 – 1,2 7000	790 – 890 0,3 – 1,2 7000
Kraftstoff-Druckregler **Kraftstoffdruck** bei Leerlaufdrehzahl und Unterdruckschlauch **aufgesteckt** **abgezogen** **Haltedruck** nach 10 Minuten	 ca. 2,5 bar Überdruck ca. 3,0 bar Überdruck mind. 2,0 bar Überdruck				
Einspritzventile Abspritzstrahl **Widerstand** am einzelnen Ventil **Spannung** bei Prüfung mit Diodenprüflampe **Prüfvoraussetzung:** Hallgeber i.O.; Stecker Einspritzventile abgezogen; Anlasser betätigt	 bei allen Ventilen gleich 15 – 20 Ω Leuchtdiode flackert				

Motronic/1AV

Motor-Kennbuchstaben Motorleistung	**AEX** 44 kW/60 PS	**AEE** 55 kW/75 PS	**AEK** 74 kW/100 PS	**AAA** 128 kW/174 PS	**ABV** 140 kW/190 PS
Leerlaufdrehzahl 1/min CO-Gehalt Vol.% Drehzahlbegrenzung 1/min	650 – 750 max. 0,5 5600 – 6100	600 – 700 max. 0,5 5700 – 6100	800 – 880 max. 0,5 6200 – 6400	650 – 750 0,3 – 1,5 –	650 – 750 0,3 – 1,5 –
Widerstand LFR-Ventil zwischen Kontakt 1 + 2 (bis 7/95) Einspritzventil (einzeln)	 – 14 – 17 Ω	 – 14 – 17 Ω	 – 14 – 21,5 Ω	 10 – 20 Ω 15 – 21,5 Ω	 – 15 – 21,5 Ω
Kraftstoffdruck Unterdruckschlauch am Druckregler abgezogen Haltedruck nach 10 Minuten	ca. 2,5 bar ca. 3,0 bar mind. 2,0 bar	ca. 2,5 bar ca. 3,0 bar mind. 2,0 bar	ca. 2,5 bar ca. 3,0 bar mind. 2,0 bar	ca. 3,5 bar ca. 4,0 bar mind. 2,5 bar	ca. 3,5 bar ca. 4,0 bar mind. 2,5 bar

Störungsdiagnose Benzin-Einspritzanlage

Bevor anhand der Störungsdiagnose der Fehler aufgespürt wird, müssen folgende Prüfvoraussetzungen erfüllt sein: Bedienungsfehler beim Starten ausgeschlossen. Sowohl für den kalten wie warmen Motor gilt: Vor und während des Startens kein Gas geben. Bei heißem Motor kann es nach dem Anspringen des Motors erforderlich sein, etwas Gas zu geben.

Kraftstoff im Tank, Motor mechanisch in Ordnung, Batterie geladen, Anlasser dreht mit ausreichender Drehzahl, Zündeinstellung und Zündanlage sind in Ordnung, keine Undichtigkeiten an der Kraftstoffanlage, Verschmutzungen im Kraftstoffsystem ausgeschlossen, Kurbelgehäuse-Entlüftung in Ordnung, elektrische Masseverbindung (Motor-Getriebe-Aufbau) vorhanden. Fehlerspeicher abfragen (Werkstattarbeit). **Achtung: Die Kraftstoffanlage steht unter Druck.** Wenn Kraftstoffleitungen gelöst werden, vorher Druck abbauen. Dazu Tankdeckel kurzzeitig öffnen. Beim Abziehen der Leitungen dicken Lappen darüberlegen, um eventuelle Kraftstoffspritzer aufzufangen. Kraftstoffleitungen vorher mit Kaltreiniger säubern.

Störung	Ursache	Abhilfe
1. Motor springt nicht an.	1. Sicherung Nr. 18 defekt.	■ Sicherung ersetzen.
	2. Elektro-Kraftstoffpumpe läuft beim Betätigen des Anlassers nicht an (keine Laufgeräusche hörbar).	■ Prüfen, ob Spannung an der Pumpe anliegt. Elektrische Kontakte auf gute Leitfähigkeit überprüfen.
	3. Kühlmittel-Temperaturgeber defekt.	■ Temperaturgeber prüfen.
	4. Kraftstoffpumpenrelais defekt.	■ Relais überprüfen.
	5. Stromversorgungsrelais Motronic defekt.	■ Relais überprüfen.
	6. Luftansaugsystem undicht, Motor zieht Falschluft.	■ Ansaugsystem auf Undichtigkeit (Falschluft) prüfen.
	7. Unterdruckleitungen undicht.	■ Sämtliche Unterdruckleitungen auf Porosität oder Beschädigung überprüfen.
	8. Druckregler defekt.	■ Kraftstoffdruck und Haltedruck prüfen.
	9. Einspritzventil(e) defekt, verklebt.	■ Einspritzventil(e) prüfen.
	10. Kaltstartventil defekt (Motor 2E bis 7/93).	■ Kaltstartventil prüfen.
	11. Drosselklappensteller/-potentiometer defekt.	■ Drosselklappensteller/-potentiometer prüfen.
	12. Steuergerät erhält keine Spannung.	■ Spannungsversorgung prüfen.
	13. Kein Hallgeber-Signal bzw. Störung in der Zündanlage.	■ Hallgeber beziehungsweise Zündsystem prüfen.
2. Der kalte Motor springt schlecht an, läuft unrund.	1. Kühlmittel-/Ansaugluft-Temperaturfühler defekt.	■ Temperaturfühler prüfen.
	2. Saugrohrvorwärmung defekt (Mono-Mot.).	■ Saugrohrvorwärmung überprüfen.
	3. Ansaugluftvorwärmung defekt (Mono-Mot.).	■ Ansaugluftvorwärmung überprüfen.
	4. wie unter 1.6 und 1.8.	■ wie unter 1.6 und 1.8.
3. Der heiße Motor springt nicht oder schlecht an.	1. Rückschlagventil der Kraftstoffpumpe defekt.	■ Rückschlagventil prüfen.
	2. Aktivkohle-System defekt.	■ Aktivkohle-Anlage überprüfen.
	3. Kraftstoffsystem undicht.	■ Sichtprüfung an allen Verbindungsstellen im Bereich des Motors und der elektrischen Kraftstoffpumpe. Alle Anschlüsse nachziehen.
	4. Druck im Kraftstoffsystem zu hoch.	■ Kraftstoffdruck prüfen lassen, gegebenenfalls Druckregler ersetzen.
	5. Rücklaufleitung zwischen Einspritzeinheit und Tank verstopft oder geknickt.	■ Leitung reinigen oder ersetzen.
	6. Kaltstartventil undicht (Motor 2E bis 7/93).	■ Kaltstartventil prüfen.
	7. wie unter 1.6 – 1.12, 2.1.	■ wie unter 1.6 – 1.12, 2.1.

Störung	Ursache	Abhilfe
4. Leerlauf- und Übergangsstörungen, schlechte Gasannahme.	1. Lambdaregelung defekt.	■ Lambdaregelung prüfen.
	2. Lambdasondenheizung defekt.	■ Lambdasondenheizung prüfen.
	3. Leerlaufschalter defekt.	■ Leerlaufschalter prüfen.
	4. Abgasanlage zwischen Zylinderkopf und Katalysator undicht.	■ Abgasanlage auf Dichtheit prüfen.
	5. Störung in der Zündanlage.	■ Zündsystem prüfen.
	6. wie unter 1.6 – 1.11, 2.1 – 2.3, 3.2.	■ wie unter 1.6 – 1.11, 2.1 – 2.3, 3.2.
5. Motoraussetzer im Fahrbetrieb.	1. Elektrische Verbindungen zur Kraftstoffpumpe zeitweise unterbrochen.	■ Steckverbindungen und Anschlüsse von elektrischen Leitungen an der Kraftstoffpumpe und dem Kraftstoffpumpen-Relais auf feste und widerstandslose Verbindung prüfen. Sicherung und Kontaktstellen am Kraftstoffpumpen-Relais prüfen. Kontakte reinigen bzw. erneuern. Stromaufnahme der Kraftstoffpumpe prüfen.
	2. Kraftstoff-Fördermenge zu gering.	■ Kraftstoffpumpen-Fördermenge prüfen.
	3. Kraftstoffilter verstopft.	■ Kraftstoffilter erneuern.
	4. Kraftstoffpumpe defekt.	■ Kraftstoffpumpe prüfen.
	5. Drosselklappenpotentiometer defekt.	■ Drosselklappenpotentiometer prüfen.
	6. Kühlmittel-Temperaturfühler defekt.	■ Temperaturfühler prüfen.
	7. Steuergerät erhält teilweise keine Spannung.	■ Spannungsversorgung prüfen.
	8. wie unter 1.6 – 1.9.	■ wie unter 1.6 – 1.9.
	9. Störung in der Zündanlage.	■ Zündsystem prüfen.
6. Der Motor läuft nach.	1. Einspritzventil(e) undicht.	■ Einspritzventil(e) prüfen.
	2. Zündzeitpunkt falsch.	■ Zündzeitpunkt-Einstellung prüfen.
	3. Kaltstartventil undicht (Motor 2E bis 7/93).	■ Kaltstartventil prüfen.
	4. wie unter 3.2.	■ wie unter 3.2.

Die Abgasanlage

4-Zylindermotor

1 – **Abgaskrümmer**

2 – **Halter**

3 – **Schrauben, 25 Nm**

4 – **Warmluftfangblech**

5 – **Stütze**
Zwischen Sammelsaugrohr und Abgaskrümmer.

6 – **CO-Meßrohr, 20 Nm**

7 – **Verschlußkappe**
Auf dichten Sitz achten.

8 – **Überwurfmutter, 30 Nm**

9 – **Lambdasonde, 50 Nm**
1,8-l-Motoren: Im Abgaskrümmer. 1,4-/1,6-/2,0-l-Motoren: Im Katalysator, beim 16V-Motor im Abgasrohr vor dem Katalysator.
Nur Gewinde mit G5 fetten. G5 darf **nicht** an den Schlitzbereich des Sondenkörpers kommen.

10 – **Abgasrohr vorn mit Vorschalldämpfer**
Bei Fahrzeugen ohne Katalysator.

11 – **Doppelschelle**

12 – **Zwischenrohr**

13 – **Mutter, 40 Nm**

14 – **Katalysator**

15 – **Aufhängung**

16 – **Dichtung**
Immer ersetzen.

17 – **Vorschalldämpfer/Nachschalldämpfer**
Serienmäßig werden Vor- und Nachschalldämpfer als ein Teil eingebaut. Für den Reparaturfall werden Vor- und Nachschalldämpfer einzeln – und zur Verbindung eine entsprechende Doppelschelle – geliefert.
Trennstelle siehe Position –20–.

18 – **Maß –c– = ca. 10 mm**

19 – **Markierung**
Für Doppelschelle. Dreimal am Umfang angebracht.
Abstand Doppelschelle/Markierung siehe Position **–23–**.

20 – **Trennstelle**
Für den Reparaturfall. Ist durch drei Eindrückungen am Umfang gekennzeichnet. Trennung des Abgasrohres im rechten Winkel zur Rohrachse durchführen.

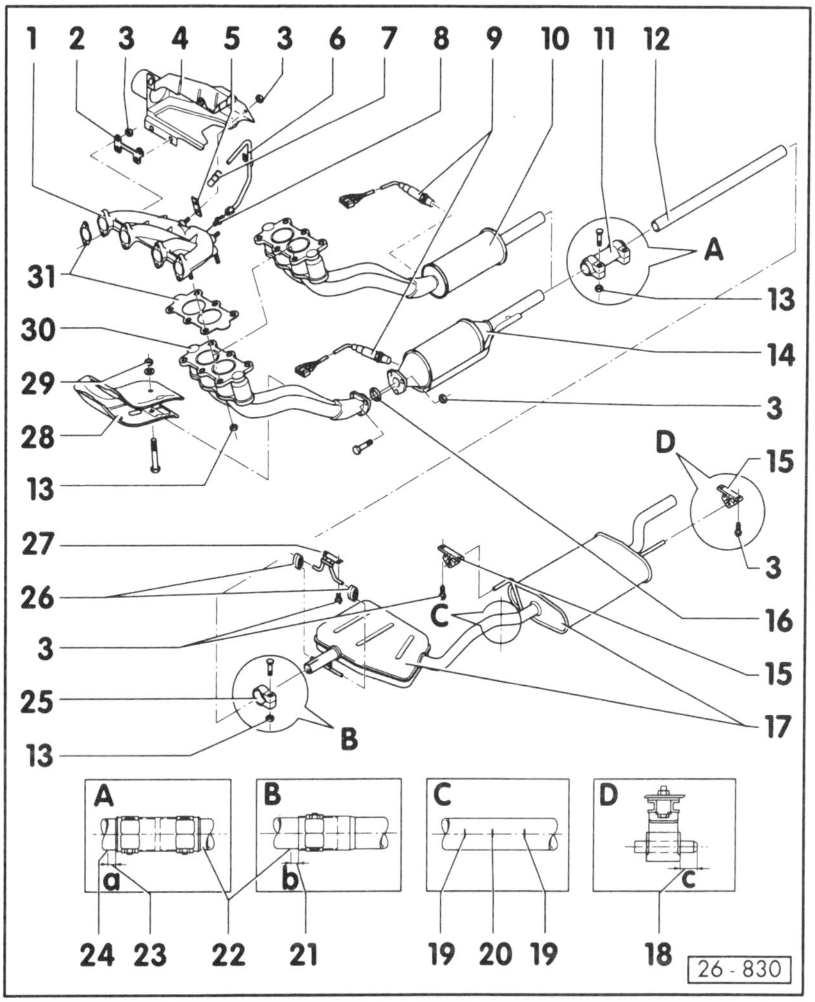

21 – **Maß –b– = ca. 5 mm**

22 – **Markierung**
Dreimal am Umfang angebracht.

23 – **Maß –a– = ca. 5 mm**

24 – **Markierung**
Dreimal am Umfang angebracht. S=bei Fahrzeugen mit Schaltgetriebe; A=bei Fahrzeugen mit Automatikgetriebe.

25 – **Klemmschelle**

26 – **Haltering**
Nur bei 2,0-l/115-PS-Motor.

27 – **Aufhängung**
Nur bei 2,0-l-Motoren.

28 – **Abschirmblech**
Nur bei 2,0-l/115-PS-Motor.

29 – **Mutter, 10 Nm**

30 – **Abgasrohr vorn**

31 – **Dichtung**
Immer ersetzen.

Die Abgasanlage besteht aus folgenden Teilen: Abgaskrümmer, vorderes Abgasrohr, Katalysator, Vorschalldämpfer, Mittelschalldämpfer (nur VR6-Motoren) und Nachschalldämpfer. Die für die Regelung des Katalysators erforderliche Lambdasonde sitzt bei Modellen mit 1,4-/1,6-/2,0-/ 2,8- und 2,9-l-Motoren im Katalysatorgehäuse, beim 16V-Motor im vorderen Abgasrohr und bei 1,8-l-Motoren im Abgaskrümmer.

Vor- beziehungsweise Mittelschalldämpfer sind zusammen mit dem Nachschalldämpfer serienmäßig als ein Teil eingebaut. Sie können jedoch im Reparaturfall auch einzeln ausgetauscht werden. Dazu muß das Abgasrohr an der vorgezeichneten Stelle getrennt und anschließend mit einer Doppelschelle wieder verbunden werden. Alle übrigen Teile der Abgasanlage sind miteinander verschraubt beziehungsweise mit Doppelschellen verbunden und lassen sich einzeln auswechseln. Selbstsichernde Muttern und Dichtungen sind nach dem Ausbau zu ersetzen. Halteringe und Gummipuffer auf Porosität und Beschädigung prüfen, gegebenenfalls auswechseln.

Beim Einbau einer neuen Abgasanlage empfiehlt es sich, alle Befestigungsteile ebenfalls zu erneuern.

VR6-Motor

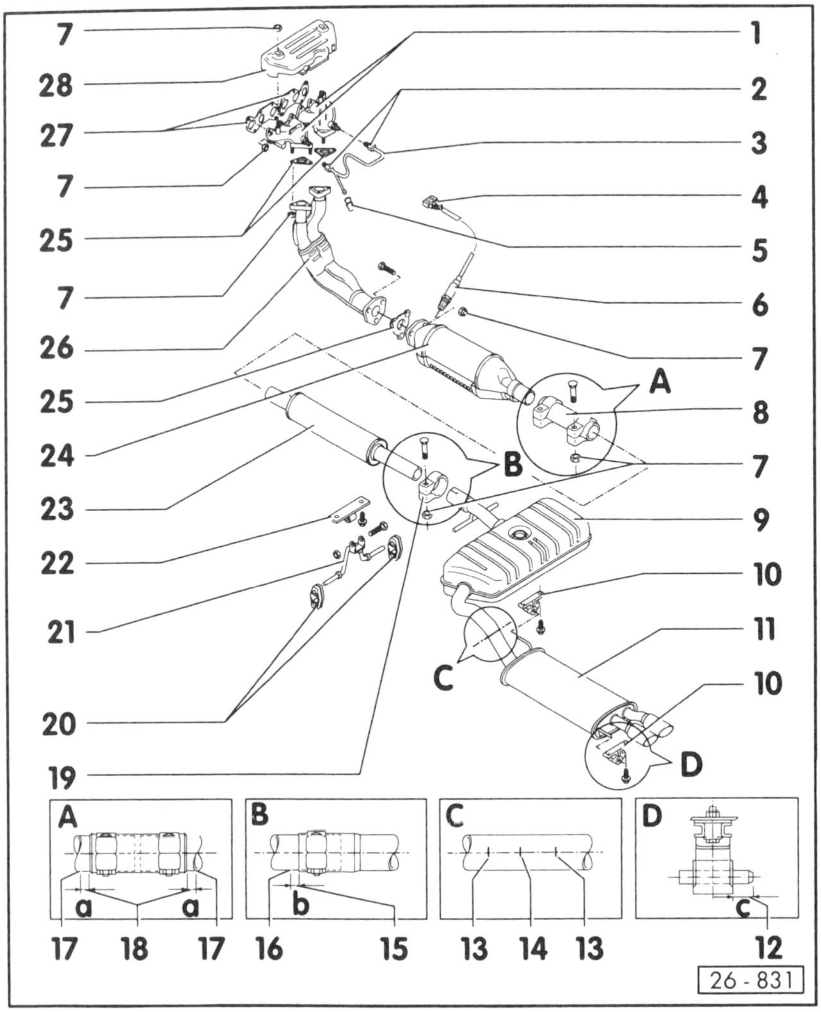

1 – **Abgaskrümmer**
2-teilig.

2 – **Überwurfmuttern, 30 Nm**

3 – **CO-Meßrohr**

4 – **Steckverbindung**
Am Motorlager hinten rechts befestigt.

5 – **Verschlußkappe**
Auf dichten Sitz achten.

6 – **Lambdasonde, 50 Nm**
Gewinde mit G5 fetten. G5 darf **nicht** an den Schlitzbereich des Sondenkörpers kommen.

7 – **Muttern**
M8 = **25 Nm,**
M10 = **40 Nm.**
Immer ersetzen.

8 – **Doppelschelle**

9 – **Mittelschalldämpfer**

10 – **Aufhängung**

11 – **Nachschalldämpfer**

12 – **Maß –c– = ca. 10 mm**

13 – **Markierung**
Für Doppelschelle. Dreimal am Umfang angebracht.
Abstand Doppelschelle/Markierung siehe Position **–18–**.

14 – **Trennstelle**
Für den Reparaturfall. Ist durch drei Eindrückungen am Umfang gekennzeichnet. Trennung des Abgasrohres im rechten Winkel zur Rohrachse durchführen.

15 – **Maß –b– = ca. 5 mm**

16 – **Markierung**
Dreimal am Umfang angebracht.

17 – **Markierung**
Dreimal am Umfang angebracht. S=bei Fahrzeugen mit Schaltgetriebe; A=bei Fahrzeugen mit Automatikgetriebe.

18 – **Maß –a– = ca. 5 mm**

19 – **Klemmschelle**

20 – **Haltering**

21 – **Aufhängung**

22 – **Aufhängeöse**

23 – **Vorschalldämpfer**

24 – **Katalysator**

25 – **Dichtung**
Immer ersetzen.

26 – **Abgasrohr vorn**

27 – **Dichtung für Abgaskrümmer**
2-teilig. Immer ersetzen.

28 – **Abschirmblech**

Abgasanlage aus- und einbauen

Ausbau

- Fahrzeug aufbocken, siehe Seite 289.
- Sämtliche Schrauben und Muttern der Abgasanlage mit rostlösendem Mittel einsprühen. Rostlöser einige Zeit einwirken lassen.
- Lambdasonde ausbauen.
- **1,4-/1,6-l-Motor:** Nachschalldämpfer ausbauen.
- **1,8-/2,0-/2,8-/2,9-l-Motor:** Vor- bzw. Mittelschalldämpfer und Nachschalldämpfer an Stelle 20 (Bild 26-830) mit Karosseriesäge trennen.
- Die hintere Auspuffhalterung –15– (Bild 26-830) abschrauben und Nachschalldämpfer herausnehmen.
- Katalysator vom vorderen Abgasrohr trennen.
- Vor- bzw. Mittelschalldämpfer aushängen und Abgasanlage herausnehmen.
- Vorderes Abgasrohr vom Krümmer abschrauben.
- Die Teile der Abgasanlage können auch einzeln ausgebaut werden. Falls sich Verbindungsstücke oder Schrauben nicht lösen lassen, Abgasrohr an der Verbindungsstelle mit Schweißbrenner erhitzen. Asbest unterlegen! **Achtung:** Brandgefahr!

Einbau

Achtung: Gummiringe, Muttern und Schrauben grundsätzlich erneuern. Um die Muttern und Schrauben der Abgasanlage auch nach längerer Zeit leichter lösen zu können, empfiehlt es sich, diese mit einer Hochtemperaturpaste, zum Beispiel LiquiMoly LM-508-ASC, einzustreichen.

- Vorderes Abgasrohr ansetzen und handfest an Krümmer anschrauben.
- Katalysator mit **neuer** Dichtung an Abgaskrümmer ansetzen und Schrauben handfest anziehen.
- Zwischenrohr, Vorschalldämpfer, Mittelschalldämpfer und Nachschalldämpfer ansetzen und mit Doppelschellen verbinden. Alle Schraubverbindungen nur handfest anziehen. Verbindungsstücke in der Schelle vor dem Zusammenfügen mit Schmirgelleinen von Verbrennungsrückständen reinigen.
- Alle Haltegummis einhängen und Aufhängung mit **25 Nm** anschrauben.
- Vor dem Anziehen der Schrauben, Abgasanlage ausrichten. Dabei auf ausreichenden Abstand zum Aufbau achten (mindestens 25 mm), gegebenenfalls Anlage verdrehen oder in Längsrichtung verschieben. Die Halteringe müssen gleichmäßig belastet werden. Darauf achten, daß die Rohre weit genug in die Schellen geschoben werden. Einbaumaße in den Abbildungen 26-830 und 26-831 beachten.

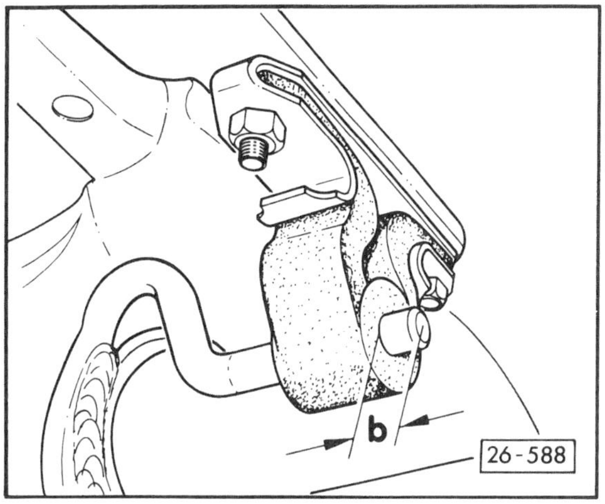

- Darauf achten, daß die Aufhängungen mit dem richtigen Maß »b« aus den Gummihaltern herausschauen. Anschließend Schrauben und Muttern festziehen. Die Anzugsdrehmomente für die Schrauben richten sich nach dem Gewindedurchmesser, siehe Abbildungen 26-830 und 26-831.

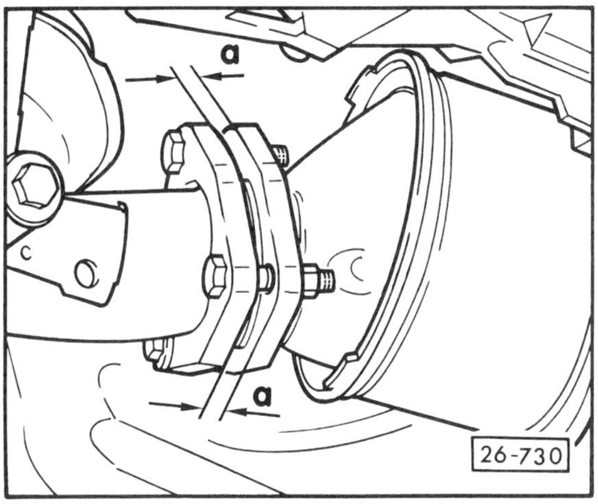

- Die Verschraubung am Katalysatorflansch muß so angezogen werden, daß die Wangen des Flansches rundum den gleichen Abstand –a– zueinander haben.
- Fahrzeug ablassen, siehe Seite 289.

Lambdasonde aus- und einbauen

Die Lambdasonde dient zur Regelung der Abgaszusammensetzung und wird bei Fahrzeugen mit geregeltem Katalysator eingebaut. Sie ist in das vordere Abgasrohr in der Nähe des Verbindungsflansches oder in den Abgaskrümmer eingeschraubt.

Ausbau

- Elektrische Steckverbindung der Lambdasonde am Motorlager hinten rechts trennen.
- **1,4-/1,6-/2,0-/2,8- und 2,9-l-Motor:** Fahrzeug aufbocken, siehe Seite 289.
- **1,4-/1,6-/2,0-/2,8- und 2,9-l-Motor:** Lambdasonde aus dem Katalysator herausschrauben.
- **1,8-l-Motor:** Lambdasonde aus dem Abgaskrümmer herausschrauben.

Einbau

- Gewinde der Lambdasonde mit VW-Spezialfett G5 bestreichen. **Achtung:** G5 darf **nicht** an die Schlitze des Sondenkörpers kommen. Sondenkörper der neuen Lambdasonde möglichst nicht berühren, nicht verschmutzen.
- **1,4-/1,6-/2,0-/2,8- und 2,9-l-Motor:** Lambdasonde mit **50 Nm** in den Katalysator einschrauben.
- **1,8-l-Motor:** Lambdasonde mit **50 Nm** in den Abgaskrümmer einschrauben.
- **1,4-/1,6-/2,0-/2,8- und 2,9-l-Motor:** Fahrzeug ablassen, siehe Seite 289.
- Stecker für Lambdasonde zusammenfügen.

Abgasanlage auf Dichtigkeit prüfen

Bei Fahrzeugen mit geregeltem Katalysator können Undichtigkeiten der Abgasanlage vor der Lambdasonde zu folgenden Störungen führen:

- Startschwierigkeiten; Motor geht aus, schüttelt im Leerlauf, ruckelt beim Beschleunigen.

Prüfvoraussetzung: Motor kalt oder handwarm. Zur Prüfung ist eine Druckluftanlage erforderlich.

- Motor starten und bei laufendem Motor Abgasanlage auf Undichtigkeit abhören.
- Motor abstellen.
- Druckluftpistole in das Endrohr der Abgasanlage einführen und mit einem Lappen abdichten.
- Betriebsdruck der Druckluftanlage auf ca. 6 bar einstellen. Druckluftpistole andauernd betätigen.
- Verbindungsstellen Zylinderkopf/Krümmer, Krümmer/Abgasrohr vorn und Abgasrohr vorn/Katalysator mit handelsüblichem »Leck-Sucher« einsprühen und auf Blasenbildung untersuchen.
- Undichtigkeit beseitigen.

Fahrzeuge mit Katalysator

Alle Benzinmotoren des VW GOLF/VENTO sind serienmäßig mit Katalysatoren zur Abgasreinigung ausgestattet.

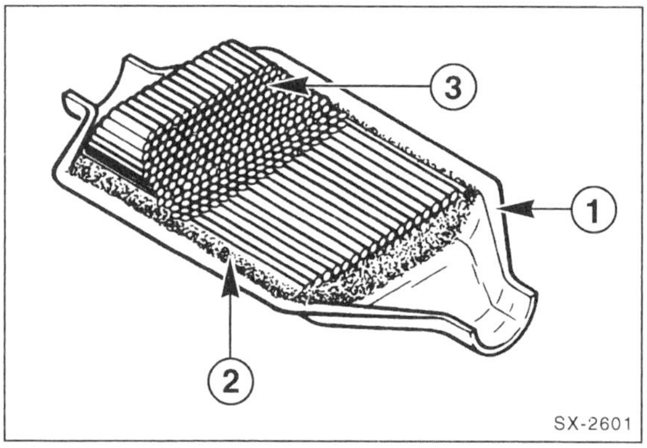

Der Katalysator besteht aus einem Keramik-Wabenkörper –3–, der mit einer Trägerschicht überzogen ist. Auf der Trägerschicht befinden sich Edelmetallsalze, die den Umwandlungsprozeß bewirken. Im Gehäuse –1– wird der Katalysator durch eine Isolations-Stützmatte –2– fixiert, die außerdem Wärmeausdehnungen ausgleicht.

In Verbindung mit der elektronischgesteuerten Einspritzanlage und der Lambdasonde wird die Kraftstoffmenge für die Verbrennung exakt dosiert, damit der Katalysator die Schadstoffe reduzieren kann. Die Lambdasonde sitzt im Abgasrohr vor dem Katalysator und wird vom Abgasstrom umspült. Bei der Lambdasonde handelt es sich um einen elektrischen Meßfühler, der den Restgehalt an Sauerstoff im Abgas durch elektrische Spannungsschwankungen anzeigt und Rückschlüsse auf die Zusammensetzung des Luft-Kraftstoff-Gemisches ermöglicht. In Bruchteilen von Sekunden kann die Lambdasonde entsprechende Signale an die Steuereinheit der Einspritzanlage weitergeben und dadurch das Kraftstoff-Luftverhältnis ständig verändern. Das ist einerseits erforderlich, da sich ja die Betriebsverhältnisse (Leerlauf, Vollgas) ständig ändern, zum anderen aber auch, weil nur dann eine optimale Nachverbrennung im Katalysator erfolgt, wenn noch genügend Kraftstoffanteile im Motorabgas vorhanden sind.

Damit es also bei einer Temperatur von +300° bis +800° C im Katalysator überhaupt zu einer Nachverbrennung kommen kann, muß das Kraftstoff-Luftgemisch mehr Kraftstoffanteile aufweisen, als für die reine Verbrennung erforderlich wären.

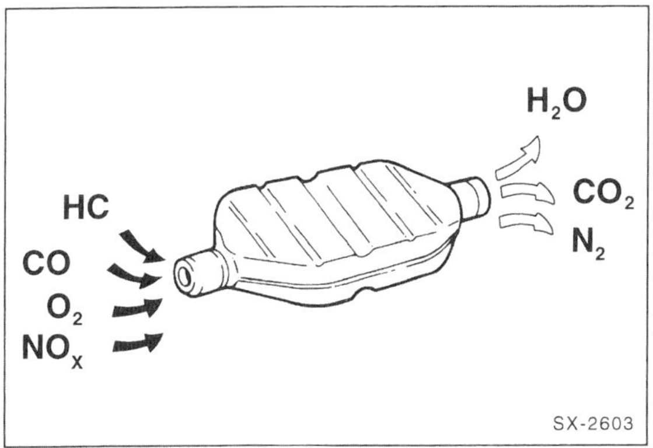

Bei den verwendeten Katalysatoren für Benzinmotoren handelt es sich um sogenannte 3-Wege-Katalysatoren. Das bedeutet, daß aufgrund der Lambdaregelung die Oxidation von Kohlenmonoxid (CO) und Kohlenwasserstoffen (HC) sowie die Reduktion der Stickoxide (NO_X) gleichzeitig durchgeführt werden.

Der Umgang mit Katalysator-Fahrzeugen

Um Beschädigungen an der Lambdasonde und am Katalysator zu vermeiden, sind nachstehende Hinweise unbedingt zu beachten:

Benzinmotoren

- Grundsätzlich nur **bleifreien** Kraftstoff tanken.
- Falls irrtümlich bleihaltiger Kraftstoff getankt wurde, müssen das Abgasrohr vor dem Katalysator sowie der Katalysator erneuert werden. Vor Einbau der Neuteile mindestens 2 Tankfüllungen mit bleifreiem Kraftstoff fahren.
- Kraftstofftank nie ganz leerfahren.
- Das Anlassen des **betriebswarmen** Motors durch Anschieben oder Anschleppen ist nicht erlaubt. Starthilfekabel verwenden. Unverbrannter Kraftstoff könnte bei einer Zündung zur Überhitzung des Katalysators und zu seiner Zerstörung führen.
- Häufige Kaltstarts hintereinander sollten vermieden werden. Sonst sammelt sich im Katalysator unverbrannter Kraftstoff, der bei Erwärmung schlagartig verbrennt und dabei den Katalysator beschädigt.
- Bei Startschwierigkeiten nicht unnötig lange den Anlasser betätigen. Während des Anlassens wird permanent Kraftstoff eingespritzt. Fehlerursache ermitteln und beseitigen.
- Treten Zündstörungen auf, muß bei der Fehleridentifizierung verhindert werden, daß während der Betätigung des Anlassers Kraftstoff eingespritzt wird. Dazu den Stecker am Kraftstoffpumpenrelais abziehen.
- Keine Funkenprüfung mit abgezogenem Zündkerzenstecker durchführen.
- Es darf kein Zylindervergleich (Balancetest) durch Zündabschaltung eines Zylinders durchgeführt werden. Bei Zündabschaltung einzelner Zylinder – auch über Motortester – gelangt unverbrannter Kraftstoff in den Katalysator.
- Treten Zündaussetzer auf, hohe Motor-Drehzahlen vermeiden und Fehler umgehend beheben.

Benzin- und Dieselmotoren

- Fahrzeug nicht über trockenem Laub, Gras oder auf einem Stoppelfeld abstellen. Die Abgasanlage wird im Bereich des Katalysators sehr heiß und strahlt die Wärme auch nach dem Abstellen des Motors noch ab.
- Beim Ein- oder Nachfüllen von Motoröl besonders darauf achten, daß auf keinen Fall die Maximum-Markierung am Ölpeilstab überschritten wird. Das überschüssige Öl gelangt sonst aufgrund unvollständiger Verbrennung in den Katalysator und kann das Edelmetall beschädigen oder den Katalysator vollständig zerstören.
- Keinen Unterbodenschutz an der Abgasanlage aufbringen.

Die Kupplung

Die Kupplung hat 2 Aufgaben: Sie dient beim Schalten der Gänge zum Trennen des Kraftflusses zwischen Motor und Getriebe. Nach dem Schaltvorgang – ebenso wie beim Anfahren aus dem Stand – verbindet sie durch Reibung ruckfrei das Getriebe mit dem Motor. Die Kupplung besteht aus der Kupplungsdruckplatte, der Kupplungsmitnehmerscheibe und dem Ausrücklager.

1,4-l-Motor (9/91 - 7/95), 2,0-l-Motor (110 kW/150 PS) 2,8-l-Motor, alle Motoren mit Allradantrieb: Die Kupplungsdruckplatte ist mit dem Schwungrad verschraubt, das wiederum an der Kurbelwelle des Motors angeflanscht ist. Zwischen der Kupplungsdruckplatte und dem Schwungrad befindet sich die Kupplungsscheibe, die von der Kupplungsdruckplatte gegen das Schwungrad gepreßt wird. Die Mitnehmerscheibe wird von der mit ihr verzahnten Getriebeantriebswelle zentriert.

Beim Niedertreten des Kupplungspedals (auskuppeln) wird über den Kupplungsseilzug und den Ausrückhebel das Ausrücklager gegen die Feder der Kupplungsdruckplatte gedrückt. Dadurch entspannt sich die Druckplatte, und die Kupplungsscheibe wird nicht mehr gegen das Schwungrad gepreßt. Der Kraftschluß zwischen Motor und Getriebe ist also aufgehoben.

1,4-l-Motor (ab 8/95), 1,6-/1,8-l-Motor, 2,0-l-Motor (85 kW/115 PS): Die Druckplatte ist an der Kurbelwelle, das Schwungrad an der Druckplatte angeschraubt. Das Ausrücklager befindet sich im hinteren Teil des Getriebes. Es drückt über die Ausrückwelle, die in der hohlgebohrten Antriebswelle gelagert wird, auf die Ausrückplatte.

2,8-/2,9-l-Motor, 2,0-l-Motor (110 kW/150 PS): Die Kupplung wird hydraulisch betätigt: Beim Niedertreten des Kupplungspedals wird über den Geberzylinder im Fußraum des Fahrzeuges Druck aufgebaut. Über eine Hydraulikleitung wird der Druck auf den am Getriebe angeflanschten Kupplungs-Nehmerzylinder übertragen. Der Kolben des Nehmerzylinders drückt auf die Ausrückgabel und hebt über Ausrücklager und Membranfeder die Druckplatte und etwas an. Dadurch wird die Kupplungsscheibe frei.

Das Hydrauliksystem der Kupplung arbeitet mit Bremsflüssigkeit und wird über den gemeinsamen Ausgleichbehälter für Bremsflüssigkeit versorgt.

Bei jedem Ein- und Auskuppeln wird durch den leichten Schleifvorgang etwas Reibbelag von der Mitnehmerscheibe abgeschliffen. Die Mitnehmerscheibe ist also ein Verschleißteil, doch hat sie eine mittlere Lebensdauer von über 100.000 Kilometern. Der Verschleiß hängt im wesentlichen von der Belastung (Anhängerbetrieb) und der Fahrweise ab. Die Kupplung ist wartungsfrei, da sie sich selbst nachstellt.

Achtung: Kupplung so zusammenbauen, daß die Zentrierstifte im Schwungrad in die Zentrierbohrungen bzw. Zentrierschlitze von der Druckplatte greifen. Andernfalls stimmt der obere Totpunkt (OT) auf dem Schwungrad nicht mehr.

Kupplungsscheibe/Druckplatte

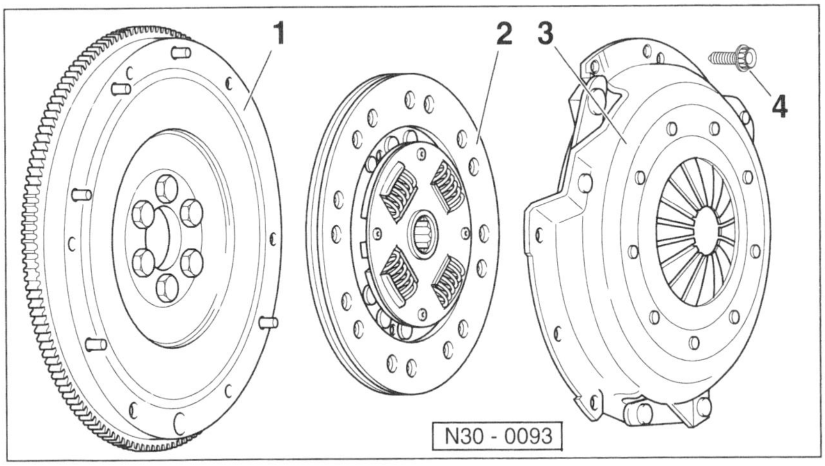

1,4-l-Motor (9/91 - 7/95), 2,0-l-Motor (110 kW/150 PS), 2,8-l-Motor, alle Motoren mit Allradantrieb

1 – **Schwungrad**
Anlagefläche für Kupplungsbelag muß frei von Öl und Fett sein.

2 – **Kupplungsscheibe**
Einbaulage beachten, Federkäfig zeigt zur Druckplatte. Kerbverzahnung hauchdünn mit MoS_2-Fett einstreichen.

3 – **Druckplatte**

4 – **Schraube**
1,4-l-Motor: **25 Nm;**
2,0-/2,8-l-Motor: **20 Nm;**
GOLF »syncro«: **20 Nm.**
Stufenweise über Kreuz lösen bzw. anziehen.

1,4-l-Motor (ab 8/95), 1,6-/1,8-l-Motor, 2,0-l-Motor (85 kW/115 PS)

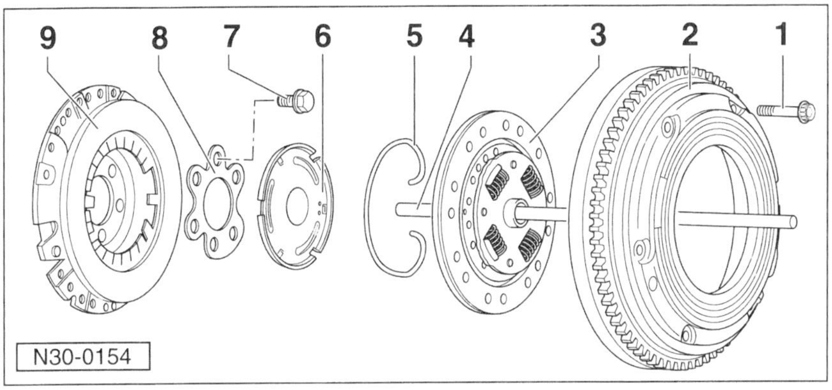

1 – Zwölfkantschraube, 20 Nm
Stufenweise über Kreuz lösen bzw. anziehen.

2 – Schwungrad
Anlagefläche für Kupplungsbelag frei von Rillen, Öl und Fett. **Achtung:** Einstecktiefe des OT-Gebers muß den unterschiedlichen Größen der Schwungräder angepaßt werden. Darum sind zwei unterschiedliche, farblich gekennzeichnete Verschlußschrauben im Kupplungsgehäuse. Ab 12/92 erhöhte Masse und neue Zentrierung für Druckplatte.

3 – Kupplungsscheibe
Zentrieren. Kerbverzahnung hauchdünn mit MoS_2-Fett einstreichen.

4 – Kupplungsdruckstange
Im Bereich der Führungsbuchse in der Antriebswelle fetten

5 – Haltering

6 – Ausrückplatte
Auflagefläche und Aufnahme für Kupplungsdruckstange hauchdünn mit dem Fett G 000 100 schmieren.

7 – Befestigungsschraube
Anzugsdrehmoment: **60 Nm + ¼ Umdrehung (90°) weiterdrehen.** Schrauben grundsätzlich ersetzen. Das Weiterdrehen der Schrauben kann in mehreren Stufen erfolgen.

8 – Zwischenblech

9 – Druckplatte
Maximaler Verzug innen: 0,2 mm.

Kupplungsbetätigung

Mechanisch

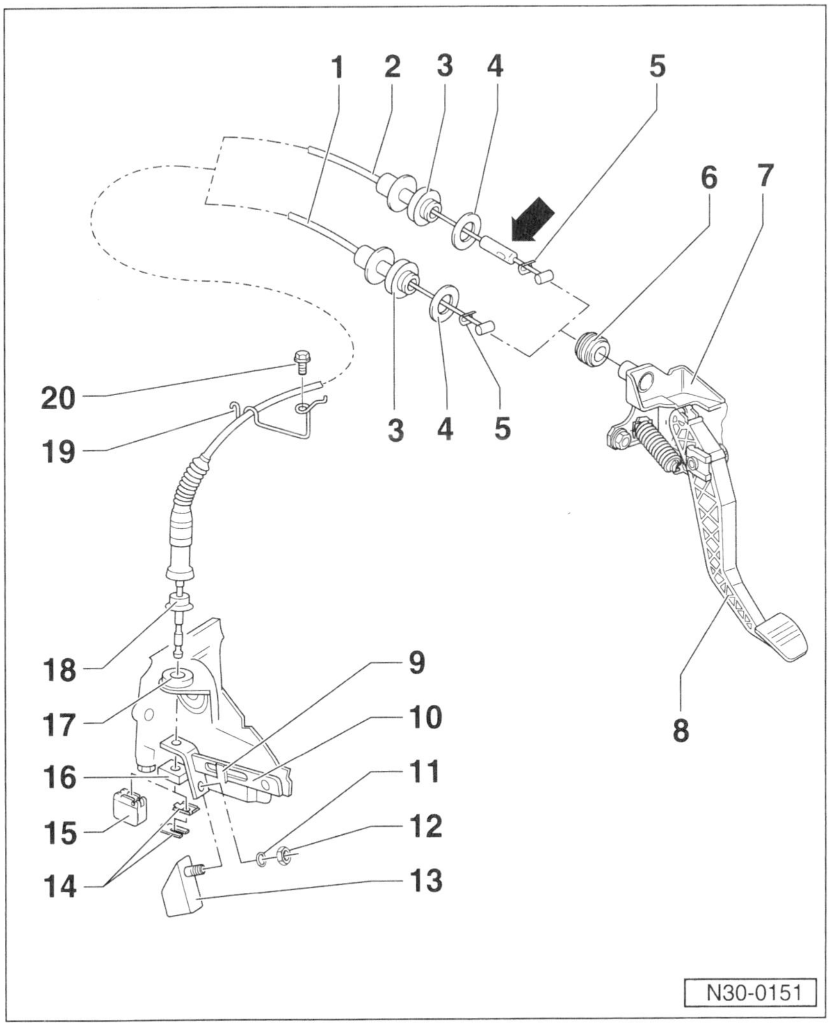

1 – Kupplungszug

2 – Kupplungszug
Mit integriertem Dämpfungselement –Pfeil–.

3 – Gummipuffer

4 – Scheibe

5 – Aufnahmeblech
Für Kupplungszug in Kupplungspedal.

6 – Faltenbalg

7 – Lagerbock

8 – Kupplungspedal

9 – Anschlagpuffer

10 – Ausrückwelle

11 – Sechskantmutter, 25 Nm

12 – Scheibe

13 – Tilgergewicht
Bei Saug- und Turbo-Dieselmotoren ab 8/93.
Kann in Verbindung mit dem geänderten Kupplungszug –2– auch bei allen bisherigen Fahrzeugen eingebaut werden.

14 – Befestigungsteile
Für Kupplungszug ab 8/93.

15 – Tilgergewicht
Bei Fahrzeugen mit Saug- und Turbo-Dieselmotoren bis 8/93. Befestigungsteile für den Kupplungszug sind integriert. Kann in Verbindung mit dem Kupplungszug –2– eingebaut werden.

16 – Gummipuffer

17 – Getriebe

18 – Gummiführung

19 – Halter

20 – Schraube
Für Halter an Aufbau.

Kupplungsbetätigung

Hydraulisch

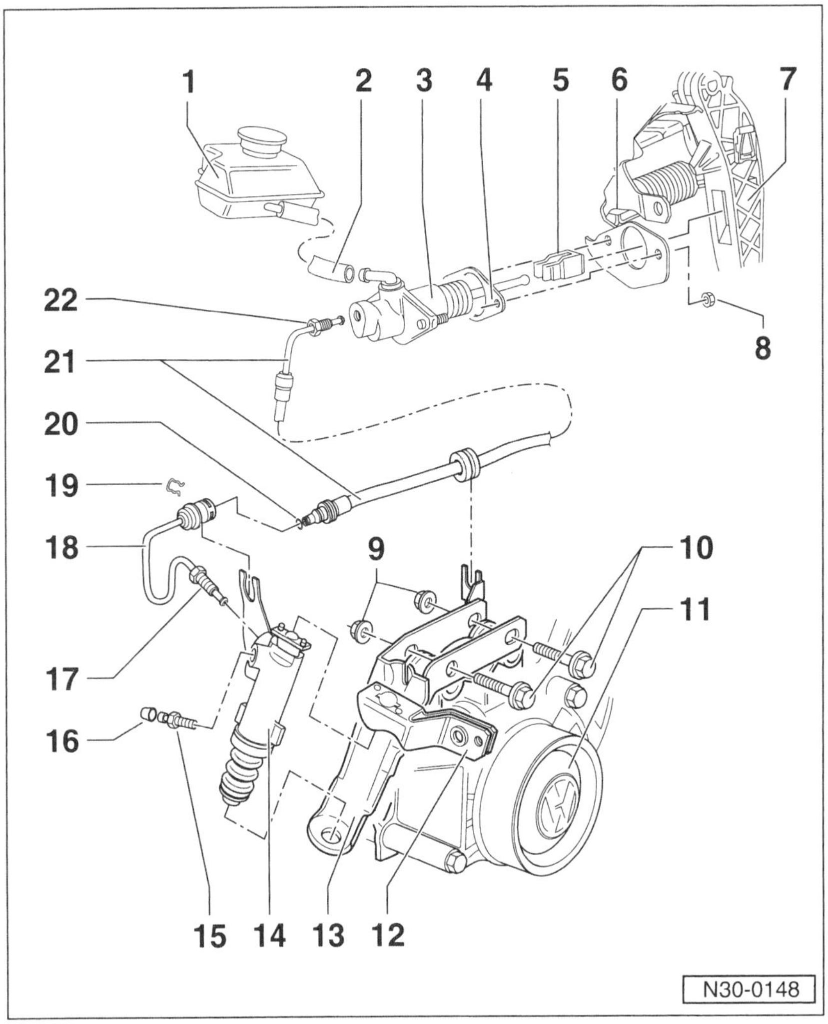

1 – **Bremsflüssigkeitsbehälter**

2 – **Nachlaufschlauch**

3 – **Geberzylinder**

4 – **Dichtung**
Immer ersetzen.

5 – **Aufnahme**
Nur bei ausgebautem Geberzylinder ersetzen.

6 – **Lagerbock**

7 – **Kupplungspedal**

8 – **Sechskantmutter, 25 Nm**
Selbstsichernd, immer ersetzen.

9 – **Sechskantmutter, 25 Nm**

10 – **Sechskantschraube**

11 – **Getriebe**

12 – **Ausrückhebel**

13 – **Halter**
Am Deckel für Getriebegehäuse befestigt.

14 – **Nehmerzylinder**
Kann bei eingebautem Getriebe ausgebaut werden. Vor dem Ersetzen mit Schraubendreher zusammendrücken und Rohr-Schlauchleitung –21– mit Schlauchklemmen abklemmen. Dann Rohr-Schlauchleitung vom Druckrohr –18– trennen. Anschließend Kupplungsanlage entlüften.

15 – **Entlüfterventil**

16 – **Staubkappe**

17 – **Rohranschlußmutter, 20 Nm**

18 – **Druckrohr**

19 – **Klammer**
Mit Schraubendreher heraushebeln.

20 – **Rundschnurring**
Immer ersetzen. Auf Leitungsanschluß aufziehen, mit Bremsflüssigkeit einsetzen.

21 – **Rohr-Schlauchleitung**

22 – **Rohranschlußmutter, 20 Nm**

Kupplung aus- und einbauen/prüfen

1,4-/1,6(75 PS)-/2,8- und 2,9-l-Motor

Ausbau

- Getriebe ausbauen, siehe Seite 117.

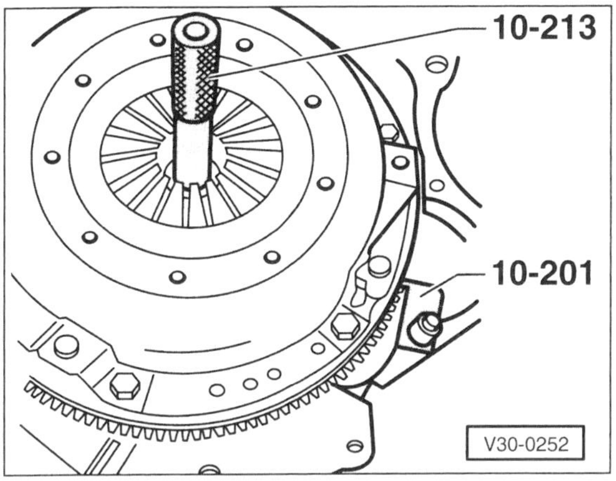

- Damit das Schwungrad beim Lösen der Schrauben nicht mitdreht, Schwungrad entweder mit VW-Werkzeug 10-201 oder mit Schraubendreher und Dorn arretieren.
- Befestigungsschrauben der Kupplungsdruckplatte nacheinander jeweils um 1 bis 1½ Umdrehungen lösen, bis die Druckplatte entspannt ist.

Achtung: Wenn die Schrauben sofort ganz gelöst werden, kann die Membranfeder beschädigt werden.

- Nach dem Lösen, Schrauben ganz herausdrehen.
- Druckplatte und Kupplungsscheibe herausnehmen. **Achtung:** Druckplatte und Kupplungsscheibe beim Herausnehmen nicht fallen lassen, sonst können nach dem Einbau Rupf- und Trennschwierigkeiten auftreten.
- Ausrücklager von der Führungshülse abnehmen. **Achtung:** Lager nur abwischen, nicht auswaschen.
- Schwungrad mit benzingetränktem Lappen auswischen.

Einbau

Achtung: Werden Neuteile eingebaut, unbedingt Kupplungsdruckplatte und Kupplungsscheibe über Motor-Kennbuchstaben und Motornummer nach dem Ersatzteilkatalog zuordnen lassen, damit keine falschen Teile eingebaut werden. Werden die alten Kupplungsteile eingebaut, so müssen diese zuvor geprüft werden, siehe am Ende des Kapitels.

- Vor dem Einbau einer neuen Kupplungsdruckplatte, Korrosionsschutzfett **nur an der Anlauffläche** des Ausrücklagers restlos entfernen. An den anderen Stellen darf das Fett auf keinen Fall entfernt werden, da sonst die Lebensdauer der Kupplung erheblich verkürzt wird.
- Zentrierstifte am Schwungrad auf festen Sitz prüfen.
- Kerbverzahnung der Kupplungsscheibe von Korrosion reinigen und hauchdünn mit MoS_2-Fett schmieren. Danach Kupplungsscheibe auf der Antriebswelle hin- und herbewegen, bis die Nabe auf der Welle leichtgängig ist. Überschüssiges Fett **unbedingt** entfernen.
- Beim Einsetzen der Kupplungsscheibe darauf achten, daß der Federkäfig zur Druckplatte zeigt.
- Kupplungsscheibe (Mitnehmerscheibe) und Kupplungsdruckplatte in das Schwungrad einsetzen. Die Kupplungsdruckplatte in die entsprechenden Paßstifte setzen. Die Kupplungsscheibe muß mit einem passenden Dorn (zum Beispiel von HAZET) oder mit einer alten Getriebe-Antriebswelle zentriert werden.
- Befestigungsschrauben für Kupplungsdruckplatte einschrauben und nacheinander mit 1 bis 1½ Umdrehungen anziehen, bis die Druckplatte festgezogen ist. Anzugsdrehmoment: **25 Nm**. Die Druckplatte darf sich nicht verkanten, da sonst Paßstifte und Zentrierbohrungen beschädigt werden.

Achtung: Die Druckplatte muß **vollständig** am Schwungrad anliegen. **Dann** erst Befestigungsschrauben einsetzen. **Keinesfalls** Druckplatte mit den Schrauben heranziehen, sonst werden die Zentrierbohrungen der Druckplatte und Zentrierstifte am Schwungrad beschädigt.

- Anschließend Zentrierdorn entfernen.
- Getriebe einbauen, siehe Seite 117.

1,6-l(100 PS)-, 1,8-l-, 2,0-l-Motor

Ausbau

- Getriebe ausbauen, siehe Seite 117.
- Schwungrad ausbauen. Damit das Schwungrad beim Lösen der Schrauben nicht mitdreht, ist es entweder mit dem VW-Werkzeug 558 oder mit Schraubendreher und Dorn zu arretieren.
- Befestigungsschrauben des Schwungrades nacheinander jeweils um 1 bis 1½ Umdrehungen lösen.

Achtung: Wenn die Schrauben sofort ganz gelöst werden, kann das Schwungrad sich verziehen.

- Anschließend Schrauben ganz herausdrehen und Schwungrad abnehmen.
- Kupplungsscheibe herausnehmen. **Achtung:** Schwungrad und Kupplungsscheibe beim Herausnehmen nicht fallen lassen, sonst können nach dem Einbau Rupf- und Trennschwierigkeiten auftreten.

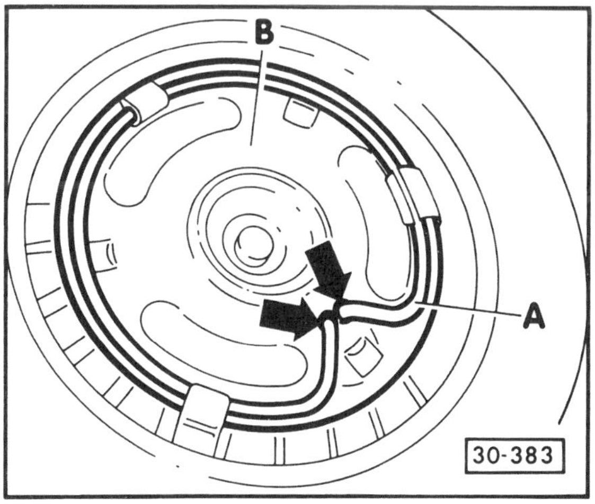

- Haltering –A– für die Ausrückplatte –B– mit einem Schraubendreher aus den Bohrungen –Pfeile– hebeln und Haltering entnehmen.

- Ausrückplatte –B– abnehmen.

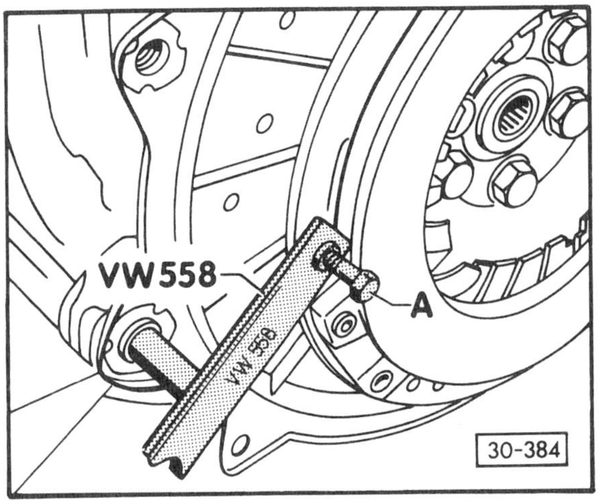

- Druckplatte abschrauben, dazu Gegenhalter VW 558 an Druckplatte mit Schraube –A– arretieren. Steht der Gegenhalter nicht zur Verfügung, Druckplatte mit Schraubendreher und Dorn gegenhalten.
- Schwungrad mit benzingetränktem Lappen auswischen.

Einbau

Achtung: Werden Neuteile eingebaut, unbedingt Kupplungsdruckplatte und Kupplungsscheibe über Motorkennbuchstaben und Motornummer nach dem Ersatzteilkatalog zuordnen lassen, damit keine falschen Teile eingebaut werden.

Werden die alten Kupplungsteile eingebaut, so müssen diese zuvor geprüft werden, siehe »Kupplung prüfen« am Ende des Kapitels.

- Vor dem Einbau einer neuen Kupplungsdruckplatte, Korrosionsschutzfett **nur an der Anlauffläche** des Ausrücklagers restlos entfernen. An den anderen Stellen darf das Fett auf keinen Fall entfernt werden, da sonst die Lebensdauer der Kupplung erheblich verkürzt wird.

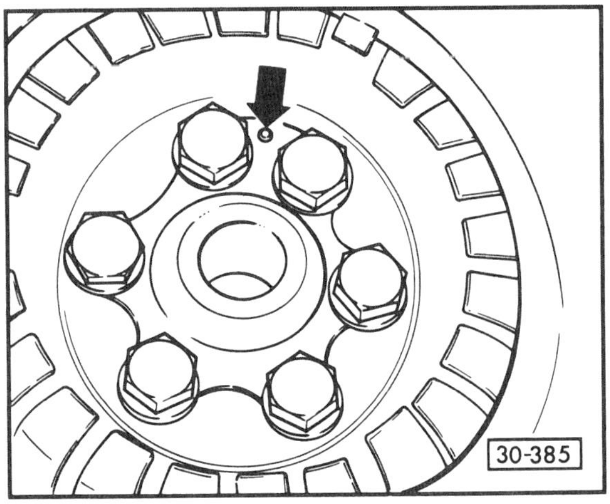

- Druckplatte mit Zwischenblech an Kurbelwelle aufsetzen und mit **neuen** Schrauben ansetzen. **Achtung:** Auf Einbaulage des Zwischenbleches achten, die Erhöhung –Pfeil– zeigt von der Druckplatte weg.
- Befestigungschrauben mit **60 Nm + ¼ Umdrehung (90°)** festziehen. Dazu Druckplatte wie beim Ausbau mit VW-Werkzeug 558 oder Schraubenzieher und Dorn gegenhalten.
- Ausrückplatte einsetzen und mit Haltering an Druckplatte befestigen. Die beiden Drahtenden in die Bohrungen der Druckplatte einsetzen, siehe Bild 30-383.
- Kerbverzahnung der Kupplungsscheiben von Korrosion reinigen hauchdünn mit MoS_2-Fett schmieren. Die VW-Werkstätten verwenden das Fett G000100. Danach Kupplungsscheibe auf der Antriebswelle hin- und herbewegen, bis die Nabe auf der Welle leichtgängig ist. Überschüssiges Fett **unbedingt** entfernen.
- Zentrierstifte am Schwungrad auf festen Sitz prüfen. Wenn ein Zentrierstift lose ist, so ist dieser zu ersetzen.
- Kupplungsscheibe (Mitnehmerscheibe) und Schwungrad in die Druckplatte einsetzen. Das Schwungrad mit den Paßstifte in die entsprechende Bohrungen setzen.

Achtung: Wird das Schwungrad falsch aufgesetzt, stimmt die OT-Markierung auf dem Schwungrad nicht mehr.

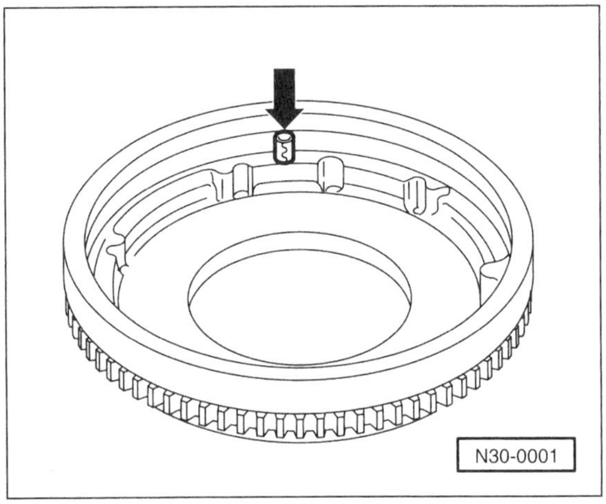

Achtung: Seit 12/92 wird ein Schwungrad mit erhöhter Masse und nur noch einem Zentrierstift –Pfeil– mit ∅ 7 mm eingebaut. Bisher waren 2 Zentrierstifte mit ∅ 6 mm vorhanden. Dementsprechend ist die Druckplatte geändert worden. Das neue Schwungrad und die neue Druckplatte dürfen nur zusammen eingebaut werden.

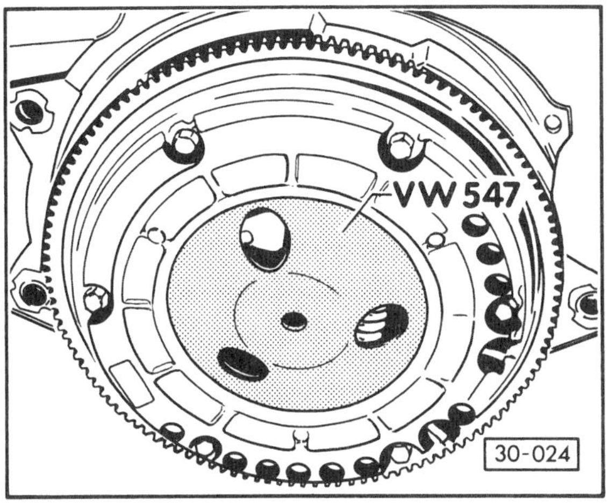

- Zum Zentrieren der Kupplungsscheibe das VW-Sonderwerkzeug 547 einsetzen und die Befestigungschrauben für das Schwungrad über Kreuz nacheinander mit 1 bis 1½ Umdrehungen anziehen, bis die Druckplatte festgezogen ist. Anzugsdrehmoment: **20 Nm**. Das Schwungrad darf sich nicht verkanten, da sonst Paßstifte und Zentrierbohrungen beschädigt werden.

Achtung: Das Schwungrad muß **vollständig** an der Druckplatte anliegen. **Dann** erst Befestigungsschrauben einsetzen. **Keinesfalls** Druckplatte mit den Schrauben heranziehen, sonst werden die Zentrierbohrungen und -stifte beschädigt.

- Anschließend Zentriervorrichtung entfernen.
- Getriebe einbauen, siehe Seite 117.

Prüfen

- Kupplungsdruckplatte auf Brandrisse und Riefen prüfen.

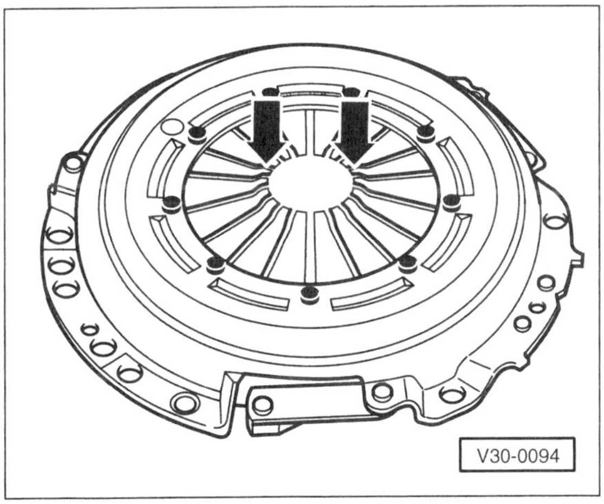

- **1,4-/1,6(75 PS)-/2,8- und 2,9-l-Motor:** Membranfeder auf Brüche untersuchen –Pfeile–. Eine Abnützung bis zur halben Membranfederdicke ist zulässig.
- Federverbindungen zwischen Druckplatte und Deckel auf Risse, Nietbefestigungen auf festen Sitz prüfen. Kupplungen mit beschädigten oder losen Nietverbindungen ersetzen.

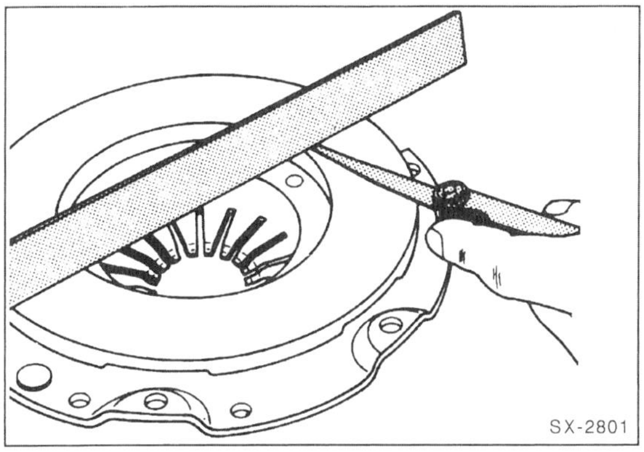

- Auflagefläche der Druckplatte auf Risse, Brandstellen und Verschleiß prüfen. Druckplatten, die bis zu 0,2 mm nach innen durchgebogen sind, dürfen noch eingebaut werden. Die Prüfung erfolgt mit Lineal und Fühlerblattlehre.
- Schwungrad auf Brandrisse und Riefen prüfen.
- Verölte, verfettete oder mechanisch beschädigte Kupplungsscheiben austauschen.
- Kupplungsscheibe auf ausreichende Belagstärke und Belagrisse prüfen.
- In der Werkstatt kann die Kupplungsscheibe auf Schlag geprüft werden. Der Seitenschlag darf bei der Kupplungsscheibe maximal 0,8 mm betragen (2,5 mm vom Außenrand gemessen). **Achtung:** Diese Prüfung ist nur dann notwendig, wenn die alte Kupplungsscheibe wieder eingebaut werden soll und die Kupplung vorher nicht richtig ausgekuppelt hat. Gegebenenfalls darf die Kupplungsscheibe vorsichtig ausgerichtet werden.
- Ausrücklager von Hand prüfen. Dazu Lager leicht zusammenpressen und drehen. Das Lager muß sich leicht drehen lassen, sonst austauschen.
- In eingebautem Zustand macht sich ein defektes Ausrücklager durch Geräusche bei getretenem Kupplungspedal bemerkbar. In diesem Fall Lager austauschen.

Kupplungsseilzug ersetzen

Ausbau

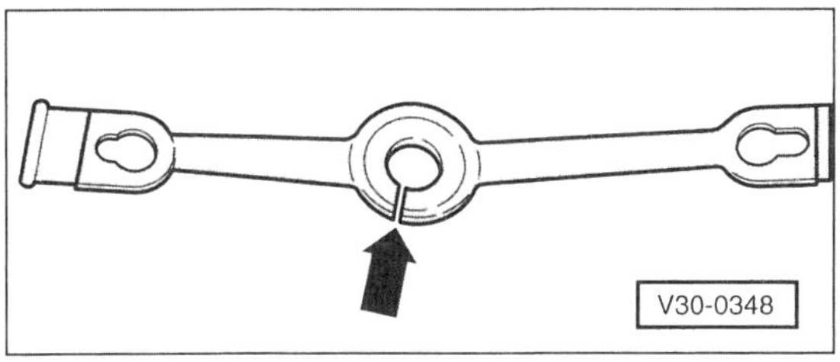

Achtung: Wird der alte Kupplungszug wieder eingebaut, muß der Nachstellmechanismus zusammengedrückt und mit einem Halteband in dieser Stellung fixiert werden. Hierzu kann, falls vorhanden, das Halteband verwendet werden mit dem die Nachstelleinheit bei neuen Zügen gespannt ist. Es muß lediglich die Öse des Haltebandes vorsichtig aufgeschnitten werden –Pfeil–. Kupplungszug darf beim Aufsetzen des Haltebandes nicht geknickt werden, da sonst die Funktion nicht mehr gewährleistet ist.

- Kupplungspedal mehrere Male bis zum Anschlag betätigen.

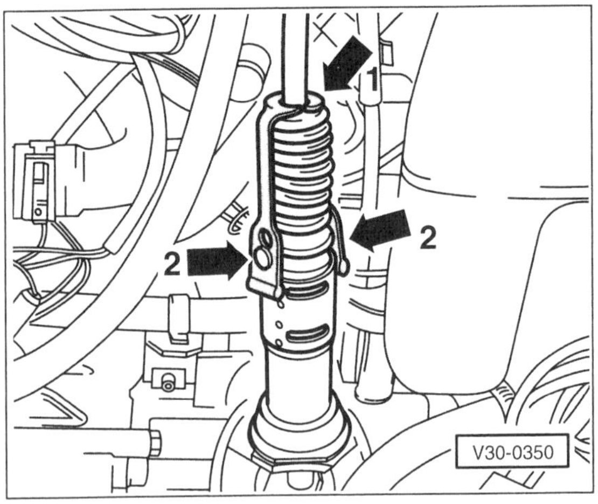

- Öse des Haltebandes oberhalb der Schutzhülle einhängen –1–.
- Nachstellmechanismus im Bereich der Schutzhülle zusammendrücken.

Achtung: Läßt sich der Zug nicht in die angegebene Richtung drücken, ist der Nachstellmechanismus defekt. In diesem Fall Nachstellmechanismus gangbar machen, siehe Seite 114.

- Laschen des Haltebandes an den beiden Stiften –2– am Nachstellmechanismus einhängen.
- Befestigungsteile am Hebel der Ausrückwelle abnehmen. Dazu den Ausrückhebel mit einem Montiereisen etwas in Betätigungsrichtung drücken und Sicherung abziehen.
- Seil am Ausrückhebel aushängen.
- Verkleidung Fahrerfußraum ausbauen, siehe Seite 220.
- Relaisplatte aus Halter aushängen.

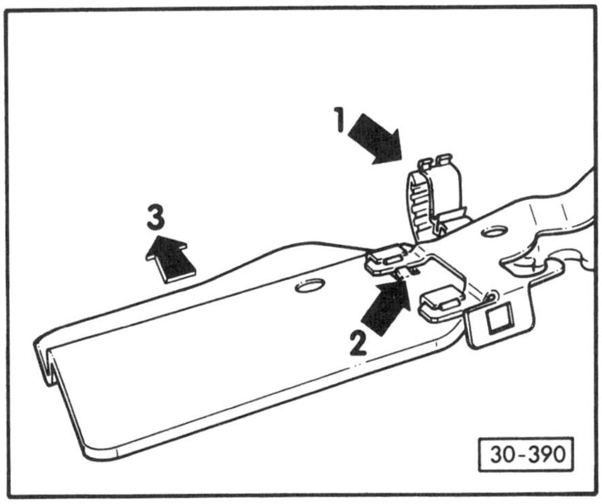

- Schutzplatte zwischen Relaisplatte und Fußhebelwerk ausbauen, dazu elektrische Leitungen aus Aufnahme –1– aushängen.
- Raste –2– zum Fußhebelwerk drücken. Schutzplatte in Richtung Schalttafel –3– drücken, bis sie aus den Arretierungen genommen werden kann, dann vorsichtig nach unten entnehmen, dabei auf die elektrischen Leitungen achten.

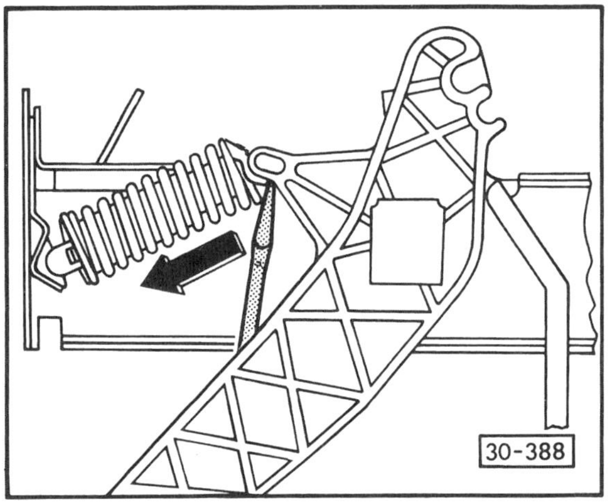

- Schraubendreher zwischen Lenksäule und Kupplungspedal einführen und an der Übertotpunktfeder anlegen.
- Kupplungspedal betätigen und Übertotpunktfeder in Pfeilrichtung von Pedal abhebeln.
- Kupplungsseilzug im Fahrzeuginnenraum aus dem Kupplungspedal aushaken.

Einbau (Kupplungszug gespannt)

- Kupplungszug immer komplett mit Nachstellvorrichtung ersetzen. Die Nachstellvorrichtung ist bei neuen Zügen durch ein Halteband zusammengedrückt. **Achtung:** Kupplungszug nicht knicken, die Funktion des Nachstellmechanismus ist sonst nicht sichergestellt.
- Einhängepunkt für den Kupplungszug am Kupplungspedal mit MoS_2-Fett schmieren.

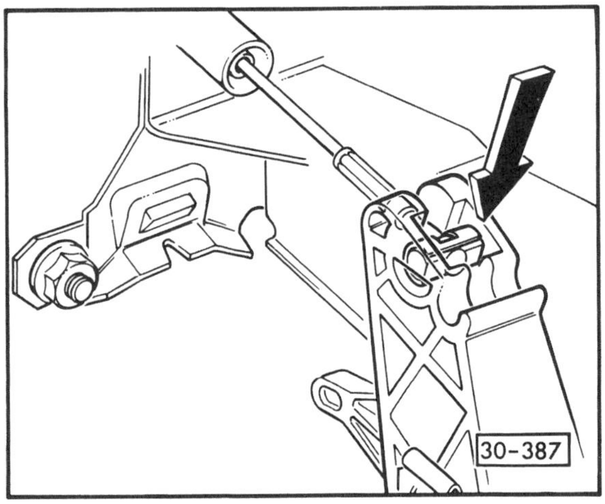

- Kupplungszug durch Stirnwand schieben und am Kupplungspedal in die vordere Aussparung einhängen, dabei darauf achten, daß sich das Aufnahmeblech auf dem Endstück des Kupplungszuges befindet –Pfeil–.

- Kupplungszugendstück in den Ausrückhebel einführen.

Achtung: Beim Einführen des Kupplungzuges in den Ausrückhebel die Kunststoffummantelung des Seiles nicht beschädigen.

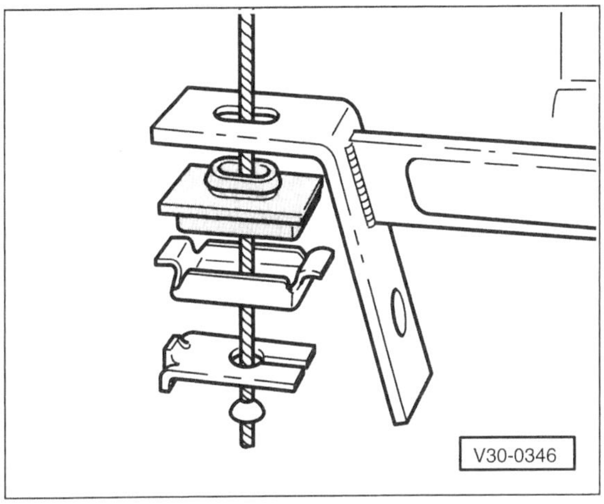

- Befestigungsteile am Hebel der Ausrückwelle einhängen. In der Abbildung bei Fahrzeugen ohne Tilgergewicht gezeigt.
- Kupplungszug im Drahthalter einhängen.
- Halteband am Nachstellmechanismus entfernen.
- Relaisplatte zum Ansetzen der Übertotpunktfeder in die linke Aufnahme einhängen.
- Kupplungspedal in den Fahrgastraum ziehen.

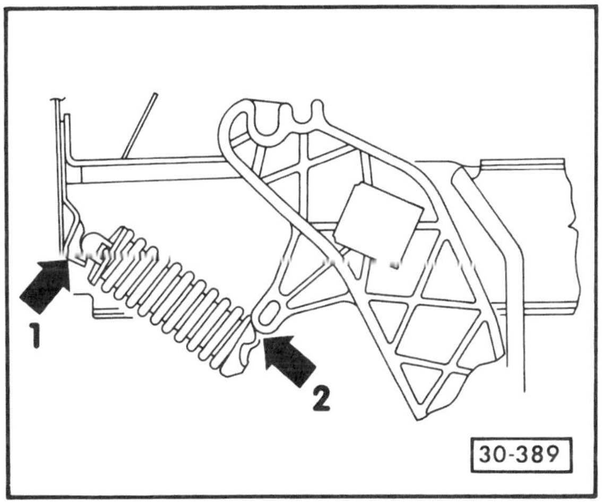

- Die Übertotpunktfeder muß so zwischen Kupplungspedal und Halter/Relaisplatte eingeführt werden, daß sie sich in der Aufnahme des Lagerbockes –1– befindet und dabei unter den Aufnahmezapfen –2– des Kupplungspedales angedrückt wird.
- Übertotpunktfeder auf Aufnahmezapfen drücken, gegebenenfalls dabei das Kupplungspedal betätigen.
- Kupplungspedal 5mal bis zum Anschlag betätigen und Funktion des Nachstellmechanismus prüfen.

Einbau (Kupplungszug nicht gespannt)

Achtung: Die folgende Beschreibung weist nur auf die Unterschiede gegenüber dem Einbau des gespannten Kupplungszuges hin.

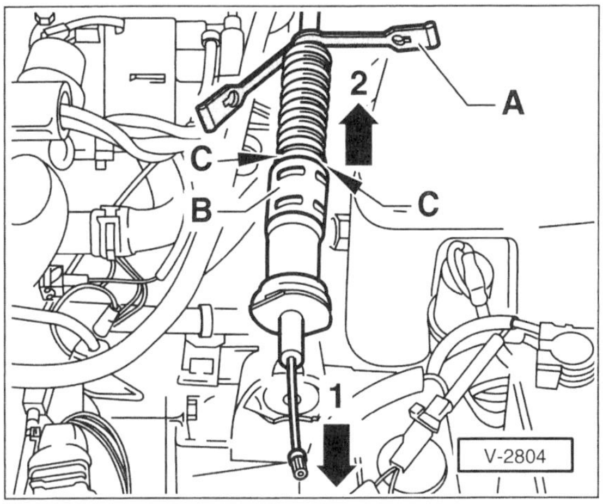

- Halteband –A– oberhalb des Faltenbalges einhängen.
- Kupplungszug in Kupplungspedal einhängen.
- Endstück des Zuges in Pfeilrichtung –1– ziehen und festhalten, dabei den Nachstellmechanismus –B– einige Male hin- und herbewegen, bis er zur Stirnwand hin, Pfeilrichtung –2–, zusammengedrückt werden kann.
- Nachstellmechanismus in dieser Stellung halten und Laschen des Haltebandes in die Stifte –C– am Nachstellmechanismus einhängen. Dazu ist eine Hilfsperson erforderlich.
- Kupplungszug am Getriebe einbauen.
- Übertotpunktfeder einbauen.
- Halteband entfernen.
- Funktion des Nachstellmechanismus prüfen.

Achtung: Am Kupplungszug darf kein anderer Zug, z. B. Gaszug, seitlich angeclipst werden. Der Nachstellmechanismus des Kupplungszuges kann dann außer Funktion gesetzt werden.

Nachstellmechanismus prüfen

Achtung: Der Nachstellmechanismus des Kupplungszuges muß für die Prüfung unbeschädigt sein.

- Kupplungspedal mindestens 5mal bis zum Anschlag betätigen.

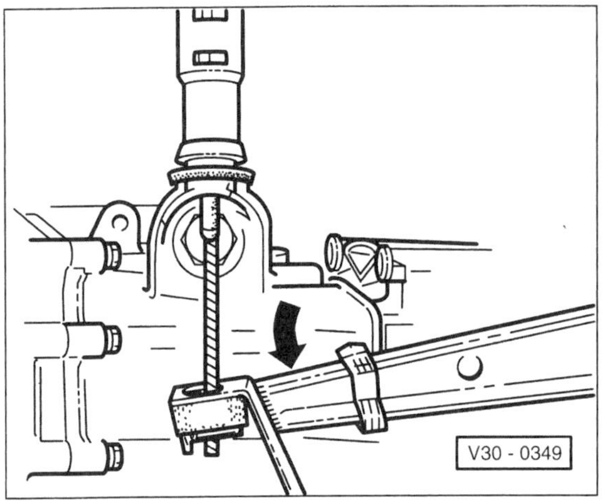

- Ausrückhebel entgegen der Betätigungsrichtung –Pfeil– ca. 10 mm bewegen. Der Ausrückhebel muß sich dabei frei bewegen lassen.

Achtung: Wenn die Funktionsprüfung mehrmals vorgenommen werden soll, ist vorher immer erst das Kupplungspedal zu betätigen, da der Nachstellmechanismus nach jedem Prüfvorgang verriegelt und deshalb nicht zusammengedrückt werden kann.

Gehäuse der automatischen Nachstellung nicht öffnen, da es nicht mehr zusammengesetzt werden kann.

Achtung: Falls die Funktionsprüfung des Nachstellmechanismusses nicht wie beschrieben durchgeführt werden kann, ist er, möglicherweise durch nicht sachgemäße Behandlung (Ziehen an der Seilhülle), außer Funktion gesetzt.

Erkennungsmerkmal: Der Ausrückhebel des Getriebes kann auch nach mehrmaligem Betätigen des Kupplungspedales nicht mehr entgegen der Betätigungsrichtung bewegt werden. Der nicht funktionierende Nachstellmechanismus führt zu einem Schleifen der Kupplung und somit zu vorzeitigem Kupplungsverschleiß.

Der Nachstellmechanismus ist dann wie folgt wieder **funktionstüchtig zu machen:**

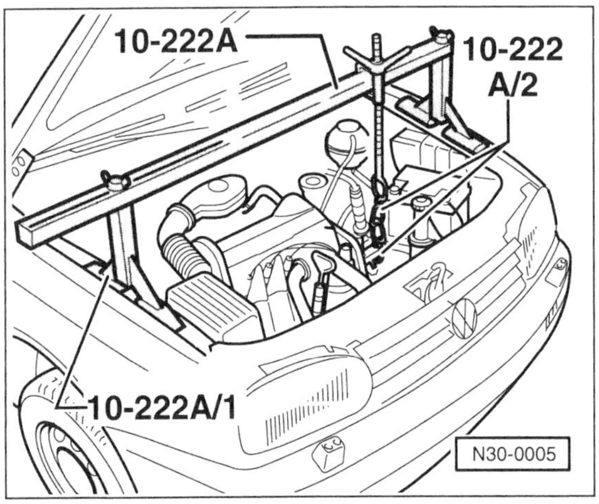

- Abfangvorrichtung 10–222 A mit 10-222 A/12 und den Haken 10–222A/2 montieren, siehe auch Seite 117.

- Kupplungspedal durch Hilfsperson betätigen und festhalten lassen. Der Ausrückhebel am Getriebe befindet sich nun in Betätigungsstellung.

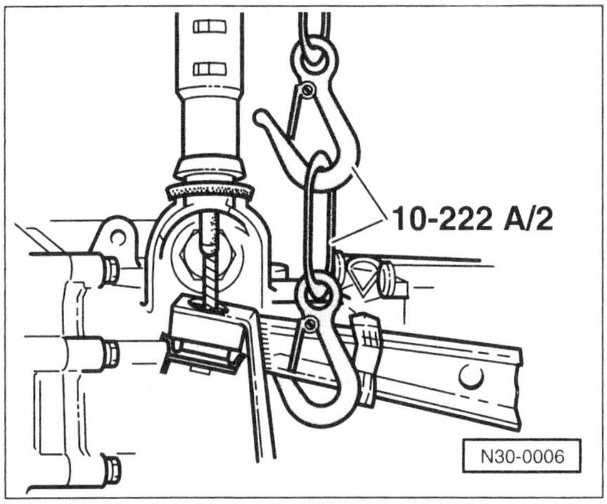

- Ausrückhebel in dieser Stellung mit den Haken 10–222A/2 arretieren.
- Kupplungspedal in Ruhestellung zurückziehen.

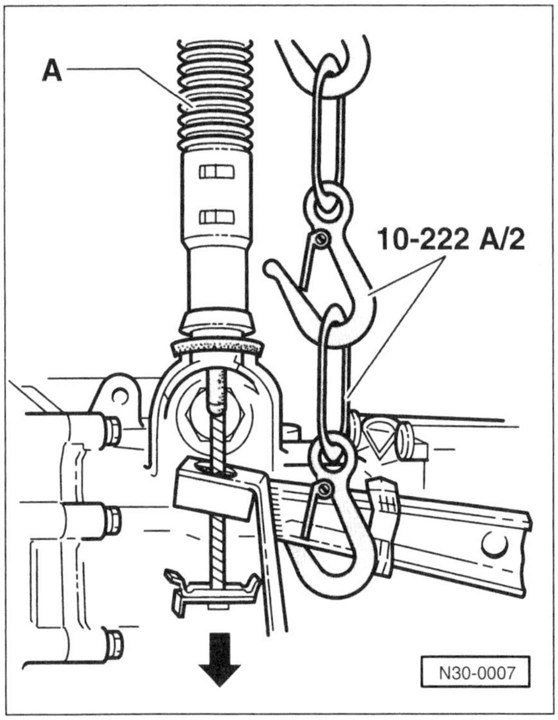

- Seil herunterziehen –Pfeilrichtung–, bis der Nachstellmechanismus im Bereich des Faltenbalges –A– zusammengedrückt werden kann.
- Ausrückhebel am Getriebe in Ruhestellung bringen.
- Funktionsprüfung erneut durchführen.
- Abfangvorrichtung abbauen.

Kupplungsbetätigung entlüften

Nur hydraulische Kupplungsbetätigung

Die Kupplungsbetätigung muß entlüftet werden, wenn das Kupplungspedal nicht oder nur verzögert zurückkommt, beziehungsweise wenn das Hydrauliksystem geöffnet wurde.

Da das Hydrauliksystem der Kupplung mit Bremsflüssigkeit arbeitet, sind ebenfalls die entsprechenden Kapitel im Abschnitt »Bremsanlage entlüften« durchzulesen.

- Fahrzeug vorn aufbocken.
- Bremsflüssigkeitsstand im gemeinsamen Vorratsbehälter prüfen, gegebenenfalls bis zur Max.-Markierung auffüllen.

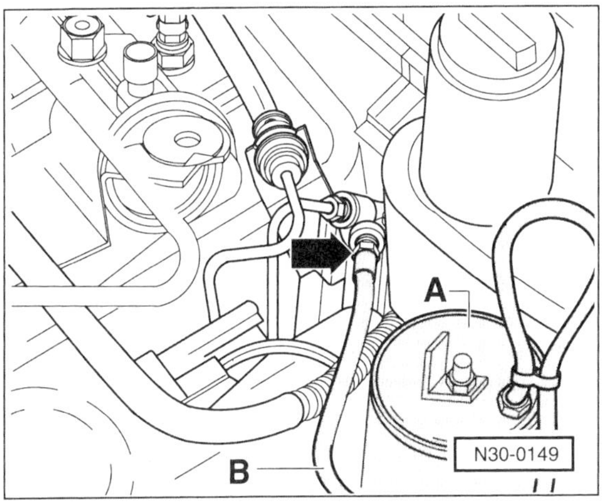

- Staubkappen vom Entlüfterventil am Nehmerzylinder –Pfeil– und am vorderen linken Bremssattel abziehen. In der Abbildung ist die Entlüftung mit dem Bremsenentlüftungsgerät gezeigt: B – Verbindungsschlauch, A – Auffangflasche für Bremsflüssigkeit.
- Entlüfterventile vorsichtig gangbar machen.
- Durchsichtigen Schlauch auf das Entlüfterventil am Bremssattel aufschieben.
- Schlauch mit Bremsflüssigkeit füllen. Dazu Entlüfterschraube am Bremssattel öffnen. Bremspedal langsam durchtreten (Helfer) und in dieser Stellung halten. Entlüfterventil schließen und Bremspedal loslassen. Anschließend Entlüfterventil wieder öffnen und Bremspedal erneut durchtreten. Vorgang so lange wiederholen, bis der Schlauch vollständig mit Bremsflüssigkeit gefüllt ist. Schlauch mit dem Finger zuhalten, damit keine Bremsflüssigkeit ausläuft. **Achtung:** Der Flüssigkeitsstand im Vorratsbehälter darf nicht zu weit absinken, gegebenenfalls **neue** Bremsflüssigkeit nachfüllen.
- Freies Schlauchende auf die Entlüfterschraube am Kupplungs-Nehmerzylinder stecken und beide Entlüfterschrauben öffnen.
- Bremspedal durchtreten, Entlüfterschraube am Bremssattel schließen, dann Bremspedal entlasten.
- Diesen Vorgang so oft wiederholen, bis am Vorratsbehälter für Bremsflüssigkeit keine Luftblasen mehr herausgedrückt werden. Sinkt der Bremsflüssigkeitsstand, während des Vorgangs neue Bremsflüssigkeit nachfüllen.
- Entlüfterschrauben am Bremssattel und am Nehmerzylinder verschließen. Schlauch abziehen und Staubkappen aufschieben.
- Fahrzeug ablassen.
- Bei getretener Kupplung am Geberzylinder Entlüftungsschraube öffnen und wieder schließen, sobald Bremsflüssigkeit austritt.
- Bremsflüssigkeit bis zur Max.-Markierung auffüllen.
- Kupplungspedal mehrmals betätigen.
- Funktion von Brems- und Kupplungssystem prüfen. **Achtung:** Bei diesem Entlüftungsvorgang kann etwas Luft im Hydrauliksystem bleiben. Erkennbar ist das am Kratzen beim Einlegen der Gänge und nicht richtigen Trennen der Kupplung. Deshalb in diesem Fall Kupplungshydraulik umgehend in der Werkstatt entlüften lassen. Die Werkstatt entlüftet die Kupplungshydraulik in der Regel mit einem Entlüftergerät. Das Entlüftergerät gibt über den Vorratsbehälter Druck (max. 2,5 bar) auf die Bremsflüssigkeit und am Entlüfterventil wird ein Auffangbehälter angeschlossen, siehe Abbildung N30-0149.

Störungsdiagnose Kupplung

Störung	Ursache	Abhilfe
Kupplung rupft.	Zu niedrige Leerlaufdrehzahl.	■ Drehzahl einstellen.
	Motor- und Getriebelager defekt.	■ Prüfen, gegebenenfalls auswechseln.
	Getriebe liegt in der Aufhängung nicht fest.	■ Befestigungsschrauben nachziehen.
	Druckplatte trägt ungleichmäßig.	■ Druckplatte auswechseln.
	Mitnehmerscheibe kein Original-VW-Teil.	■ Original-VW-Kupplungsscheibe einbauen.
	Kurbelwelle fluchtet nicht zur Getriebe-Antriebswelle.	■ Zentrierflächen von Motor und Getriebe überprüfen.
	Ausrücker drückt einseitig.	■ Ausrücker überprüfen.
	Seilführung falsch verlegt[2].	■ Seilführung in Ordnung bringen.
Kupplung rutscht.	Kupplungsscheibe verschlissen.	■ Dicke der Kupplungsscheibe prüfen, gegebenenfalls auswechseln.
	Nehmerzylinder klemmt[1].	■ Nehmerzylinder ersetzen.
	Spannung der Membranfeder zu gering.	■ Druckplatte auswechseln.
	Nehmerzylinder undicht[1].	■ Sichtprüfung durchführen.
	Belag verhärtet oder verölt.	■ Kupplungsscheibe austauschen.
	Kupplung wurde überhitzt.	■ Original-VW-Teil einbauen.
Kupplung trennt nicht richtig.	Belag durch Abrieb verklebt.	■ Kupplungsscheibe austauschen.
	Kupplungsscheibe klemmt auf der Antriebswelle, Kerbverzahnung trocken oder verklebt.	■ Kerbverzahnung reinigen, entgraten, ggf. Rost entfernen und neu schmieren; z. B. MoS_2-Puder einbürsten.
	Kupplungsscheibe hat Seitenschlag.	■ Kupplungsscheibe prüfen lassen, ersetzen.
	Geberzylinder undicht[1].	■ Bei durchgetretenem Kupplungspedal beobachten, ob Flüssigkeit im Bremsflüssigkeitsvorratsbehälter aufwallt, ggf. Kupplung entlüften oder Geberzylinder austauschen.
	Kupplungspedal erreicht den Begrenzungsanschlag nicht.	■ Prüfen, ob Begrenzungsanschlag erreicht wird, gegebenenfalls Fußmatte ausschneiden.
	Ausrücker defekt.	■ Ausrücker auf Verformung prüfen.
	Luft im Hydrauliksystem[1].	■ Kupplungshydraulik entlüften.
	Seilzug-Nachstellung defekt[2].	■ Nachstelleinheit gangbar machen, Kupplungszug ersetzen.
	Führungslager für die Getriebe-Antriebswelle in der Kurbelwelle defekt.	■ Führungslager in der Kurbelwelle ersetzen.
	Mitnehmerscheibe stark verbogen, oder Belag gebrochen.	■ Mitnehmerscheibe ersetzen.
Geräusch bei betätigtem Kupplungspedal.	Ausrücklager defekt.	■ Ausrücklager prüfen, ersetzen.
	Kupplungsscheibe schlägt an die Druckplatte.	■ Kupplungsscheibe auswechseln.
Auf- und abschwellendes Geräusch bei Zug- oder Schubzustand, oder wenn das Fahrzeug in ausgekuppeltem Zustand rollt.	Torsionsdämpfer der Kupplungsscheibe schwergängig.	■ Kupplungsscheibe erneuern.
	Nietverbindungen der Kupplung locker.	■ Kupplung ersetzen.
	Unwucht der Kupplung zu groß.	■ Kupplung und Mitnehmerscheibe ersetzen.

[1]) Gilt nur bei hydraulisch betätigter Kupplung.
[2]) Nur bei Kupplungsbetätigung durch Seilzug.

Das Getriebe

Das Getriebe kann ohne Ausbau des Motors ausgebaut werden. Ein Ausbau ist dann erforderlich, wenn die Kupplung ausgewechselt werden soll oder wenn das Getriebe erneuert beziehungsweise überholt werden muß. Da es jedoch in keinem Fall anzuraten ist, Reparaturen am Getriebe mit Heimwerkermitteln in Angriff zu nehmen, beschreibe ich lediglich den Ausbau des Aggregates.

Die Beschreibung bezieht sich auf den Ausbau des Getriebes bei Benzinmotoren bis 85 kW/115 PS sowie Dieselmotoren mit 55 kW/75 PS. Auf Besonderheiten bei Benzinmotoren ab 110 kW/150 PS und die Dieselmotoren ab 66 kW/90 PS wird gesondert hingewiesen.

Getriebe aus- und einbauen

Ausbau

- Batterie-Massekabel (–) abklemmen. **Achtung:** Dadurch werden die elektronischen Speicher gelöscht, zum Beispiel Motor-Fehlerspeicher oder Radiocode. Batterie nur bei **ausgeschalteter Zündung** abklemmen, da sonst das Steuergerät der Einspritzanlage beschädigt werden kann. Vor dem Abklemmen sollten auch die Hinweise im Kapitel »Radio« bzw. »Batterie aus- und einbauen« durchgelesen werden.
- Kupplungszug aushängen, siehe Seite 111

Hydraulische Kupplungsbetätigung

- Schlauchleitung zum Nehmerzylinder aus der hinteren Aufnahme des Halters aushängen.
- Nehmerzylinder mit Schraubendreher zusammendrücken –Pfeilrichtung–.
- Rohr-Schlauchleitung, wie in der Abbildung gezeigt, mit geeigneter Schlauchklemme abklemmen.
- Nehmerzylinder zwischen Ausrückhebel und Halter herausnehmen und zur Seite legen.

Achtung: Leitung vom Nehmerzylinder nicht abschrauben, sonst muß beim Einbau das Hydrauliksystem entlüftet werden. Kupplung bei ausgebautem Zylinder **nicht** betätigen.

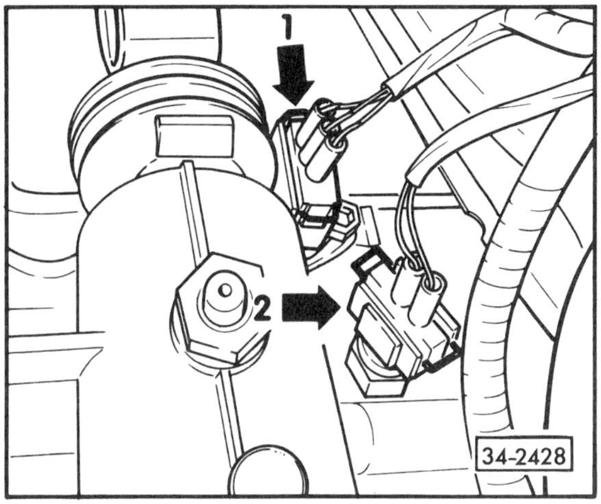

- Stecker vom Geber für Geschwindigkeitsmesser –1– und Rückfahrscheinwerfer –2– abziehen. Alle Kabelverbindungen und Masseleitungen von Getriebe und Anlasser mit Klebeband kennzeichnen und abbauen.
- Falls vorhanden, Befestigungen für elektrische Leitungen von den Kühlflüssigkeitsschläuchen lösen. Einbaulage mit Filzstift markieren, damit sie später wieder an der gleichen Stelle eingebaut werden können.
- Befestigungsschrauben zwischen Motor und Getriebe, soweit von oben zugänglich, abschrauben.

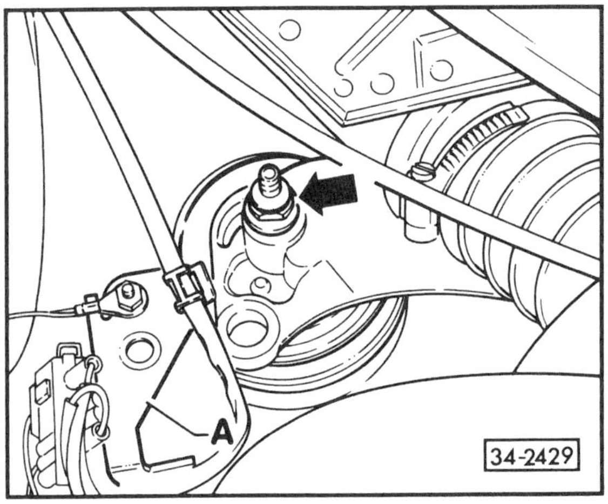

- Schraube –Pfeil– an Motorkonsole/Aggregateträger rechts lösen. Vorher, falls vorhanden, Aufnahmeblech –A– für Steckverbindungen abbauen.
- **GOLF CABRIO:** 2 zusätzliche Motor- und Getriebelager rechts und links im Motorraum komplett abbauen.

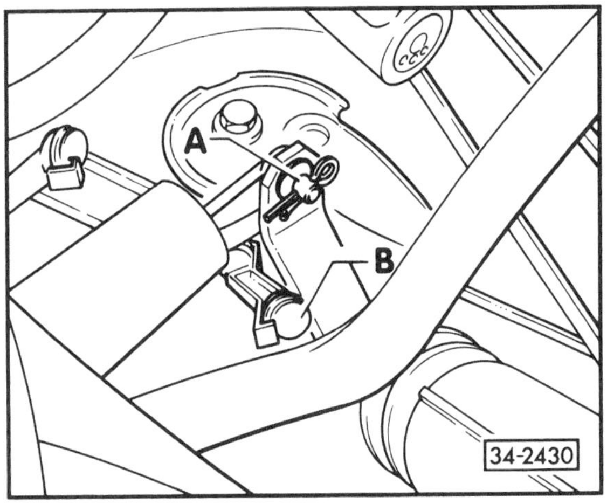

- Schaltstange vorn –A– und kurze Wählstange –B– am Hebel für Schaltwelle abbauen.

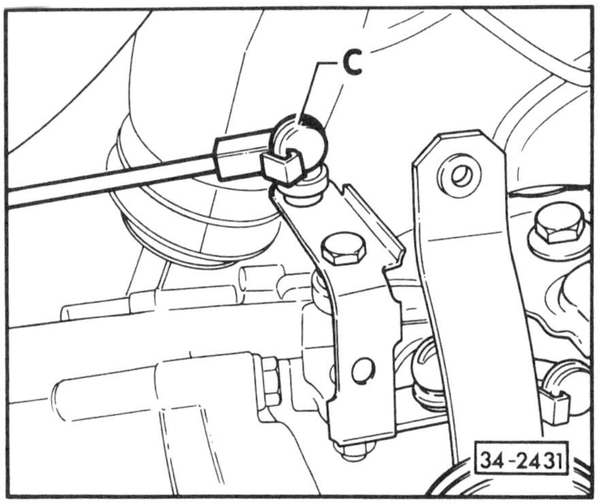

- Lange Wählstange –C– am Umlenkhebel aushaken. Vorher Klemme öffnen.

- Schaltstangen mit Draht zur Seite binden.

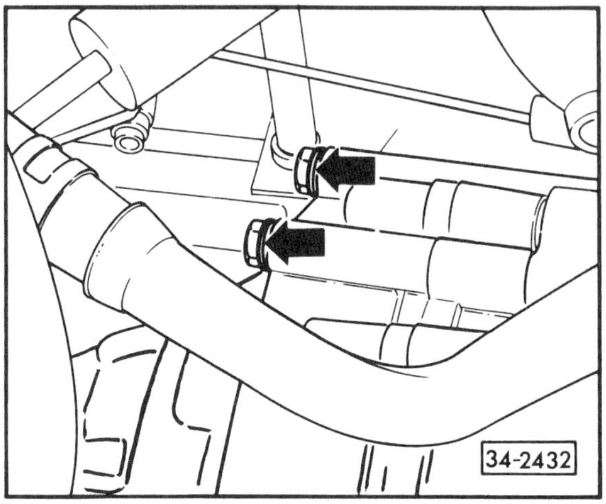

- Die zwei oberen Befestigungsschrauben der linken Getriebekonsole am Getriebe herausdrehen.

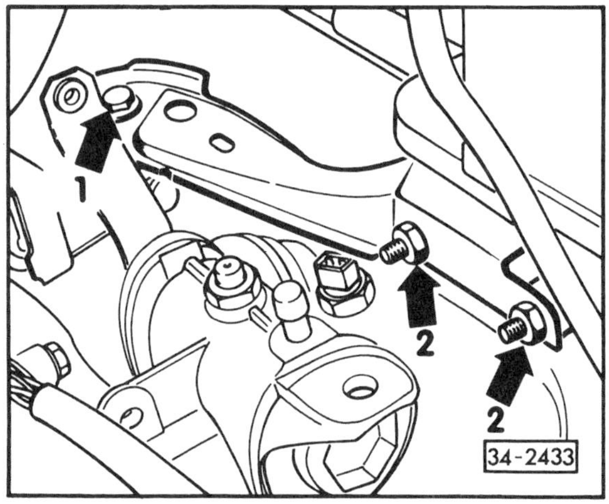

- **Bis ca. 11/92:** Getriebestütze ausbauen. Dazu Sechskantschraube –1– an der Aggregatelagerung links und Sechskantmuttern –2– für Getriebestütze abschrauben. Ab ca. 12/92 ist die Getriebestütze nicht mehr vorhanden.
- Befestigungsschraube zwischen Konsole und Motorträger vorn herausschrauben.
- **Dieselmotor:** Falls vorhanden, im Motorraum die Motorabdeckung abbauen.

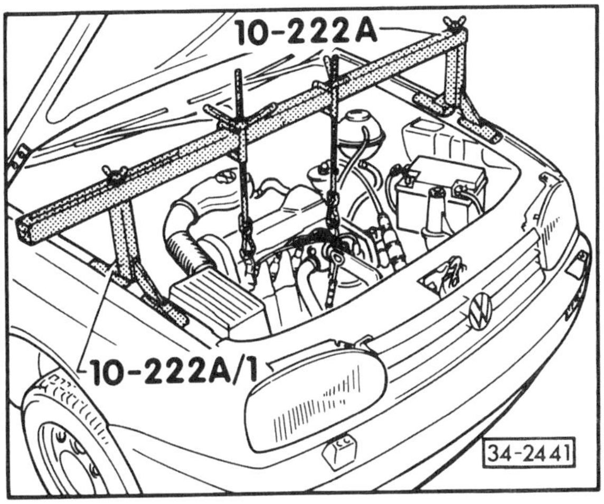

- Abfangvorrichtung VW 10-222A mit 10-222A/1 montieren und Motor über die Spindel leicht vorspannen.
- Steht die Aufhängevorrichtung nicht zur Verfügung, geeignetes Rohr über Motorraum legen und in den Kotflügelsicken abstützen, dabei Holz unterlegen. Nicht das Rohr auf den Kotflügel legen. Geeignetes Drahtseil oder Haken in die Halteösen des Motors einhängen und mit Rohr über ein Spindel verbinden. Haken oder Drahtseil spannen.
- Fahrzeug vorne aufbocken.
- Anlasser ausbauen, siehe Seite 251.
- Konsole vorn ausbauen.

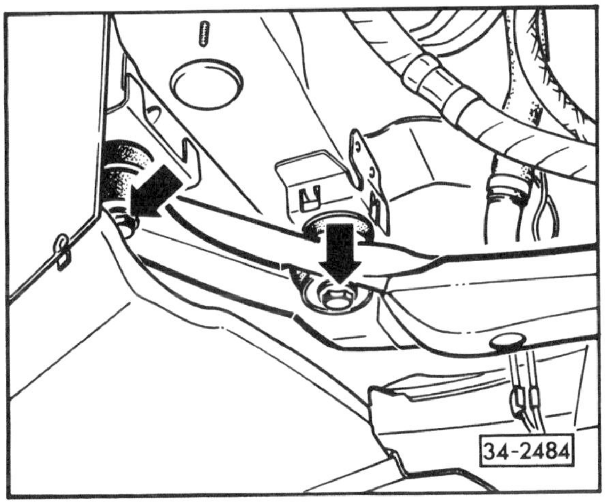

- Auf der linken Seite die Befestigungsschrauben –Pfeile– für Motorträger herausdrehen.
- Die Befestigungsschrauben des großen Abdeckbleches der Kupplung abschrauben und Blech abnehmen.

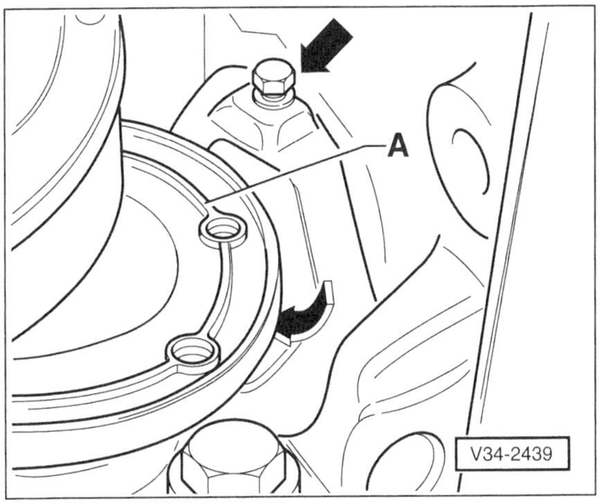

- Die Befestigungsschrauben des kleinen Abdeckbleches –A– hinter dem rechten Gelenkflansch abschrauben und Blech abnehmen.

- Die dritte Schraube –Pfeil– für Getriebekonsole links herausschrauben und Getriebekonsole herausnehmen.
- Getriebe mit Motor über linke Spindel der Abfangvorrichtung absenken, soweit bis die Schrauben für linke Getriebestütze herausgezogen werden können. Getriebestütze nach Herausnehmen der Schrauben abnehmen.
- Gelenkwellen abschrauben, siehe Seite 136.
- Gelenkwellen mit einem Draht soweit wie möglich hochbinden, dazu Lenkung bis Anschlag nach links einschlagen.

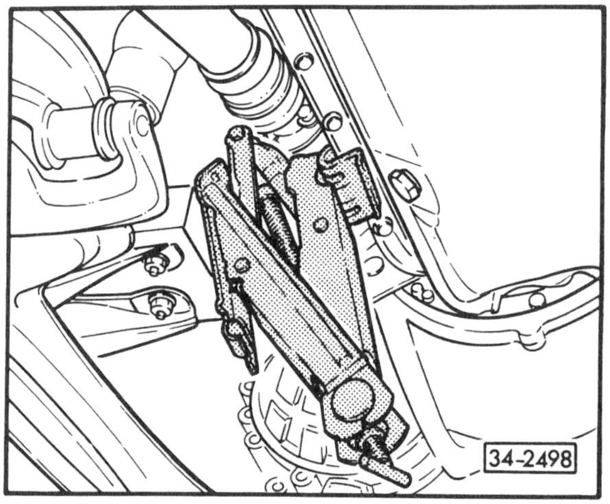

- Motor-Getriebe-Einheit mit dem Bordwagenheber um die rechte Aggregateaufnahme nach vorn drücken.
- Getriebe mit VW-Getriebeheber 1383 A leicht anheben. Steht der Getriebeheber nicht zur Verfügung, Getriebe mit einem Werkstattwagenheber anheben. **Achtung:** Zwischen Getriebe und Wagenheber Holz zwischenlegen.
- Die unteren Befestigungsschrauben zwischen Motor und Getriebe herausschrauben.
- Getriebe von Paßhülsen abdrücken und vorsichtig herausfahren. **Achtung:** Beim Herausnehmen des Getriebes darauf achten, daß keine Leitung der Servolenkung beschädigt wird.

Einbau

Achtung: Ab 9/93 besitzt das Getriebe eine zusätzliche Flanschbohrung sowie geänderte Befestigungen der Abschirmbleche. Falls ein neues Getriebe (ab 9/93) an Motoren bis 9/93 angebaut wird, müssen neue Abschirmbleche für Schwungrad und Gelenkwellenflansch verwendet werden. Außerdem ist eine abgeänderte Klemme für den Zündverteiler bzw. die Vakuumpumpe bei Dieselmotoren erforderlich. Soll die bisherige Klemme weiterverwendet werden, Anguß um ca. 4 mm absägen. Dabei Dichtring für Antriebswelle abdecken. Beim Einbau des Getriebes darauf achten, daß sich Klemme und Anguß nicht berühren.

- Vor dem Einbau Kupplung prüfen, siehe Seite 109
- Kerbverzahnung der Antriebswelle reinigen und leicht mit MoS_2-Schmierfett einstreichen.
- Prüfen, ob die Paßhülsen zur Zentrierung von Motor/Getriebe im Motorblock vorhanden sind, gegebenenfalls einsetzen.
- Getriebe anheben und waagerecht in die Kupplung einfahren. Falls beim Einsetzen die Getriebe-Antriebswelle nicht in die Kupplungsscheibe einrastet, Antriebswelle von hinten am Flansch für die Gelenkwelle mit der Hand entsprechend verdrehen. Beim Ansetzen des Getriebes auf richtigen Sitz des Deckbleches achten.
- Befestigungsschrauben Motor/Getriebe soweit möglich einschrauben.

Befestigungsschrauben Motor/Getriebe

1,4-/1,6-l-Benzinmotor

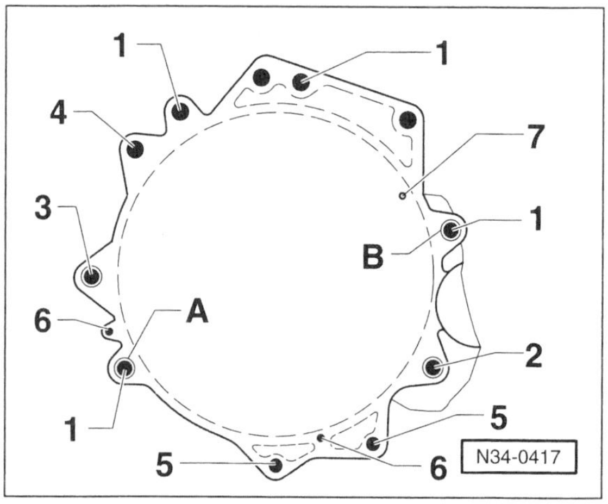

Position	Schraube	Anzahl	Anzugsdrehmoment
1	M12 x 55	4	80 Nm
2*	M12 x 30	1	20 Nm
3**	M12 x 130	1	80 Nm
4**	M12 x 55	1	80 Nm
5	M10 x50	2	25 Nm
6***	M7 x 12	2	10 Nm
7****	M6 x 8	1	10 Nm

1,8-/1,9-/2,0-l-Motor Ausführung 1

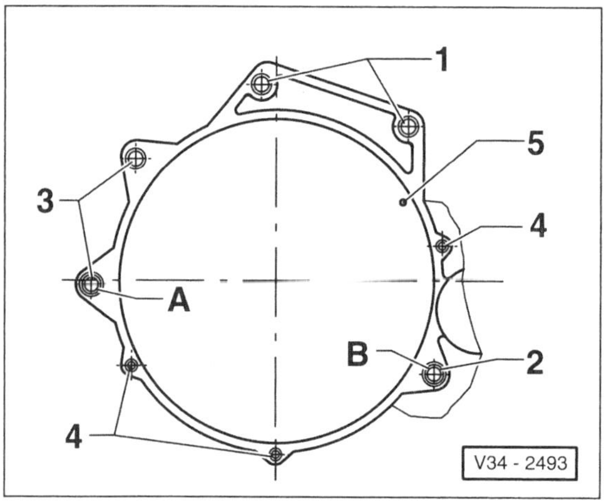

Position	Schraube	Anzahl	Anzugsdrehmoment
1	M12 x 55	2	80 Nm
2	M12 x64	1	80 Nm
3**	M10 x 140	2	60 Nm
4***	M7 x 12	3	10 Nm
5****	M6 x 8	1	10 Nm

1,8-/1,9-/2,0-l-Motor Ausführung 2

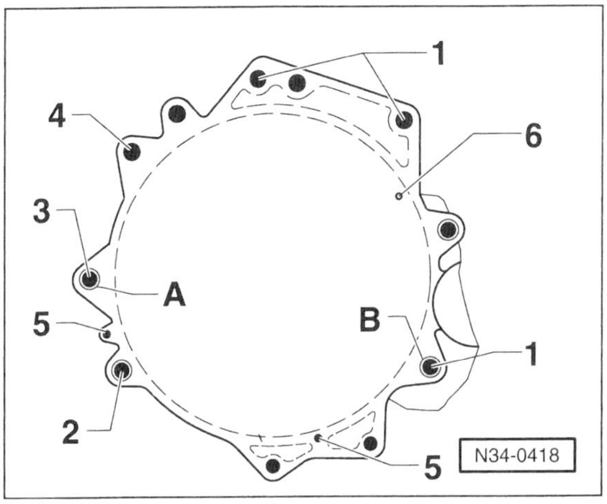

Position	Schraube	Anzahl	Anzugsdrehmoment
1	M12 x 55	3	80 Nm
2	M10 x50	1	25 Nm
3**	M12 x 130	1	80 Nm
4**	M12 x 55	1	80 Nm
5***	M7 x 12	2	10 Nm
6****	M6 x 8	1	10 Nm

Paßhülsen zur Zentrierung in Position **–A–** und **–B–**.
* – Abdeckblech
** – Zusätzlich für Anlasser an Getriebe
*** – Großes Abdeckblech an Schwungrad
**** – Kleines Abdeckblech an Schwungrad

- Wagenheber zurückdrehen und herausnehmen.
- Getriebekonsole ansetzen und mit **35 Nm** festschrauben.
- Gelenkwellen montieren, siehe Seite 136.
- Großes und kleines Abdeckblech montieren.
- Linke Befestigungsschrauben für Motorträger ansetzen und mit **50 Nm** anschrauben.
- Motorkonsole vorn ansetzen und Anlasser einbauen, siehe Seite 251.
- Die Befestigungsschraube der Motorkonsole am Getriebe mit **45 Nm** festziehen.

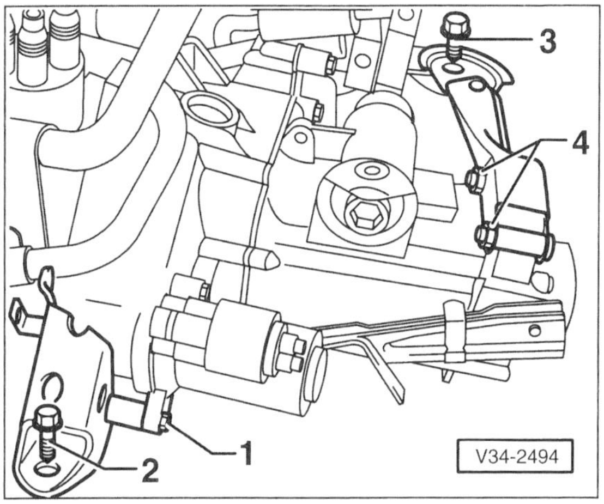

- **Bis ca. 11/92:** Getriebestütze einbauen. Dazu Schraube für Getriebelager –3– mit **60 Nm** und Muttern –4– mit **40 Nm** festziehen. **Achtung:** Bei Fahrzeugen mit Getriebestütze, muß diese auf jeden Fall auch wieder eingebaut werden.
- Befestigungsschraube des vorderen Aggregatelagers –2– ansetzen und mit **60 Nm** anziehen (Schraube –1– = **45 Nm**).
- Befestigungsschraube des hinteren Aggregatelagers ansetzen und mit **60 Nm** anziehen.
- **GOLF CABRIO:** 2 zusätzliche Motor- und Getriebelager anbauen. Befestigung siehe Abbildungen am Ende des Kapitels. Anzugsdrehmomente für Konsole »Getriebe an Aufbau«: Muttern/Schraube – **50 Nm**; Konsole »Motor an Aufbau«: 3 Muttern – **50 Nm** (vorher Distanzscheiben oder Distanzplatte unterlegen), 1 Schraube: **50 Nm.**
- Motor/Getriebe an Spindel langsam ablassen, Befestigungsschraube der vorderen Konsole ansetzen und festschrauben. Schraube der rechten Motorkonsole mit **60 Nm** festziehen.
- Schaltgestänge einbauen und einstellen, siehe Seite 128.
- Alle elektrischen Kabelverbindungen von Getriebe und Anlasser entsprechend der Klebebandkennzeichnung anbauen.

Hydraulische Kupplungsbetätigung

- Nehmerzylinder mit Halter am Deckel des Getriebegehäuses ansetzen und mit **30 Nm** anschrauben.
- Schlauchklemme von der Rohr-Schlauchleitung abnehmen.
- Schlauchleitung zum Nehmerzylinder in die hintere Aufnahme des Halters einhängen.
- Kupplung mehrmals betätigen und einwandfreie Funktion prüfen.

Achtung: Falls die Hydraulikleitung geöffnet war, Hydrauliksystem entlüften.

- Kupplungszug einhängen.

- Batterie-Massekabel (–) anklemmen. **Achtung:** Batterie nur bei ausgeschalteter Zündung anklemmen, sonst kann das Steuergerät der Einspritzanlage beschädigt werden.
- Zeituhr einstellen.
- Diebstahlcode für Radio eingeben, siehe Kapitel »Radio-Codierung eingeben«.

Besonderheiten bei Benzinmotoren ab 110 kW/150 PS und Dieselmotoren ab 66 kW/90 PS:

- Vorratsbehälter für Servolenkung von Batteriekonsole abbauen.
- Batterie ausbauen und Batteriekonsole abschrauben.

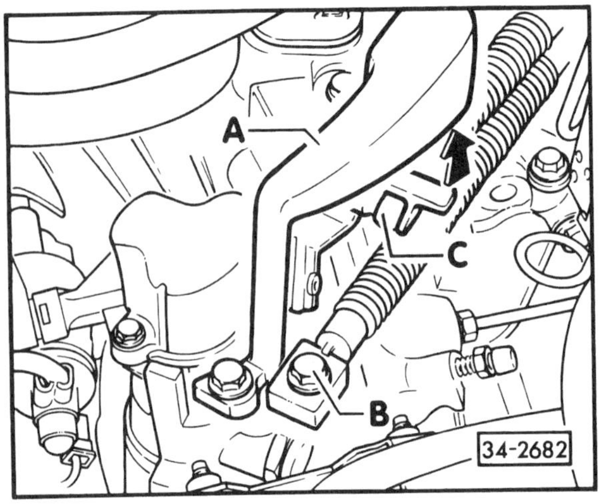

- Tilgergewicht –A– und Schaltseilzug –B– von Getriebeschalthebel abschrauben.
- Wählseilzug –C– vom Mitnehmer/Umlenkhebel abziehen, dazu Nase in Pfeilrichtung anheben.

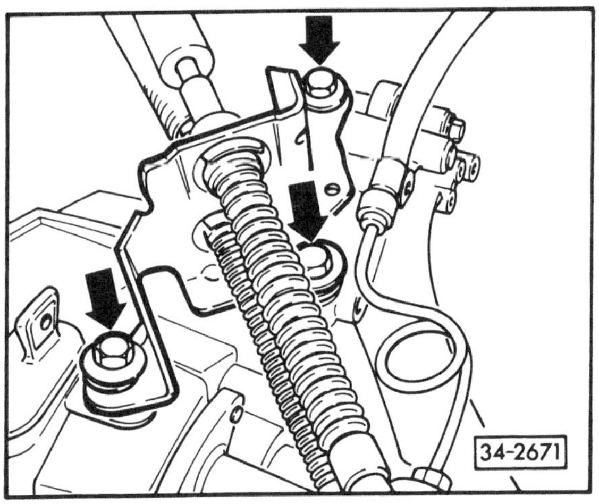

- Seilzugwiderlager vom Getriebe abschrauben.
- **Motor 110 kW/150 PS:** Zusätzliche Stütze zwischen Motor und Getriebe ausbauen.
- **Motor 110 kW/150 PS:** Kleines Abdeckblech für Kupplung hinter Gelenkwelle rechts mit 1 Schraube abschrauben und herausschwenken.

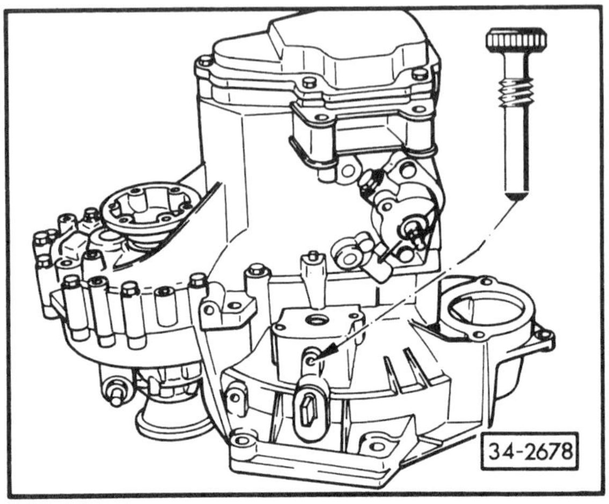

- Kupplungsausrückhebel vor Einbau des Getriebes zum Getriebegehäuse drücken und durch Montageschraube oder Schraube M8 x 35 sichern. Nach Getriebeeinbau wieder herausdrehen. Die Bohrung wird durch die Befestigungsschraube für das Widerlager der Betätigungsseilzüge verschlossen.

Befestigungsschrauben Motor/Getriebe

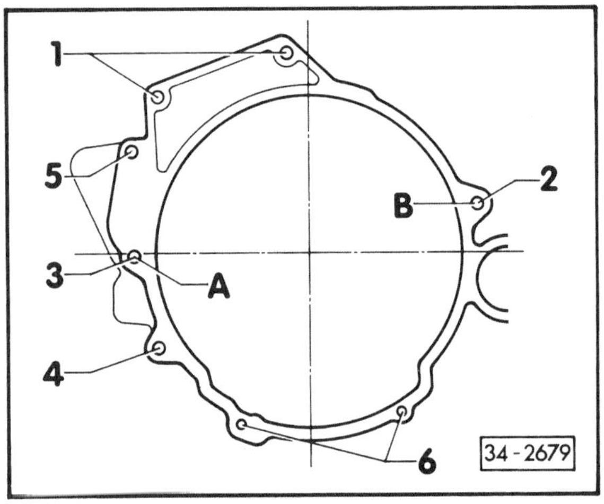

1 – 2 Schrauben	M12 x 55	**80 Nm**
2 – Schraube	M12 x 62	**80 Nm**
3 – Schraube*	M12 x 62	**80 Nm**
4 – Schraube	M12 x 46	**16 Nm**
5 – Schraube**	M10 x 160	**60 Nm**
6 – 2 Schrauben***	M7 x 12	**10 Nm**

Paßhülsen in Position A und B zur Zentrierung

* Zusätzlich Konsole vorn an Getriebe
** Zusätzlich Anlasser und Konsole vorn an Getriebe
*** Abschirmblech für Schwungrad

- Die vordere Motorkonsole am Getriebe ansetzen und Schrauben mit **50 Nm** festziehen.
- Getriebekonsole links an Getriebe mit **25 Nm** anschrauben.
- Befestigungsschraube des vorderen Aggregatelagers ansetzen und mit **50 Nm** anziehen.

- Befestigungsschraube des hinteren Aggregatelagers ansetzen und mit **50 Nm** anziehen.

Nur 2,0-l-Motor mit 110 kW/150 PS:

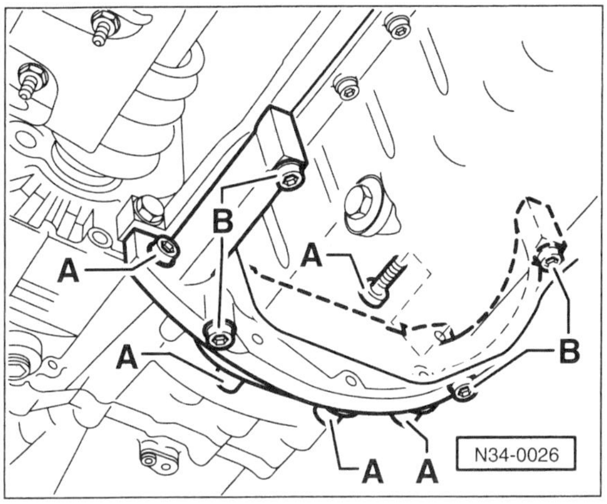

- Schrauben für Stütze folgendermaßen festziehen:
  - Alle Schrauben handfest anziehen.
  - Schrauben –A– mit **45 Nm** festziehen.
  - Schrauben –B– mit **45 Nm** festziehen.

Der Allradantrieb

Die Besonderheit am »GOLF syncro« mit Allradantrieb ist eine Visco-Kupplung zwischen Vorder- und Hinterachse.

Die Visco-Kupplung besteht aus einem mit Silikonöl angefüllten Gehäuse, in dem sich eng aneinander liegende Stahllamellen befinden, zwischen denen keine starre mechanische Verbindung besteht. Die Lamellen sind abwechselnd mit dem Kupplungsgehäuse – und damit der Kardanwelle – und mit der Antriebswelle zur Hinterachse verbunden. Die Antriebskraft wird durch das zähflüssige Silikonöl, das auf Drehzahlunterschiede zwischen den Lamellen reagiert, übertragen. Je größer der Drehzahlunterschied zwischen der Vorder- und Hinterachse ist, desto mehr Kraft wird von der Vorderachse auf die Hinterachse abgegeben. Der Hinterradantrieb setzt weich und ruckfrei ein, er wird vom Fahrer kaum wahrgenommen.

Auf trockener Straße und normaler Fahrt, wenn alle Räder sich mit nahezu gleicher Geschwindigkeit drehen, wird fast die ganze Antriebskraft von den Vorderrädern übertragen. Besteht jedoch beim starken Beschleunigen oder schlechtem Untergrund die Neigung der Vorderräder zum Durchdrehen, das heißt drehen die Vorderräder geringfügig schneller als die Hinterräder, überträgt die Visco-Kupplung sofort mehr Kraft auf die Hinterachse. Drehen die Vorderräder durch, wird fast der gesamte Antrieb von den Hinterrädern übernommen.

Beim Bremsen tritt automatisch ein Freilauf im Hinterachsdifferential in Funktion und unterbricht den Kraftfluß zur Hinterachse. Dadurch wird die richtige Bremskraftverteilung nicht beeinträchtigt, und das Fahrzeug bleibt fahrstabil.

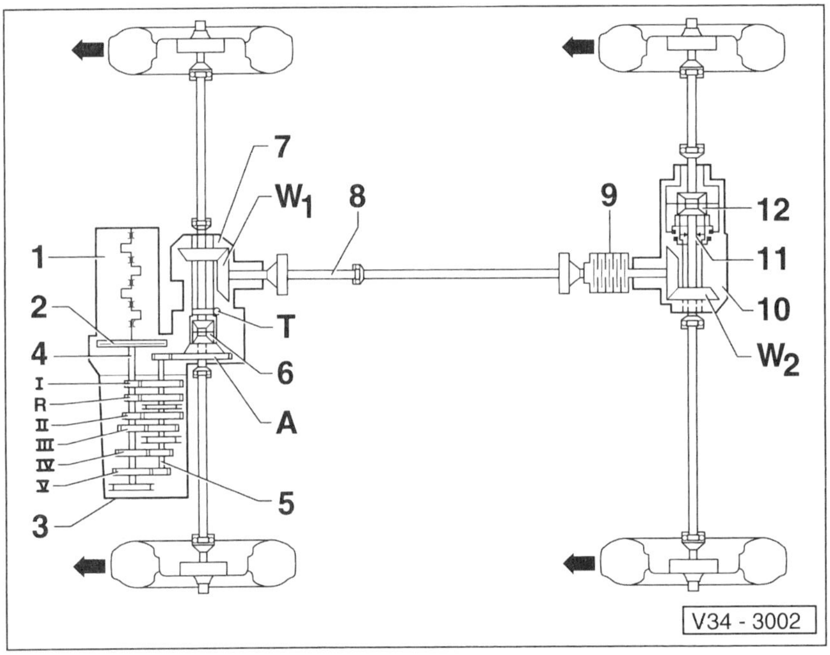

1 – Motor
2 – Kupplung
3 – Schaltgetriebe
4 – Antriebswelle
5 – Abtriebswelle/Triebwelle
6 – Ausgleichgetriebe
7 – Winkelgetriebe
8 – Kardanwelle
9 – Visco-Kupplung
10 – Achsantrieb hinten
11 – Freilauf
12 – Ausgleichgetriebe

Übersetzung
I – 1. Gang
II – 2 Gang
III – 3. Gang
IV – 4. Gang
V – 5. Gang
R – Rückwärtsgang
A – Achsantrieb
T – Tachoantrieb
W1/W2 – Winkeltrieb vorn/hinten
Pfeile zeigen in Fahrtrichtung

Die Vollautomatik

Das automatische Getriebe hat vier Vorwärtsfahrstufen (Gänge), die automatisch geschaltet werden.

Die Steuerung des Automatikgetriebes übernimmt ein elektronisches Steuergerät. Das Steuergerät erhält von Gebern und Sensoren Informationen über Schalterstellungen, Getriebeöltemperatur, Getriebedrehzahlen und durch das Steuergerät der Einspritzanlage Hinweise über den momentanen Lastzustand des Motors. Über 4 Magnetventile regelt das Steuergerät die Schaltvorgänge. Daraus resultieren ein geringer Kraftstoffverbrauch, weiche Schaltvorgänge und eine Wahl des Fahrprogrammes: Economy, Sport.

Bei Störungen der Eingangssignale oder der Magnetventile wird auf ein Notlaufprogramm umgeschaltet, gleichzeitig wird der im Fahrbetrieb aufgetretene Fehler im Fehlerspeicher abgespeichert und kann später mit einem VW-Fehlerauslesegerät abgerufen werden.

Für die Beurteilung der Funktion der Getriebeautomatik und für die richtige Fehlersuche ist Erfahrung mit automatischen Getrieben und die Kenntnis der Arbeitsweise unerläßlich. Diese Materie kann nur durch lange Berufserfahrung erworben werden.

Die Schaltung

Beim Einlegen eines Ganges wird zwischen der Querbewegung (Wählbewegung) in der Leerlaufposition und der eigentlichen Schaltbewegung unterschieden. Die Wählbewegung wird durch die Wählstange und den Gabelkopf auf das Getriebe übertragen. Dabei bewegt sich die Wählstange um die eigene Achse. Über Schaltstangen und Schalthebel wird die Getriebe-Schaltwelle in der Längsachse verstellt.

GOLF/VENTO-Modelle mit dem VR6-Motor besitzen zum Übertragen der Schaltbewegungen anstelle des Schaltgestänges zwei Schaltseilzüge.

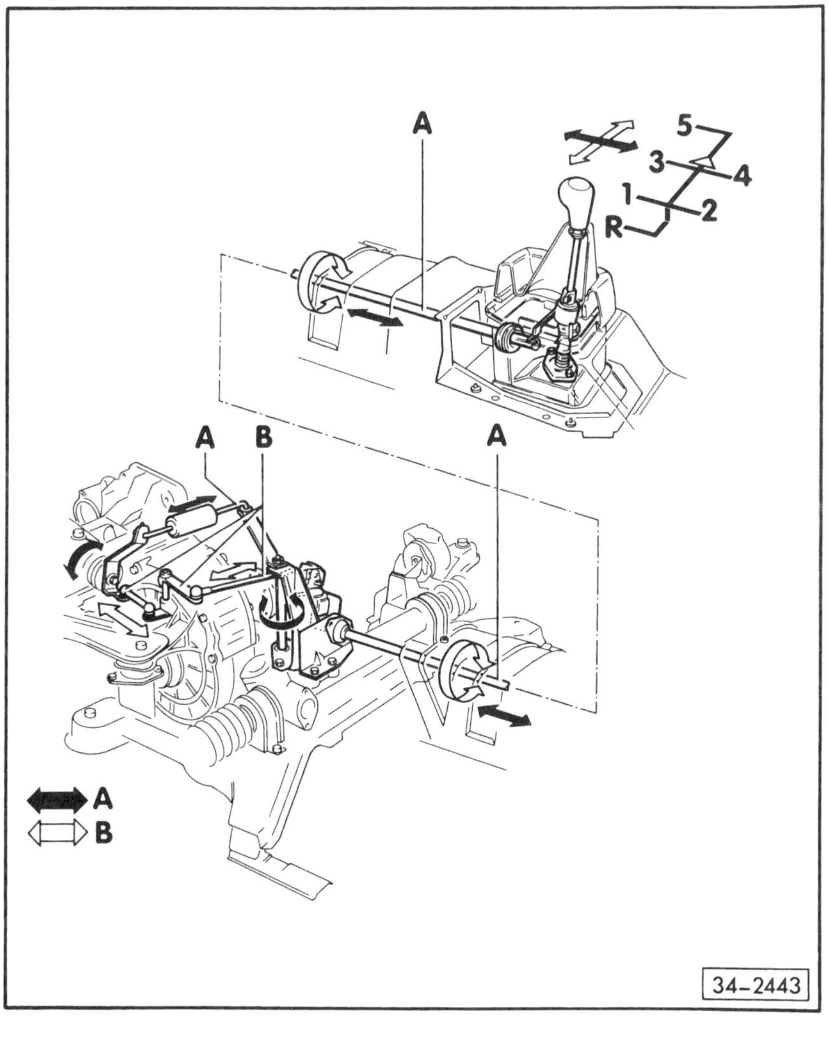

4-Zylindermotor

A – Schaltstangen für Schaltbewegung

B – Wählstange für Wählbewegung

Pfeil A – Schaltbewegung

Pfeil B – Wählbewegung

Hinweis: Sämtliche Lager- und Berührungsflächen mit MoS_2-Schmierfett fetten.

Schaltgehäuse/Schalthebel

4-Zylinder-Motor

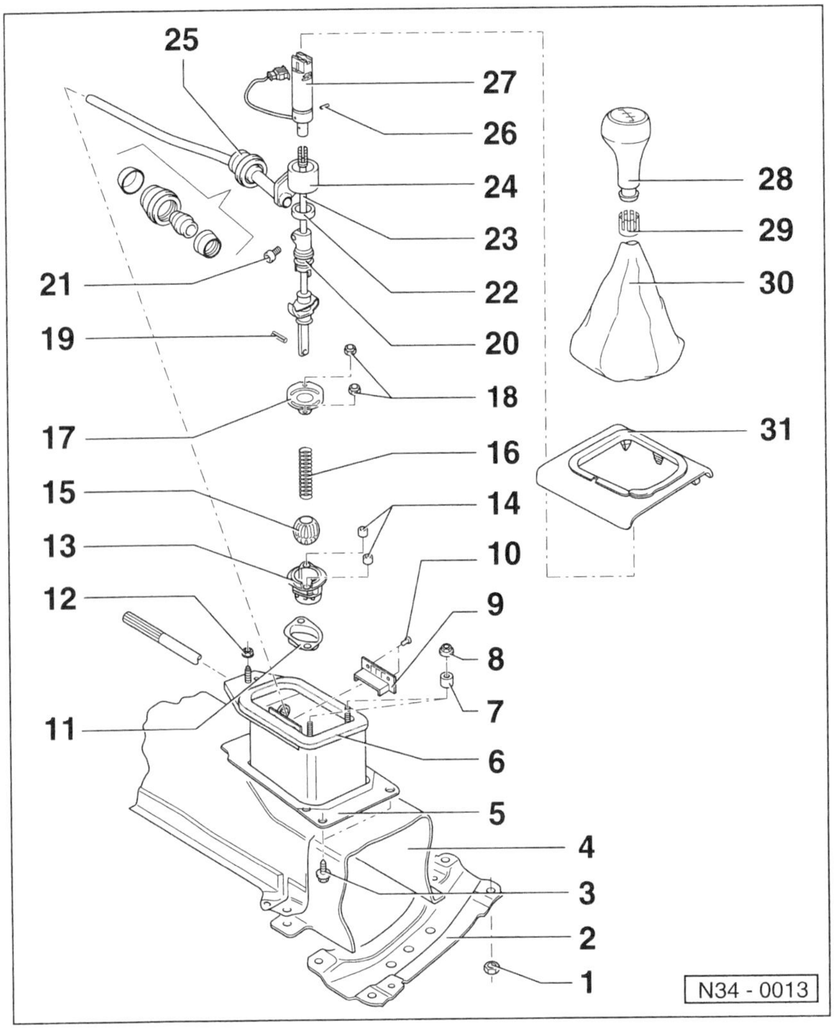

1 – **Sechskantmutter, 15 Nm**
Selbstsichernd, immer ersetzen.

2 – **Querträger**

3 – **Sechskantschraube, 25 Nm**
Schaltgehäuse an Aufbau.

4 – **Wärmeschutzblech**
Vorn und hinten.

5 – **Schaltgehäuse**
Vor Ausbau Tunnelbrücke –2–, Katalysator und Wärmeschutzblech vorn –4– demontieren.

6 – **Dichtung**
Auf Schaltgehäuse kleben.

7 – **Distanzhülse**
Zwischen Mittelkonsole und Schaltgehäuse.

8 – **Sechskantmutter**

9 – **Anschlag**

10 – **Niet**
Zur Befestigung des Anschlags.

11 – **Dichtung**
Für Kugelgehäuse.

12 – **Sechskantmutter, 25 Nm**
Schaltgehäuse an Aufbau.

13 – **Kugelgehäuse**

14 – **Distanzhülse**

15 – **Kugel**

16 – **Druckfeder**

17 – **Halteblech**

18 – **Muttern, 10 Nm**
Selbstsichernd, immer ersetzen.

19 – **Spannhülse**

20 – **Einstellexzenter**
Nach Einbau des Schalthebels mit Schalthebel verrasten.

21 – **Klemmschraube, 2 Nm**

22 – **Kunststoffring**
Auf Einstellexzenter anbringen.

23 – **Schalthebel**
Nach Fahrgestellnummer zuordnen. Vor Ausbau Einstellexzenter abbauen. Vor Einbau komplettieren: Halteblech –17–, Druckfeder –16– und Kugel –15– aufschieben und mit Spannhülse –19– sichern.

24 – **Schaltstange**
Mit Schalthebel aus Schaltgehäuse ziehen.

25 – **Schaltstangenlager**
Beim Einbau darauf achten, daß beide Kunststoffhalbschalen nicht auseinander gedrückt werden.

26 – **Spannstift**
Nur bei Ecomatic Fahrzeugen.

27 – **Schalter für Gangbetätigung**
Nur bei Ecomatic Fahrzeugen.

28 – **Schaltknopf**
Nach Fahrgestellnummer zuordnen und mit Abdeckung –30– verbinden.

29 – **Klemmhülse**

30 – **Abdeckung**
Vom Rahmen abziehen.

31 – **Rahmen**

Hinweis: Sämtliche Lager- und Berührungsflächen mit MoS_2-Schmierfett fetten.

Schaltbetätigung am Getriebe

4-Zylinder-Motor

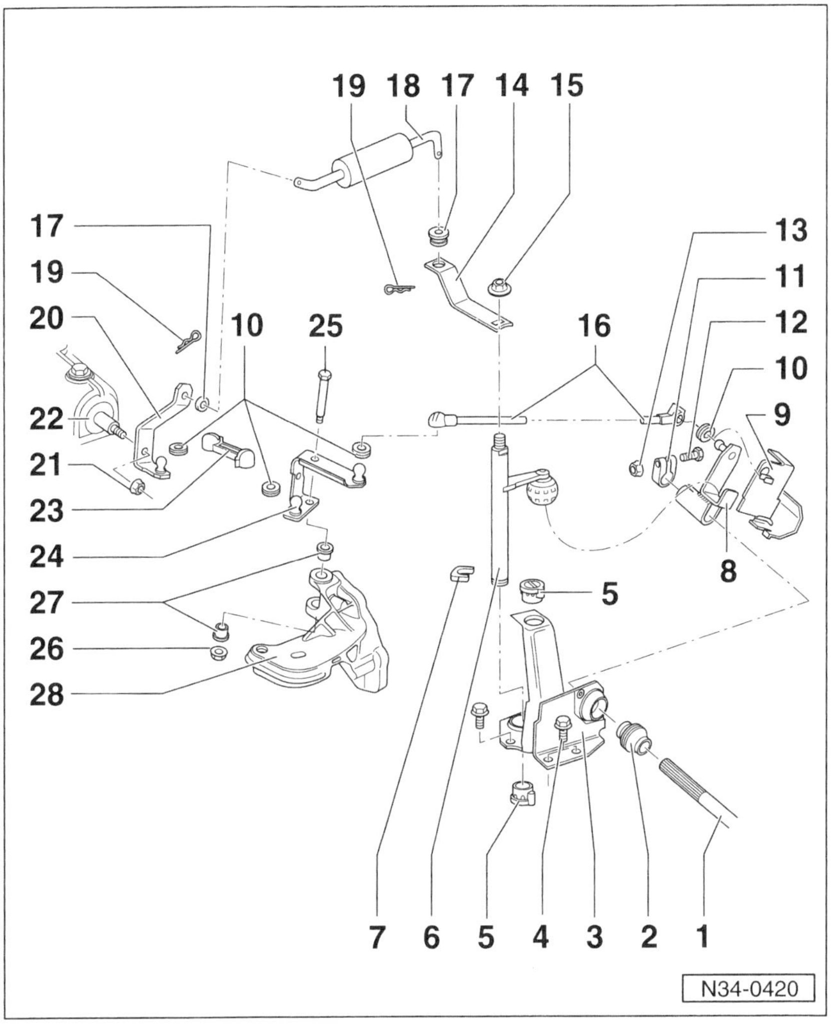

1 – **Schaltstange**
Aus Schaltgehäuse ziehen.

2 – **Lagerbuchse**

3 – **Lagerbock**
Für Umlenkwelle und Schaltstangenlager.

4 – **Sechskantschraube, 25 Nm**
Lagerbock an Lenkgetriebe

5 – **Lagerbuchse**

6 – **Umlenkwelle**

7 – **Sicherungsscheibe**

8 – **Wählhebel**

9 – **Abschirmblech**

10 – **Dichtring**

11 – **Klemmschelle**

12 – **Schraube**
Klemmschelle an Schaltstange.

13 – **Sechskantbundmutter, 20 Nm**
Klemmschelle an Schaltstange. Mutter ist selbstsichernd, daher immer ersetzen.

14 – **Zwischenhebel**

15 – **Sechskantmutter, 20 Nm**
Zwischenhebel an Umlenkwelle. Mutter ist selbstsichernd, daher immer ersetzen.

16 – **Wählstange, lang**
Vor dem Ausbau Klemmbügel der Kunststoffköpfe mit einem Schraubendreher zurückdrücken.

17 – **Lagerbuchse**

18 – **Schaltstange vorn**
Ab 02.94 mit Haltenasen an den Enden.

19 – **Sicherungsfeder**
Ab 02.94 entfallen. Nur bei Schaltstangen mit Bohrungen erforderlich.

20 – **Schalthebel**
Paßt nur in einer Stellung auf der Schaltwelle.

21 – **Sechskantmutter, 25 Nm**
Schalthebel an Getriebe. Mutter ist selbstsichernd, daher immer ersetzen.

22 – **Schaltwelle**

23 – **Wählstange, kurz**

24 – **Umlenkhebel**

25 – **Sechskantschraube**
Umlenkhebel an Konsole.

26 – **Sechskantmutter, 15 Nm**
Umlenkhebel an Konsole. Mutter ist selbstsichernd, daher immer ersetzen.

27 – **Lagerbuchse**

28 – **Getriebekonsole**
Braucht zum Ausbau des Umlenkhebels nicht ausgebaut zu werden.

Hinweis: Sämtliche Lager- und Berührungsflächen mit MoS_2-Schmierfett fetten.

Schaltbetätigung einstellen/ Funktion prüfen

Um die Schalteinstellung korrekt vornehmen zu können, müssen das Getriebe, die Kupplung und die Kupplungsbetätigung in Ordnung sein. Außerdem müssen die Betätigungs- und Übertragungselemente der Schaltbetätigung leichtgängig und in einem einwandfreien Zustand sein.

4-Zylinder-Benzinmotor, Dieselmotor 47/55 kW (67/75 PS)

Einstellen

- Getriebe in Leerlaufstellung bringen, Handbremse anziehen.

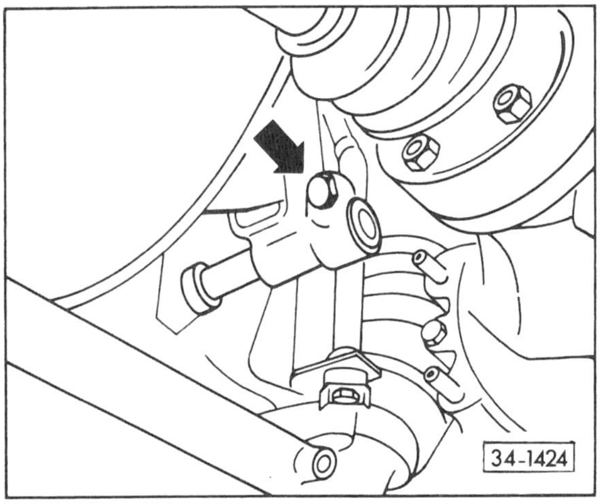

- Klemmschelle –Pfeil– lösen. Die Verbindung Schaltstange/Wählhebel muß leichtgängig sein.

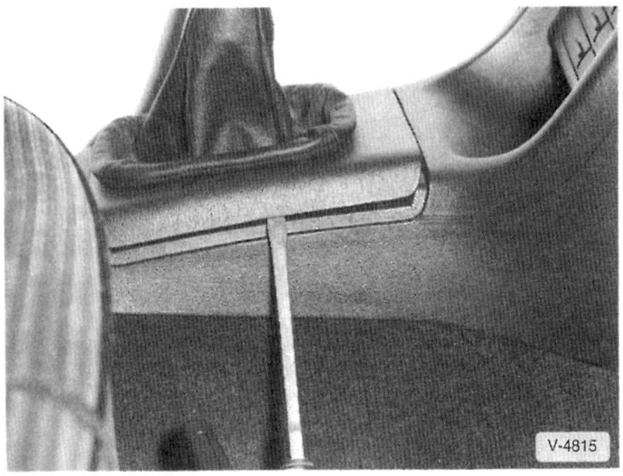

- Faltenbalg mit Rahmen von der Mittelkonsole abhebeln und nach oben über Schaltknauf hängen.

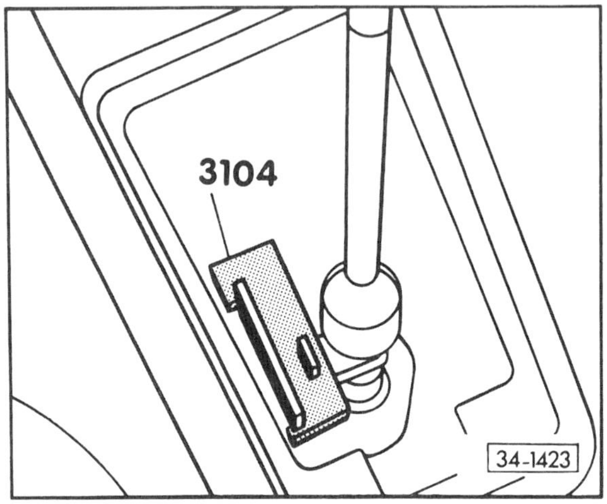

- Lehre VW-3104 einsetzen. Bei Fahrzeugen mit 1,4-l-Motor Lehre VW-3285 verwenden.
- Schaltstange spannungsfrei ausrichten (Getriebe in Leerlaufstellung) und Klemmschelle mit **20 Nm** festziehen.
- Einstellehre entnehmen.

Funktion prüfen

- Der Schalthebel muß im Leerlauf in der Gasse zwischen dem 3. und 4. Gang stehen.
- Alle Gänge durchschalten, sie müssen sich leicht und ohne zu haken einlegen lassen. Es ist besonders auf die Wirksamkeit der Rückwärtsgangsperre zu achten.
- Falls die Schaltung beim wiederholten Einlegen eines Ganges noch hakt, ist folgendermaßen vorzugehen:
- 1. Gang einlegen.
- Spiel in der Schaltbetätigung aufheben, indem der Schalthebel mit 2 – 3 N bei eingelegtem 1. Gang am Schaltknopf nach links gedrückt wird. 2 – 3 N (Newton) entsprechen einer Gewichtskraft von ca. 250 Gramm, die mit einer handelsüblichen Federwaage aufgebracht werden kann.

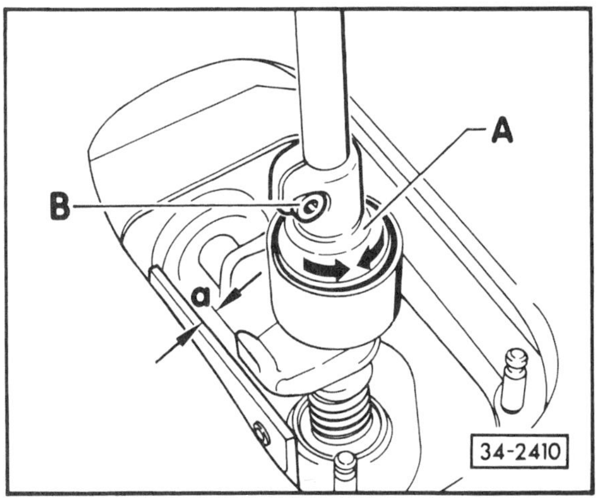

- Der Abstand Schalthebelanschlag/Schaltgehäuseanschlag muß in dieser Stellung a = 1 - 1,5 mm betragen.

- Andernfalls Feineinstellung durch Verdrehen des Exzenters –A– auf das vorgeschriebene Maß –a– einstellen. Dazu Klemmschraube –B– lösen.
- Nach Erreichen des Maßes –a– Klemmschraube –B– mit 2 Nm anziehen.
- Rahmen mit Faltenbalg montieren.

6-Zylinder-Benzinmotor, TDI-Motor 66/81 kW (90/110 PS)

Einstellen

- Getriebe in Leerlaufstellung.
- Faltenbalg mit Rahmen ausbauen und Schaltknauf abschrauben.

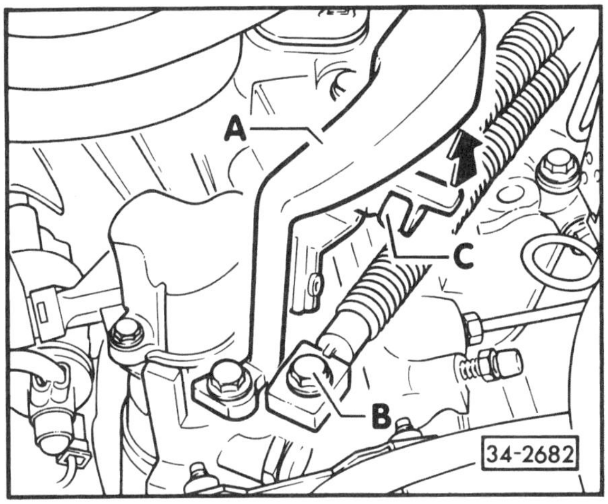

- Tilgergewicht –A– abbauen.

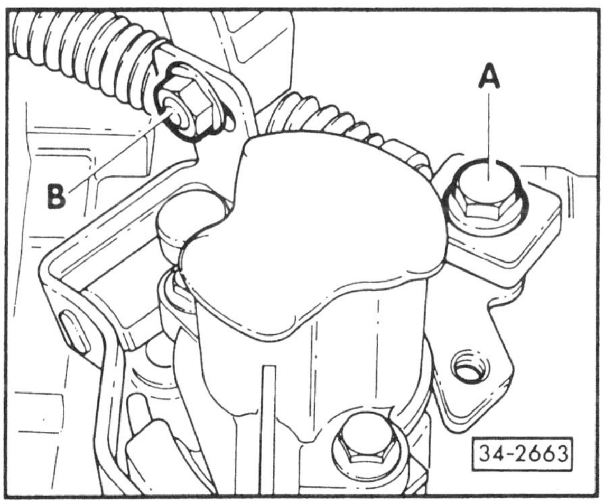

- Schraube –A– und Mutter –B– lösen, bis sich der Schaltseilzug und Mitnehmer/Wählseilzug in den Längslöchern frei bewegen lassen.

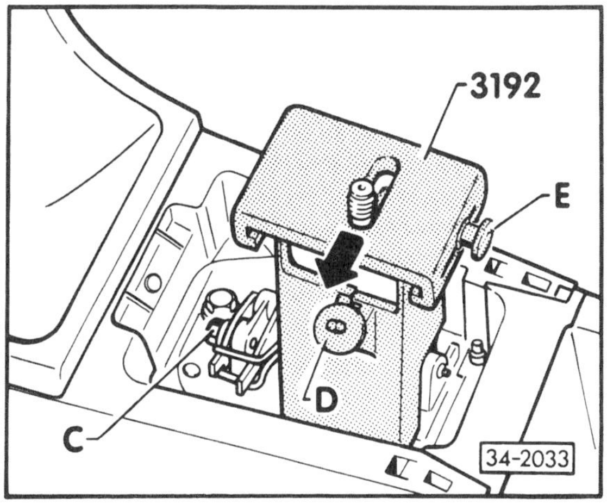

- Schraube –C– lösen.
- Schalthebellehre VW-3192 aufsetzen.
- Haken zur Befestigung der Lehre unter Lagerplatte schwenken und Mutter –D– anziehen.
- Schalthebel in die linke Rastierung des Schiebestückes drücken.
- Schalthebel mit Schiebestück nach links, in Pfeilrichtung, bis Anschlag drücken und Schiebestück mit Schraube –E– anziehen.
- Schalthebel nach rechts, entgegen der Pfeilrichtung, in die Rastierung drücken.
- Schraube –C– mit 15 Nm anziehen.

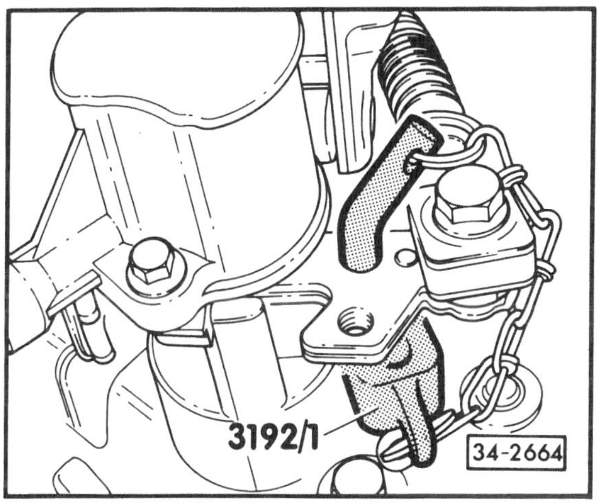

- Keilstück und Absteckstift VW-3192/1 zwischen Getriebeschalthebel und Schaltdeckel spielfrei einschieben. **Achtung:** Dabei darf der Getriebeschalthebel durch das Keilstück nicht angehoben werden.
- In dieser Stellung die Bundschraube -A- (in Bild 34-2663) mit **25 Nm** und die Befestigungsmutter –B– mit **15 Nm** festschrauben.
- Keilstück, Absteckstift und Schalthebellehre abnehmen.
- Faltenbalg mit Rahmen einclipsen und Schaltknauf aufschrauben.

Funktion prüfen

- Der Schalthebel muß im Leerlauf in der Gasse für den 3. und 4. Gang stehen.
- Kupplung betätigen, Motor anlassen, ca. 3 - 6 Sekunden warten, damit die Antriebswelle des Getriebes zum Stillstand kommt, dann alle Gänge mehrmals durchschalten. Dabei besonders auf die Funktion der Rückwärtsgangsperre achten.
- Falls die Schaltung beim wiederholten Einlegen eines Ganges noch hakt, ist der Hub der Schaltwelle folgendermaßen zu prüfen:
- 1. Gang einlegen.

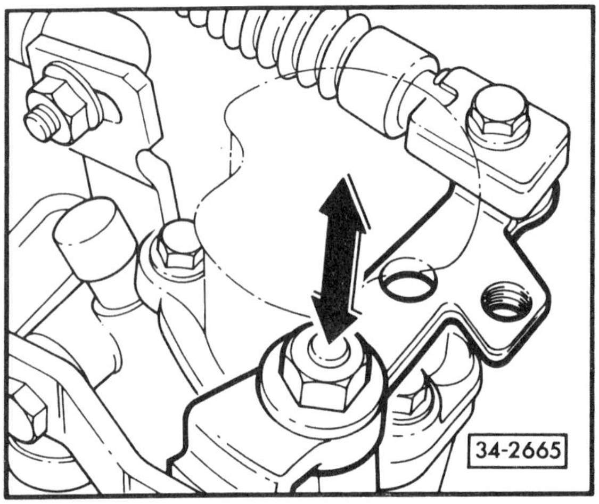

- Schalthebel bei eingelegtem 1. Gang nach links drücken. Gleichzeitig die Schaltwelle am Getriebe von Helfer beobachten lassen. Die Schaltwelle muß beim Bewegen des Schalthebels einen Hub von ca. 1 mm in Pfeilrichtung machen.

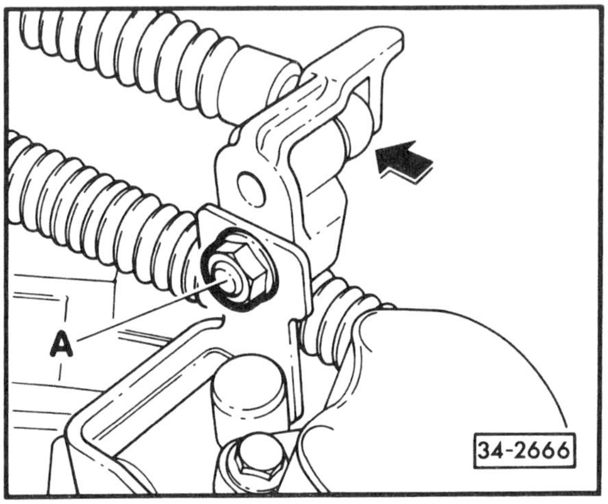

- Ist das nicht der Fall, 1.Gang herausnehmen und Befestigungsmutter –A– für den Aufnahmezapfen des Mitnehmers/Wählseilzug noch einmal lösen. Der Wählseilzug hat am Aufnahmezapfen – bedingt durch die Übertragungselemente – etwas Spiel.
- Das Spiel des Wählseilzuges aufheben, indem er mit dem Aufnahmezapfen leicht zur Spritzwand gedrückt wird.
- Mutter –A– in dieser Stellung mit **15 Nm** anziehen.

Die Vorderachse

Die Vorderachse des GOLF / VENTO besteht aus einem Aggregateträger, der mit der Bodengruppe des Fahrzeuges fest verschraubt ist. Die Motor- und Getriebeeinheit stützt sich zum Teil über die Motorlager auf dem Aggregateträger ab. Auf jeder Seite des Aggregateträgers befindet sich ein Achslenker, der in Gummimetall-Lagern am Aggregateträger befestigt ist.

Über das Radlagergehäuse ist der Achslenker mit dem Federbein verbunden. Da das Radlagergehäuse mit dem Federbein verschraubt ist, kann bei gelösten Schrauben der Winkel – und damit der Sturz – zwischen Federbeinrohr und dem Radlagergehäuse verändert werden. Das Federbein ist oben über das Federbeinlager mit der Karosserie verschraubt.

Die Motor-Antriebskraft wird über zwei Gelenkwellen, die mit jeweils zwei Gleichlaufgelenken ausgestattet sind, auf die Vorderräder übertragen. Von den beiden Spurstangen ist zur Einstellung der Spur nur die rechte Spurstange verstellbar.

Als Sonder- oder Serienausstattung (GTI, 16V, VR6) sind GOLF/VENTO-Modelle mit einem sogenannten Plus-Fahrwerk ausgestattet. Bei diesem Fahrwerk sind an der Vorderachse die Federbeine härter abgestimmt und das gesamte Fahrwerk ist um 20 mm tiefer gelegt.

Achtung: Schweiß- und Richtarbeiten an tragenden und radführenden Bauteilen der Vorderradaufhängung **sind nicht zulässig. Selbstsichernde Muttern** im Reparaturfall **immer ersetzen.**

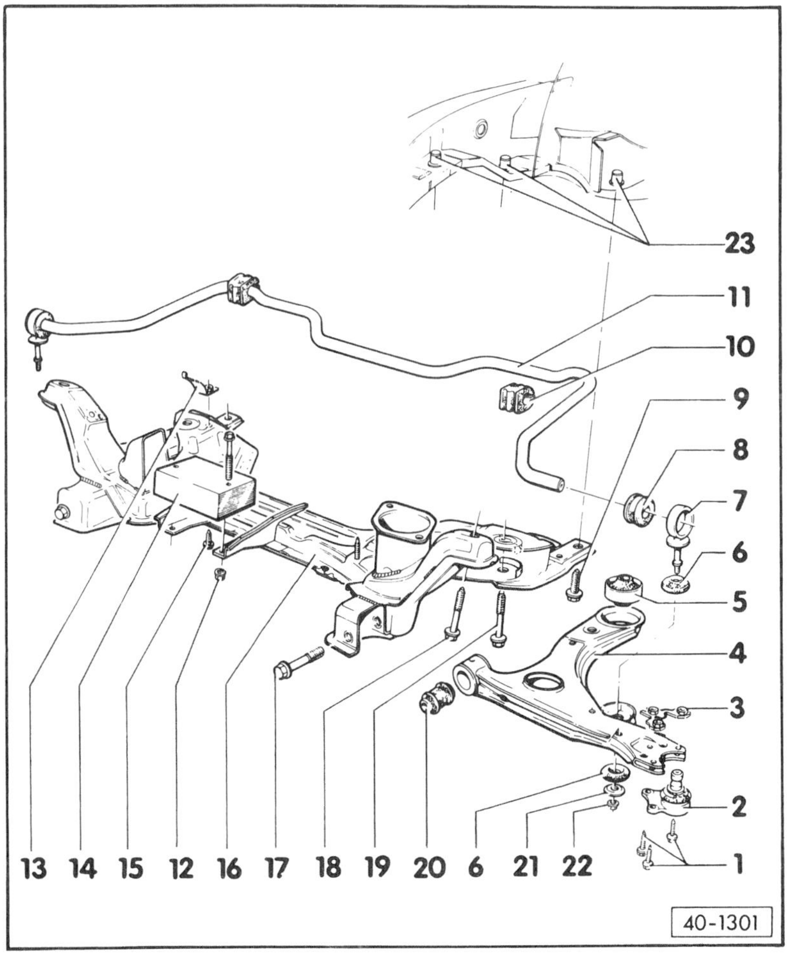

1 – **Schrauben, 35 Nm**

2 – **Achsgelenk**
Gummibalg auf Beschädigung prüfen, gegebenenfalls Achsgelenk ersetzen. Bei Austausch auf Mitte des Langloches stellen und Spur überprüfen.

3 – **Blech mit Mutter**

4 – **Achslenker**

5 – **Lager hinten für Achslenker**

6 – **Lager für Koppelstangen**
Konische Seite zeigt zum Achslenker.

7 – **Koppelstange**

8 – **Gummilager**
Vor dem Eindrücken mit Schmierseife einstreichen.

9 – **Schraube, 65 Nm**

10 – **Stabilisator-Lager**

11 – **Stabilisator**

12 – **Mutter, 25 Nm**

13 – **Schelle**

14 – **Schwingungstilger**

15 – **Schraube, 25 Nm**

16 – **Aggregateträger**

17 – **Schraube, 50 Nm + 90° (¼ Umdrehung) weiterdrehen**

18 – **Schraube, 70 Nm + 90° (¼ Umdrehung) weiterdrehen**

19 – **Schraube, 70 Nm + 90° (¼ Umdrehung) weiterdrehen**

20 – **Lager vorn für Achslenker**

21 – **Scheibe**
Kragen zeigt vom Lager weg.

22 – **Mutter, 25 Nm**

23 – **Hutmutter**

Achsgelenk prüfen/aus- und einbauen

Prüfen

- Fahrzeug vorn aufbocken, siehe Seite 289.
- Achslenker kräftig nach oben drücken und nach unten ziehen, dabei das Achsgelenk beobachten.
- Rad unten kräftig nach außen und innen drücken, dabei das Achsgelenk beobachten.
- Bei beiden Prüfungen darf kein fühlbares und sichtbares Spiel im Achsgelenk vorhanden sein. Eventuell vorhandenes Radlagerspiel oder Spiel im Federbeinlager oben berücksichtigen.

Ausbau

- Scheibenrad (Felge) zur Radnabe mit Farbe kennzeichnen. Dadurch kann das ausgewuchtete Rad wieder in der gleichen Lage montiert werden.
- Radschrauben am Vorderrad lösen. Dabei muß das Fahrzeug noch am Boden stehen.
- Fahrzeug aufbocken, Rad abnehmen, siehe Seite 289.

Basis-Fahrwerk

- Mutter der Klemmschraube abschrauben, dabei am Schraubenkopf gegenhalten. Schraube herausziehen.
- Achslenker nach unten drücken und damit Gelenkzapfen aus dem Radlagergehäuse ausbauen.

Achtung: Falls der Gelenkzapfen sehr fest sitzt, Rohrstück mit einer Länge von ca. 1,5m am Aggregateträger abstützen und damit Achslenker nach unten drücken.
Zum Ausdrücken des Gelenkzapfens darf auf keinen Fall der Schlitz am Radlagergehäuse mit einem Meißel oder sonstigem Werkzeug aufgeweitet werden. Um die Verbindungsstelle Radlagergehäuse und Gelenkzapfen zu trennen, können handelsübliche Rostlöser verwendet werden.

Achtung: Lage der 3 Befestigungsschrauben in den Langlöchern am Achslenker kennzeichnen (mit Reißnadel umkreisen).

- Befestigungsschrauben herausdrehen und Achsgelenk mit Sicherungsblech abnehmen.

Plus-Fahrwerk

- Gelenkwelle an der Getriebe-Flanschwelle abschrauben.

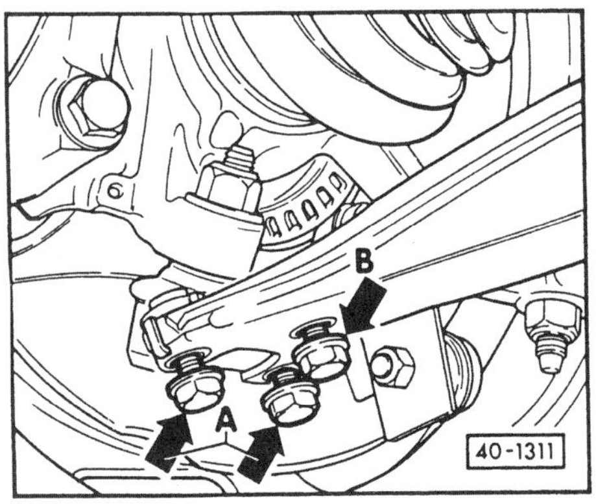

- Schrauben –A–, dann Schrauben –B– ausschrauben. Vorher Einbaulage des Gelenks mit einem Filzstift markieren oder mit Reißnadel umkreisen.
- Befestigungsmutter des Achsgelenkes herausschrauben.

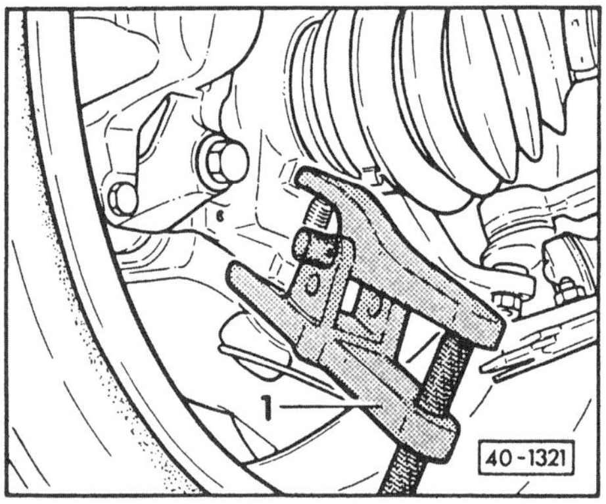

- Achsgelenk mit handelsüblichem Ausdrücker, zum Beispiel Matra V176, aus Radlagergehäuse herausdrücken.

Einbau

Achtung: Innerhalb der Langlöcher des Achsgelenkes darf der Sturz nicht eingestellt werden. Sonst können Schäden an der Gelenkwelle auftreten.

- Achsgelenk mit **neuem** Sicherungsblech am Achslenker ansetzen und Schrauben handfest anziehen.
- Achsgelenk in den Länglöchern verschieben, bis die Schrauben mit den angebrachten Markierungen übereinstimmen, dann mit **35 Nm** festziehen.

Achtung: Bei Einbau in einen neuen Achslenker, Befestigungsschrauben in den Langlöchern ausmitteln, dann festziehen. Anschließend Sturz neu vermessen, siehe Seite 155.

- **Basis-Fahrwerk:** Gelenkzapfen in Radlagergehäuse einsetzen. Klemmschraube durchstecken und Mutter mit **50 Nm** anziehen.

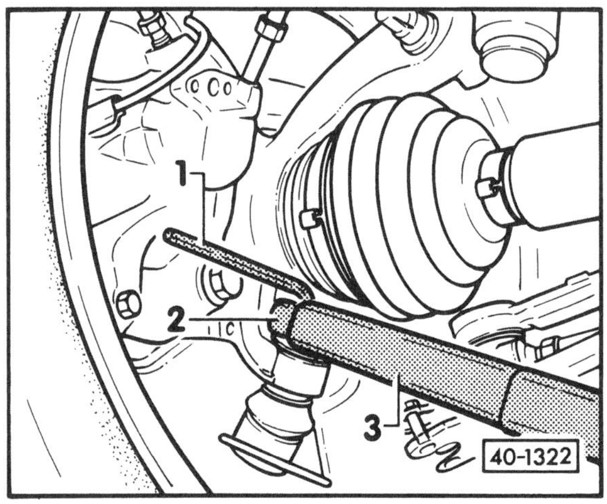

- **Plus-Fahrwerk:** Gelenkzapfen in Radlagergehäuse einsetzen. **Neue** selbstsichernde Mutter mit **45 Nm** anziehen. Dabei Achsgelenk mit einem um ca. 10 mm gekürzten Innensechskantschlüssel SW 6 –1– gegenhalten.
- Vorderrad montieren, dabei auf Markierung zur Radnabe achten, Fahrzeug ablassen und Radschrauben über Kreuz mit **110 Nm** festziehen. M14-Schrauben für 5-Loch-Felge mit **120 Nm** festziehen.

Federbein aus- und einbauen

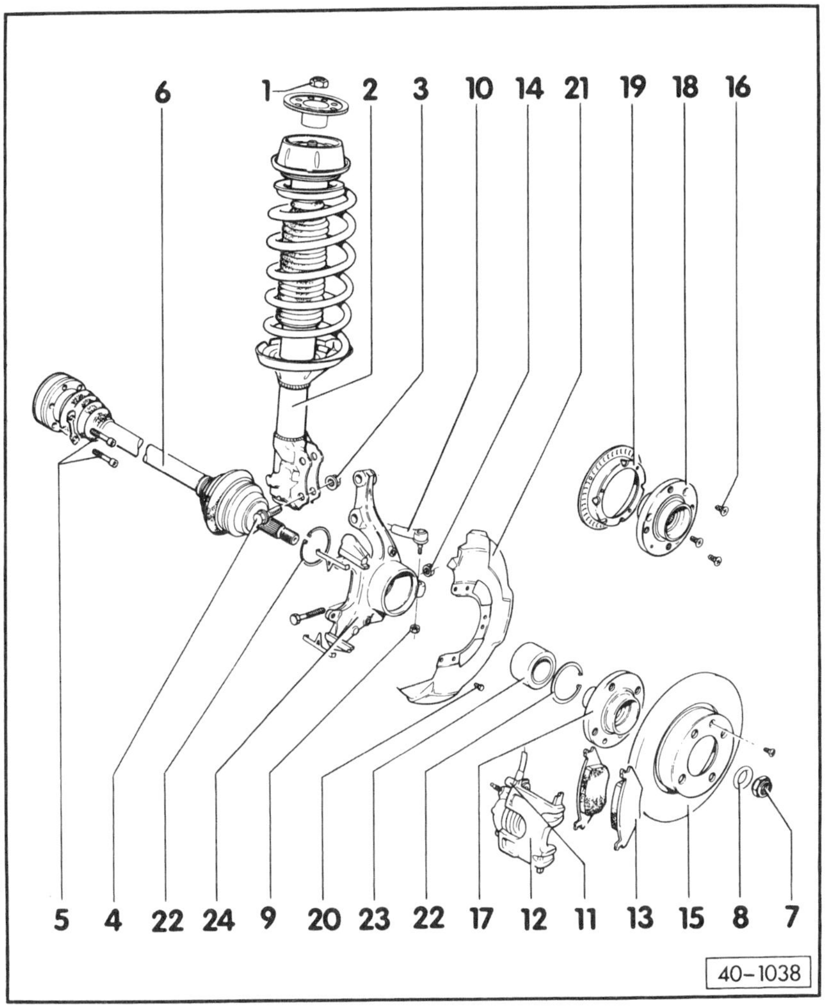

1 – **Mutter, 60 Nm**
Selbstsichernd, immer ersetzen.

2 – **Federbein**

3 – **Mutter, 95 Nm**
Selbstsichernd, immer ersetzen.

4 – **Schraube**
Vor dem Lösen Einbaulage mit Reißnadel markieren.

5 – **Schrauben, 45 Nm**

6 – **Gelenkwelle**
Bei demontierter Gelenkwelle darf das Fahrzeug nicht geschoben werden. Muß es trotzdem bewegt werden, ein Außengelenk einbauen und mit 50 Nm anziehen.

7 – **Mutter**
Anzugsdrehmoment: Basis-Fahrwerk: **265 Nm**. Plusfahrwerk: **90 Nm + 45°** (1/8 Umdrehung). Selbstsichernd, immer ersetzen. **Achtung:** Schraube nur lösen und festziehen solange das Fahrzeug mit den Rädern auf dem Boden steht (Unfallgefahr).

8 – **Scheibe**

9 – **Mutter, 35 Nm**
Selbstsichernd, immer ersetzen.

10 – **Spurstange**

11 – **Sechskantschraube, 25 Nm**

12 – **Bremssattel**

13 – **Bremsbeläge**

14 – **Mutter, 50 Nm**

15 – **Bremsscheibe**

16 – **Kreuzschlitzschraube**

17 – **Radnabe**
Für Fahrzeuge ohne ABS.

18 – **Radnabe**
Für Fahrzeuge mit ABS.

19 – **Rotor für Drehzahlfühler**
Für Fahrzeuge mit ABS.

20 – **Sechskantschraube, 10 Nm**

21 – **Abdeckblech**

22 – **Sicherungsring**
Auf richtigen Sitz achten.

23 – **Radlager**

24 – **Radlagergehäuse**

Ausbau

Vor dem Ausbau Sturzeinstellung an den beiden unteren Befestigungsschrauben markieren, wenn altes Federbein wieder eingebaut wird. Schraubenköpfe und Muttern mit Reißnadel umkreisen.

- Scheibenrad (Felge) zur Radnabe mit Farbe kennzeichnen. Dadurch kann das ausgewuchtete Rad wieder in der gleichen Lage montiert werden.
- Radschrauben am Vorderrad lösen. Dabei muß das Fahrzeug noch am Boden stehen.
- Fahrzeug aufbocken, Rad abnehmen, siehe Seite 279.
- Gelenkwelle so abstützen, daß sie nach dem Ausbau des Federbeins nicht nach unten durchhängt. Dazu geeigneten Stützbock unter der Gelenkwelle postieren, und zwar neben der Gummimanschette des äußeren Gleichlaufgelenks.
- Kunststoff-Abdeckkappe oben am Federbein abnehmen.

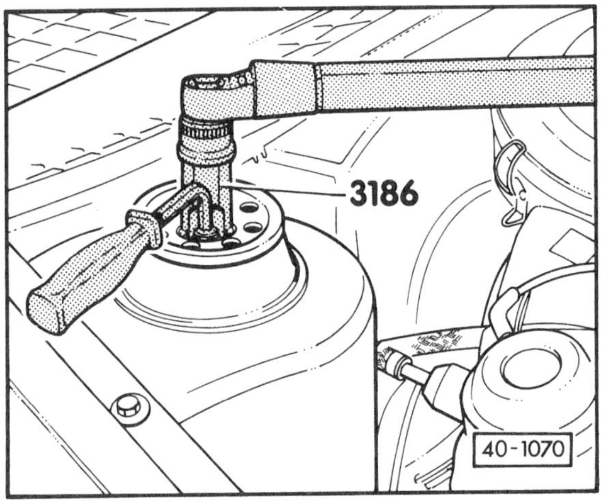

- Mutter am Federbein abschrauben, dabei mit Innensechskant-Winkelschraubendreher mit SW 7, zum Beispiel HAZET 2100-07, an der Kolbenstange gegenhalten. Für die Mutter wird ein tiefgekröpfter Ringschlüssel benötigt. Bei der Verwendung des Spezialwerkzeuges HAZET 2593-21 oder VW 3186 kann zum Festziehen ein handelsüblicher Drehmomentschlüssel verwendet werden.

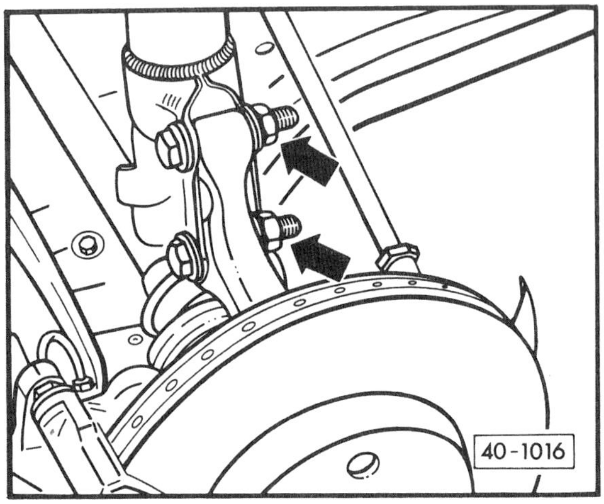

- Muttern –Pfeile– abschrauben und Bolzen herausdrükken.
- Federbein nach unten durch Radhaus herausnehmen.

Einbau

Achtung: Grundsätzlich selbstsichernde Muttern erneuern.

- Federbein von unten einsetzen, Bolzen am Radlagergehäuse durchschieben und **neue** selbstsichernde Mutter handfest anziehen.
- Federbein oben mit **60 Nm** festziehen, dabei Kolbenstange mit Innensechskantschlüssel SW 7 gegenhalten. **Achtung:** Damit ein Drehmomentschlüssel angesetzt werden kann, wird das V.A.G-Werkzeug 3186 oder das HAZET-Werkzeug 2593-21 mit 2100-07 als Gegenhalter benötigt.
- Federbein unten verschieben, bis die Schrauben die markierte Lage einnehmen, dann Muttern mit **95 Nm** festziehen.
- Vorderrad so ansetzen, daß die beim Ausbau angebrachten Markierungen übereinstimmen. Vorher Zentriersitz der Felge an der Radnabe sowie die Kegelfläche der Radschrauben mit Wälzlagerfett leicht einfetten. Gewinde der Radschrauben **nicht** fetten oder ölen. Rad anschrauben. Fahrzeug ablassen und Radschrauben über Kreuz mit **110 Nm** festziehen. M14-Schrauben für 5-Loch-Felge mit **120 Nm** festziehen.

Achtung: Nach Austausch von Stoßdämpfer und Radlagergehäuse Spur und Sturz einstellen, siehe Seite 151.

Das Federbein

Basis-Fahrwerk

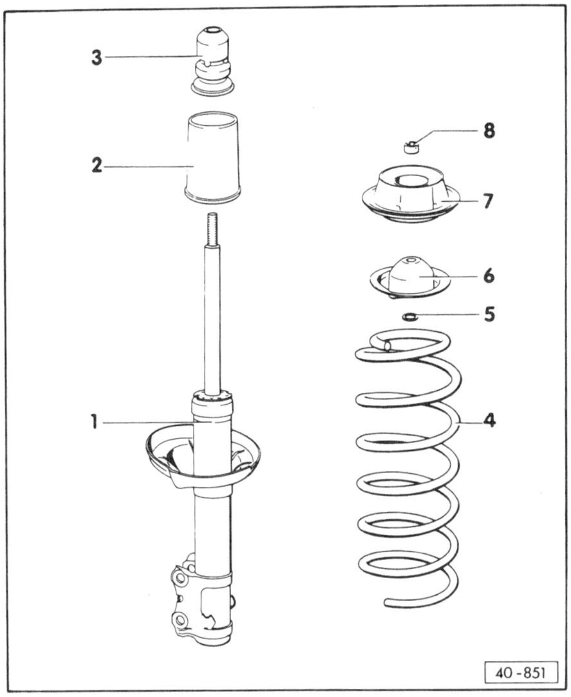

1 – **Stoßdämpfer**
Kann einzeln ausgetauscht werden.

2 – **Schutzhülle**

3 – **Anschlagpuffer**

4 – **Schraubenfeder**

5 – **Scheibe**

6 – **Federteller**

7 – **Federbeinlager**
Nur komplett ersetzen. Bei Ersatz Außendurchmesser messen und gleiches Teil kaufen, da 2 verschiedene Lager mit unterschiedlichen Durchmessern und Härten verbaut wurden.

8 – **Nutmutter, 40 Nm**

Stoßdämpfer aus- und einbauen/ Federbein zerlegen

- Federbein ausbauen, siehe Seite 131.
- Um den Stoßdämpfer ausbauen zu können muß die Schraubenfeder vorgespannt werden. Die Werkstätten benutzen dazu die Spezialvorrichtung V.A.G 1403.

Achtung: Auf keinen Fall Stoßdämpfer lösen, wenn die Feder nicht ordnungsgemäß gespannt ist.

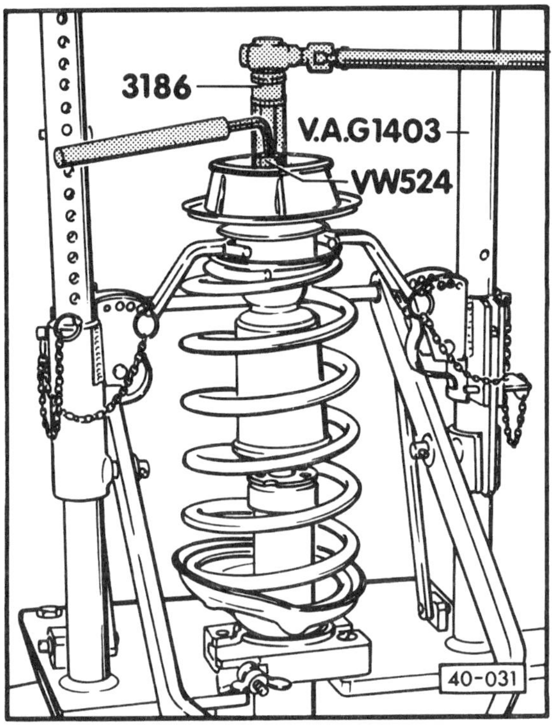

- Schraubenfeder mit geeigneter Vorrichtung spannen. **Achtung: Falls der Federspanner in die Windungen der Feder eingesetzt wird, darauf achten, daß die Federwindungen sicher umfaßt werden und der Federspanner nicht abrutschen kann. Feder grundsätzlich an 3 gleichmäßig über den Umfang verteilten Punkten spannen. Die Schraubenfeder steht unter großer Vorspannung, deshalb nur stabiles Werkzeug verwenden. Keinesfalls Feder mit Draht zusammenbinden. Unfallgefahr!**

Achtung: Die Nutmutter darf nur dann gelöst werden, wenn die Feder sicher gespannt ist.

- Nutmutter mit Zange oder Spezialwerkzeug VW-524 (besitzt Sechskantkopf) abschrauben. Dabei Kolbenstange mit Innensechskantschlüssel gegenhalten.
- Schraubenfeder langsam entspannen, Einzelteile abnehmen.
- Stoßdämpfer prüfen, siehe Seite 143.
- Gegebenenfalls Stoßdämpfer verschrotten, siehe Seite 143.

Einbau

Achtung: Es stehen Federn in verschiedenen Toleranzgruppen zur Verfügung. Nur Federn mit gleicher Kennung (Farbkennzeichnung) verwenden.

- Eine neue Schraubenfeder ist gegen Korrosion mit einem Schutzlack versehen. Vor dem Einbau Federn auf Lackschäden untersuchen und gegebenenfalls ausbessern.
- Federbein nach Abbildung 40-851 zusammensetzen.
- Schraubenfeder mit geeigneter Spannvorrichtung spannen und in das Federbein einsetzen. Darauf achten, daß das Federende richtig in der Führung anliegt.
- Nutmutter mit **40 Nm** festziehen. Dazu ist das Spezialwerkzeug VW-524 in Verbindung mit V.A.G-3078 oder HAZET 2593-22 erforderlich. Kolbenstange mit Inbusschlüssel, z. B. HAZET 2100-07, gegenhalten.
- Feder langsam entspannen.
- Federbein einbauen, siehe Seite 135.

Gelenkwelle aus- und einbauen

Achtung: Bei demontierter Gelenkwelle darf das Fahrzeug nicht geschoben werden, da bei fehlender axialer Vorspannung die Wälzkörper des Radlagers beschädigt werden. Gegebenenfalls statt der Gelenkwelle ein Außengelenk einbauen und mit **50 Nm** anziehen.

Ausbau

- Alle Fahrzeuge ab 1,8l Hubraum besitzen an den Gelenkwellen Tilgergewichte. Beim Erneuern der Gelenkwelle Tilgergewicht auf die neue Welle umbauen.
- Befestigungsmutter für Radnabe an Gelenkwelle abschrauben. **Achtung:** Das Fahrzeug muß dabei auf dem Boden stehen. Unfallgefahr!
- Scheibe abnehmen.
- Scheibenrad (Felge) zur Radnabe mit Farbe kennzeichnen. Dadurch kann das ausgewuchtete Rad wieder in der gleichen Lage montiert werden.
- Radschrauben am Vorderrad losen. Dabei muß das Fahrzeug noch am Boden stehen.
- Fahrzeug aufbocken, Rad abnehmen, siehe Seite 289.
- Innenvielzahnschrauben am inneren Gelenk herausschrauben. Hierzu wird ein Innenvielzahn-Steckschlüsseleinsatz benötigt, zum Beispiel HAZET 990 Lg-8.

Basis-Fahrwerk

- Mutter der Klemmschraube abschrauben, dabei am Schraubenkopf gegenhalten. Schraube herausziehen.
- Achslenker nach unten drücken und damit Gelenkzapfen aus dem Radlagergehäuse ausbauen.

Achtung: Falls der Gelenkzapfen sehr fest sitzt, Rohrstück mit einer Länge von ca. 1,5m am Aggregateträger abstützen und damit Achslenker nach unten drücken.

Zum Ausdrücken des Gelenkzapfens darf auf keinen Fall der Schlitz am Radlagergehäuse mit einem Meißel oder sonstigem Werkzeug aufgeweitet werden. Um die Verbindungsstelle Radlagergehäuse und Gelenkzapfen trennen zu können, handelsübliche Rostlöser verwenden.

Plus-Fahrwerk

- Befestigungsmutter des Achsgelenkes herausschrauben.
- Achsgelenk mit handelsüblichem Ausdrücker aus Radlagergehäuse herausdrücken.

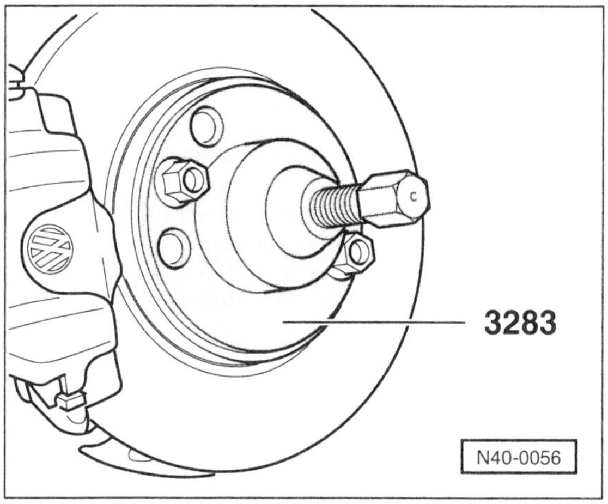

- Falls sich die Gelenkwelle nicht von Hand herausziehen läßt, Gelenkwelle mit handelsüblichem Abzieher aus Radnabe drücken. Die VW-Werkstatt verwendet hierfür den Abzieher VW-3283.
- Federbein nach außen schwenken und Gelenkwelle aus dem Radlagergehäuse herausziehen.

Einbau

Falls eine neue Gelenkwelle eingebaut werden soll, darauf achten, daß es verschiedene Ausführungen je nach Motor und Getriebe gibt. Auch haben die linke und rechte Gelenkwelle unterschiedliche Länge.

- Gegebenenfalls Tilgergewicht auf neue Gelenkwelle umbauen, siehe Kapitel »Gelenkwelle zerlegen«.
- Vor dem Einbau Verzahnung der Gelenkwelle und Radnabe mit Benzin reinigen (fett- und ölfrei) sowie alle Rückstände von Sicherungsmittel und Lack entfernen.

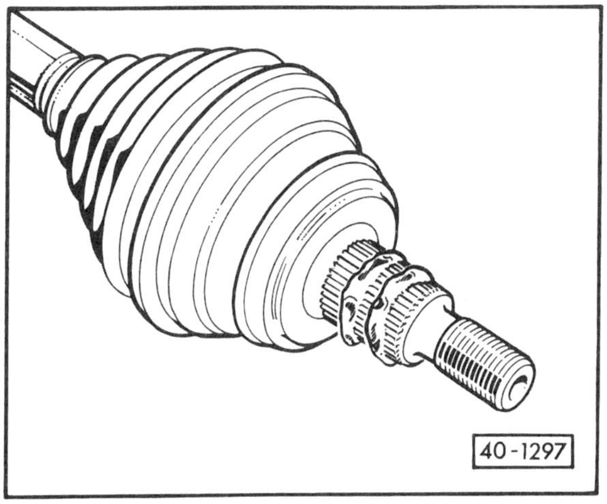

- **Plus-Fahrwerk:** Bis ca. 12/94: Auf die Verzahnung flüssiges VW-Sicherungsmittel D185400A2, wie in Abbildung gezeigt, auftragen. Der Raupenquerschnitt beträgt ca. 3 mm.

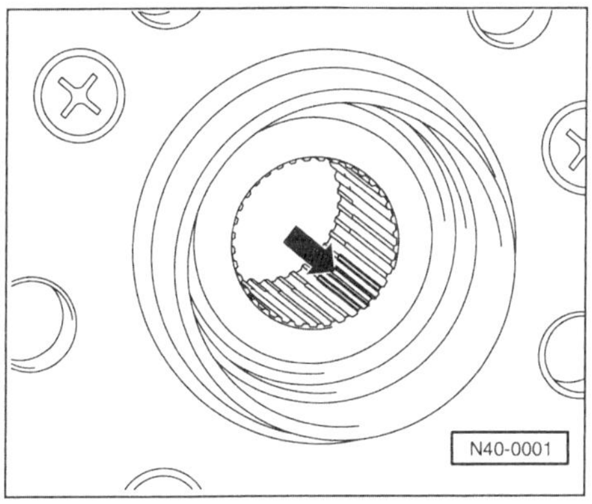

Achtung: Seit ca. 12/94 wird eine geänderte Radnabe eingebaut, bei der die Spitzen der Innenverzahnung geringfügig gestaucht (zusammengedrückt) sind. Die neue Radnabe kann auch in bisherige Fahrzeuge eingebaut werden. Falls diese Radnabe verwendet wird, ist **kein Sicherungsmittel** erforderlich.

- Gelenkwelle in Radnabe einsetzen und mit alter Mutter befestigen. Mutter soweit beiziehen, bis das Außengelenk im Radlager zur Anlage kommt. Mutter nicht festziehen.
- Gelenkwelle am Getriebe anflanschen.
- Innenvielzahnschrauben für inneres Gleichlaufgelenk über Kreuz mit **45 Nm** festziehen. Unterlegplatten nicht vergessen.
- **Basis-Fahrwerk:** Gelenkzapfen in Radlagergehäuse einsetzen. Klemmschraube durchstecken und Mutter mit **50 Nm** anziehen.

Plus-Fahrwerk:

- Gelenkzapfen in das Radlagergehäuse einsetzen. **Neue** selbstsichernde Mutter mit **45 Nm** anziehen. Dabei Achsgelenk mit einem um ca. 10 mm gekürzten Innensechskantschlüssel SW 6 –1– gegenhalten, siehe Seite 132.

Ab ca. 12/94 bzw. Fahrzeuge mit neuer Radnabe:

- Achsmutter abschrauben.
- **Anlagefläche der neuen Zwölfkantmutter mit Öl benetzen und soweit wie möglich aufschrauben.**
- Fahrzeug absenken, dabei darauf achten, daß die Räder den Boden noch nicht berühren. Sonst kann das Radlager vorgeschädigt werden.
- Bremse betätigen (Hilfsperson erforderlich).
- Zwölfkantmutter mit **200 Nm** anziehen und anschließend eine Umdrehung lösen.
- Zwölfkantmutter mit **50 Nm** voranziehen.

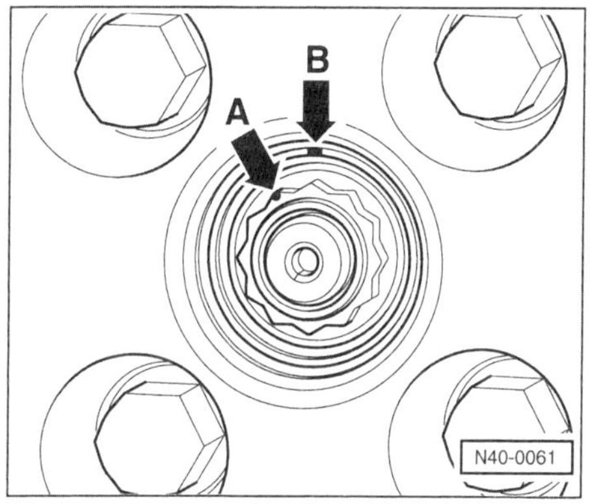

- Zwölfkant der Mutter mit einem Strich –Pfeil A– kennzeichnen.
- Zweiten Strich –Pfeil B– auf dem Rand der Radnabe über dem nächsten Zwölfkant anbringen. **Hinweis:** Der Abstand von einem Zwölfkant bis zum nächsten Zwölfkant beträgt 30°.
- Zwölfkantmutter weiterdrehen, bis beide Striche fluchten.

- Vorderrad montieren, dabei auf Markierung zur Radnabe achten, Fahrzeug ablassen und Radschrauben über Kreuz mit **110 Nm** (5-Loch-Felge: **120 Nm**) festziehen.
- Achsmutter abschrauben und Gelenkwelle mit **neuer selbstsichernder Mutter** anschrauben, Unterlegscheibe nicht vergessen. Anzugsdrehmoment: **Basis-Fahrwerk: 265 Nm; Plus-Fahrwerk bis ca. 12/94: 90 Nm + 1/8 Umdrehung (45°)**.

Achtung: Handbremse anziehen, Fußbremse durch Hilfsperson betätigen betätigen lassen. Das Fahrzeug muß beim Anziehen auf dem Boden stehen. Unfallgefahr!

- Gegebenenfalls Sturzeinstellung überprüfen lassen (Werkstattarbeit).

Gelenkwelle mit Gleichlaufgelenk

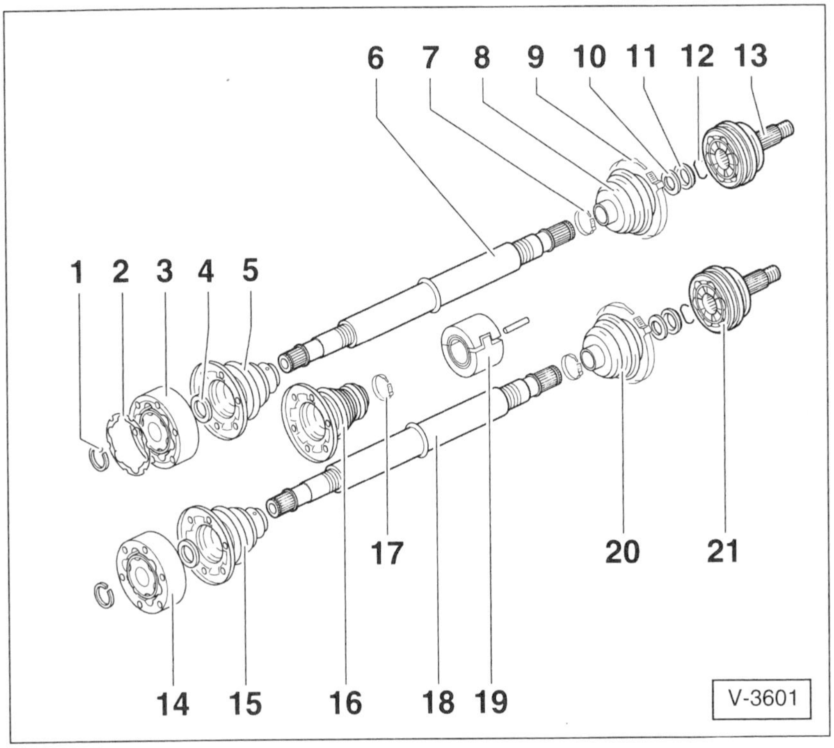

1 – **Sicherungsring**

2 – **Dichtung**
Nur bei Gelenken mit 100 mm ∅. Immer ersetzen, Schutzfolie abziehen und in das Gelenk kleben.

3 – **Gleichlaufgelenk innen,** ∅ 100 mm
Für Fahrzeuge ab 55 kW Leistung.

4 – **Tellerfeder**
Innendurchmesser verzahnt. Großer Durchmesser (Konkavseite) liegt am Gleichlaufgelenk an.

5 – **Gelenkschutzhülle**
Für Gleichlaufgelenk ∅ 100 mm.

6 – **Gelenkwelle**
Für Fahrzeuge ab 55 kW Leistung.

7 – **Klemme**

8 – **Gelenkschutzhülle**
Für Gleichlaufgelenk ∅ 90 mm.

9 – **Schlauchbinder**

10 – **Tellerfeder**
Großer Durchmesser (Konkavseite) liegt am Anlaufring an.

11 – **Anlaufring**

12 – **Sicherungsring**
Immer ersetzen. In die Nut der Welle einsetzen.

13 – **Gleichlaufgelenk außen,** ∅ 90 mm
Für Fahrzeuge mit 55 kW Leistung und mehr.

14 – **Gleichlaufgelenk innen,** ∅ 94 mm
Für Fahrzeuge bis 48 kW Leistung.

15 – **Gelenkschutzhülle**
Für Gleichlaufgelenk ∅ 94 mm.

16 – **Gelenkschutzhülle**
Für Gleichlaufgelenke ∅ 94 und 100 mm **ab 1/93.**

17 – **Schlauchbinder**

18 – **Gelenkwelle**
Für Fahrzeuge bis 48 kW Leistung.

19 – **Tilger**

20 – **Gelenkschutzhülle**
Für Gleichlaufgelenk ∅ 81 mm.

21 – **Gleichlaufgelenk außen,** ∅ 81 mm
Für Fahrzeuge bis 48 kW Leistung.

Gelenkwelle mit Tripodegelenk

4-Zylinder-Motor mit Automatikgetriebe

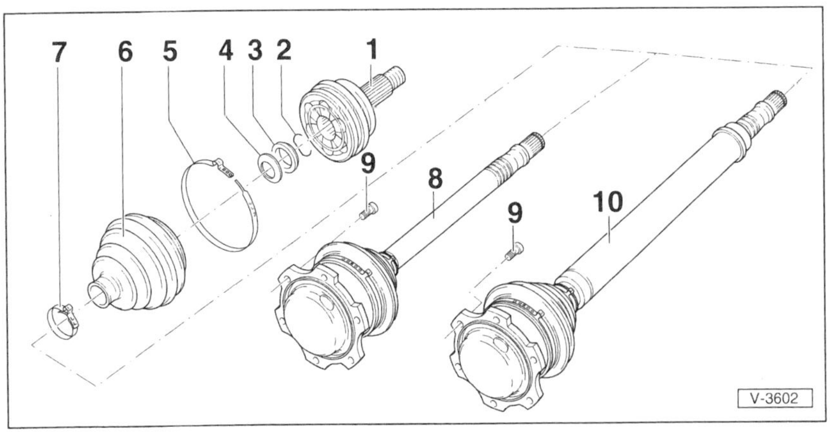

1 – **Gleichlaufgelenk außen**
Nur komplett ersetzen. Zum Einbauen mit Plastikhammer auf die Welle auftreiben, bis der Sicherungsring einrastet.

2 – **Sicherungsring**
In die Nut der Welle einsetzen.

3 – **Anlaufring**

4 – **Tellerfeder**
Großer ∅ (Konkavseite) liegt am Anlaufring an.

5 – **Schlauchbinder**

6 – **Gelenkschutzhülle**
Für Gleichlaufgelenk ∅ 90 mm. Vor Einbau des kleinen Schlauchbinders Schutzhülle kurz anheben und belüften.

7 – **Schlauchbinder**

8 – **Gelenkwelle links**
Mit Tripode-Innengelenk.

9 – **Innenvielzahnschraube, 45 Nm**

10 – **Gelenkwelle rechts**
Mit Tripode-Innengelenk.

Gelenkwelle zerlegen

Nur Gelenkwelle mit Kugel-Gleichlaufgelenken

Defekte Manschetten sofort erneuern. Zum Erneuern der Schutzhüllen muß die Gelenkwelle zerlegt werden. Defekte Kugeln im Lager machen sich durch Lastwechselschlagen und Knackgeräusche bemerkbar. In diesem Fall Gelenk komplett erneuern.

Achtung: Bei demontierter Gelenkwelle darf das Fahrzeug nicht geschoben werden, da bei fehlender axialer Vorspannung die Wälzkörper des Radlagers beschädigt werden. Gegebenenfalls statt der Gelenkwelle ein Außengelenk einbauen und mit **50 Nm** anziehen.

Zerlegen

- Gelenkwelle ausbauen.
- Schlauchbinder an beiden Gelenkschutzhüllen mit Seitenschneider aufschneiden und abnehmen. Gelenkschutzhülle zurückschieben.
- Gelenkwelle in Schraubstock spannen. Dabei die Welle mit Aluminiumblechen schützen.

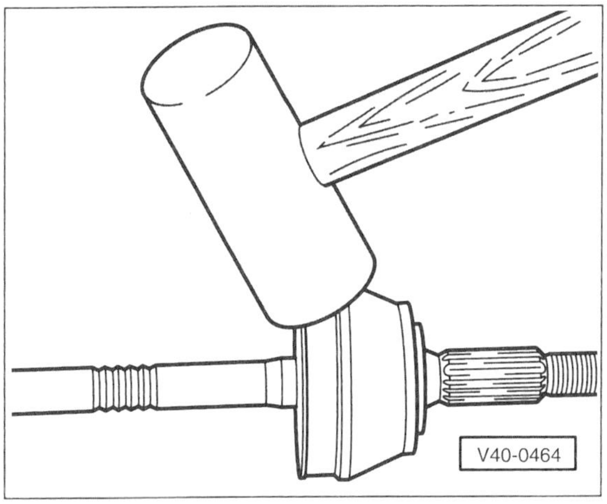
V40-0464

- Äußeres Gelenk: Durch kräftigen Schlag mit einem **Leichtmetallhammer** Gelenk von der Gelenkwelle abtreiben.

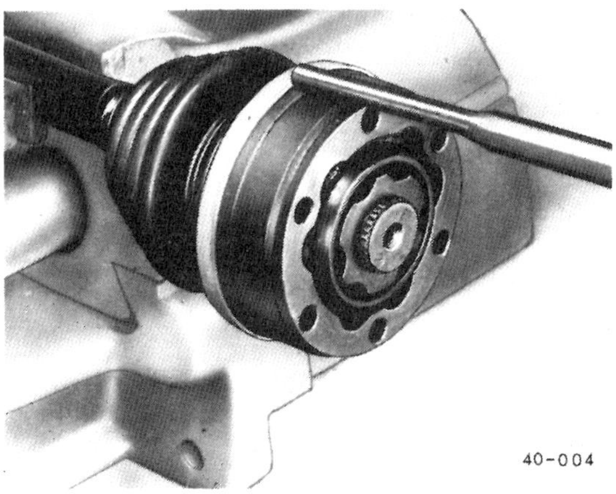
40-004

- Inneres Gelenk: Mit geeignetem Dorn Schutzkappe vom Gelenk abtreiben.

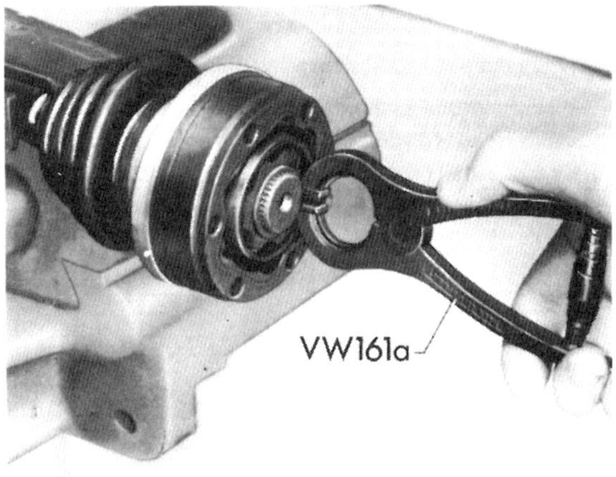

40-003

- Inneres Gelenk: Sicherungsring mit geeigneter Zange, zum Beispiel VW-161a, ausfedern.

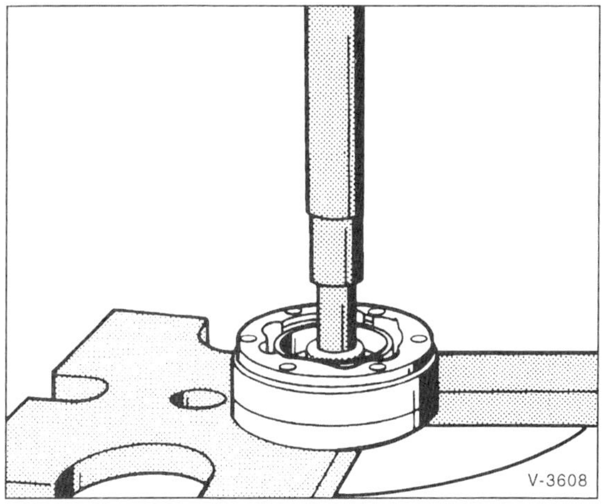
V-3608

- Inneres Gelenk mit geeigneter Presse abpressen, dabei die innere Kugelnabe abstützen.
- Tellerfeder und Gelenkschutzhülle von der Welle abnehmen.
- Inneres Gelenk: Bei Motoren ab 75 PS zusätzliche Dichtung entfernen.

Zusammenbau

- Spröde oder defekte Gelenkschutzhüllen erneuern.
- Gelenkschutzhülle mit Schlauchbinder für inneres Gelenk auf die Welle schieben.

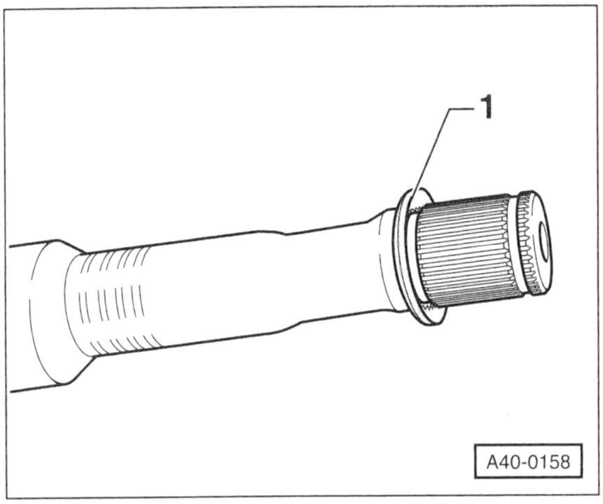

- Inneres Gelenk: Tellerfeder –1– auf die Welle schieben. Dabei Tellerfeder lagerichtig aufsetzen, siehe Abbildung. Der große Durchmesser der Tellerfeder stützt sich am Gelenk ab.
- Inneres Gelenk: **Neues** Gelenk mit 120 Gramm VW-Schmierfett »**G-6.3**« füllen, jeweils 60 g von jeder Seite. **Fahrzeuge bis 48kW: Neues** Gelenk mit 90 g VW-Schmierfett »**G-6.3**« füllen, jeweils 45 g von jeder Seite. Wenn nur die Gelenkschutzhülle erneuert wird, gegebenenfalls Gelenk nur nachfetten.

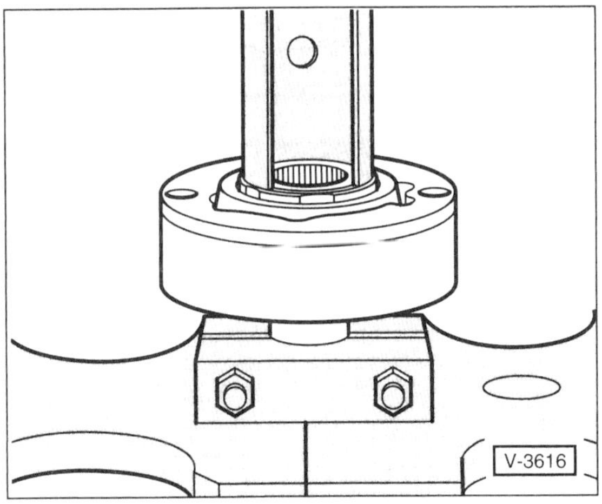

- Inneres Gelenk mit geeigneter Presse bis zum Anschlag aufpressen. **Achtung:** Fase am Innendurchmesser der Kugelnabe (Verzahnung) muß zum Anlagebund der Gelenkwelle zeigen.
- Neuen Sicherungsring mit der Sicherungsringzange VW 161a in die Nut der Welle einfedern, siehe Abbildung 40-003 auf Seite 139.

Fahrzeuge ab 75 PS Motorleistung

- Einbaumaß für Gelenkschutzhülle markieren.
- Vor der Montage der Gelenkschutzhülle auf der Gelenkwelle die Einbaulage mit Farbe oder Klebeband markieren. Keine Reißnadel verwenden, oder mit einem anderen scharfen Gegenstand den Lack beschädigen.

Einbaulage der Gelenkmanschette für die linke Gelenkwelle –A– und die rechte Gelenkwelle –B–:

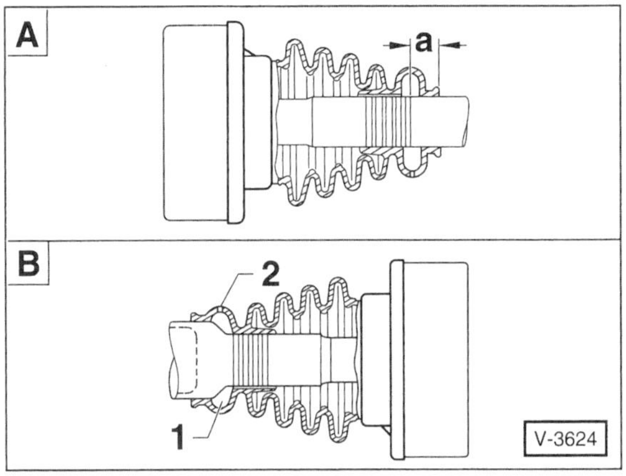

A: Maß a = 17 mm vor dem Einbau der Manschette mit Farbe oder Klebeband kennzeichnen.

B: Die Belüftungskammer –1– muß auf dem Rohr sitzen. 2 – Belüftungsbohrung.

- Inneres Gelenk: Saubere Stirnseite der Kappe für Gelenkschutzhülle mit VW-Dichtmittel »**D3**« bestreichen. Kappe auf Lager auftreiben.
- Gelenkschutzhülle für äußeres Lager mit Schlauchbinder und Klemme auf die Welle schieben.

- Äußeres Gelenk: In Gleichlaufgelenk 110 Gramm **G-6.3-** VW-Schmierfett eindrücken; bis 64 PS: Gelenk mit 90 g **G-6.3-**Schmierfett füllen. Wurde nur die Gelenkschutzhülle erneuert, Lager nachfetten.

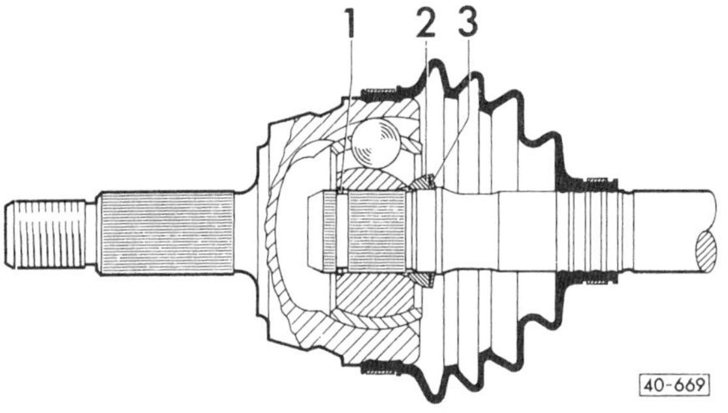

- Tellerfeder –3– und Abstandscheibe –2– lagerichtig auf die Welle setzen. Der große Durchmesser der Tellerfeder stützt sich an der Abstandscheibe ab. Abstandscheibe zeigt mit balliger Seite zum Gelenk.
- Neuen Sicherungsring –1– in die Ringnut der Welle einsetzen. Sicherungsring mit Gummihammer auf die Welle treiben, bis er in die Nut einrastet.
- Gleichlaufgelenk mit Kunststoff- oder Leichtmetallhammer auf die Welle auftreiben, bis der Sicherungsring einrastet.

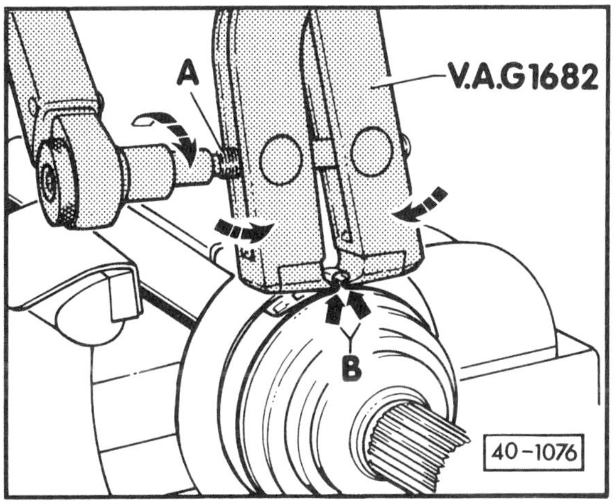

- Zum Spannen der Schlauchbinder muß die V.A.G-Zange 1682 genommen werden. Zange wie in Abbildung gezeigt ansetzen und in dieser Stellung Schraube –A– mit Drehmomentschlüssel und **25 Nm** anziehen und dadurch Schlauchbinder spannen. Das Spannen des Schlauchbinders am kleinen Durchmesser der Gelenkschutzhülle erfolgt in gleicher Weise.

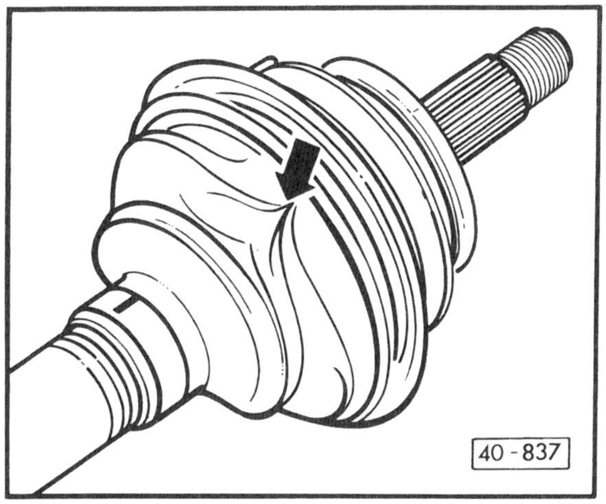

Achtung: Die Gelenkschutzhülle wird beim Aufsetzen auf den Gelenkkörper häufig eingedrückt. Dadurch entsteht in der Gelenkschutzhülle ein Unterdruck, der im Fahrbetrieb eine Falte nach innen zieht. Deshalb nach der Montage Schutzhülle am kleinen Durchmesser kurz mit einem Schraubendreher anlüften und so für einen Druckausgleich sorgen.

- Inneres Gelenk: Bei Motoren ab 66 kW (90 PS) neue Dichtung in das Gelenk einkleben, vorher Schutzfolie von der Dichtung abziehen.

Einbaumaße für Tilgergewicht:

Das Tilgergewicht wird mit einer Presse auf die Gelenkwelle aufgepreßt (Werkstattarbeit).

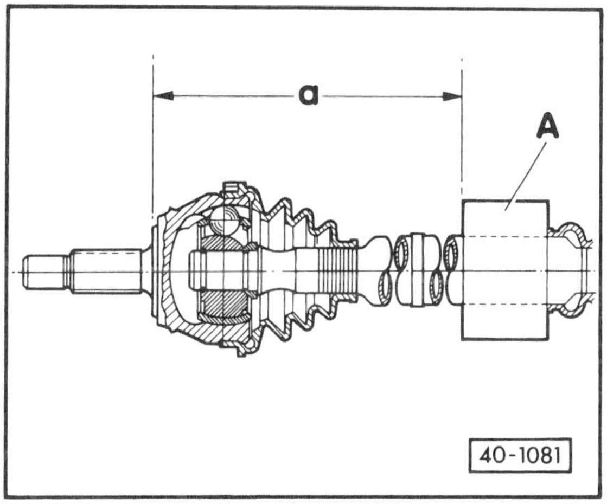

- Maß –a–: 541 ± 1 mm. A – Tilgergewicht.

Die Hinterachse

Der Hinterachskörper des GOLF/VENTO besteht aus einem torsionsweichen V-Profil. An das V-Profil ist auf jeder Seite ein Längslenker angeschweißt. Auch ohne Stabilisator wirkt sich das V-Profil stabilisierend auf das Fahrverhalten aus. Durch seine Torsionswirkung verringert es bei Kurvenfahrt die Aufbauneigung sowie das Abheben des kurveninneren Hinterrades. Der Hinterachskörper ist über geteilte Gummi-Metallager mit dem Aufbau verschraubt. Die besondere Form der Lager sowie die Einbaulage beider Hälften zueinander beeinflussen das Fahrverhalten positiv. Bei der Kurvenfahrt wirken sie spurkorrigierend und verhindern unerwünschte Eigenlenkbewegungen der Achse. Die Abfederung der Hinterachse geschieht über Federbeine, die am Achskörper und oben mit dem Aufbau verschraubt sind.

Achtung: Zum Aus- und Einpressen des Gummi–Metallagers ist zuvor das dazu notwendige VW-Sonderwerkzeug 3111 unbedingt einzufetten. Keine Schlagschrauber zum Drehen der Spindel verwenden. Ist das Gummi-Metallager zu weit eingepreßt, muß das Sonderwerkzeug im U-förmigen Ausschnitt etwas nachgearbeitet werden. Beim Einpressen darauf achten, daß der Lagerüberstand 8 mm nicht übersteigt.

Achtung: Schweiß- und Richtarbeiten an tragenden und radführenden Bauteilen der Hinterradaufhängung **sind nicht zulässig. Selbstsichernde Muttern** im Reparaturfall **immer ersetzen.**

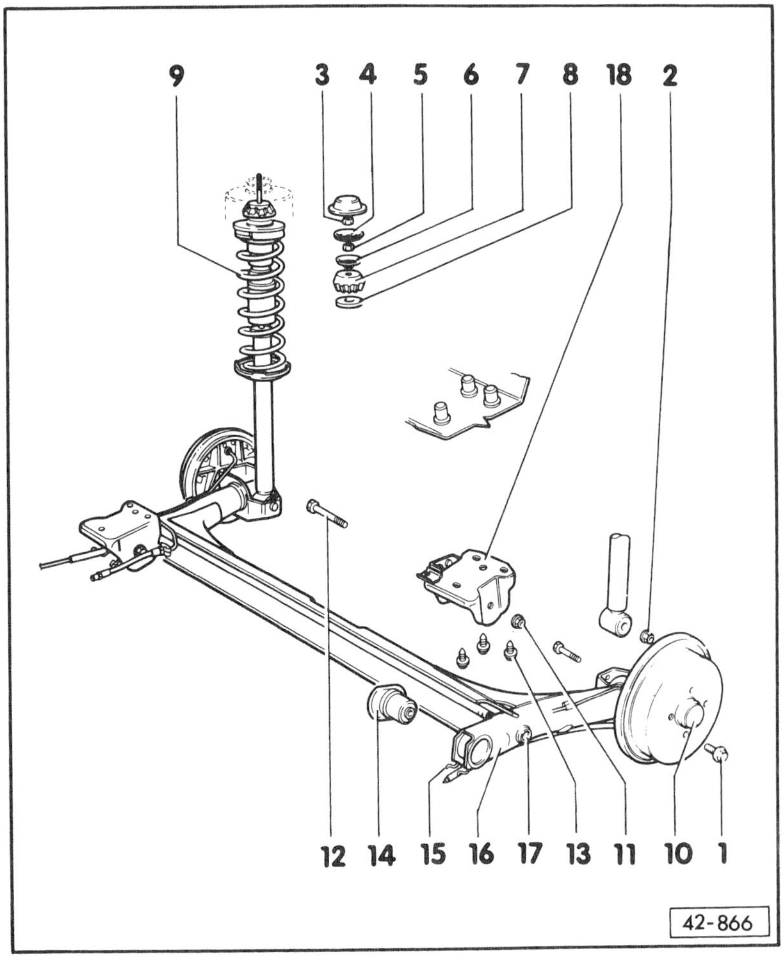

1 – **Schrauben, 110 Nm**
M14-Schrauben für 5-Loch-Felgen mit **120 Nm** festziehen.

2 – **Mutter, 70 Nm**
Beim Festziehen der Mutter Achskörper in waagerechter Lage (Leergewichtszustand).

3 – **Mutter, 25 Nm**

4 – **Tellerscheibe**

5 – **Mutter, 15 Nm**

6 – **Abdeckung groß**

7 – **Gummilagerring oben**

8 – **Abdeckung klein**

9 – **Federbein**

10 – **Radlagerung**

11 – **Mutter, 80 Nm**
Selbstsichernd, immer ersetzen. Nur Muttern mit unverlierbarer Scheibe verwenden. Beim Festziehen der Mutter Achskörper in waagerechter Lage (Leergewichtszustand).

12 – **Schraube**
Von der Fahrzeugmitte aus ansetzen.

13 – **Bundschraube**
Bei beschädigtem Gewinde Hutmutter im Längsträger nacharbeiten.

14 – **Gummi-Metallager**

15 – **Halter für Handbremsseil**

16 – **Achskörper**

17 – **Stabilisator**

18 – **Lagerbock mit Halter für Bremskraftregler**

Federbein hinten aus- und einbauen/zerlegen

Limousine/VENTO

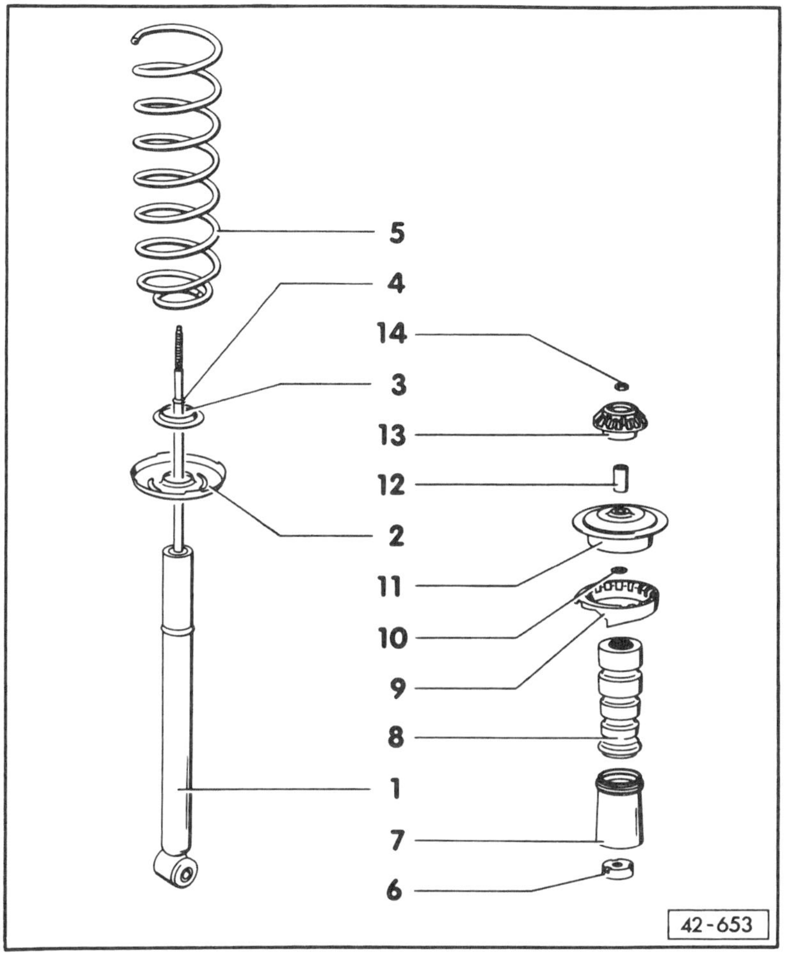

1 – **Stoßdämpfer**
2 – **Federteller unten**
3 – **Unterlage**
4 – **Sicherungsring**
5 – **Schraubenfeder**
6 – **Schutzkappe**
7 – **Schutzrohr**
8 – **Anschlagpuffer**
9 – **Federauflage**
10 – **Scheibe**
11 – **Federteller oben**
12 – **Distanzrohr**
13 – **Lagerring unten**
Gummiteil.
14 – **Mutter, 15 Nm**

Ausbau

- Fahrzeug auf den Rädern stehen lassen.

- Die 2 Befestigungsmuttern –Pfeile– der seitlichen Kofferraumabdeckung abschrauben und Abdeckung aus Verrastung drücken.
- Die Gummiabdeckung vom Federbeindom abnehmen.

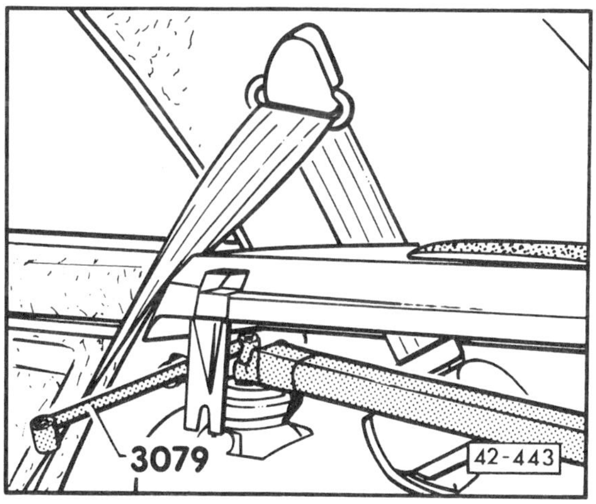

- Dämpfer oben vom Aufbau abschrauben. Hierzu wird ein gekröpfter Ringschlüssel benötigt und als Gegenhalter das VW-Werkzeug 3079 oder Hazet 2594.
- Scheibenrad (Felge) zur Radnabe mit Farbe kennzeichnen. Dadurch kann das ausgewuchtete Rad wieder in der gleichen Lage montiert werden.

- Radschrauben an den Hinterrädern lösen. Dabei muß das Fahrzeug noch am Boden stehen.
- Fahrzeug aufbocken, Räder abnehmen, siehe Seite 279.
- Wagenheber unter Längslenker stellen, Lenker leicht anheben.

Achtung: Wagenheber nicht zu hoch aufbocken, sonst wird der Wagen vom Unterstellbock gehoben.

- Mutter unten am Stoßdämpfer abschrauben, Schraube heraustreiben und Federbein herausnehmen.

Zerlegen

Die im nachfolgenden Text angegebenen Nummern beziehen sich auf Bild 42-653.

- Befestigungsmutter –14– abschrauben. Dabei Kolbenstange mit Maulschlüssel gegenhalten. Da die Feder –5– nur geringfügig vorgespannt ist, braucht man keinen Federspanner.
- Teile komplett von Stoßdämpfer –1– abnehmen.
- Stoßdämpfer prüfen.
- Gegebenenfalls Stoßdämpfer verschrotten, siehe Seite 143.

Zusammenbauen

Der Stoßdämpfer ist einzeln austauschbar.

Achtung: Die Schraubenfedern gibt es in verschiedenen Toleranzgruppen. An einer Achse nur Federn gleicher Toleranzgruppe (gekennzeichnet durch Farbe) verwenden.

- Eine neue Schraubenfeder ist gegen Korrosion mit einem Schutzlack versehen. Vor dem Einbau Federn auf Lackschäden untersuchen und gegebenenfalls ausbessern.
- Federbein nach Abbildung 42-653 zusammensetzen.

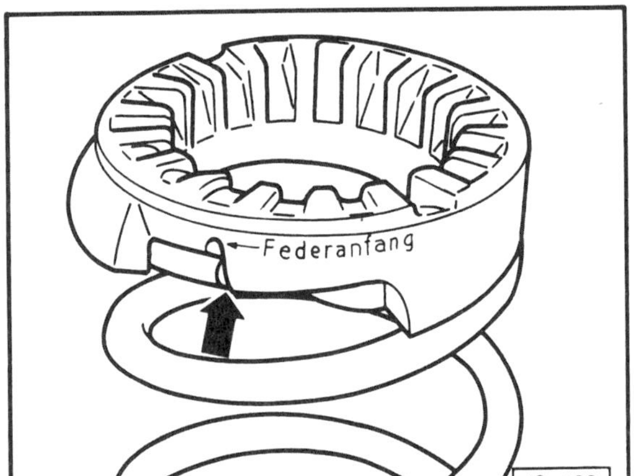

42-623

- Federauflage in richtiger Stellung auflegen.

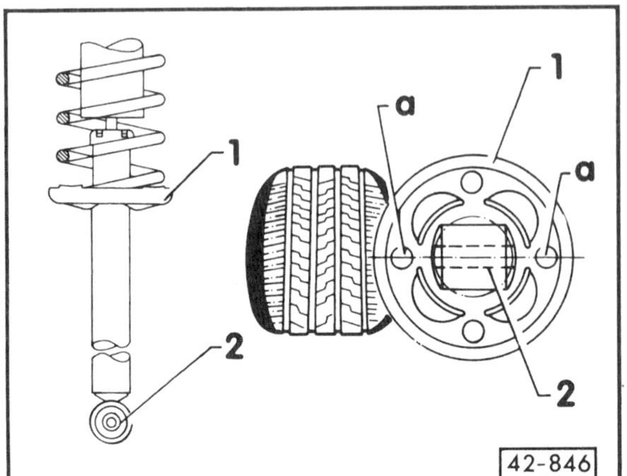

42-846

- Der Federteller –1– ist so einzubauen, daß die Bohrungen –a– mit der Buchse –2– im Dämpferauge fluchten. Andernfalls kann es bei extremen Fahrsituationen zur Berührung des Reifens mit dem Federteller –1– kommen.
- Befestigungsschraube –14– mit **15 Nm** anschrauben, siehe Abbildung 42-653.

Einbau

Die im nachfolgenden Text angegebenen Nummern beziehen sich auf Bild 42-866.

- Federbein von unten in den Federbeindom einführen.
- Abdeckung (klein) –8–, Lagerring oben –7– und Abdekkung (groß) –6– vom Innenraum auf Stoßdämpfer aufsetzen und mit Befestigungsmutter –5– handfest anziehen.
- Stoßdämpferschraube unten ansetzen, eventuell Achskörper mit Wagenheber leicht anheben. Mutter –2– an Stoßdämpferschraube ansetzen.
- Befestigungsmutter –5– am Federbein oben mit **25 Nm** festschrauben.
- Tellerscheibe –4– aufsetzen und Mutter –3– mit 15 Nm anziehen. Gummiabdeckung aufsetzen.
- Hinterräder so ansetzen, daß die beim Ausbau angebrachten Markierungen übereinstimmen. Vorher Zentriersitz der Felge an der Radnabe sowie die Kegelfläche der Radschrauben mit Wälzlagerfett leicht einfetten. Gewinde der Radschrauben **nicht** fetten oder ölen. Räder anschrauben. Fahrzeug ablassen und Radschrauben über Kreuz mit **110 Nm** festziehen. M14-Schrauben für 5-Loch-Felgen mit **120 Nm** festziehen.
- Befestigungsmutter –2– mit **70 Nm** festschrauben.
- Kofferraumabdeckung einbauen.

Federbein hinten aus- und einbauen/zerlegen

Variant

Ab ca. 5/95 wird beim Variant ein Achskörper mit gedrehtem V-Profil eingebaut. Wird dieser Achskörper in bisherige Fahrzeuge eingebaut, müssen die Befestigungen für die Bremszuleitungen erneuert werden.

Ausbau

- Fahrzeug auf den Rädern stehen lassen.
- Laderaumabdeckung nach hinten herausziehen.

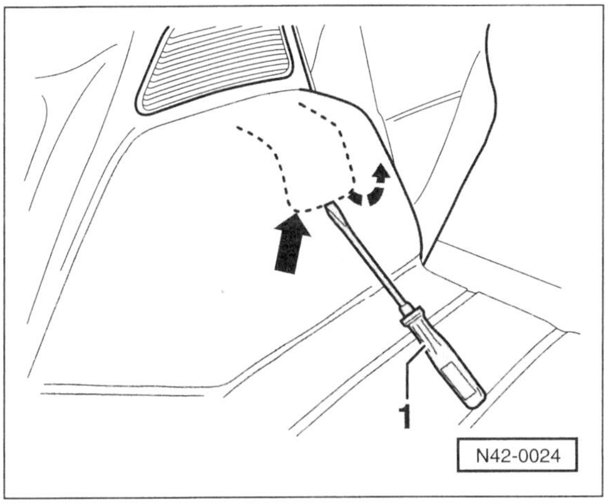

- Verkleidung für Radkasten an der perforierten Schnittstelle –Pfeil– mit einem Schraubendreher –1– hochklappen. Gegebenenfalls mit einem Messer die Naht aufschneiden.

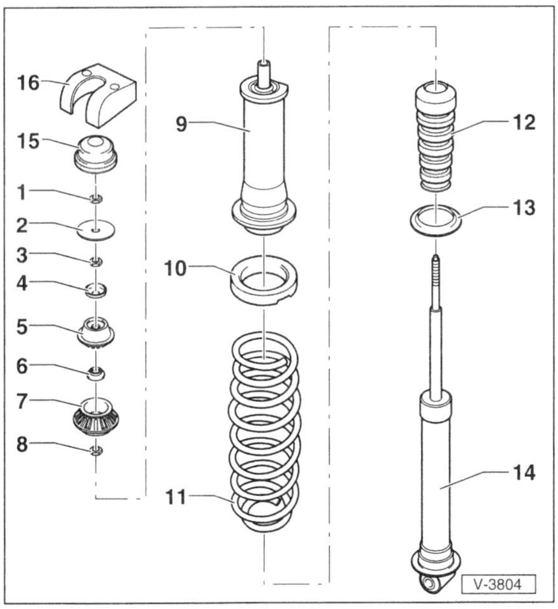

- Obere Muttern –1/3– für Federbein abschrauben.
- Stellung des jeweiligen Hinterrades zur Radnabe mit Farbe kennzeichnen. Dadurch kann das ausgewuchtete Rad wieder in derselben Position montiert werden.
- Radschrauben bei auf dem Boden stehendem Fahrzeug lösen. Fahrzeug hinten aufbocken und Rad abnehmen.
- Federbein unten von der Hinterachse abschrauben.
- Schraube herausziehen und Federbein abnehmen.

Zerlegen/Zusammenbauen

Der Vorgang ist weitgehend gleich wie bei der Limousine. Unter Umständen muß die Kolbenstange aus dem Schutzrohr ausgepreßt werden.

Benennung für Abbildung V-3804

1 – Mutter, 25 Nm	9 – Schutzrohr
2 – Tellerscheibe	10 – Federauflage
3 – Mutter, 25 Nm	11 – Schraubenfeder
4 – Druckscheibe	12 – Anschlagpuffer
5 – Gummilagerring oben	13 – Unterlage
6 – Stützscheibe	14 – Stoßdämpfer
7 – Lagerring unten	15 – Schutzkappe
8 – Mutter, 35 Nm	16 – Füllstück

- Buchse für Kolbenstangenführung vor der Montage fetten.

Einbau

- Federbein mit **neuer** Schraube am Achslenker lose anschrauben.

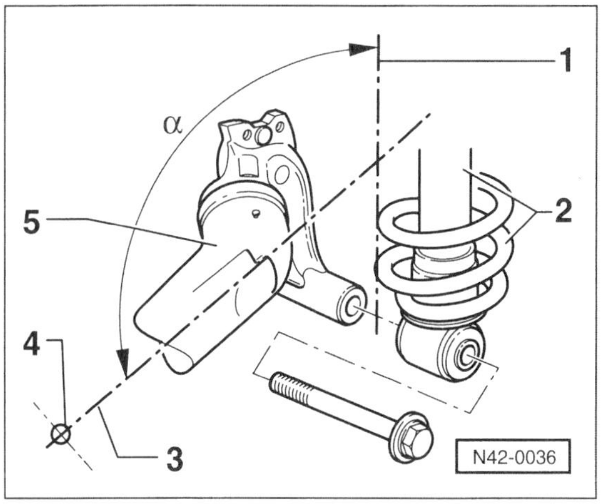

- Federbein so ausrichten, daß $\alpha = 95°$ beträgt und Schraube mit **220 Nm** festziehen.
  1 – gedachte Linie entlang der Feder
  2 – Feder mit Dämpfer
  3 – gedachte Linie auf dem Achslenker der Hinterachse
  4 – Drehpunkt der Hinterachse im Lagerbock
  5 – Achlenker
- Hinterrad so ansetzen, daß die beim Ausbau angebrachten Markierungen übereinstimmen. Vorher Zentriersitz der Felge an der Radnabe mit Wälzlagerfett leicht einfetten. Rad anschrauben.
- Fahrzeug langsam ablassen und dabei Federbein am Aufbau einführen.
- Federbein oben festschrauben.
- Radschrauben über Kreuz mit **110 Nm** (M14-Schrauben für 5-Loch-Felge: **120 Nm**) festziehen.

Stoßdämpfer prüfen

Der Stoßdämpfer kann von Hand geprüft werden.

- Stoßdämpfer ausbauen.
- Stoßdämpfer in Einbaulage halten, Stoßdämpfer auseinanderziehen und zusammendrücken.
- Der Stoßdämpfer muß sich über den gesamten Hub gleichmäßig schwer und ruckfrei bewegen lassen.
- Defekte Dämpfer erkennt man auch während der Fahrt an Polter- und Knackgeräuschen. Allerdings haben diese Geräusche häufig auch andere Ursachen, zum Beispiel lokkere Fahrwerksschrauben, Muttern, defektes Radlager, Gleichlaufgelenk. Daher Dämpfer vor dem Ersetzen immer prüfen, gegebenenfalls auf Stoßdämpferprüfstand prüfen lassen.
- Bei einwandfreier Funktion sind geringe Spuren von Stoßdämpferöl kein Grund zum Austausch. Als Faustregel gilt: Wenn ein Ölfleck sichtbar ist und sich nicht weiter ausbreitet als vom oberen Stoßdämpferverschluß (Kolbenstangendichtring) bis zum unteren Federteller, gilt der Dämpfer als in Ordnung. Voraussetzung ist, daß der Ölfleck stumpf, matt beziehungsweise durch Staub getrocknet ist. Ein geringfügiger Ölaustritt ist sogar von Vorteil, weil dadurch der Dichtring geschmiert wird und sich somit die Lebensdauer erhöht.
- Bei starkem Ölverlust Stoßdämpfer austauschen.

Stoßdämpfer verschrotten

Damit ein defekter Stoßdämpfer der Wiederverwertung zugeführt werden kann, muß das Hydrauliköl aus dem Stoßdämpfer abgelassen und an der Sondermüllsammelstelle abgegeben werden. Der entölte Stoßdämpfer kann dann wie normaler Eisenschrott behandelt werden.

Achtung: Während dieser Arbeit unbedingt Schutzbrille tragen.

Vorderachse

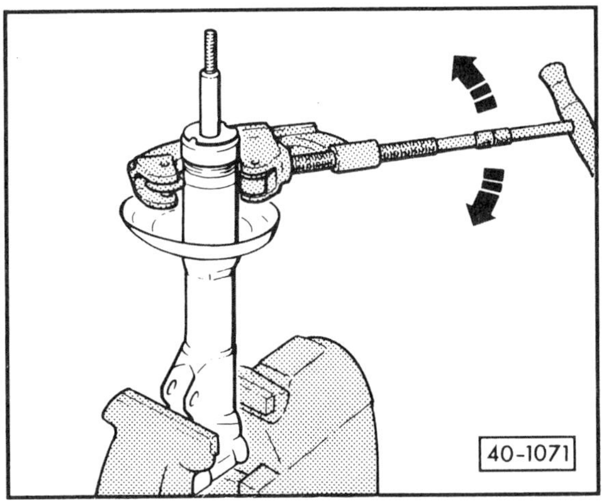

- Federbein in Schraubstock spannen.
- Rohrschneider, z. B. Stahlwille Express 150/3, ansetzen und Außenrohr durchtrennen.
- Kolbenstange hochziehen, dabei das Innenrohr mit einer Wasserrohrzange festhalten und nach unten drücken, so daß dieses bei langsamen Hochziehen der Kolbenstange im Außenrohr verbleibt.
- Kolbenstange vom Innenrohr abziehen.
- Dämpfer über eine Ölauffangwanne halten und Hydrauliköl ablaufen lassen bis kein Hydrauliköl mehr austritt.
- Hydrauliköl wie Altöl an Sondermüllsammelstelle entsorgen lassen.
- Entölten Stoßdämpfer wie Eisenschrott entsorgen.

Hinterachse

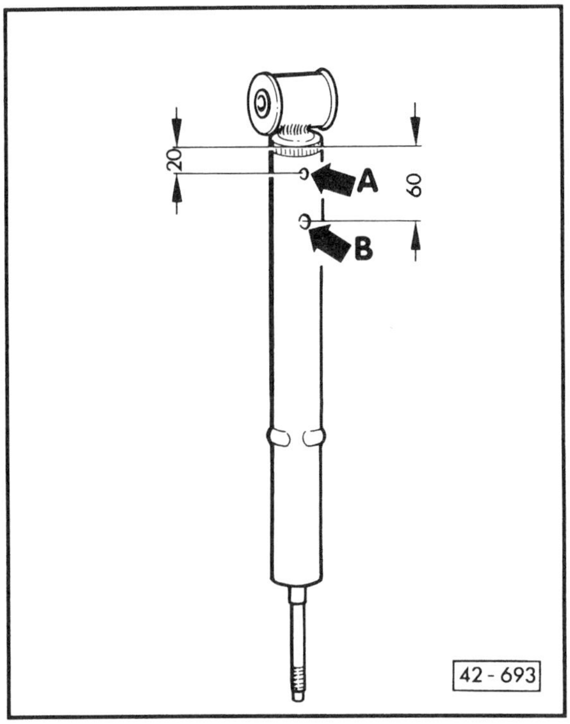

- Ausgebauten Stoßdämpfer senkrecht, mit der Kolbenstange nach unten zeigend, in den Schraubstock einspannen.
- An der Stelle –A– ein Loch mit ∅ 3 mm in das Außenrohr bohren.

Achtung: Bei Gasdruckstoßdämpfern entweicht nach dem Durchbohren der ersten Rohrwandung Gas. Öffnung während des Entgasens mit Lappen abdecken. Weiterbohren bis das innenliegende Rohr (ca. 25 mm) durchbohrt ist.

- An der Stelle –B– eine zweite Bohrung mit 6 mm-Bohrer bis durch das innenliegende Rohr bohren.
- Dämpfer über eine Ölauffangwanne halten und Hydrauliköl durch hin- und herbewegen der Kolbenstange über den gesamten Hub herausdrücken.

- Dämpfer abtropfen lassen bis kein Hydrauliköl mehr austritt.
- Hydrauliköl wie Altöl an Sondermüllsammelstelle entsorgen lassen.
- Entölten Stoßdämpfer wie Eisenschrott entsorgen.

Radlager aus- und einbauen

Ausbau

- Fahrzeuge mit **Trommelbremse:** Hinterrad und Bremstrommel ausbauen, siehe Seite 168.
- Fahrzeuge mit **Scheibenbremse:** Hinterrad und Bremsscheibe ausbauen, siehe Seite 166.
- Lagerlaufringe mit Kupferdorn austreiben. Dabei Dorn kreisförmig an verschiedenen Stellen des Laufringes ansetzen, um ein Verkanten zu verhindern.

Achtung: Nur einwandfreien Dorn benutzen, damit sich kein Grat am Laufringsitz bilden kann.

- Achszapfen und Bremstrommel beziehungsweise Radnabe mit sauberem Lappen und Spiritus reinigen.

Einbau

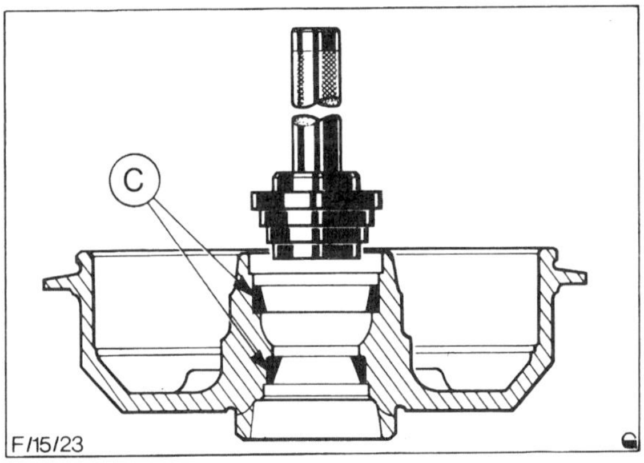

- Lagerlaufringe –C– bis zum Anschlag eintreiben. Die Werkstatt verwendet hierzu das Werkzeug VW-432 bei Fahrzeugen mit Trommelbremse beziehungsweise VW-512 und 30-506 bei Fahrzeugen mit Scheibenbremse. Steht das Spezialwerkzeug nicht zur Verfügung, Laufring mit geeignetem Rohr vorsichtig eintreiben.
- Kegelrollenlager mit Radlagerfett (Lithiumfett) füllen.
- Inneres Lager einsetzen.
- Dichtring mit Radlagerfett zwischen den Dichtlippen einfetten.

Fahrzeuge mit Trommelbremse

- Dichtring mit geeignetem Rohr eintreiben.
- Bremstrommel einbauen und dabei auch äußeres Kegelrollenlager einsetzen, siehe Seite 168.

Fahrzeuge mit Scheibenbremse

- Dichtring mit Kunststoffhammer bis zum Anschlag eintreiben.
- Radnabe mit Radlagerfett füllen und mit äußerem Kegelrollenlager einsetzen, siehe Seite 166.

- Radlagerspiel einstellen.
- Hinterrad einbauen und Radschrauben mit **110 Nm** (M14-Schrauben für 5-Loch-Felge: **120 Nm**) festziehen.

Radlagerspiel einstellen

- Fahrzeug hinten aufbocken.
- Schutzkappe ausbauen, siehe Seite 169.
- Splint herausziehen und Kronensicherung abnehmen.

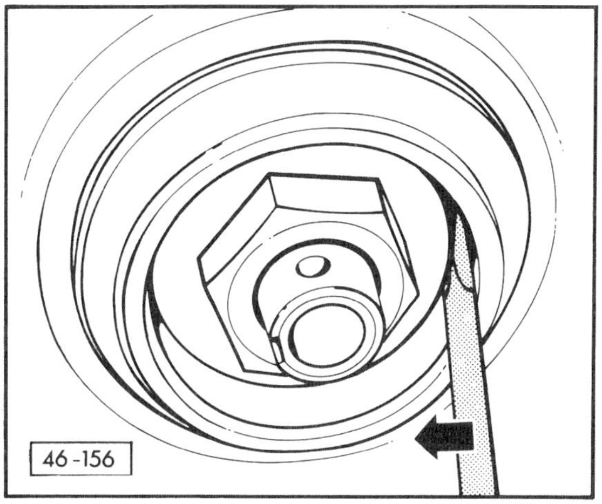

- Sechskantmutter leicht lösen und wieder anziehen. Das Radlagerspiel ist richtig eingestellt, wenn sich die Druckscheibe mit einem Schraubenzieher durch Fingerdruck –Pfeil– noch verschieben läßt. **Dabei darf auf keinen Fall der Schraubenzieher durch Dreh- oder Hebelbewegung abgestützt werden.**

Achtung: Rad beim Anziehen der Mutter drehen, damit sich das Radlager nicht verklemmt.

- Kronensicherung so aufsetzen, daß sich der Splint einstecken läßt.
- Neuen Splint einsetzen und an den Enden umbiegen.
- Fettfüllung der Fettkappe kontrollieren. Wenn Fett harzig oder verbraucht ist, Kappe zur Hälften mit Wälzlagerfett füllen.
- Fettkappe mit geeignetem Rohr auftreiben, das Rohr soll am Wulst der Fettkappe anliegen. **Achtung:** Verbeulte Fettkappen unbedingt ersetzen, da durch Undichtigkeiten Feuchtigkeit ins Radlager eindringt und dieses dadurch in kurzer Zeit zerstört wird.
- Fahrzeug ablassen.

Die Lenkung

Die Lenkung besteht im wesentlichen aus dem Lenkrad, der Lenksäule, dem Zahnstangen-Lenkgetriebe, den Spurstangen und der hydraulischen Lenkhilfe (Servolenkung). Das Lenkrad ist auf der Lenksäule aufgeschraubt, die die Lenkbewegungen auf das Lenkgetriebe überträgt. Im Lenkgetriebe wird eine Zahnstange entsprechend dem Lenkradeinschlag nach links oder rechts bewegt. Spurstangen, die am Mitnehmer der Zahnstange befestigt sind, übertragen die Lenkkräfte über beide Radlagergehäuse auf die Räder.

Die Zahnstangenlenkung ist leichtgängig und spielfrei von Anschlag zu Anschlag. Sie ist wartungsfrei, allerdings müssen die Abdicht-Manschetten auf einwandfreien Zustand geprüft werden.

Die Bedienung der Lenkung wird je nach Modell und Ausstattung durch eine hydraulische Lenkhilfe erleichtert. Die Servolenkung sorgt dafür, daß der Kraftaufwand beim Einschlagen der Lenkung möglichst gering gehalten wird. Die Lenkhilfe besteht aus der Ölpumpe, dem Vorratsbehälter und den Öldruckleitungen. Angetrieben wird die Ölpumpe über einen Keilriemen beziehungsweise Keilrippenriemen. Die Pumpe saugt das Hydrauliköl aus dem Vorratsbehälter an und fördert es mit hohem Druck zum Ventilkörper. Der Ventilkörper sitzt im Lenkgetriebe. Er ist mit der Lenksäule mechanisch verbunden und leitet das Öl je nach Lenkeinschlag in die entsprechende Seite des Arbeitszylinders. Dort drückt das Öl gegen den Zahnstangenkolben und unterstützt dadurch die Lenkbewegung. Gleichzeitig preßt der Kolben das Öl auf der anderen Seite des Arbeitszylinders über die Rücklaufnut des Drehschieberventils durch die Rücklaufleitung zurück zum Nachfüllbehälter.

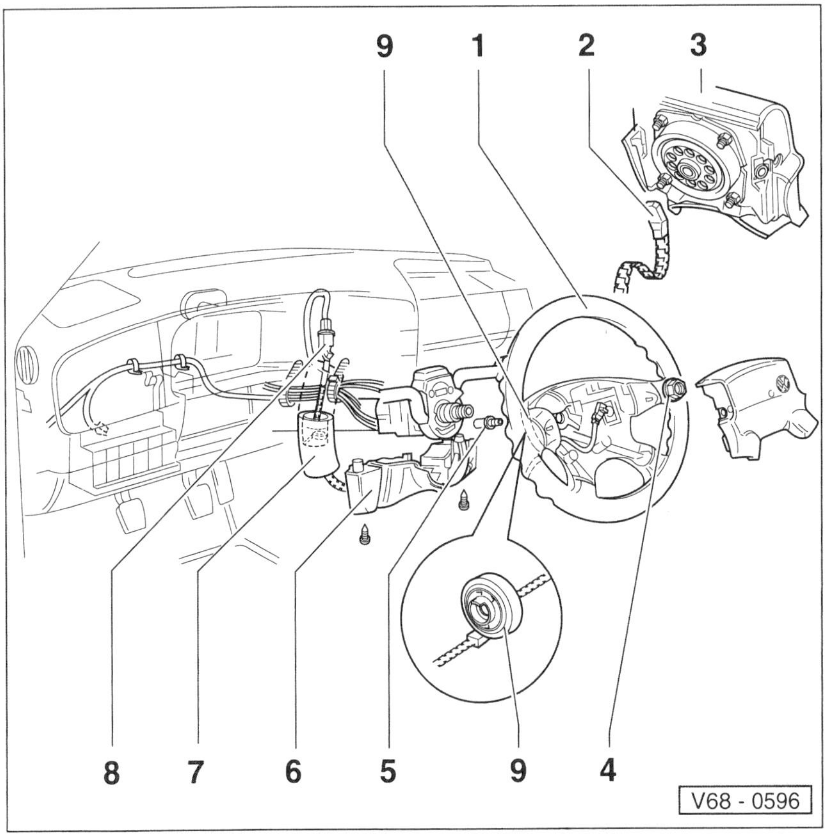

1 – Lenkrad

2 – Steckverbindung

3 – Airbageinheit

4 – Mutter, 50 Nm

5 – Innensechskantschraube, 7 Nm
Nach Ausbau immer erneuern.

6 – Verkleidung unten

7 – Schaumstoffrohr

8 – Steckverbindung

9 – Rückstellring mit Schleifring

Als Zusatzausstattung ist der Airbag erhältlich. Dies ist ein Sicherheitssystem, bei dem sich im Lenkrad beziehungsweise auch vor dem Beifahrer ein zusammengefalteter Luftsack befindet. Im Fall einer Frontalkollision wird über ein Steuergerät eine kleine Sprengladung in der Airbag-Einheit gezündet, die Abgase der Explosion blasen den Luftsack innerhalb weniger Millisekunden auf. Diese Zeit reicht aus, den Aufprall des nach vorn schnellenden Fahrers zu dämpfen. Der Airbag fällt dann innerhalb weniger Sekunden in sich zusammen, da die Gase durch Austrittsöffnungen entweichen.

Der Airbag kann auch nachträglich eingebaut werden (Werkstattarbeit).

Achtung: Selbstsichernde Muttern immer ersetzen. Schweiß- und Richtarbeiten an Lenkungsteilen sind nicht zulässig. Arbeiten am Airbag-System sollten von der Fachwerkstatt durchgeführt werden, Explosionsgefahr!

Airbag-Sicherheitshinweise

- Die Airbageinheit darf nicht zerlegt werden, bei Defekt ist sie immer komplett zu ersetzen. Da die Airbageinheit Explosivstoffe enthält, ist sie unter Verschluß oder geeigneter Aufsicht aufzubewahren. Die Entsorgung sollte die VW-Werkstatt vornehmen.
- Die Airbageinheit darf nicht mit Flüssigkeiten wie Fett oder Reinigungsmitteln behandelt werden.
- Beim Anklemmen der Batterie darf sich keine Person vor dem Fahrer- oder Beifahrerairbag aufhalten.
- Die Airbageinheit ist im ausgebauten Zustand immer so abzulegen, daß das Prallpolster bzw. die offene Seite nach oben zeigt.
- Bei Arbeitsunterbrechung die Airbageinheit nicht unbeaufsichtigt liegen lassen.
- Sind die Airbageinheiten oder das Auslösegerät aus einer Höhe von mehr als 0,5 m zu Boden gefallen, dürfen diese nicht mehr eingebaut werden.
- Die Airbageinheit darf auch kurzzeitig keiner Temperatur über +100° C (Trockenofen) ausgesetzt werden.
- **Die Airbageinheit darf nur bei abgeklemmtem Batterie-Massekabel (–) und »0«-Stellung des Zündschlüssels ausgebaut werden.**

Airbageinheit am Lenkrad aus- und einbauen

Ausbau

- Zündung ausschalten, Zündschlüssel steht in »0«-Stellung.
- Batterie-Massekabel (–) von der Batterie abklemmen. **Achtung:** Dadurch werden die elektronischen Speicher gelöscht, wie zum Beispiel der Motorfehlerspeicher oder der Radiocode. Vor dem Abklemmen der Batterie sollten auch die Hinweise im Kapitel »Batterie aus- und einbauen« durchgelesen werden.
- Lenkung in Geradeausstellung bringen.

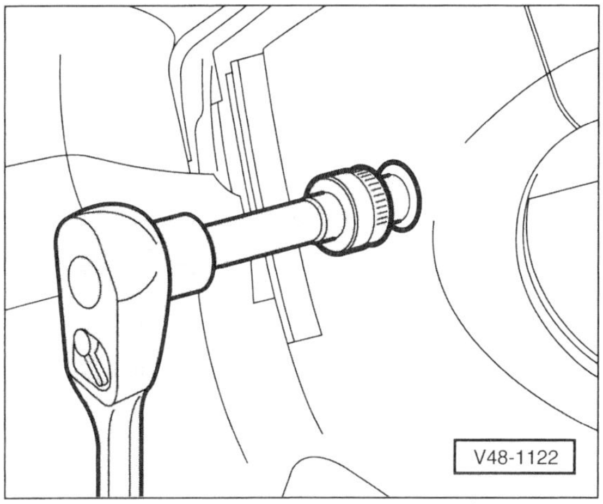

- 2 Innensechskantschrauben für Airbageinheit links und rechts an der Lenkradrückseite abschrauben.
- Airbageinheit vom Lenkrad abheben und Kabelstecker an der Rückseite abziehen.

Einbau

Achtung: Wurde der Airbag ausgelöst, ist grundsätzlich das Lenkrad ebenfalls zu ersetzen. Airbag-Sicherheitshinweise beachten.

- Kabelstecker für Airbageinheit zusammenfügen, er muß hörbar einrasten.
- Airbageinheit einsetzen, 2 **neue** Schrauben mit 7 Nm einschrauben.
- **Zuerst** Zündung einschalten, dann Batterie-Massekabel (–) anklemmen. **Achtung:** Während des Anklemmens der Batterie dürfen sich keine Personen im Fahrzeug aufhalten.
- Falls vorhanden, Zeituhr einstellen sowie Diebstahlcode für das Radio eingeben.

Lenkrad aus- und einbauen

Lenkrad ohne Airbag

Ausbau

- Abdeckkappe von Hand vom Lenkrad abziehen, siehe auch Seite 266.
- Elektrische Leitungen für Hupenbetätigung an der Abdeckkappe abziehen.
- Lenkung in Geradeausstellung bringen.
- Befestigungsmutter abschrauben und mit Scheibe abnehmen. Zum Abschrauben wird eine Stecknuß SW 24 mit Verlängerung benötigt.
- Lenkrad zur Lenkspindel mit Farbe oder Reißnadel kennzeichnen.
- Lenkrad von der Lenkspindel abziehen.

Einbau

- Lenkrad so auf die Kerbverzahnung der Spindel aufschieben, daß sich die vorher angebrachten Markierungen decken.

Achtung: Beim Aufsetzen des Lenkrades muß sich der Blinkerschalter in Mittelstellung befinden.

- Unterlegscheibe auflegen.
- **Neue selbstsichernde** Sechskantmutter mit **50 Nm** anschrauben.
- Elektrische Leitungen anschließen.
- Abdeckkappe aufdrücken und einrasten.

Lenkrad mit Airbag

Ausbau

- Lenkung in Geradeausstellung bringen.
- Airbageinheit ausbauen, siehe Seite 149.
- Verkleidung unter Lenkstockschalter ausbauen.

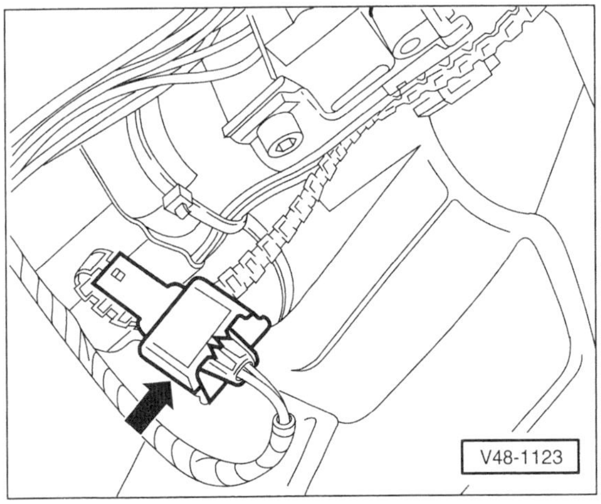

- Falls vorhanden, Schaumstoffhülle von Steckverbindung abziehen. Steckverbindung –Pfeil– für Airbag trennen.
- Lenkrad zur Lenkspindel mit Farbe oder Reißnadel kennzeichnen.
- Befestigungsmutter abschrauben und Lenkrad von der Lenkspindel abziehen.

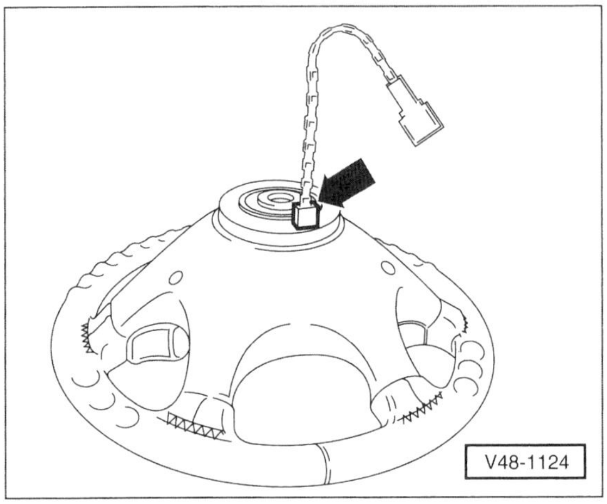

Achtung: Das ausgebaute Lenkrad in Einbaulage halten und Rückstellring geringfügig drehen, so daß das Kabel –Pfeil– nach unten zeigt. Der Ring rastet in dieser Stellung ein und ist gegen Verdrehen gesichert. Wird dies nicht beachtet, kann unkontrolliertes Verdrehen des Rückstellrings im späteren Fahrbetrieb zum Überdrehen und Zerstören der Wickelfeder des Rückstellrings führen.

Einbau

- Lenkrad so auf die Kerbverzahnung der Spindel aufschieben, daß sich die vorher angebrachten Markierungen decken. **Achtung:** Beim Aufsetzen des Lenkrades muß sich der Blinkerschalter in Mittelstellung befinden.
- Sechskantmutter mit **50 Nm** anschrauben.
- Steckverbindung für Airbageinheit unterhalb des Lenkrades zusammenstecken.
- Verkleidung unter Lenkstockschalter einbauen, dabei darauf achten, daß der Kabelanschluß des Rückstellringes in der Aussparung der Verkleidung sitzt.
- Airbageinheit einbauen, siehe Seite 149.

- Probefahrt durchführen und bei Geradeausfahrt Stellung des Lenkrades überprüfen. Die Speiche des Lenkrades muß sich in waagerechter Lage befinden.
- Falls das Lenkrad schräg steht, Lenkrad entsprechend umsetzen. Gegebenenfalls Spur der Vorderräder überprüfen, siehe Seite 155.
- Hupe und automatische Rückstellung des Blinkerschalters prüfen.

Lenkungsspiel einstellen

Nur mechanische Lenkung

Die Zahnstangenlenkung soll von Anschlag zu Anschlag spielfrei sein. Zur Einstellung sind 2 Personen erforderlich. Eine Einstellung der Servolenkung ist nicht vorgesehen.

- Fahrzeug auf der Hebebühne anheben. Räder in Geradeausstellung bringen.
- Durch wechselseitiges Hin- und Herbewegen (etwa 30° um die Geradeausstellung) des Lenkrades wird bei zu großem Lenkungsspiel ein Klappergeräusch hörbar.

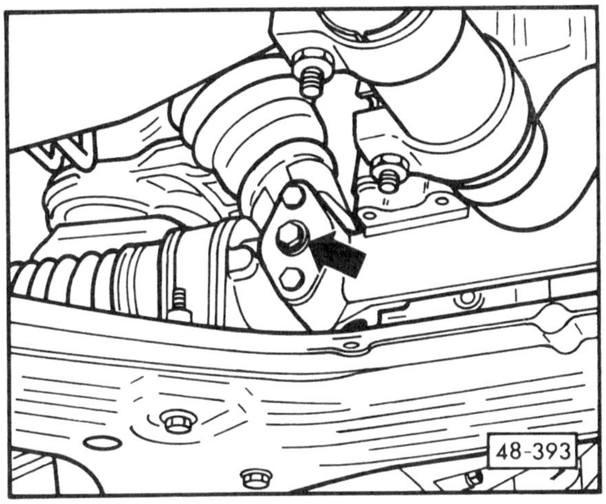

- Der zweite Mechaniker dreht dabei die Einstellschraube vorsichtig so weit hinein, bis kein Klappergeräusch mehr im Wageninnern zu hören ist.
- Fahrzeug ablassen.
- Einstellung bei Probefahrt kontrollieren. Ist die Lenkung schwergängig, läuft in Kurven nicht allein in die Geradeausstellung zurück: Einstellschraube wieder etwas lösen.

Mechanisches Lenkgetriebe

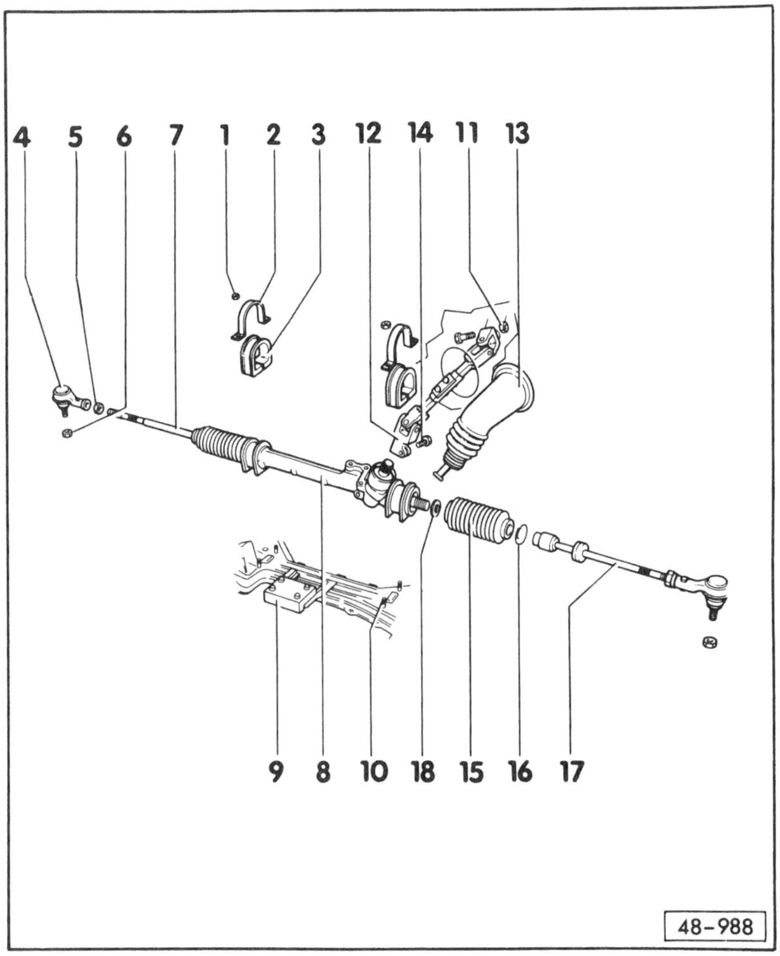

1 – **Mutter, 30 Nm**
2 – **Schelle für Gummilager**
3 – **Gummilager**
4 – **Spurstangenkopf**
5 – **Mutter, 50 Nm**
6 – **Mutter, 35 Nm**
7 – **Spurstange rechts**
Einstellbar.
8 – **Lenkgetriebe**
9 – **Aggregatträger mit Tilger**
10 – **Befestigungsschrauben für Lenkgetriebe**
11 – **Mutter, 30 Nm**
12 – **Gelenkwelle für Lenksäule**
13 – **Faltenbalg für Gelenkwelle**
14 – **Schraube, 30 Nm**
15 – **Faltenbalg**
Beim Spureinstellen nicht verdrillen.
16 – **Spannring**
17 – **Spurstange links**
Zum Ersetzen Lenkgetriebe ausbauen.
18 – **Kontermutter, 50 Nm**

Spurstangenkopf aus- und einbauen

Achtung: Zum Ersetzen der Spurstangen muß das Lenkgetriebe ausgebaut werden. Werkstattarbeit!

Ausbau

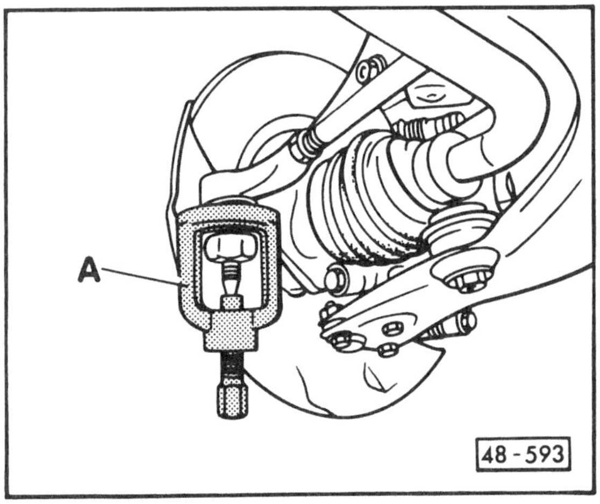

- Befestigungsmutter für Spurstangenkopf herausdrehen.
- Zapfen des Spurstangengelenks mit handelsüblichem Abzieher –A– vom Lenkspurhebel abdrücken.
- Kontermutter für Spurstangenkopf an der Spurstange lösen.
- Spurstangenkopf von der Spurstange abschrauben, dabei Umdrehungen zählen und diese für den späteren Einbau notieren.

Einbau

- Neues Spurstangengelenk mit der gleichen Umdrehungsanzahl aufschrauben.
- Spurstangenkopf mit Kontermutter und **50 Nm** sichern.
- Zapfen für Spurstangengelenk am Lenkspurhebel einsetzen und mit **neuer selbstsichernder** Mutter und **35 Nm** anschrauben.
- Spur prüfen lassen, siehe Seite 155.

Flügelpumpe für Servolenkung

4-Zylindermotor

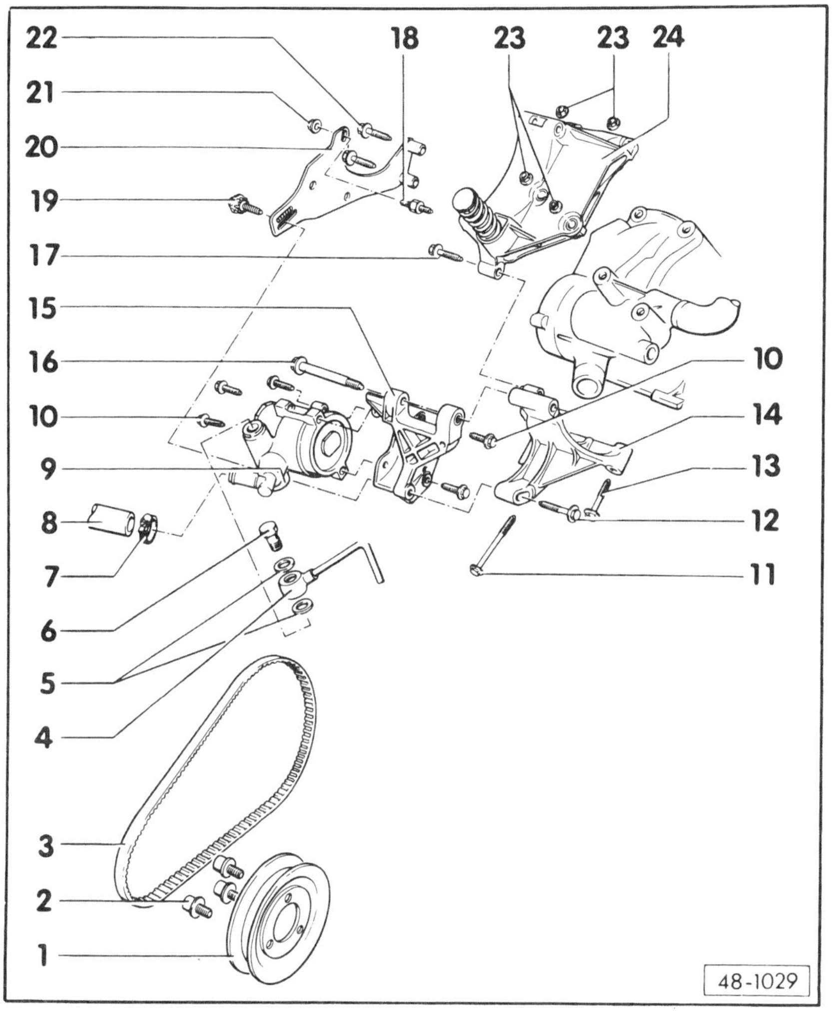

1 – **Keilriemenscheibe**
Bei der Montage darauf achten, daß die Keilriemenscheiben von Kurbelwelle und Servo-Flügelpumpe fluchten.

2 – **Schraube, 25 Nm**

3 – **Keilriemen**

4 – **Druckleitung**

5 – **Dichtring**

6 – **Hohlschraube**

7 – **Schlauchschelle**

8 – **Saugschlauch**

9 – **Flügelpumpe**

10 – **Sechskantschraube, 25 Nm**

11 – **Sechskantschraube, 25 Nm**

12 – **Sechskantschraube, 25 Nm**

13 – **Sechskantschraube, 25 Nm**

14 – **Halter**

15 – **Schwenkbügel**

16 – **Sechskantschraube, 45 Nm**

17 – **Sechskantschraube, 25 Nm**

18 – **Gewindebolzen, 25 Nm**

19 – **Einstellschraube, 25 Nm**

20 – **Halter**

21 – **Mutter, 25 Nm**

22 – **Sechskantschraube, 25 Nm**

23 – **Mutter, 25 Nm**

24 – **Konsole**

Instandsetzungen an der Flügelpumpe sind nicht vorgesehen. Fehlerursachen sind mit Hilfe einer Dichtigkeitsprüfung zu ermitteln. Liegt ein Fehler im Bauteil vor, ist die Flügelpumpe komplett zu ersetzen.

Hydraulikölsorte: **G002000**

Ölmenge im System: ca. **1 l**

Lenksystem auf Dichtheit prüfen

Bei fehlendem Hydrauliköl im Ausgleichbehälter grundsätzlich Lenksystem auf Dichtheit prüfen.

- Motor starten und im Leerlauf drehen lassen.
- Lenkrad beidseitig bis zum Anschlag drehen und kurzzeitig festhalten. Dadurch baut sich der größtmögliche Leitungsdruck auf.
- In dieser Position folgende Sichtprüfungen auf Undichtigkeit durchführen:
  1. Drehkolbenventil
  2. Zahnstangenabdichtung. Hierzu Schlauchbinder des Faltenbalges lösen und Faltenbalg zur Seite schieben.
  3. Flügelpumpe
  4. Leitungsanschlüsse

Lenkradzittern/ Vorderwagenunruhe beseitigen

Das Lenkradflattern bei bestimmten Geschwindigkeiten ist in der Regel auf eine Unwucht der Räder zurückzuführen.

Prüfen

- Reifenfülldruck prüfen, gegebenenfalls korrigieren.
- Probefahrt durchführen. Störung möglichst genau eingrenzen, Geschwindigkeitsbereich, Fahrbahnbeschaffenheit, Kurven- oder Geradeausfahrt.
- Fahrzeug aufbocken.
- Mittenzentrierung der Felgen prüfen. Dabei müssen die Radnabe oder Bremstrommel über den Kragen der Scheibenräder hinausragen oder zumindest bündig damit abschließen. Andernfalls Felge austauschen.

- Radaufhängung prüfen. Dazu Gummi-Metallager, Gelenke, Stoßdämpfer und Felgen auf einwandfreien Zustand prüfen.
- Räder ausbauen und reinigen. Dabei beispielsweise auch Steine aus dem Profil entfernen.
- Reifen auf Bremsplatten untersuchen. Das sind Stellen geringerer Profiltiefe, die bei Vollbremsungen mit blockierenden Rädern entstehen können.
- Profiltiefe der einzelnen Reifen prüfen und miteinander vergleichen. Bei abnormalem Reifenverschleiß vorn und/oder hinten muß das Fahrzeug vorn und hinten vermessen und gegebenenfalls eingestellt werden. Dabei ist die Einstellung der Vorspur an die obere Toleranzgrenze zu legen. **Achtung:** Für die Vermessung ist eine entsprechende Meßanlage erforderlich, die in der Regel nur in einer Fachwerkstatt vorhanden ist.
- Probefahrt durchführen und prüfen, ob die Störungen noch vorhanden sind.

Höhen- und Seitenschlag der Räder prüfen.

- Bei aufgebocktem Fahrzeug geeignete Meßuhr an der Lauffläche und danach an der Reifenflanke ansetzen. Rad von Hand langsam drehen, Zeigerausschlag der Meßuhr ablesen und Stelle des maximalen Höhenschlags am Reifen mit Kreide kennzeichnen.

Sollwerte: Maximaler Höhenschlag = 0,8 mm; maximaler Seitenschlag = 1,2 mm.

- Falls diese Werte nicht eingehalten werden, Räder auf stationärer Auswuchtmaschine auswuchten. Dabei müssen die Räder in gleicher Weise wie am Fahrzeug mittenzentriert werden. Konische Spannvorrichtungen, die das Rad in der Mittenbohrung zentrieren, sind nicht zulässig. Die zulässige Restunwucht in beiden Wuchtebenen beträgt 5 Gramm.

Höhenschlag beseitigen (matchen):

- Luft aus dem Reifen lassen und Reifenwülste in das Felgenbett drücken.
- Reifen auf der Felge um 120° verdrehen.
- Reifen aufpumpen und Höhenschlag erneut prüfen.
- Falls der Maximalwert überschritten wird, Reifen auf der Felge um weitere 120° verdrehen und Höhenschlag prüfen.
- Falls der Maximalwert eingehalten wird, Räder auswuchten.

Höhen- und Seitenschlag der Felge prüfen

- Felge ohne Reifen mittenzentriert auf die Auswuchtmaschine oder am Fahrzeug montieren. Meßuhr anbringen.

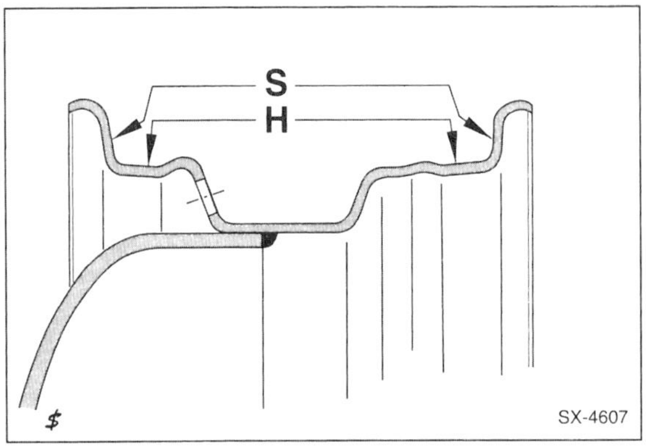

- Höhenschlag –H– und Seitenschlag –S– an den angegebenen Stellen prüfen. Dabei sind punktuelle Ausschläge der Meßuhr, die durch Materialerhöhungen oder -vertiefungen entstehen, nicht zu berücksichtigen.

Sollwerte Stahlfelge: H = 0,6 mm; S = 0,8 mm; Leichtmetallfelge: H = 0,5 mm; S = 0,5 mm.

- Falls die Sollwerte überschritten werden, Felge ersetzen.

Montage der Räder am Fahrzeug

- Bei aufgebocktem Fahrzeug Räder so ansetzen, daß sich die Stelle des maximalen Höhenschlages oben befindet. Radschrauben in diesem Zustand über Kreuz mit einem Drehmomentschlüssel und **110 Nm** (M14-Schrauben für 5-Loch-Felgen: **120 Nm**) festziehen.

Achtung: Wenn die Verschleißunterschiede der einzelnen Reifen klein sind, Räder mit dem geringsten Höhenschlag und den kleinsten Auswuchtgewichten an der Vorderachse montieren.

- Probefahrt durchführen. Falls immer noch Vorderwagenunruhe oder Lenkradschütteln festgestellt wird, kann es sich um Restunwuchten handeln, die durch Nachwuchten am Fahrzeug beseitigt werden.

Räder am Fahrzeug nach- oder auswuchten

- Beim Auswuchten der Antriebsräder unbedingt beide Reifen einer Achse auf Rollen (Geberböcke) setzen.
- Der Antrieb der Räder muß durch den Fahrzeugmotor erfolgen, damit die Räder synchron laufen. Fahrzeuge mit Allradantrieb müssen an beiden Achsen angehoben werden. Achsen nacheinander auswuchten.
- Probefahrt durchführen.

Falls immer noch Störungen auftreten, so sind die Radial- oder Taumelbewegungen eines oder mehrerer Reifen zu hoch. Mit Werkstattmitteln kann das nicht gemessen werden. In diesem Fall bleibt nur der Austausch der vorderen und/oder hinteren Reifen. Dabei sollten die Reifen grundsätzlich paarweise ersetzt werden.

Die Fahrwerkvermessung

Optimale Fahreigenschaften und geringster Reifenverschleiß sind nur dann zu erzielen, wenn die Stellung der Räder einwandfrei ist. Bei unnormaler Reifenabnutzung sowie mangelhafter Straßenlage – bei schlechter Richtungsstabilität während der Geradeausfahrt sowie schlechten Lenkeigenschaften bei Kurvenfahrt – sollte die Werkstatt aufgesucht werden, um den Wagen optisch vermessen zu lassen.
Die Fahrwerkvermessung kann ohne eine entsprechende Meßanlage nicht durchgeführt werden. Ich beschränke mich deshalb hier auf die Beschreibung der für die Vermessung erforderlichen Grundbegriffe.

Spur/Sturz/Spreizung/Nachlauf

Als **Spur** bezeichnet man den seitlichen Abstand der Räder voneinander. Vorspur bedeutet, daß die Räder – in Höhe des Radmittelpunktes gemessen – vorn etwas enger zusammenstehen als hinten. Nachspur bedeutet, daß die Vorderräder vorn etwas weiter auseinanderstehen als hinten.
Beim VW GOLF / VENTO wird die Spur auf „neutral" eingestellt.

Sturz und Spreizung vermindern die Übertragung von Fahrbahnstößen auf die Lenkung und halten bei Kurvenfahrt die Reibung möglichst gering.
Sturz ist der Winkel α, um den die Radebene von der Senkrechten abweicht. Die Vorderräder stehen also schräg, bei positivem Sturz beispielsweise im Radaufstandspunkt mehr zusammen als oben. Der VW GOLF / VENTO besitzt einen negativen Sturz.

Spur und Sturz verändern sich beim VW GOLF/VENTO je nach Beladungszustand.

Spreizung ist der Winkel β zwischen der Schwenkachse des Achsschenkels und der Senkrechten im Reifenaufstandspunkt, in Längsrichtung des Wagens gesehen.

Durch den Sturz- und Spreizwinkel werden die Berührungspunkte der Räder auf der Fahrbahn näher an die Schwenkachse des Achsschenkels herangebracht. Damit kann der sogenannte Lenkrollhalbmesser klein gehalten werden. Je kleiner der Lenkrollhalbmesser ist, desto leichtgängiger ist die Lenkung. Auch die Fahrbahnstöße wirken sich wesentlich schwächer auf das Lenkgestänge aus.

Nachlauf ist der Winkel zwischen der Schwenkachse des Achsschenkels und der Senkrechten im Reifenaufstandspunkt in Querrichtung des Fahrzeuges gesehen.
Der Nachlauf beeinflußt maßgeblich die Geradeausführung der Vorderräder. Zu geringer Nachlauf begünstigt ein Abweichen aus der Fahrtrichtung auf schlechten Straßen oder bei Seitenwind und läßt zudem nach der Kurvenfahrt die Lenkung nicht weit genug zur Mittelstellung zurücklaufen.

Prüfvoraussetzung

- Vorschriftsmäßiger Reifenfülldruck
- Genau ebene, waagerechte Meßfläche
- Fahrzeug in Leergewichtszustand: unbeladen, mit Reserverad, Wagenheber und vollem Tank.
- Fahrzeug vorher kräftig durchgefedert
- Lenkung richtig eingestellt
- Kein unzulässiges Spiel im Lenkgestänge
- Kein unzulässiges Spiel in der Radaufhängung

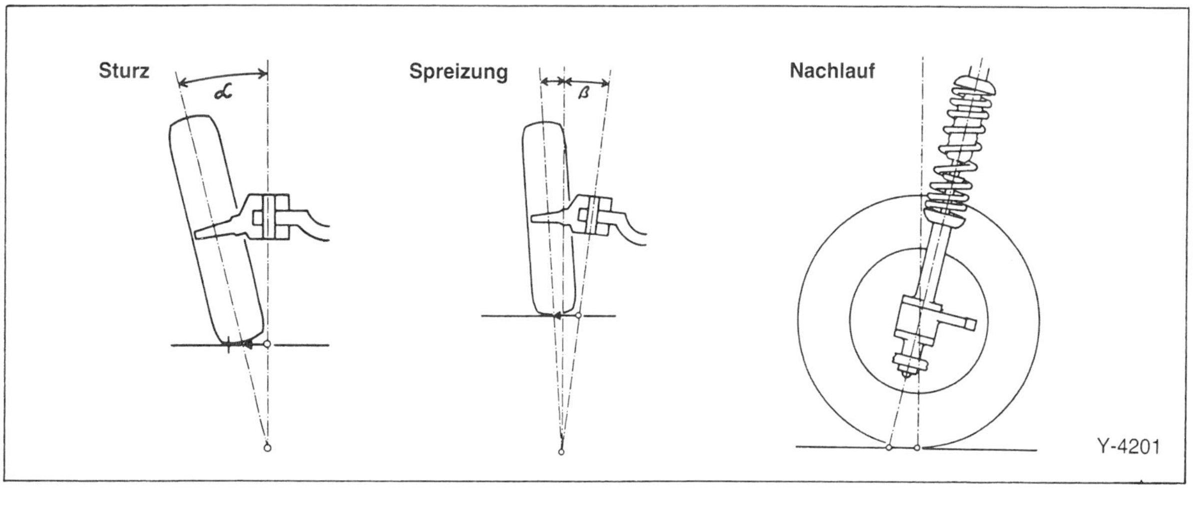

Die Bremsanlage

Das hydraulische Fußbremssystem besteht aus dem Hauptbremszylinder, dem Bremskraftverstärker und den Bremsen für die Vorder- und Hinterräder. Das hydraulische Bremssystem ist in zwei Kreise aufgeteilt, die diagonal wirken. Ein Bremskreis arbeitet vorn rechts/hinten links, der zweite vorn links/hinten rechts. Dadurch bremst bei Ausfall eines Bremskreises ein Vorderrad und das entgegengesetzte Hinterrad.

An den Vorderrädern sind Scheibenbremsen eingebaut, die je nach Ausführung zur besseren Wärmeabfuhr innenbelüftet sind. Die Hinterräder werden durch selbstnachstellende Trommelbremsen oder durch Scheibenbremsen verzögert.

Die Bremsflüssigkeit für das gesamte Bremssystem und für die hydraulische Kupplungsbetätigung (nur in Verbindung mit bestimmten Motoren) kommt aus dem Bremsflüssigkeitsbehälter, der vorn im Motorraum untergebracht ist. Der Druck für beide Bremskreise wird im Hauptbremszylinder über das Bremspedal aufgebaut.

Der Bremskraftverstärker speichert einen Teil des vom Motor erzeugten Ansaug-Unterdruckes. Über entsprechende Ventile wird dann bei Bedarf die Pedalkraft durch den Unterdruck verstärkt. Da beim Dieselmotor der Unterdruck im Saugrohr nicht ausreicht, wird zusätzlicher Unterdruck durch eine Vakuumpumpe erzeugt. Die Vakuumpumpe ist seitlich am Motorblock angeflanscht.

Die Handbremse wirkt über Seilzüge auf die Bremsbeläge der Hinterräder.

Für den VW GOLF/VENTO kommen Scheibenbremssättel von unterschiedlichen Firmen zum Einsatz: Girling oder VW-II. Beim Wechseln der Bremsbeläge sind daher unterschiedliche Arbeitsschritte erforderlich.

Ein Bremskraftregler an der Hinterachse sorgt dafür, daß beim scharfen Bremsen die Hinterräder nicht überbremst werden (blockieren).

Als Mehrausstattung wird der VW GOLF/VENTO auch mit Antiblockiersystem (ABS) angeboten. Die hier beschriebenen Arbeiten gelten für alle VW GOLF/VENTO-Versionen, ob mit oder ohne ABS-System.

Beim Reinigen der Bremsanlage fällt Bremsstaub an. Dieser Staub kann zu gesundheitlichen Schäden führen. Deshalb beim Reinigen der Bremsanlage darauf achten, daß der Bremsstaub nicht eingeatmet wird.

Die Bremsbeläge sind Bestandteil der Allgemeinen Betriebserlaubnis (ABE), außerdem sind sie vom Werk auf das jeweilige Fahrzeugmodell abgestimmt. Es empfiehlt sich deshalb, nur von VW beziehungsweise vom Kraftfahrtbundesamt freigegebene Bremsbeläge zu verwenden. Diese Bremsbeläge haben eine KBA-Freigabenummer.

Das Arbeiten an der Bremsanlage erfordert peinliche Sauberkeit und exakte Arbeitsweise. Falls die nötige Arbeitserfahrung fehlt, sollten die Arbeiten an der Bremse von einer Fachwerkstatt durchgeführt werden.

Hinweis: Auf stark regennassen Fahrbahnen sollte während des Fahrens die Bremse von Zeit zu Zeit betätigt werden, um die Bremsscheiben von Rückständen zu befreien. Durch die Zentrifugalkraft wird zwar das Wasser von den Bremsscheiben geschleudert, doch bleibt teilweise ein dünner Film von Silikonen, Gummiabrieb, Fett und Verschmutzungen zurück, der das Ansprechen der Bremse vermindert.

Wird das Fahrzeug nach einer Regenfahrt abgestellt, insbesondere im Winter bei Streusalzeinwirkung, ist es zweckmäßig, die Bremse vorher mit leichter Pedalkraft bis zum Stillstand zu betätigen. Dadurch trocknen die Bremsscheiben und können nicht so leicht korrodieren.

Nach dem Einbau von neuen Bremsbelägen müssen diese eingebremst werden. Während einer Fahrtstrecke von rund 200 km sollten unnötige Vollbremsungen unterbleiben.

Korrodierte Scheibenbremsen erzeugen beim Abbremsen einen Rubbeleffekt, der sich auch durch längeres Abbremsen nicht beseitigen läßt. In diesem Fall müssen die Bremsscheiben erneuert werden.

Eingebrannter Schmutz auf den Bremsbelägen und zugesetzte Regennuten in den Bremsbelägen führen zur Riefenbildung auf den Bremsscheiben. Dadurch kann eine verminderte Bremswirkung eintreten.

Technische Daten Bremsanlage

Modell	1,4-/1,6-/1,8-l CL/GL 1,9-l-Diesel CL/GL/ GTD		1,8-l GT 2,0-l GL		1,8-/1,9-/2,0-l Variant und Cabrio 1,9-l Golf TDI		2,0-l 16V 2,8-/2,9-l VR6	
Zustand	Neu	Verschleiß-grenze	Neu	Verschleiß-grenze	Neu	Verschleiß-grenze	Neu	Verschleiß-grenze
Scheibenbremse vorn								
Bremsscheiben-∅ mm	239	–	256	–	256	–	280	–
Bremsscheibendicke mm	12	10	20	18	13*/20	11*/18	22	20
Bremsbelagdicke ohne Rückenplatte mm	14	2	11	2	14*/11	2	14	2
Scheibenbremse hinten								
Bremsscheiben-∅ mm	–	–	226	–	–	–	226	–
Bremsscheibendicke mm	–	–	10	8	–	–	10	8
Bremsbelagdicke ohne Rückenplatte mm	–	–	12	2	–	–	12	2
Bremstrommel hinten								
Bremstrommel-∅ Limousine mm	200	201	–	–	200	201	–	–
Syncro/Variant mm	230	231	–	–	230	231	–	–
Bremsbelagdicke mm	5	2,5	–	–	5	2,5	–	–

*) 1,8-/1,9-l-Variant

Hinweis: Bei der Zuordnung der Maßangaben zu den einzelnen Modellen können in der Serie Abweichungen auftreten.

Scheibenbremsbeläge vorn aus- und einbauen

Fahrzeuge mit VW II-Bremsanlage

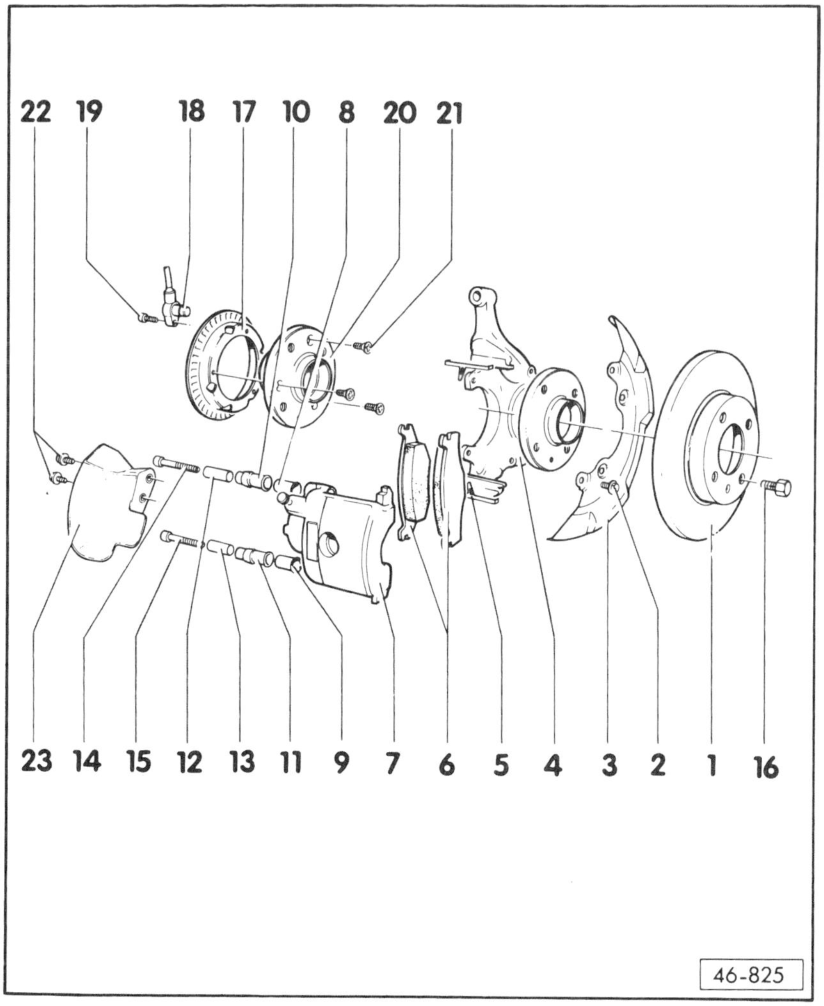

1 – **Bremsscheibe**
Immer achsweise ersetzen.

2 – **Schraube, 10 Nm**

3 – **Abdeckblech**

4 – **Radlagergehäuse**

5 – **Belaghaltefeder**
Beim Bremsbelagwechsel ersetzen.

6 – **Bremsbeläge**
Dicke prüfen, grundsätzlich achsweise ersetzen.

7 – **Bremssattel**

8 – **Hülse oben**

9 – **Hülse unten**

10 – **Buchse oben**

11 – **Buchse unten**

12 – **Abstandshülse oben**

13 – **Abstandshülse unten**

14 – **Innensechskantschraube oben, 25 Nm**

15 – **Innensechskantschraube unten, 25 Nm**

16 – **Radschraube, 110 Nm**
M14-Schrauben für 5-Loch-Felgen: **120 Nm.**

Nur bei Fahrzeugen mit ABS:

17 – **Rotor für Drehzahlfühler**

18 – **Drehzahlfühler**

19 – **Schraube, 10 Nm**

20 – **Radnabe**

21 – **Kreuzschlitzschraube**

22 – **Schraube, 15 Nm**

23 – **Luftleitblech**

Ausbau

- Scheibenrad (Felge) zur Radnabe mit Farbe kennzeichnen. Dadurch kann das ausgewuchtete Rad wieder in der gleichen Lage montiert werden.
- Radschrauben an Vorderrädern lösen. Dabei muß das Fahrzeug noch am Boden stehen.
- Fahrzeug aufbocken, Räder abnehmen.

Achtung: Sollen die Bremsbeläge wieder verwendet werden, so müssen sie beim Ausbau gekennzeichnet werden. Ein Wechsel der Beläge von der Außen- zur Innenseite und umgekehrt oder auch vom rechten zum linken Rad ist nicht zulässig. Der Wechsel kann zu ungleichmäßiger Bremswirkung führen. Es empfiehlt sich nur Original VW-, beziehungsweise von VW freigegebene Bremsbeläge zu verwenden. **Grundsätzlich alle Scheibenbremsbeläge vorn gleichzeitig ersetzen, auch wenn nur ein Belag die Verschleißgrenze erreicht hat.**

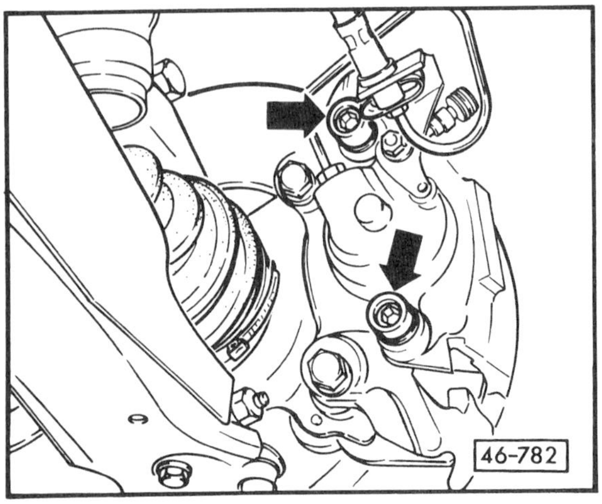

46-782

- Befestigungsschrauben –Pfeile– für Bremssattel herausdrehen. Hierfür wird ein Innensechskantschlüssel SW 6 benötigt. **Achtung:** Die Schrauben sind selbstsichernd und haben daher ein relativ hohes Lösemoment. Auf unterschiedliche Länge der Schrauben achten und beim Einbau an der gleichen Stelle einsetzen.
- Halter für Bremsschlauch am Federbein ausclipsen.

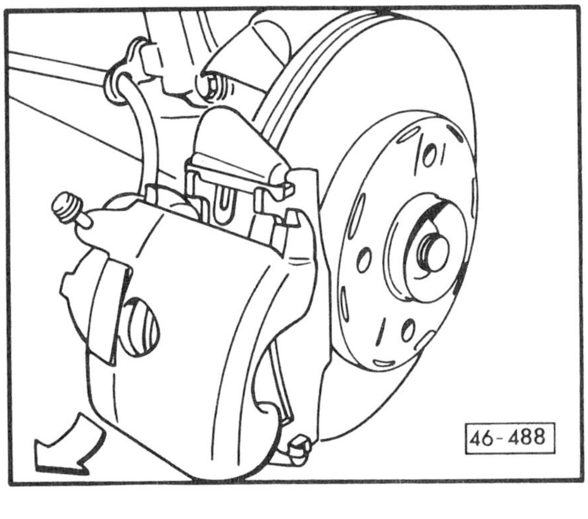

46-488

- Bremssattel unten vom Bremsträger wegschwenken –Pfeil– und abnehmen.
- Bremssattel mit Draht am Aufbau aufhängen. **Achtung:** Bremssattel nicht einfach nach unten hängen lassen; der Bremsschlauch darf nicht auf Zug beansprucht oder verdreht werden.
- Bremsbeläge seitlich aus den Führungen des Bremsträgers herausnehmen.
- Belaghaltefedern abnehmen.

Einbau

Achtung: Bei ausgebauten Bremsbelägen nicht auf das Bremspedal treten, sonst wird der Kolben aus dem Gehäuse herausgedrückt.

- Führungsfläche beziehungsweise Sitz der Beläge im Gehäuseschacht mit geeigneter Weichmetallbürste reinigen oder mit einem Lappen und Spiritus auswischen. Keine mineralölhaltigen Lösungsmittel oder scharfkantigen Werkzeuge verwenden.
- Vor Einbau der Beläge ist die Bremsscheibe durch Abtasten mit den Fingern auf Riefen zu untersuchen. Riefige Bremsscheiben können abgedreht werden (Werkstattarbeit), sofern sie noch eine ausreichende Dicke aufweisen.
- Bremsscheibendicke messen, siehe Seite 165.
- Staubkappe für Bremskolben auf Anrisse prüfen. Eine beschädigte Staubkappe umgehend ersetzen lassen, da eingedrungener Schmutz schnell zu Undichtigkeiten des Bremssattels führt. Der Bremssattel muß hierzu zerlegt werden (Werkstattarbeit).

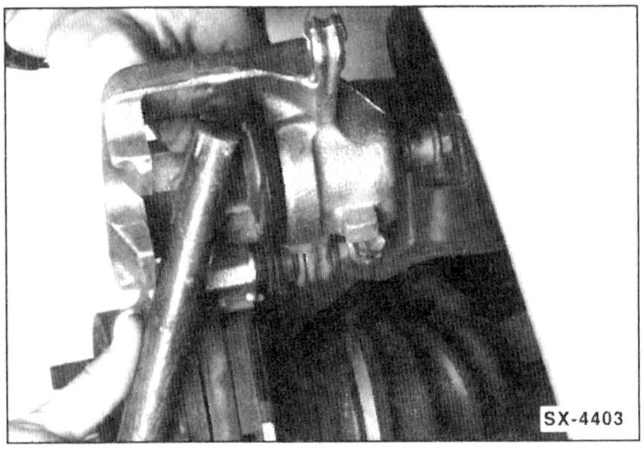

SX-4403

- Bremskolben mit Rücksetzvorrichtung zurückdrücken. Es geht auch mit einem Hartholzstab (Hammerstiel), dabei jedoch besonders darauf achten, daß der Kolben nicht verkantet wird und Kolbenfläche sowie Staubkappe nicht beschädigt werden.

Achtung: Beim Zurückdrücken des Kolbens wird Bremsflüssigkeit aus dem Bremszylinder in den Ausgleichbehälter gedrückt. Flüssigkeit im Behälter beobachten, eventuell Bremsflüssigkeit mit einem Saugheber absaugen.

Zum Absaugen eine Entlüfterflasche oder eine Plastikflasche verwenden, die nur mit Bremsflüssigkeit in Berührung kommt. Keine Trinkflaschen verwenden! **Bremsflüssigkeit ist giftig und darf auf gar keinen Fall mit dem Mund über**

einen Schlauch abgesaugt werden. Saugheber verwenden. Auch nach dem Belagwechsel darf die Max.-Marke am Bremsflüssigkeitsbehälter nicht überschritten werden, da sich die Flüssigkeit bei Erwärmung ausdehnt. Ausgelaufene Bremsflüssigkeit läuft am Hauptbremszylinder hinunter, zerstört den Lack und führt zur Rostbildung.

Achtung: Bei hohem Bremsbelagverschleiß Leichtgängigkeit des Kolbens prüfen. Dazu einen Holzklotz in den Bremssattel einsetzen und durch Helfer langsam auf das Bremspedal treten lassen. Der Bremskolben muß sich leicht heraus- und hineindrücken lassen. Zur Prüfung muß der andere Bremssattel eingebaut sein. Darauf achten, daß der Bremskolben nicht ganz herausgedrückt wird. Bei schwergängigem Kolben Bremssattel instandsetzen (Werkstattarbeit).

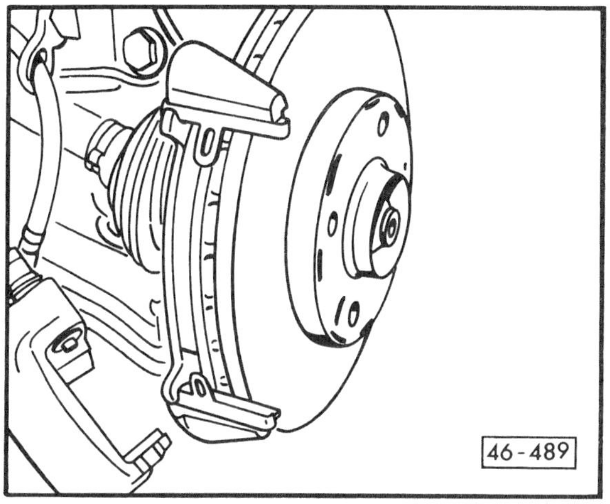

- Bremsbelaghaltefedern grundsätzlich erneuern. In der Regel werden neue Haltefedern zusammen mit den Bremsbelägen geliefert. Haltefedern so einsetzen, daß der kürzere Teil nach innen zeigt.
- Untere Bremsbelaghaltefeder in den Bremsträger einsetzen. Obere Feder ansetzen und inneren Bremsbelag seitlich über die Haltefedern in den Bremsträger einsetzen. Der innere Bremsbelag hat die kleinere Belagoberfläche.
- Äußeren Bremsbelag in den Bremsträger einsetzen.

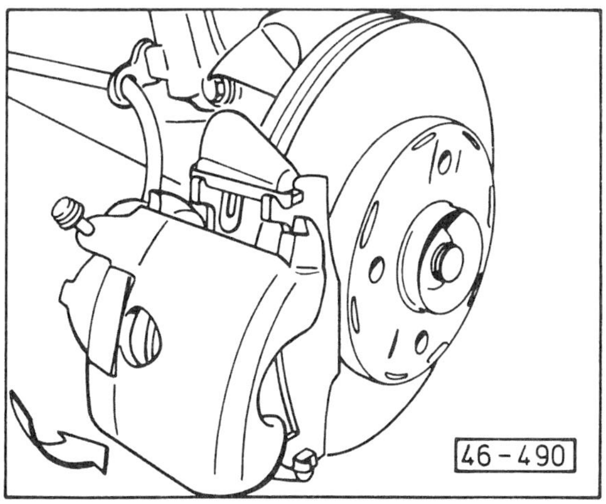

- **Bis 7/95:** Bremssattel **oben** am Bremsträger ansetzen und nach unten schwenken. **Achtung:** Bremssattel nur so weit am Bremsträger andrücken, daß die Befestigungsschrauben eingesetzt werden können. Wird der Bremssattel über diesen Punkt hinausgedrückt, können sich die Belaghaltefedern verformen. Das kann zu Geräuschen beim Bremsen führen.
- **Ab 8/95:** Bremssattel zuerst **unten** am Bremsträger ansetzen und nach oben schwenken. **Achtung:** Der untere Zapfen vom Bremssattelgehäuse muß hinter der Führung vom Radlagergehäuse stehen.
- Befestigungsschrauben mit Sicherungsmittel einsetzen und mit **25 Nm** festziehen. Die längere Schraube wird in der Regel oben eingesetzt.
- Halter für Bremsschlauch am Federbein einclipsen.
- Vorderräder so ansetzen, daß die beim Ausbau angebrachten Markierungen übereinstimmen. Vorher Zentriersitz der Felge an der Radnabe sowie die Kegelfläche der Radschrauben mit Wälzlagerfett leicht einfetten. Gewinde der Radschrauben **nicht** fetten oder ölen. Räder anschrauben. Fahrzeug ablassen und Radschrauben über Kreuz mit **110 Nm** festziehen. M14-Schrauben für 5-Loch-Felgen mit **120 Nm** festziehen.

Achtung: Bremspedal im Stand mehrmals kräftig niedertreten, bis fester Widerstand spürbar ist. Dadurch legen sich die Bremsbeläge an die Bremsscheiben an und nehmen einen dem Betriebszustand entsprechenden Sitz ein.

- Bremsflüssigkeit im Ausgleichbehälter prüfen, gegebenenfalls bis zur Max.-Marke auffüllen.
- Neue Bremsbeläge vorsichtig einbremsen, dazu Fahrzeug mehrmals von ca. 80 km/h auf 40 km/h mit geringem Pedaldruck abbremsen. Dazwischen Bremse etwas abkühlen lassen.

Achtung: Bis zu einer Fahrstrecke von ca. 200 km sollten keine Vollbremsungen vorgenommen werden.

Achtung, Sicherheitskontrolle durchführen:

- ◆ Sind die Bremsschläuche festgezogen?
- ◆ Befindet sich der Bremsschlauch in der Halterung?
- ◆ Sind die Entlüftungsschrauben angezogen?
- ◆ Ist genügend Bremsflüssigkeit eingefüllt?
- ◆ Bei laufendem Motor Dichtheitskontrolle durchführen. Hierzu Bremspedal mit 200 bis 300 N (entspricht 20 bis 30 kg) etwa 10 sec. betätigen. Das Bremspedal darf nicht nachgeben. Sämtliche Anschlüsse auf Dichtheit kontrollieren.

Hinweis: Bremsbeläge sind als Sondermüll zu entsorgen. Die örtlichen Behörden geben darüber Auskunft, ob auch eine Entsorgung über den hausmüllähnlichen Gewerbemüll zulässig ist.

Scheibenbremsbeläge vorn aus- und einbauen

Fahrzeuge mit Girling-Bremsanlage

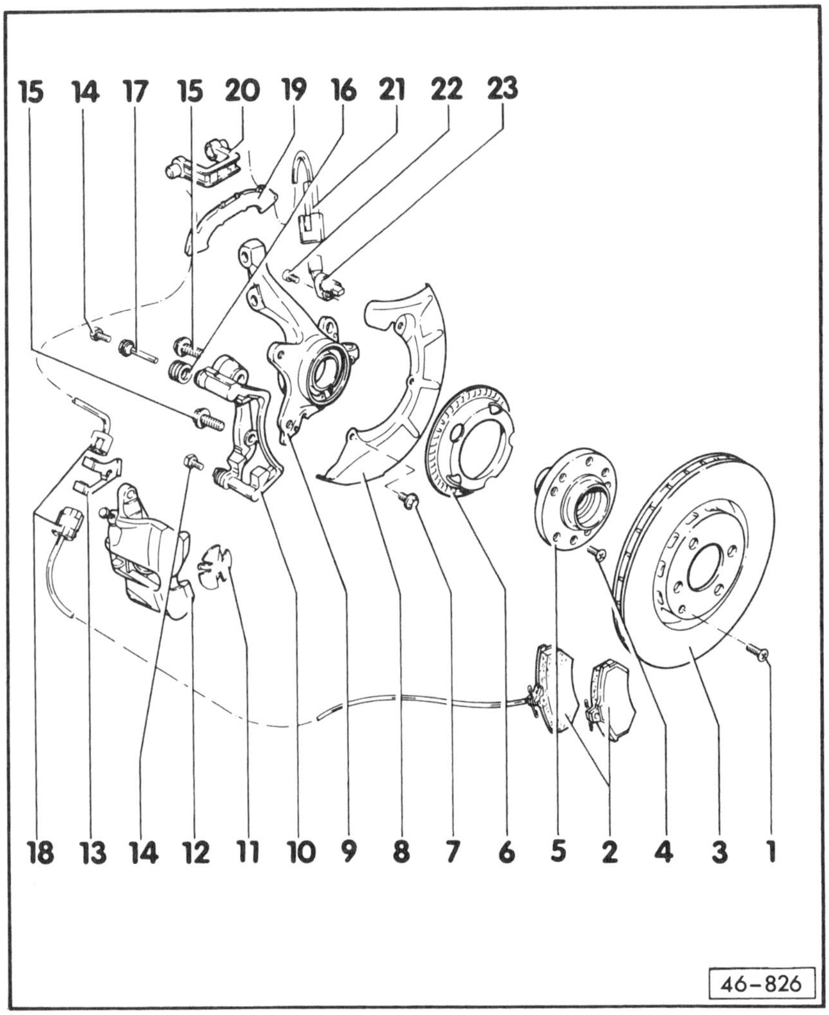

1 – **Kreuzschlitzschraube**

2 – **Bremsbeläge**
Dicke prüfen, grundsätzlich achsweise ersetzen.

3 – **Bremsscheibe**
Immer achsweise ersetzen.

4 – **Kreuzschlitzschraube**

5 – **Radnabe**

6 – **Rotor für Drehzahlfühler**
Nur bei Fahrzeugen mit ABS.

7 – **Sechskantschraube**

8 – **Abdeckblech**

9 – **Radlagergehäuse**

10 – **Bremsträger**
Wird als Ersatzteil zusammengebaut mit Führungsbolzen und Schutzkappe sowie mit ausreichender Fettmenge an den Führungsbolzen geliefert. Bei Beschädigung der Schutzkappen kompletten Reparatursatz verwenden. Führungsbolzen mit beiliegendem Fettkissen fetten.

11 – **Wärmeschutzblech**
In den Kolben einsetzen.

12 – **Bremssattelgehäuse**

13 – **Halter**

14 – **Schraube, 35 Nm**
Selbstsichernd, immer ersetzen.

15 – **Rippschraube, 125 Nm**

16 – **Schutzkappe**

17 – **Führungsbolzen**

18 – **Steckverbindung**
Für Bremsbelagsverschleißanzeige.

19 – **Halter**

20 – **Halter**

21 – **Steckverbindung**
Nur bei Fahrzeugen mit ABS.

22 – **Innensechskantschraube, 10 Nm**
Nur bei Fahrzeugen mit ABS.

23 – **Drehzahlfühler**
Nur bei Fahrzeugen mit ABS. Mit VW-Festschmierstoff G 000 650 einsetzen.

Ausbau

Achtung: Ab ca. 1/95 ist der VR6-Motor mit einer Teves/ATE-Bremsanlage ausgestattet. Besonderheiten für den Aus- und Einbau der Bremsbeläge stehen am Ende des Kapitels.

- Scheibenrad (Felge) zur Radnabe mit Farbe kennzeichnen. Dadurch kann das ausgewuchtete Rad wieder in der gleichen Lage montiert werden.
- Radschrauben an Vorderrädern lösen. Dabei muß das Fahrzeug noch am Boden stehen.
- Fahrzeug aufbocken, Räder abnehmen.

Achtung: Sollen die Bremsbeläge wieder verwendet werden, so müssen sie beim Ausbau gekennzeichnet werden. Ein Wechsel der Beläge von der Außen- zur Innenseite und umgekehrt oder auch vom rechten zum linken Rad ist nicht zulässig. Der Wechsel kann zu ungleichmäßiger Bremswirkung führen. Es empfiehlt sich nur Original VW-, beziehungsweise von VW freigegebene Bremsbeläge zu verwenden. **Grundsätzlich alle Scheibenbremsbeläge vorn gleichzeitig ersetzen, auch wenn nur ein Belag die Verschleißgrenze erreicht hat.**

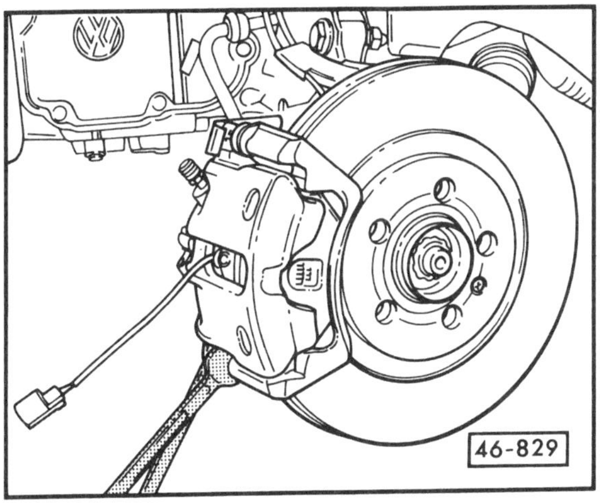

46-829

- Untere Befestigungsschraube für Bremssattelgehäuse herausschrauben. Dabei Führungsbolzen mit Maulschlüssel gegenhalten.

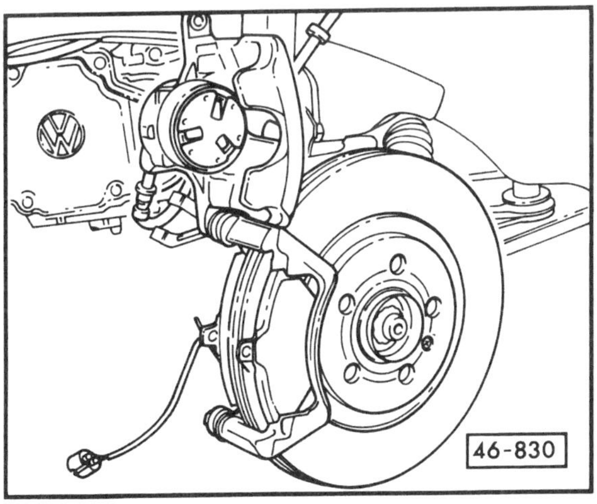

46-830

- Bremssattelgehäuse nach oben schwenken.
- Bremsbeläge herausnehmen.

Einbau

Achtung: Bei ausgebauten Bremsbelägen nicht auf das Bremspedal treten, sonst wird der Kolben aus dem Gehäuse herausgedrückt.

- Führungsfläche beziehungsweise Sitz der Beläge im Gehäuseschacht mit geeigneter Weichmetallbürste reinigen oder mit einem Lappen und Spiritus auswischen. Keine mineralölhaltigen Lösungsmittel oder scharfkantigen Werkzeuge verwenden.
- Vor Einbau der Beläge ist die Bremsscheibe durch Abtasten mit den Fingern auf Riefen zu untersuchen. Riefige Bremsscheiben können abgedreht werden (Werkstattarbeit), sofern sie noch eine ausreichende Dicke aufweisen. Bremsscheibe immer beidseitig abdrehen und auf ausreichende Verschleißreserve achten.
- Bremsscheibendicke messen, siehe Seite 165.
- Staubkappe auf Anrisse prüfen. Eine beschädigte Staubkappe umgehend ersetzen lassen, da eingedrungener Schmutz schnell zu Undichtigkeiten des Bremssattels führt. Der Bremssattel muß hierzu ausgebaut und zerlegt werden (Werkstattarbeit).
- Festen Sitz des Wärmeschutzbleches im Kolben prüfen.

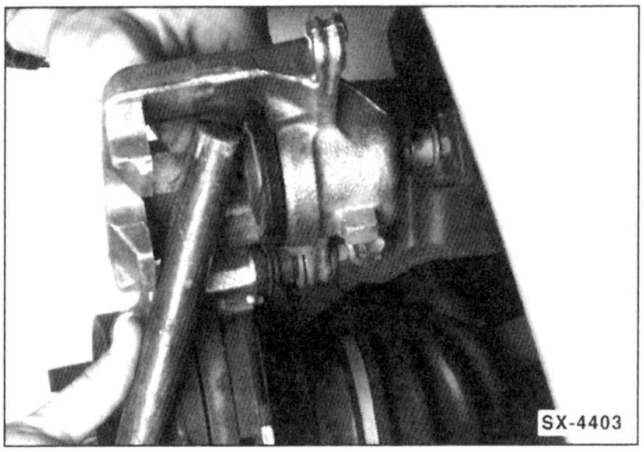

SX-4403

- Bremskolben –2– mit Rücksetzvorrichtung zurückdrücken. Es geht auch mit einem Hartholzstab (Hammerstiel), dabei jedoch besonders darauf achten, daß der Kolben nicht verkantet wird und Kolbenfläche sowie Staubkappe nicht beschädigt werden.

Achtung: Beim Zurückdrücken der Kolben wird Bremsflüssigkeit aus den Bremszylindern in den Ausgleichbehälter gedrückt. Flüssigkeit im Behälter beobachten, eventuell Bremsflüssigkeit mit einem Saugheber absaugen.

Zum Absaugen eine Entlüfterflasche oder eine Plastikflasche verwenden, die nur mit Bremsflüssigkeit in Berührung kommt. Keine Trinkflaschen verwenden! **Bremsflüssigkeit ist giftig und darf auf gar keinen Fall mit dem Mund über einen Schlauch abgesaugt werden. Saugheber verwenden. Auch nach dem Belagwechsel darf die Max.-Marke am Bremsflüssigkeitsbehälter nicht überschritten werden, da sich die Flüssigkeit bei Erwärmung ausdehnt. Ausgelaufene Bremsflüssigkeit läuft am Hauptbremszylinder hinunter, zerstört den Lack und führt zur Rostbildung.**

Achtung: Bei hohem Bremsbelagverschleiß Leichtgängigkeit des Kolbens prüfen. Dazu einen Holzklotz in den Bremssattel einsetzen und durch Helfer langsam auf das Bremspedal treten lassen. Der Bremskolben muß sich leicht heraus- und hineindrücken lassen. Zur Prüfung muß der andere Bremssattel eingebaut sein. Darauf achten, daß der Bremskolben nicht ganz herausgedrückt wird. Bei schwergängigem Kolben Bremssattel instandsetzen (Werkstattarbeit).

- Beide Bremsbeläge in den Bremsträger einsetzen. Dabei darauf achten, daß die Druckfedern gleichmäßig nach oben und parallel zur Belagoberkante stehen.
- Kolbengehäuse herunterschwenken und am Bremsträger mit **neuer** selbstsichernder Befestigungsschraube und **35 Nm** festschrauben. Dabei Führungsbolzen gegenhalten. Beschädigte Schutzkappen für Führungsbolzen ersetzen (Reparatursatz).

Achtung: Jedem Original-VW-Bremsbelag-Reparatursatz liegt für jeden Bremssattel eine neue Sechskantschraube bei. **Diese Schrauben sind in jedem Fall zu benutzen.**

- Vorderräder so ansetzen, daß die beim Ausbau angebrachten Markierungen übereinstimmen. Vorher Zentriersitz der Felge an der Radnabe sowie die Kegelfläche der Radschrauben mit Wälzlagerfett leicht einfetten. Gewinde der Radschrauben **nicht** fetten oder ölen. Räder anschrauben. Fahrzeug ablassen und Radschrauben über Kreuz mit **110 Nm** festziehen. M14-Schrauben für 5-Loch-Felgen mit **120 Nm** festziehen.

Achtung: Bremspedal im Stand mehrmals kräftig niedertreten, bis fester Widerstand spürbar ist. Dadurch legen sich die Bremsbeläge an die Bremsscheiben an und nehmen einen dem Betriebszustand entsprechenden Sitz ein.

- Bremsflüssigkeit im Ausgleichbehälter prüfen, gegebenenfalls bis zur Max.-Marke auffüllen.
- Neue Bremsbeläge vorsichtig einbremsen, dazu Fahrzeug mehrmals von ca. 80 km/h auf 40 km/h mit geringem Pedaldruck abbremsen. Dazwischen Bremse etwas abkühlen lassen.

Achtung: Bis zu einer Fahrstrecke von ca. 200 km sollten keine Vollbremsungen vorgenommen werden.

Achtung, Sicherheitskontrolle durchführen:

- Sind die Bremsschläuche festgezogen?
- Befindet sich der Bremsschlauch in der Halterung?
- Sind die Entlüftungsschrauben angezogen?
- Ist genügend Bremsflüssigkeit eingefüllt?
- Bei laufendem Motor Dichtheitskontrolle durchführen. Hierzu Bremspedal mit 200 bis 300 N (entspricht 20 bis 30 kg) etwa 10 sec. betätigen. Das Bremspedal darf nicht nachgeben. Sämtliche Anschlüsse auf Dichtheit kontrollieren.

Hinweis: Bremsbeläge sind als Sondermüll zu entsorgen. Die örtlichen Behörden geben darüber Auskunft, ob auch eine Entsorgung über den hausmüllähnlichen Gewerbemüll zulässig ist.

Besonderheiten Teves/ATE-Bremsanlage

Achtung: Hier wird nur auf die Unterschiede hingewiesen. In jedem Fall komplettes Kapitel durchlesen.

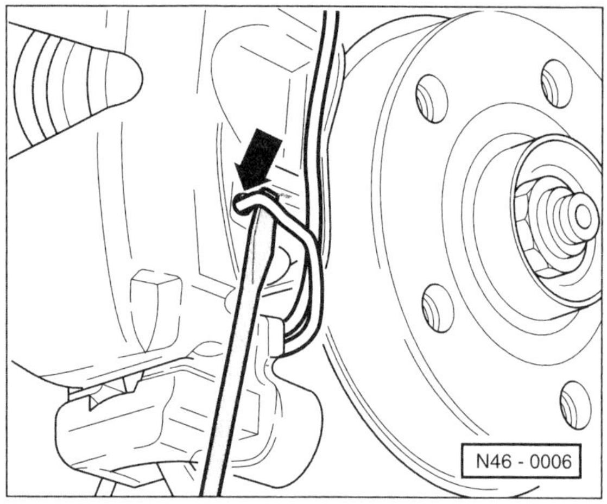

- Mit Schraubendreher die Haltefeder für Bremsbeläge aus Bremssattelgehäuse aushebeln und abnehmen.

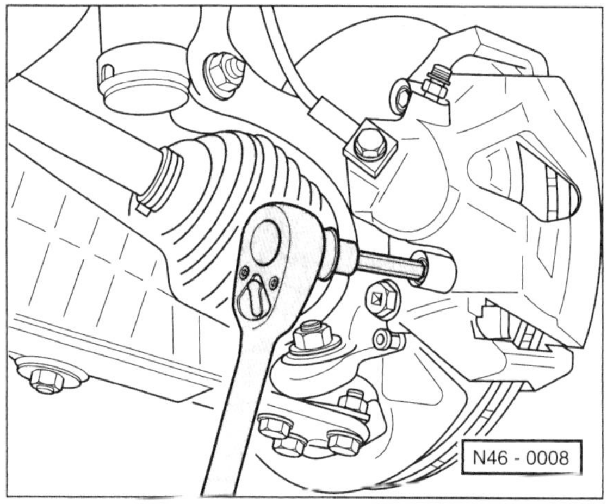

- Abdeckkappen abhebeln, beide Führungsschrauben für Bremssattelgehäuse herausschrauben.
- Bremssattelgehäuse nach oben abnehmen.
- Bremsbeläge herausnehmen.

Einbau

- Inneren Bremsbelag mit Haltefeder so in den Bremskolben einsetzen, daß der Pfeil auf der Rückenseite des Bremsbelages nach unten zeigt.
- Äußeren Belag auf Bremsträger aufsetzen und Schutzfolie von der Rückenplatte des Bremsbelages abziehen.
- Kolbengehäuse aufsetzen und am Bremsträger mit beiden Führungsbolzen und **25 Nm** festschrauben. Beschädigte Schutzkappen für Führungsbolzen ersetzen (Reparatursatz).
- Beide Abdeckkappen und Haltefeder in Bremssattelgehäuse einsetzen.

Scheibenbremsbeläge hinten aus- und einbauen

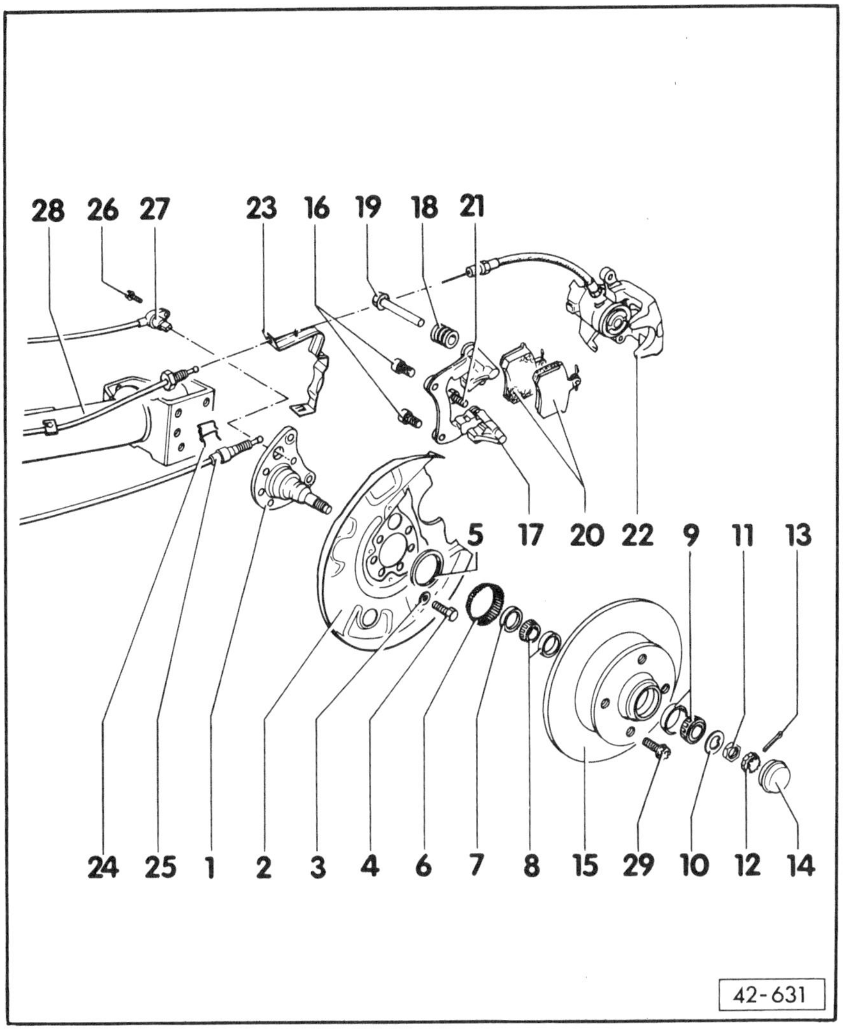

1 – **Achszapfen**

2 – **Abdeckblech**

3 – **Tellerfeder**

4 – **Schraube, 60 Nm**

5 – **Abdeckring**

6 – **Rotor für Drehzahlfühler**
Nur bei Fahrzeugen mit ABS. Mit Dorn durch die Radschraubenlöcher abtreiben.

7 – **Dichtring**

8 – **Radlager innen**

9 – **Radlager außen**

10 – **Druckscheibe**

11 – **Sechskantmutter**
Mit Kronensicherung und neuem Splint sichern.

12 – **Kronensicherung**

13 – **Splint**

14 – **Fettkappe**

15 – **Bremsscheibe**
Immer achsweise ersetzen.

16 – **Schraube, 65 Nm**

17 – **Bremsträger**
Wird als Ersatzteil zusammengebaut mit Führungsbolzen und Schutzkappe sowie mit ausreichender Fettmenge an den Führungsbolzen geliefert. Bei Beschädigung der Schutzkappen kompletten Reparatursatz verwenden. Führungsbolzen mit beiliegendem Fettkissen fetten.

18 – **Schutzkappe**

19 – **Führungsbolzen**

20 – **Bremsbeläge**
Dicke prüfen, grundsätzlich achsweise ersetzen.

21 – **Schraube, 35 Nm**
Selbstsichernd, immer ersetzen.

22 – **Bremssattel**
Seit 10/92 geänderter Bremssattel. Einbau in ältere Fahrzeuge ist nicht erlaubt.

23 – **Halter für Bremsschlauch**

24 – **Federklammer**

25 – **Handbremsseil**

26 – **Innensechskantschraube, 10 Nm**
Nur bei Fahrzeugen mit ABS.

27 – **Drehzahlfühler**
Nur bei Fahrzeugen mit ABS. Mit VW-Festschmierstoff G000650 einsetzen.

28 – **Achskörper**

29 – **Radschraube, 110 Nm**
M14-Schraube für 5-Loch-Felge: **120 Nm.**

Achtung: Ab 9/96 befindet sich an der Abstützung des Handbremsseilzuges ein Schwingungstilger, um die Entstehung von tieffrequenten Geräuschen zu verhindern. Der Schwingungstilger kann auch in bisherige Fahrzeuge nachgerüstet werden.

Ausbau

- Scheibenrad (Felge) zur Radnabe mit Farbe kennzeichnen. Dadurch kann das ausgewuchtete Rad wieder in der gleichen Lage montiert werden.
- Radschrauben an den Hinterrädern lösen. Dabei muß das Fahrzeug noch am Boden stehen.
- Fahrzeug aufbocken, Räder abnehmen, siehe Seite 279.

Achtung: Sollen die Bremsbeläge wieder verwendet werden, so müssen sie beim Ausbau gekennzeichnet werden. Ein Wechsel der Beläge von der Außen- zur Innenseite und umgekehrt oder auch vom rechten zum linken Rad ist nicht zulässig. Der Wechsel kann zu ungleichmäßiger Bremswirkung führen. Es empfiehlt sich nur Original-VW-, beziehungsweise von VW freigegeben Bremsbeläge zu verwenden. **Grundsätzlich alle Scheibenbremsbeläge hinten gleichzeitig ersetzen, auch wenn nur ein Belag die Verschleißgrenze erreicht hat.**

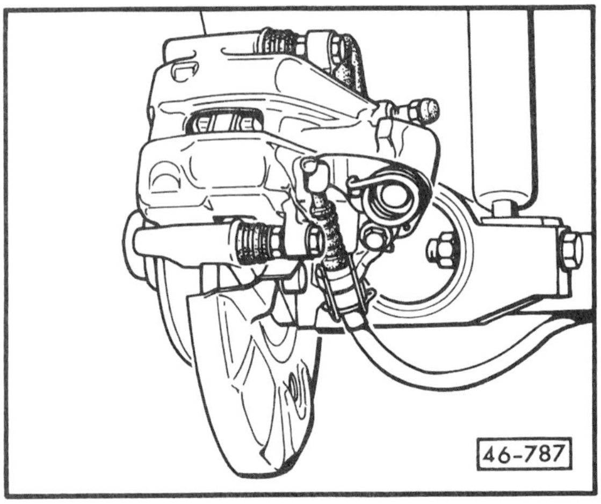

- Handbremsseil am Bremssattel ausbauen.

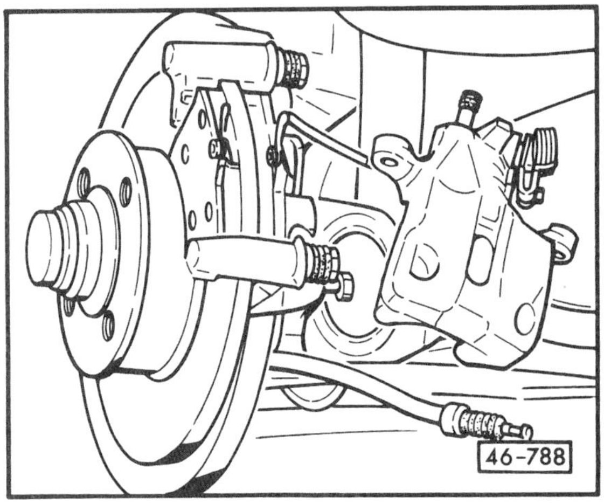

- 2 Befestigungsschrauben für Bremssattelgehäuse herausschrauben, dabei am Führungsbolzen gegenhalten. Kolbengehäuse abnehmen und mit Draht aufhängen. Bremsschlauch nicht abschrauben, sonst muß die Anlage entlüftet werden.
- Bremsbeläge herausnehmen.

Einbau

Achtung: Bei ausgebauten Bremsbelägen nicht auf das Bremspedal treten, sonst wird der Kolben aus dem Gehäuse herausgedrückt und die automatische Nachstellung des Bremssattels zerstört.

- Führungsfläche beziehungsweise Sitz der Beläge im Gehäuseschacht mit geeigneter Weichmetallbürste reinigen oder mit einem Lappen und Spiritus auswischen. Keine mineralölhaltigen Lösungsmittel oder scharfkantigen Werkzeuge verwenden.
- Vor Einbau der Beläge ist die Bremsscheibe durch Abtasten mit den Fingern auf Riefen zu untersuchen. Riefige Bremsscheiben können abgedreht werden (Werkstattarbeit), sofern sie noch eine ausreichende Dicke aufweisen.
- Bremsscheibendicke messen, siehe Seite 161.
- Staubkappe auf Anrisse prüfen. Eine beschädigte Staubkappe umgehend ersetzen lassen, da eingedrungener Schmutz schnell zu Undichtigkeiten des Bremssattels führt. Der Bremssattel muß hierzu ausgebaut und zerlegt werden (Werkstattarbeit).

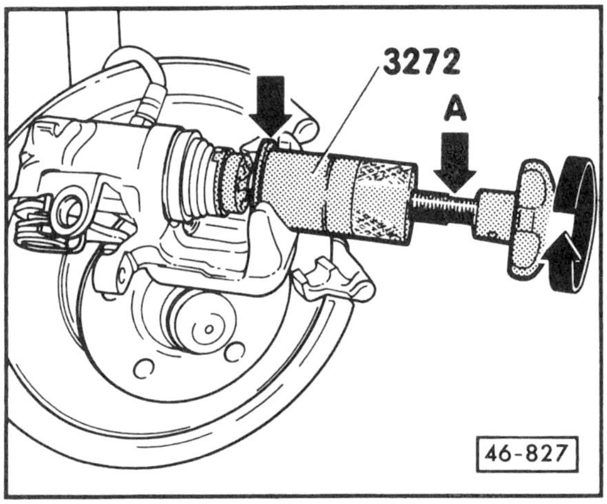

- Kolben durch Rechtsdrehen mit dem Spezial-Schlüssel VW-3272 und unter kräftigem Druck einschrauben. Falls das Spezialwerkzeug nicht zur Verfügung steht, Flacheisen durch die beiden Nuten des Bremskolbens führen und Kolben zurückdrehen. **Achtung:** Der Bremskolben darf **nicht** mit der Kolbenrücksetzvorrichtung zurückgedrückt werden, sonst wird die automatische Nachstellung im Bremssattel zerstört.

Achtung: Beim Zurücksetzen (mit Spezialwerkzeug VW-3272) des Kolbens wird Bremsflüssigkeit aus dem Bremszylinder in den Ausgleichbehälter gedrückt. Flüssigkeit im Behälter beobachten, eventuell Bremsflüssigkeit mit einem Saugheber absaugen.

Zum Absaugen eine Entlüfterflasche oder eine Plastikflasche verwenden, die nur mit Bremsflüssigkeit in Berührung kommt. Keine Trinkflaschen verwenden! **Bremsflüssigkeit ist giftig und darf auf gar keinen Fall mit dem Mund über einen Schlauch abgesaugt werden. Saugheber verwenden. Auch nach dem Belagwechsel darf die Max.-Marke am Bremsflüssigkeitsbehälter nicht überschritten werden, da sich die Flüssigkeit bei Erwärmung ausdehnt. Ausgelaufene Bremsflüssigkeit läuft am Hauptbremszylinder hinunter, zerstört den Lack und führt zur Rostbildung.**

- Beide Bremsbeläge in den Bremsträger einsetzen. Dabei darauf achten, daß die Druckfedern gleichmäßig nach oben und parallel zur Belagoberkante stehen.
- Kolbengehäuse einsetzen und am Bremsträger mit **neuen** selbstsichernden Befestigungsschrauben und **35 Nm** festschrauben, dabei am Führungsbolzen gegenhalten.

Achtung: Jedem Original-VW-Bremsbelag-Reparatursatz liegen für jeden Bremssattel 2 neue Sechskantschrauben bei. **Diese Schrauben sind in jedem Fall zu benutzen.**

- Grundeinstellung für Hinterradbremse durchführen.
- Handbremsseil am Bremssattelgehäuse montieren.
- Hinterräder montieren, dabei auf Markierung zur Radnabe achten, Fahrzeug ablassen und Radschrauben über Kreuz mit **110 Nm** festziehen.
- Bremsflüssigkeit im Ausgleichbehälter prüfen, gegebenenfalls bis zur Max.-Marke auffüllen.

Achtung: Nach jedem Belagwechsel Bremspedal im Stand mehrmals kräftig durchtreten, damit die Bremsbeläge den richtigen Sitz einnehmen.

Achtung, Sicherheitskontrolle durchführen:

- ◆ Sind die Bremsschläuche festgezogen?
- ◆ Befindet sich der Bremsschlauch in der Halterung?
- ◆ Sind die Entlüftungsschrauben angezogen?
- ◆ Ist genügend Bremsflüssigkeit eingefüllt?
- ◆ Bei laufendem Motor Dichtheitskontrolle durchführen. Hierzu Bremspedal mit 200 bis 300 N (entspricht 20 bis 30 kg) etwa 10 sec. betätigen. Das Bremspedal darf nicht nachgeben. Sämtliche Anschlüsse auf Dichtheit kontrollieren.

Hinweis: Bremsbeläge sind als Sondermüll zu entsorgen. Die örtlichen Behörden geben darüber Auskunft, ob auch eine Entsorgung über den hausmüllähnlichen Gewerbemüll zulässig ist.

Quietschgeräusche der Scheibenbremse beseitigen

- Bremsbeläge ausbauen.
- Beläge und Bremssattel mit einer Weichmetallbürste oder einem Lappen und Spiritus reinigen.

Achtung: Bremsstaub nicht einatmen!

- Folgende Stellen mit Anti-Quietsch-Paste »Plastilube« oder Hochtemperaturpaste, z. B. »Liqui Moly LM-508-ASC«, bestreichen:
  - ■ Alle zugänglichen Stellen der Bremsbelag-Rückenplatte.
  - ■ Kolbenstirnseite.
  - ■ Anlagefläche des Bremsträgers.
  - ■ Gleitführungen des Bremssattels.

Achtung: Plastilube oder Hochtemperaturpaste darf **nicht** auf die Reibflächen der Bremsscheibe oder der Bremsbeläge kommen. Eventuell auf die Reibflächen gelangte Reste der Paste mit einem Lappen abwischen, gegebenenfalls mit Spiritus reinigen.

- Bremsbeläge einbauen.

Bremsscheibendicke prüfen

- Scheibenrad (Felge) zur Radnabe mit Farbe kennzeichnen. Dadurch kann das ausgewuchtete Rad wieder in der gleichen Lage montiert werden.
- Radschrauben an den Rädern lösen. Dabei muß das Fahrzeug noch am Boden stehen.
- Fahrzeug aufbocken, Räder abnehmen.

SX-4405

- Bremsscheibendicke messen. Die Werkstätten benutzen dazu eine spezielle Lehre oder eine Mikrometer-Bügelmeßschraube, da sich durch Abnutzung der Bremsscheibe ein Rand bildet. Man kann die Bremsscheibendicke auch mit einer normalen Schieblehre messen, allerdings muß dann auf jeder Seite der Bremsscheibe eine entsprechend starke Unterlage zwischengelegt werden (beispielsweise 2 Zehn-Cent-Stücke). Um die exakte Bremsscheibendicke zu haben, müssen von dem gemessenen Maß die Dicke für die untergelegten Zehn-Cent-Stücke beziehungsweise die Unterlage abgezogen werden. **Achtung:** Messung an mehreren Punkten der Bremsscheibe vornehmen.
- Maße für Bremsscheibe, siehe Seite 157.
- Immer beide Bremsscheiben erneuern, auch wenn nur eine Bremsscheibe die Verschleißgrenze erreicht hat.
- Bei größeren Rissen oder bei Riefen, die tiefer als 0,5 mm sind, Bremsscheibe erneuern.
- Räder montieren, dabei auf Markierung zur Radnabe achten, Fahrzeug ablassen und Radschrauben über Kreuz mit **110 Nm** (5-Loch-Felgen: **120 Nm**) festziehen.

Bremsscheibe/Bremssattel aus- und einbauen

Achtung: Seit 10/92 sind an der Hinterachse geänderte Bremssättel eingebaut. Der Einbau von alter und neuer Ausführung sowie der Einbau der neuen Bremssättel in ältere Fahrzeuge ist nicht zulässig. Die Montage ändert sich jedoch nicht.

Ausbau

- Scheibenrad (Felge) zur Radnabe mit Farbe kennzeichnen. Dadurch kann das ausgewuchtete Rad wieder in der gleichen Lage montiert werden.
- Radschrauben an den Rädern lösen. Dabei muß das Fahrzeug noch am Boden stehen.
- Fahrzeug aufbocken, Räder abnehmen.
- 2 Rippschrauben für Bremssattel vorn beziehungweise 2 Sechskantschrauben für Bremssattel hinten herausdrehen und Bremssattel komplett mit Bremsträger vom Radlagergehäuse abnehmen. Einbauort der Befestigungsschrauben, siehe auch Übersichts-Abbildungen zu den einzelnen Bremsanlagen.
- Gegebenenfalls Bremsschlauch am Radlagergehäuse ausclipsen.
- Bremssattel mit selbstangefertigtem Drahthaken so am Aufbau aufhängen, daß der Bremsschlauch nicht verdreht oder auf Zug beansprucht wird.

Achtung: Bremsschlauch nicht lösen, sonst muß das Bremssystem entlüftet werden.

- Soll der Bremssattel ganz abgenommen werden, muß vorher der Bremsschlauch an der Bremsschlauchkupplung abgeschraubt werden. Der Bremsschlauch kann sonst nicht am Bremssattel abgeschraubt werden. **Achtung:** Bremsflüssigkeit läuft aus. Bremsflüssigkeit in einer Flasche sammeln, die ausschließlich für Bremsflüssigkeit vorgesehen ist. Man kann auch die Bremsflüssigkeit mit einem Saugheber aus dem Vorratsbehälter absaugen. Beim hinteren Bremssattel muß zusätzlich das Handbremsseil ausgehängt werden.
- **Vordere Bremsscheibe:** Befestigungs-Kreuzschlitzschraube herausdrehen.
- Bremsscheibe abnehmen.

Achtung: Die Bremsscheibe darf **nicht** durch Gewaltanwendung (Hammerschläge) von der Radnabe getrennt werden. Statt dessen handelsübliche Rostlöser anwenden, um Schäden an den Bremsscheiben zu vermeiden. Falls der Ausbau nur durch kräftige Hammerschläge möglich ist, aus Sicherheitsgründen sowohl die Bremsscheiben wie auch die Radlager erneuern. Das Erneuern der vorderen Radlager sollte der Werkstatt vorbehalten bleiben, da in der Regel nur dort eine entsprechende Presse vorhanden ist. Auch bei der Verwendung eines geeigneten Abziehers Bremsscheiben erneuern.

Scheibenbremse hinten

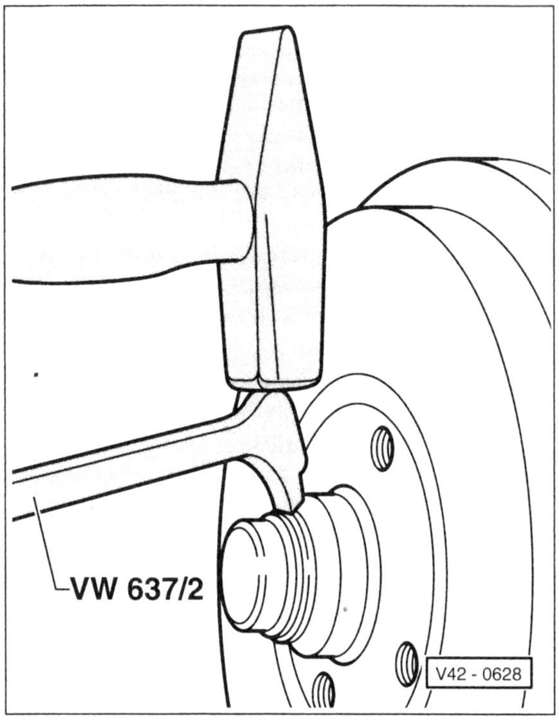

- Fettkappe abdrücken. Das Abdrücken der Fettkappe kann mit unterschiedlichen Werkzeugen erfolgen, zum Beispiel mit dem Werkzeug VW 637/2, dabei ist jedoch darauf zu achten, daß die Fettkappe nicht beschädigt wird. Durch eine verbeulte oder deformierte Fettkappe kann Wasser in das Radlager eindringen, wodurch dieses in kurzer Zeit zerstört wird. Beschädigte Fettkappe deshalb immer ersetzen. **Hinweis:** Die Abbildung zeigt die Trommelbremse.
- Splintenden geradebiegen, Splint herausziehen. Kronensicherung abnehmen, Mutter abschrauben, Druckscheibe abnehmen.
- Äußeres Radlager herausnehmen.

Achtung: Das Lager kann herausfallen, sicherheitshalber sauberen Lappen unterlegen. Gegebenenfalls Radlager mit Radlagerfett (Lithiumfett) nachfetten.

- Bremsscheibe abnehmen.
- Dichtring und inneres Radlager herausnehmen, falls es nicht mit der Bremsscheibe herausgezogen wurde.

Einbau

Um ein gleichmäßiges Bremsen beidseitig zu gewährleisten, müssen beide Bremsscheiben die gleiche Oberfläche bezüglich Schliffbild und Rauhtiefe aufweisen. Deshalb **grundsätzlich beide** Bremsscheiben ersetzen beziehungsweise abdrehen lassen.

Die Werkstatt kann die Bremsscheibe auf Schlag prüfen. Maximaler Scheibenschlag an der Bremsfläche gemessen: 0,03 mm. Maximal zulässige Dickentoleranz: 0,01 mm.

- Bremsscheibendicke messen, siehe Seite 165.
- Falls vorhanden, Rost am Flansch der Bremsscheibe und der Vorderradnabe entfernen.
- Neue Bremsscheiben mit Nitro-Verdünnung vom Schutzlack reinigen.
- **Scheibenbremse vorn:** Bremsscheibe auf Radnabe aufsetzen. Bremsscheibe mit Kreuzschlitzschraube anschrauben.

Scheibenbremse hinten

- Bremsscheibe auf Verschleiß, Beschädigungen, Maßhaltigkeit, beschädigtes Gewinde für die Radschrauben und einwandfreie Bremsfläche prüfen. Nabe mit Mehrzweckfett füllen.
- Inneres Radlager mit Radlagerfett in die Bremsscheibe einsetzen, Dichtring mit Gummihammer kreuzweise einschlagen. Vorher Gummilippe leicht fetten.
- Bremsscheibe aufschieben.
- Äußeres Radlager mit Radlagerfett einfetten und auf Achszapfen aufschieben.
- Druckscheibe mit Sechskantmutter anschrauben.
- Radlagerspiel einstellen, siehe Seite 147.
- Kronensicherung so aufsetzen, daß sich der Splint einstecken läßt. Neuen Splint verwenden, Enden umbiegen.

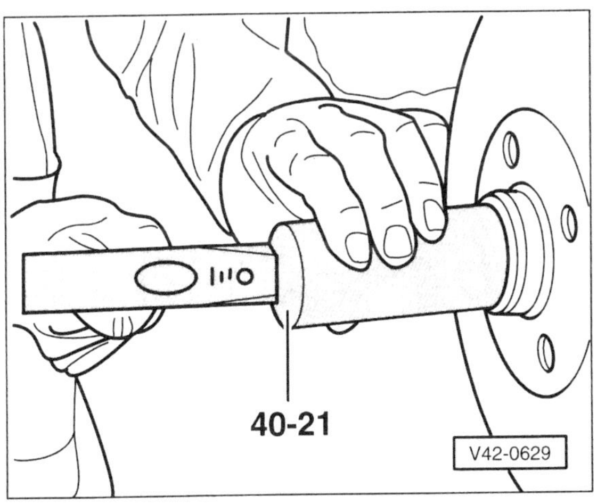

- Fettkappe vorsichtig auftreiben. Statt dem Sonderwerkzeug 40-21 kann auch ein geeignetes Rohr verwendet werden. Der Innendurchmesser des Rohres muß dabei am Wulst der Fettkappe anliegen. Ist die Fettkappe auch nur geringfügig verformt, ist sie zu erneuern.

- Bremssattel mit den eingesetzten Bremsbelägen ansetzen. Dabei darf der Bremsschlauch nicht verdreht oder gedehnt werden. Freigängigkeit des Bremsschlauches bei vollem Lenkradeinschlag prüfen. Am hinteren Bremssattel Handbremsseil einhängen.
- Gegebenenfalls Bremsschlauch am Radlagergehäuse einclipsen.
- Vorderen Bremssattel mit **125 Nm** anschrauben. Werden die bisherigen Rippschrauben wiederverwendet, vorher Verrippung mit Drahtbürste reinigen.
- Hinteren Bremssattel mit **65 Nm** festschrauben.

Achtung: War der Bremsschlauch demontiert, Bremsschlauch anschrauben und Bremsanlage entlüften, siehe Seite 175.

- Räder so ansetzen, daß die beim Ausbau angebrachten Markierungen übereinstimmen. Vorher Zentriersitz der Felge an der Radnabe sowie die Kegelfläche der Radschrauben mit Wälzlagerfett leicht einfetten. Gewinde der Radschrauben **nicht** fetten oder ölen. Räder anschrauben. Fahrzeug ablassen und Radschrauben über Kreuz mit **110 Nm** festziehen. M14-Schrauben für 5-Loch-Felgen mit **120 Nm** festziehen.

Achtung: Bremspedal im Stand mehrmals kräftig niedertreten, bis fester Widerstand spürbar ist.

- Falls die hintere Bremsscheibe ausgebaut war, Grundeinstellung Hinterradbremse durchführen.
- Bremsflüssigkeitsstand im Ausgleichbehälter prüfen, siehe Seite 303.

Achtung, Sicherheitskontrolle durchführen:

- Sind die Bremsschläuche festgezogen?
- Befindet sich der Bremsschlauch in der Halterung?
- Sind die Entlüftungsschrauben angezogen?
- Ist genügend Bremsflüssigkeit eingefüllt?
- Bei laufendem Motor Dichtheitskontrolle durchführen. Hierzu Bremspedal mit 200 bis 300 N (entspricht 20 bis 30 kg) etwa 10 sec. betätigen. Das Bremspedal darf nicht nachgeben. Sämtliche Anschlüsse auf Dichtheit kontrollieren.

Hinweis: Bremsbeläge sind als Sondermüll zu entsorgen. Die örtlichen Behörden geben darüber Auskunft, ob auch eine Entsorgung über den hausmüllähnlichen Gewerbemüll zulässig ist.

Bremstrommel aus- und einbauen

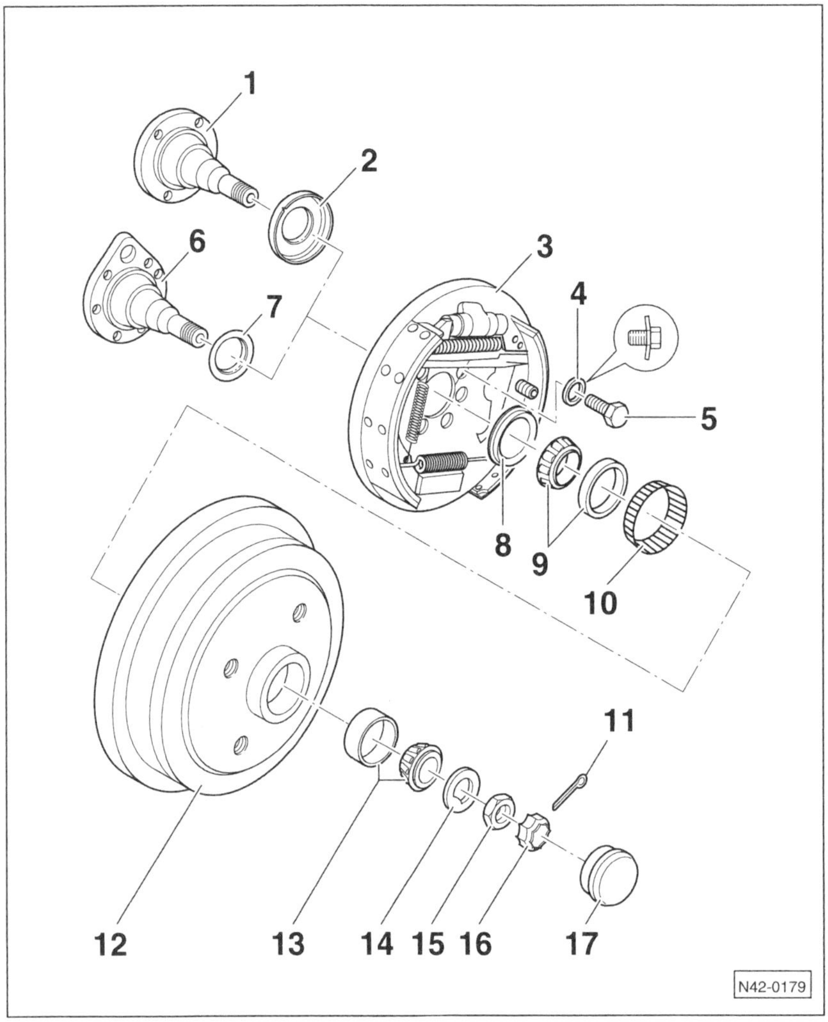

1 – **Achszapfen**
Achtung: Richtarbeiten am Achszapfen sind nicht zulässig.

2 – **Abdeckring**
Ab ca. 1/97. Für Fahrzeuge ohne ABS.

3 – **Bremsträger**
Mit Achszapfen an Hinterachse anschrauben.

4 – **Tellerfeder**
Große Auflagefläche (Konkavseite) zeigt zum Bremsträger.

5 – **Schraube, 60 Nm**

6 – **Achszapfen**
Für Fahrzeuge mit ABS. **Achtung:** Richtarbeiten am Achszapfen sind nicht zulässig.

7 – **Abdeckring**
Ab ca. 1/97. Für Fahrzeuge mit ABS.

8 – **Dichtring**
Zwischen den Dichtlippen mit Mehrzweckfett füllen.

9 – **Radlager innen**
Außenlaufring mit Kupferdorn austreiben.

10 – **Rotor**
Nur Fahrzeuge mit ABS.

11 – **Splint**
Immer ersetzen.

12 – **Bremstrommel**
Beim Einbau Nabe mit Mehrzweckfett füllen.

13 – **Radlager außen**

14 – **Druckscheibe**

15 – **Sechskantmutter**

16 – **Kronensicherung**

17 – **Fettkappe**

Ausbau

Achtung: Einige Arbeitsanweisungen sind in den Kapiteln »Radlager aus- und einbauen« beziehungsweise »Radlagerspiel einstellen« ausführlicher beschrieben, daher diese Kapitel ebenfalls durchlesen.

- Scheibenrad (Felge) zur Radnabe mit Farbe kennzeichnen. Dadurch kann das ausgewuchtete Rad wieder in der gleichen Lage montiert werden.
- Radschrauben an den Rädern lösen. Dabei muß das Fahrzeug noch am Boden stehen.
- Fahrzeug aufbocken, Räder abnehmen.

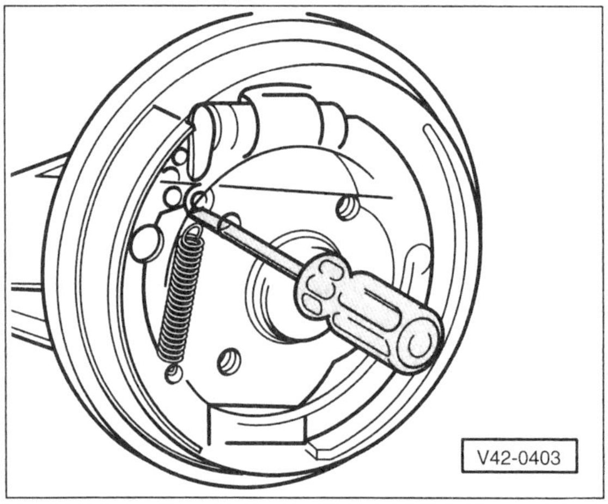

- Bremse zurückstellen. Dazu durch eine Gewindebohrung in der Bremstrommel mit einem Schraubendreher den Keil für selbstnachstellende Bremse bis zum Anschlag nach oben drücken.

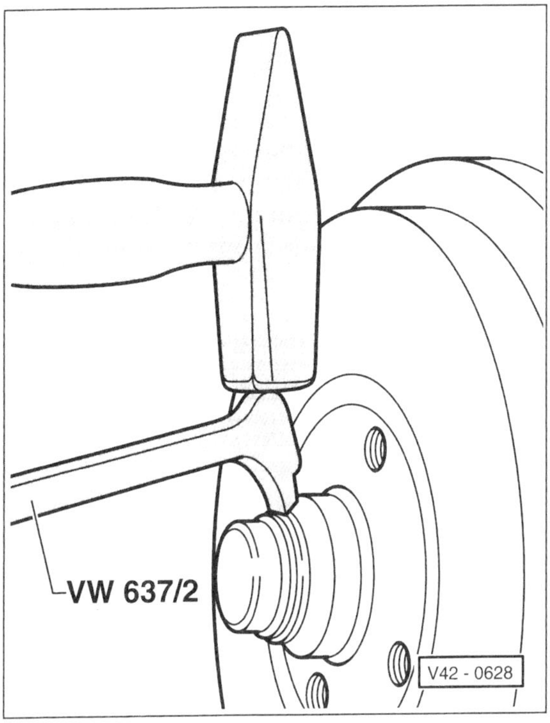

- Fettkappe abdrücken. Das Abdrücken der Fettkappe kann mit unterschiedlichen Werkzeugen erfolgen, zum Beispiel mit dem Werkzeug VW 637/2, dabei ist jedoch darauf zu achten, daß die Fettkappe nicht beschädigt wird. Durch eine verbeulte oder deformierte Fettkappe kann Wasser in das Radlager eindringen, wodurch dieses in kurzer Zeit zerstört wird. Beschädigte Fettkappe deshalb immer ersetzen.
- Splintenden geradebiegen, Splint herausziehen. Kronensicherung abnehmen, Mutter abschrauben, Druckscheibe abnehmen.
- Äußeres Radlager herausnehmen.

Achtung: Das Lager kann herausfallen, sicherheitshalber sauberen Lappen unterlegen. Gegebenenfalls Radlager mit Radlagerfett (Lithiumfett) nachfetten.

- Bremstrommel abnehmen. Falls erforderlich, Bremstrommel mit einem Universalabzieher vom Achszapfen ziehen.
- Dichtring und inneres Radlager herausnehmen, falls es nicht mit der Bremstrommel herausgezogen wurde.

Einbau

- Bremstrommel sorgfältig reinigen. Auf Verschleiß, Beschädigungen, Maßhaltigkeit, beschädigtes Gewinde für die Radschrauben und einwandfreie Bremsfläche prüfen. Nabe mit Mehrzweckfett füllen.
- Inneres Radlager mit Radlagerfett in die Bremstrommel einsetzen, Dichtring mit Gummihammer kreuzweise einschlagen. Vorher Gummilippe leicht fetten.
- Bremstrommel aufschieben.
- Äußeres Radlager mit Radlagerfett einfetten und auf Achszapfen aufschieben.
- Druckscheibe mit Sechskantmutter anschrauben.
- Radlagerspiel einstellen, siehe Seite 147.
- Kronensicherung so aufsetzen, daß sich der Splint einstecken läßt. Neuen Splint verwenden, Enden umbiegen.

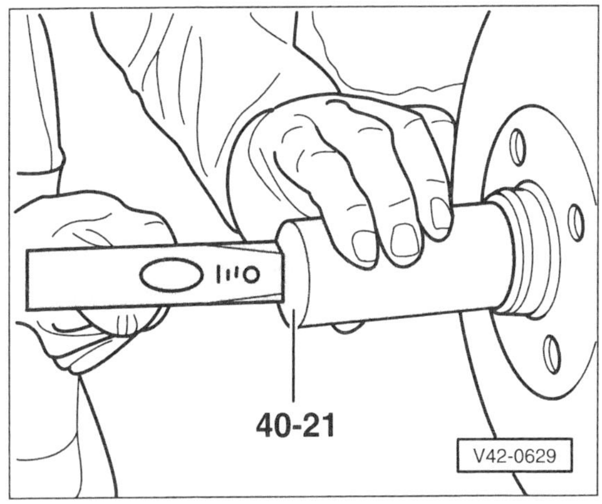

- Fettkappe vorsichtig auftreiben. Statt dem Sonderwerkzeug 40-21 kann auch ein geeignetes Rohr verwendet werden. Der Innendurchmesser des Rohres muß dabei am Wulst der Fettkappe anliegen. Ist die Fettkappe auch nur geringfügig verformt, ist sie zu erneuern.
- Räder so ansetzen, daß die beim Ausbau angebrachten Markierungen übereinstimmen. Vorher Zentriersitz der Felge an der Radnabe sowie die Kegelfläche der Radschrauben mit Wälzlagerfett leicht einfetten. Gewinde der Radschrauben **nicht** fetten oder ölen. Räder anschrauben. Fahrzeug ablassen und Radschrauben über Kreuz mit **110 Nm** festziehen. M14-Schrauben für 5-Loch-Felgen mit **120 Nm** festziehen.
- Bremspedal mehrmals voll durchtreten und dadurch Bremsbacken in Betriebsstellung bringen.

Achtung, Sicherheitskontrolle durchführen:

- ◆ Sind die Bremsschläuche festgezogen?
- ◆ Befindet sich der Bremsschlauch in der Halterung?
- ◆ Sind die Entlüftungsschrauben angezogen?
- ◆ Ist genügend Bremsflüssigkeit eingefüllt?
- ◆ Bei laufendem Motor Dichtheitskontrolle durchführen. Hierzu Bremspedal mit 200 bis 300 N (entspricht 20 bis 30 kg) etwa 10 sec. betätigen. Das Bremspedal darf nicht nachgeben. Sämtliche Anschlüsse auf Dichtheit kontrollieren.

Hinweis: Bremsbeläge sind als Sondermüll zu entsorgen. Die örtlichen Behörden geben darüber Auskunft, ob auch eine Entsorgung über den hausmüllähnlichen Gewerbemüll zulässig ist.

Bremsbacken aus- und einbauen

Die Hinterrad-Trommelbremse stellt sich automatisch nach. Dabei verändert die Druckstange durch eine Nachstelleinheit ihre Länge und sorgt für ein immer gleichbleibendes, konstruktiv vorgegebenenes Lüftspiel zwischen Bremstrommel und Bremsbacken. Für die automatische Nachstellung ist zwischen Primärbacke und Druckstange ein Keil mit einer Zugfeder angeordnet, der die Druckstange verlängert. Nach einmaligem Betätigen der Fußbremse ist ein Lüftspiel zwischen Bremsbacken und Bremstrommel vorgegeben. Ist die Backenbewegung aufgrund von Belagverschleiß größer als das vorgegebene Lüftspiel, wird der Keil durch die Anordnung der Druckstange und der Feder nach unten gezogen. Dadurch verändert sich die Länge der Druckstange, und die Bremsbacken sind automatisch nachgestellt.

Achtung: Es dürfen nur Original VW-, beziehungsweise von VW freigegebene Bremsbeläge verwendet werden.

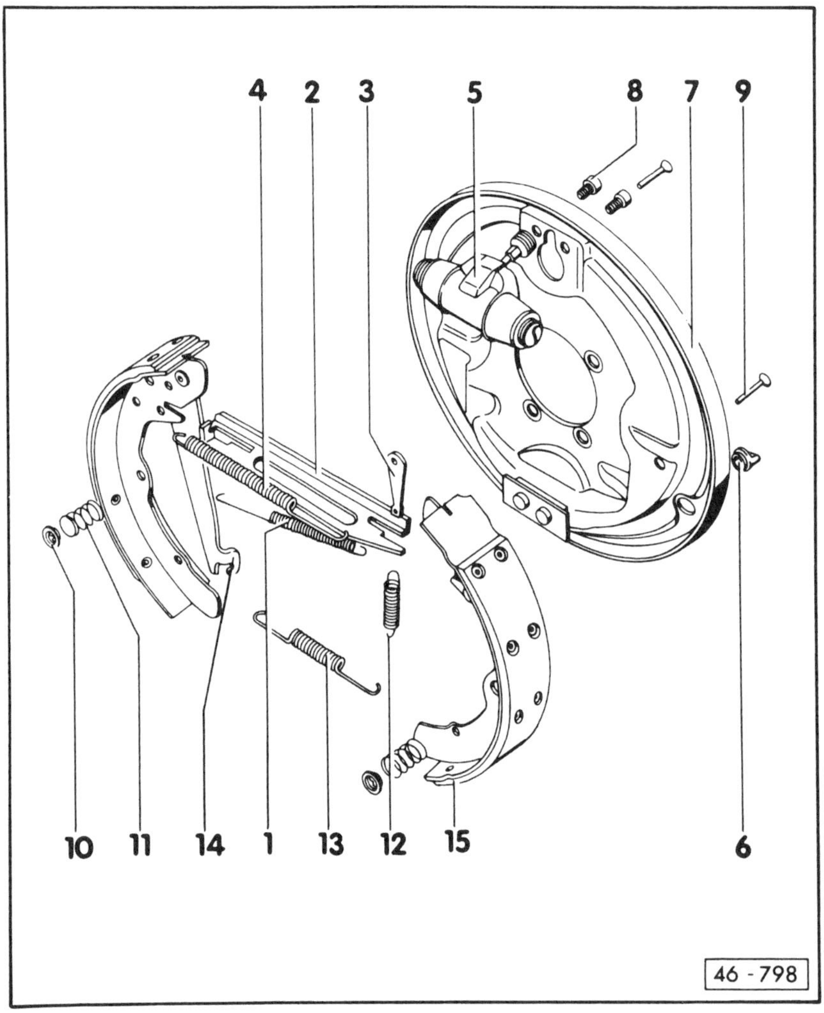

1 – **Rückzugfeder oben**
Mit Bremsfedernzange aushängen.

2 – **Druckstange**
Anlagestellen mit VW-Schmierfett G 6 fetten.

3 – **Keil**

4 – **Anlagefeder**
Mit Bremsfedernzange aushängen.

5 – **Radbremszylinder**

6 – **Verschlußkappe**
Zum Prüfen des Bremsbelagverschleißes abnehmen.

7 – **Bremsträger**

8 – **Innensechskantschraube, 10 Nm**

9 – **Spannstift**

10 – **Federteller**
Gegen die Druckfeder drücken und um 90° verdrehen.

11 – **Druckfeder**

12 – **Zugfeder**

13 – **Rückzugfeder unten**
Anlagestellen mit VW-Schmierfett G 6 fetten.

14 – **Bremshebel**
Anlagestellen mit VW-Schmierfett G 6 fetten.

15 – **Bremsbacken**

Ausbau

Achtung: Immer nur eine Seite ausbauen, damit die andere Seite als Vorlage zum Zusammenbau dienen kann.

- Bremstrommel ausbauen.

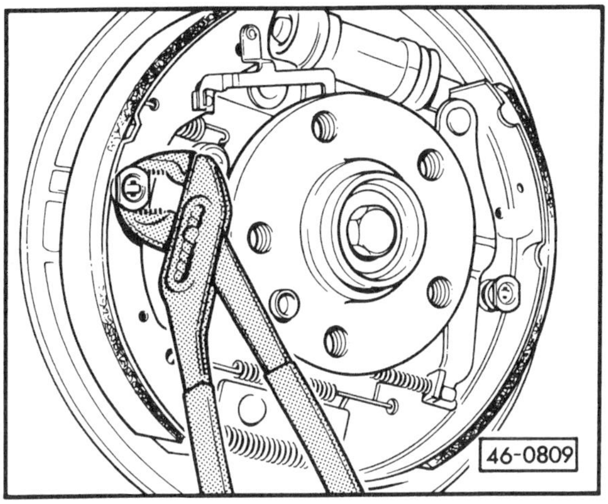

- Federteller für Druckfeder mit Rohrzange kräftig zurückdrücken und um 90° drehen (1/4 Umdrehung). Während des Zurückdrückens von hinten am Bremsträger den Stift nach vorn drücken.
- 2. Federteller ausbauen.
- Rückzugfeder unten aushängen.
- Bremsbacken von Hand aus der unteren Abstützung heben. Rückzugfeder unten herausnehmen.

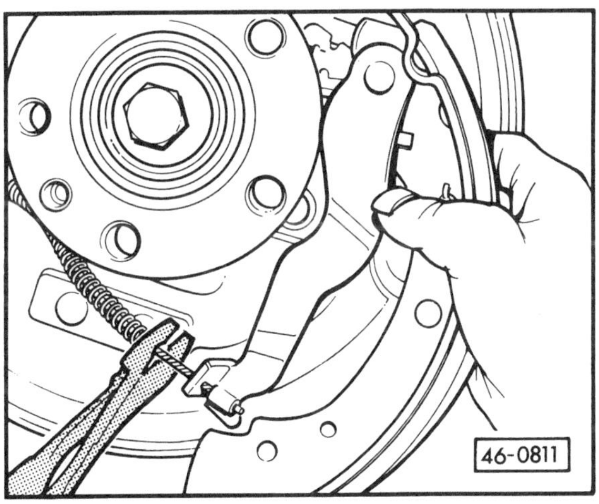

- Handbremsseil aushängen.
- Bremsbacken in Schraubstock einspannen.

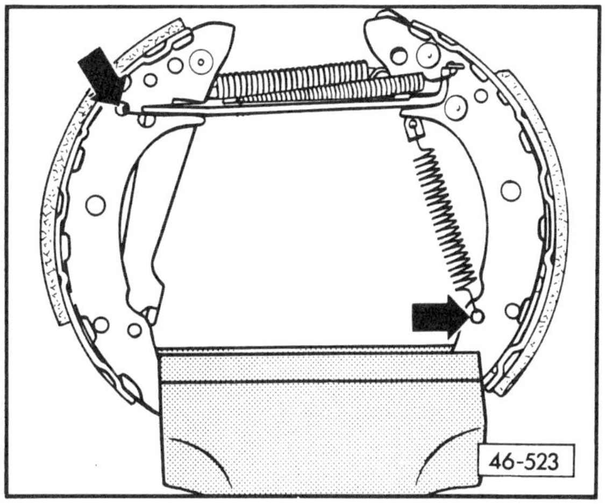

- Zugfeder für Keil und obere Rückzugfeder mit einer Kombizange aushängen.

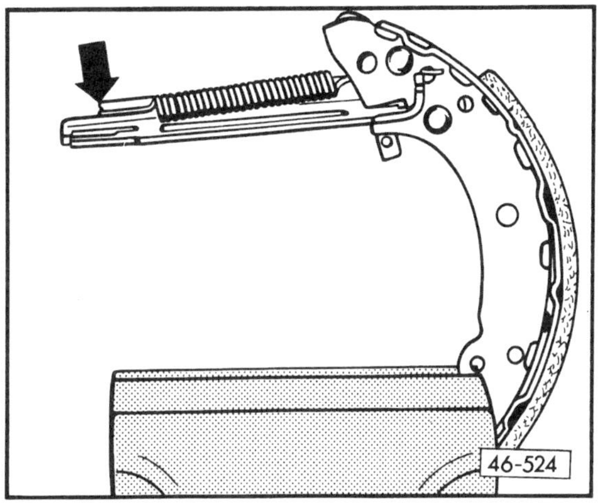

- Bremsbacke in Schraubstock spannen und Anlagefeder aushängen.

Einbau

Grundsätzlich nur Bremsbacken gleicher Qualität verwenden, Bremstrommel und Bremsträger möglichst mit Preßluft ausblasen. Während die Bremsbacken ausgebaut sind, nicht auf die Bremse treten, da sonst die Bremskolben aus dem Radbremszylinder rutschen. Falls der Radbremszylinder feucht ist, Radbremszylinder austauschen. Riefige Bremstrommel ausdrehen lassen. Dabei immer beide Trommeln einer Achse ausdrehen lassen.

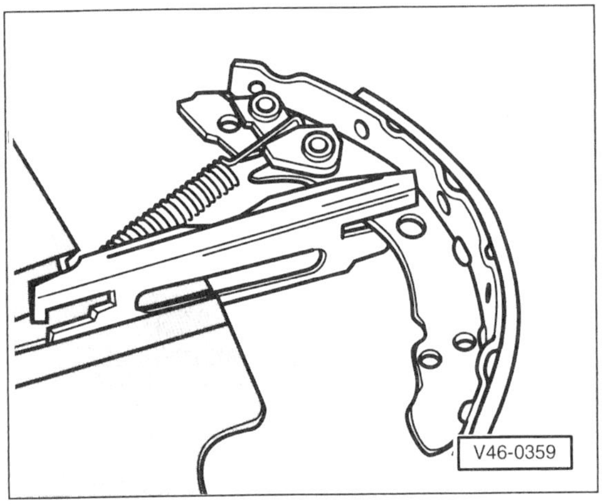

V46-0359

- Druckstange in Schraubstock spannen, Anlagefeder einhängen und Bremsbacke auf die Druckstange setzen.
- Keil einsetzen. Der Keil lagert zwischen Bremsbacke und Bremsträger. **Achtung:** Nase zeigt zum Bremsträger.

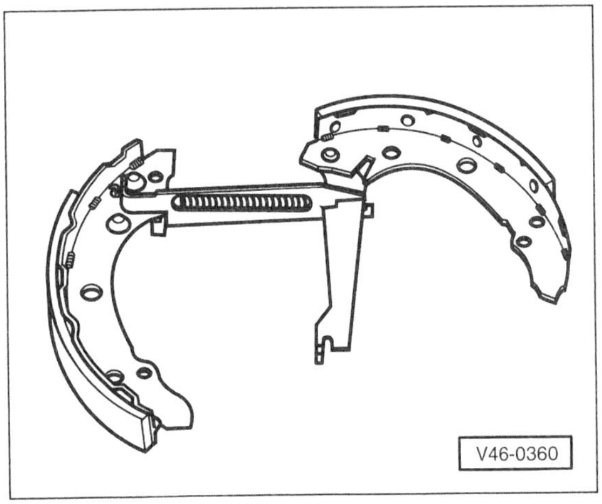

V46-0360

- Bremsbacke mit Bremshebel in Druckstange einsetzen.
- Rückzugfeder oben einhängen.
- Handbremsseil am Bremshebel einhängen.
- Bremsbacken auf die Kolben des Radbremszylinders setzen.
- Rückzugfeder unten einsetzen und Bremsbacken auf die untere Abstützung heben.
- Zugfeder für Keil einhängen.
- Stifte für Druckfedern durch die Bremsbacken schieben. Druckfedern aufsetzen, Federteller mit Kombizange ansetzen und Feder zusammendrücken. Dabei Stift von hinten gegenhalten. Federteller um 90° (¼ Umdrehung) verdrehen und dadurch arretieren.
- Bremstrommel einbauen und Radlagerspiel einstellen, siehe Seite 147.
- Fußbremse mehrmals kräftig durchtreten. Damit ist die Hinterradbremse eingestellt.
- Handbremse einstellen, siehe Seite 172.
- Rad aufsetzen, Wagen abbocken, Radschrauben über Kreuz mit **110 Nm** (5-Loch-Felge: **120 Nm**) festziehen.
- Probebremsung aus mittlerer Geschwindigkeit durchführen.

Achtung, Sicherheitskontrolle durchführen:

- ◆ Sind die Bremsschläuche festgezogen?
- ◆ Befindet sich der Bremsschlauch in der Halterung?
- ◆ Sind die Entlüftungsschrauben angezogen?
- ◆ Ist genügend Bremsflüssigkeit eingefüllt?
- ◆ Bei laufendem Motor Dichtheitskontrolle durchführen. Hierzu Bremspedal mit 200 bis 300 N (entspricht 20 bis 30 kg) etwa 10 sec. betätigen. Das Bremspedal darf nicht nachgeben. Sämtliche Anschlüsse auf Dichtheit kontrollieren.

Hinweis: Bremsbeläge sind als Sondermüll zu entsorgen. Die örtlichen Behörden geben darüber Auskunft, ob auch eine Entsorgung über den hausmüllähnlichen Gewerbemüll zulässig ist.

Radbremszylinder aus- und einbauen

Ausbau

- Bremsbacken ausbauen.
- Überwurfmutter für Bremsleitung lösen, nicht abschrauben.
- 2 Befestigungsschrauben für Radbremszylinder hinten am Bremsträger herausdrehen.

Einbau

- Lappen unter Bremsträgerblech legen.
- Mutter für Bremsleitung herausschrauben und sofort am neuen Radbremszylinder handfest anschrauben. Dadurch ist sichergestellt, daß nur wenig Bremsflüssigkeit ausläuft.
- Schrauben für Radbremszylinder einschrauben und mit 10 Nm festziehen.
- Überwurfmutter für Bremsleitung möglichst mit offenem Ringschlüssel und 5 Nm, also leicht, festziehen.
- Bremsbacken einbauen. **Achtung:** Die abgesetzte Seite der beiden Radbremszylinder-Druckkolben muß nach außen, zum Betrachter hin zeigen.
- Bremsanlage entlüften.

Handbremse einstellen

Durch die automatische Nachstellung der Hinterradbremse ist ein Nachstellen der Handbremse in der Regel nicht erforderlich. Die Neueinstellung ist nur bei Ersatz der Handbremsseile, der Bremssättel, der Bremsbeläge und der Bremsscheiben erforderlich.

Fahrzeuge mit Trommelbremse

- Hinteren Teil der Mittelkonsole ausbauen, siehe Seite 219.
- Fahrzeug aufbocken.

- Handbremse lösen.

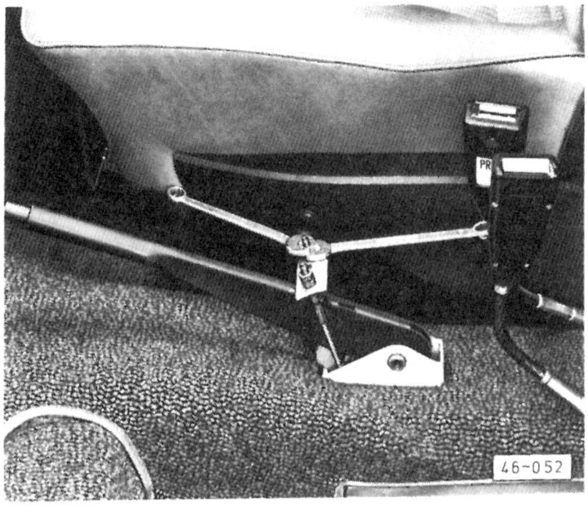

46-052

- Nachstellmutter für Handbremsseil so weit wie möglich lösen.
- Bremspedal einmal kräftig betätigen.
- Handbremshebel **4 Zähne** anziehen.
- Einstellmuttern so weit anziehen, bis sich beide Räder von Hand schwer durchdrehen lassen.
- Handbremse lösen und prüfen, ob sich beide Räder frei durchdrehen lassen.
- Nachstellmuttern kontern und Fahrzeug ablassen.
- Hinteren Teil der Mittelkonsole einbauen.

Fahrzeuge mit Scheibenbremse hinten

- Fahrzeug aufbocken.
- Hinteren Teil der Mittelkonsole ausbauen.
- Handbremse lösen.
- Kontermuttern lösen.

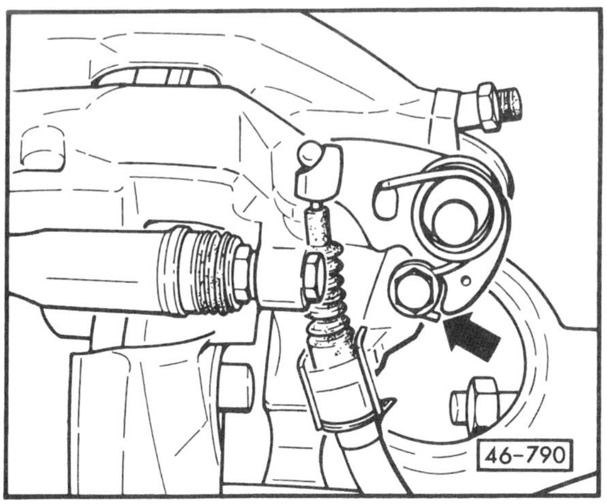

46-790

- Nachstellmuttern für Handbremsseile so weit lösen bis beide Hebel am Anschlag anliegen. Dabei an den Gewindestücken mit Schraubendreher gegenhalten.
- Nachstellmuttern anziehen, bis die Hebel an den Bremssätteln vom Anschlag abheben –Pfeil–. Dabei sind maximal 1,5 mm Abstand zulässig. Beim Anziehen der Nachstellmuttern Gewindestücke mit Schraubendreher gegenhalten.
- Handbremse anziehen und wieder loslassen.
- Anschließend prüfen, ob beide Räder frei durchdrehen.
- Kontermuttern festziehen.
- Fahrzeug ablassen.
- Hinteren Teil der Mittelkonsole einbauen.

Bremslichtschalter aus- und einbauen

Der Bremslichtschalter sitzt am Pedalbock. Wenn das Bremslicht nicht aufleuchtet, zuerst Sicherung überprüfen. Anschließend Glühlampe überprüfen. Wenn die betreffende Glühlampe oder Sicherung nicht defekt sind, Bremslichtschalter prüfen.

Prüfen

- Kabelstecker am Bremslichtschalter abziehen und mit kurzem Kabel die beiden Leitungen im Stecker verbinden.
- Zündung einschalten. Wenn jetzt das Bremslicht aufleuchtet, Bremslichtschalter auswechseln.
- **Direkteinspritzer:** Ohmmeter an Bremslichtschalter anschließen und Widerstand messen.
  Sollwert:
  Bremse nicht getreten: kleiner 10 Ω.
  Bremse getreten: ∞ Ω.

Ausbau

- Bremslichtschalter um 90° (1/4 Umdrehung) im Uhrzeigersinn, also rechtsherum, drehen und vom Pedalbock abnehmen.

Einbau

- Stößel des Bremslichtschalters ganz herausziehen.
- Bremspedal betätigen, Bremslichtschalter in Pedalbock einsetzen und durch Linksdrehen befestigen.
- Bremspedal loslassen. Der Betätigungsstift stellt sich automatisch ein.
- Stecker auf Bremslichtschalter aufschieben und einrasten.
- Bremslicht überprüfen. Leuchtet das Bremslicht ständig auf, so muß der Betätigungsstift nochmals eingestellt werden.

Handbremshebel aus- und einbauen

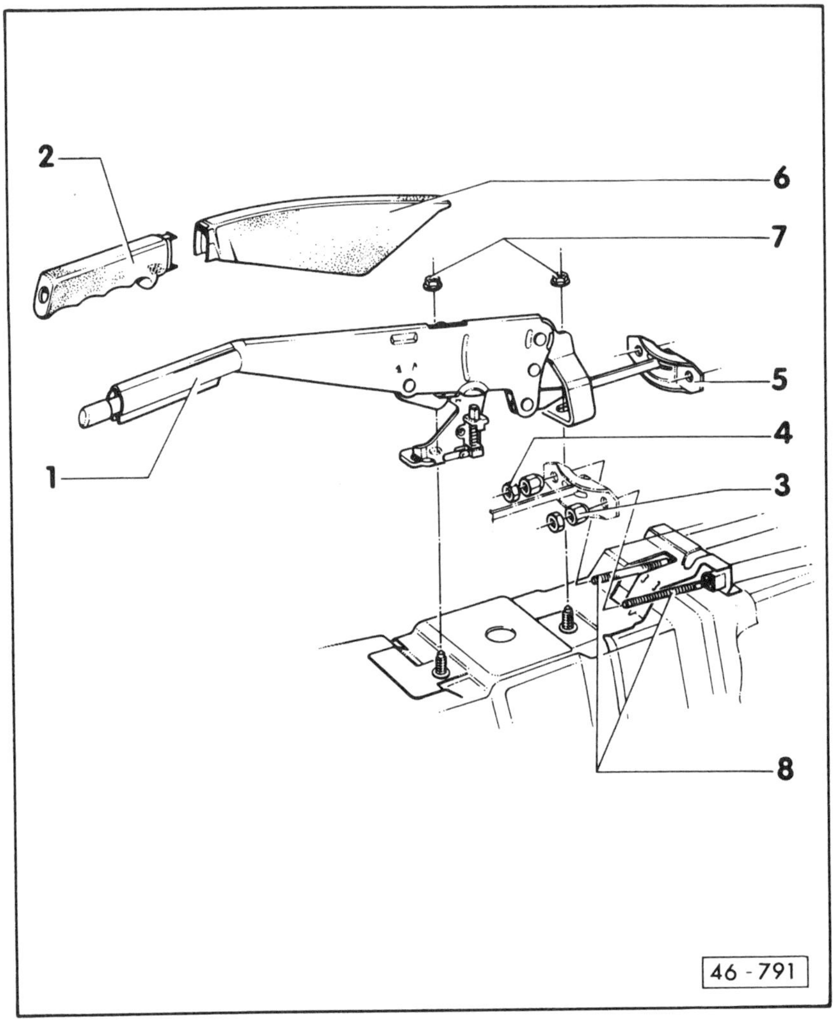

1 – **Handbremshebel**
Unterschiedliche Ausführungen für Trommel- und Scheibenbremse hinten.

2 – **Handgriff**
Nach vorn abziehen, vorher Rastnasen unter dem Handgriff nach unten drücken.

3 – **Nachstellmutter**

4 – **Sechskantmutter**
Mit Nachstellmutter kontern.

5 – **Ausgleichsbügel**

6 – **Verkleidung für Handbremshebel**
Nach vorn abziehen, vorher Handgriff abziehen.

7 – **Sechskantmutter**

8 – **Handbremsseil**
Unterschiedliche Ausführungen für Trommel- und Scheibenbremse hinten.

Die Bremsflüssigkeit

Beim Umgang mit Bremsflüssigkeit ist zu beachten:

- Bremsflüssigkeit ist giftig. Keinesfalls Bremsflüssigkeit mit dem Mund über einen Schlauch absaugen. Bremsflüssigkeit nur in Behälter füllen, bei denen ein versehentlicher Genuß ausgeschlossen ist.
- Bremsflüssigkeit ist ätzend und darf deshalb nicht mit dem Autolack in Berührung kommen, gegebenenfalls sofort abwischen und mit viel Wasser abwaschen.
- Bremsflüssigkeit ist hygroskopisch, das heißt, sie nimmt aus der Luft Feuchtigkeit auf. Bremsflüssigkeit deshalb nur in geschlossenen Behältern aufbewahren.
- **Bremsflüssigkeit, die schon einmal im Bremssystem verwendet wurde, darf nicht wieder verwendet werden. Auch beim Entlüften der Bremsanlage nur neue Bremsflüssigkeit verwenden.**
- Bremsflüssigkeits-Spezifikation: **FMVSS 116 DOT 4.**
- **Bremsflüssigkeit darf nicht mit Mineralöl in Berührung kommen.** Schon geringe Spuren Mineralöl machen die Bremsflüssigkeit unbrauchbar, beziehungsweise führen zum Ausfall des Bremssystems. Stopfen und Manschetten der Bremsanlage werden beschädigt, wenn sie mit mineralölhaltigen Mitteln zusammenkommen. Zum Reinigen keine mineralölhaltigen Putzlappen verwenden.
- Bremsflüssigkeit alle 2 Jahre wechseln, möglichst nach der kalten Jahreszeit.
- Alte Bremsflüssigkeit bei der örtlichen Deponie für Sondermüll abgeben.

Bremsanlage entlüften

Nach jeder Reparatur an der Bremse, bei der die Anlage geöffnet wurde, kann Luft in die Druckleitungen eingedrungen sein. Dann ist das Bremssystem zu entlüften. Luft ist auch dann in den Leitungen, wenn sich der Bremsdruck beim Bremsen schwammig anfühlt. In diesem Fall muß die Undichtigkeit beseitigt und die Bremsanlage entlüftet werden.

Die Bremsanlage wird durch Pumpen mit dem Bremspedal entlüftet, dazu ist eine zweite Person notwendig.

Sicherheitshinweis, Fahrzeuge mit ABS:
Der Entlüftungsvorgang ist für Fahrzeuge mit und ohne ABS identisch. Sinkt der Bremsflüssigkeitsstand im Ausgleichbehälter beim Entlüftungsvorgang zu tief ab, wird Luft angesaugt, die in die Hydraulikpumpe gelangt. Die Bremsanlage muß dann in der Werkstatt mit einem Bremsenfüll- und Entlüftungsgerät entlüftet werden. Bei Einbau eines neuen Bremsschlauchs ist die Anlage aus Sicherheitsgründen ebenfalls mit dem Bremsenfüll- und Entlüftungsgerät zu entlüften. Das Fahrzeug darf solange nicht gefahren werden.

Muß die ganze Anlage entlüftet werden, jede Radbremse einzeln entlüften. Das ist immer dann der Fall, wenn Luft in jeden einzelnen Bremszylinder gedrungen ist. Falls nur ein Bremssattel beziehungsweise Radbremszylinder erneuert beziehungsweise überholt wurde, genügt in der Regel das Entlüften des betreffenden Zylinders.

Die Reihenfolge der Entlüftung: 1. Radbremszylinder beziehungsweise Bremssattel hinten rechts, 2. Radbremszylinder beziehungsweise Bremssattel hinten links, 3. Bremssattel vorn rechts, 4. Bremssattel vorn links.

Bei Fahrzeugen mit Bremskraftregler an der Hinterachse, muß während des Entlüftens der Hinterradbremsen der Hebel des Bremskraftreglers bewegt werden.

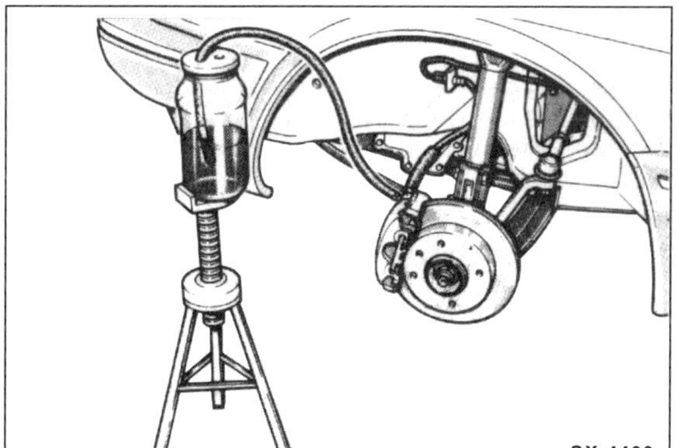

SX-4406

- Staubkappe vom Entlüfterventil des Bremszylinders abnehmen. Entlüfterventil reinigen, sauberen Schlauch aufstecken, anderes Schlauchende in eine mit Bremsflüssigkeit halbvoll gefüllte Flasche stecken (geeigneten Schlauch und passendes Gefäß gibt es auch im Autozubehör-Handel).
- Von einer Hilfsperson Bremspedal so oft niedertreten lassen, »pumpen«, bis sich im Bremssystem Druck aufgebaut hat. Zu spüren am wachsenden Widerstand beim Betätigen des Pedals.
- Ist genügend Druck vorhanden, Bremspedal ganz durchtreten, Fuß auf dem Bremspedal halten.
- Entlüfterventil am Bremssattel (beziehungsweise Radbremszylinder) etwa eine halbe Umdrehung mit Ringschlüssel öffnen. Ausfließende Bremsflüssigkeit in der Flasche sammeln. Darauf achten, daß sich das Schlauchende in der Flasche ständig unterhalb des Flüssigkeitsspiegels befindet.
- Sobald der Flüssigkeitsdruck nachläßt, Entlüfterventil schließen.
- Pumpvorgang wiederholen, bis sich Druck aufgebaut hat. Bremspedal niedertreten, Fuß auf dem Bremspedal lassen, Entlüfterschraube öffnen, bis der Druck nachläßt, Entlüfterschraube schließen.
- Entlüftungsvorgang an einem Bremszylinder so lange wiederholen, bis sich in der Bremsflüssigkeit, die in die Entlüfterflasche strömt, keine Luftblasen mehr zeigen.
- Nach dem Entlüften Schlauch von Entlüfterschraube abziehen, Staubkappe auf Ventil stecken.
- Die Bremszylinder an den anderen Rädern auf gleiche Weise entlüften, Reihenfolge einhalten.

Achtung: Während des Entlüftens ab und zu den Ausgleichbehälter beobachten. Der Flüssigkeitsspiegel darf nicht zu weit sinken, sonst wird über den Ausgleichbehälter Luft angesaugt. **Immer nur neue Bremsflüssigkeit nachgießen!**

- Nach dem Entlüften den Ausgleichbehälter bis zur Max.-Markierung auffüllen.
- Sicherheitskontrolle durchführen, siehe Seite 159.

Bremsleitung/Bremsschlauch ersetzen

Für das Bremsleitungssystem, das zusammen mit den druckfesten Bremsschläuchen für die Räder die Verbindung vom Hauptbremszylinder zu den vier Radbremsen herstellt, werden Rohre verwendet.

Achtung: Bei Fahrzeugen mit ABS-Anlage nur fertige Original-Bremsrohre verwenden, keine Meterware.

Die Bremsschläuche stellen die flexiblen Verbindungen zwischen den starren und beweglichen Fahrzeugteilen her.

- Fahrzeug aufbocken.
- Bremsleitung an den Überwurfmuttern lösen und abnehmen.
- Leitungsanschluß in Richtung Hauptbremszylinder mit geeignetem Stopfen verschließen oder vorher Bremsflüssigkeit mit Saugheber aus dem Vorratsbehälter absaugen.
- Neue Bremsleitung möglichst an gleicher Stelle verlegen.
- Soll der Bremsschlauch am Bremssattel erneuert werden, muß vorher der Bremssattel ausgebaut werden.
- Neuen Bremsschlauch so einbauen, daß er ohne Drall durchhängt und mit **15 Nm** festziehen.
- Nur vom Werk freigegebene Bremsschläuche einbauen.

- Nach dem Einbau bei entlastetem Rad prüfen (Wagen angehoben), ob der Schlauch allen Radbewegungen folgt, ohne irgendwo anzuscheuern.

Achtung: Bremsschläuche nicht mit Öl oder Petroleum in Berührung bringen, nicht lackieren oder mit Unterbodenschutz besprühen.

- Bremsanlage entlüften, und zwar mit einem Bremsenfüll- und Entlüftungsgerät.
- Fahrzeug ablassen.
- Sicherheitskontrolle durchführen, siehe Seite 159.

Bremskraftverstärker prüfen

Der Bremskraftverstärker ist auf Funktion zu überprüfen, wenn zur Erzielung ausreichender Bremswirkung die Pedalkraft außergewöhnlich hoch ist.

- Bremspedal bei stehendem Motor mindestens 5mal kräftig durchtreten, dann bei belastetem Bremspedal Motor starten. Das Bremspedal muß jetzt unter dem Fuß spürbar nachgeben.
- Andernfalls Unterdruckschlauch am Bremskraftverstärker abschrauben, Motor starten. Durch Fingerauflegen am Ende des Unterdruckschlauches prüfen, ob Unterdruck erzeugt wird.
- Ist kein Unterdruck vorhanden: Unterdruckschlauch auf Undichtigkeiten und Beschädigungen prüfen, gegebenenfalls ersetzen. Sämtliche Schellen fest anziehen.
- Dieselmotor: Unterdruckschlauch von der Vakuumpumpe abziehen und mit dem Finger prüfen ob Unterdruck am Schlauchanschluß anliegt.
- Ist Unterdruck vorhanden: Unterdruck messen, gegebenenfalls Bremsservo ersetzen (Werkstattarbeit).

Bremskraftregler prüfen

Je nach Modell und Ausstattung ist der GOLF/VENTO an der Hinterachse mit einem druckabhängigen oder einem lastabhängigen Bremskraftregler ausgestattet. Dieser Bremskraftregler hat die Aufgabe, den Bremsdruck an der Hinterachse zu reduzieren, um ein Überbremsen (blockieren) der Hinterräder zu vermeiden und die Stabilität des Fahrzeuges beim Bremsen zu verbessern. Der lastabhängige Bremskraftregler steuert in Abhängigkeit von der Fahrzeugbelastung den Bremsdruck für die Hinterräder.

Der lastabhängige Bremskraftregler ist hinten am Aufbau befestigt. Er wird über eine Feder von der Hinterachse aus gesteuert.

Um die Einstellung des druckabhängigen Bremskraftreglers zu kontrollieren, ist ein entsprechendes Manometer nötig, das nur in einer VW-Werkstatt zur Verfügung steht, deshalb wird im nachfolgenden nur die Funktionsprüfung für den lastabhängigen Bremskraftregler beschrieben.

Funktion prüfen

- Das Fahrzeug muß auf den Rädern stehen.
- Von 2. Person Bremskraftregler beobachten lassen.

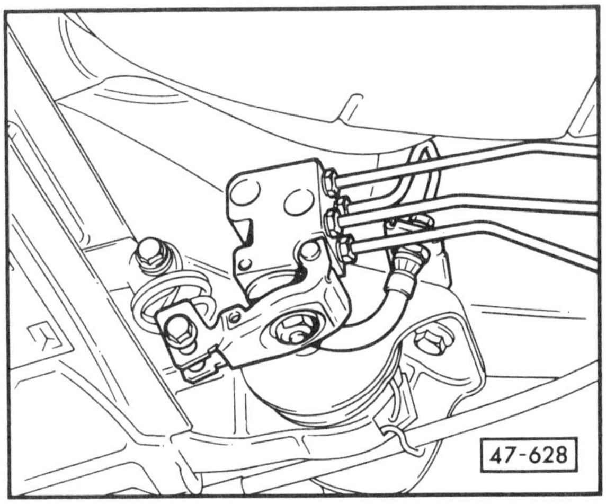

- Bremspedal kräftig durchtreten und schnell loslassen. Dabei muß sich der Hebel des Bremskraftreglers bewegen.
- Zum Einstellen des Bremskraftreglers wird ein entsprechendes Manometer zum Messen der Bremsdrücke benötigt (Werkstattarbeit).

Die ABS-Anlage

Je nach Ausstattung ist der VW GOLF/VENTO mit einem elektronischen Anti-Blockier-System (ABS) ausgerüstet. Bei diesem Antiblockiersystem von der Firma TEVES sind die Energieversorgung, die Bremsbetätigung und die Bremskraftverstärkung sowie die Antiblockierregelung in einem Aggregat zusammengefaßt. Diese Hydraulikeinheit ist anstelle des serienmäßigen Bremskraftverstärkers mit integriertem Hauptbremszylinder eingebaut. Ein nachträglicher Einbau des ABS ist nicht möglich.

Das Antiblockiersystem (ABS) verhindert, daß bei scharfem Abbremsen die Räder blockieren. Dadurch bleibt das Fahrzeug bei einer Vollbremsung lenkbar.

Durch Drehzahlfühler, pro Rad einer, wird die Radgeschwindigkeit gemessen. Aus den Signalen der einzelnen Drehzahlfühler errechnet das elektronische Steuergerät eine Durchschnittsgeschwindigkeit, die in etwa der Fahrzeuggeschwindigkeit entspricht. Durch Vergleich der Radgeschwindigkeit für ein einzelnes Rad und der Durchschnittsgeschwindigkeit aller Räder erkennt das Steuergerät den Schlupfzustand des einzelnen Rades und kann dadurch feststellen, wenn sich ein Rad kurz vor dem Blockieren befindet.

Sobald ein Rad zum Blockieren neigt, der Bremsflüssigkeitsdruck im Bremssattel oder Radbremszylinder ist dann zu hoch im Verhältnis zur Haftfähigkeit der Reifen auf der Straße, hält das Hydrauliksystem aufgrund von Signalen des Steuergerätes den Flüssigkeitsdruck konstant. Das heißt, der Druck im Bremssattel erhöht sich nicht, auch wenn stärker auf das Bremspedal getreten wird. Besteht weiterhin Blockierneigung, wird der Flüssigkeitsdruck durch Öffnen eines Auslaßventils abgesenkt. Jedoch nur so weit, bis das Rad wieder geringfügig beschleunigt, dann wird der Druck wieder konstant gehalten.

Beschleunigt das Rad über einen bestimmten Wert hinaus, wird der Druck durch das Hydrauliksystem wieder erhöht, jedoch nicht über das Maß des allgemeinen Bremsdrucks hinaus.

Dieser Vorgang wiederholt sich bei scharfem Bremsen für jedes einzelne Rad so lange, bis das Bremspedal zurückgenommen wird, beziehungsweise bis kurz vor Stillstand (2–3 km/h) des Fahrzeuges. Der Fahrer erkennt das Arbeiten der Antiblockierregelung am Pulsieren des Bremspedals.

Eine Sicherheitsschaltung im elektronischen Steuergerät sorgt dafür, daß sich das ABS bei einem Defekt (z. B. Kabelbruch) oder bei zu niedriger Betriebsspannung (Batteriespannung unter 10 Volt) selbst abschaltet. In diesem Fall leuchtet die ABS-Kontrolleuchte am Armaturenbrett während der Fahrt auf. Die herkömmliche Bremsanlage bleibt dabei in Betrieb. Das Fahrzeug verhält sich beim Bremsen dann so, als ob kein ABS eingebaut wäre.

Leuchtet während der Fahrt die ABS-Kontrollampe auf, dann weist dies darauf hin, daß sich das ABS abgeschaltet hat.

- Fahrzeug kurz anhalten, Motor abstellen und wieder starten.
- Batteriespannung prüfen. Wenn die Spannung unter 10 Volt liegt, Batterie laden.

Achtung: Wenn die ABS-Kontrolleuchte am Anfang einer Fahrt aufleuchtet und nach einiger Zeit wieder erlöscht, deutet das darauf hin, daß die Batteriespannung zunächst zu gering war, bis sie sich während der Fahrt durch Ladung über den Generator wieder erhöht hat.

- Prüfen, ob die Batterieklemmen richtig festgezogen sind und einwandfreien Kontakt haben.
- Fahrzeug aufbocken, Vorderräder abnehmen, elektrische Leitungen auf äußere Beschädigungen (durchgescheuert) prüfen.
- Weitere Prüfungen des ABS sollten der VW-Werkstatt vorbehalten bleiben.

ABS mit elektronischer Differentialsperre (EDS)

Je nach Modell und Ausstattung besitzt der VW GOLF / VENTO zusätzlich zum ABS eine elektronische Differentialsperre, kurz **EDS**. Aufbauend auf den Komponenten des ABS verbessert EDS die Traktion (Übertragung der Motorkraft) unter ungünstigen Fahrbahnverhältnissen besonders beim Bergauffahren, Beschleunigen oder Anfahren.

Auf Fahrbahnen mit unterschiedlicher Bodenhaftung kann es zum Durchdrehen eines Rades kommen, da die Ausgleichwirkung des Differentials dafür sorgt, daß beide Räder nur soviel Kraft übertragen können, wie es dem Reibwert zwischen Reifen und Fahrbahn auf der glatten Seite entspricht. Durch mechanisches Sperren der Ausgleichwirkung (Sperrdifferential) wird eine Traktionsverbesserung erreicht, da dann die Seite mit dem höheren Reibwert auch eine höhere Vortriebskraft übertragen werden kann. Herkömmliche, mechanische Differentialsperren können jedoch an einer angetriebenen Vorderachse aus zwei Gründen nicht eingesetzt werden: Der Lenkkomfort würde zu stark eingeschränkt, außerdem würde die Wirkung des ABS beeinträchtigt.

Funktionsweise des EDS: Das elektronische Steuergerät erfaßt über die Drehzahlsensoren des ABS die Drehzahlen der Antriebsräder (bei Allradantrieb aller vier Räder) und vergleicht sie laufend miteinander. Treten Drehzahlunterschiede über ca. 110/min auf, greift EDS automatisch ein und bremst das durchdrehende Rad soweit ab, bis es annähernd die gleiche Drehzahl wie das nicht durchdrehende Rad hat. Mit dieser Regelung wird wie beim mechanisch gesperrten Differential erreicht, daß das Rad mit den besseren Haftverhältnissen eine höhere Zugkraft übertragen kann. Bei Fahrzeuggeschwindigkeiten über 40 km/h schaltet sich das EDS ebenso wie bei Kurvenfahrt oder überhitzten Bremsen aus. Das System ist mehrfach gegen Fehlsteuerungen der Bremse abgesichert –sowohl elektronisch als auch hydraulisch.

Beim EDS-System werden viele Bauteile des ABS genutzt. Die Hydraulik-Einheit erhält als Zusatz-Komponente einen EDS-Ventilblock, das Steuergerät ist um die EDS-Software erweitert.

Achtung: Vor Schweißarbeiten mit einem elektrischen Schweißgerät muß der Stecker vom elektronischen Steuergerät des ABS/EDS abgezogen werden. Stecker nur bei ausgeschalteter Zündung abziehen. Bei Lackierarbeiten darf das Steuergerät kurzzeitig mit max. +95° C und langfristig (ca. 2 Stunden) mit max. +85° C belastet werden.

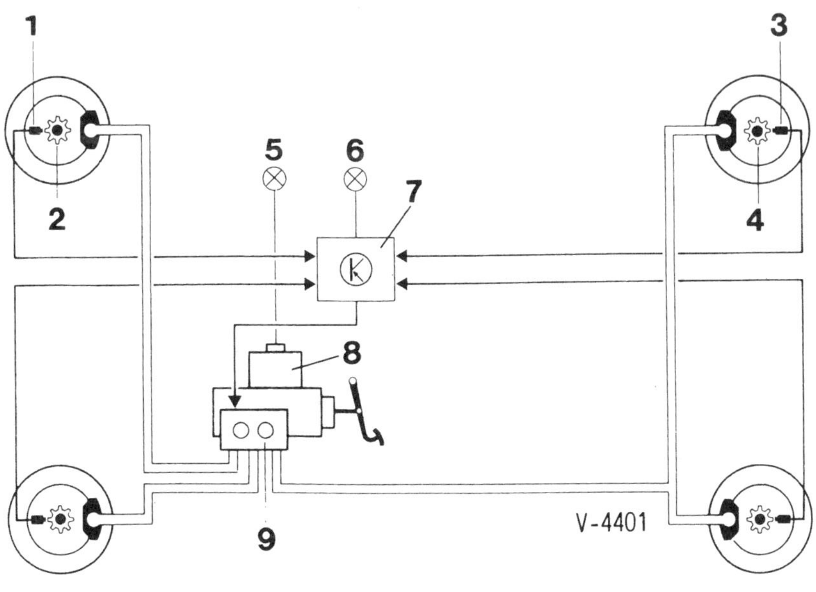

1 – Drehzahlfühler vorn rechts
2 – Impulsrad vorn rechts
3 – Drehzahlfühler hinten rechts
4 – Impulsrad hinten rechts
5 – Kontrolleuchte für Bremsanlage
6 – Kontrolleuchte für ABS
7 – Steuergerät
8 – Hydraulikeinheit
9 – Magnetventile

Störungsdiagnose Bremse

Störung	Ursache	Abhilfe
Leerweg des Bremspedals zu groß.	Bremsbeläge teilweise oder völlig abgenutzt.	■ Bremsbeläge erneuern.
	Ein Bremskreis ausgefallen.	■ Bremskreise auf Flüssigkeitsverlust prüfen.
	Speziell bei Trommelbremse:	
	Nachstellautomatik der Trommelbremse klemmt.	■ Nachstelleinheit gangbar machen.
Bremspedal läßt sich weit und federnd durchtreten.	Luft im Bremssystem.	■ Bremse entlüften.
	Zu wenig Bremsflüssigkeit im Ausgleichbehälter.	■ Neue Bremsflüssigkeit nachfüllen, Bremse entlüften.
	Dampfblasenbildung. Tritt meist nach starker Beanspruchung auf, z. B. Paßabfahrt.	■ Bremsflüssigkeit wechseln. Bremse entlüften.
Bremswirkung läßt nach, und Bremspedal läßt sich durchtreten.	Undichte Leitung.	■ Leitungsanschlüsse nachziehen oder Leitung erneuern.
	Beschädigte Manschette im Haupt- oder Radbremszylinder.	■ Manschette erneuern. Beim Hauptbremszylinder Innenteile ersetzen, ggf. Hauptbremszylinder ersetzen.
	Speziell bei Scheibenbremse:	
	Stationärer Gummidichtring beschädigt.	■ Bremssattel überholen.
Schlechte Bremswirkung trotz hohen Fußdrucks.	Bremsbeläge verölt.	■ Bremsbeläge erneuern.
	Ungeeigneter oder verhärteter Bremsbelag.	■ Beläge erneuern. Nur Original-Bremsbeläge vom Automobilhersteller verwenden.
	Bremskraftverstärker defekt, Unterdruckleitung porös, defekt.	■ Bremsservo, Unterdruckleitung prüfen.
	Speziell bei Scheibenbremse:	
	Bremsbeläge abgenutzt.	■ Bremsbeläge erneuern.
Bremse zieht einseitig.	Unvorschriftsmäßiger Reifendruck.	■ Reifendruck prüfen und berichtigen.
	Bereifung ungleichmäßig abgefahren.	■ Abgefahrene Reifen ersetzen.
	Bremsbeläge verölt.	■ Bremsbeläge erneuern.
	Verschiedene Bremsbelagsorten auf einer Achse.	■ Beläge erneuern. Nur Original-Bremsbeläge vom Automobilhersteller verwenden.
	Schlechtes Tragbild der Bremsbeläge.	■ Bremsbeläge austauschen.
	Speziell bei Scheibenbremse:	
	Verschmutzte Bremssattelschächte.	■ Sitz- und Führungsflächen der Bremsbeläge im Bremssattel reinigen.
	Korrosion in den Bremssattelzylindern.	■ Bremssattel erneuern.
	Bremsbelag ungleichmäßig verschlissen.	■ Bremsbeläge erneuern (beide Räder), Bremssättel auf Leichtgängigkeit prüfen.
	Speziell bei Trommelbremse:	
	Kolben in den Radbremszylindern schwergängig.	■ Radbremszylinder instand setzen.

Störung	Ursache	Abhilfe
Bremse zieht von selbst an.	Ausgleichsbohrung im Hauptbremszylinder verstopft.	■ Hauptbremszylinder reinigen und Innenteile erneuern lassen.
	Spiel zwischen Betätigungsstange und Hauptbremszylinderkolben zu gering.	■ Spiel prüfen.
Bremsen erhitzen sich während der Fahrt.	Ausgleichsbohrung im Hauptbremszylinder verstopft.	■ Hauptbremszylinder reinigen und Innenteile erneuern lassen.
	Spiel zwischen Betätigungsstange und Hauptbremszylinder zu gering.	■ Spiel prüfen.
	Bremse schwergängig.	■ Bewegliche Teile der Trommelbremse schmieren. Bremssattel überholen lassen (Werkstattarbeit).
	Speziell bei Scheibenbremse:	
	Drosselbohrung im Spezial-Bodenventil verstopft.	■ Hauptbremszylinder reinigen, Innenteile ersetzen und Bremsflüssigkeit erneuern.
	Speziell bei Trommelbremse:	
	Bremsbacken-Rückzugfedern erlahmt.	■ Rückzugfedern erneuern.
Bremsen rattern.	Ungeeigneter Bremsbelag.	■ Beläge erneuern. Nur Original-Bremsbeläge vom Automobilhersteller verwenden.
	Speziell bei Scheibenbremse:	
	Bremsscheibe stellenweise korrodiert.	■ Scheibe mit Schleifklötzen sorgfältig glätten.
	Bremsscheibe hat Seitenschlag.	■ Scheibe nacharbeiten oder ersetzen.
	Speziell bei Trommelbremse:	
	Bremsbeläge verschlissen.	■ Beläge erneuern. Nur Original-Bremsbeläge vom Automobilhersteller verwenden.
	Bremstrommel unrund.	■ Bremstrommel ersetzen.
Bremsbeläge lösen sich nicht von der Bremsscheibe, Räder lassen sich schwer von Hand drehen.	**Speziell bei Scheibenbremse:** Korrosion in den Bremssattelzylindern.	■ Bremssattel überholen, eventuell austauschen.
Ungleichmäßiger Belag-Verschleiß.	**Speziell bei Scheibenbremse:**	
	Ungeeigneter Bremsbelag.	■ Beläge erneuern, Nur Original-Bremsbeläge vom Automobilhersteller verwenden.
	Bremssattel verschmutzt.	■ Bremssattelschächte reinigen.
	Kolben nicht leichtgängig.	■ Kolben gangbar machen.
	Bremssystem undicht.	■ Bremssystem auf Dichtigkeit prüfen.
Keilförmiger Bremsbelag-Verschleiß.	**Speziell bei Scheibenbremse:**	
	Bremsscheibe läuft nicht parallel zum Bremssattel.	■ Anlagefläche des Bremssattels prüfen.
	Korrosion in den Bremssätteln.	■ Verschmutzung beseitigen.

Störung	Ursache	Abhilfe
Bremse quietscht.	Oft auf atmosphärische Einflüsse (Luftfeuchtigkeit) zurückzuführen.	■ Keine Abhilfe erforderlich, und zwar dann, wenn Quietschen nach längerem Stillstand des Wagens bei hoher Luftfeuchtigkeit auftrat, aber nach den ersten Bremsungen sich nicht wiederholt.
	Speziell bei Scheibenbremse:	
	Ungeeigneter Bremsbelag.	■ Beläge erneuern. Nur Original-Bremsbeläge vom Automobilhersteller verwenden. Rückenplatte mit Anti-Quietsch-Paste bestreichen.
	Bremsscheibe läuft nicht parallel zum Bremssattel.	■ Anlagefläche des Bremssattels prüfen.
	Verschmutzte Schächte im Bremssattel.	■ Bremssattelschächte reinigen.
	Speziell bei Trommelbremse:	
	Ungeeigneter Bremsbelag.	■ Beläge erneuern. Nur Original-Bremsbeläge vom Automobilhersteller verwenden.
	Belag liegt nicht satt auf.	■ Beläge erneuern. Nur Original-Bremsbeläge vom Automobilhersteller verwenden.
	Bremse verschmutzt.	■ Radbremsen reinigen.
	Rückzugfedern zu schwach.	■ Rückzugfedern erneuern.
Bremse pulsiert.	**ABS** in Funktion.	■ Normal, keine Abhilfe.
	Speziell bei Scheibenbremse:	
	Seitenschlag oder Dickentoleranz der Bremsscheibe zu groß.	■ Schlag und Toleranz prüfen. Scheibe nacharbeiten oder ersetzen.
	Bremsscheibe läuft nicht parallel zum Bremssattel.	■ Anlagefläche des Bremssattels prüfen.
	Speziell bei Trommelbremse:	
	Anlagefläche des Scheibenrades an der Bremstrommel nicht plan, dadurch Verzug der Bremstrommel.	■ Es kann versucht werden, die Scheibenräder untereinander auszutauschen..

Räder und Reifen

Modell	Motor	Scheibenrad Felge	Einpreßtiefe in mm	Reifengröße Gürtelreifen (schlauchlos)	Reifenfülldruck (Überdruck) in bar halbe Zuladung vorn	halbe Zuladung hinten	volle Zuladung vorn	volle Zuladung hinten
Golf (Limousine)	44 kW / 60 PS	5½ J x 13	38	175/70 R 13 82 S	1,8	1,8	2,0	2,2
		6 J x 14	45	185/60 R 14 82 T	1,8	1,8	2,0	2,2
		6 J x 15	45	195/50 R 15 82 H	1,8	1,8	2,0	2,2
	55/66 kW / 75/90 PS	5 1/2 J x 13	38	175/70 R 13	2,1	1,9	2,4	2,6
		6 J x 14	45	185/60 R 14	2,1	1,9	2,4	2,6
		6 J x 15	45	195/50 R 15	2,1	1,9	2,4	2,6
	74 kW / 100 PS	6 J x 14	45	185/60 R 14	2,3	2,1	2,5	2,7
		6 J x 15	45	195/50 R 15	2,3	2,1	2,5	2,7
	85 kW / 115 PS 4-Loch-Felge	6 J x 14	45	185/60 R 14	2,3	2,1	2,5	2,7
		6 J x 15	45	195/50 R 15	2,3	2,1	2,5	2,7
		6 1/2 J x 15	43	205/50 R 15	2,0	1,8	2,2	2,4
	85 kW / 115 PS 5-Loch-Felge	6 J x 14	43	195/50 R 15	2,5	2,3	2,6	2,8
		6 J x 15	43	205/50 R 15	2,1	1,9	2,3	2,5
		–	–	215/40 R 16	2,5	2,3	2,6	2,8
	110 kW / 150 PS	6½ J x 15	43	195/50 R 15	2,6	2,4	2,8	2,8
		6½ J x 15	43	205/50 R 15	2,2	2,0	2,4	2,6
		–	–	215/40 R 16	2,6	2,4	2,8	2,8
	128 kW / 174 PS	6½ J x 15	43	205/50 R 15	2,6	2,4	2,8	3,0
		–	–	215/40 R 16	2,9	2,7	3,0	3,0
Golf Syncro	66 kW / 90 PS	5½ J x 13	38	175/70 R 13 82 S	2,3	2,3	2,5	2,9
		6 J x 14	45	185/60 R 14 82 T	2,3	2,3	2,5	2,9
		6 J x 15	45	195/50 R 15 82 H	2,3	2,3	2,5	2,9
	85 kW / 115 PS	6 J x 14	45	185/60 R 14	2,5	2,5	2,7	3,1
		6 J x 15	45	195/50 R 15	2,5	2,5	2,7	3,1
	140 kW / 190 PS	6½ J x 15	43	205/50 R 15	2,4	2,4	2,6	3,0
		–	–	215/40 R 16	2,4	2,4	2,6	3,0
Golf Variant	44 kW / 60 PS	5½ J x 13	38	175/70 R 13	1,8	1,8	2,0	2,6
		6 J x 14	45	185/60 R 14	1,8	1,8	2,0	2,6
		6 J x 15	45	195/50 R 15	1,8	1,8	2,0	2,6
		6 J x 14	45	195/60 R 14	1,8	1,8	2,0	2,6
	55/66 kW / 75/90 PS	6 J x 14	45	185/60 R 14 82 T	2,1	2,1	2,4	3,0
		6 J x 15	45	195/50 R 15 82 H	2,1	2,1	2,4	3,0
		6 J x 14	45	195/60 R 14	1,8	1,8	2,1	2,7
	74/85 kW / 100/115 PS	6 J x 15	45	195/50 R 15 82 H	2,3	2,3	2,6	3,2
		6 J x 14	45	195/60 R 14	2,0	2,0	2,2	2,8
Golf Variant Syncro	66/85 kW / 90/115 PS	6 J x 14	45	195/60 R 14	2,1	2,4	2,3	3,0
	140 kW / 190 PS	6½ J x 15	43	205/50 R 15	2,5	2,7	2,7	3,3
		–	–	215/40 R 16	2,5	2,7	2,7	3,3
Golf Cabriolet	55/66 kW / 75/90 PS	6 J x 14	45	185/60 R 14 82 T/H	2,2	2,0	2,4	2,7
		6 J x 15	45	195/50 R 15	2,2	2,0	2,4	2,7
	74/85 kW / 100/115 PS	6 J x 14	45	185/60 R 14	2,4	2,2	2,6	2,9
		6 J x 15	45	195/50 R 15	2,4	2,2	2,6	2,9
Vento	44 kW / 60 PS	5½ J x 13	38	175/70 R 13 82 S	1,8	1,8	2,0	2,4
		6 J x 14	45	185/60 R 14 82 T	1,8	1,8	2,0	2,4
		6 J x 15	45	195/50 R 15 82 H	1,8	1,8	2,0	2,4
	55/66 kW / 75/90 PS	5½ J x 13	38	175/70 R 13	2,1	1,9	2,4	2,8
		6 J x 14	45	185/60 R 14	2,1	1,9	2,4	2,8
		6 J x 15	45	195/50 R 15	2,1	1,9	2,4	2,8
	74 kW / 100 PS	6 J x 14	45	185/60 R 14	2,3	2,1	2,5	2,9
		6 J x 15	45	195/50 R 15	2,3	2,1	2,5	2,9
	85 kW / 115 PS 4-Loch-Felge	6 J x 14	45	185/60 R 14	2,3	2,1	2,5	2,9
		6 J x 15	45	195/50 R 15	2,3	2,1	2,5	2,9
		6½ J x 15	43	205/50 R 15	1,9	1,9	2,1	2,5
	85 kW / 115 PS 5-Loch-Felge	6 J x 14	43	195/50 R 15	2,3	2,1	2,5	2,9
		6 J x 15	43	205/50 R 15	2,1	1,9	2,3	2,7
		–	–	215/40 R 16	2,1	1,9	2,3	2,7
	128 kW / 174 PS	6½ J x 15	43	205/50 R 15	2,6	2,4	2,8	3,2
		–	–	215/40 R 16	2,6	2,4	2,8	3,2

Der VW GOLF/VENTO kann vom Werk aus mit unterschiedlichen Räder/Reifenkombinationen bestückt sein. Wenn das Fahrzeug mit anderen als den werksseitig montierten Rädern bestückt werden soll, dürfen nur die freigegebenen Räder verwendet werden. Sonst kann die Verkehrssicherheit beeinträchtigt werden, außerdem erlischt die Zulassung für den Straßenverkehr.

Felgen und Radschrauben sind konstruktiv aufeinander abgestimmt. Bei jeder Umrüstung auf andere Felgen müssen deshalb die dazugehörigen Radschrauben mit der richtigen Länge und Kalottenform (Anlagefläche an der Felge) verwendet werden. Der Festsitz der Räder und die Funktion der Bremsanlage hängen davon ab.

Achtung: Der Gesetzgeber verlangt, daß Reifen lediglich bis zu einer Profiltiefe von 1,6 mm abgefahren werden dürfen, und zwar muß die gesamte Lauffläche noch 1,6 mm Tiefe aufweisen. Es empfiehlt sich jedoch, sicherheitshalber die Sommerreifen bei einer Profiltiefe von 2 mm und die Winterreifen bei einer Tiefe von 4 mm auszutauschen.

Hinweis: Die technische Entwicklung geht ständig weiter. Es kann sein, daß inzwischen auch für ältere Fahrzeug-Modelle andere Reifenfülldrücke beziehungsweise andere Reifen-Felgen-Kombinationen zugelassen sind. Maßgebend sind die in den Fahrzeugpapieren angegebenen Größen. Die gültigen Fülldruckwerte stehen auch auf einem Aufkleber auf der Innenseite der Tankklappe.

- Der Reifenfülldruck für das **Notrad** liegt bei **4,2 bar.** Der Reifenfülldruck für das **normale Reserverad** entspricht dem höchsten Fülldruck bei maximaler Belastung, z. B. GOLF mit 90 PS und Reifengröße 185/60 R 14: 2,6 bar.
- Sämtliche Überdruckangaben beziehen sich auf kalte Reifen. Der sich bei längerer Fahrt einstellende, um ca. 0,2 bis 0,4 bar höhere Überdruck darf nicht reduziert werden.
- Die Reifengröße 175/70 R 13 82 T wird serienmäßig nur bei Fahrzeugen bis 12/94 verwendet.
- Winterreifen werden in der Regel mit einem um 0,2 bar höheren Überdruck gefahren. Die Luftdruckempfehlungen des jeweiligen Reifenherstellers bei Winterreifen sind zu beachten. Da die Winterreifen einer Geschwindigkeitsbeschränkung unterliegen, muß ein Hinweis über die zulässige Höchstgeschwindigkeit im Blickfeld des Fahrers angebracht werden (§ 36, Absatz 1 StVZO).
- Bei sportlicher Fahrweise empfiehlt es sich, den Reifenüberdruck an Vorder- und Hinterrädern um 0,2 bar zu erhöhen. Bei dieser Erhöhung ist vom Basis-Überdruck auszugehen, wie er für die verschiedenen Belastungszustände vorgeschrieben ist.
- Bei Anhängerbetrieb Reifenfülldruck auf den unter »volle Zuladung« angegebenen Wert erhöhen.

Achtung: Neureifen müssen seit 10/98 zusätzlich mit einer ECE-Prüfnummer an der Reifenflanke versehen sein. Diese Prüfnummer weist nach, dass der Reifen dem ECE-Standard entspricht. Werden Reifen seit 10/98 **ohne** ECE-Prüfnummer montiert, erlischt die Allgemeine Betriebserlaubnis (ABE) des Fahrzeuges.

Reifen- und Scheibenrad-Bezeichnungen

Beispiel Reifen-Bezeichnungen:

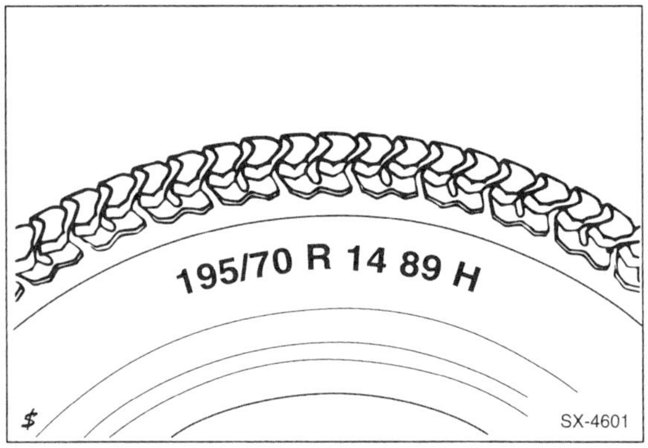

195 = Reifenbreite in mm

/70 = Verhältnis Höhe zu Breite (die Höhe des Reifenquerschnitts beträgt 70 % von der Breite)

Fehlt eine besondere Angabe des Querschnittverhältnisses (z. B. 155 R 13), so handelt es sich um das »normale« Höhen-Breiten-Verhältnis. Es beträgt bei Gürtelreifen 82 %.

R = Radial-Bauart (= Gürtelreifen).

14 = Felgendurchmesser in Zoll.

89 = Tragfähigkeits-Kennzahl.

Achtung: Steht zwischen den Angaben 14 und 89 die Bezeichnung M+S, dann handelt es sich um einen Reifen mit Winterprofil.

H = Kennbuchstabe für zulässige Höchstgeschwindigkeit, H: bis 210 km/h.

Geschwindigkeits-Kennbuchstabe

Kennbuchstabe	Zulässige Höchstgeschwindigkeit
Q	160 km/h
R	170 km/h
S	180 km/h
T	190 km/h
H	210 km/h
V	240 km/h
ZR	über 240 km/h
W	270 km/h
Y	300 km/h

- Die Geschwindigkeitssymbole gelten sowohl für Sommer- als auch für Winterreifen. Steht hinter der Reifenbezeichnung das Wort »reinforced«, handelt es sich um einen Reifen in verstärkter Ausführung, beispielsweise für Vans und Transporter.
- Neureifen müssen seit 10/98 zusätzlich mit einer ECE-Prüfnummer an der Reifenflanke versehen sein. Diese Prüfnummer weist nach, daß der Reifen dem ECE-Standard entspricht. Das ECE-Prüfzeichen ist bei Reifen ab 10/98 Bestandteil der Allgemeinen Betriebserlaubnis (ABE).

Reifen-Herstellungsdatum

Das Herstellungsdatum steht auf dem Reifen im Hersteller-Code.

Beispiel: DOT CUL2 UM8 0401 TUBELESS

DOT = Department of Transportation (US-Verkehrsministerium)
CU = Kürzel für Reifenhersteller
L2 = Reifengröße
UM8 = Reifenausführung
0401 = Herstellungsdatum = 04. Produktionswoche 2001
◁ = Symbol für das Jahrzehnt 1990 bis 1999. Wird bei Reifen verwendet, die bis 12/99 hergestellt wurden. Beispiel: 529 ◁ = 52. Produktionswoche 1999.
TUBELESS = schlauchlos (TUBETYPE = Schlauchreifen)

Beispiel Scheibenrad-Bezeichnungen: 6 J x 15

6 = Maulweite der Felge in Zoll
J = Kennbuchstabe für Höhe und Kontur des Felgenhorns (B = niedrigere Hornform)
x = Kennzeichen für einteilige Tiefbettfelge
15 = Felgen-Durchmesser in Zoll

Austauschen und auswuchten der Räder

Sicherheitshinweis:
Reifen nicht einzeln, sondern mindestens achsweise ersetzen. Reifen mit der größeren Profiltiefe vorn montieren. An Vorder- und Hinterachse nur Reifen gleicher Größe und Bauart, möglichst auch gleichen Fabrikats und Profilausführung montieren.

Es ist nicht zweckmäßig, bei einem Austausch der Räder die Drehrichtung der Reifen zu ändern, da sich die Reifen nur unter vorübergehend stärkerem Verschleiß der veränderten Drehrichtung anpassen. Bei einigen Reifen ist eine Laufrichtung durch einen Pfeil auf der Seitenwand vorgegeben, die Laufrichtung ist dann unbedingt einzuhalten.

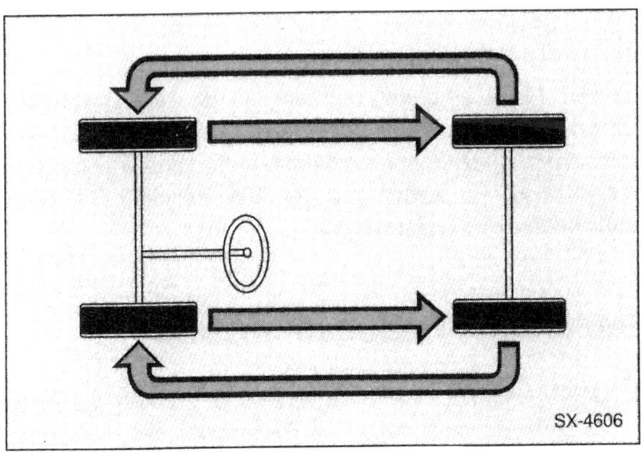

Bei deutlich stärkerer Abnutzung der vorderen Reifen empfiehlt es sich, die Vorderräder gegen die Hinterräder zu tauschen. Dadurch haben alle 4 Reifen etwa die gleiche Lebensdauer.

Sicherheitshinweis:
Reifen, die älter als 6 Jahre sind, nur im Notfall und bei vorsichtiger Fahrweise verwenden. Beim Erneuern und Demontieren schlauchloser Reifen unbedingt das Gummiventil mit austauschen.

- Vor der Demontage Rad mit Kreide oder Farbstift zur Radnabe markieren, damit es in gleicher Stellung wieder montiert werden kann.
- Radschrauben lösen, wenn das Fahrzeug auf dem Boden steht. Dazu Handbremse anziehen oder 1. Gang einlegen, damit das Fahrzeug nicht wegrollt.

Achtung: Leichtmetallfelgen sind durch einen Klarlacküberzug gegen Korrosion geschützt. Beim Radwechsel darauf achten, daß die Schutzschicht nicht beschädigt wird, andernfalls mit Klarlack ausbessern.

- Zum Schutz gegen Festrosten des Rades ist der Zentriersitz des Scheibenrades an den Radnaben vorn und hinten bei jeder Demontage des jeweiligen Rades mit Wälzlagerfett leicht einzufetten.
- Verschmutzte Schrauben und Gewinde reinigen. Gewinde der Radschrauben **nicht** fetten oder ölen.
- Radschrauben über Kreuz in mehreren Durchgängen festziehen. Zum Festziehen der Radschrauben sollte immer ein Drehmomentschlüssel verwendet werden. Dadurch wird sichergestellt, daß die Radschrauben gleichmäßig fest angezogen sind. **Das Anzugsdrehmoment beträgt für alle Radschrauben 110 Nm.** M14-Schrauben für 5-Loch-Felgen mit **120 Nm** anziehen.

Achtung: Durch einseitiges oder unterschiedlich starkes Anziehen der Radschrauben können das Rad und/oder die Radnabe verspannt werden.

Hinweise für Fahrzeuge mit Allradantrieb »syncro«

- Nur Reifen gleichen Fabrikats verwenden. Andernfalls können Drehzahlunterschiede auftreten und die Viscokupplung erhöht unnötig den Anteil des Hinterradantriebs. Dadurch können Schäden auftreten.
- Bei unterschiedlicher Profiltiefe empfiehlt es sich, die Reifen mit der größeren Profiltiefe vorn zu montieren. Grund: Abgenutzte Reifen haben einen kleineren Abrollumfang und drehen deshalb schneller. Dadurch treten Verspannungen im Antriebsstrang auf und die Reifen verschleißen schneller.

Auswuchten der Räder

Die serienmäßigen Räder werden im Werk ausgewuchtet. Das Auswuchten ist notwendig, um unterschiedliche Gewichtsverteilung und Materialungenauigkeiten auszugleichen.

Im Fahrbetrieb macht sich die Unwucht durch Trampel- und Flattererscheinungen bemerkbar. Das Lenkrad beginnt dann bei höherem Tempo zu zittern.

In der Regel tritt dieses Zittern nur in einem bestimmten Geschwindigkeitsbereich auf und verschwindet wieder bei niedrigerer und höherer Geschwindigkeit.

Solche Unwuchterscheinungen können mit der Zeit zu Schäden an Achsgelenken, Lenkgetriebe und Stoßdämpfern führen.

Räder nach jeder Reifenreparatur auswuchten lassen, da sich durch Abnutzung und Reparatur die Gewichts- und Materialverteilung am Reifen ändert.

Reifenpflegetips

Generell gilt, daß Reifen sozusagen ein »Gedächtnis« haben und unsachgemäße Behandlung – dazu zählt beispielsweise auch schnelles oder häufiges Überfahren von Bordstein- oder Schienenkanten – oft erst viel später zu Reifenpannen führt.

Reifen reinigen

- Reifen möglichst nicht mit einem Dampfstrahlgerät reinigen. Wird die Düse des Dampfstrahlers zu nahe an den Reifen gehalten, dann wird dessen Gummischicht innerhalb weniger Sekunden irreparabel zerstört, selbst bei Verwendung von kaltem Wasser. Ein auf diese Weise gereinigter Reifen sollte sicherheitshalber ersetzt werden.
- Ersetzt werden sollte auch ein Reifen, der über längere Zeit mit Öl oder Fett in Berührung kam. Der Reifen quillt an den betreffenden Stellen zunächst auf, nimmt jedoch später wieder seine normale Form an und sieht äußerlich unbeschädigt aus. Die Belastungsfähigkeit des Reifens nimmt aber ab.

Reifen lagern

- Reifen sollten kühl, dunkel und trocken aufbewahrt werden. Sie dürfen nicht mit Fett und Öl in Berührung kommen.
- Räder liegend oder an den Felgen aufgehängt in der Garage oder im Keller lagern.
- Bevor die Räder abmontiert werden, Reifenfülldruck etwas erhöhen (ca. 0,3–0,5 bar).
- Für Winterreifen eigene Felgen verwenden, denn das Ummontieren der Reifen auf dieselben Felgen lohnt sich aus Kostengründen nicht.

Reifen einfahren

Neue Reifen haben vom Produktionsprozeß her eine besonders glatte Oberfläche. Deshalb müssen neue Reifen – das gilt auch für das neue Ersatzrad – eingefahren werden. Bei diesem Einfahren rauht sich durch die beginnende Abnutzung die glatte Oberfläche auf.

Während der ersten 300 km sollte man mit neuen Reifen speziell auf Nässe besonders vorsichtig fahren.

Das Notrad

Bei der Benutzung des platzsparenden Reserve-Notrades sind folgende Punkte zu beachten:

- Das Notrad darf an Vorder- oder Hinterachse montiert werden.
- Das Notrad ist nur für den vorübergehenden und kurzzeitigen Einsatz bestimmt. Muß das Rad bei einer Reifenpanne montiert werden, ist es deshalb so schnell wie möglich wieder durch ein Normalrad zu ersetzen.
- Nach Montage des Notrades muß **der Reifenfülldruck so schnell wie möglich geprüft werden,** der Druck muß **4,2 bar** betragen.
- Mit montiertem Notrad darf **nicht über 80 km/h** gefahren werden. Vollgasbeschleunigungen, starkes Bremsen und rasante Kurvenfahrten sind zu vermeiden.
- Das Notrad ist kleiner als das Normalrad. Deshalb verringert sich die Bodenfreiheit der jeweiligen Achse um etwa 30 mm. Um Schäden an tiefliegenden Fahrzeugteilen zu verhindern, sollte nicht über größere Hindernisse oder Vertiefungen gefahren werden. Auch automatische Waschanlagen sollten mit montiertem Notrad nicht benutzt werden – der Wagen könnte aufsetzen.
- Das Notrad ist speziell für den Wagentyp entwickelt. Es darf daher nicht für andere Wagentypen benutzt werden. Ebensowenig dürfen Noträder anderer Fahrzeugtypen verwendet werden.
- Die Verwendung von Gleitschutzketten (Schneeketten) auf dem platzsparenden Notrad ist aus technischen Gründen nicht zulässig. Falls mit Gleitschutzketten gefahren werden muß, ist bei einer Vorderrad-Reifenpanne das Notrad an der Hinterachse zu montieren und der hintere Reifen auf die Vorderachse zu wechseln. Dabei empfiehlt es sich, bereits vor der Montage des Rades die Gleitschutzkette aufzulegen.
- Auf die Felge des Notrades darf kein Sommer- oder Winterreifen montiert werden.
- Niemals zwei oder mehr Noträder gleichzeitig montieren.

Gleitschutzketten

Die Verwendung von Gleitschutzketten ist nur an der Antriebsachse (Vorderachse) erlaubt. Vor der Montage Radblenden abnehmen.

Mit Gleitschutzketten darf in Deutschland nicht schneller als 50 km/h gefahren werden. Auf schnee- und eisfreien Straßen sind die Gleitschutzketten abzunehmen.

Auf allen Modellen dürfen nur feingliedrige Gleitschutzketten verwendet werden, die auf der Reifenfläche und an der Reifeninnenseite nicht mehr als 15 mm auftragen, einschließlich Kettenschloß. Es sollten nur von VW freigegebene Gleitschutzketten verwendet werden.

Fehlerhafte Reifenabnutzung

- Ungleichmäßiger Reifenverschleiß ist zumeist die Folge zu geringen oder zu hohen Reifenfülldrucks. Außerdem kann es auf Fehler in der Radeinstellung oder Radauswuchtung sowie auf mangelhafte Stoßdämpfer oder Felgen zurückzuführen sein.
- In erster Linie ist auf vorschriftsmäßigen Reifenfülldruck zu achten, wobei spätestens alle vier Wochen eine Prüfung vorgenommen werden sollte.

- Reifenfülldruck nur bei kühlen Reifen prüfen. Der Reifenfülldruck steigt nämlich mit zunehmender Erhitzung bei schneller Fahrt an. Dennoch ist es völlig falsch, aus erhitzten Reifen Luft abzulassen.
- Bei zu hohem Reifenfülldruck wird die Laufflächenmitte mehr abgenutzt, da der Reifen an der Lauffläche durch den hohen Innendruck mehr gewölbt ist.
- Bei zu niedrigem Reifenfülldruck liegt die Lauffläche an den Reifenschultern stärker auf, und die Laufflächenmitte wölbt sich nach innen durch. Dadurch ergibt sich ein stärkerer Reifenverschleiß der Reifenschultern.

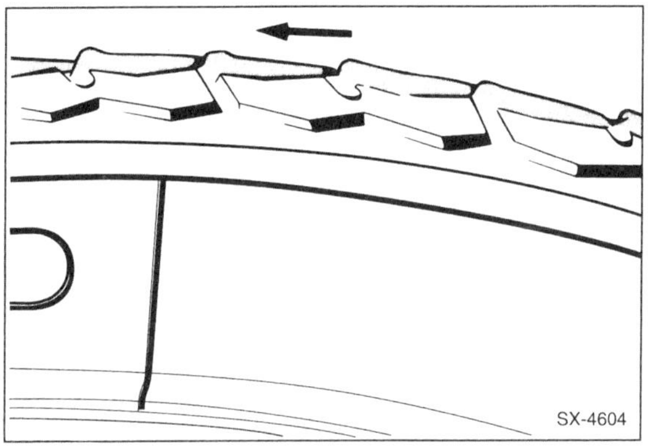

SX-4604

- Sägezahnförmige Abnutzung des Profils ist in der Regel auf eine Überbelastung des Fahrzeuges zurückzuführen.

- Falsche Radeinstellung und Unwucht ergeben jeweils typische Reifenverschleißbilder, auf die in der Störungsdiagnose hingewiesen wird.

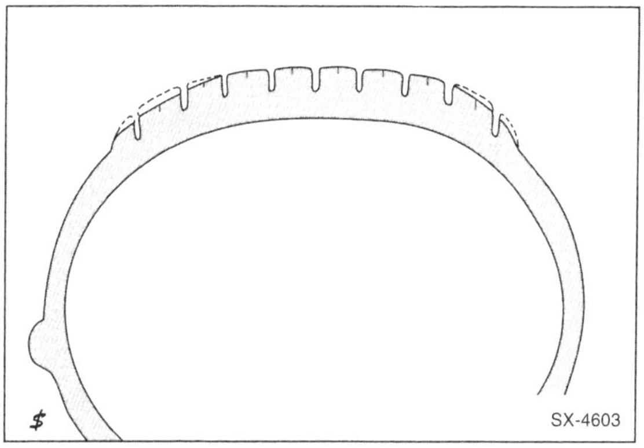

SX-4603

- An den Vorderrädern ist eine etwas größere Abnutzung der Reifenschultern gegenüber der Laufflächenmitte normal, wobei aufgrund der Straßenneigung die Abnutzung der zur Straßenmitte zeigenden Reifenschulter (linkes Rad: außen, rechtes Rad: innen) deutlicher ausgeprägt sein kann.

Störungsdiagnose Reifen

Abnutzung	Ursache
Stärkerer Reifenverschleiß auf beiden Seiten der Lauffläche.	■ Zu niedriger Reifenfülldruck.
Stärkerer Reifenverschleiß in der Mitte der Lauffläche, über den gesamten Umfang.	■ Zu hoher Reifenfülldruck.
Auswaschungen der Profilseite.	■ Statische und dynamische Unwucht des Rades. Eventuell zu großer Seitenschlag der Felge, zu großes Spiel in den Traggelenken.
Auswaschungen in der Mitte des Reifenprofils.	■ Statische Unwucht des Rades. Eventuell Folge von zu großem Höhenschlag.
Starke Abnutzung an einzelnen Stellen in der Mitte der Lauffläche.	■ Blockierspuren von Vollbremsungen.
Schuppenförmige oder sägezahnähnliche Abnutzung des Profils. In krassen Fällen mit Gewebebrüchen verbunden, die nach einiger Zeit außen sichtbar werden.	■ Überbelastung des Wagens. Innenseite der Reifen auf Gewebebrüche untersuchen!
Gummizungen an den seitlichen Profilkanten.	■ Fehlerhafte Radeinstellung. Reifen radiert. Bei Hinterrädern auch Zustand der Stoßdämpfer prüfen!
Gratbildung an einer Profilseite des Vorderrades.	■ Falsche Spureinstellung. Reifen radiert. Häufiges Fahren auf stark gewölbter Fahrbahn. Schnelle Kurvenfahrt.
Stoßbrüche im Reifenunterbau. Anfangs nur im Innern des Reifens sichtbar.	■ Überfahren von kantigen Steinen, Schienenstößen und ähnlichem bei hohen Geschwindigkeiten.
Einseitig abgefahrene Laufflächen.	■ Sturzeinstellung überprüfen.

Die Karosserie

Die Karosserie des GOLF/VENTO ist selbsttragend. Bodengruppe, Seitenteile, Dach und die hinteren Kotflügel sind miteinander verschweißt. Front- und Heckscheibe sowie die hinteren Seitenscheiben sind eingeklebt. Die Reparatur größerer Karosserieschäden sowie das Ersetzen der geklebten Scheiben sollte der Fachwerkstatt vorbehalten bleiben.

Motorhaube, Heckklappe beziehungsweise Kofferraumdeckel, Türen und die vorderen Kotflügel sind angeschraubt und lassen sich leicht auswechseln. Beim Einbau sind dann unbedingt die richtigen Luftspaltmaße einzuhalten, sonst klappert beispielsweise die Tür, oder es können während der Fahrt erhöhte Windgeräusche auftreten. Der Luftspalt muß auf jeden Fall parallel verlaufen, das heißt, der Abstand zwischen den Karosserieteilen muß auf der gesamten Länge des Spaltes gleich groß sein.

Neben den Karosserie-Anbauteilen wird in diesem Kapitel auch die Innenausstattung, wie Sitze und Verkleidungen, behandelt.

Muß an der Karosserie geschweißt werden, soll dies grundsätzlich durch Widerstandspunktschweißen (RP) durchgeführt werden. Nur wenn sich die Schweißzange nicht ansetzen läßt, ist das Schutzgas-Schweißverfahren anzuwenden.

Sicherheitshinweise bei Karosseriearbeiten

- Soweit Schweißarbeiten oder andere funkenerzeugende Arbeiten in Batterienähe durchgeführt werden, muß grundsätzlich die Batterie ausgebaut werden. Beim Batterieausbau Hinweise beachten, siehe Seite 234.
- An Teilen der gefüllten Klimaanlage darf weder geschweißt, noch hart- oder weichgelötet werden. Das gilt auch für Schweiß- und Lötarbeiten am Fahrzeug, wenn die Gefahr besteht, daß sich Teile der Klimaanlage erwärmen. **Achtung: Der Kältemittelkreislauf der Klimaanlage darf nicht geöffnet werden.**
- An besonders korrosionsgefährdeten Karosserieteilen sind verzinkte Bleche verwendet worden. Zinkschicht vor dem Schweißen nicht abschleifen (nur bei Hartlötung abschleifen). Schweißstrom um ca. 10 % erhöhen. **Achtung:** Beim Schweißen von verzinkten Stahlblechen entsteht giftiges Zinkoxid, daher für eine gute Arbeitsplatzbelüftung sorgen.
- Unterbodenschutz und Dichtmaterialien an der Reparaturstelle mit rotierender Drahtbürste entfernen oder mit Heißluftgeläse auf maximal +180° C erwärmen und mit Spachtel ablösen.
- Im Rahmen einer Reparatur-Lackierung darf im Trockenofen oder in seiner Vorwärmzone das Fahrzeug bis maximal **+80° C** aufgeheizt werden. Sonst können elektronische Steuergeräte im Fahrzeug beschädigt werden.

Kühlergrill aus- und einbauen

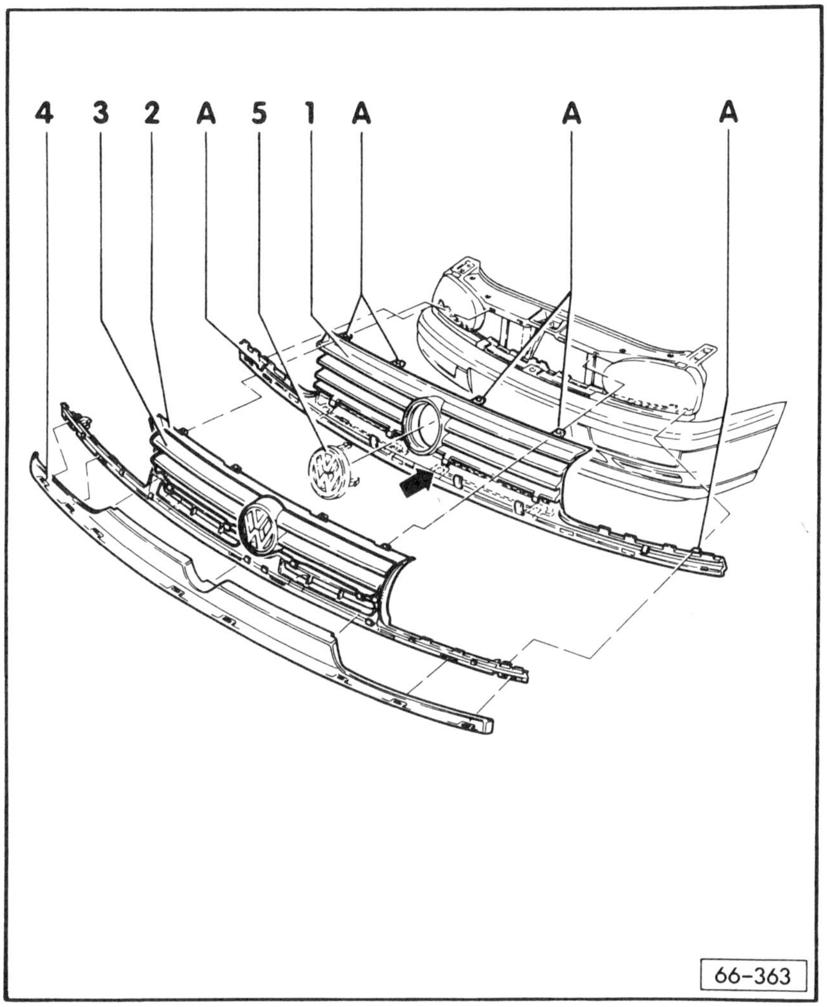

1 – **Kühlergrill**
Normalausführung.

2 – **Kühlergrill**
GTI-Ausführung.

3 – **Lamellen (GTI)**
In den Kühlergrill eingeclipst.

4 – **Blendleiste**

5 – **Firmenzeichen**
In den Kühlergrill eingeclipst.

Ausbau

- Motorhaube öffnen.
- Obere und untere Rastnasen –A– mit einem Schraubendreher entriegeln.
- Kühlergrill nach oben vom Schloßträger abziehen.
- Gegebenenfalls Blendleiste –4– ausclipsen.

Einbau

- GTI: Blendleiste in den Kühlergrill einclipsen.
- Kühlergrill nach der Mittenfixierung –Pfeil– ausrichten und einclipsen.

Stoßfänger vorn aus- und einbauen

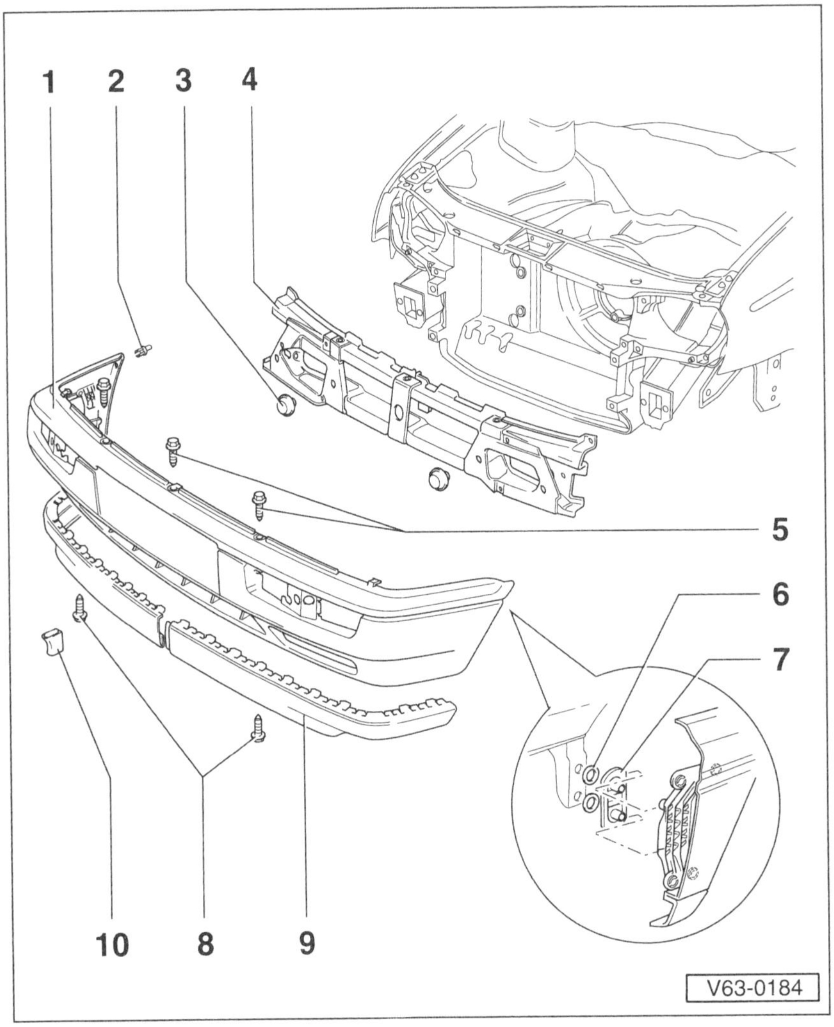

1 – **Abdeckung**

2 – **Spreizniet**
Verbindet die Abdeckung mit der Radhausschale.

3 – **Puffer**

4 – **Querträger**

5 – **Sechskantschraube, 5 Nm**

6 – **Dichtscheibe**

7 – **Führungsteil**

8 – **Sechskantschraube, 5 Nm**

9 – **Spoiler**
Wird in die Abdeckung eingeclipst.

10 – **Abdeckteil**
Nur vorhanden bei lackierten Stoßfängern.

Ausbau

- Kühlergrill ausbauen.

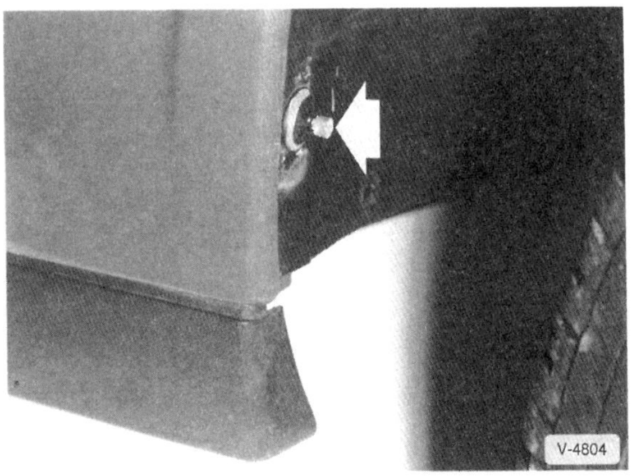

- Spreizniete an den Radhausschalen mit einem Schraubendreher heraushebeln.
- 3 obere Schrauben –5– sowie 5 untere Schrauben –8– links und rechts unter dem Nummernschild herausdrehen.

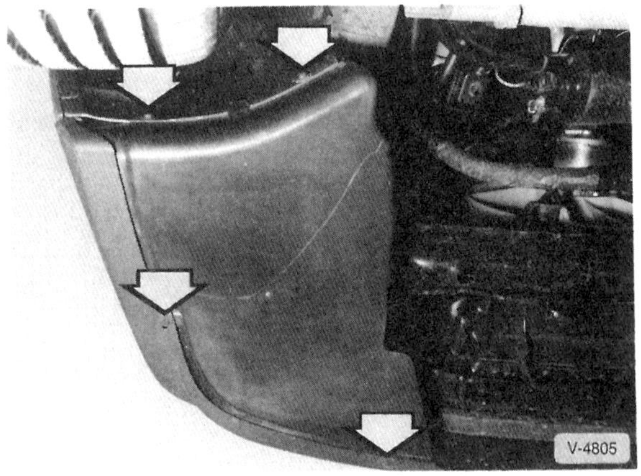

- Untere Luftführungen von der Stoßfängerabdeckung abschrauben.
- Elektrische Anschlußstecker für Nebelscheinwerfer und Blinkleuchten an den Lampenrückseiten abziehen.

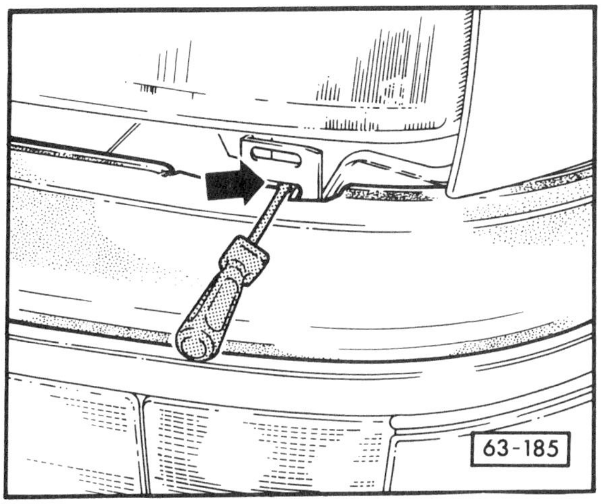

- Rastnase –Pfeil– links und rechts mit einem Schraubendreher herunterdrücken und Stoßfänger parallel aus den seitlichen Führungen nach vorn herausziehen.

Einbau

- Stoßfänger mit Hilfsperson in die seitlichen Führungen einschieben und andrücken, die beiden Rastnasen unterhalb der Scheinwerfer müssen einrasten.
- 8 Schrauben oben und unten am Stoßfänger einschrauben und mit 5 Nm, also nur leicht, anziehen.
- Spreiznieten links und rechts an den Radhausschalen eindrücken.
- Elektrische Anschlußkabel für Nebelscheinwerfer/Blinkleuchten aufstecken.
- Luftführungen in den Stoßfänger einsetzen und anschrauben.
- Kühlergrill einbauen.
- Nebelscheinwerfer einstellen, siehe Seite 261.

Stoßfänger hinten aus- und einbauen

Limousine

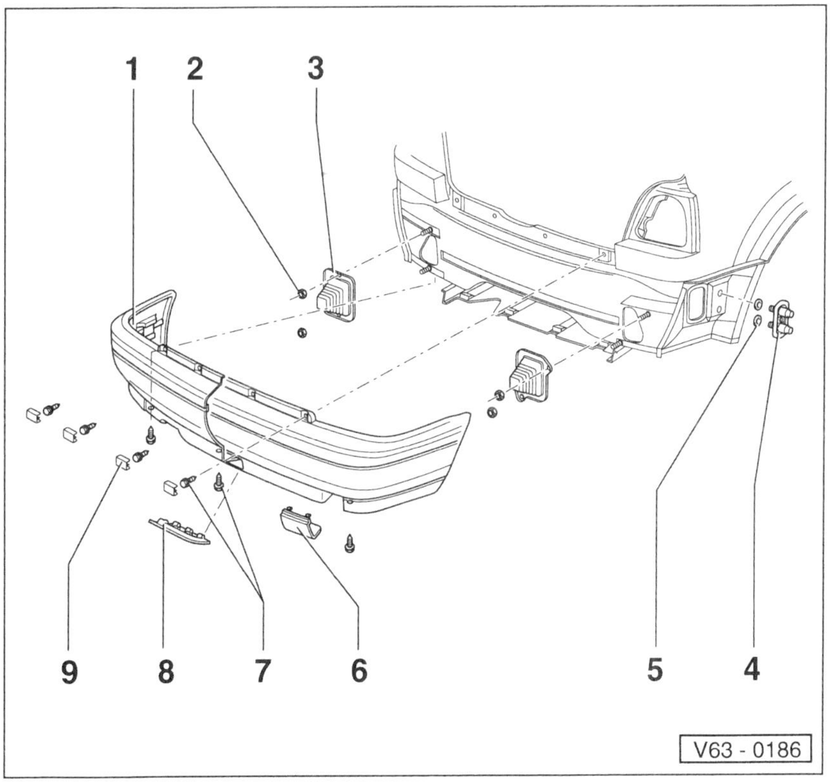

1 – **Stoßfänger**
2 – **Sechskantmutter, 25 Nm**
3 – **Deformationselement**
4 – **Führung**
5 – **Dichtscheibe**
(Kunststoff)
6 – **Abdeckung/Abschleppöse**
7 – **Sechskantschraube, 5 Nm**
8 – **Abdeckung**
Für Anhängevorrichtung.
9 – **Abdeckung**
Für obere Sechskantschrauben.

Ausbau

- Heckklappe öffnen.
- Abdeckungen –9– abhebeln (4 Stück).
- Sechskantschrauben –7– herausdrehen (7 Stück) und Stoßfänger mit Helfer aus den seitlichen Führungen nach hinten herausziehen.

Einbau

- Der Einbau erfolgt in umgekehrter Reihenfolge wie der Ausbau.

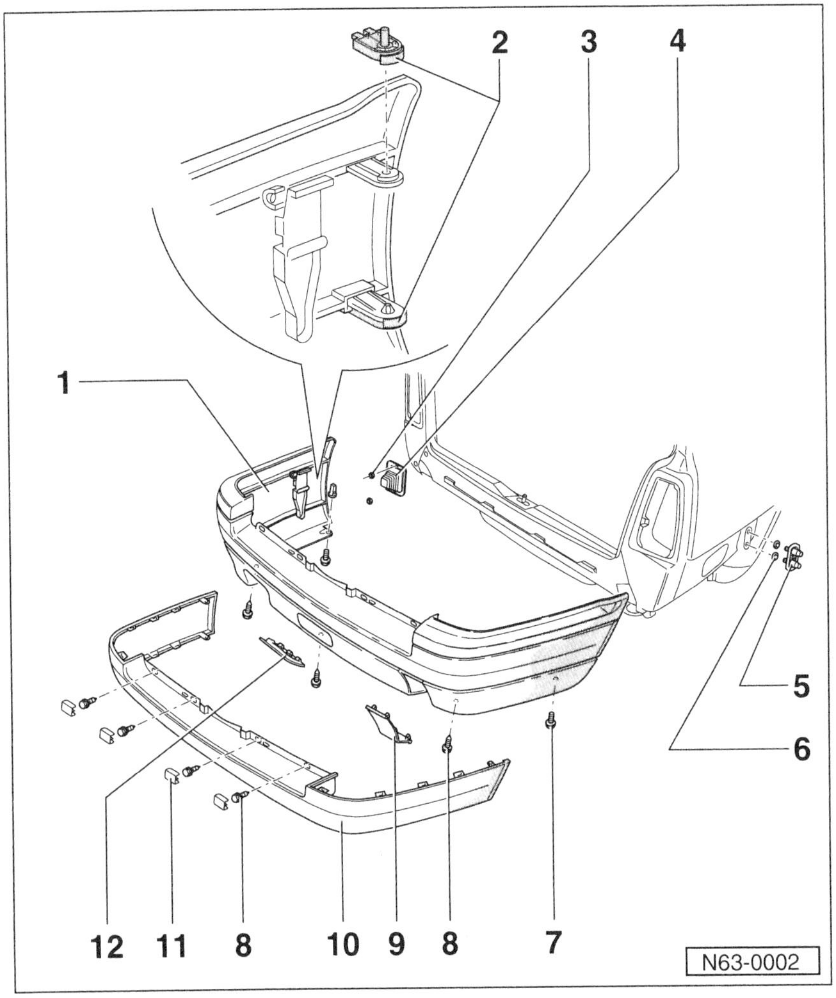

1 – **Stoßfänger ausbauen:**
Klappe hinten öffnen, 4 Abdeckungen –11– abhebeln. 7 Sechskantschrauben –8– herausdrehen und Stoßfänger aus den seitlichen Führungen herausziehen

2 – **Clip**

3 – **Sechskantmutter, 25 Nm**

4 – **Deformationselement**

5 – **Führung**

6 – **Dichtscheibe**
Besteht aus Kunststoff.

7 – **Kombischraube, 1,2 Nm**

8 – **Sechskantschrauben, 6,5 Nm**

9 – **Abdeckung/Abschleppöse**

10 – **Blende für Stoßfänger**
Ausbau:
Blende aus der Abdeckung ausclipsen. Die Blende ist grundiert oder genarbt.

11 – **Abdeckung/obere Sechskantschrauben**

12 – **Abdeckung/Anhängevorrichtung**

Radhausschale vorn aus- und einbauen

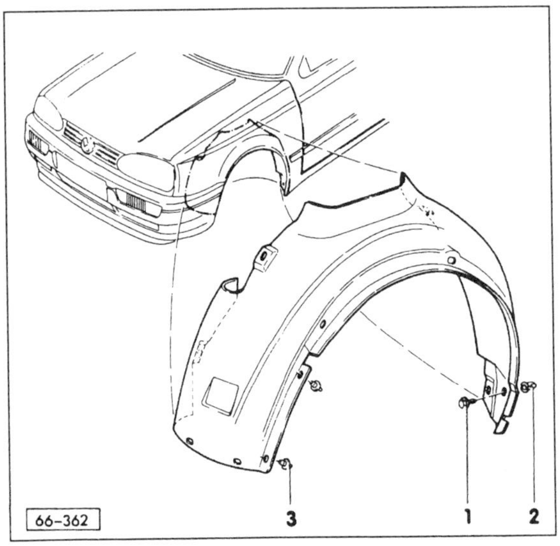

Ausbau

- Radschrauben bei auf dem Boden stehendem Fahrzeug lösen.
- Scheibenrad zur Radnabe mit Farbe kennzeichnen. Dadurch kann das ausgewuchtete Rad wieder an gleicher Stelle montiert werden.
- Fahrzeug aufbocken.
- Vorderrad abnehmen.
- Schrauben –1– (7 Stück) aus den Spreizmuttern –2– ausschrauben.
- Spreizniete –3– entriegeln. Dazu mit kleinem Schraubendreher Kern der Stifte etwas heraushebeln.
- Radhausschale vom Kotflügelflansch nach innen abdrücken und nach unten herausnehmen.

Einbau

- Vor dem Einbau Lage und Zustand der Spreizmuttern im Radhaus kontrollieren. Gegebenenfalls alte Muttern heraushebeln und ersetzen.
- Radhausschale einsetzen und in den Kotflügel einrasten

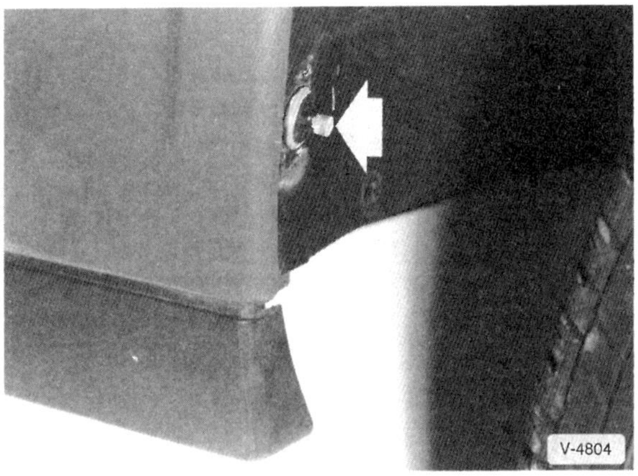

- Spreizniete an der Vorderseite einsetzen. Nietkern mit dem Finger eindrücken.
- Sämtliche Befestigungsschrauben an der Radhausschale von Hand einsetzen und einige Umdrehungen anziehen. Erst wenn alle Schrauben eingesetzt sind, festziehen. **Achtung:** Alle Schrauben nur mit 1 bis 2 Nm, also ganz leicht, festziehen.
- Vorderrad mit der Markierung zur Radnabe ausrichten und handfest anschrauben.
- Fahrzeug ablassen und Radschrauben über Kreuz mit **110 Nm** (M14-Schrauben für 5-Loch-Felgen: **120 Nm**) festziehen.

Kotflügel vorn aus- und einbauen

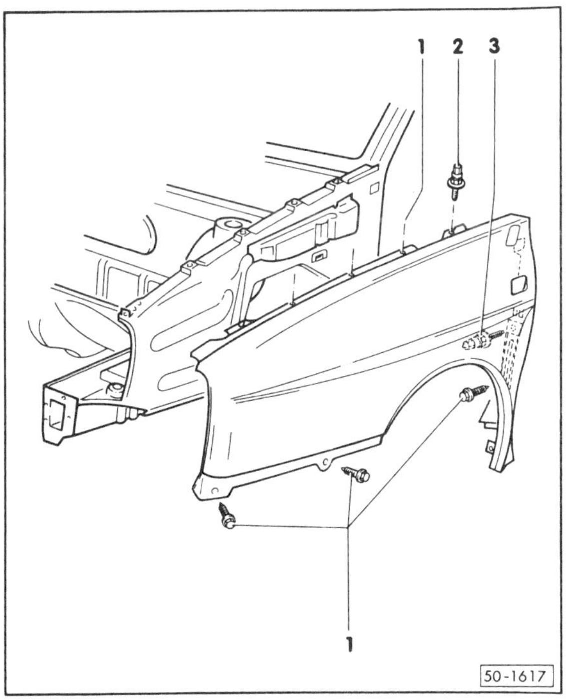

Ausbau

- Kühlergrill ausbauen.
- Stoßfänger vorn ausbauen, siehe Seite 184.
- Radhausschale ausbauen.
- Falls vorhanden, Stabantenne (für Autoradio) vom Kotflügel abschrauben.
- Sechskantschrauben –1– abschrauben, siehe Abbildung.
- Sechskantbolzen –2– und –3– herausdrehen.
- Durch den Unterbodenschutz und das Abdichtband sitzt der Kotflügel sehr fest. Zum Lösen des Kotflügels ist deshalb ein Fön erforderlich, der mindestens eine Temperatur von +450° C erreicht. Steht kein Fön zur Verfügung, empfiehlt es sich, den Unterbodenschutz an den Trennstellen mit einem scharfen Messer wegzuschneiden.

Achtung: Unterbodenschutz (PVC-Material) nur leicht und kurzzeitig erwärmen. Das PVC darf sich farblich nicht verändern und keine Blasen bilden. Sonst entstehen gesundheitsgefährdende Dämpfe, außerdem entsteht stark korrosionsfördernde Salzsäure.

- Kotflügel Stück für Stück vorsichtig abziehen.

Einbau

- Kotflügel gegebenenfalls lackieren.
- Anlageflächen des Kotflügels reinigen, gegebenenfalls ausrichten.
- Schraubpunkte im Kotflügel-Anlagebereich Radhaus und A-Säule (Säulen, an der die Fahrer- und Beifahrertür angeschlagen sind) mit je einer Zink-Zwischenlage, VW-Nr. AKL 381 035 50, versehen. Dies dient als Korrosionsschutz.
- Auf den Anlageflächen handelsübliches Kotflügelabdichtband auflegen.
- Kotflügel ansetzen, ausrichten und anschrauben. Dabei auf gleichmäßiges Fugenmaß zwischen Motorhaube und Kotflügel sowie Tür achten.

Achtung: Die Befestigungsschrauben (Blechschrauben) dürfen nur mit ca. 5 Nm, also nur leicht, festgezogen werden.

- Auf der Innenseite des Kotflügels Unterbodenschutz auftragen.
- Gegebenenfalls Stabantenne einbauen.
- Radhausschale einbauen.
- Stoßfänger einbauen.
- Kühlergrill einbauen.

Schloßträger/Scheinwerferträger aus- und einbauen

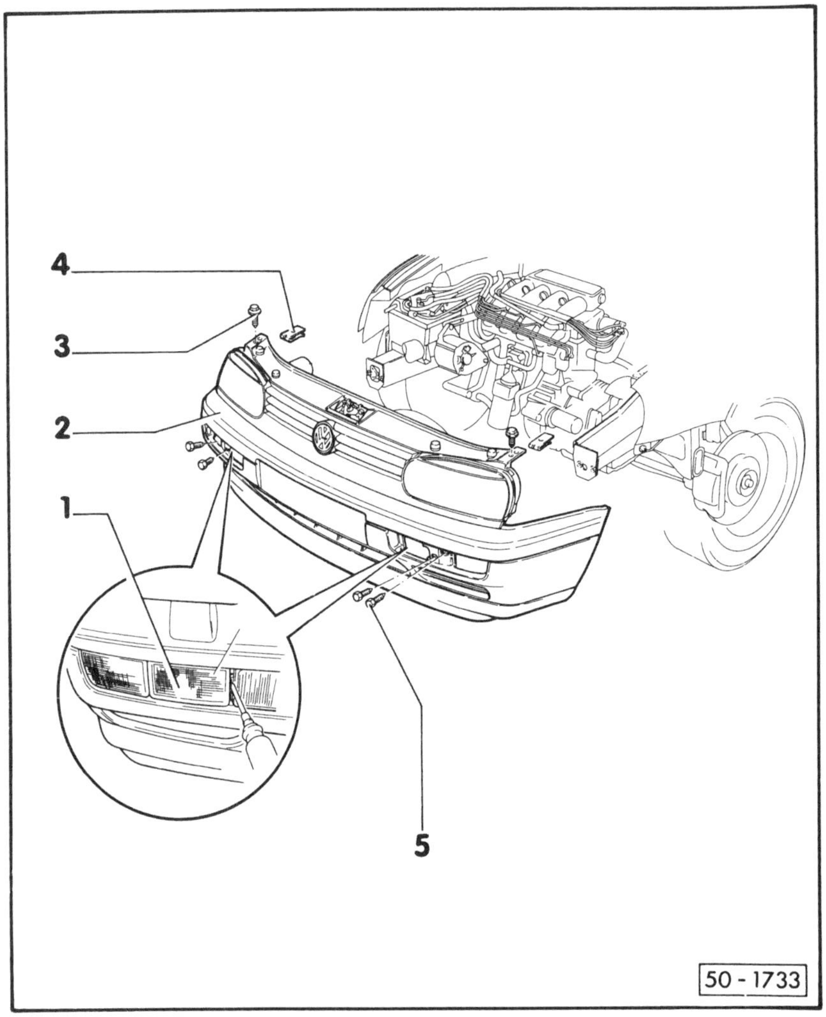

1 – Abdeckkappe für Abschleppöse
2 – Schloßträger mit Anbauteilen
3 – Schraube, 5 Nm
4 – Schnappmutter
5 – Sechskantschraube, 23 Nm

Ausbau

- Seilzug für Motorhaubenschloß am Schloßträger aushängen.
- Luftführungen im Bereich der Radhausschalen lösen, siehe Seite 170.
- Mehrfachstecker für Scheinwerfer und Blinkleuchten rechts vorn im Motorraum trennen.
- Falls vorhanden, Zulaufschlauch zur Scheinwerferreinigungsanlage abziehen, siehe Seite 282.
- Abdeckkappen –1– für Abschleppöse mit einem Schraubendreher nach vorn herausschwenken und aus dem Blinkleuchtenhalter herausziehen.
- Kombischrauben –3– und Sechskantschrauben –5– abschrauben, dabei Schloßträger von Hilfsperson festhalten lassen.
- Schloßträger abnehmen.

Einbau

- Der Einbau erfolgt in umgekehrter Reihenfolge wie der Ausbau.
- Nach dem Einbau Scheinwerfer einstellen, siehe Seite 261.
- Bowdenzug für Motorhaube einhängen, siehe Seite 193.

Seilzug für Motorhaube aus- und einbauen

Achtung: Seilzüge dürfen nicht geknickt werden, da sie später an dieser Stelle brechen können. Geknickte Züge sollen nicht eingebaut werden.

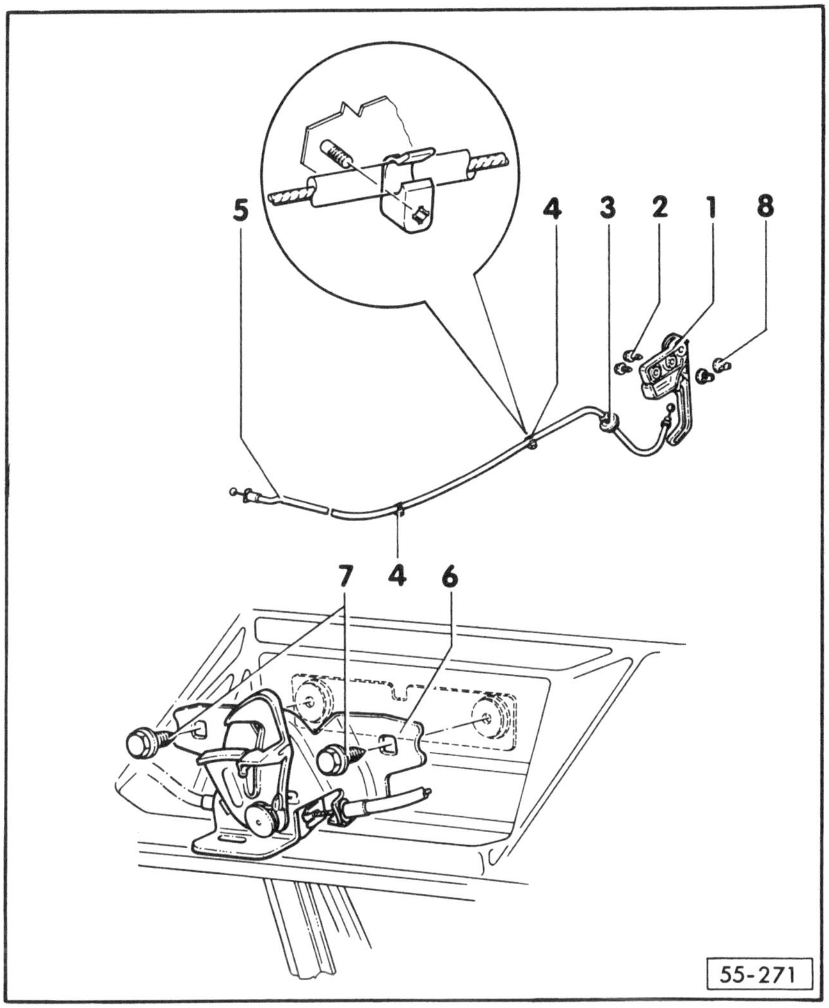

1 – **Betätigungshebel**
Seilzug eingehängt.

2 – **Blechschraube**

3 – **Dichttülle**

4 – **Clip**

5 – **Seilzug**

6 – **Schloß**
Seilzug eingehängt.

7 – **Sechskantschraube, 12 Nm**
Neue Schrauben sind selbstsichernd (beschichtet). Bei Wiederverwendung: Gewinde der Schraube mit Drahtbürste und Mutterngewinde mit Gewindebohrer reinigen, Schraube am Gewinde mit VW-Sicherungsmittel AMV 197 000 01 bestreichen.

8 – **Spreizclip**

Motorhaube aus- und einbauen/ einstellen

Ausbau

- Motorhaube öffnen.
- Zuleitungsschlauch und elektrische Steckverbindung, falls vorhanden, an der Scheibenwaschdüse abziehen.

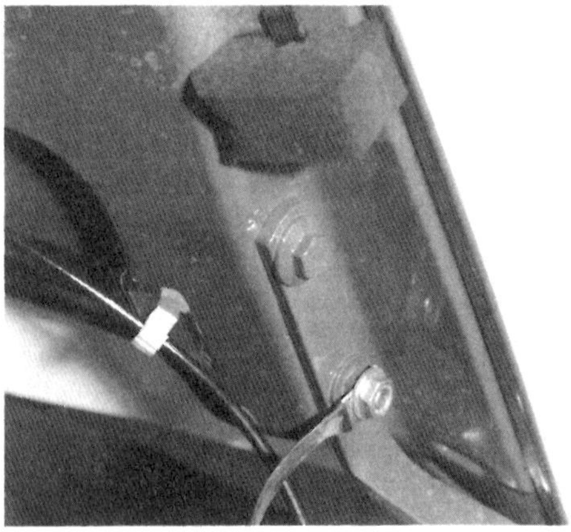

V-4806

- Einbaulage der Motorhaube kennzeichnen, dazu Schrauben am Scharnier mit Filzstift umkreisen.
- Schrauben am Scharnier herausdrehen und Motorhaube abnehmen. Dazu ist eine Hilfsperson erforderlich. Vor dem Lösen der Scharnierschrauben Stoff als Lackschutz zwischen Haube und Karosserie legen.

Einbau

- Motorhaube ansetzen, Schrauben reindrehen, Haube ausrichten und Schrauben festziehen. Massekabel am linken Scharnier mit anschrauben, siehe Foto unter »Ausbau«.

Motorhaube einstellen:

V-4808

- Schrauben für Haubenschloß lösen.
- Scharnierschrauben lösen und Motorhaube in Längs- und Querrichtung verschieben, bis die Klappe gleichmäßig und parallel zu den Kotflügeln steht.
- Scharnierschrauben mit 20 Nm festziehen.

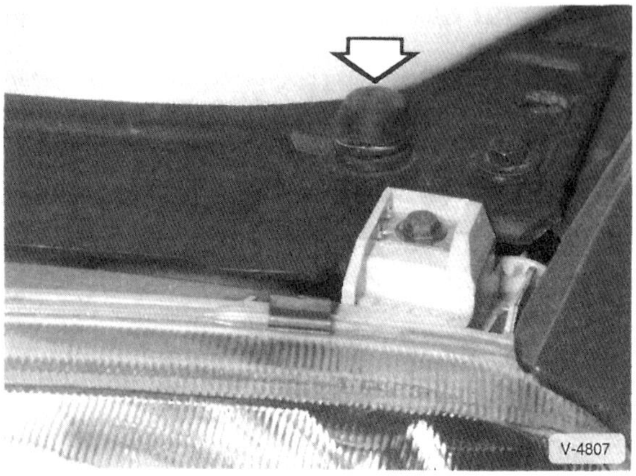

V-4807

- Soll die Motorhaube in der Höhe verstellt werden: 2 Einstellpuffer soweit wie möglich in das Abschlußblech einschrauben.
- Schloß so verschieben, daß die geschlossene Motorhaube bündig mit den Kotflügeln abschließt. Nach der Einstellung Schrauben wieder festziehen.
- Anschließend Einstellpuffer einstellen: Plastilin oder Knetgummi auf beide Puffer aufkleben und Motorhaube schließen. Haube öffnen und Dicke des zusammengedrückten Knetgummis messen. Einstellpuffer entsprechend weit herausschrauben. Die Klappe muß in geschlossenem Zustand spannungsfrei auf beiden Einstellpuffern aufliegen.

Heckklappe aus- und einbauen

Ausbau

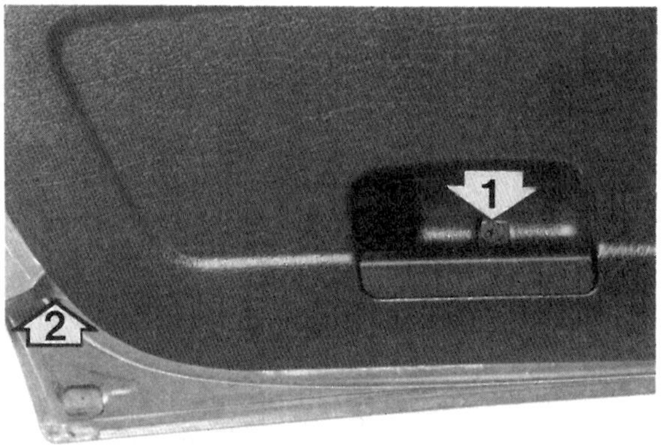

V-4809

- Griffschale abschrauben –1–, dann Heckklappenverkleidung abhebeln –2–.

- Zuleitungsschlauch der Scheibenwaschdüse abziehen.
- Elektrische Steckverbindung am Scheibenwischermotor abziehen.
- Falls vorhanden, Unterdruckschlauch der Zentralverriegelung am Heckklappenschloß abziehen.

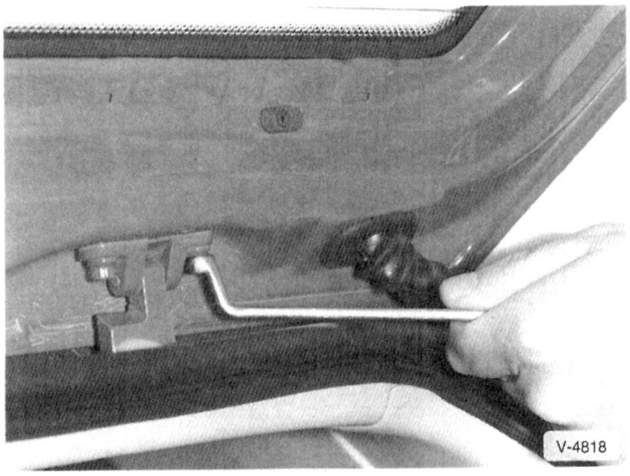

- Einbaulage der Heckklappe kennzeichnen, dazu Schrauben am Scharnier mit Filzstift umkreisen.
- Heckklappe abstützen.

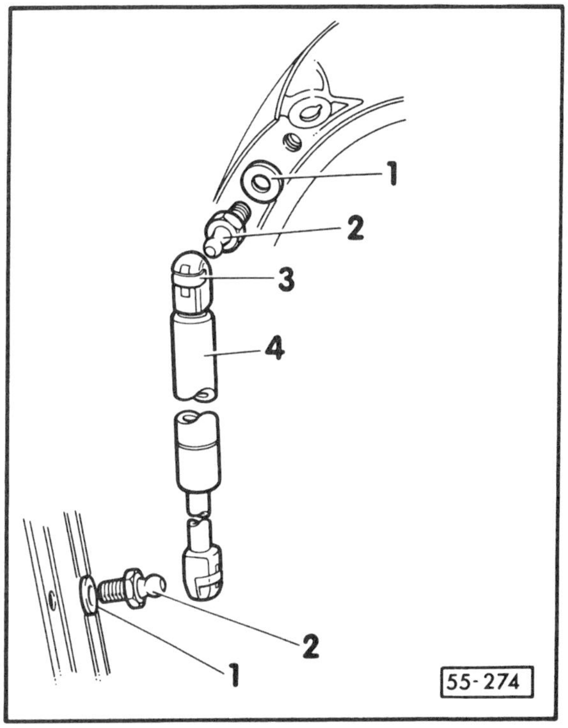

1 – Unterlegscheibe
2 – Kugelzapfen, 15 Nm
3 – Sicherungsbügel
4 – Gasdruckfeder

- Gasdruckfeder von der Haube abbauen. Dazu Sicherungsbügel –3– mit einem Schraubendreher anheben und Gasdruckfeder vom Kugelzapfen abziehen. Soll die Gasdruckfeder demontiert werden, Gasdruckfeder in gleicher Weise vom unteren Kugelzapfen abziehen.

Achtung: Der Sicherungsbügel –3– darf nicht ganz aus der Kugelpfanne entfernt werden, da er sonst verbogen wird.

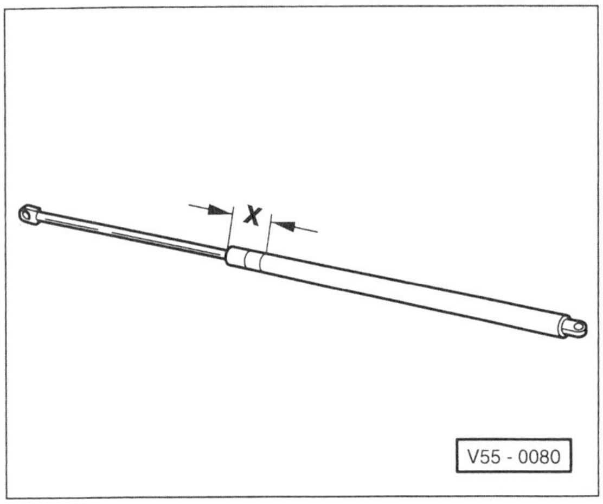

Achtung: Falls die Gasdruckfeder ersetzt wird, muß die alte Feder entgast werden, bevor sie verschrottet wird. Dazu Gasdruckfeder **im Bereich x = 50 mm** in den Schraubstock einspannen. Feder unbedingt nur in diesem Bereich einspannen, sonst besteht Unfallgefahr! Anschließend Zylinder im ersten Drittel der Zylindergesamtlänge – ausgehend von der Bezugskante auf der Kolbenstangenseite – aufsägen. Um herausspritzendes Öl aufzufangen, Bereich des Sägetrennschnittes mit einem Lappen abdecken. Außerdem ist während des Sägevorganges eine Schutzbrille zu tragen.

- Schrauben am Scharnier mit einem 12-kant Ringschlüssel, Schlüsselweite 8 mm, herausdrehen und Heckklappe abnehmen. Dazu ist eine Hilfsperson erforderlich. Vor dem Lösen der Scharnierschrauben Stoff als Lackschutz zwischen Haube und Karosserie legen.

Einbau

- Heckklappe ansetzen, Schrauben reindrehen, Haube ausrichten und Schrauben mit 20 Nm festziehen.
- Gasdruckfeder am Kugelzapfen aufschieben, der Sicherungsbügel muß einrasten.
- Heckklappe einstellen.
- Schloßteil mit 20 Nm anschrauben.
- Zuleitungsschlauch der Scheibenwaschdüse aufstecken.
- Elektrische Steckverbindung am Scheibenwischermotor aufstecken.
- Heckklappenverkleidung einbauen.

Heckklappe einstellen

Limousine

- Schrauben am Schloßteil lösen, nicht abschrauben.
- Scharnierschrauben lösen und Klappe in Längs- und Querrichtung verschieben, bis die Klappe gleichmäßig und parallel zum Karosserieausschnitt steht.

- Soll die Klappe in der Höhe verstellt werden: 2 Einstellpuffer entsprechend weit herausschrauben. Die Klappe muß in geschlossenem Zustand spannungsfrei auf beiden Einstellpuffern aufliegen.
- Schloßteil mit 20 Nm anschrauben.
- Zuleitungsschlauch der Scheibenwaschdüse aufstecken.
- Elektrische Steckverbindung am Scheibenwischermotor aufstecken.
- Heckklappenverkleidung einbauen.

Variant

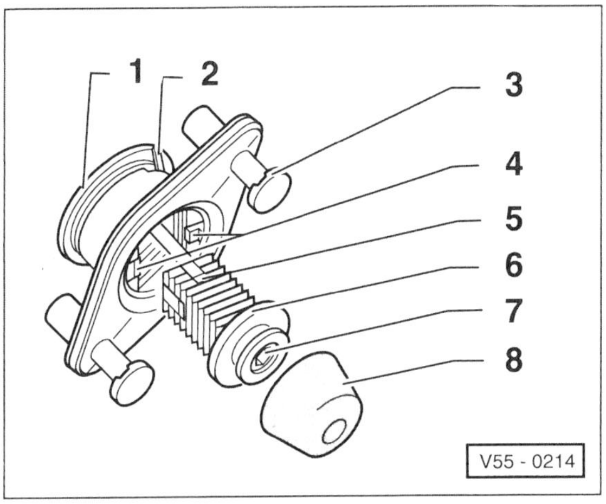

1 – Gewindehülse (mit Linksgewinde)
2 – Distanzsteg
3 – Spreizstifte mit Demontageschlitz
4 – Rastnasen für Grundeinstellung
5 – Vertiefung für Rastnasen
6 – Rastschieber
7 – Klemmschraube
8 – Gummipuffer

- Spreizstift im Demontageschlitz mit schmalem Schraubendreher heraushebeln und Einstellpuffer aus der Klappe herausnehmen.
- Gummipuffer abnehmen und Klemmschraube (Innensechskant 3 mm) bis zum Rand des Rastschiebers herausdrehen.

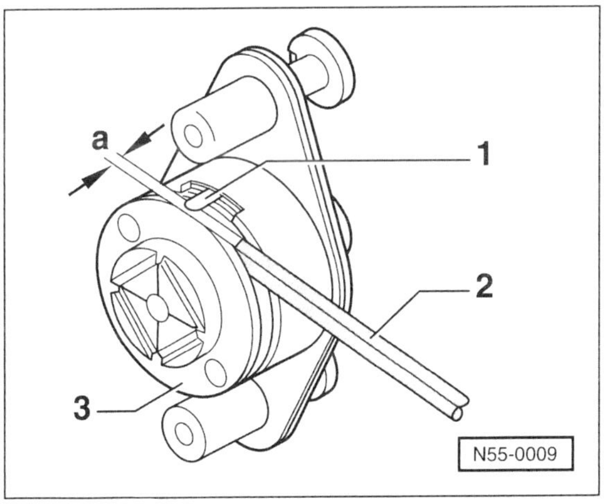

- Gewindehülse –3– (Linksgewinde) auf a = 3 mm Abstand einstellen. Abstand z. B. mit Innensechskantschlüssel –2– prüfen. Gummipuffer wieder montieren.

Achtung: Im Neuzustand ist der Einstellpuffer bereits auf 3 mm Abstand eingestellt. Der Distanzsteg –1– liegt dann an der Gewindehülse –3– an.

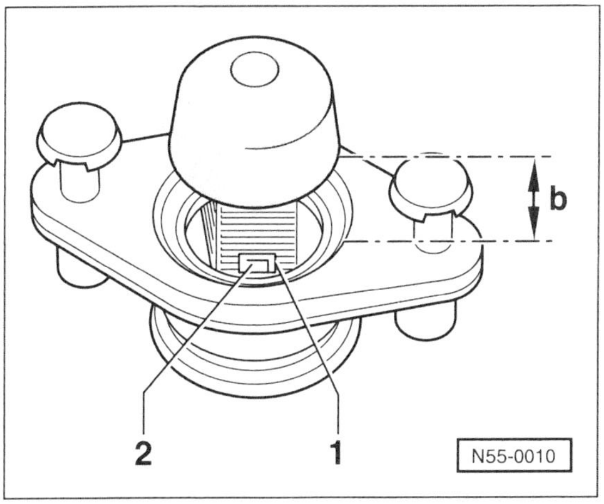

- Rastschieber herausziehen und wieder soweit eindrücken, bis die Rastnasen –2– in der Vertiefung –1– einrasten. Der Abstand zwischen Gehäuse und Gummipuffer beträgt dann b = 10 mm.
- Einstellpuffer einsetzen, Spreizstifte eindrücken.
- Klappe in die zweite Raststufe des Schlosses drücken.
- Heckklappe wieder öffnen.

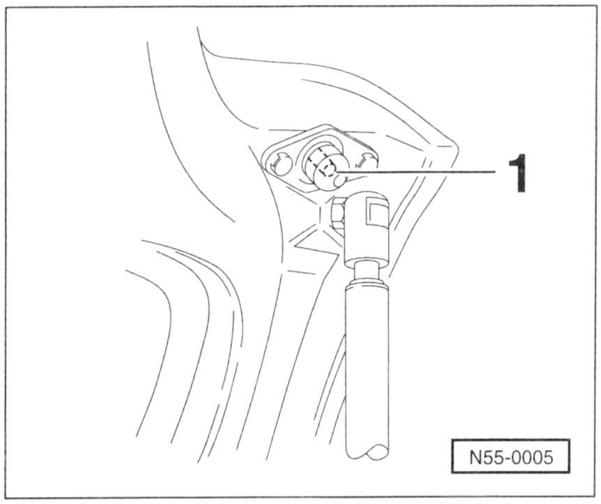

- Klemmschraube –1– mit Innensechskantschlüssel SW 3 ganz leicht mit 2 Nm, **also kaum merklich,** anziehen. Zum Einhalten des Anzugsdrehmoments verwendet die Werkstatt einen Drehmoment-Schraubendreher.

Verkleidung für Heckklappe aus- und einbauen

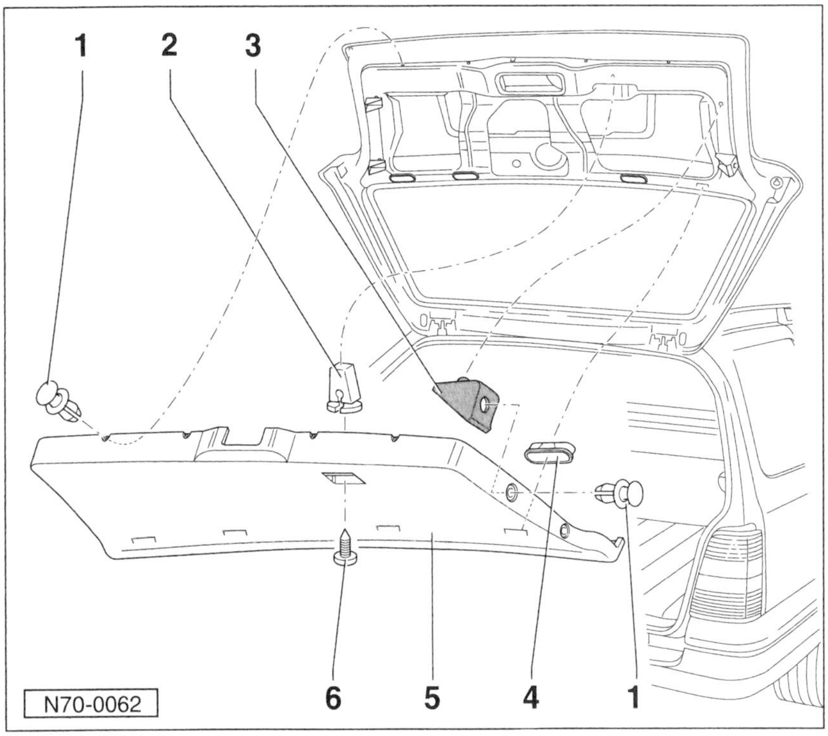

Variant

1 - **Spreizclip**
Der Clip ist zweiteilig. Zum ausbauen vorher den Spreizstift heraushebeln.

2 - **Spreizmutter**

3 - **Verkleidungswinkel**
Ausbau:
Winkel um 90° drehen und herausziehen.

4 - **Aufnahmeclip**

5 - **Verkleidung**
Ausbau:
Dazu Clipse –1– ausbauen. Kreuzschlitzschraube –6– herausdrehen. Verkleidung ausclipsen.

6 - **Kreuzschlitzschraube**

Heckklappenschloß aus- und einbauen

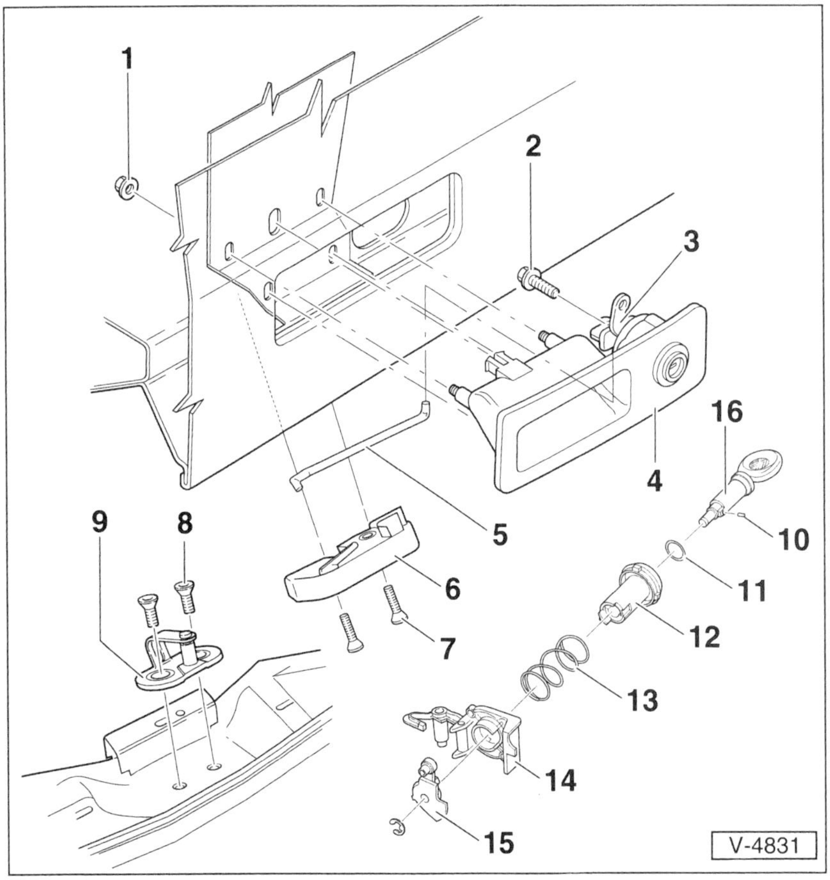

Variant
Bis 7/95

1 – **Sechskantmutter, 2 Nm**

2 – **Kreuzschlitzschraube, 7 Nm**

3 – **Drucktaste**
Ausbau: Verkleidung für Klappe ausclipsen. Der Handgriff ist mit einer Kreuzschlitzschraube befestigt. Kreuzschlitzschrauben –2– herausdrehen. Zugstange –5– ausclipsen und Drucktaste aus der Klappe herausnehmen.

4 – **Griffleiste**
Ausbau: Verkleidung ausbauen. Dazu Sechskantmuttern –1– herausdrehen, Zugstange –5– ausclipsen und Griffleiste aus der Klappe herausnehmen.

5 – **Zugstange**
Spannungsfrei einhängen

6 – **Klappenschloß**
Nur bei verrasteter Drehfalle einbauen.

7 – **Linsensenkschraube, 20 Nm**

8 – **Linsensenkschraube, 20 Nm**

9 – **Schließblech**

10 – **Führungszylinder**

11 – **Dichtring**

12 – **Drücker**

13 – **Druckfeder**

14 – **Gehäuse**

15 – **Umlenkhebel**

16 – **Schließzylinder**

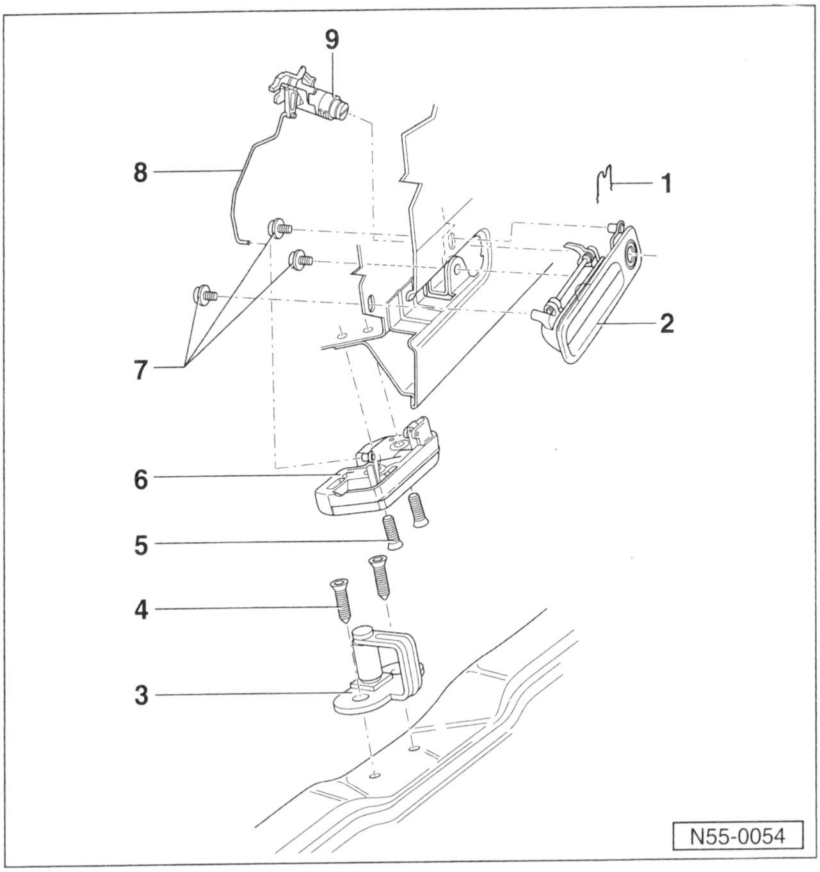

Heckklappenschloß Variant

Ab 8/95

1 – **Sicherungsklammer**

2 – **Griff**

Ausbau

- ◆ Verkleidung für Heckklappe ausbauen.
- ◆ Zugstange –8– ausclipsen, Sicherungsklammer –1– heraushebeln und Schließzylindergehäuse aus dem Griff –2– herausnehmen.
- ◆ Steckverbindung für Kofferraumbeleuchtung trennen ggf. Betätigungsstange für Zentralverriegelung) ausclipsen.
- ◆ Torxschrauben –7– herausdrehen und Griff aus der Klappe herausnehmen.

3 – **Schließblech**

4 – **Schraube, 20 Nm**

5 – **Schraube, 20 Nm**

6 – **Schloß**

Nur bei verrasteter Drehfalle einbauen.

7 – **Torxschraube T45**

8 – **Zugstange**

9 – **Schließzylindergehäuse**

Ausbau

- ◆ Verkleidung für Heckklappe ausbauen.
- ◆ Zugstange –8– ausclipsen, Sicherungsklammer –1– heraushebeln und Schließzylindergehäuse aus dem Griff –2– herausnehmen.

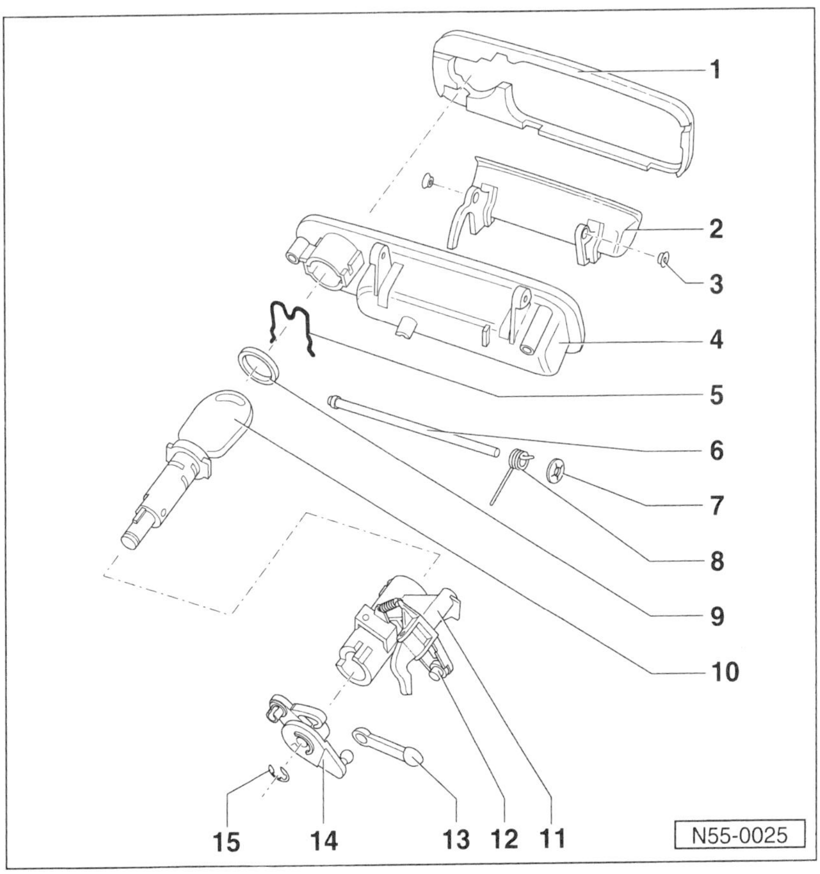

Griff für Heckklappe, Variant

Ab 8/95

1 – **Dichtung**

2 – **Griff**

3 – **Führungshülsen**

4 – **Griff**

5 – **Sicherungsklammer**

6 – **Welle**

7 – **Sicherungsring**

8 – **Druckfeder**

9 – **Dichtring**

10 – **Schließzylinder**

Ausbau

- ◆ Verkleidung für Heckklappe ausbauen.
- ◆ Zugstange (ggf. Betätigungs stange für Zentralverriegelung) ausclipsen, Sicherungsklammer –5– heraushebeln und Schließzylindergehäuse aus dem Griff –4– herausnehmen.
- ◆ Sicherungsklammer –15– abdrucken und Schließzylinder herausziehen (Schlüssel muß sich im Schließzylinder befinden).

11 – **Schließzylindergehäuse**

12 – **Gestängeclip**

13 – **Verbindungsstange**

14 – **Umlenkhebel**

15 – **Sicherungsklammer**

Dachleiste aus- und einbauen

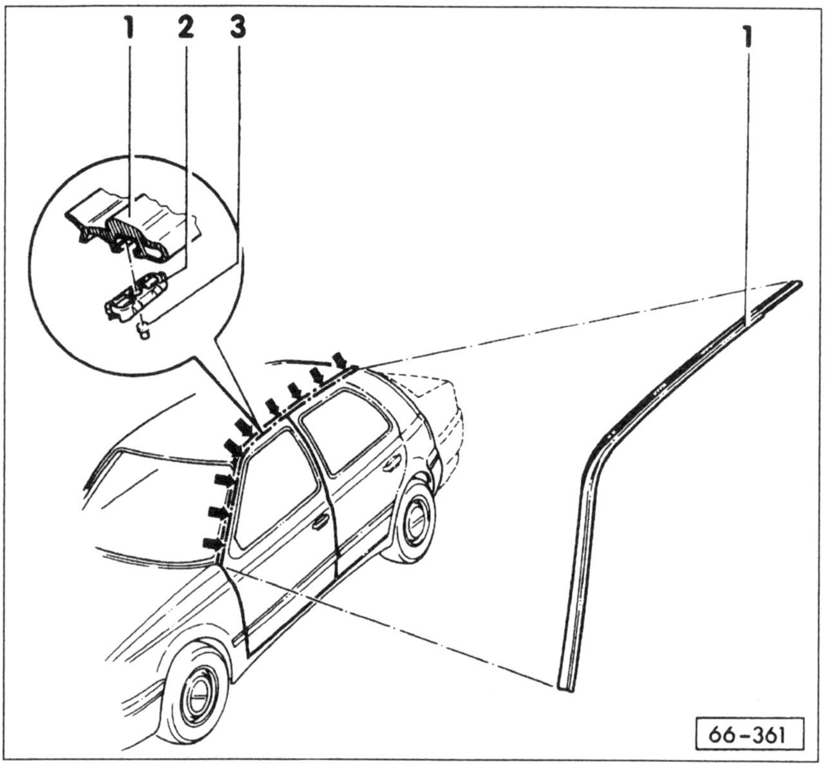

Limousine

Ausbau

- Mit einem Kunststoff- oder Holzspachtel die Dachleiste –1– von den Befestigungsclips –2– abhebeln.

Einbau

Achtung: Wird die Dachleiste wiederverwendet, muß sie im Bereich der Clipbefestigungen zusammengedrückt werden, da sie sich beim Abziehen aufgebogen hat. Die Innenbreite an den Clipaufnahmen muß 8,6 mm betragen, gegebenenfalls Dachleiste entsprechend nachbiegen.

- Alle Befestigungsclips –2– ersetzen. Dazu Clips mit einer Zange zusammendrücken und von den T-Bolzen –3– abziehen. Neue Clips aufdrücken.
- Vorderen Bereich der Dachleiste zwischen Kotflügel und A-Säule (= Säule, an der die Vordertür angeschlagen ist) einstecken.
- Dachleiste ausrichten und mit dem Handballen auf die Befestigungsclips aufdrücken.

Dachreling aus- und einbauen

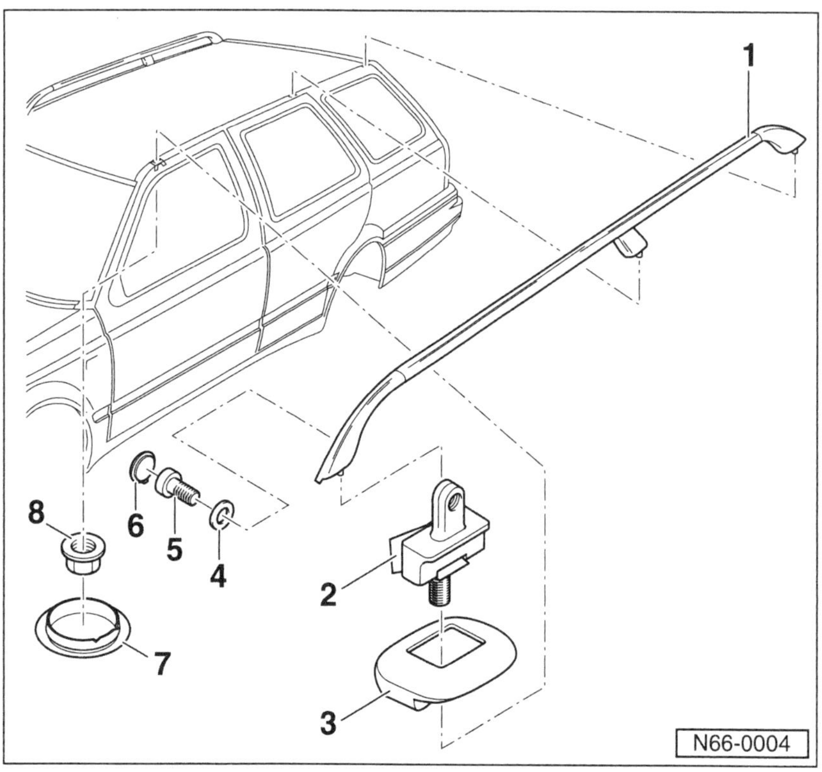

Variant

Hinweis: Die Dachreling kann nachgerüstet werden, dazu sind aber neue Dachleisten erforderlich.

1 – Dachreling ausbauen
Stopfen –6– heraushebeln und Innensechskantschrauben –5– herausdrehen. Dachreling nach oben abnehmen.
Falls die Dachreling komplett mit den Befestigungsbolzen ausgebaut werden soll: Stopfen aus dem Formhimmel ausclipsen und Sechskantmuttern –6– abschrauben. Dachreling nach oben abnehmen.

2 – Befestigungsbolzen mit Dichtstreifen

3 – Dichtung

4 – Unterlegscheibe

5 – Innensechskantschraube (microverkapselt), 9 Nm

6 – Stopfen/Dachreling

7 – Stopfen/Formhimmel

8 – Sechskantmutter, 20 Nm

Vordertür aus- und einbauen/ einstellen

Es werden im GOLF/VENTO 2 Versionen von Türscharnieren eingebaut, unterschiedlichen Ausbau beachten.

Ausbau

- Elektrischen Mehrfachstecker (zum Beispiel für Fensterhebermotor, elektrisch verstellbaren Außenspiegel, Zentralverriegelung) an der Türvorderseite abziehen. Dazu Kunststoffmutter nach links drehen, siehe Abbildung.
- Falls vorhanden, Luft-Druckschlauch für Zentralverriegelung am Stecker der Türvorderseite abziehen.

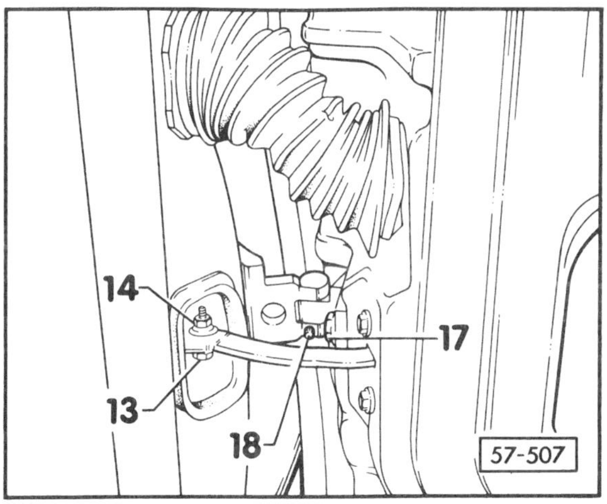

- Sicherungsmutter –14– abschrauben und Bolzen –13– herausziehen.
- 1. Version (Ausführung mit Madenschraube): Madenschraube –18– aus dem oberen und unteren Scharnier herausdrehen und Tür nach oben aus den Scharnierwinkeln herausheben.
- 2. Version (Ausführung ohne Madenschraube): Schrauben –17– an den Türscharnieren abschrauben. Vorher Einbaulage markieren, dazu Schraubenköpfe mit Filzstift umkreisen. Zum Lösen der Schrauben ist ein Torxschraubendreher, Größe T 45, von maximal 35 mm Länge erforderlich. Tür abnehmen.

Einbau

- 1. Version (Ausführung mit Madenschraube): Tür in die Scharniere einsetzen und Madenschrauben mit **25 Nm** festziehen. Ein Einstellen der Tür ist nur bei Ersatz notwendig, oder wenn das Scharnier gelöst wurde.
- 2. Version (Ausführung ohne Madenschraube): Tür einsetzen, ausrichten und Torxschrauben mit **40 Nm** festschrauben. Anschließend Tür einstellen.
- Türbremse anschrauben, Sicherungsmutter mit **7 Nm**, also nicht zu fest, anschrauben.
- Unterdruckschlauch für Zentralverriegelung am Stecker zusammenfügen, und elektrische Steckverbindung aufstecken. Dabei muß der Pfeil am Türstecker mit der Markierung am Karosseriestecker übereinstimmen. Stecker zusammenfügen, dazu Kunststoffmutter nach rechts drehen.

Tür einstellen:

Die Tür muß eingestellt werden, wenn die Tür nicht korrekt in der Karosserie sitzt, beziehungsweise wenn eine neue Tür eingebaut wurde.

- Im hinteren Bereich der Tür ist die Einstellung am Schließkeil vorzunehmen. Dazu Schließkeil so weit lösen, daß er mit etwas Kraftaufwand verschoben werden kann. Tür schließen und ausrichten. Anschließend Tür vorsichtig öffnen und Schließkeil mit den beiden Schrauben und **10 Nm** festziehen. Um das Verschieben besser kontrollieren zu können, Schließkeil mit Filzstift umranden.

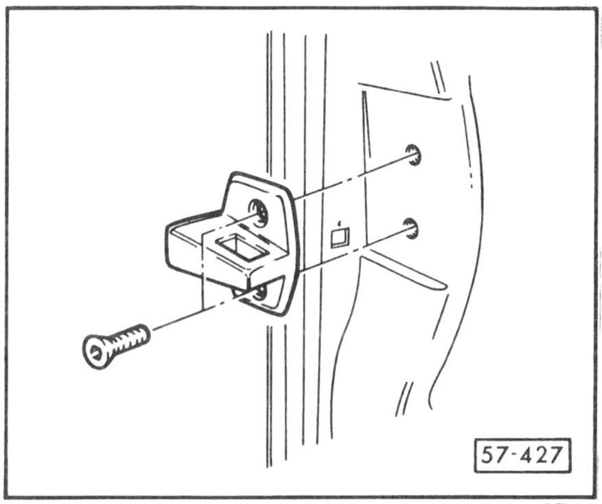

- Tür-Schließkeil so weit lösen, daß er mit etwas Kraftaufwand verschoben werden kann. Zum Lösen wird ein Schlüssel für Torxschrauben, Größe T 40, benötigt.
- Zum Einstellen der Fugenmaße Scharnierschrauben an der Karosserie (A- beziehungsweise B-Säule) lösen, nicht herausdrehen. Fugenmaß durch Verschieben der Tür einstellen.

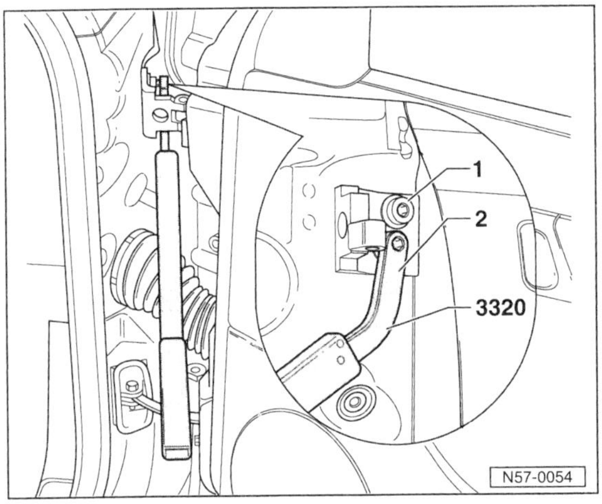

- Tür öffnen und die Schrauben –1– (Torx T45) am oberen, bzw. unteren Scharnier mit Spezialwerkzeug VW-3320 –2– lösen.
- Tür innerhalb der übergroßen Bohrungen verschieben und die Schrauben mit **35 Nm** festziehen. Dazu ist eine Hilfsperson erforderlich.
- Tür an die Karosserie-Kontur anpassen: Schließt die Tür in geschlossenem Zustand vorn nicht bündig mit der umliegenden Karosserie ab, Scharnierschrauben an der Tür lösen und Tür entsprechend verschieben. Die hintere Tür darf vorn maximal 1 mm weiter innen stehen als die vordere Tür.

Türverkleidung aus- und einbauen

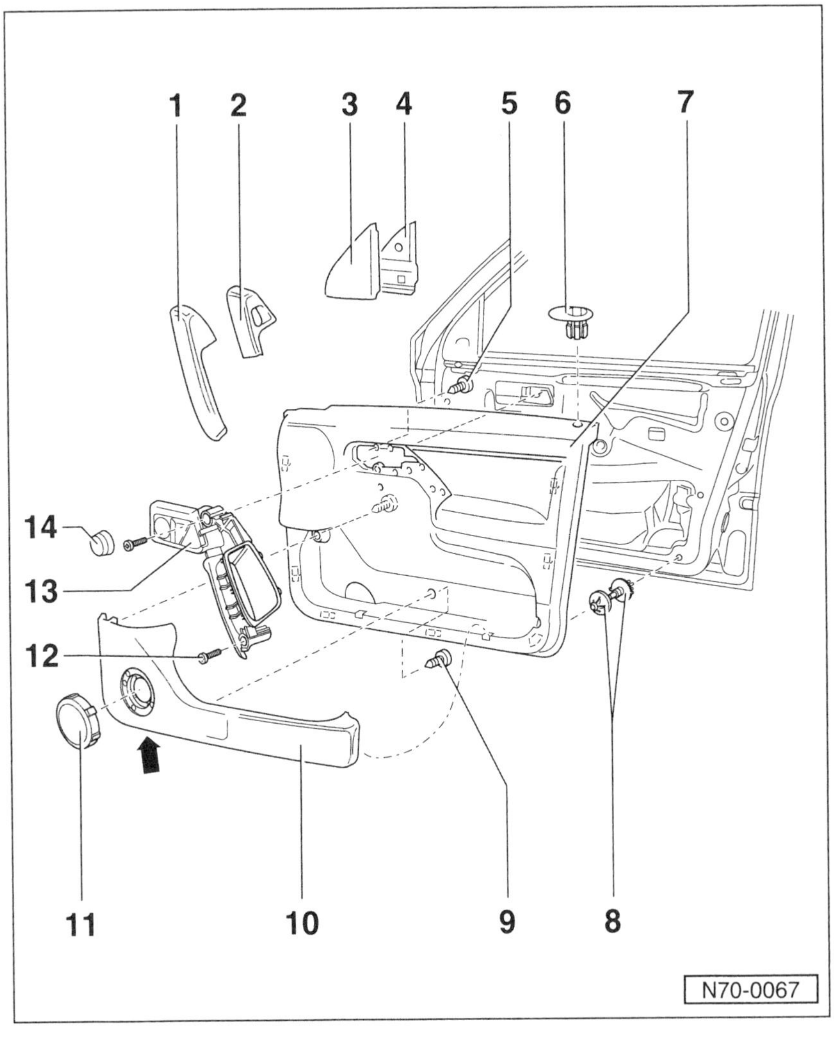

1 – **Abdeckung**
Eingeclipst.

2 – **Abdeckung**
Eingeclipst. (Fahrzeuge mit elektrischem Fensterheber

3 – **Abdeckung**
Vom Türrahmen abziehen (geclipst).

4 – **Dämpfung**

5 – **Kreuzschlitzschraube**

6 – **Rosette**

7 – **Verkleidung**

8 – **Befestigungsclips**
Zweiteilig. Bis 12/93 ist das Unterteil mit einem Spreizstift befestigt. Für Clips ab 1/94 kann die Lösezange HAZET 799-4 verwendet werden.

9 – **Kreuzschlitzschraube**

10 – **Türablage**
Zum Ausbau vorher Türverkleidung abbauen.

11 – **Lautsprecherabdeckung**
Zum Ausbau Haltenase mit Schraubendreher durch Öffnung im Ablagefach –Pfeil– niederdrücken.

12 – **Linsenschraube**

13 – **Zuziehgriff (Grundkörper)**
Auf der Rückseite der Verkleidung verschraubt.

14 – **Betätigungsknopf**
Abziehen (aufgesteckt).

Ausbau

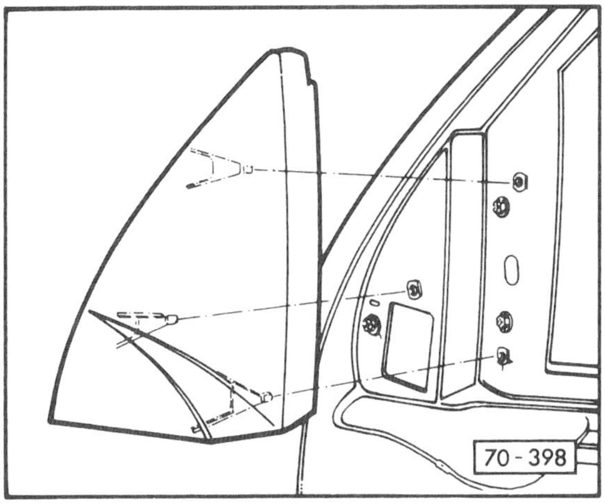

- Dreieckblende im rechten Winkel vom Türrahmen abziehen. Dabei wird der Halteclips zerstört, beim Einbau muß eine neue Abdeckung eingebaut werden.
- Verriegelungsknopf abschrauben, siehe große Abbildung.
- Spiegel-Verstellknopf abziehen und Verkleidung durch kräftiges Ziehen abclipsen. Falls ein elektrisch verstellbarer Spiegel eingebaut ist, Kabelstecker am Schalter abziehen.

- Haltegriff-Abdeckung mit breitem Schraubendreher oder Messer vorsichtig von unten abhebeln.
- Falls vorhanden, Stecker von der elektrischen Fensterbetätigung abziehen.

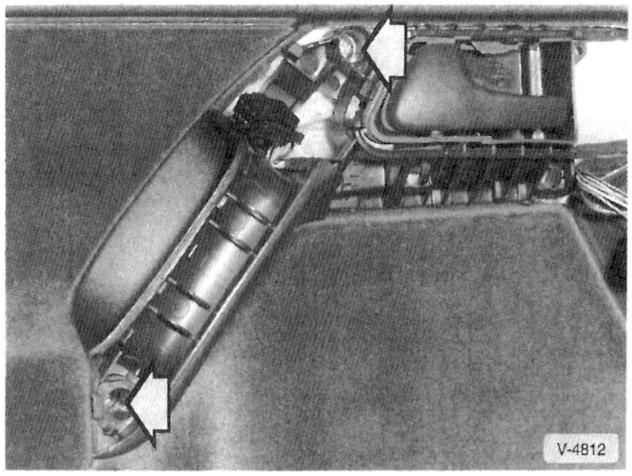

- 2 Schrauben herausdrehen.

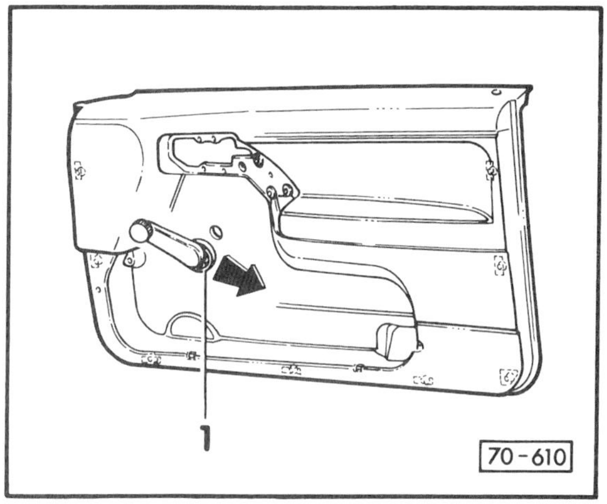

- An der Fensterkurbel den Abstandsring –1– in Pfeilrichtung schieben, dadurch wird die Sicherungsklammer entriegelt. Gleichzeitig Fensterkurbel vom Antrieb abziehen.
- Türverkleidung an der Unterseite mit einem breiten Kunststoff- oder Holzkeil vom Türrahmen abhebeln. Dabei rasten die Befestigungsclips aus den Aufnahmen aus. Verkleidung abnehmen.
- Falls vorhanden, Stecker für Türlautsprecher abziehen.

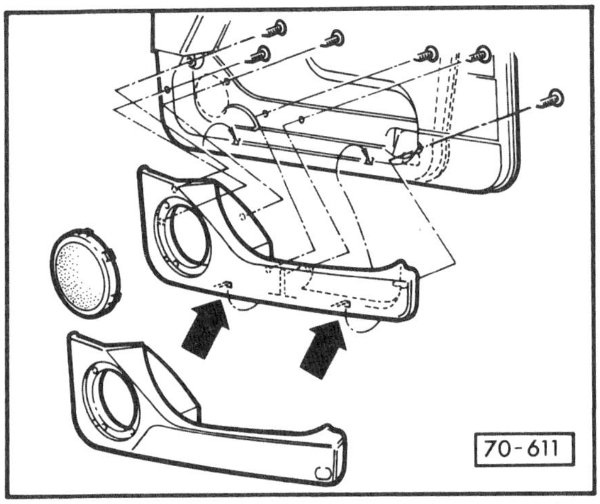

- Gegebenenfalls Türablage ausbauen, dazu Lautsprecherblende ausclipsen, Schrauben herausdrehen und Türablage nach oben aus den Aussparungen –Pfeile– herausheben.

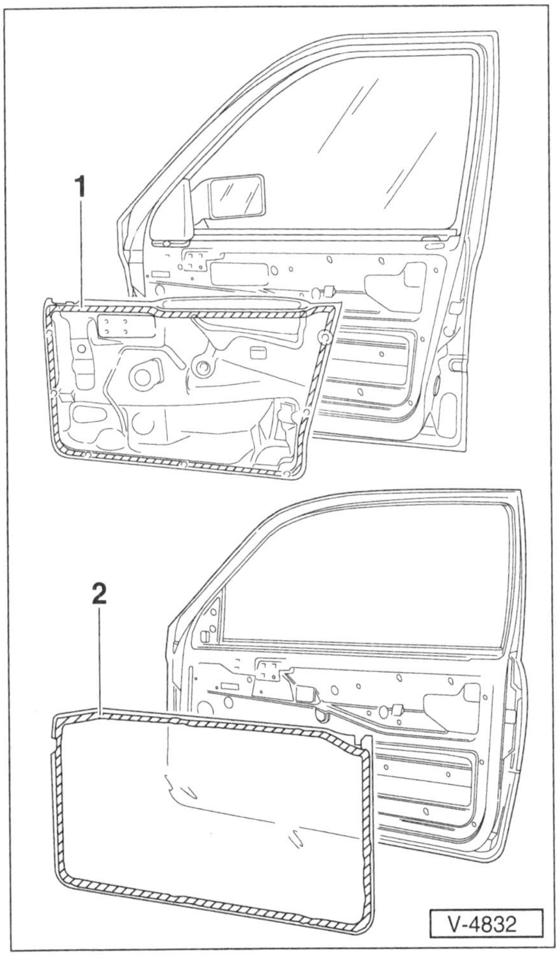

- Falls erforderlich, Dämpfungsfolie –1/2– abziehen.
  1 – Ab 1/94: Klebstoff wie in der Abbildung dargestellt auftragen, gegebenenfalls doppelseitiges Klebeband verwenden. Kann auch in bisherige Fahrzeuge eingebaut werden.
  2 – Bis 12/93: Dämpfungsfolie selbstklebend.

Einbau

- Dämpfungsfolie sorgfältig und faltenfrei von unten nach oben auf den Türrahmen kleben. Dämpfungsfolien haben die Aufgabe, den Fahrzeuginnenraum gegen Zugluft, Geräusche und Wassereintritt abzudichten. Ersatzteil-Dämpfungsfolien werden selbstklebend geliefert. Bei nicht ausreichender Klebewirkung doppelseitiges Klebeband VW-Nr. AKL-43401925 oder D469101A3 verwenden. Klebefläche: schraffierter Bereich, siehe Abbildung.

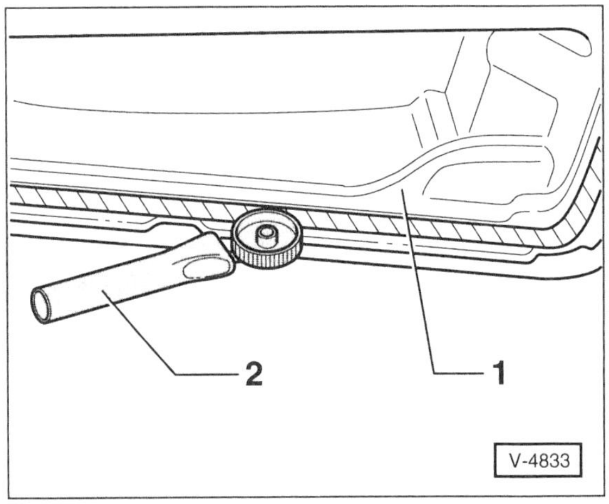

- Dämpfungsfolie –1– mit Andruckrolle –2– umlaufend an die Tür andrücken.
- Befestigungsclipse für Türverkleidung überprüfen. Beschädigte und verbogene Clips ersetzen.
- Türablage in die Haltewinkel einhängen, nach oben klappen und an der Türverkleidung anschrauben.
- Lautsprecherkabel aufstecken.
- Türverkleidung einsetzen und im Bereich der Clipse mit dem Handballen andrücken. Vorher gegebenenfalls Kabel für Fenster- und Spiegelbetätigung durchführen.
- Türinnengriff oben und unten anschrauben.
- Blende auf Türinnengriff aufdrücken und mit dem Handballen aufschlagen.
- Falls vorhanden, Mehrfachstecker für elektrische Fensterbetätigung und Spiegelverstellung aufschieben.
- Blende und Spiegelverstellknopf aufdrücken.
- Verriegelungsknopf einschrauben.

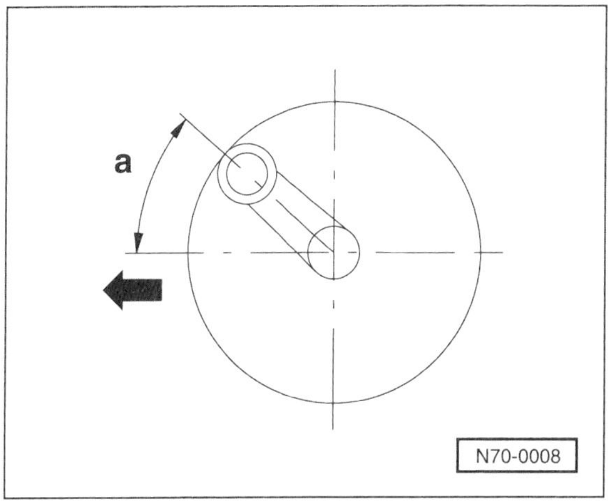

- Fensterkurbel so auf die Kurbelachse aufschieben, daß die Kurbel bei geschlossenem Fenster in einem Winkel von 45° ± 12° nach vorn oben zeigt. Vorher Kunststoffring einsetzen.
- Neue Dreieckblende an den Befestigungspunkten einclipsen.

Türfensterscheibe vorn aus- und einbauen

Ausbau

- Türinnenverkleidung ausbauen.

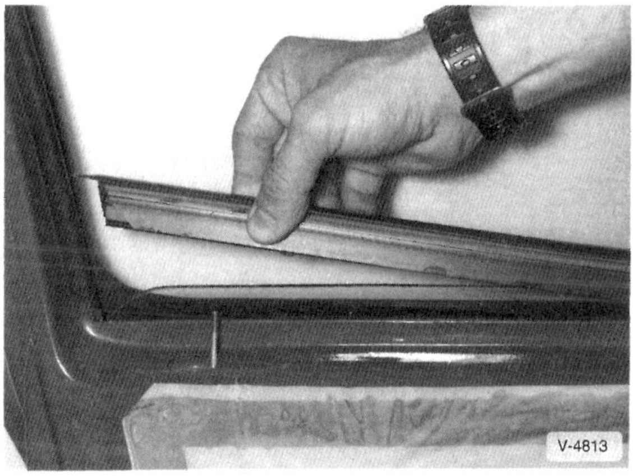

- Fensterabdichtung innen vom Flansch abziehen.

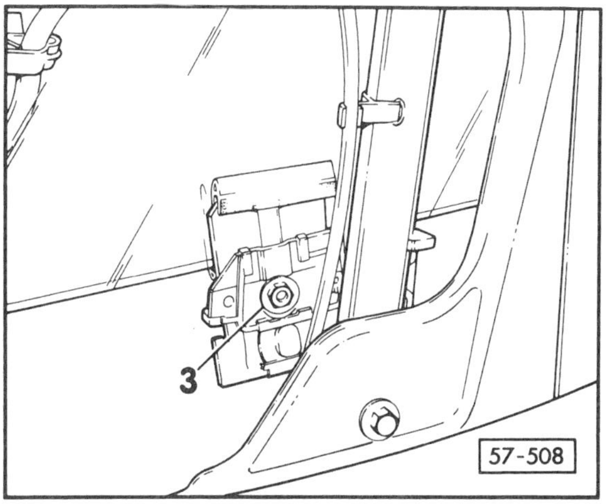

- Fensterscheibe herunterkurbeln und vom Fensterheber abschrauben, dazu Muttern –3– lösen und Klemmbacken auseinanderdrücken.

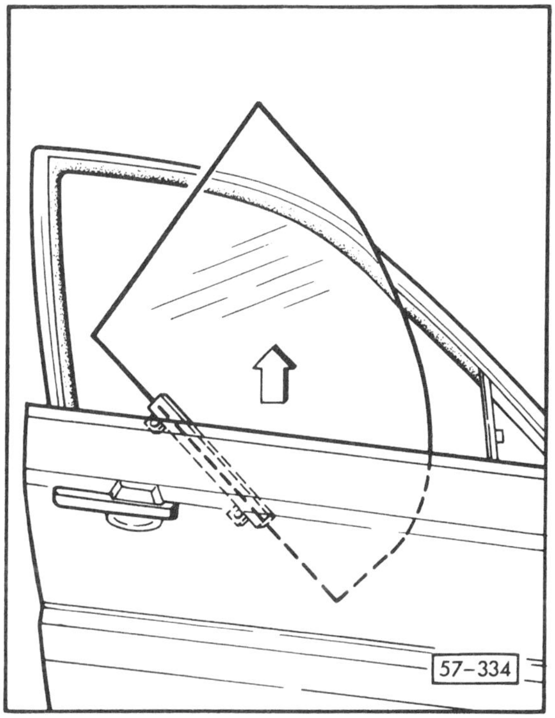

- Scheibe nach vorn neigen und aus dem Fensterschacht herausheben.

Einbau

- Fensterscheibe in die Tür einführen.
- Scheibe am Fensterheber anschrauben, Schrauben **nicht** festziehen.
- Fenster einstellen und anschrauben, siehe Seite 206.
- Fensterabdichtung innen am Flansch aufdrücken.
- Türinnenverkleidung einbauen.

Türfensterscheibe einstellen

- Türverkleidung ausbauen.

Türfenster vorn

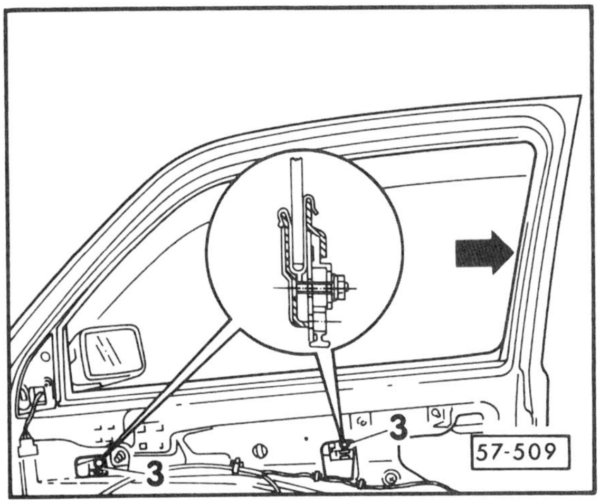

- Fensterscheibe so weit hochkurbeln, bis die Muttern –3– in den Montagebohrungen sichtbar sind.
- Muttern etwas lösen, Fensterscheibe in die Fensterführung drücken –Pfeil– und Klemmbacken mit den Muttern –3– mit **10 Nm**, also nur leicht, festziehen.

Türfenster hinten

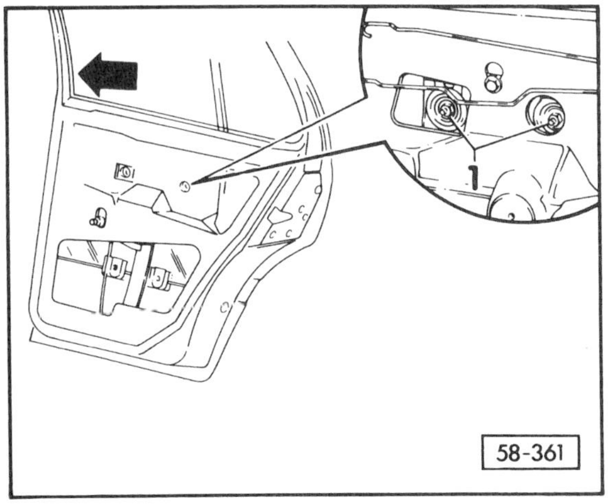

- Türfensterscheibe soweit nach unten fahren, bis die Muttern –1– der Klemmbacken in den Montageöffnungen stehen.
- Klemmbacken etwas lösen, Türfensterscheibe nach vorn in die Fensterführung drücken –Pfeil– und Klemmbacken mit den Muttern –1– mit **10 Nm**, also nicht zu fest, anziehen.

- Türverkleidung einbauen.

Fensterheber vorn aus- und einbauen

Manuelle oder elektrische Betätigung

Ausbau

- Türfensterscheibe ausbauen.

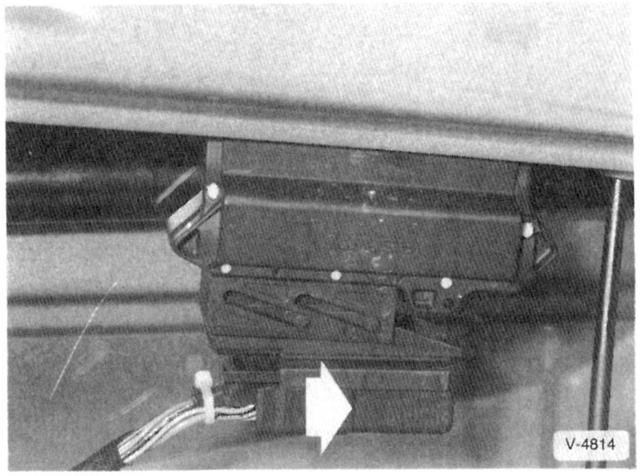

- Bei elektrischen Fensterhebern: Kabelstecker abziehen.

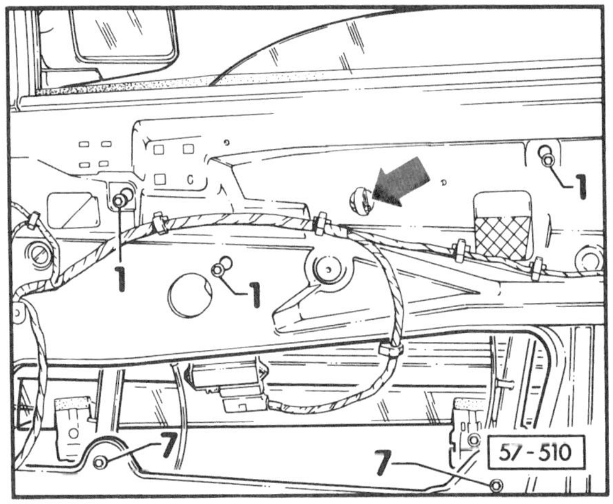

- Clip –Pfeil– für Bowdenzüge ausclipsen.
- Sechskantschrauben –1– lösen und Sechskantschrauben –7– herausdrehen.
- Fensterheber etwas anheben, damit die Sechskantschrauben –1– durch die Montagelöcher gezogen werden können.
- Fensterheber nach unten aus der Tür herausnehmen.

Einbau

- Fensterheber einsetzen und Schrauben –1– lose eindrehen.
- Bowdenzug im Clip verlegen.
- Schrauben –7– einsetzen und mit **10 Nm**, also nicht zu fest, anschrauben. Erst dann Schrauben –1– festziehen.
- Wo vorhanden, Kabelstecker aufstecken.
- Türfensterscheibe einbauen.
- Türinnenverkleidung einbauen.

Tür hinten aus- und einbauen

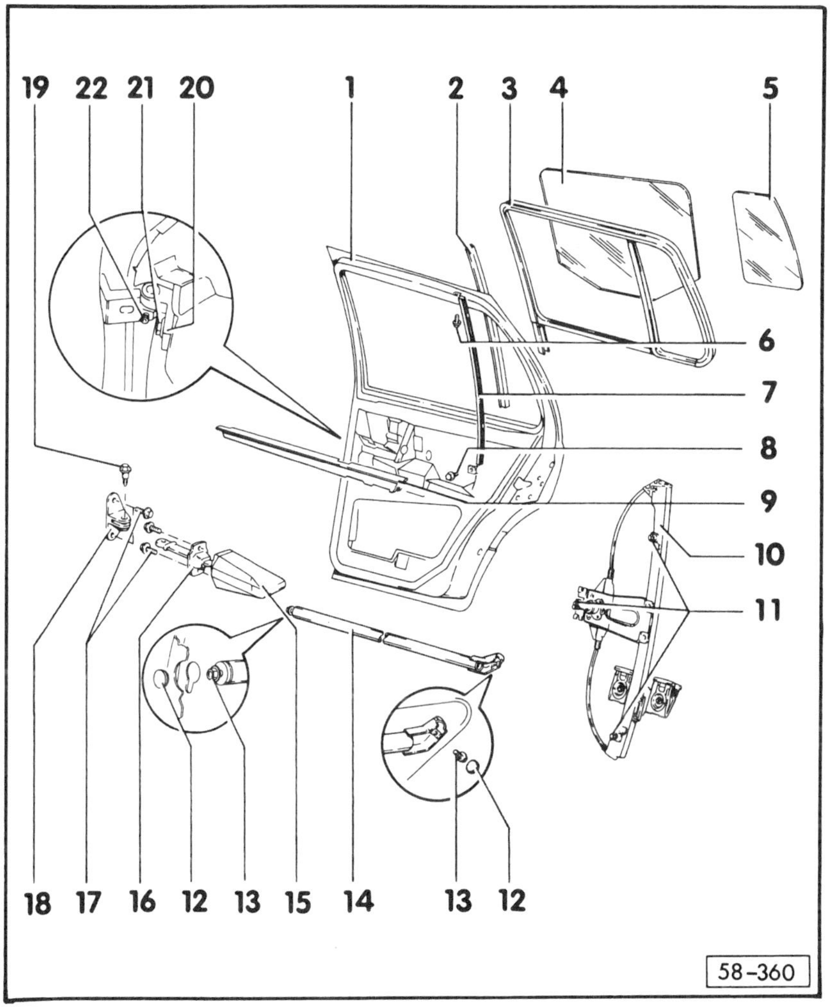

1 – **Tür**

2 – **Fensterführung, Steg**
Im Mittelsteg eingeknöpft.

3 – **Fensterführung**
Im Fensterrahmen eingeknöpft.

4 – **Türfensterscheibe**

5 – **Dreieckfenster**

6 – **Kreuzschlitzschraube**

7 – **Mittelsteg**

8 – **Sechskantschraube, 6 Nm**

9 – **Fensterschachtabdichtung**
Auf dem Flansch aufgesteckt.

10 – **Fensterheber**

11 – **Sechskantschrauben, 10 Nm**
Werden zum Ausbau des Fensterhebers nur gelöst.

12 – **Abdeckung**

13 – **Sechskantschraube, 25 Nm**

14 – **Aufprallträger**

15 – **Hülle**

16 – **Türfeststeller**

17 – **Sechskantschraube, 8 Nm**

18 – **Haltebock**

19 – **Bolzen, 10 Nm**

20 – **Türscharnier**
An der Tür und der B-Säule geschraubt. Je nach Ausführung Scharnierbolzen eingesteckt und mit Madenschraube gesichert.

21 – **Torxschraube T 45**

22 – **Madenschraube, 25 Nm**
(Nicht alle Modelle).

Ausbau

- Bolzen –19– an der Türbremse abschrauben.
- Elektrischen Mehrfachstecker (zum Beispiel für Fensterhebermotor, elektrisch verstellbaren Außenspiegel, Zentralverriegelung) an der Türvorderseite abziehen.
- Falls vorhanden, Luft-Druckschlauch für Zentralverriegelung am Stecker der Türvorderseite abziehen.
- Scharnierversion mit Madenschraube: Madenschraube –22– aus dem oberen und dem unteren Scharnier herausdrehen und Tür nach oben aus den Scharnierwinkeln herausheben.
- Version ohne Madenschraube: Scharnierschrauben –21– an der Tür abschrauben, dabei Tür von Hilfsperson halten lassen. Vorher Einbaulage markieren, dazu Schraubenköpfe mit Filzstift umkreisen. Zum Lösen der Schrauben ist ein Torxschraubendreher, Größe T 45, von maximal 35 mm Länge erforderlich. Tür abnehmen.

Einbau

- Ausführung mit Madenschraube: Tür in die Scharniere einsetzen und Madenschrauben mit **25 Nm** festziehen. Ein Einstellen der Tür ist nur bei Ersatz notwendig, oder wenn das Scharnier gelöst wurde.
- Ausführung ohne Madenschraube: Tür einsetzen, ausrichten und Torxschrauben mit **40 Nm** festschrauben. Anschließend Tür einstellen.
- Türbremse anschrauben, Bolzen mit **10 Nm**, also nicht zu fest, anschrauben.
- Unterdruckschlauch für Zentralverriegelung und elektrische Steckverbindung aufstecken.

Türgriff/Türschloß

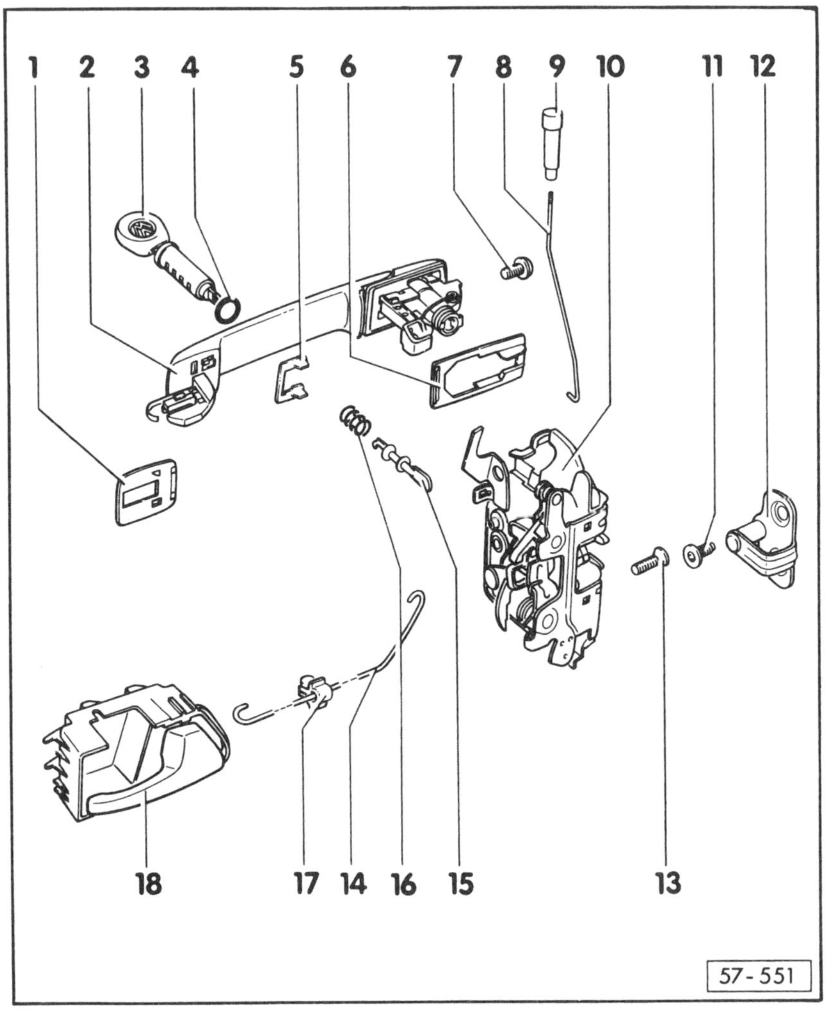

1 – **Unterlage**
2 – **Türgriff**
3 – **Schließzylinder**
4 – **Dichtring**
5 – **Klammer**
6 – **Unterlage**
7 – **Zylinderbundschraube, 8 Nm**
8 – **Sicherungsstange**
9 – **Sicherungsknopf**
Auf die Stange aufgeschraubt.
10 – **Türschloß**
11 – **Schraube, 8 Nm**
12 – **Schließbügel**
13 – **Zylinderbundschraube, 8 Nm**
14 – **Zugstange**
15 – **Verbindungsstange**
In das Schließzylindergehäuse eingehängt.
16 – **Druckfeder**
17 – **Clip**
18 – **Innenbetätigung**

Türgriff aus- und einbauen

Ausbau

- Tür öffnen.
- An der hinteren Stirnseite die Zylinderbundschraube –7– (in Höhe des Türgriffs) herausschrauben, siehe folgende Abbildung.
- Türgriff nach vorn, also in Fahrtrichtung, schieben.

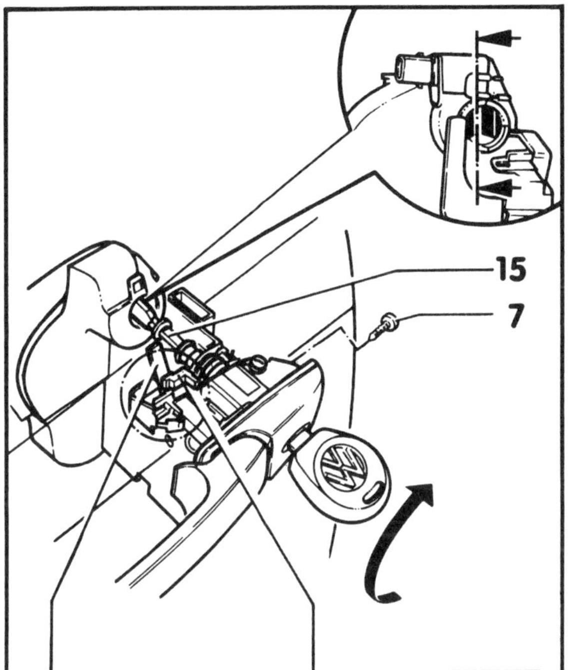

57-555

- Nur bei der Fahrertür: Schlüssel in das Schloß stecken und um 90° drehen, dabei gibt der Mitnehmer –1– vom Türgriff den Betätigungshebel –2– des Türschlosses frei.
- Türgriff aus der Tür herausschwenken.

Einbau

- Nur Fahrertür bei Fahrzeugen mit Zentralverriegelung: Vor dem Einsetzen des Türgriffs muß der Mitnehmer für die Verbindungsstange –15– in senkrechter Position –Pfeile– stehen, siehe Abbildung 57-555.

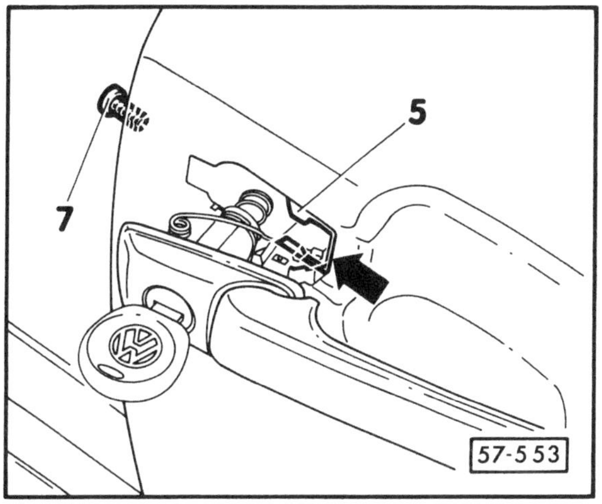

57-553

- Klammer –5– auf Beschädigung prüfen und gegebenenfalls ersetzen.
- Türgriff so einschwenken, daß der Türgriff am Türblech ohne Luftspalt –Pfeil– vorbei gleitet.
- Türgriff nach hinten schieben und Zylinderbundschraube –7– einschrauben.

Schließzylinder ersetzen/ gangbar machen

Ausbau

- Schlüssel in Schloß stecken.
- Türgriff, beziehungsweise Heckklappenschloß ausbauen.
- Schließzylinder mit eingestecktem Schlüssel vorsichtig herausziehen.

Achtung: Wird der Schlüssel jetzt herausgezogen, fallen die Schließplättchen aus dem Schließzylinder. Gegebenenfalls Schließzylinder mit Tesaband umwickeln, dann kann der Schlüssel gefahrlos herausgezogen werden.

Ersetzen

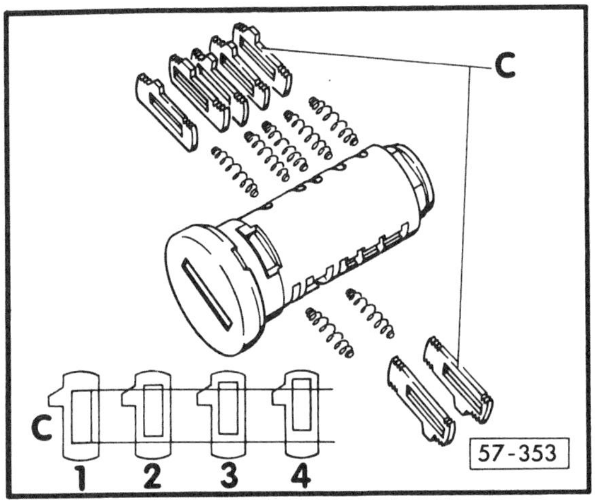

- Anhand der Schlüsselnummer kann die Werkstatt mit einem Schließzylinder-Reparatursatz –C– den zum Fahrzeug passenden Schließzylinder zusammenbauen. Die Schlüsselnummer befindet sich auf einem Kunststoffanhänger, der mit den Fahrzeugschlüsseln mitgeliefert wird. Teilweise steht die Schlüsselnummer auch auf dem Schließzylinder von Fahrer- oder Beifahrertür.

Gangbar machen

Durch Eindringen von Wasser, insbesondere im Winter bei Streusalzeinsatz, können die Schließplättchen korrodieren, so daß sich der Schließzylinder in seinem Gehäuse nicht mehr bewegen läßt.

- Schließzylinder und Gehäuse in Kraftstoff auswaschen und so sämtliches Fett entfernen.
- Schließzylinder mit Korrosionsschutzöl, zum Beispiel »Caramba«, einsprühen und einwirken lassen.
- Beweglichkeit der Schließplatten prüfen. Dazu mit kleinem Schraubendreher Schließplatten eindrücken. Und zwar immer von der Seite, wo sich neben den Schließplatten eine kleine Bohrung für die Schließplattenfeder befindet. Die Schließplatten müssen sich leicht eindrücken lassen und von selbst vollständig zurückfedern.
- Andernfalls Schließplatten ausbauen. Dazu Schließzylinder mit Tesaband umwickeln, auszubauende Schließplatte aussparen.

Achtung: Es empfiehlt sich, die Schließplatten einzeln gangbar zu machen, da bei Verwechslungen der Schlüssel nicht mehr paßt. Die richtige Position der Schließplatten selbst wieder herauszufinden, ist praktisch unmöglich.

- Schlüssel herausziehen.
- Schließplatte in Richtung »Federbohrung« herausdrücken. Darauf achten, daß die Feder nicht verlorengeht.
- Alle Teile sorgfältig in Korrosionsschutzöl reinigen.
- Schließplatte und Feder mit Fett VW-G 000 400 oder anderem wasserfestem Mehrzweckfett bestreichen und wieder einsetzen.
- Leichtgängigkeit prüfen.
- Schlüssel einschieben, Tesaband abnehmen.
- Schließzylinder einsetzen.
- Türgriff, beziehungsweise Heckklappenschloß einbauen.

Türschloß/Innenbetätigung aus- und einbauen

Ausbau

- Türfensterscheibe schließen.
- Türgriff ausbauen.
- Türverkleidung ausbauen, Dämpfungsfolie im hinteren Bereich vorsichtig abziehen.
- Zylinderbundschrauben –13– herausdrehen, siehe Abbildung 57-554.
- Zugstange der Innenbetätigung am Schloß aushängen.
- Bei Zentralverriegelung: Gegebenenfalls elektrisches Anschlußkabel und Druckschlauch am Schloß abziehen.

Innenbetätigung ausbauen

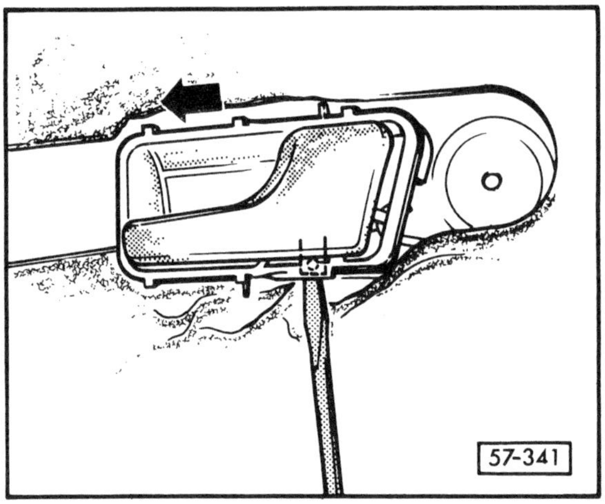

- Mit einem Schraubendreher die Sicherungslasche aus der Bohrung im Türinnenblech herausdrücken.
- Innenbetätigung in Fahrtrichtung verschieben, dabei rastet der Griff aus dem Türblech aus.

Einbau

- Türinnenbetätigung am Türblech einsetzen und nach hinten schieben, bis sie einrastet.

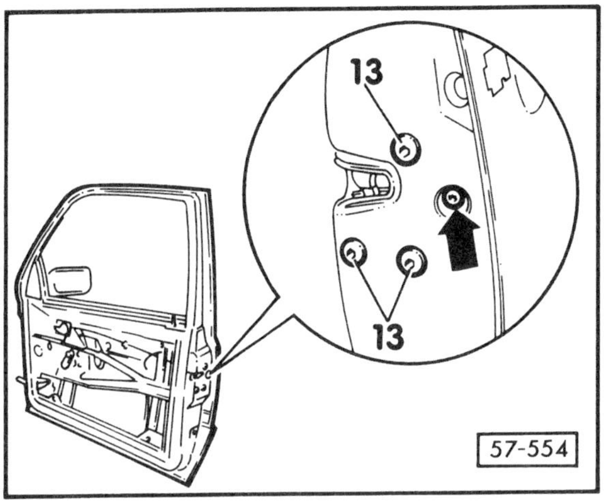

- Einstellschraube –Pfeil– vor dem Einbau des Türschlosses lösen. Dazu wird ein Torxschraubendreher Größe T 20 benötigt.

Achtung: An der linken Tür hat die Schraube Rechtsgewinde, also linksherum lösen. An der rechten Tür hat die Schraube Linksgewinde, also rechtsherum lösen.

- Schloß einsetzen, Sicherungsstange zur Türverriegelung und Stange zum Innengriff einhängen.
- Zylinderbundschrauben –13– festziehen.
- Türgriff einbauen, siehe Seite 209.
- Einstellschraube –Pfeil– mit 3 Nm, also nur ganz leicht, festziehen. Dadurch wird das Schloß eingestellt. Links- und Rechtsgewinde je nach Fahrzeugseite beachten.
- Türverkleidung einbauen.

Die Zentralverriegelung

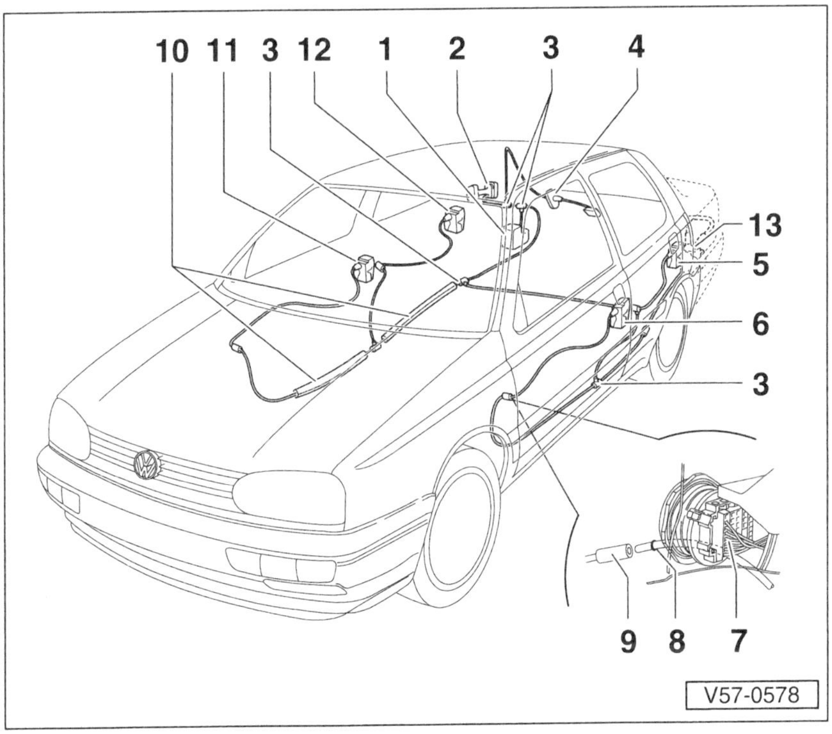

1 – **Bi-Druckpumpe**

2 – **Stellelement Tankklappe**
Zum Ausbau muß vorher die Kofferraum-Verkleidung bis zum Radhaus gelöst werden.

3 – **T-Verteilerstücke**
Einbauort: Säule B/Unterholm, abgedeckt durch Einstiegleiste.

4 – **Stellelement Klappe hinten**

5 – **Stellelement Türschloß hinten**

6 – **Stellelement Türschloß vorn**

7 – **Mehrfachsteckverbindung**
Einbauort: Säule A und Säule B bei viertürigen Fahrzeugen.

8 – **Farbmarkierung**
Rohrleitungen müssen bis zur Farbmarkierung in die Rohrleitungsverbindung geschoben werden.

9 – **Rohrleitungsverbindung**
Zwei verschiedene Ausführungen: Trennung im Mehrfachstecker oder außerhalb.

10 – **Schaumstoffrohr**
Nur Beifahrerseite.

11 – **Stellelement Türschloß vorn**

12 – **Stellelement Türschloß hinten**

13 – **Bi-Druckpumpe VENTO**

Die Zentralverriegelung (Zusatzausstattung) besteht aus der elektrischen Druckpumpe, den Druckleitungen und den Schaltelementen für die einzelnen Schlösser. Die Druckpumpe baut zum Öffnen der Schlösser einen Luft-Überdruck und zum Schließen einen Unterdruck auf, der über Schlauchleitungen an die einzelnen Schaltelemente für die Schlösser gelangt.

Die Zentralverriegelung ist nach längerer Standzeit des Fahrzeuges und nach Ersetzen der Bi-Druckpumpe erst nach mehrfacher Betätigung wieder betriebsbereit.

Bei intakter Anlage muß die Verriegelung aller Schlösser nach ca. 2 Sekunden erfolgt sein. Läuft die Bi-Druckpumpe länger als 5 Sekunden, ist die Anlage undicht. Bei undichter Anlage darf die Bi-Druckpumpe max. 30 Sekunden laufen, danach muß die Steuereinheit in der Bi-Druckpumpe die Pumpe abschalten.

Damit die Zentralverriegelung einwandfrei funktionieren kann, müssen die Batterie geladen und die Sicherung intakt sein. Gegebenenfalls Spannungsversorgung der Druckpumpe nach Stromlaufplan prüfen.

Ist die Anlage undicht, systematisch von der Pumpe her an den T-Stücken die Schläuche abziehen. Pumpe laufen lassen, jeweiligen Anschluß am T-Stück zuhalten und dadurch undichte Seite feststellen. Undichtes Schaltelement oder undichten Schlauch ersetzen. Schläuche immer bis auf Anschlag aufschieben. Zum leichteren Aufschieben, Anschlußstücke vorher mit Seifenlösung einstreichen.

Seit ca. 1/97 sind die Unterdruckleitungen mit geänderten Kupplungen verbunden. Zum Lösen der Kupplung vorderen Ring zusammendrücken und dadurch Kupplung entriegeln. Beim Einbau Kupplung auf das Verteilerstück aufschieben und einrasten.

Bi-Druckpumpe aus- und einbauen

Die Bi-Druckpumpe der Zentralverriegelung sitzt rechts (GOLF) oder links (VENTO) im Kofferraum.

Ausbau

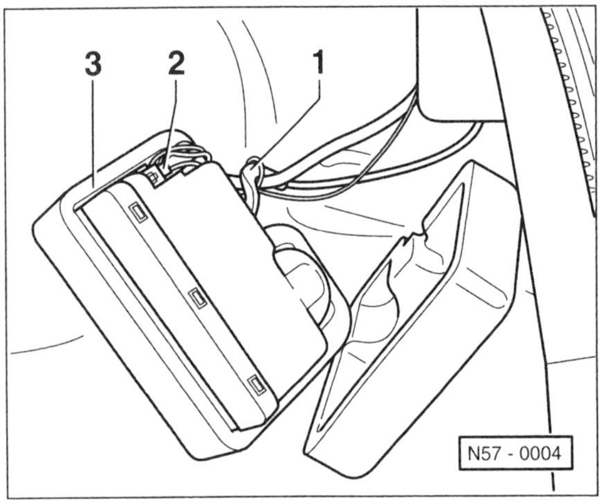

- Kabelbinder öffnen oder Haltegummi aushängen und Dämpfungen –3– von Bi-Druckpumpe abziehen.
- Mehrfachstecker –2– und Druckleitung –1– von Bi-Druckpumpe abziehen. Beim Aufstecken des Mehrfachsteckers, Verrastung prüfen.

Einbau

- Der Einbau erfolgt in umgekehrter Reihenfolge wie der Ausbau.

Das Schiebe-/Ausstelldach

Die Arbeiten am Schiebe-/Ausstelldach beschränken sich in der Regel auf das Fetten der Führungsschienen sowie dem Reinigen der Wasserablaufschläuche in der Karosserie. Reparaturen erfordern Erfahrung und sollten der Fachwerkstatt vorbehalten bleiben.

Führungsschienen fetten

Achtung: Im Bedarfsfall sind die Führungsschienen ausschließlich mit dem VW-Spezialfett G 000 450 02 zu fetten, da sonst die Funktionen nicht gewährleistet sind. Auf keinen Fall ein herkömmliches Mehrzweckfett verwenden.

Wasserablaufschläuche reinigen

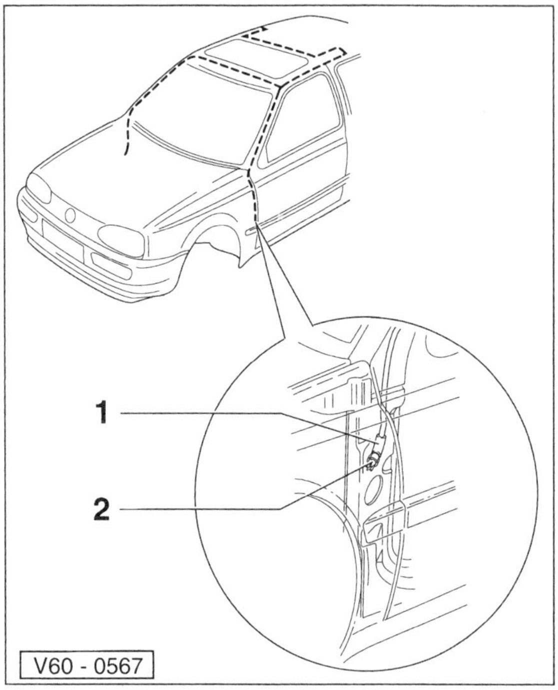

1 – Wasserablaufschlauch; 2 – Wasserablaufventil.

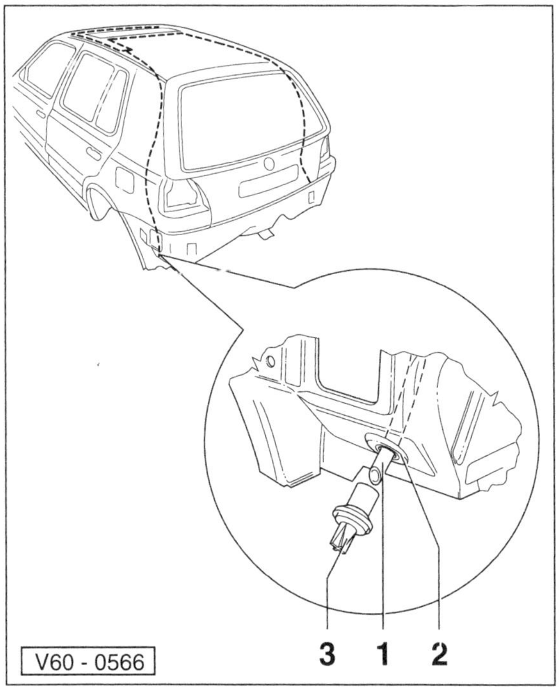

1 – Wasserablaufschlauch; 2 – Tülle; 3 – Wasserablaufventil (nur staubreiche Länder oder USA-Ausführung).

Bei Fahrzeugen mit Schiebedach sind Wasserablaufschläuche vorhanden, die das Wasser vom Schiebedach nach außen ableiten.

- Verstopfte Wasserablaufschläuche lassen sich am besten mit alten, flexiblen Tachowellen reinigen. Dazu Tachowellen zu einer ca. 230 cm langen Sonde zusammenfügen. Gegebenenfalls Tachowelle in eine elektronisch gesteuerte Bohrmaschine einspannen und mit langsamen Umdrehungen die Wasserablaufschläuche »durchbohren«.
- Die vorderen Wasserablaufschläuche verlaufen in den A-Säulen (vordere Karosseriesäulen) und enden zwischen Tür und A-Säule. Die Reinigung erfolgt vom Schiebe-/Ausstelldach-Ausschnitt.
- Die hinteren Wasserablaufschläuche verlaufen in den C-Säulen (hintere Karosseriesäulen) und enden seitlich hinter der Stoßfängerabdeckung. Die Reinigung erfolgt vom unteren Schlauchende her, vorher hinteren Stoßfänger ausbauen.

Glasdeckel für Schiebe-/Ausstelldach aus- und einbauen

Ausbau

- Schiebe-/Ausstelldach ausstellen (hinten hochstellen).

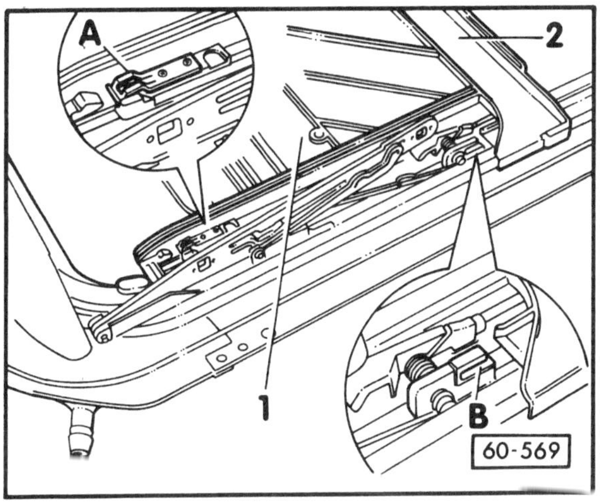

- Schiebehimmel -1- nach hinten schieben.
- Blendrahmen -2- nach hinten schieben (der Rahmen ist im Bereich der vorderen Führungen -A- aufgeclipst und im hinteren Bereich durch Zapfen -B- geführt).

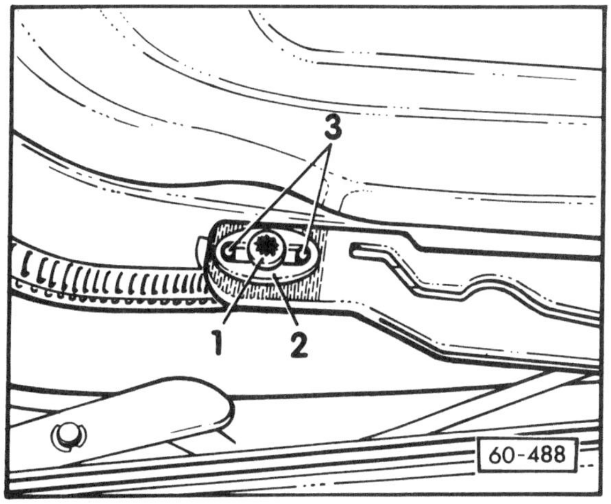

- Befestigungsschrauben –1– mit Torxschraubendreher, Größe T 25, herausdrehen und Einstellscheiben –2– abnehmen. Die Einstellscheiben –2– werden durch Führungsstifte –3– positioniert.
- Schiebe-/Ausstelldachdeckel nach oben herausnehmen.

Einbau

- Der Deckel muß in Nullstellung eingebaut werden, das heißt in geschlossener Stellung. Deckelantrieb auf Nullstellung fahren.

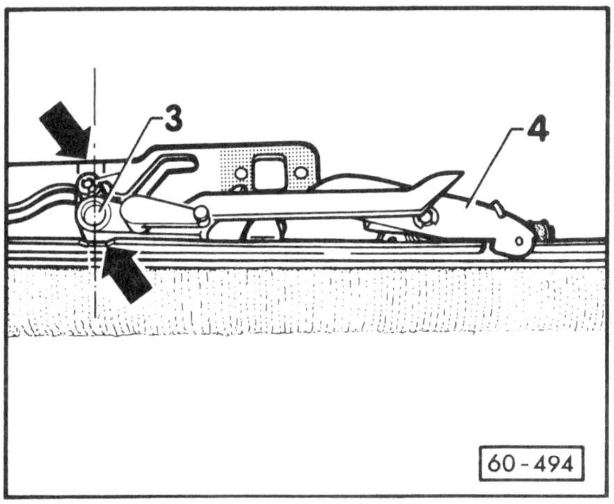

- Nullstellung am Deckelantrieb überprüfen:
  - Die Zapfen -3- müssen innerhalb der Markierungen (Kerben) -Pfeil- stehen.
  - Die Rasthaken -4- müssen in den Führungsschienen eingerastet sein.
- Ist dies nicht der Fall, Seilzugantrieb abschrauben und Antrieb parallel ausrichten, siehe Seite 214.

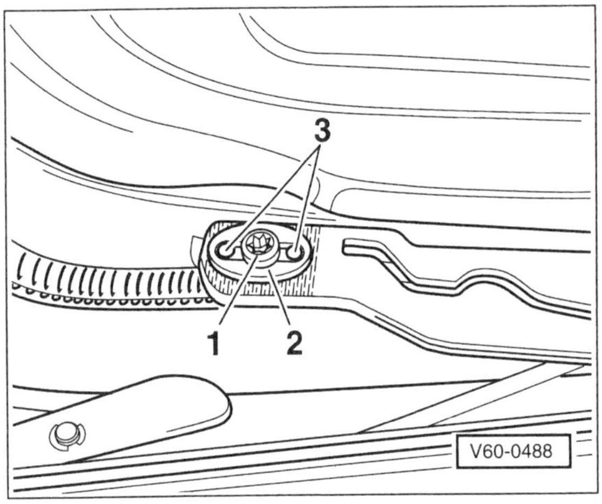

- Schiebe-/Ausstelldachdeckel von oben einsetzen und Torx-Befestigungsschrauben leicht anziehen.

Achtung: Beim Anziehen der Torxschrauben –1– auf richtigen Sitz der Einstellscheiben –2– achten: Die Führungsstifte –3– befinden sich in den Langlöchern der Einstellscheiben.

- Schiebe-/Ausstelldachdeckel zum Dachausschnitt in der Höhe einstellen: An der Vorderkante muß der Deckel 1 mm tiefer, an der Hinterkante 1 mm höher als die umliegende Dachdichtung liegen. Befestigungsschrauben in dieser Stellung mit 6 Nm, also nicht zu fest, anziehen.

Schiebehimmel für Schiebe-/ Ausstelldach aus- und einbauen

Ausbau

- Schiebe-/Ausstelldachdeckel ausbauen.
- Antrieb in Nullstellung bringen, siehe Kapitel »Schiebe-/ Ausstelldachdeckel ausbauen«.

Bis 8/94

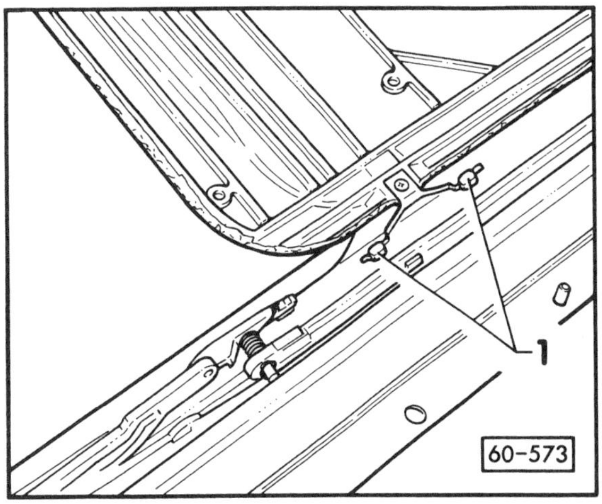

- Gleitfüße der Führungen –1– aus den Führungskanälen der Montageeinheit mit einem kleinen Schraubendreher heraushebeln: Zuerst eine Seite komplett heraushebeln und dabei den Schiebehimmel in die gegenüberliegende Führung drücken.

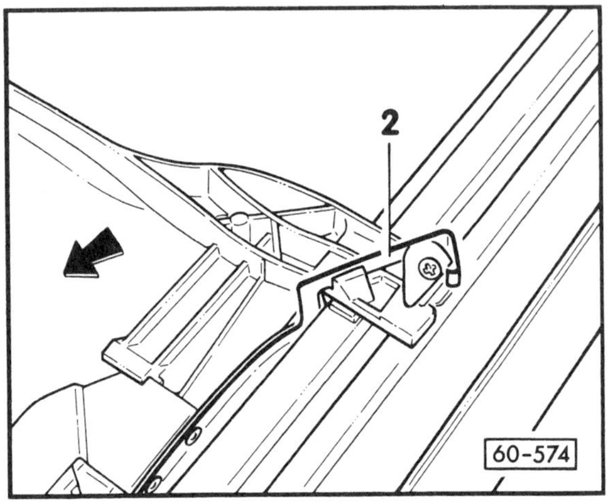

- Feder –2– entriegeln und Schiebehimmel nach vorn aus dem Dachausschnitt herausziehen. Der Schiebehimmel muß beim Herausziehen verkantet werden (die Feder –2– ist in eingebautem Zustand schlecht sichtbar).

Einbau

- Schiebehimmel in den Dachausschnitt einsetzen. Die Gleitfüße einer Seite in die Führungskanäle einstecken. Gleitfüße der anderen Seite mit einem kleinen Schraubendreher in die Führungskanäle hebeln.
- Schiebehimmel entgegen der Fahrtrichtung schieben, bis die Federn –2– einrasten, siehe Abbildung unter »Ausbau«.

Ausbau ab 9/94

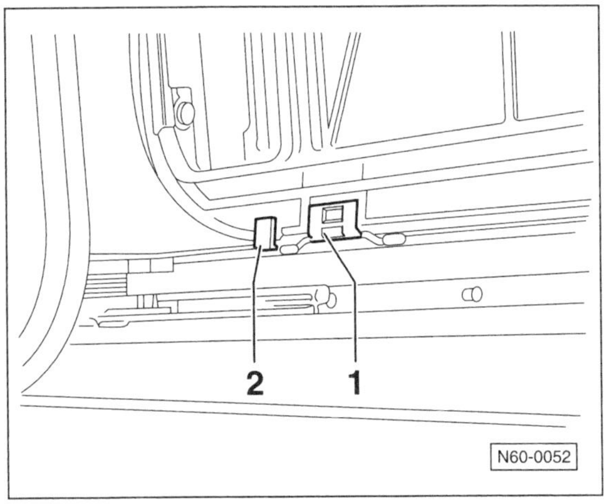

- Anschläge –2– auf einer Seite ausclipsen und Schiebehimmel zu dieser Seite drücken. Gleiter –1– auf der gegenüberliegenden Seite (von vorn nach hinten) mit einem Schraubendreher aus den Führungskanälen heraushebeln.
- Schiebehimmel aus der Montageeinheit herausschwenken.

Einbau

- Schiebehimmel in den Dachausschnitt einsetzen. Gleiter des Schiebehimmels (Gleiter sind am Schiebehimmel eingerastet) in die Führungskanäle einstecken. Gleiter –1– der anderen Seite in die Führungskanäle einsetzen und die seitlichen Anschläge –2– aufstecken.

Parallellauf des Schiebe-/ Ausstelldachs prüfen/einstellen

Prüfen

- Glasdeckel in Stellung »geschlossen« fahren.
- Schiebehimmel von Hand ganz zurückschieben.
- Blendrahmen nach hinten schieben und ausclipsen, siehe Kapitel »Schiebe-/Ausstelldachdeckel ausbauen«. Der Deckel kann eingebaut bleiben.

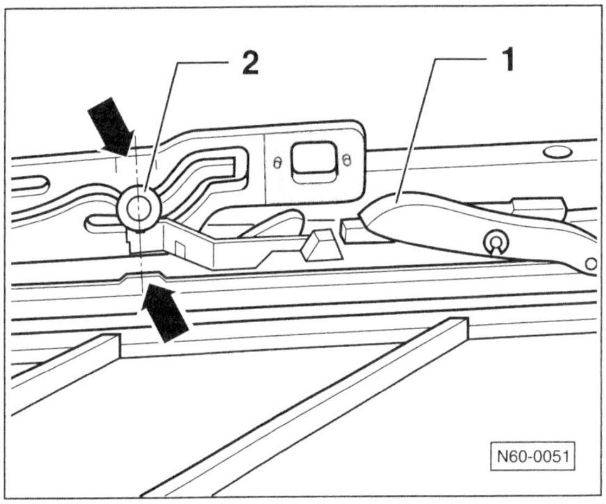

N60-0051

- Die Rasthaken (mit Rolle) –1– müssen in den Führungsschienen eingerastet sein.
- Die Bolzen –2– müssen innerhalb der Markierungen (Kerben) –Pfeile– stehen.
- Ist dies nicht der Fall, Parallellauf wie folgt einstellen:

Einstellen

- Batterie-Massekabel (–) bei ausgeschalteter Zündung abklemmen. **Achtung:** Dadurch werden die elektronischen Speicher gelöscht, zum Beispiel Motor-Fehlerspeicher oder Radiocode. Vor dem Abklemmen sollten auch die Hinweise im Kapitel »Radio« bzw. »Batterie aus- und einbauen« durchgelesen werden.

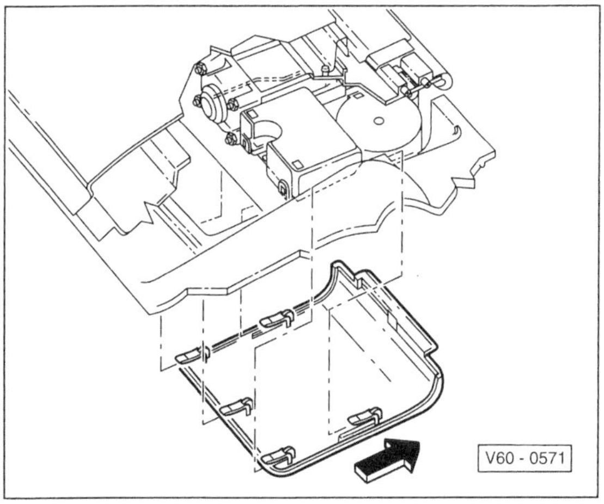
V60 - 0571

- Abdeckung für Seilzugantrieb in Pfeilrichtung schieben, aushaken und abnehmen.
- 2 Schrauben für Seilzugantrieb abschrauben und Antrieb etwas nach unten ziehen. Das Antriebsritzel darf nicht mehr mit den Seilzügen im Eingriff stehen.

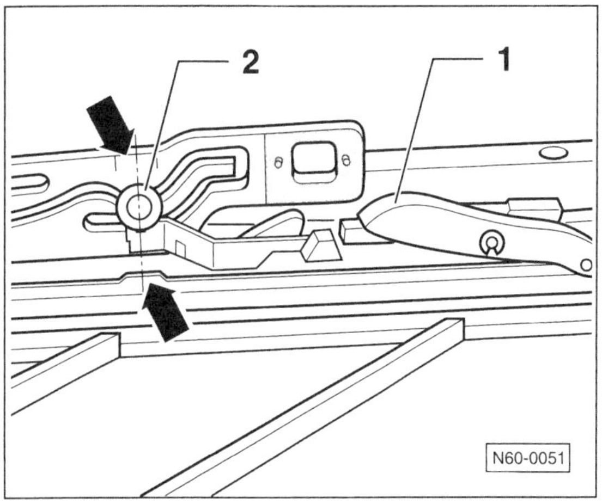

N60-0051

- Führungen von vorne nach hinten von Hand verschieben, bis:
  - ◆ die Rasthaken –1– in den Führungsschienen eingerastet sind.
  - ◆ die Führungen hinten mit Bolzen –2– zwischen den Kerben –Pfeile– stehen.
- Seilzugantrieb (in 0-Stellung) einsetzen und mit neuen Schrauben (microverkapselt) und 3 Nm, also nur leicht, anschrauben. **Hinweis:** Falls die bisherigen Schrauben verwendet werden, Gewinde vor dem Einschrauben mit einer Drahtbürste reinigen und mit Schraubensicherungsmittel beschichten.
- Abdeckung für Seilzugantrieb in die Dachverkleidung einsetzen und einhaken.
- Blendrahmen einclipsen.
- Batterie-Massekabel (–) bei **ausgeschalteter Zündung** anklemmen.
- Zeituhr einstellen. Diebstahlcode für Radio eingeben, siehe Kapitel »Radio-Codierung eingeben«.

Außenspiegel aus- und einbauen

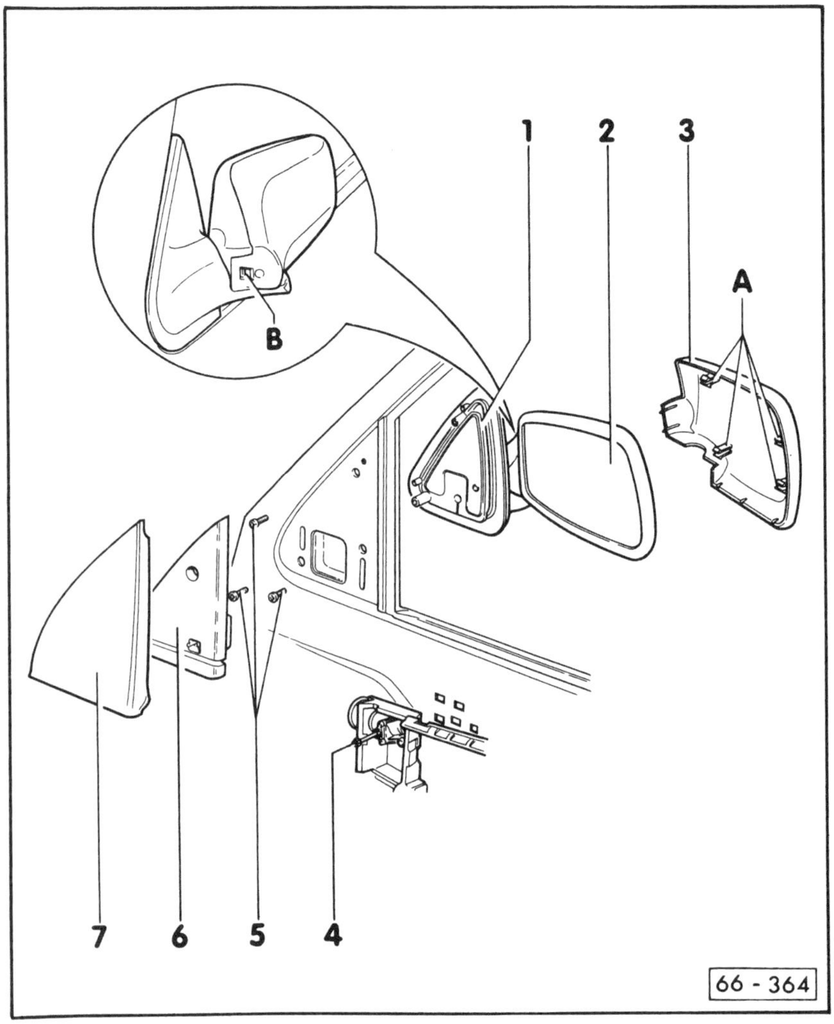

1 – **Spiegelgehäuse**

2 – **Spiegelglas**

3 – **Gehäusekappe**
Einzeln abbaubar: Spiegelglas ausclipsen und Spiegelgehäuse zur Türscheibe klappen. Rastnasen –A– und –B– zusammendrücken und Gehäusekappe abziehen.

4 – **Außenspiegelbetätigung**

5 – **Schraube, 2 Nm**

6 – **Dämpfung**

7 – **Abdeckung**

Ausbau

- **Nur Außenspiegel mit mechanischer Verstellung:** Türverkleidung ausbauen. Anschließend Einstellknopf mit Bowdenzügen aus dem inneren Türträger herausziehen.
- Türscheibe herunterdrehen.
- Abdeckung –7– mit Dämpfung –6– abziehen und Linsenschrauben –5– von innen herausdrehen.
- Außenspiegel abnehmen. Falls vorhanden, elektrischen Anschlußstecker abziehen.

Einbau

- Falls vorhanden, Kabelstecker aufstecken.
- Innere Befestigungsschrauben –5– nur ganz leicht, mit 2 Nm, anziehen.
- Mechanische Verstellung: Bowdenzüge einfädeln, Türverkleidung einbauen.
- Abdeckung mit Dämpfung an der Türinnenseite einclipsen.

Spiegelglas ersetzen

Die Spiegelgläser sind nur eingeclipst unabhängig davon, ob der Außenspiegel manuell oder elektrisch verstellbar ist.

- Gehäuse-Unterkante mit Tesaband abkleben und dadurch vor Beschädigung schützen.

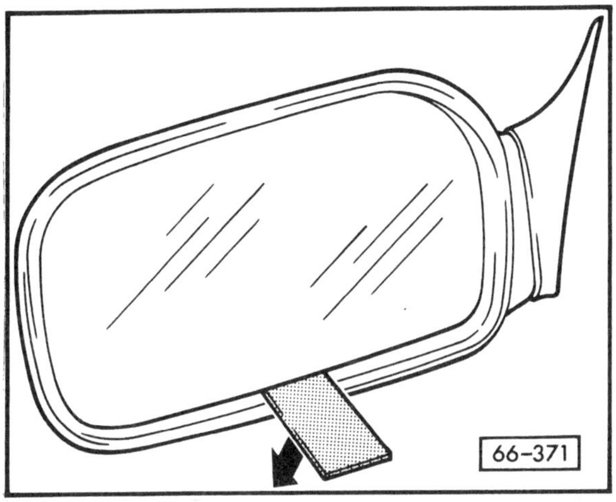

66-371

- Spiegelglas mit flachem Kunststoffspachtel nach hinten vorsichtig abdrücken, zuerst unten, dann oben.
- Falls vorhanden, Steckverbindung für Spiegelheizung an der Rückseite abziehen.

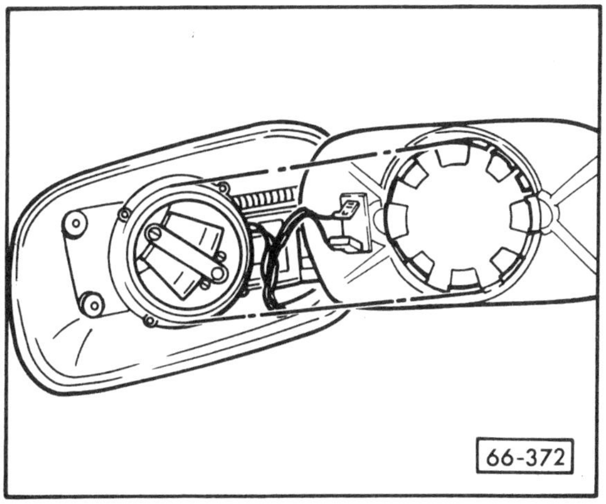

66-372

- Spiegelglas in die Führungszapfen einsetzen und einclipsen. Dabei nur auf die Glasmitte drücken. Um Verschmutzungen des Glases zu vermeiden und auch aus Sicherheitsgründen, empfiehlt es sich, einen sauberen Lappen zu unterlegen oder Handschuhe anzuziehen.

Handschuhkasten aus- und einbauen

Fahrzeuge ohne Beifahrer-Airbag

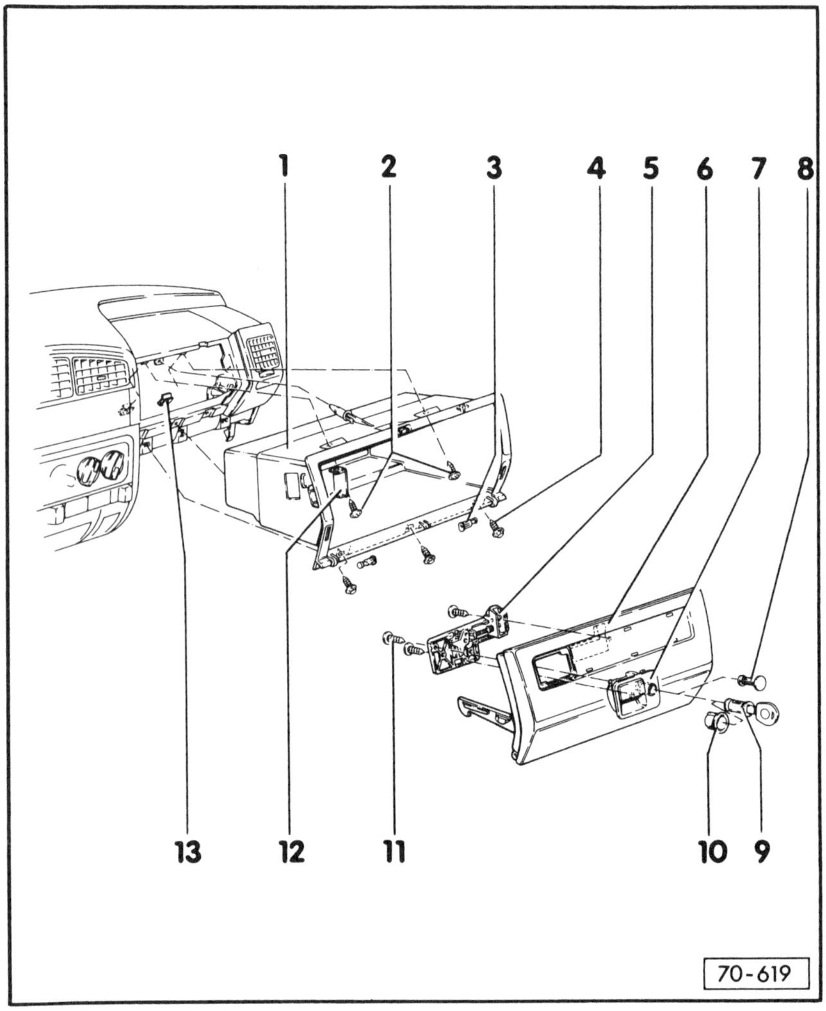

1 – **Handschuhkasten**
2 – **Kreuzschlitzschrauben**
3 – **Scharnierbolzen**
4 – **Sechskantschrauben**
5 – **Schloß**
6 – **Verschlußklappe**
7 – **Betätigung**
8 – **Abdeckkappe**
9 – **Schließzylinder**
10 – **Hülse**
Ausbau der Hülse nur bei eingestecktem Schlüssel.
11 – **Kreuzschlitzschrauben**
12 – **Leuchtenglas**
13 – **Schnappmutter**

Ausbau

- Ablage unterhalb vom Handschuhkasten abschrauben, siehe Kapitel »Schalttafelausbau«.
- Sechskantschrauben –4– abschrauben.
- Handschuhkasten öffnen, Schrauben –3– abschrauben.

Einbau

- Handschuhkasten einsetzen, Schrauben festziehen.
- Ablage einbauen.

Mittelkonsole aus- und einbauen

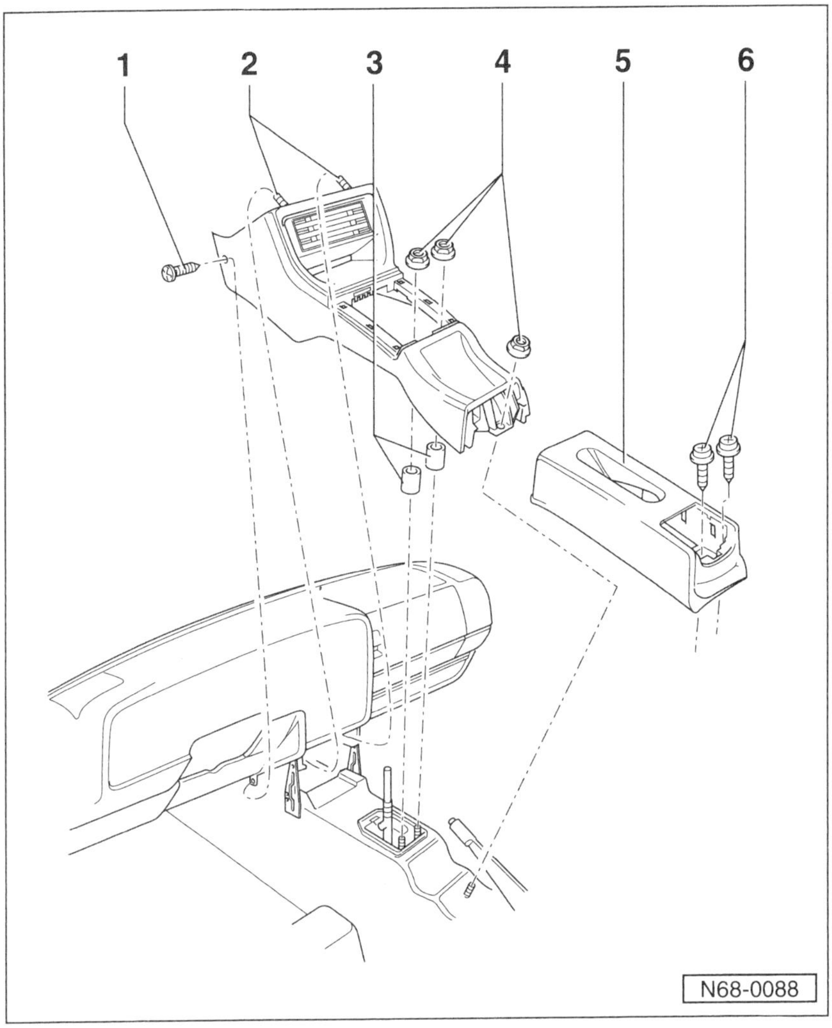

1 – Kreuzschlitzschraube
2 – Haltezapfen
3 – Distanzbolzen
4 – Sechskantmuttern
5 – Abdeckung
6 – Sechskantschrauben

Ausbau

- Lichtschalter muß ausgeschaltet sein.

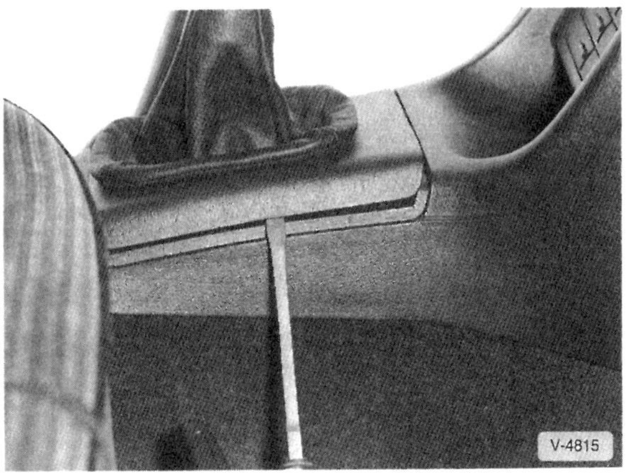

- Blende für Schalthebel-Faltenbalg an der Mittelkonsole ausclipsen und nach oben ziehen.
- Aschenbecher herausziehen und Sechskantschrauben –6– abschrauben, siehe Abbildung.
- Abdeckung –5– nach hinten von der Mittelkonsole abziehen, elektrische Anschlüsse für Ascherbeleuchtung abziehen.
- Sechskantmuttern –4– und Kreuzschlitzschrauben –1– links und rechts abschrauben.
- Konsole hinten etwas anheben und nach hinten von der Schalttafel abziehen.
- Elektrische Anschlußkabel für Beleuchtung abziehen.

Einbau

- Elektrische Anschlußstecker an Ascher- und Cassettenfachbeleuchtung aufstecken.
- Distanzhülsen –4– auf die Stehbolzen aufsetzen.
- Konsole mit Haltezapfen –5– in die Schalttafel einsetzen.
- Konsole anschrauben.
- Schalthebel-Faltenbalg einclipsen.
- Anschlußstecker an hintere Abdeckung anklemmen, Abdeckung anschrauben.
- Aschenbecher einsetzen.

Schalttafel aus- und einbauen

Fahrzeuge ohne Beifahrer-Airbag

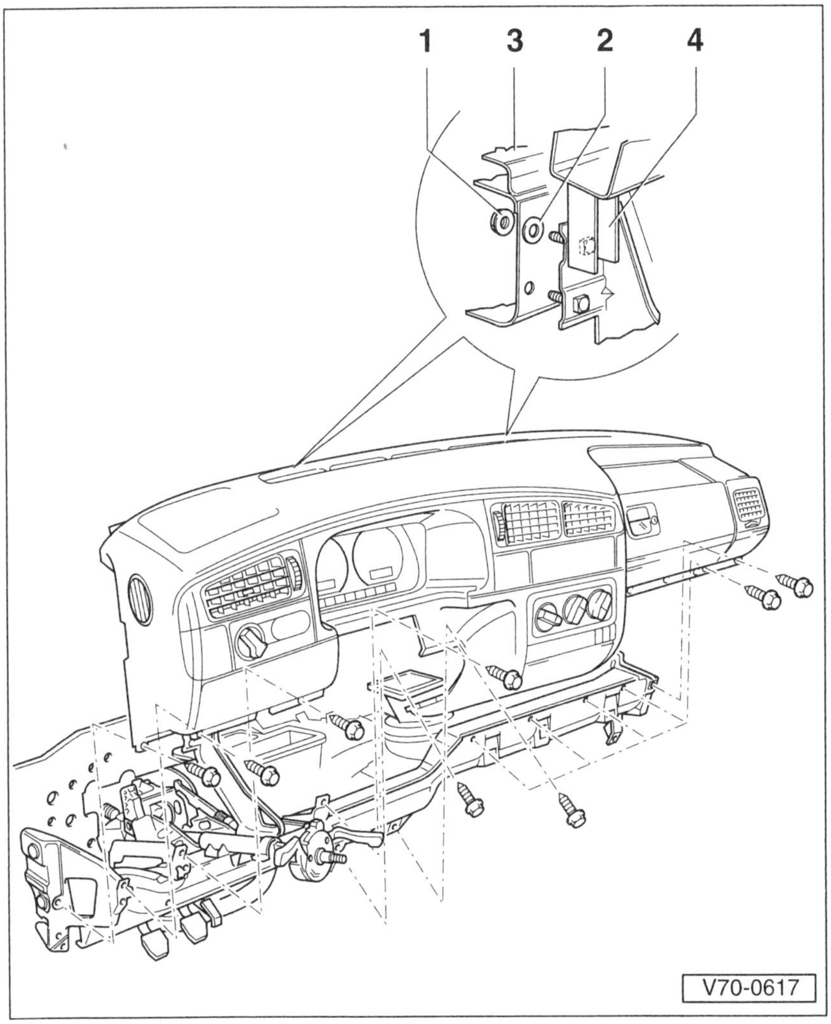

Schalttafel-Schraubverbindungen:

1 – Mutter

2 – Dichtscheibe
Beim Einbau darauf achten, daß die Dichtscheiben nicht vergessen werden.

3 – Stirnwand

4 – Schalttafelträger

Ausbau

- Batterie-Massekabel (–) abklemmen. **Achtung:** Dadurch werden die elektronischen Speicher gelöscht, zum Beispiel Motor-Fehlerspeicher oder Radiocode. Batterie nur bei **ausgeschalteter Zündung** abklemmen, da sonst das Steuergerät der Einspritzanlage beschädigt werden kann. Vor dem Abklemmen sollten auch die Hinweise im Kapitel »Radio« bzw. »Batterie aus- und einbauen« durchgelesen werden.
- Mittelkonsole ausbauen.
- Radio ausbauen, siehe Seite 271.
- Lenkrad und Lenkstockschalter ausbauen, siehe Seite 150/266.
- Schalttafeleinsatz ausbauen, siehe Seite 263.

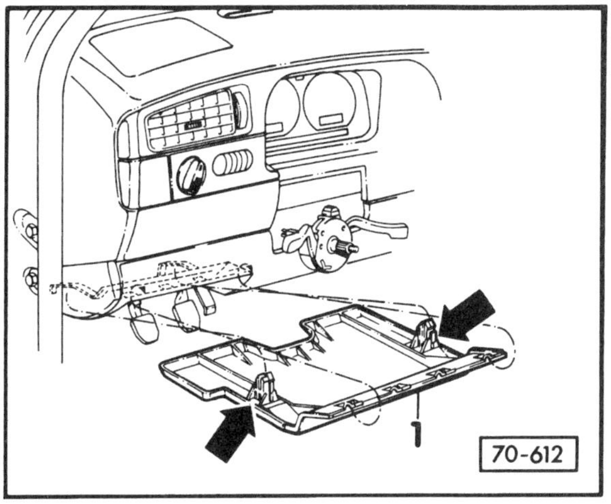

- Abdeckung –1– der Relaisplatte herausziehen, dabei gleichzeitig beide Sicherungsknöpfe –Pfeile– drücken (entriegeln).

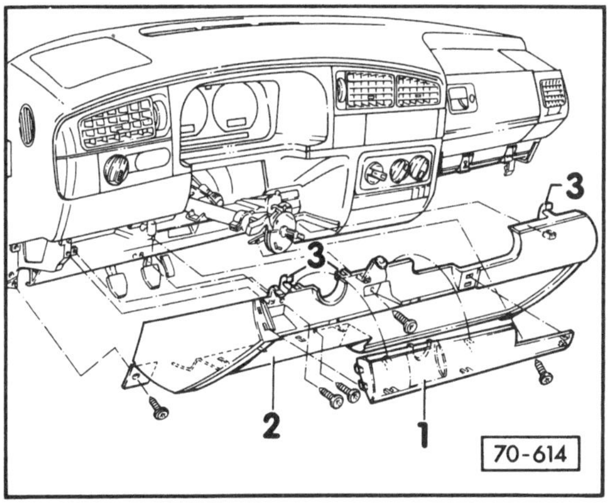

- Untere Abdeckung –1– abhebeln.
- Kreuzschlitzschrauben herausdrehen und Ablage –2– schräg nach unten aus den Führungen –3– ziehen.

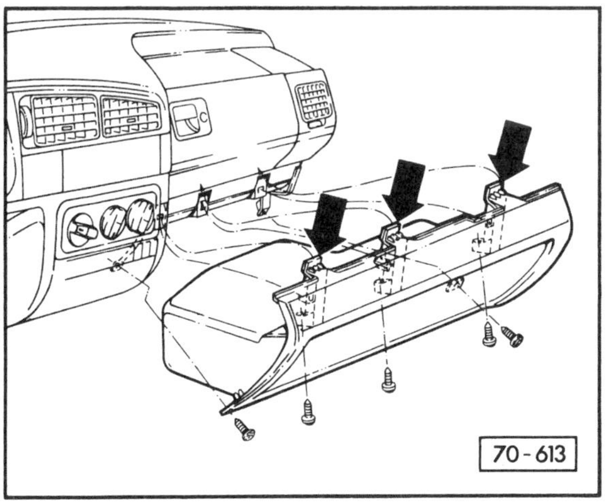

- Schrauben aus der Ablage an der Beifahrerseite herausdrehen und die Ablage schräg nach unten aus den Führungen –Pfeile– ziehen.

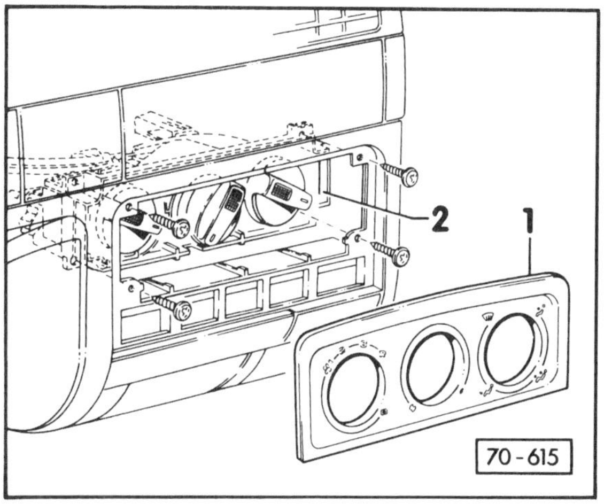

- Blende –1– der Heizungsbetätigung vorsichtig heraushebeln und darunterliegende Schrauben lösen.
- Heizungsbetätigung –2– in die Schalttafelöffnung hineindrücken, die Züge bleiben angebaut.
- Sechskantschrauben an der Unterkante der Schalttafel ausschrauben, insgesamt 11 Stück.
- Wasserkastenabdeckung (Gitter unterhalb der Windschutzscheibe) abschrauben, vorher Scheibenwischerarme ausbauen, siehe Seite 226.
- Sechskantmuttern –1– im Wasserkasten an der Stirnwand abschrauben, siehe große Abbildung V70-0617.
- Schalttafel etwas von der Stirnwand abziehen und Leitungsstränge von der Schalttafel lösen, dann aus dem Fahrzeug herausnehmen.

Einbau

- Leitungsstränge an der Schalttafelrückseite verlegen.
- Schalttafel einsetzen und anschrauben. **Achtung:** Dabei Dichtscheiben –2– zwischen Schalttafel und Stirnwand nicht vergessen, siehe Abbildung 70-617.
- Wasserkastenabdeckung einsetzen und anschrauben.
- Scheibenwischerarme einbauen, siehe Seite 279.
- Schalttafeleinsatz einbauen, siehe Seite 263.
- Lenkstockschalter, Lenkrad einbauen, siehe Seite 150/266.
- Ablagen an Fahrer- und Beifahrerseite anschrauben, Abdeckung aufdrücken, siehe Abbildungen unter »Ausbau«.
- Abdeckung der Relaisplatte aufdrücken.
- Heizungsbetätigung anschrauben und Blende aufdrücken.
- Radio einbauen, siehe Seite 271.
- Mittelkonsole einbauen.
- Batterie-Massekabel (–) anklemmen. **Achtung:** Batterie nur bei **ausgeschalteter Zündung** anklemmen, sonst kann das Steuergerät der Einspritzanlage beschädigt werden.

- Zeituhr einstellen.
- Diebstahlcode für Radio eingeben, siehe Kapitel »Radio-Codierung eingeben«.

Türsäulenverkleidungen/Formhimmel aus- und einbauen

Die Verkleidungen müssen bei verschiedenen Arbeiten an der Karosserie, den Sicherheitsgurten oder dem Schiebedach entfernt werden. Die Säulen werden von vorn nach hinten A-, B- und C-Säulen genannt.

A-Säulenverkleidung ausbauen

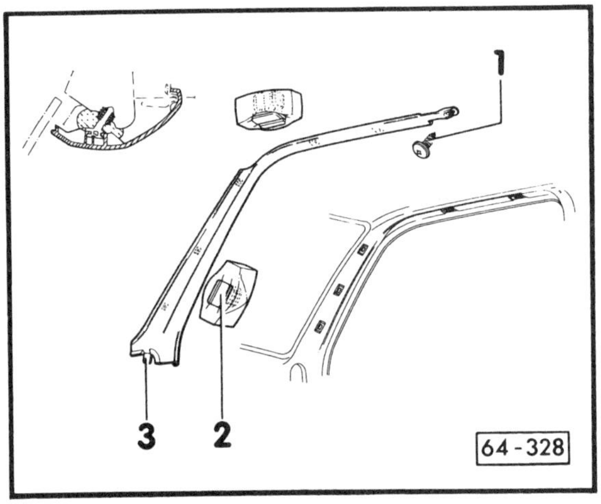

- Kreuzschlitzschraube –1– herausdrehen und Verkleidung für A-Säule abziehen. Dabei rastet der Clip –2– aus.
- Verkleidung aus der Stecklasche –3– herausziehen.

B-Säulenverkleidung ausbauen

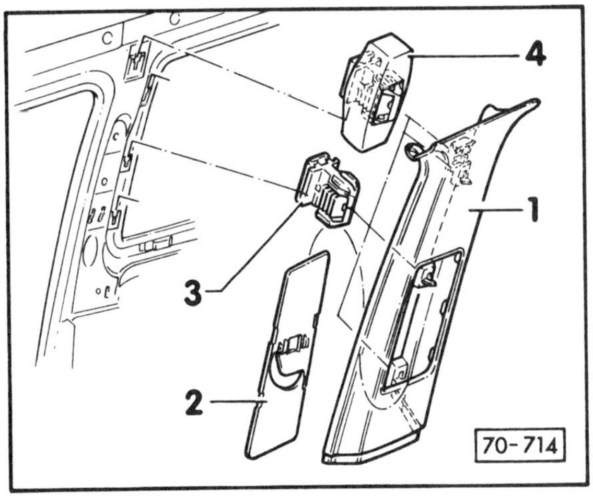

- Verkleidung –1– abziehen, die Befestigungsclipse –3– (nur bei 2-türigen Fahrzeugen) und –4– verbleiben an der B-Säule.
- Blende –2– aus der Verkleidung –1– ausclipsen.

C-Säulenverkleidung ausbauen

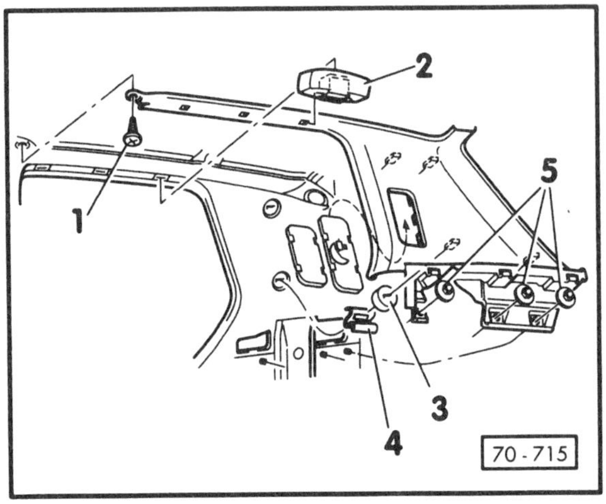

- Kreuzschlitzschraube –1– herausdrehen und Verkleidung im oberen Bereich abziehen. (2 – Befestigungsclip, 3 – Dichtungsscheibe, 4 – Federlasche, 5 – Befestigungsmutter.)

Formhimmel ausbauen

- Innenleuchte ausbauen, siehe Seite 251.
- Abdeckung für Seilzugantrieb ausbauen, siehe Seite 209.
- Sonnenblenden und Haltegriffe abschrauben. Die vorderen Haltegriffe sind bei Fahrzeugen mit Schiebedach mit einem »V«, die hinteren Haltegriffe mit einem »H« gekennzeichnet.

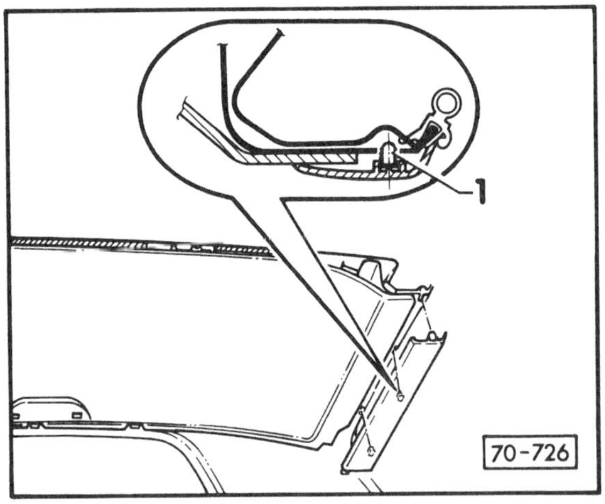

- Abschlußleiste (vor der Heckklappe) von den Clips –1– abziehen.
- Formhimmel absenken und mit einer Hilfsperson aus dem Fahrzeug herausnehmen (Bruchgefahr).

Einbau

- Der Einbau erfolgt in umgekehrter Reihenfolge wie unter »Ausbau« beschrieben.

Laderaumabdeckung aus- und einbauen

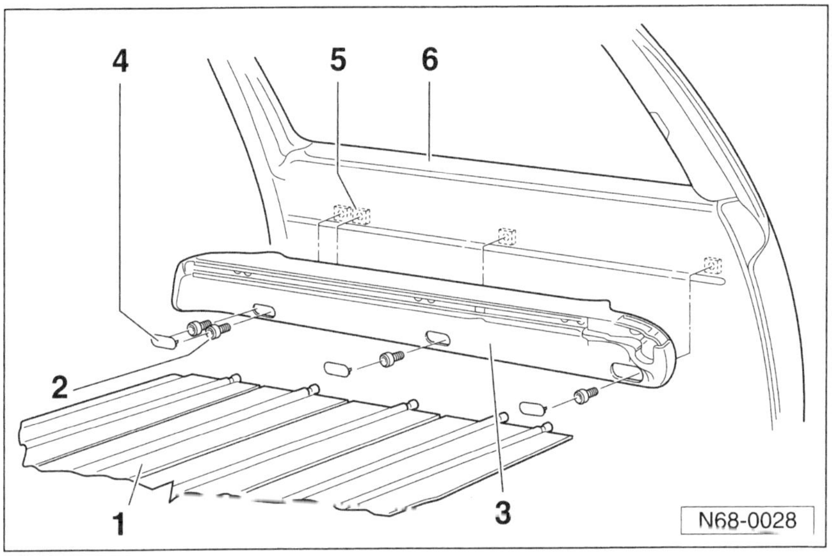

Variant

Hinweis: Die Laderaumabdeckung kann auch nachträglich eingebaut werden.

1 – **Abdeckplane**

2 – **Innensechskantschraube mit Unterlegscheibe, 8 Nm**

3 – **Laderaumabdeckung mit Führungsschiene**
Die Führungsschiene ist mit der Laderaumabdeckung vernietet.

4 – **Abdeckkappe**
In Laderaumabdeckung eingeclipst.

5 – **Gewindemutter**
In jedem Fahrzeug vorhanden.

6 – **Verkleidung Laderaum hinten**
Die Durchbrüche für den nachträglichen Einbau sind auf der Rückseite gekennzeichnet.

Vordersitz aus- und einbauen

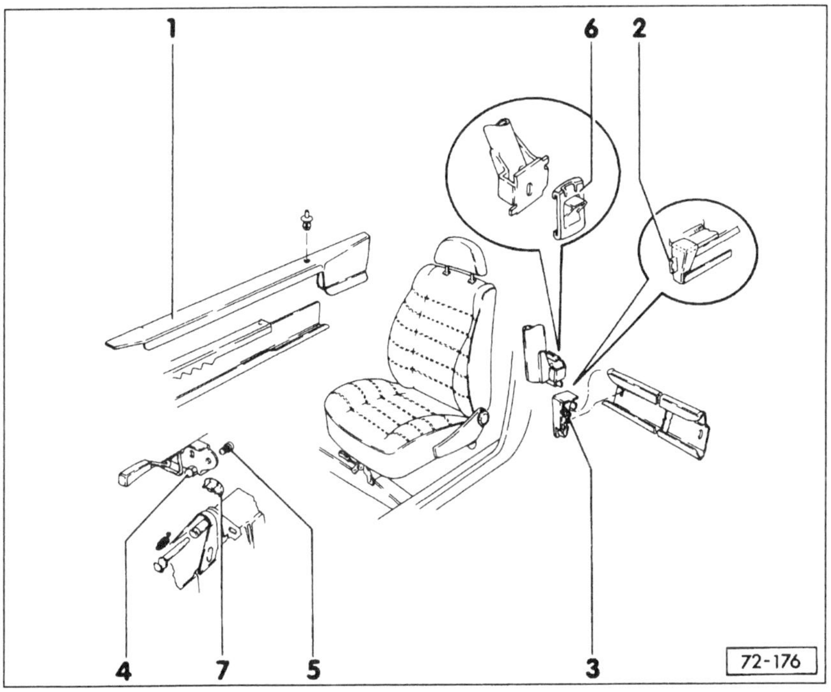

Der Sitz wird in 3 Führungsschienen gelagert, in denen er auch verschoben werden kann.

Ausbau

- Batterie-Massekabel (–) bei ausgeschalteter Zündung abklemmen. **Achtung:** Dadurch werden elektronische Speicher gelöscht, wie zum Beispiel der Radiocode. Hinweise im Kapitel »Batterie aus- und einbauen« beachten.
- Bei Sitzen mit Sitzheizung, elektrischer Sitzverstellung und Seitenairbag Kabelverbindungen trennen.
- Clip für Abdeckleiste –1– ausclipsen und Abdeckleiste nach hinten von der rechten Sitz-Führungsschiene abziehen.
- An der linken Schiene Keil –2– an der Abdeckkappe –3– mit einer Flachzange herausziehen.
- Sitz nach vorn verschieben und Hutmutter –4– am Verstellhebel abschrauben. Dabei Schraube –5– gegenhalten, nach hinten abnehmen.
- Sitz nach hinten aus den Führungsschienen herausschieben.

Einbau

- Gleitstücke –6– links und rechts, sowie vorderes Gleitstück –7– auf Beschädigungen und Abnutzung prüfen, gegebenenfalls ersetzen.
- Alle 3 Gleitstücke mit Mehrzweckfett schmieren.
- Sitz von hinten in die Führungen einfahren.
- Schraube –5– einsetzen, Hutmutter –4– mit 10 Nm aufschrauben.
- Abdeckkappe –3– einsetzen, Keil –2– an der Rückseite eindrücken.
- Abdeckleiste –1– aufsetzen und mit Halteclip sichern.
- Falls vorhanden, elektrische Leitungen verbinden.
- Batterie-Massekabel (–) anklemmen. Zeituhr einstellen. Falls erforderlich, Diebstahlcode für Radio eingeben.

Rücksitz aus- und einbauen

Ausbau

- Sitzbank mit Zugschlaufe anheben.

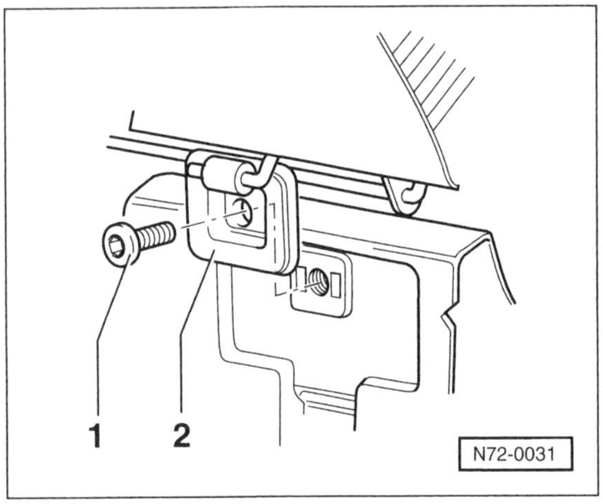

- **GOLF, VENTO:** Innensechskantschrauben –1– herausdrehen und Sitzbankteil mit Scharnieren –2– abnehmen.

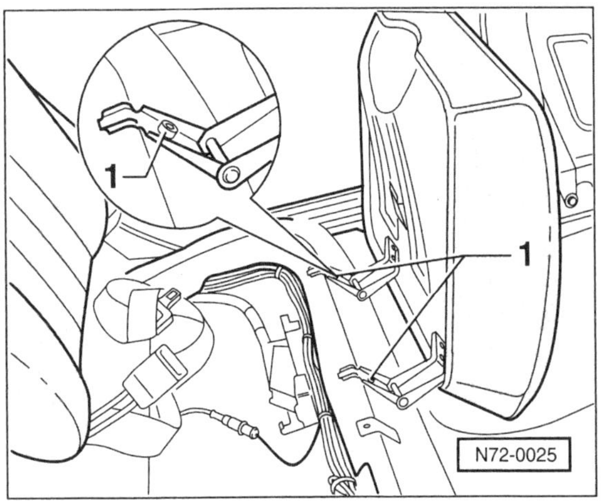

- **VARIANT:** Innensechskantschrauben –1– herausdrehen und Sitzbankteil mit Scharnieren herausnehmen.

- Beide Lehnenteile umklappen.

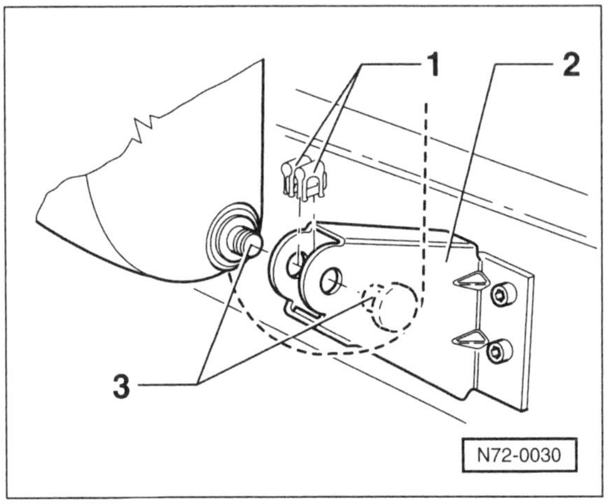

- Sicherungsscheiben –1– von den Bolzen der Adapter –3– am Mittellager –2– der Lehnenteile abziehen.

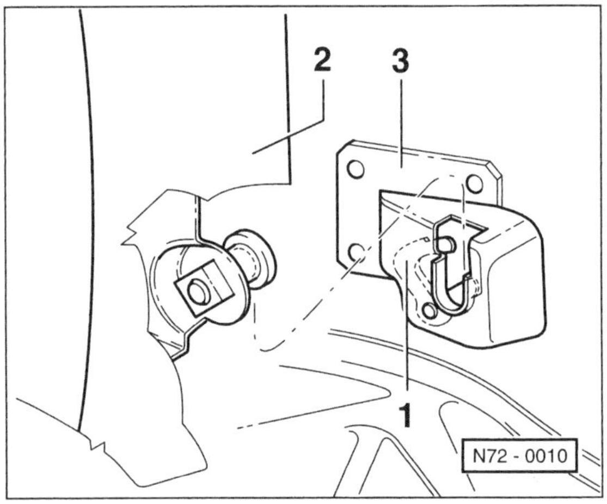

- Rasthaken –1– links bzw. rechts mit einem Schraubendreher zurückdrücken und Lehnenteil –2– aus dem Lehnenlager –3– nach oben herausziehen.
- Lehnenteil aus dem Mittellager herausziehen und aus dem Fahrzeug nehmen.

Einbau

- Rückenlehne mit den Bolzen in die Lager einsetzen.
- Sicherungsscheiben auf die Adapter schieben.
- Beide Lehnenteile zurückklappen und Arretierung überprüfen.
- Sitzbankteil mit Innensechskantschrauben anschrauben und zurückklappen.

Der Gurtstraffer

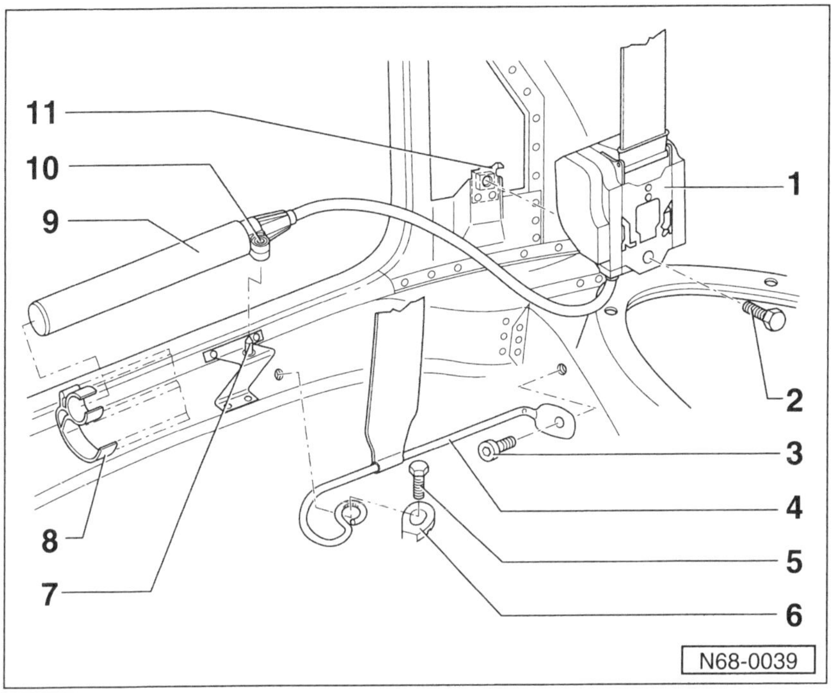

In der Abbildung GOLF 2türer dargestellt.

1 – **Gurtautomat**

2 – **Sechskantschraube, 40 Nm**

3 – **Zylinderschraube, 23 Nm**

4 – **Führungsbügel**

5 – **Sechskantschraube, 40 Nm**

6 – **Ösenkappe**

7 – **Gewindebolzen**

8 – **Kabelkanal**
Mit Aufnahme für Straffereinheit.

9 – **Straffereinheit**
Sichern:
Mit dem **Lösen der Sicherungsmutter –10–** ist der Gurtstraffer gesichert, und umgekehrt wieder funktionsfähig gemacht.
Die Straffereinheit ist Bestandteil des Sicherheitsgurtes.

10 – **Sicherungsmutter, 20 Nm**

11 – **Befestigungspunkt Gurtautomat**
Haltenasen bestimmen die Lage des Gurtautomaten.

Der Gurtstraffer ist fest in den Gurtautomaten integriert. Er sorgt bei einem Frontalaufprall für einen eng am Körper liegenden Sicherheitsgurt und verhindert, daß der Insasse unter dem Gurt wegrutscht. Ausgelöst wird der Gurtstraffer bei einem starken Frontalaufprall.

Beim Auslösen des Gurtschloßstraffers wird eine kleine Zündkapsel von einer Feder gegen einen Aufschlagstift geschossen. Die bei der Explosion der Kapsel freiwerdenden Gase treiben einen Kolben im Druckrohr nach unten. Am Kolben ist ein Seil befestigt, das die Gurtrolle verdreht. Das Gurtband wird so innerhalb von 10 ms (Millisekunden) um bis zu 150 mm aufgerollt.

Der Gurtstraffer ist wartungsfrei. Nach Auslösen muß der Gurtautomat komplett ersetzt werden. Erkennbar ist ein ausgelöster Gurtstraffer am Blockieren des Sicherheitsgurtes, oder wenn das Abrollen des Gurtes mit einem deutlichen Schnarrgeräusch verbunden ist. **Achtung:** Vor der Entsorgung eines nicht ausgelösten Gurtschloßstraffers muß dieser zwangsausgelöst werden (Werkstattarbeit).

Achtung: Um ein ungewolltes Auslösen des Gurtschloßstraffers zu vermeiden, ist grundsätzlich bei allen Ausbeul- und Richtarbeiten an der Karosserie, die mit starken Erschütterungen verbunden sind, der Gurtstraffer auszubauen. Montagearbeiten an den Sicherheitsgurten sollten von der VW-Werkstatt durchgeführt werden.

Sicherheitshinweise zum Gurtstraffer

- Der Gurtstraffer darf weder geöffnet, noch repariert werden.
- Gurtstraffer, die zu Boden gefallen sind, dürfen nicht mehr eingebaut werden.
- Mechanisch beschädigte Gurtstraffer (Beulen, Risse) grundsätzlich ersetzen.
- Gurtstraffer dürfen niemals unbeaufsichtigt liegengelassen werden. Ausgebaute Gurtstraffer immer wegschließen.
- Der Gurtstraffer darf nicht mit Fett, Reinigungsflüssigkeit oder ähnlichen Mitteln behandelt werden.
- Gurtstraffer keinen Temperaturen über +100° C aussetzen; auch nicht kurzfristig.

Gurtstraffer aus- und einbauen

Ausbau

Achtung: Die Ausbaureihenfolge ist unbedingt einzuhalten.

- Einstiegleiste ausbauen.
- Verkleidung Säule B oben und unten beziehungsweise Seitenverkleidung ausbauen.
- Sicherungsmutter –10– lösen, damit wird die Straffereinheit –9– abgeschraubt und gesichert.
- Führungsbügel –4– abschrauben.
- Gurtumlenkung mit 2 Kreuzschlitzschrauben abschrauben.
- Gurtautomat –1– abschrauben.
- Straffereinheit –9– aus dem Kabelkanal –8– herausziehen.

Einbau

Achtung: Der Einbau erfolgt in umgekehrter Reihenfolge, die unbedingt eingehalten werden muß.

Wasserkastenabdeckung aus- und einbauen

Die Wasserkastenabdeckung muß beispielsweise zur Demontage des Scheibenwischerantriebs oder Teilen der Heizung ausgebaut werden.

Ausbau

- Motorhaube öffnen.

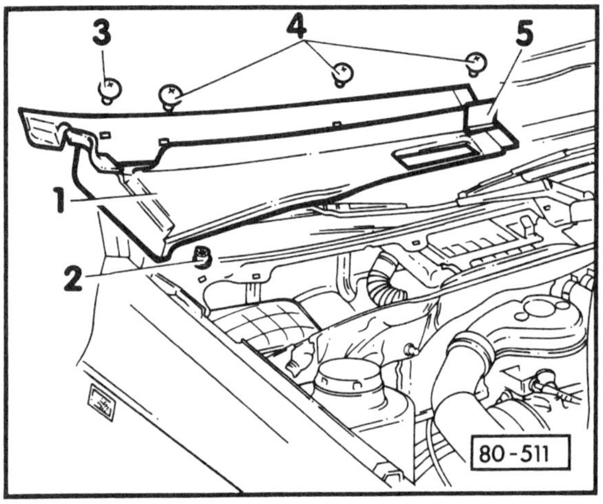

1 – **Rechte Wasserkastenabdeckung**
2 – **Adapter**
3 – **Kunststoffschraube**
4 – **Clip**
5 – **Verbindungsteil**

- Rechte Wasserkastenabdeckung ausbauen: Kunststoffschraube lösen, Abdeckung ausclipsen und mit Adapterteil abnehmen.
- Linke Wasserkastenabdeckung in gleicher Weise ausbauen, jedoch zuvor Scheibenwischerarme ausbauen, siehe Seite 279.

Einbau

- Wasserkastenabdeckungen einclipsen und mit den Kunststoffschrauben anschrauben.
- Scheibenwischerarme einbauen, siehe Seite 279.

Die Heizung

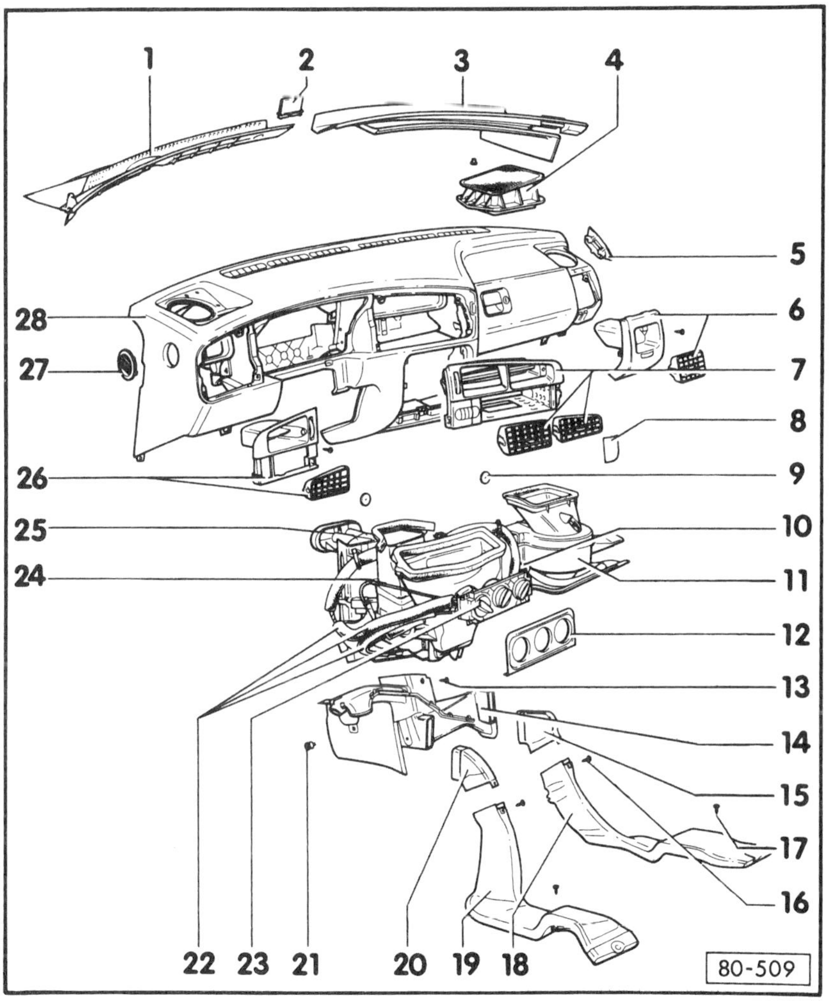

1 – **Wasserkastenabdeckung links**
2 – **Verbindungsteil**
3 – **Wasserkastenabdeckung rechts**
4 – **Ansaugstutzen**
5 – **Seitenscheibenanströmer**
6 – **Ausströmer rechts**
7 – **Ausströmer Mitte**
8 – **Blende**
9 – **Sechskantmutter**
10 – **Vorwiderstand für Gebläse**
Mit Überhitzungssicherung.
11 – **Frischluftgebläse**
12 – **Heizungsblende**
13 – **Blechschraube**
14 – **Fußraumausströmer**
15 – **Verbindungsstück rechts**
16 – **Linsenblechschraube**
17 – **Blechschraube**
18 – **Fondkanal rechts**
19 – **Fondkanal links**
20 – **Verbindungsstück links**
21 – **Clip**
22 – **Züge**
23 – **Heizungsregulierung**
24 – **Heizgerät**
25 – **Wärmetauscher**
26 – **Ausströmer rechts**
27 – **Seitenscheibenanströmer**
28 – **Schalttafel**

Die Frischluft für die Heizung gelangt über das Heizgebläse in den Fahrzeuginnenraum. Dabei durchströmt die Luft das Heizungsgehäuse und wird durch verschiedene Klappen auf die einzelnen Lufteintrittsdüsen verteilt. Wird die Heizung auf »warm« gestellt, so wird die kühle Luft über die Oberfläche des Wärmetauschers erwärmt. Der Wärmetauscher befindet sich im Heizungsgehäuse und wird durch das heiße Kühlmittel aufgeheizt. Die vorbeistreichende Frischluft erwärmt sich an den heißen Lamellen des Wärmetauschers und gelangt dann in den Fahrzeuginnenraum. Die Heizung wird luftseitig beeinflußt, das heißt, die Temperatur wird durch das Mischungsverhältnis von kalter und warmer Luft mit Hilfe der Temperaturmischklappe gesteuert.

Zur Verstärkung der Heizleistung dient ein vierstufiges Heizgebläse. Damit das Gebläse in den einzelnen Stufen mit unterschiedlicher Geschwindigkeit läuft, werden Widerstände vorgeschaltet. Die Widerstände befinden sich in der Anschlußplatte am Gebläse. Bei einem Defekt ist die komplette Anschlußplatte zu ersetzen.

Sonderausstattung Thermotronic

Als Mehrausstattung kann eine elektronische Heizungssteuerung, die Thermotronic, geordert werden. Hier kann über den mittleren Drehregler die Innenraumtemperatur vorgewählt werden, die dann durch automatische Steuerung der Temperaturregelklappe schnell erreicht und exakt gehalten wird: Zwei Innenraumtemperaturfühler (am Dach zwischen den Sonnenblenden sowie im Fahrerfußraum) sowie ein Außentemperaturfühler melden einem Steuergerät (hinter der Heizungsbetätigung) die Temperaturen. Bei Unterschieden zwischen der gewünschten und der vorhandenen Innenraumtemperatur verstellt das Steuergerät automatisch die Temperaturregelklappe im Heizungsgehäuse über einen Stellmotor.

Sonderausstattung Klimaanlage

Mit Hilfe der Klimaanlage kann die Innenraumtemperatur auch unter die momentan herrschende Außentemperatur abgesenkt werden. Kühlt die Klimaanlage, wird außerdem die Luftfeuchtigkeit im Fahrzeuginnern vermindert. Durch Drücken der Taste »norm« wird die Anlage in Betrieb gesetzt. Bei Betätigung der Taste »max« sperrt sich automatisch die Frischluftzufuhr ab, und es wird nur noch die im Fahrzeug befindliche Luft umgewälzt. Der Kompressor der Klimaanlage wird vom Motor über einen Keilriemen angetrieben.

Reparaturarbeiten an der Thermotronic und der Klimaanlage sollten von der Fachwerkstatt durchgeführt werden.

Heizgebläse prüfen/ aus- und einbauen

Ausbau

- Batterie-Massekabel (–) abklemmen. **Achtung:** Dadurch werden die elektronischen Speicher gelöscht, zum Beispiel Motor-Fehlerspeicher oder Radiocode. Batterie nur bei **ausgeschalteter Zündung** abklemmen, da sonst das Steuergerät der Einspritzanlage beschädigt werden kann. Vor dem Abklemmen sollten auch die Hinweise im Kapitel »Radio« bzw. »Batterie aus- und einbauen« durchgelesen werden.
- Elastische Abdeckung oben im Beifahrer-Fußraum herausziehen.

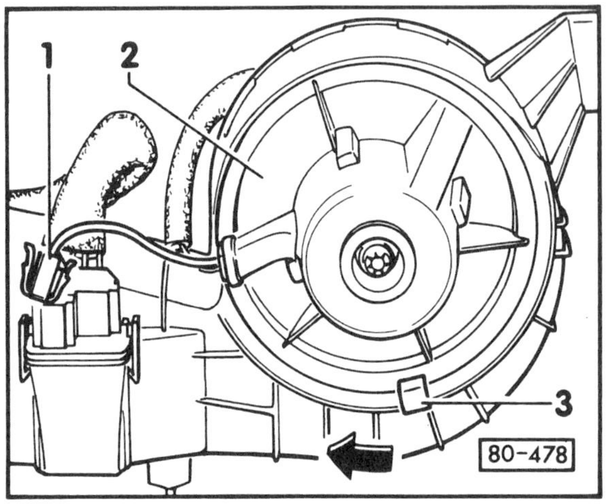

- Steckverbindung –1– vom Vorwiderstand abziehen.
- Haltezunge –3– mit Schraubendreher nach unten drücken. Gebläse –2– im Uhrzeigersinn drehen und nach unten herausnehmen.
- Lüfterrad auf Leichtgängigkeit prüfen.
- Eventuell vorhandene Fremdkörper aus dem Luftführungskanal herausnehmen.

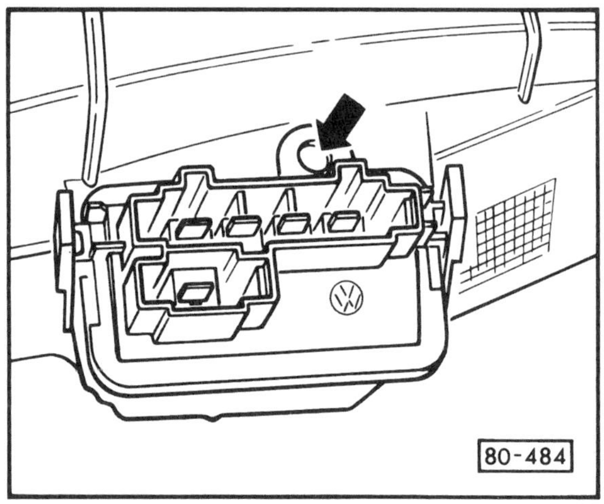

Achtung: Wenn das Heizgebläse nicht auf allen Stufen läuft, ist in der Regel ein Vorwiderstand defekt. In diesem Fall Anschlußplatte komplett ersetzen.

- Dazu seitliche Laschen zusammendrücken und Vorwiderstand herausziehen.

Einbau

- Vorwiderstand ansetzen und einrasten. **Achtung:** Rasten die seitlichen Rasten nicht ein, Vorwiderstand mit einer Blechschraube –Pfeil– anschrauben.
- Gebläse ansetzen, nach links drehen und einrasten.
- Haltezunge eindrücken.
- Abdeckung in den Beifahrerfußraum einsetzen.
- Batterie-Massekabel (–) anklemmen. **Achtung:** Batterie nur bei **ausgeschalteter Zündung** anklemmen, sonst kann das Steuergerät der Einspritzanlage beschädigt werden.
- Zeituhr einstellen.
- Diebstahlcode für Radio eingeben, siehe Kapitel »Radio-Codierung eingeben«.

Heizungsregulierung aus- und einbauen/zerlegen

Ausbau

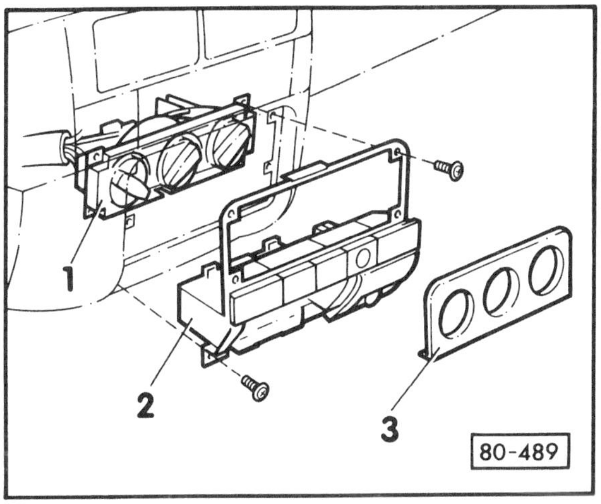

- Heizungsblende –3– mit einem breiten Schraubendreher vorsichtig abhebeln.
- Instrumentenblende –2– abschrauben.
- Regulierung –1– mit angebauten Zügen aus der Schalttafel herausziehen.

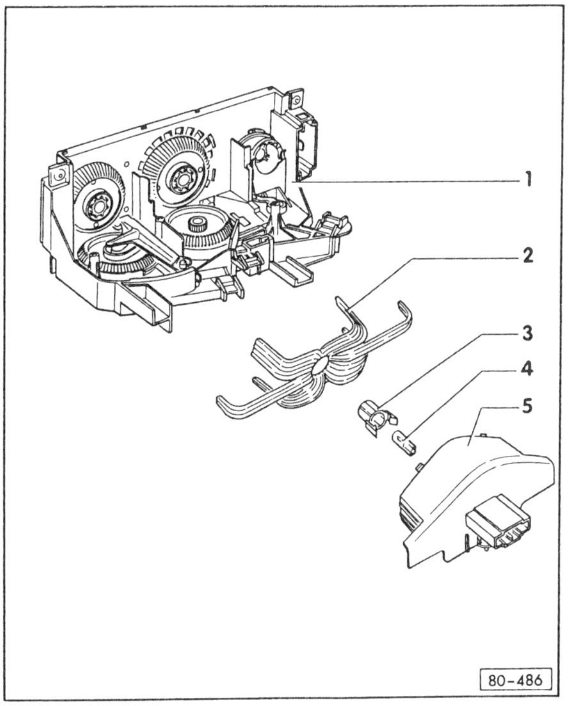

- Zum Auswechseln der Lampe, Kappe –5– abclipsen. Lampe –4– mit Farbfilter –3– herausziehen (2 = Lichtleiter, 1 = Schalttafel).
- Heizungszüge ausbauen.

Einbau

- Heizungszüge an ausgebauter Regulierung befestigen.
- Kappe mit eingesetzter Lampe in die Regulierung einrasten.
- Regulierung in die Schalttafel einsetzen und anschrauben.
- Blende aufdrücken.

Heizungszüge aus- und einbauen/ einstellen

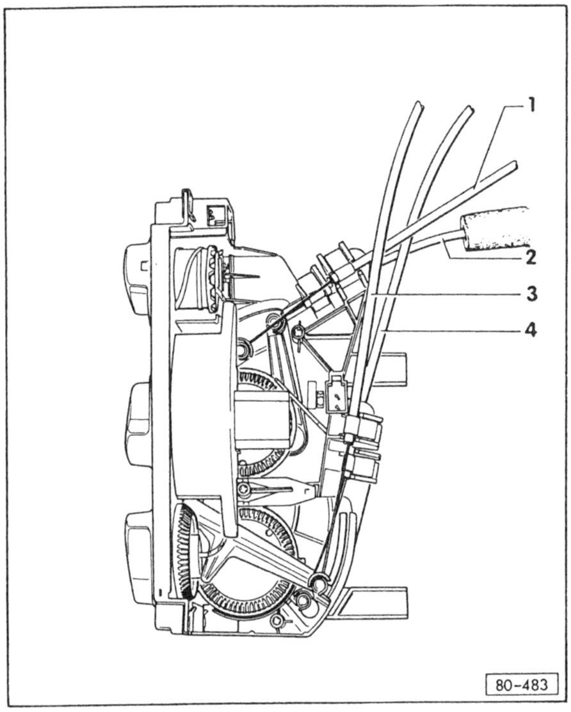

1 – **Zug Hauptabsperrklappe**
Schwarze Hülle, 807 mm lang.

2 – **Zug für Temperatur-Drehknopf zur Temperaturklappe**
Blaue Hülle, 585 mm lang.

3 – **Zug für Luftverteilungs-Drehknopf zur Klappe Fußraum/Defrost**
Schwarze Hülle, 488 mm lang.

4 – **Zug für Luftverteilungs-Drehknopf zur Zentralklappe**
Schwarze Hülle, 639 mm lang.

Ausbau

- Heizungsregulierung ausbauen.
- Untere Abdeckung für Pedale abschrauben und herausziehen.
- Im Beifahrerfußraum die obere, elastische Abdeckung herausziehen.
- Soll der Zug der Temperaturklappe ausgebaut werden, Mittelkonsole mit Fußraumausströmern ausbauen, siehe Seite 214.
- Heizungszüge an den Betätigungshebeln aushängen und herausnehmen. Dazu Federklammern für Zughüllen mit Schraubendreher abhebeln und Züge abnehmen.

Einbau

- Heizungszüge zuerst an der Heizungsregulierung einbauen. Dazu die Züge mit der Seite, die mit einem Farbstrich markiert ist, an der Regulierung einhängen. Zughüllen an die Anschläge auf der Regulierung setzen, dann die Federklammern mit einer Zange aufdrücken und einrasten.
- Regulierung einbauen.
- Züge an den Betätigungshebeln einhängen, Zughülle noch nicht befestigen.

Einstellen

- Gebläse-Drehknopf bis zum Anschlag auf die Stellung »0« drehen.

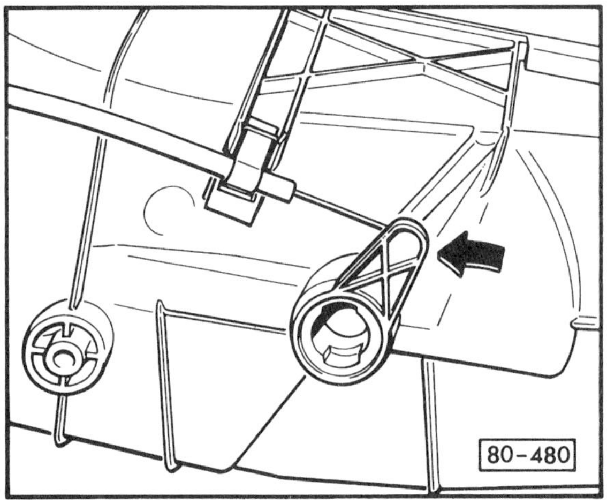

- Hebel für Hauptabsperrklappe bis zum Anschlag drücken, dann Hülle des Zuges in die Federklammer einrasten.
- Temperatur-Drehknopf bis zum Anschlag auf die Stellung »kalt« drehen.

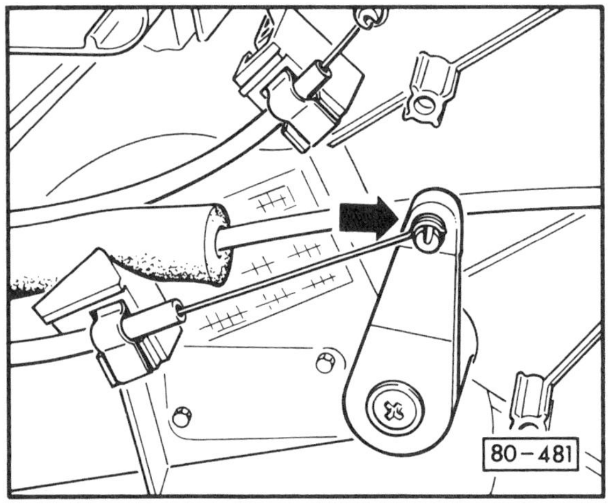

- Hebel für Temperaturklappe bis zum Anschlag drücken und blaue Hülle des Zuges befestigen.
- Luftverteilungs-Drehknopf bis zum Anschlag auf die Stellung »Defrost« drehen.

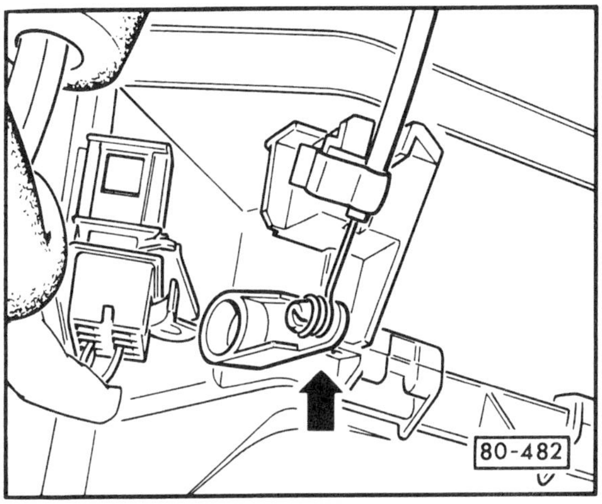

- Hebel der Klappe Fußraum/Defrost bis zum Anschlag drücken und schwarze Hülle des Zuges befestigen.
- Luftverteilungs-Drehknopf bis zum Anschlag auf die Stellung »Defrost« drehen.

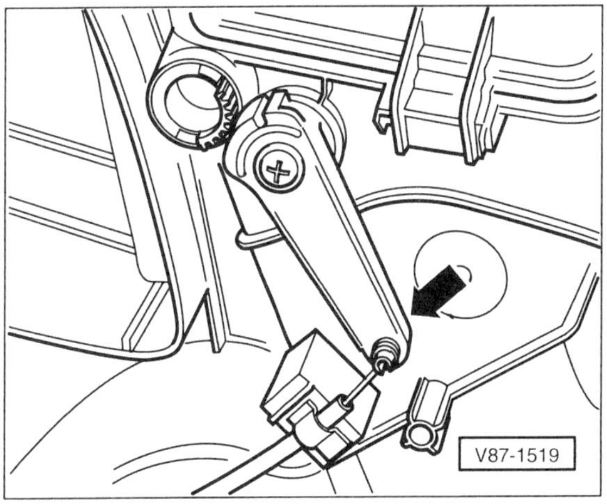

- Hebel für Zentralklappe bis zum Anschlag drücken –Pfeil– und schwarze Hülle des Zuges befestigen.
- **Einstellung prüfen:** Drehknöpfe an der Heizungsregulierung von Anschlag zu Anschlag drehen. Dabei müssen die Klappen hörbar anschlagen.
- Untere Abdeckung und Mittelkonsole einbauen.

Ausströmer aus- und einbauen

Ausbau

- Lichtschalter ausbauen, siehe Seite 261.

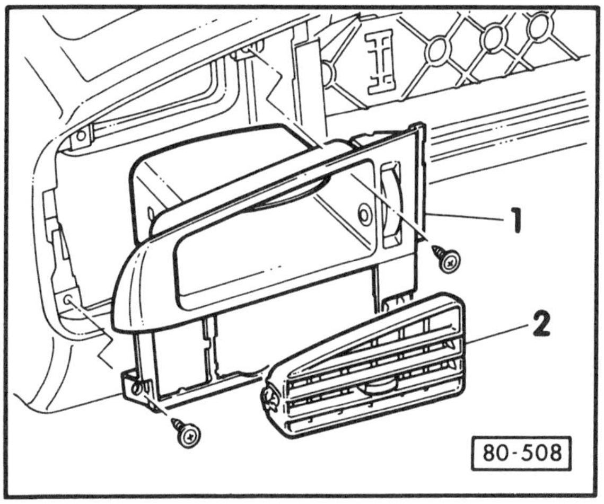

- Dreheinsatz –2– mit einer Spitzzange fassen und vorsichtig herausziehen.
- Gehäuse für Ausströmer –1– abschrauben und herausnehmen.

Einbau

- Gehäuse für Ausströmer einsetzen und anschrauben.
- Dreheinsatz einclipsen.
- Lichtschalter einbauen.

Störungsdiagnose Heizung

Störung	Ursache	Abhilfe
Heizgebläse läuft nicht.	Sicherung für Gebläsemotor defekt.	■ Sicherung für Gebläse prüfen, gegebenenfalls ersetzen.
	Gebläseschalter defekt.	■ Prüfen, ob an den Vorwiderständen Spannung anliegt. Wenn nicht, Gebläseschalter ausbauen und prüfen.
	Elektromotor defekt.	■ Gebläsemotor prüfen.
Heizgebläse läuft nur in einer Geschwindigkeitsstellung nicht.	Vorwiderstand defekt.	■ Anschlußplatte ersetzen.
Heizleistung zu gering.	Kühlmittelstand zu niedrig.	■ Kühlmittelstand prüfen, gegebenenfalls Kühlmittel auffüllen.
	Heizungsbetätigung schwergängig, defekt.	■ Heizungsbetätigung prüfen, gegebenenfalls Bowdenzug ersetzen.
	Wärmetauscher undicht oder verstopft.	■ Wärmetauscher ersetzen (Werkstattarbeit).
Heizung läßt sich nicht ausschalten.	Heizungsbetätigung schwergängig, defekt.	■ Heizungsbetätigung prüfen, gegebenenfalls Bowdenzug ersetzen.
Geräusche im Bereich des Heizgebläses.	Eingedrungener Schmutz, Laub.	■ Gebläse ausbauen, reinigen, Luftkanal säubern.
	Lüfterrad hat Unwucht, Lager defekt.	■ Gebläsemotor ausbauen und auf leichten Lauf prüfen.
Frischluft bzw. Heizluft riecht nach faulen Eiern.	Spannungsregler am Generator defekt. Batterie wird zu stark geladen und beginnt zu gasen. Dabei bildet sich Schwefelwasserstoff (H_2S).	■ Ladespannung bzw. Spannungsregler des Generators prüfen, ggf. Spannungsregler ersetzen.

Die elektrische Anlage

Bei der Überprüfung der elektrischen Anlage stößt der Heimwerker in den technischen Unterlagen immer wieder auf die Begriffe Spannung, Stromstärke und Widerstand.

Die Spannung wird in Volt (V) gemessen, die Stromstärke in Ampère (A) und der Widerstand in Ohm (Ω). Mit dem Begriff Spannung ist beim Auto in der Regel die Batteriespannung gemeint. Es handelt sich dabei um eine Gleichspannung von ca. 12 Volt. Die Höhe der Batteriespannung hängt vom Ladezustand der Batterie und von der Außentemperatur ab. Sie kann zwischen 10 bis 13 Volt betragen. Demgegenüber wird die Bordspannung vom Generator (Lichtmaschine) erzeugt, die bei mittleren Drehzahlen ca. 14 Volt beträgt.

Der Begriff Stromstärke taucht im Bereich der Automobil-Elektrik relativ selten auf. Die Stromstärke ist beispielsweise auf der Rückseite von Sicherungen angegeben und weist auf den maximalen Strom hin, der fließen kann, ohne daß die Sicherung durchbrennt und damit den Stromkreis unterbricht.

Überall wo ein Strom fließt, muß er einen Widerstand überbrükken. Der Widerstand ist unter anderem von folgenden Faktoren abhängig: Leitungsquerschnitt, Leitungsmaterial, Stromaufnahme usw. Ist der Widerstand zu groß, treten Funktionsstörungen auf. Beispielsweise darf der Widerstand in den Zündleitungen nicht zu hoch sein, sonst fehlt ein ausreichend starker Zündfunke an den Zündkerzen, der das Kraftstoff-Luftgemisch entzündet und damit den Motor zum Laufen bringt.

Meßgeräte

Zum Messen der Bord-Elektrik gibt es im Handel sogenannte Mehrfach-Meßgeräte. Sie vereinen in einem Gerät das Voltmeter, um Spannungen zu messen, das Ampèremeter, um die Stromstärke zu messen und das Ohmmeter, um den Widerstand zu messen. Die im Handel befindlichen Meßgeräte unterscheiden sich hauptsächlich im Meßbereich und in der Meßgenauigkeit. Durch den Meßbereich wird festgelegt, in welchem Bereich Spannungen oder Widerstände liegen müssen, damit sie überhaupt vom Gerät erfaßt werden können.

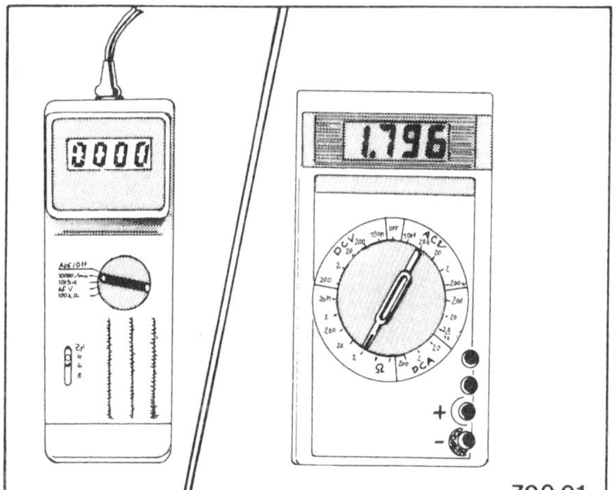

700.01

Für den Heimwerker gibt es Vielfach-Meßgeräte, die speziell für Prüfarbeiten am Auto abgestimmt sind. Mit solch einem Gerät können die Motordrehzahl, Zünd-Schließwinkel und außerdem Spannungen bis zu 20 Volt gemessen werden. Bei Widerstandsmessungen beschränkt sich das Gerät in der Regel auf den Kilo-Ohm-Bereich, also etwa 1 – 1000 kΩ.

Darüber hinaus werden Meßgeräte zur Überprüfung von elektrischen und elektronischen Bauteilen angeboten. Sie erlauben eine umfassende Messung von kleinen Widerständen in Ohm (Ω) bis zu großen Widerständen im Mega-Ohm-Bereich (MΩ). Spannungen (in Volt) können sehr exakt gemessen werden, was vor allem bei elektronischen Bauteilen erforderlich ist.

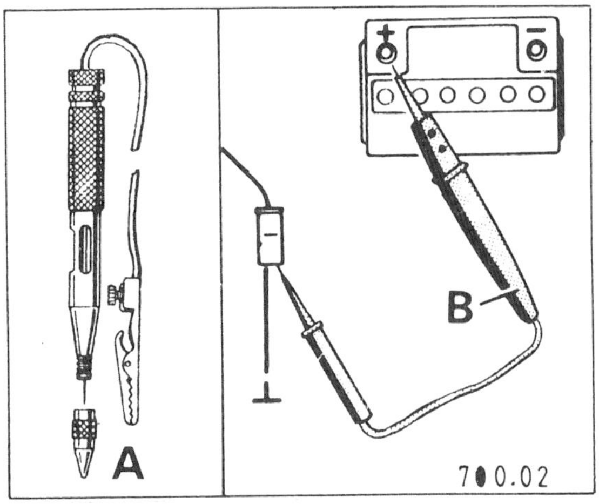

Wenn nur geprüft werden soll, ob überhaupt Spannung (V) anliegt, eignet sich hierzu eine einfache Prüflampe –A–. Dies gilt allerdings nur für Stromkreise, in denen sich keine elektronischen Bauteile befinden. Denn Elektronikteile reagieren äußerst empfindlich auf zu hohe Ströme. Unter Umständen können sie bereits durch das Anschließen einer Prüflampe zerstört werden. **Achtung:** Bei elektronischen Bauteilen (Transistoren, Dioden, Kondensatoren und vor allem bei ganzen Steuergeräten) ist ein hochohmiger Spannungsprüfer –B– erforderlich. Er arbeitet wie eine Prüflampe, jedoch ohne daß elektronische Bauteile geschädigt werden, und eignet sich für sämtliche Prüfarbeiten.

Meßtechnik

Spannung messen

Spannung kann schon mit einer einfachen Prüflampe oder einem Spannungsprüfer nachgewiesen werden. Allerdings erkennt man dann nur, ob überhaupt Spannung anliegt. Um die Höhe der anliegenden Spannung zu prüfen, muß ein Voltmeter (Spannungs-Meßgerät) angeschlossen werden.

Zunächst ist beim Voltmeter der Meßbereich einzustellen, in dem sich die zu messende Spannung voraussichtlich befindet. Spannungen am Fahrzeug sind in der Regel nicht höher als ca. 14 Volt. Eine Ausnahme bildet die Zündanlage; hier kann die Zündspannung bis zu 30 000 Volt betragen. Diese hohe Spannung ist nur mit einem speziellen Meßgerät oder einem Oszilloskop meßbar.

Während man bei Meßgeräten, die speziell auf das Auto abgestimmt sind, am Wählschalter nur das Voltmeter einschalten muß, sind bei einem allgemeinen Vielfachmeßgerät erst eine Reihe von Entscheidungen zu fällen. Zunächst wird mit dem Wählschalter der Bereich Gleichspannung (DCV im Gegensatz zu ACV=Wechselspannung) eingestellt. Dann wird der Meßbereich gewählt. Da beim Auto außer an der Zündanlage keine höheren Spannungen als ca. 14 Volt auftreten, sollte die Obergrenze des einzustellenden Meßbereiches etwas höher liegen (ca. 15 bis 20 Volt). Falls sicher ist, daß die gemessene Spannung wesentlich niedriger ist, zum Beispiel im Bereich von 2 Volt, kann der Meßbereich heruntergeschaltet werden, um eine größere Anzeigegenauigkeit zu erreichen. Liegen höhere Spannungen an, als sie vom Meßbereich des Gerätes erfaßt werden, kann das Meßgerät zerstört werden.

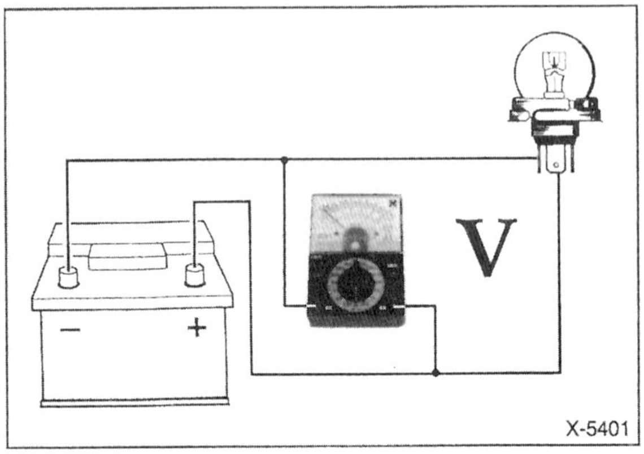

Die Kabel des Meßgerätes entsprechend der Zeichnung parallel zum Verbraucher anschließen. Dabei wird das rote Meßkabel an die vom Batterie-Pluspol kommende Leitung angelegt, das schwarze Meßkabel an die Masse-Leitung oder an Fahrzeugmasse, wie zum Beispiel den Motorblock.

Prüfbeispiel: Wenn der Motor nicht richtig anspringt, weil der Anlasser zu langsam dreht, ist es zweckmäßig, die Batteriespannung zu prüfen, während der Anlasser betätigt wird. Dazu das Voltmeter mit dem roten Kabel (+) an den Batterie-Pluspol und mit dem schwarzen Kabel an Fahrzeugmasse (–) anklemmen. Anschließend durch einen Helfer den Anlasser betätigen lassen und den Spannungswert ablesen. Liegt die Spannung unter ca. 10 Volt (bei einer Batterie-Temperatur von +20°C), muß die Batterie überprüft und eventuell vor den nächsten Startversuchen geladen werden.

Stromstärke messen

Am Auto ist es relativ selten erforderlich, die Stromstärke zu messen. Beispiel, siehe Kapitel »Batterie entlädt sich selbständig«. Benötigt wird hierzu ein Ampèremeter, welches ebenfalls in einem Vielfachmeßgerät integriert ist.

Vor der Strommessung wird das Meßgerät auf den Meßbereich eingestellt, in dem sich die zu messende Stromstärke voraussichtlich befindet. Falls das nicht bekannt ist, höchsten Meßbereich einstellen und, falls keine Anzeige erfolgt, nacheinander in die nächstniedrigeren Meßbereiche schalten.

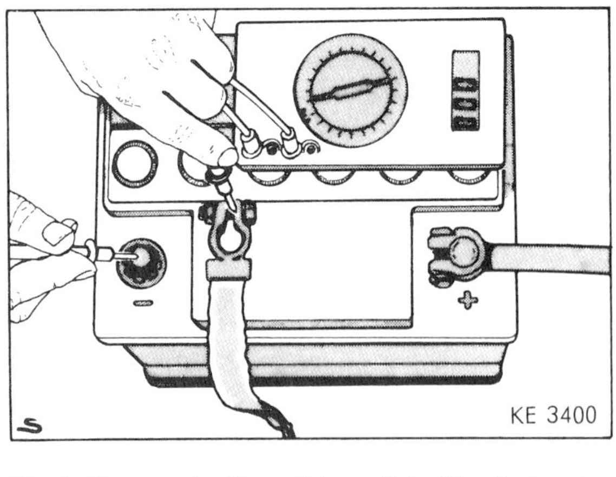

Für die Messung der Stromstärke muß der Stromkreis aufgetrennt werden, das Meßgerät (Ampèremeter) wird dazwischengeschaltet. Dazu wird beispielsweise der Stecker abgezogen und das rote Kabel (+) des Ampèremeters an die stromführende Leitung angeschlossen. Das schwarze Kabel (–) wird an den Kontakt angelegt, an dem normalerweise die unterbrochene Leitung angeschlossen ist. Die Massekontakte zwischen Verbraucher und Stecker müssen dann mit einem Hilfskabel verbunden werden.

Achtung: Keinesfalls sollte mit einem normalen Ampèremeter die Stromstärke in der Leitung zum Anlasser (ca. 150 A) oder zu den Glühkerzen beim Dieselmotor (bis 60 A) gemessen werden. Durch die hierbei auftretenden hohen Ströme kann das Meßgerät zerstört werden. Die Werkstatt benutzt für diese Messungen ein Ampèremeter mit Gleichstromzange. Dabei wird eine Stromzange über das isolierte Stromkabel geklemmt und der Stromwert durch Induktion gemessen.

Widerstand messen

Vor der Prüfung des Widerstandes ist grundsätzlich sicherzustellen, daß am Bauteil, an welches das Ohmmeter angeschlossen wird, keine Spannung anliegt. Also immer vorher Stecker abziehen, Zündung ausschalten, Leitung beziehungsweise Aggregat ausbauen oder Batterie abklemmen. Andernfalls kann das Meßgerät beschädigt werden.

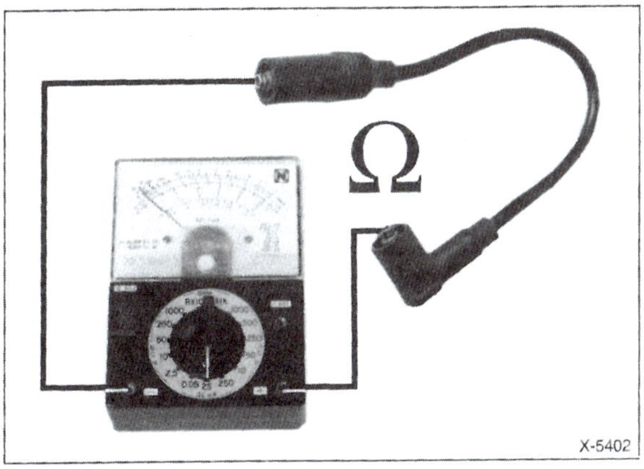

Das Ohmmeter wird an die 2 Anschlüsse eines Verbrauchers oder an die 2 Enden einer elektrischen Leitung angeschlossen. Dabei spielt es keine Rolle, welches Kabel (+/–) des Meßgerätes an welchen Kontakt angeklemmt wird.

Die Widerstandsmessung am Auto erstreckt sich weitgehend auf 2 Bereiche:

1. Kontrolle eines in den Stromkreis integrierten Widerstandes oder Bauteils.

2. »Durchgangsprüfung« einer elektrischen Leitung, eines Schalters oder einer Heizwendel. Dabei wird geprüft, ob eine elektrische Leitung im Fahrzeug unterbrochen ist und deshalb das angeschlossene elektrische Gerät nicht funktionieren kann. Zur Messung wird das Ohmmeter an die beiden Enden der betreffenden elektrischen Leitung angeschlossen. Beträgt der Widerstand 0 Ω, dann ist „Durchgang" vorhanden. Das heißt, die elektrische Leitung ist in Ordnung. Bei unterbrochener Leitung zeigt das Meßgerät ∞ (unendlich) Ω an.

Elektrisches Zubehör nachträglich einbauen

Beim Bohren von Karosserie-Löchern müssen die Lochränder anschließend entgratet, grundiert und lackiert werden. Die beim Bohren zwangsläufig anfallenden Späne sind restlos aus der Karosserie zu entfernen.

Bei allen Einbauarbeiten, die das elektrische Leitungssystem berühren, ist, um der Gefahr von Kurzschlüssen im elektrischen Leitungssystem vorzubeugen, grundsätzlich das Massekabel (–) von der Fahrzeugbatterie abzuklemmen und zur Seite zu hängen.

Achtung: Wird die Batterie abgeklemmt, werden unter Umständen der Fehlerspeicher für Motor- und Getriebesteuerung, Antiblockiersystem sowie andere elektrische Geräte wie zum Beispiel das Radio und die Zeituhr stillgelegt beziehungsweise Speicherwerte gelöscht. Spezielle Hinweise zu diesem Thema stehen im Kapitel »Batterie-Ausbau«.

Kabel, die beim Einbau von Zubehör zusätzlich zu dem serienmäßig eingebauten Kabelsatz im Fahrzeug verlegt werden müssen, sind nach Möglichkeit immer entlang der einzelnen Kabelstränge unter Verwendung der vorhandenen Kabelschellen und Gummitüllen zu verlegen.

Falls erforderlich, sind die neu verlegten Kabel, um Geräuschen während der Fahrt vorzubeugen und das Scheuern von Kabeln zu vermeiden, mit Isolierband, plastischer Masse, Kabelbändern und dergleichen zusätzlich festzulegen. Hierbei ist besonders darauf zu achten, daß zwischen den Bremsleitungen und den festverlegten Kabeln ein Mindestabstand von 10 mm sowie zwischen den Bremsleitungen und den Kabeln, die mit dem Motor oder anderen Teilen des Fahrzeuges schwingen, ein Mindestabstand von 25 mm vorliegt.

Sofern zusätzliche elektrische Verbraucher eingebaut werden, ist in jedem Fall zu überprüfen, ob die erhöhte Belastung noch von dem vorhandenen Drehstromgenerator mit übernommen werden kann. Falls erforderlich, sollte ein Generator mit größerer Leistung vorgesehen werden.

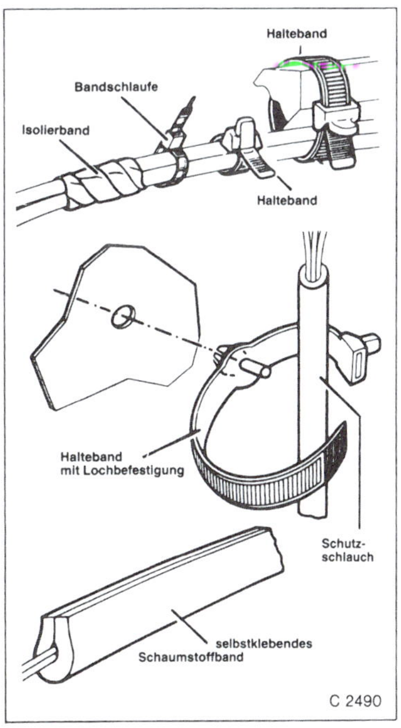

Fehlersuche in der elektrischen Anlage

Beim Aufspüren eines Defekts in der elektrischen Anlage ist es wichtig, systematisch vorzugehen. Dies gilt sowohl beim Überprüfen von ausgefallenen Glühlampen wie auch bei nicht laufenden Elektromotoren.

Der **erste Schritt** ist immer die Überprüfung der Sicherung, sofern das elektrische Bauteil abgesichert ist. Die aktuelle Sicherungsbelegung ergibt sich aus dem Aufdruck auf dem Sicherungskastendeckel.
Defekte Sicherung gegebenenfalls auswechseln und nach Einschalten des elektrischen Verbrauchers kontrollieren, ob diese nicht unmittelbar wieder durchbrennt. In diesem Fall muß zuerst der Fehler aufgespürt und behoben werden, in der Regel handelt es sich um einen Kurzschluß. Das bedeutet, an irgend einer Stelle, mitunter auch intern im elektrischen Gerät, sind Masse- und Plusanschluß miteinander verbunden.
Zweiter Prüfschritt: Wenn bei intakter Sicherung die Glühlampe nicht leuchtet beziehungsweise der Elektromotor nicht anläuft, ist die Stromversorgung zu überprüfen.

Glühlampe prüfen

- Lampe ausbauen und sichtprüfen. Ist der Glühfaden durchgebrannt oder sitzt der Glaskolben locker im Sockel, Lampe erneuern.
- Um einwandfrei festzustellen, ob die Glühlampe intakt ist, geht man folgendermaßen vor: Eine Plusleitung (+) und eine Masseleitung (−) direkt an die Pole der Batterie anschließen und mit der Lampe verbinden. Dabei ist es unwichtig, wie die Kabel an die Lampe angeschlossen werden. Ein Kabel an den Stromanschluß, das andere an das Glühlampengehäuse. Wenn jetzt die Lampe nicht leuchtet, Lampe erneuern. Hinweis: Es muß sichergestellt sein, daß die Kontakte an der Lampe und in der Lampenfassung nicht korrodiert sind. Gegebenenfalls korrodierte oder verbogene Anschlüsse abschmirgeln und einwandfreien Kontakt herstellen.
- Ist die Lampe intakt, Lampe einsetzen und einschalten. Leuchtet die Lampe nicht, mit Prüflampe Stromzuführung überprüfen. Dazu Prüflampe an Masse anlegen. Das bedeutet: Das eine Kabel der Prüflampe muß an eine gute Massestelle am Motor (blankes Metall) oder direkt am Batterie-Minuspol angeschlossen werden. Die andere Prüflampen-Prüfspitze (+) entweder an den stromführenden Stecker halten oder mit der Prüfspitze in das stromführende Kabel einstechen. Wenn die Prüflampe jetzt aufleuchtet und die Lampe dennoch nicht brennt, ist die Massezuführung zur Lampe unterbrochen. Um dies zu überprüfen, Massehilfsleitung an die Lampenfassung anlegen. Die Lampe muß jetzt leuchten.
  Hinweis: Es gibt Lampen, die nur eine spannungsführende Zuleitung haben, zum Beispiel Standlicht, Fahrzeuginnenbeleuchtung. Diese Lampen sind über ihr Gehäuse direkt mit der Fahrzeugmasse verbunden.
- Wenn das stromführende Kabel zur Lampe keine Spannung aufweist, die Prüflampe also nicht aufleuchtet, ist sehr wahrscheinlich der Schalter defekt. Schalter auf Durchgang prüfen.

Elektromotoren prüfen

Im Auto werden immer mehr Komfortfunktionen von kleinen Elektromotoren übernommen. Dazu gehören bespielsweise der Fensterheber, das Schiebedach, die elektrische Zentralverriegelung oder die elektrische Antenne.

Jeder Motor wird bei Bedarf über einen Schalter zugeschaltet, meist von Hand. Bei der elektrischen Antenne wird der Schalter automatisch vom Radio angesteuert.

- Sicherung des betreffenden Elektromotors prüfen, gegebenenfalls ersetzen.

Hinweis: Elektromotoren vom elektrischen Fensterheber und dem Schiebedach besitzen Sicherungsautomaten, die sich bei einer Überlastung ausschalten und nach einiger Zeit wieder zuschalten. Vor einer erneuten Betätigung sollte die Überlastungsursache beseitigt werden. Das können vereiste Scheiben oder verschmutzte Fenster-Führungsschienen sein.

- Brennt die Sicherung gleich wieder durch, liegt ein Kurzschluß vor.
- Um eindeutig zu klären, ob der Defekt im Motor liegt, 2 Hilfskabel (∅ ca. 2 mm) direkt von der Fahrzeugbatterie an den Motor anlegen. Pluskabel an den Pluspol, Massekabel an Massepol des Motors. Die Pol-Belegung ergibt sich im Zweifelsfall aus dem Stromlaufplan. Dazu muß der Motor gegebenenfalls ausgebaut werden. Alle elektrischen Motoren im Fahrzeug werden mit Bordspannung (12 bis 14 Volt) versorgt. Funktioniert der Motor jetzt ordnungsgemäß, war die Stromversorgung defekt. Hinweis: Ein zu langsam laufender oder aussetzender Elektromotor kann auf abgenützte Schleifkohlen hinweisen. In diesem Fall Schleifkohlen (Bürsten) ersetzen.
- Funktioniert der Motor, anhand des Stromlaufplans feststellen, welche Zuleitung am Elektromotor Spannung führt, wenn der Schalter betätigt wird und zuvor die Zündung eingeschaltet wurde.
- Spannungsführendes Kabel am Elektromotor mit Prüflampe prüfen. Da bei Elektromotoren ein großer Strom fließt, kann eine herkömmliche Prüflampe mit Glühlampe genommen werden. Diese haben spitze Prüfnadeln, mit denen das Anschlußkabel durchstochen werden kann. So läßt sich auf einfache Weise die Spannnung prüfen. Die Anschlußklemmen der Elektromotoren sind mit kleinen Zahlen gekennzeichnet, die normiert sind:
  – Klemme 32 ist der Masseanschluß
  – Klemme 33 der Plus (+)-Anschluß.
  Motoren, die links/rechtsherum drehen, zum Beispiel Fensterhebermotoren, haben zwei Plus-Anschlüsse. Hier ist
  – Klemme 33L der Anschluß der Drehrichtung linksherum,
  – Klemme 33R für rechtsherum.

Achtung: Der Scheibenwischermotor hat besondere Klemmenbezeichnungen, siehe entsprechendes Kapitel.

- Liegt keine Spannung am Elektromotor an, ist die Stromversorgung defekt. Fehler in der Zuleitung nach Stromlaufplan suchen und beheben. Elektromotoren haben in der Regel aufgrund des hohen Strombedarfs zusätzliche Schaltrelais. Prüfung, siehe entsprechendes Kapitel.
- Wurde kein Fehler gefunden, Schalter prüfen.
- Ist ein Kabel defekt, ist es oft sinnvoller, man legt ein neues Kabel, da es schwierig ist, einen Defekt im Kabel zu lokalisieren.

Schalter auf Durchgang prüfen

Die meisten elektrischen Verbraucher werden über einen von Hand betätigten Schalter ein- und ausgeschaltet. Darüber hinaus gibt es auch Schalter, die automatisch betätigt werden. Zu diesen Schaltern zählen zum Beispiel der Öldruckschalter und die Geber für Kühlmittelstand oder Bremsflüssigkeitsstand.

Grundsätzlich hat ein Schalter die Aufgabe, den Stromkreis zu schließen und zu unterbrechen. Es gibt Schalter, die die Masseleitung unterbrechen, und Schalter, die den Plusstrom unterbrechen.

Schalter für Lampen und Elektromotoren prüfen

- Betreffenden Schalter ausbauen.
- Einfache Schalter haben nur 2 Anschlüsse für die Kabel. In diesem Fall muß an einem Anschluß immer Spannung (+) anliegen und nach dem Einschalten an der anderen Klemme auch. Es gibt auch Schalter mit mehreren Klemmen. Bei diesen Schaltern anhand des Stromlaufplans klären, an welcher Klemme Spannung anliegen muß, gegebenenfalls vorher Zündung einschalten.
- Mit Prüflampe prüfen, ob am Schalter Spannung anliegt. Leuchtet die Prüflampe auf, Schalter betätigen und an der Ausgangsklemme prüfen, ob dort auch Spannung anliegt. Ist das der Fall, ist sichergestellt, daß der Schalter funktioniert.
- Wenn an der Eingangsklemme keine Spannung anliegt, liegt eine Unterbrechung in der Leitungs-Zuführung vor. Anhand des Stromlaufplans muß die Spannungszuführung kontrolliert und gegebenenfalls eine neue Leitung gelegt werden.

Geberschalter prüfen

Geberschalter sind beispielsweise: Öldruckschalter, Geber für Bremsflüssigkeits- und Kühlmittelstand.

- Durchgangsprüfer (Prüflampe oder Ohmmeter) an der Zu- und Ableitung des Schalters anschließen, dazu Kabel am Schalter abziehen. **Achtung:** Schalter, die im Motorblock eingeschraubt sind, haben in der Regel kein Massekabel, da das Schaltergehäuse über den Motorblock als Massepol dient.
- Bei geschlossenem Schalter muß der Durchgangsprüfer Durchgang anzeigen. Am besten ist ein Ohmmeter als Durchgangsprüfer: Bei geschlossenem Schalter muß es 0Ω, bei geöffnetem Schalter $\infty\Omega$ (unendlich) anzeigen.
- Die Funktionsfähigkeit etwa der Kühlmittel- oder Bremsflüssigkeitsstand-Warnschalter läßt sich am schnellsten prüfen, indem bei eingeschalteter Zündung die Zuleitung am Schalter abgezogen wird und an eine gute Massestelle, zum Beispiel gegen den Motorblock, gehalten wird. Spricht die Warnlampe im Schalttafeleinsatz jetzt an, liegt der Fehler am Schalter.
  Ein Sonderfall ist der Öldruckschalter: Bei stehendem Motor ist der Kontakt geschlossen (Warnlampe brennt), erst bei einem gewissen Öldruck öffnet der Schalter.

Relais prüfen

In vielen Stromkreisen ist ein Relais integriert. Ein Schaltrelais arbeitet wie ein Schalter. Beispiel: Wenn das Fernlicht über den Handschalter eingeschaltet wird, bekommt das Relais den Befehl, den Strom zum Fernlicht durchzuschalten. Man könnte natürlich den Strom auch direkt über den Lichtschalter von der Batterie zum Fernlicht legen. Bei allen Verbrauchern mit hoher Stromaufnahme (Fernscheinwerfer, Scheibenwischer, Nebelscheinwerfer) schaltet man jedoch ein Relais dazwischen, um den Schalter nicht zu überlasten beziehungsweise um kurze Stromwege sicherzustellen. Neben diesen Schaltrelais gibt es auch Funktionsrelais, zum Beispiel für die Wisch-Wasch-Anlage oder das Zeitrelais für die Innenbeleuchtung.

Schaltrelais prüfen

Die Anschlußfahnen der Zubehör-Relais sind normiert. Beim Einschalten des betreffenden Verbrauchers wird das Relais angesteuert, das heißt durch den an Klemme 86 ankommenden Schaltstrom wird der Schaltstromkreis zu Klemme 85 geschlossen. Eine Magnetspule im Relaisinnern zieht einen Kontakt an und schließt so den Stromkreis für den »Arbeitsstrom«. Der Arbeitsstrom läuft von Klemme 30 über das Relais und Klemme 87 zum Stromverbraucher weiter.

Am einfachsten läßt sich die Funktionsfähigkeit eines Relais prüfen, wenn man es gegen ein intaktes auswechselt. So macht man es auch in der Werkstatt. Da dem Heimwerker jedoch in den seltensten Fällen ein neues Relais sofort zur Verfügung steht, empfiehlt sich folgender Arbeitsschritt bei den sogenannten Schaltrelais, wie sie unter anderem zum Schalten von Nebel- und Hauptscheinwerfern verwendet werden. Die hier angegebenen Klemmenbezeichnungen können vor allem bei den serienmäßig eingebauten Relais auch anders lauten.

- Relais aus der Halterung herausziehen.
- Zündung und entsprechenden Schalter einschalten.
- Zuerst mit Spannungsprüfer feststellen, ob an Klemme 30 (+) im Relaishalter Spannung anliegt. Dazu Spannungsprüfer an Masse (−) anschließen und die andere Kontaktspitze vorsichtig in Klemme 30 einführen. Wenn die Leuchtdiode des Spannungsprüfers aufleuchtet, ist Spannung vorhanden. Zeigt der Spannungsprüfer keine Spannung an, Unterbrechung vom Batterie-Pluspol (+) zu Klemme 30 anhand des Schaltplanes aufspüren.
- Leitungsbrücke aus einem Stück isoliertem Draht herstellen, die Enden müssen blank sein.
- Mit dieser Brücke im Relaishalter die Klemme 30 (Batterie +, führt immer Spannung) mit dem Ausgang des Relais-Schließers Klemme 87 verbinden. Mit diesem Arbeitsschritt wird praktisch genau das getan, was ein intaktes Relais auch vornimmt. Wo sich die Klemmen im Relaishalter befinden, ist auf dem Relais beziehungsweise am Steckkontakt aufgeführt.
- Wenn bei eingesetzter Brücke zum Beispiel das Fernlicht aufleuchtet, kann man davon ausgehen, daß das Relais defekt ist.

- Wenn das Fernlicht nicht aufleuchtet, klären, ob die Masseverbindung zum Scheinwerfer intakt ist. Dann Unterbrechung in der Leitungsführung von Klemme 87 zum Hauptscheinwerfer anhand des Schaltplanes aufspüren und beheben.
- Falls erforderlich, neues Relais einsetzen.

Scheibenwischermotor prüfen

Der Scheibenwischermotor sitzt im Wasserkasten unterhalb der Windschutzscheibe, beim Heckwischer in der Heckklappe. Zum Prüfen muß die jeweilige Abdeckung demontiert werden. Im nachfolgenden wird vor allem auf den Frontscheibenwischer eingegangen, beim Heckwischer dementsprechend verfahren.

Klemmenbezeichnungen

Die Klemmen am Motor sind genormt:

- **Klemme 31** ist der Masseanschluß (allgemein in der Fahrzeugelektrik).
- **Klemme 53** erhält Spannung für die erste Wischergeschwindigkeit.
- **Klemme 53a** liefert Plusstrom (+) für die Wischer-Endabstellung: Der Motor erhält über einen Schleifkontakt so lange Spannung, bis die Wischer in Ruhestellung gelaufen sind, wenn der Fahrer den Scheibenwischer ausschaltet.
- **Klemme 53b** führt die Spannung für die zweite Wischergeschwindigkeit (Nebenschlußwicklung).
- Über **Klemme 53e** wird der Wischermotor beim Zurücklaufen nach dem Abschalten abgebremst, damit die Wischer nicht über ihre Parkstellung hinauslaufen.
- Nicht überall vorhanden: **Klemme 53c** führt zur elektrischen Scheibenwaschpumpe, **Klemme 53i** ist bei Wischermotoren mit Permanentmagnet und dritter Bürste (für höhere Wischergeschwindigkeit) vorhanden.

Wischermotor prüfen

Zunächst klären, ob der Wischermotor oder die Stromversorgung defekt ist. Dazu folgendermaßen vorgehen:

- Mehrfachstecker am Wischermotor abziehen.
- Mit 2 Hilfskabeln Spannung (+) und Masse (–) von der Fahrzeugbatterie an den Wischermotor anlegen:
  - Ein Kabel vom Batterie-Pluspol zu Klemme 53 oder 53 b verlegen.
  - Das zweite vom Batterie-Minuspol zu Motor-Klemme 31 führen.
- Der Scheibenwischermotor muß jetzt je nach benutzter Klemme auf Stufe I oder II laufen. Wenn nicht, ist der Motor oder die entsprechende Stufe defekt. Wischermotor ausbauen, siehe Seite 280.

Blinkanlage prüfen

Die Takte für die Blink- und Warnblinkanlage werden von einem Relais erzeugt, dem sogenannten Blinkgeber. Die Warnblinkanlage ist ohne Sicherung an das Relais angeschlossen. Die Richtungs-Blinkanlage wird über eine Sicherung im Sicherungskasten abgesichert.

- Ist der Blinker-Rhythmus auf einer Seite schneller als auf der anderen Seite, ist auf der »schnellen« Seite eine Glühlampe defekt oder die Leitung unterbrochen.
- Bei allen anderen Störungen ist meist das Blinkrelais die Ursache. Klemmenbelegung am Blinkgeber, die Anschlußfahnen sind markiert:
  - Klemme 31 ist Masse (minus, allgemein in der Fahrzeugelektrik)
  - Klemme 49 ist Relaiseingang (plus liegt ständig an), Klemme 49 a der Relaisausgang
- Steht kein neues Relais zur Verfügung, dünnen Draht vorsichtig zwischen Klemme 49 und 49a im Relaisstecker einstecken. **Achtung:** Dabei dürfen die empfindlichen Relaiskontakte nicht beschädigt werden. Drahtenden vor dem Einstecken umbiegen, damit keine scharfen Kanten vorhanden sind. Defektes Blinkrelais wieder aufsetzen. Die Anschlußfahnen sind so lang, daß das Relais trotz Überbrückung wieder aufgesteckt werden kann.
- Zündung einschalten. Wird der Blinkhebel jetzt betätigt, leuchtet die betreffende Blinkerseite dauernd auf. Durch Ein- und Ausschalten mit dem Blinkerhebel kann ein Blinkrhythmus erzeugt werden. Dennoch: Umgehend neues Blinkrelais einbauen.
- Leuchtet das Blinklicht trotz Überbrückung der Relaiskontakte nicht, liegt ein Defekt im Blinkerschalter oder in der elektrischen Zuleitung vor.

Bremslicht prüfen

- Wenn das Bremslicht nicht aufleuchtet, zuerst Sicherung im Sicherungkasten überprüfen.
- War die Sicherung in Ordnung, anschließend Brems-Glühlampen überprüfen, gegebenenfalls erneuern.

Sind die Brems-Glühlampen in Ordnung, anschließend Bremslichtschalter prüfen. Der Bremslichtschalter sitzt am Pedalbock des Bremspedals. Beim Niedertreten des Bremspedals wandert ein Druckstift aus dem Schalter heraus. Der Schalterkontakt schließt, und die Bremslichter leuchten auf.

- Bremslichtschalter überprüfen. Dazu 2 Kabelstecker vom Bremslichtschalter abziehen.
- Zündung einschalten.
- Beide Kabelstecker des Bremslichtschalters mit einer kurzen Hilfsleitung überbrücken. Wenn die Bremslichter jetzt aufleuchten, ist der Bremslichtschalter defekt.
- **Direkteinspritzer:** Ohmmeter an Bremslichtschalter anschließen und Widerstand messen.
  Sollwert:
  Bremse nicht getreten: kleiner 10 Ω.
  Bremse getreten: ∞ Ω.
- Bremslichtschalter ersetzen.

Heizbare Heckscheibe prüfen

Bei eingeschalteter Heckscheibenheizung muß das Feld mit den sichtbaren Leiterbahnen nach einiger Zeit frei von Beschlag oder Eis sein.

- Bei Störungen zuerst Sicherung im Sicherungkasten überprüfen.
- Ist die Sicherung in Ordnung, anschließend festen Sitz der Kabelstecker links und rechts an der Heckscheibe überprüfen, gegebenenfalls von Korrosion reinigen.
- Funktioniert die Heckscheibenheizung immer noch nicht, Zuleitungen und Schalter prüfen, siehe Seite 237.
- Funktion des Schaltrelais prüfen, siehe Seite 237.
- Sind Heizfäden unterbrochen, hilft handelsüblicher Leitsilberlack zur Wiederherstellung der Verbindung (zum Beispiel von Fa. DODUCO, Postfach 480, 75181 Pforzheim).

Hupe prüfen

Je nach Ausstattung besitzt der GOLF/VENTO eine Hupe oder Zweiklanghörner, deren Platz im Motorraum hinter dem Stoßfänger ist. Beim Betätigen der Hupe wird ein Stromkreis geschlossen. Bei den Zweiklanghörnern (Mehrausstattung) ist zur Schonung der Hupkontakte ein Relais zwischengeschaltet. Bei beiden Versionen liegt ständig Spannung an Klemme 15 der Hupe an; der Hupknopf schließt den Stromkreis zur Fahrzeugmasse.

Prüfen

V-5401

- Anschlußstecker abziehen, dabei seitliche Drahtbügel zusammendrücken. Haltemutter lösen und Hupe herausnehmen.
- Hupe mit Hilfsleitungen direkt an die Fahrzeugbatterie anschließen, dabei Klemme 15 mit Batterie-Plus (+) verbinden. Die Hupe muß ertönen.
- Es kann versucht werden, eine verstimmte oder ganz defekte Hupe durch Verdrehen der Einstellschraube (Torxschraubendreher, Größe T 20) an der Rückseite wieder in Gang zu setzen, siehe –Pfeil– in der Abbildung. Zuvor Dichtmasse am Schraubenkopf abkratzen. Nach dem Einstellen Schraube wieder mit Karosserie-Dichtmasse gegen Feuchtigkeit schützen.

Sicherungen auswechseln

Um Kurzschluß- und Überlastungsschäden an den Leitungen und Verbrauchern der elektrischen Anlage zu verhindern, sind die einzelnen Stromkreise durch Schmelzsicherungen geschützt. Es werden Sicherungen verwendet, die neuesten technischen Erkenntnissen entsprechen. Sie sind mit Messerkontakten ausgestattet, so daß herkömmliche Sicherungen nicht mehr verwendet werden können.

Die Zentralelektrik mit den Relais und Sicherungen sind in einem Sicherungskasten untergebracht, der sich unter einer Abdeckung links an der Schalttafel befindet.

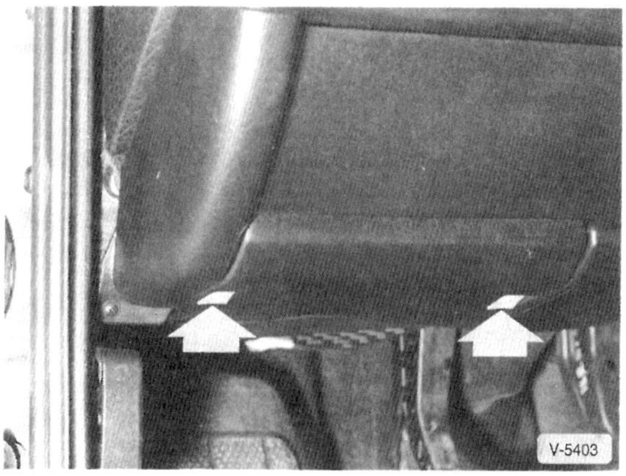

V-5403

- Abdeckung abnehmen. Dazu beide Tasten kräftig hineindrücken, Abdeckung am Griff (zwischen den Tasten) nach unten ziehen und abnehmen.
- Vor dem Auswechseln einer Sicherung immer zuerst den betroffenen Verbraucher ausschalten.
- Eine durchgebrannte Sicherung erkennt man am durchgeschmolzenen Metallstreifen. Eine Übersicht der aktuellen Sicherungsbelegung befindet sich auf der Innenseite der Sicherungskasten-Abdeckung sowie in der Betriebsanleitung des Fahrzeugs.

Hinweis: Die elektrischen Fensterheber (wo vorhanden) sind gemeinsam über einen Sicherungsautomaten abgesichert, der sich bei Überlastung, zum Beispiel bei festgefrorenen Scheiben, selbsttätig aus- und nach einigen Sekunden wieder einschaltet. Er sitzt in einem separaten Halter oben im Sicherungskasten. Dort sitzen auch die Sicherungen der Zusatzausstattungen ABS, Klimaanlage und Anhängevorrichtung-Dauer+.

- Defekte Sicherung herausziehen.
- Neue Sicherung **gleicher Sicherungsstärke** einsetzen.

- Brennt eine neu eingesetzte Sicherung nach kurzer Zeit wieder durch, muß der entsprechende Stromkreis überprüft werden.
- Auf keinen Fall Sicherung durch Draht oder ähnliche Hilfsmittel ersetzen, weil dadurch ernste Schäden an der elektrischen Anlage auftreten können.
- Es ist empfehlenswert, stets einige unterschiedlich starke Ersatz-Sicherungen im Wagen mitzuführen.

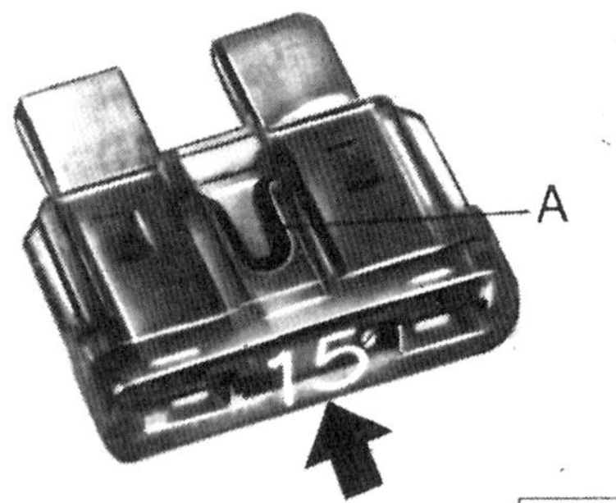

A 8324

- Die Nennstromstärke der Sicherung ist auf der Rückseite des Griffes aufgedruckt. Außerdem hat der Griff eine Kennfarbe, an der ebenfalls die Nennstromstärke zu erkennen ist. A = Schmelzfaden.

Nennstromstärke in Ampere	Kennfarbe
5	hellbraun
7,5	braun
10	rot
15	blau
20	gelb
25	weiß
30	grün

- Abdeckung mit den Haltenasen einsetzen und hochklappen, sie muß einrasten.

Batterie aus- und einbauen

Achtung: Wird die Batterie abgeklemmt, werden der Fehlerspeicher der Motorsteuerung, Antiblockiersystem sowie andere ständig im Eingriff befindliche Geräte (zum Beispiel Radio und Zeituhr) stillgelegt beziehungsweise gelöscht. Vor dem Abklemmen gegebenenfalls Fehlerspeicher abrufen lassen, nach dem Anklemmen betreffende Geräte neu programmieren.

Einige serienmäßig eingebaute Radios besitzen überdies eine Anti-Diebstahl-Codierung. Die Codierung verhindert die unbefugte Inbetriebnahme des Gerätes, wenn die Stromversorgung unterbrochen wurde. Die Stromversorgung wird beispielsweise unterbrochen beim Abklemmen der Batterie, beim Ausbau des Radios oder wenn die Radiosicherung durchgebrannt ist.

Falls das Radio codiert ist, Radiocode vor Abklemmen der Batterie feststellen. Ist der Code nicht bekannt, kann nur die VW-Werkstatt das Autoradio wieder in Betrieb nehmen, siehe auch Seite 271.

Ausbau

- Zündung ausschalten. Dadurch werden Schäden am Motor-Steuergerät vermieden. Beim **6-Zylinder-Motor** nach Ausschalten der Zündung die Batterie noch mindestens 20 Sekunden angeschlossen lassen, da sich der Hitzdraht im Luftmassenmesser des Motors freibrennen muß.
- Motorhaube öffnen. Die Batterie befindet sich auf der linken Seite im Motorraum.
- Batteriekabel abklemmen, zuerst Massekabel, dann Pluskabel.

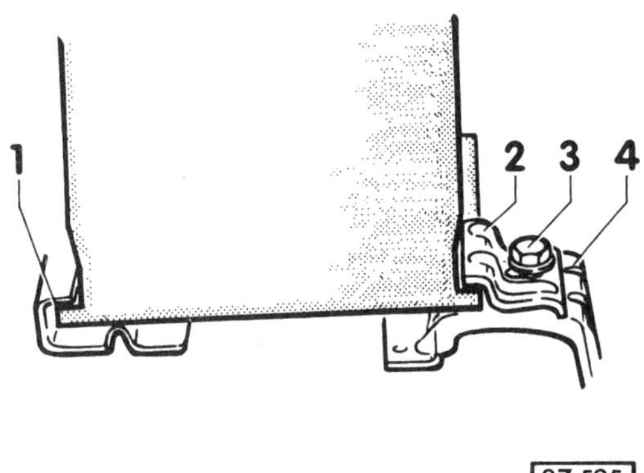

27-595

- Halteplatte –2– am Batteriefuß abschrauben –3– und herausnehmen.
- Batterie von der Halteleiste –1– wegschieben und herausheben.

Achtung: Batterien enthalten giftige Substanzen, die nicht in den Hausmüll gelangen dürfen.

Hinweis:
Wenn Sie eine neue Autobatterie kaufen, nehmen Sie die Altbatterie zum Händler mit. Sonst müssen Sie Pfand für die neue Batterie bezahlen.

Einbau

- Vor dem Einbau Batterie-Pole blank kratzen, geeignet ist dazu eine Messingdrahtbürste. **Achtung:** Die Batteriepole dürfen **nicht** gefettet werden.
- Batterie in die Halteleiste einsetzen.
- Halteplatte –2– am Bock –4– für Batteriebefestigung ansetzen und mit **20 Nm** festschrauben.
- Pluskabel am Pluspol (+), dann Massekabel am Minuspol (–) anklemmen. **Achtung:** Durch eine falsch angeschlossene Batterie können erhebliche Schäden am Generator und an der elektrischen Anlage entstehen.
- Radio falls erforderlich, neu programmieren, siehe Seite 273.
- Zeituhr einstellen.
- Generatorspannung prüfen, siehe Seite 247.

Hinweis: Eine zu hohe Ladespannung des Generators kann die Ursache für den Ausfall der bisherigen Batterie sein und, falls der Fehler weiter besteht, die neue Batterie schädigen.

Batterie prüfen

Vor Beginn des Winters sollte die Batterie unbedingt überprüft werden. Bei großer Kälte sinkt die Batteriespannung einer nur mäßig geladenen Batterie während des Anlassvorgangs stark ab.

Ladezustand und Säurestand prüfen

In der Regel ist eine wartungsfreie Batterie eingebaut bei der kein destilliertes Wasser nachgefüllt werden kann. Zur Ermittlung des Ladezustandes dient ein »magisches Auge« auf der Oberseite der Batterie.

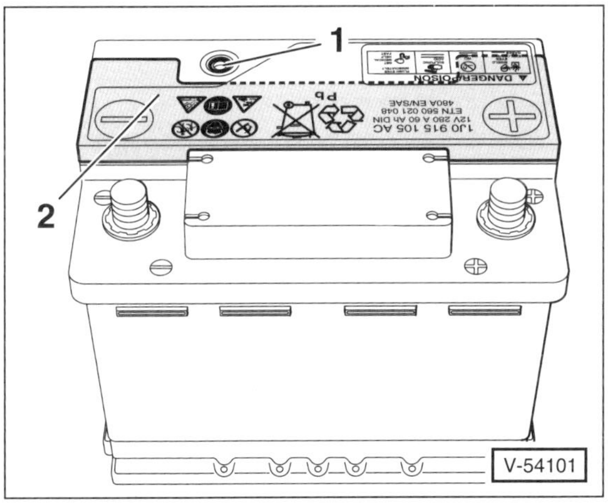

Das »magische Auge« –1– sitzt oben auf der Batterie. Die Zellöffnungen sind mit einer Abdeckung –2– verschlossen.

Anhand der Farbe des magischen Auges können der Säure- und der Ladezustand der Batterie abgelesen werden.

- Magisches Auge mit einer Taschenlampe anleuchten und Farbanzeige prüfen. **Hinweis:** Durch Luftblasen unter dem magischen Auge kann die Farbanzeige verfälscht werden. Daher bei der Prüfung mit einem Schraubendrehergriff leicht auf das Batteriegehäuse klopfen.

Hinweis: Es gibt es 2 unterschiedlichen Ausführungen des magischen Auges. Ältere Batterien besitzen ein magisches Auge mit 3-farbiger Anzeige, bei neueren Batterien ist die Anzeige 2-farbig.

- Magisches Auge mit **3-farbiger Anzeige** beurteilen:
  - ◆ Grün – die Batterie ist ausreichend geladen, der Säurestand ist in Ordnung.
  - ◆ Schwarz – die Batterie ist zu gering geladen oder entladen. Batterie laden.
  - ◆ Farblos oder gelb – der Säurestand ist zu niedrig. Die Batterie muss ersetzt werden.
- Magisches Auge mit **2-farbiger Anzeige** beurteilen:
  - ◆ Schwarz – der Säurestand ist in Ordnung. Der Ladezustand kann nur mit einer Batterie-Belastungsprüfung festgestellt werden.
  - ◆ Farblos oder gelb – der Säurestand ist zu niedrig. Die Batterie muss ersetzt werden.

Achung: Batterien, bei denen das magische Auge farblos oder hellgelb anzeigt, dürfen nicht unter Belastung geprüft oder geladen werden.

Ruhespannung prüfen

Der Batterie-Zustand wird durch Messen der Spannung mit einem Voltmeter zwischen den Batteriepolen überprüft.

- Vor der Prüfung muß die Batterie mindestens 2 Stunden abgeklemmt sein. Batterie abklemmen, siehe Seite 220.
- Voltmeter an die Batteriepole anschließen und Spannung messen.
- **Beurteilung des Spannungsmeßwertes:**
  12,5 Volt oder darüber = Batterie in gutem Zustand
  12,4 Volt oder darunter = Batterie in schlechtem Zustand, Batterie laden oder ersetzen

Batterie unter Belastung prüfen

- Voltmeter an den Batteriepolen anschließen.
- Motor von Helfer starten lassen, dabei Spannung ablesen.
- Während des Startvorganges darf bei einer vollen Batterie die Spannung nicht unter 10 Volt (bei einer Säuretemperatur von ca. +20° C) abfallen.
- Bricht die Spannung sofort zusammen, so kann man davon ausgehen, daß die Batterie defekt ist.

Batterie laden

Achtung: Wenn die Batterie zu lange Zeit entladen war, kann sie nicht mehr vollständig beziehungsweise gar nicht mehr aufgeladen werden.

- Batterie niemals kurzschließen, das heißt Plus- (+) und Minuspol (–) dürfen nicht verbunden werden. Bei Kurzschluß erhitzt sich die Batterie und kann platzen. Ausgetretene Batteriesäure ist ätzend und darf nicht in die Augen, auf die Haut oder die Kleidung gelangen, gegebenenfalls mit viel Wasser abspülen.

- Die Batterie kann auch in eingebautem Zustand geladen werden. Dazu möglichst ein elektronisch gesteuertes Ladegerät verwenden. Falls das Ladegerät nicht elektronisch gesteuert ist, vor dem Laden Masse- (–) und Pluskabel (+) abklemmen (Massekabel zuerst). **Achtung:** Dadurch werden elektronische Speicher gelöscht. Vor dem Abklemmen daher unbedingt Hinweise im Kapitel »Batterie aus- und einbauen« durchlesen.
- Batterie nur in gut belüftetem Raum laden. Beim Laden der eingebauten Batterie die Motorhaube geöffnet lassen.
- Vor dem Laden den Säurestand prüfen (magisches Auge).
- Falls die Batterie gefroren ist, vor dem Laden unbedingt auftauen. Eine geladene Batterie friert bei ca. –65° C, eine halbentladene bei ca. –30° C und eine entladene schon bei ca. –12° C.
- Bei der Normalladung beträgt der Ladestrom ca. 10 % der Kapazität. (Bei einer 50-Ah-Batterie also etwa 5,0 A.) Als Richtwert für die Ladezeit kann dann 10 Stunden genommen werden.
- Pluspol (+) der Batterie mit Pluspol, Minuspol (–) der Batterie mit Minuspol des Ladegerätes verbinden.
- Die Säuretemperatur darf während des Ladens +55° C nicht überschreiten, gegebenenfalls Ladung unterbrechen oder Ladestrom herabsetzen.

Achtung: Der Motor darf nicht bei abgeklemmter Batterie laufen, da sonst die elektrische Anlage beschädigt wird.

Schnelladen/Starthilfe

- Das Laden beziehungsweise Starthilfe geben mit einem Schnelladegerät darf nur ausnahmsweise durchgeführt werden, da die Batterie hierdurch kurzfristig einer sehr hohen Stromstärke ausgesetzt ist.

Batterie lagern

Eine Batterie, die längere Zeit unbenutzt war (zum Beispiel Fahrzeug stillgelegt), entlädt sich selbst und kann darüber hinaus sulfatiert sein. **Spätestens nach 3 Monaten Batterie erneut aufladen, da sie sonst unbrauchbar wird.**

Wird eine länger gelagerte Batterie mit einem Schnelladegerät geladen, kann es sein, daß sie keinen Ladestrom nimmt oder durch sogenannte Oberflächenladung zu früh als »voll« ausgewiesen wird.

In diesem Fall ist so vorzugehen:

- Batterie mit einem elektronischen Ladegerät erneut laden.
- Batterie nach der Ladung durch eine Belastungsprüfung testen. Werden die Sollwerte nicht erreicht, ist sie defekt.

Batterie entlädt sich selbständig

Je nach Fahrzeugausstattung addiert sich zur natürlichen Selbstentladung der Batterie auch die Stromaufnahme der verschiedenen Steuergeräte im Ruhezustand. Daher sollte ein stehendes Fahrzeug spätestens alle 6 Wochen nachgeladen werden. Wenn der Verdacht auf Kriechströme besteht, Bordnetz nach folgender Anleitung prüfen:

- Zur Prüfung geladene Batterie verwenden.
- Batterie-Massekabel (–) abklemmen. **Achtung:** Dadurch werden elektronische Speicher gelöscht. Vor dem Abklemmen sollten auch die Hinweise im Kapitel »Batterie aus- und einbauen« durchgelesen werden.

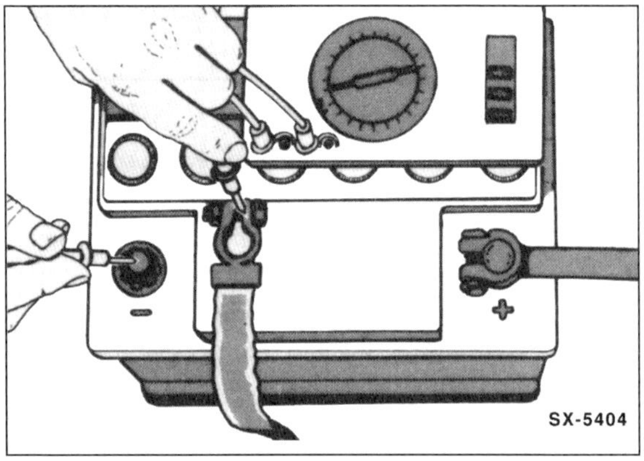

- Am Ampèremeter (Meßbereich von 5 mA bis 5 A) den höchsten Meßbereich einstellen. Ampèremeter zwischen Batterie-Minuspol und Massekabel schalten.

Achtung: Die Prüfung kann auch mit einer Prüflampe durchgeführt werden. Leuchtet die Lampe jedoch nicht auf, ist auf jeden Fall ein Ampèremeter zu verwenden.

- Alle Verbraucher ausschalten, vorhandene Zeituhr (Dauerverbraucher) abklemmen, Türen schließen.
- Vom Ampèrebereich solange auf den Milliampèrebereich zurückschalten, bis eine ablesbare Anzeige erfolgt (1–3 mA sind zulässig).
- Sicherungen nacheinander herausziehen, dadurch die einzelnen Stromkreise unterbrechen. Geht die Anzeige auf Null zurück, ist hier die Fehlerquelle zu suchen. Fehler können sein: korrodierte und verschmutzte Kontakte, durchgescheuerte Leitungen, interner Schluß in Aggregaten.
- Wird in den abgesicherten Stromkreisen kein Fehler gefunden, Leitungen an den nicht abgesicherten Aggregaten abzuziehen, z. B.: Generator, Anlasser, Zündanlage.
- Geht beim Abklemmen von einem der ungesicherten Aggregate die Anzeige auf Null zurück, betreffendes Bauteil überholen oder austauschen. Bei Stromverlust in Anlasser oder Zündanlage immer auch den Zündschalter nach Stromlaufplan prüfen.
- Batterie-Massekabel (–) anklemmen. **Achtung:** Batterie nur bei ausgeschalteter Zündung anklemmen, sonst kann das Steuergerät der Einspritzanlage beschädigt werden.
- Zeituhr einstellen. Diebstahlcode für Radio eingeben, siehe Kapitel »Radio-Codierung eingeben«.

Störungsdiagnose Batterie

Störung	Ursache	Abhilfe
Abgegebene Leistung ist zu gering, Spannung fällt stark ab.	Batterie entladen.	■ Batterie nachladen.
	Ladespannung zu niedrig.	■ Spannungsregler prüfen, ggf. austauschen.
	Anschlußklemmen lose oder oxydiert.	■ Kabel abklemmen und Anschlußklemmen reinigen, Befestigungsschrauben anziehen.
	Masseverbindungen Batterie-Motor-Karosserie sind schlecht.	■ Masseverbindung überprüfen, ggf. metallische Verbindungen herstellen oder Schraubverbindungen festziehen. Korrodierte durch verzinnte Schrauben ersetzen.
	Zu große Selbstentladung der Batterie durch Verunreinigung der Batteriesäure.	■ Batterie austauschen.
	Batterie sulfatiert	■ Batterie mit geringer Stromstärke laden. Falls nach wiederholter Ladung und Entladung die abgegebene Leistung immer noch zu gering ist, Batterie austauschen.
	Batterie verbraucht, aktive Masse der Platten ausgefallen.	■ Batterie austauschen.
Nicht ausreichende Ladung der Batterie.	Fehler an Generator, Spannungsregler oder Leitungsanschlüssen.	■ Generator und Spannungsregler überprüfen, instand setzen bzw. austauschen.
	Keilrippenriemen locker, Spannvorrichtung defekt.	■ Spannvorrichtung prüfen, ggf. Keilrippenriemen ersetzen.
	Zu viele Verbraucher angeschlossen.	■ Stärkere Batterie einbauen; evtl. auch leistungsstärkeren Generator verwenden.
Frischluft bzw. Heizluft riecht nach faulen Eiern. Batterie gast kurz nach Abstellen des Motors sehr stark.	Spannungsregler am Generator defekt. Batterie wird zu stark geladen und beginnt zu gasen. Dabei bildet sich Schwefelwasserstoff (H_2S).	■ Ladespannung bzw. Spannungsregler des Generators prüfen, ggf. Spannungsregler ersetzen.

Die elektronische Wegfahrsicherung

Seit 10/94 ist der VW GOLF serienmäßig mit einer elektronische Wegfahrsicherung ausgerüstet. Bei aktiviertem System verhindert die Anlage das Anspringen des Motors, wenn nicht der mit dem richtigen Code versehene Schlüssel verwendet wird.

Die Anlage besteht aus:

- dem Steuergerät für elektronische Wegfahrsicherung auf dem Mantelrohr der Lenkung,
- dem angepaßten Motorsteuergerät bei Benzin- und Direkteinspritzer-Dieselmotoren,
- dem Steuergerät für das Kraftstoffabschaltventil bei Wirbelkammer-Dieselmotoren (1Y/AAZ),
- einer Lesespule am Zündschloß,
- dem Zündschlüssel mit eingebautem Transponder (Antwort-Lesespeicher). Der Transponder ist eine batterielos arbeitende Empfangs- und Sendeeinheit, die für jeden Schlüssel einen anderen fest eingespeicherten Code enthält.

- Die Wegfahrsicherung wird beim Abziehen des Zündschlüssels aktiviert.
- Beim Einstecken des Zündschlüssels wird durch die Lesespule elektrische Energie induktiv auf den Transponder im Schlüssel übertragen. Der Schlüsselcode wird gelesen und an das Steuergerät für Wegfahrsicherung übermittelt. Dort wird der Schlüsselcode mit dem abgespeicherten Wert verglichen. Danach wird der Code des Motor-Steuergerätes oder des Steuergerätes für Kraftstoffabschaltventil (Dieselmotor 1Y/AAZ) geprüft.
- Wenn sämtliche Codes übereinstimmen, leuchtet nach dem Einschalten der Zündung im Kombiinstrument die Kontrolllampe für Wegfahrsicherung auf.
- Falls keine Übereinstimmung der Codes erkannt wird, blinkt die Kontrollleuchte bei eingeschalteter Zündung und der Motor kann nicht gestartet werden. Das kann unter anderem folgende Ursachen haben:
  - Lesevorgang bis zum Einschalten der Zündung nicht abgeschlossen. In diesem Fall nach dem Einstecken des Schlüssels etwas warten. Gegebenenfalls Ersatzschlüssel verwenden, Fehlerspeicher auslesen lassen beziehungsweise Lesespule ersetzen.
  - Lesevorgang durch zusätzliche Schlüssel am Schlüsselbund behindert,
  - Schlüsselcode defekt.
- Die elektronische Überprüfung der Wegfahrsicherung erfolgt mit dem V.A.G-Diagnosegerät 1551 oder 1552 durch Abrufen des Fehlerspeichers.

Achtung: Bei Austausch des Motor-Steuergerätes, muß das neue Steuergerät an das eingebaute System der Wegfahrsicherung angepaßt werden.

Hinweis: Das Steuergerät für Kraftstoffabschaltventil (Dieselmotoren 1Y/AAZ) ist mit 2 Abreißschrauben an der Einspritzpumpe befestigt. Es kann auch nachträglich eingebaut werden (Werkstattarbeit), vorausgesetzt das Abschaltventil besitzt eine 2fach-Steckverbindung.

Geheimnummer

Die Geheimnummer ist bei Neufahrzeugen auf einem Schlüsselanhänger angebracht. Sie ist erforderlich, um neue Schlüssel zu codieren.

Identnummer

Die Identnummer wird benötigt, um bei Verlust der Geheimnummer diese beim Werk zu erfragen. Sie befindet sich ebenfalls auf einem Schlüsselanhänger, kann aber auch aus dem Steuergerät der Wegfahrsicherung ausgelesen werden.

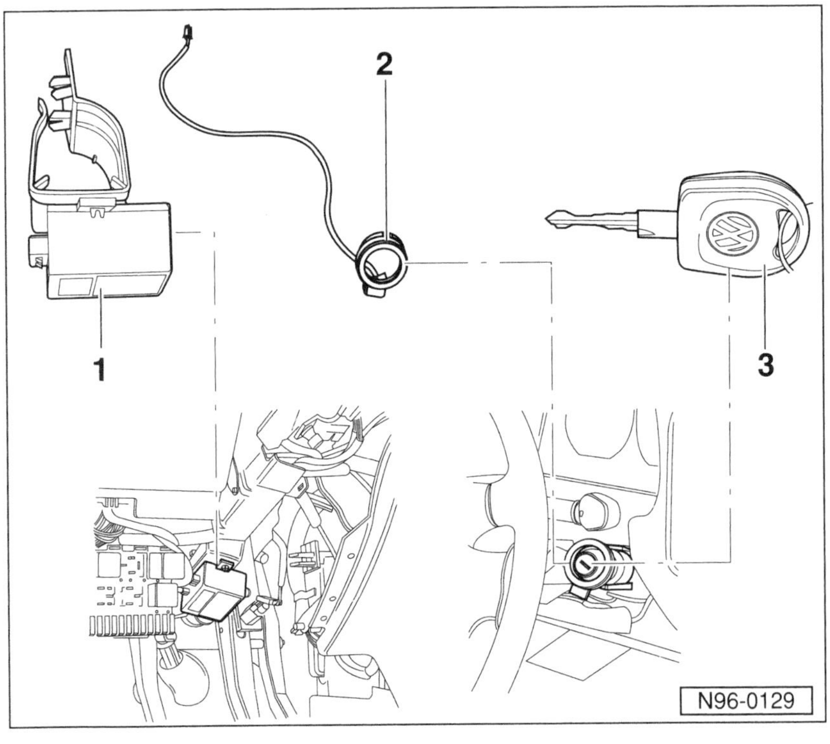

1 – Steuergerät für elektronische Wegfahrsicherung

2 – Lesespule für Wegfahrsicherung
Die Lesespule ist auf das Lenkschloßgehäuse aufgesteckt und über ein Kabel mit dem Steuergerät verbunden.

3 – Transponder
Antwort-Lesespeicher, im Zündschlüssel integriert.

Diebstahlwarnanlage

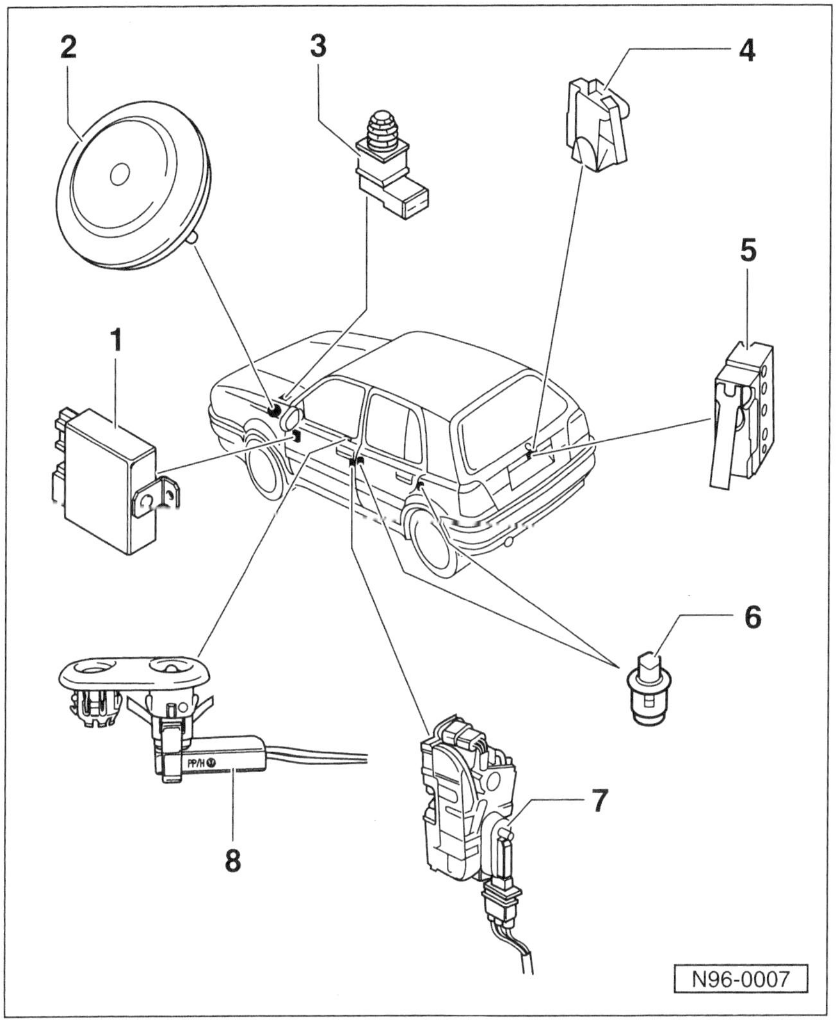

1 – Steuergerät für Diebstahlwarnanlage
2 – Signalhorn für Diebstahlwarnanlage
3 – Kontaktschalter für Diebstahlwarnanlage
4 – Schalter für Kofferraumbeleuchtung
5 – Kontaktschalter im Schließzylinder für Heckklappe/Diebstahlwarnanlage/Zentralverriegelung
6 – Türkontaktschalter
7 – Schalter für Zentralverriegelung
8 – Kontrollampe für Alarmanlage

Geschwindigkeitsregelanlage

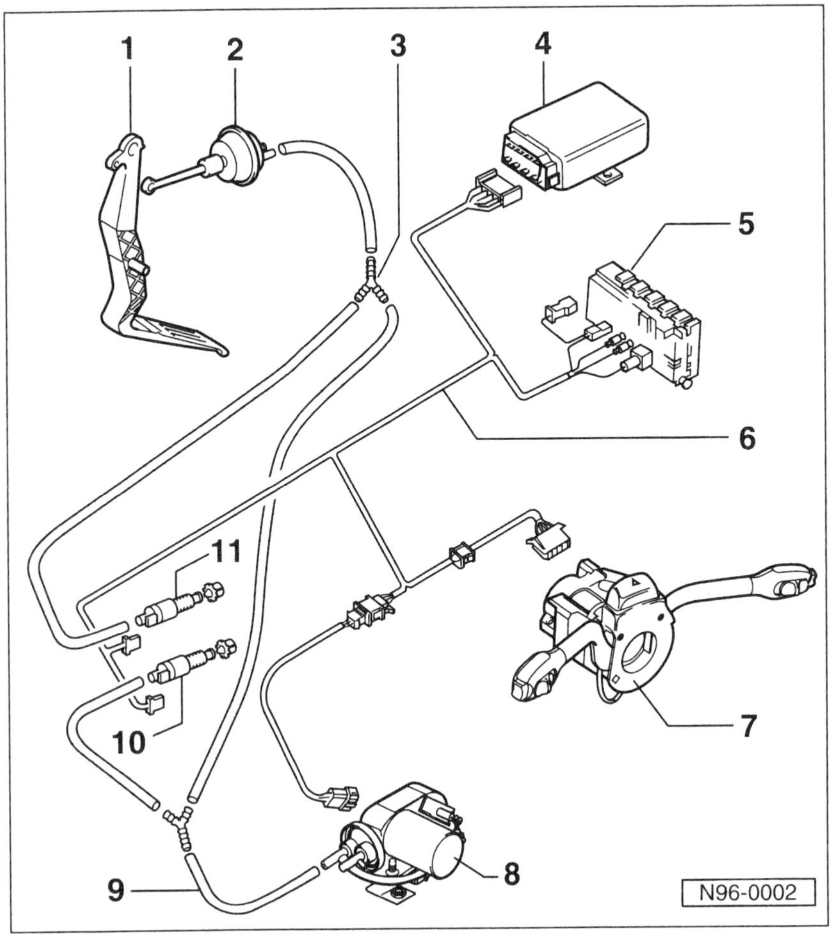

1 – **Gaspedal**
2 – **Stellelement am Gaspedal**
3 – **Verteilerstück für Unterdruckleitungen**
4 – **Steuergerät für GRA**
GRA = Geschwindigkeitsregelanlage
5 – **Relaisplatte**
6 – **Leitungsstrang für GRA**
7 – **Schalter für GRA**
8 – **Unterdruckpumpe für GRA**
9 – **Unterdruckleitungen**
10 – **Belüftungsventil für Kupplungspedalschalter**
Nur bei Schaltgetriebe.
11 – **Belüftungsventil für Bremspedalschalter**

Stellelement ausbauen

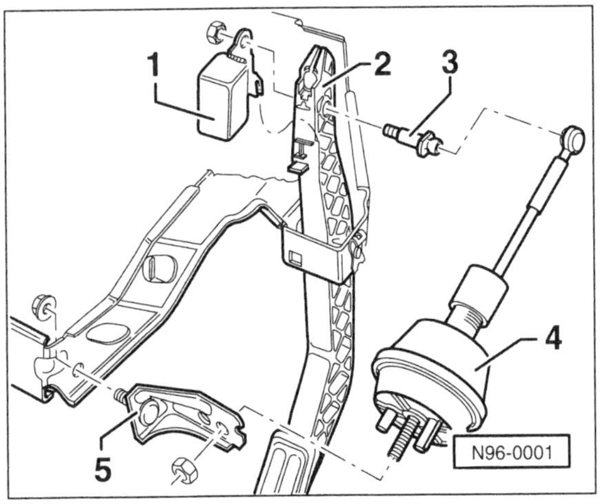

- Befestigungsmutter M8 des Stellelements –4– am Halter –5– abschrauben.
- Zugstange des Stellelementes vorsichtig vom Kugelzapfen –3– abziehen. 2 – Gaspedal.

Achtung: Das Tilgergewicht –1– ist nicht bei allen Modellen vorhanden.

Stellelement einstellen

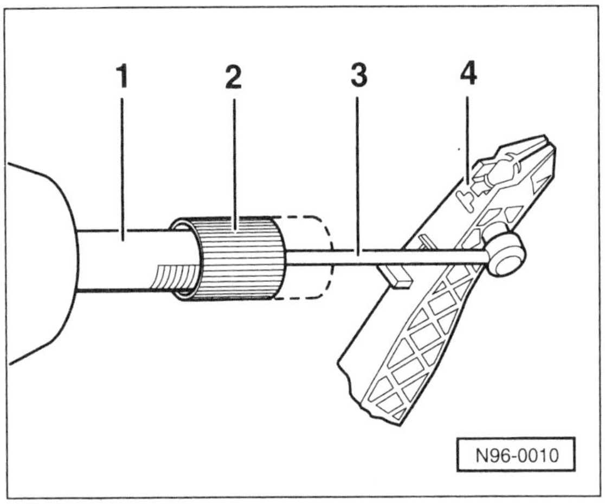

- Einstellhülse –2– am Stellelement –1– lösen und ganz nach vorn schieben. 3 – Zugstange, 4 – Gaspedal.
- Gaszug einstellen, siehe Seite 79
- Einstellhülse nach hinten ziehen, bis ein Spiel von max. 1 mm vorhanden ist und durch rechtsdrehen bis zum Anschlag verriegeln.

Der Generator

Der GOLF / VENTO ist mit einem Drehstromgenerator ausgerüstet. Je nach Modell und Ausstattung können Generatoren mit unterschiedlichen Leistungen eingebaut sein. Die Leistung steht auf dem Typschild am Generator. **Achtung:** Wenn nachträglich elektrisches Zubehör eingebaut wird, sollte überprüft werden, ob die bisherige Generatorleistung noch ausreicht, gegebenenfalls stärkeren Generator einbauen.

Der Generator wird von der Kurbelwelle über den Keilriemen angetrieben. Dabei dreht sich der Läufer mit der Erregerwicklung innerhalb der feststehenden Ständerwicklung mit etwa doppelter Motordrehzahl.

Über Kohlebürsten und Schleifringe fließt der Erregerstrom durch die Erregerwicklung. Dabei bildet sich ein Magnetfeld.

Die Lage des magnetischen Feldes zur Ständerwicklung ändert sich ständig, entsprechend der Umdrehung des Läufers. Dadurch wird in der Ständerwicklung ein Drehstrom erzeugt.

Da die Batterie aber nur mit Gleichstrom geladen werden kann, wird der Drehstrom durch Gleichrichter in der Diodenplatte in Gleichstrom umgewandelt. Der Spannungsregler verändert den Ladestrom durch Ein- und Ausschalten des Erregerstromes, entsprechend dem Ladezustand der Batterie. Gleichzeitig hält der Regler die Betriebsspannung konstant bei ca. 14 Volt, unabhängig von der Drehzahl.

Achtung: Der Generator ist ein sogenanntes Austauschteil. Das bedeutet, daß ein defekter Generator bei Kauf eines überholten oder neuen Generators vom Hersteller in Zahlung genommen wird, daher Altteil zum Händler mitnehmen.

Sicherheitshinweise für den Drehstromgenerator

- Bei Arbeiten an der elektrischen Anlage im Motorraum grundsätzlich das Batterie-Massekabel (–) abklemmen.
- Kabel an Spannungsregler und Generator **nicht** vertauschen. Kabel vor dem Abklemmen mit Tesaband kennzeichnen.
- Batterie oder Spannungsregler **nicht** bei laufendem Motor abklemmen.
- Generator **nicht** bei angeschlossener Batterie ausbauen.
- Beim Elektroschweißen Batterie grundsätzlich abklemmen.

Generatorspannung prüfen

- Voltmeter zwischen Plus- und Minuspol der Batterie anschließen.
- Motor starten. Die Spannung darf beim Startvorgang bis 8 Volt (bei +20° C Außentemperatur) absinken.
- Motordrehzahl auf 3000/min erhöhen. Die Spannung soll dann 13,5 bis 14,5 Volt betragen. Dies ist ein Beweis, daß Generator und Regler arbeiten. Die Generatorspannung (Bordspannung) muß höher als die Batteriespannung sein, damit die Batterie im Fahrbetrieb wiederaufgeladen wird.
- Regelstabilität prüfen. Dazu Fernlicht einschalten und Messung bei 3000/min wiederholen. Die gemessene Spannung darf nicht mehr als 0,4 Volt über dem vorher gemessenen Wert liegen.
- Liegen die gemessenen Werte außerhalb der Sollwerte, Generator von Fachwerkstatt überprüfen lassen.

Schaltschema des Generators

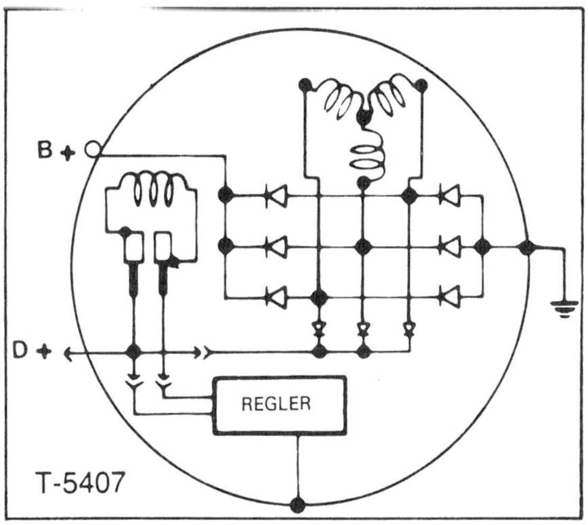

Generator aus- und einbauen

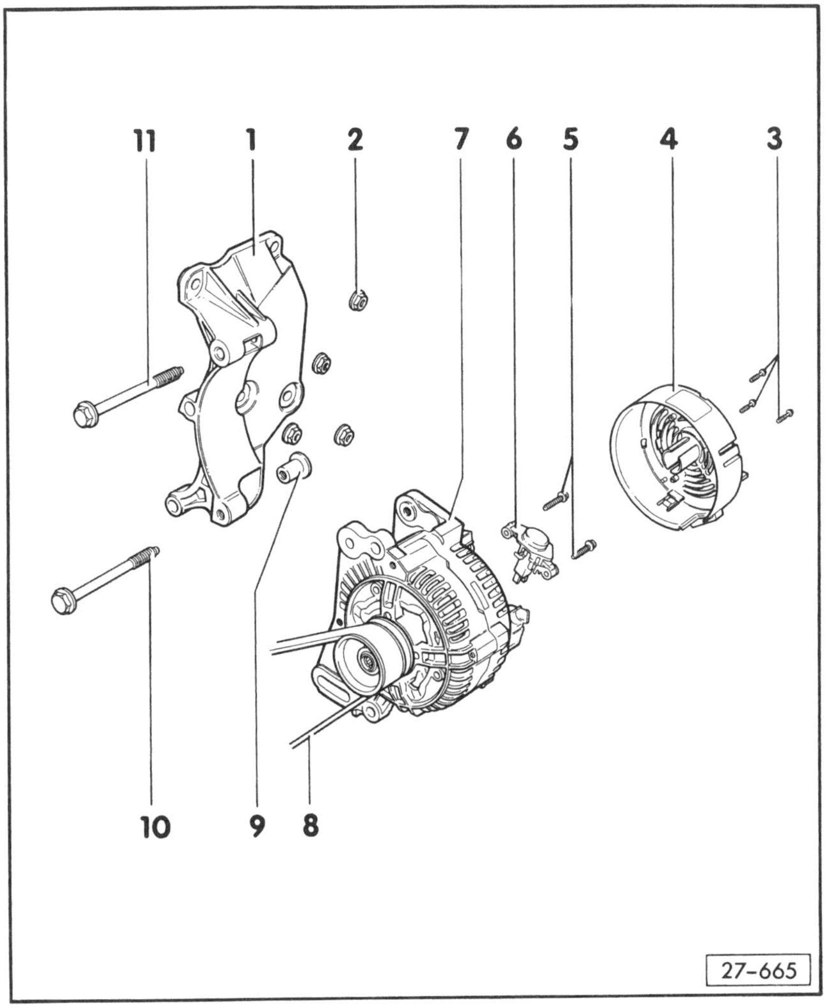

Generator bei
Motoren ohne Klimaanlage

1 – Halter
2 – Sechskantmutter, 35 Nm
3 – Schrauben, 20 Nm
4 – Schutzkappe
5 – Linsenkopfschraube
6 – Spannungsregler
7 – Drehstromgenerator
8 – Keilrippenriemen
9 – Innengewindehülse
10 – Schraube, 25 Nm
11 – Schraube, 25 Nm

Ausbau

- Batterie-Massekabel (–) abklemmen. **Achtung:** Dadurch werden die elektronischen Speicher gelöscht, zum Beispiel Motor-Fehlerspeicher oder Radiocode. Batterie nur bei **ausgeschalteter Zündung** abklemmen, da sonst das Steuergerät der Einspritzanlage beschädigt werden kann. Vor dem Abklemmen sollten auch die Hinweise im Kapitel »Radio« bzw. »Batterie aus- und einbauen« durchgelesen werden.
- Keilriemen entspannen und abnehmen, siehe Seite 41.

- Schutzkappe wegziehen, dicke (B+) und dünne (D+) -Leitung abklemmen.

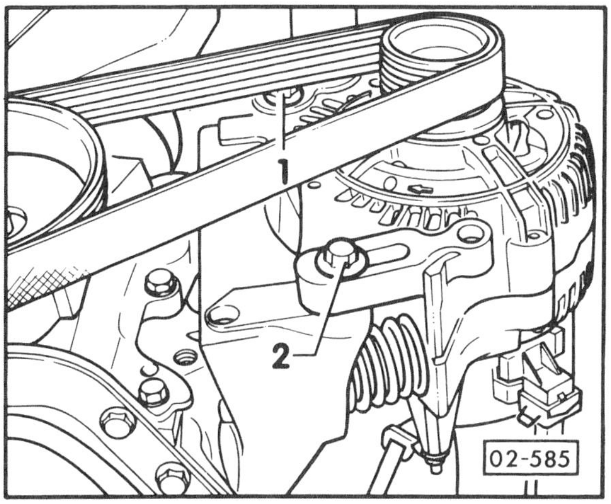

- Schrauben –1– und –2– am Lagerbock für Generator herausdrehen. Generator abnehmen.

Einbau

- Generator einsetzen und mit Schraube –1– am Lagerbock anschrauben, noch nicht festziehen.
- Spannschraube –2– einsetzen.
- Keilriemen auf Verschleiß prüfen, gegebenenfalls ersetzen.
- Keilriemen auflegen und spannen, siehe Seite 41.
- Elektrische Leitungen für Generator anschließen.
- Batterie-Massekabel (–) anklemmen. **Achtung:** Batterie nur bei **ausgeschalteter Zündung** anklemmen, sonst kann das Steuergerät der Einspritzanlage beschädigt werden.
- Zeituhr einstellen.
- Diebstahlcode für Radio eingeben, siehe Kapitel »Radio-Codierung eingeben«.

Schleifkohlen für Generator/ Spannungsregler ersetzen/prüfen

Je nach Ausführung können Generatoren verschiedener Firmen eingebaut sein. Der Ausbau der Schleifkohlen (Bürsten) ist bei BOSCH und VALEO-Generatoren bei eingebautem Generator möglich.

Ausbau

- Batterie-Massekabel (–) abklemmen. **Achtung:** Dadurch werden die elektronischen Speicher gelöscht, zum Beispiel Motor-Fehlerspeicher oder Radiocode. Batterie nur bei **ausgeschalteter Zündung** abklemmen, da sonst das Steuergerät der Einspritzanlage beschädigt werden kann. Vor dem Abklemmen sollten auch die Hinweise im Kapitel »Radio« bzw. »Batterie aus- und einbauen« durchgelesen werden.

BOSCH-Regler

- Generator-Schutzkappe abschrauben.

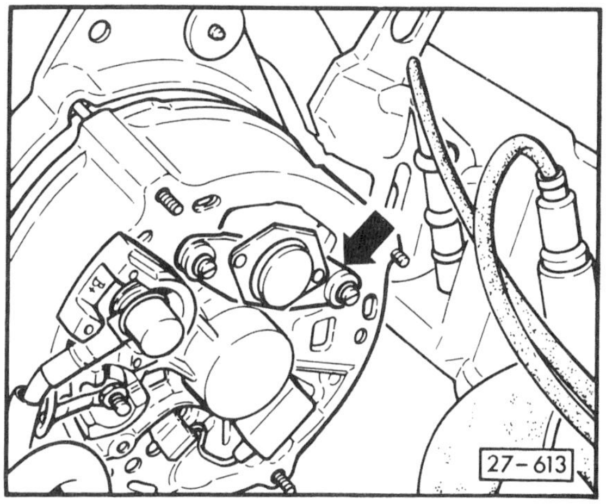

VALEO-Regler

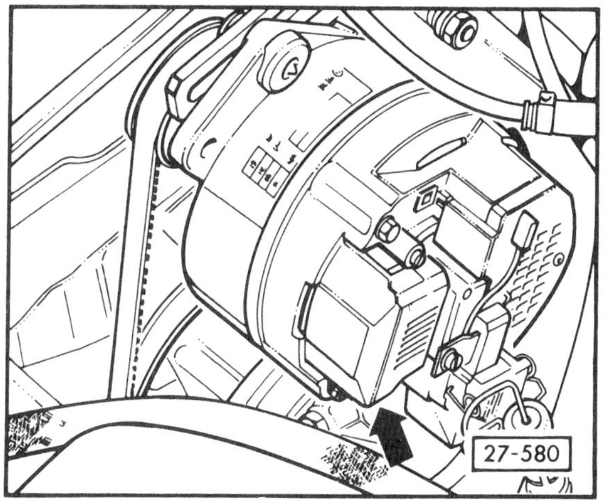

- Spannungsregler –Pfeil– an der Rückseite des Generators abschrauben (2 Schrauben) und vorsichtig herausziehen.

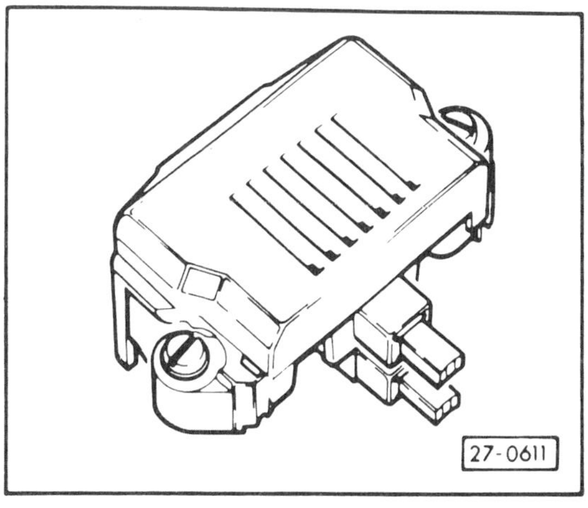

- Schleifkohlen ersetzen, wenn die Länge 5 mm oder weniger beträgt. Dazu Anschlußlitze auslöten.

- Schleifringe auf Verschleiß prüfen, gegebenenfalls feinstüberdrehen und polieren.
- Kontaktfläche reinigen und Vorspannung der Kontaktfeder prüfen, gegebenenfalls erneuern.

Einbau

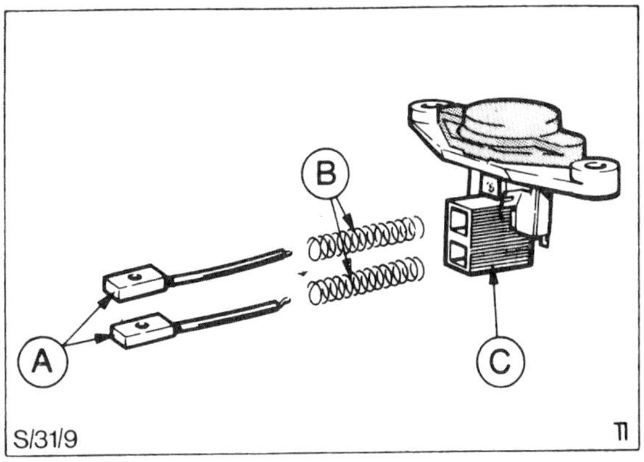

- Kohlebürsten –A– und Federn –B– in den Bürstenhalter –C– einsetzen und Anschlüsse verlöten.
- Damit beim Anlöten der neuen Bürsten kein Lötzinn in der Litze hochsteigen kann, Anschlußlitze der Bürsten mit einer Flachzange fassen. **Achtung:** Durch hochsteigendes Lötzinn würde die Litze steif und die Kohlebürste unbrauchbar werden.
- Der Isolierschlauch über der Litze muß neben der Lötstelle mit der vorhandenen Öse festgeklemmt werden.
- Nach dem Einbau neue Kohlebürsten auf leichten Lauf in den Bürstenhaltern prüfen.
- Spannungsregler erst mit einer Schraube von Hand befestigen, dann vorsichtig in endgültige Einbaulage drücken und festschrauben.
- Batterie-Massekabel (–) anklemmen. **Achtung:** Batterie nur bei **ausgeschalteter Zündung** anklemmen, sonst kann das Steuergerät der Einspritzanlage beschädigt werden.
- Zeituhr einstellen.
- Diebstahlcode für Radio eingeben, siehe Kapitel »Radio-Codierung eingeben«.

Störungsdiagnose Generator

Störung	Ursache	Abhilfe
Ladekontrollampe brennt nicht bei eingeschalteter Zündung.	Batterie leer.	■ Batterie Laden.
	Kabel am Generator locker oder korrodiert.	■ Kabel auf einwandfreien Kontakt prüfen, Schraube festziehen.
	Ladekontrollampe durchgebrannt.	■ Ersetzen.
	Regler defekt.	■ Regler prüfen, gegebenenfalls austauschen.
	Unterbrechung in der Leitungsführung zwischen Generator, Zündschloß und Kontrollampe.	■ Mit Ohmmeter nach Stromlaufplan untersuchen.
	Steckverbindungen zwischen Gleichrichterplatte und Spannungsregler nicht gesteckt.	■ Generator demontieren, gegebenenfalls Stecker ersetzen.
	Kohlebürsten liegen nicht auf dem Schleifring auf.	■ Freigängigkeit der Kohlebürsten und Mindestlänge (5 mm) prüfen.
	Erregerwicklung im Generator durchgebrannt.	■ Läufer austauschen.
Ladekontrollampe erlischt nicht bei Drehzahlsteigerung.	Keilrippenriemen locker.	■ Keilrippenriemen spannen.
	Kohlebürsten abgenutzt.	■ Kohlebürsten sichtprüfen, gegebenenfalls austauschen.
	Regler defekt.	■ Regler prüfen, gegebenenfalls austauschen.
	Leitung zwischen Drehstromgenerator und Regler defekt.	■ Leitung und Kontakte prüfen, ggf. Leitungsstrang ersetzen.
Ladekontrollampe brennt bei ausgeschalteter Zündung.	Plusdiode hat Kurzschluß.	■ Dioden prüfen, gegebenenfalls Diodenplatte austauschen.
Batterie wird zu stark geladen.	Spannungsregler am Generator defekt. Batterie gast kurz nach Abstellen des Motors sehr stark	■ Ladespannung bzw. Spannungsregler des Generators prüfen, ggf. Spannungsregler ersetzen.

Anlasser aus- und einbauen

Zum Starten des Verbrennungsmotors ist ein kleiner elektrischer Motor, der Anlasser, erforderlich. Damit der Motor überhaupt anspringen kann, muß der Anlasser den Verbrennungsmotor auf eine Drehzahl von mindestens 300 Umdrehungen in der Minute beschleunigen. Das funktioniert aber nur, wenn der Anlasser einwandfrei arbeitet und die Batterie hinreichend geladen ist.

Der Anlasser besteht aus einem Antriebs-, Pol- und Kollektorgehäuse. In dem Pol- und Kollektorgehäuse sind Anker und Kollektor gelagert sowie der Bürstenhalter. Im Bürstenhalter befinden sich Kohlebürsten, die sich zwar langsam, aber stetig abnutzen. Bei hoher Abnutzung der Kohlebürsten kann der Anlasser nicht mehr einwandfrei arbeiten.

In dem vorderen Antriebsgehäuse ist der Ritzelantrieb untergebracht. Wenn der Anlasser über den Zündanlaßschalter Spannung erhält, wird über den Magnetschalter, der auf dem Anlassergehäuse sitzt, das Ritzel auf einem Steilgewinde gegen den Zahnkranz des Motor-Schwungrades geschoben. Sobald das Ritzel bis zum Anschlag auf der Spindel vorgelaufen ist, ist es formschlüssig mit dem Schwungrad verbunden. Nun kann der Anlasser den Motor auf die erforderliche Anlaßdrehzahl bringen. Wenn der Verbrennungsmotor anläuft, wird das Ritzel vom Motor her beschleunigt, es läuft also kurzzeitig schneller als der Anlassermotor und spurt aus, wodurch die Verbindung zum Verbrennungsmotor aufgehoben ist.

Da zum Starten eine hohe Stromaufnahme erforderlich ist, ist im Rahmen der Wartung auf eine einwandfreie Kabelverbindung zu achten. Korrodierte Anschlüsse säubern und mit Polschutzfett einstreichen.

Je nach Motorisierung sind beim GOLF/VENTO 12-Volt-Anlasser unterschiedlicher Leistung eingebaut: 1,4-l-Motor: 0,9 kW; 2,8-l-Motor: 1,8 kW; alle anderen Benzin- sowie Dieselmotoren: 1,1 kW.

Achtung: Der Anlasser ist ein sogenanntes Austauschteil. Das bedeutet, daß ein defekter Anlasser bei Kauf eines überholten oder neuen Anlassers vom Hersteller in Zahlung genommen wird, daher Altteil zum Händler mitnehmen.

Ausbau

Da das vordere Motorlager mit den Anlasserschrauben befestigt ist, wird zum Anlasserausbau ein Motorheber (oder Kran) beziehungsweise ein Werkstattwagenheber benötigt.

- Batterie-Massekabel (–) abklemmen. **Achtung:** Dadurch werden die elektronischen Speicher gelöscht, zum Beispiel Motor-Fehlerspeicher oder Radiocode. Batterie nur bei **ausgeschalteter Zündung** abklemmen, da sonst das Steuergerät der Einspritzanlage beschädigt werden kann. Vor dem Abklemmen sollten auch die Hinweise im Kapitel »Radio« bzw. »Batterie aus- und einbauen« durchgelesen werden.

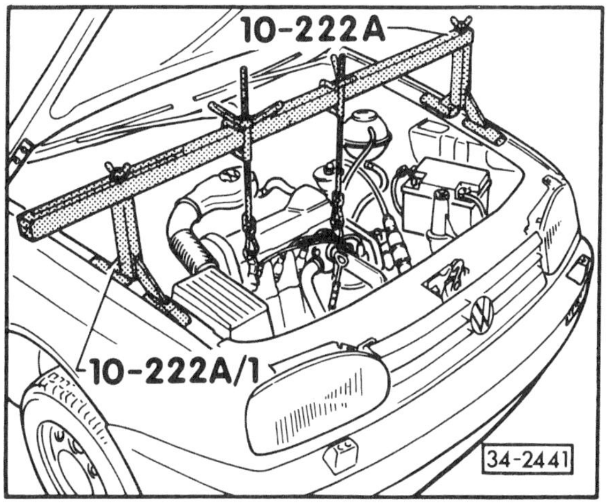

- Motor-/Getriebeeinheit an den Aufhängelaschen anseilen und Seile beispielsweise mit VW-Brücke –10-222A– und dazugehörigen Füßen –10-222A/1– vorspannen. Bei Verwendung eines Werkstattwagenhebers Motor abstützen, damit das Motorlager entlastet wird. Holz zwischenlegen, Motor nicht an der Ölwanne abstützen.

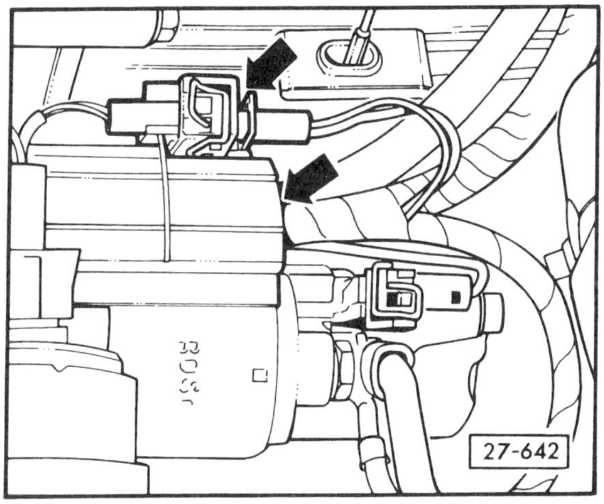

- Vor dem Lösen der Leitungen, schwarze Kunststoffkappe und Steckverbindung –Pfeil– vom Magnetschalter abziehen.

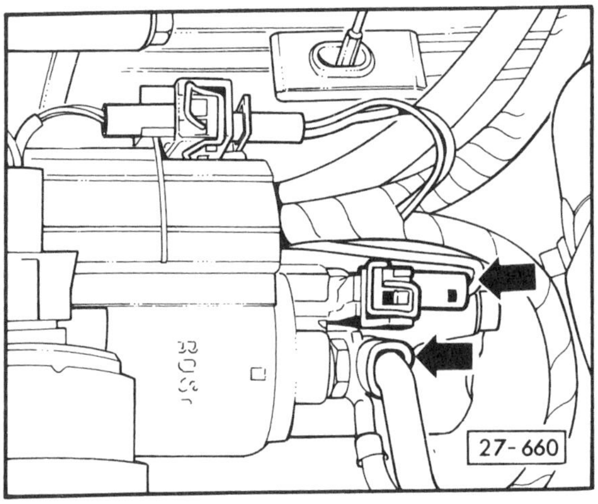

- Klemme 50 –oberer Pfeil– zum Zündanlaßschalter abziehen, dabei Drahtsicherung am Stecker niederdrücken.
- Leitung Batterie-Anlasser und Anlasser-Generator von Klemme 30 abschrauben –unterer Pfeil–.

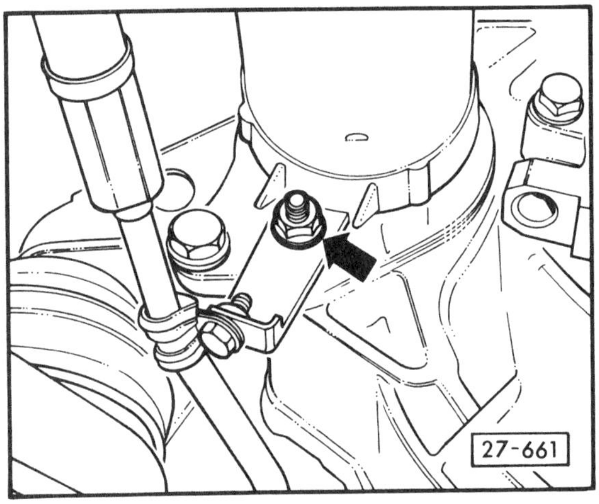

- Mutter beim Kabelhalter an der Anlasserunterseite lösen.

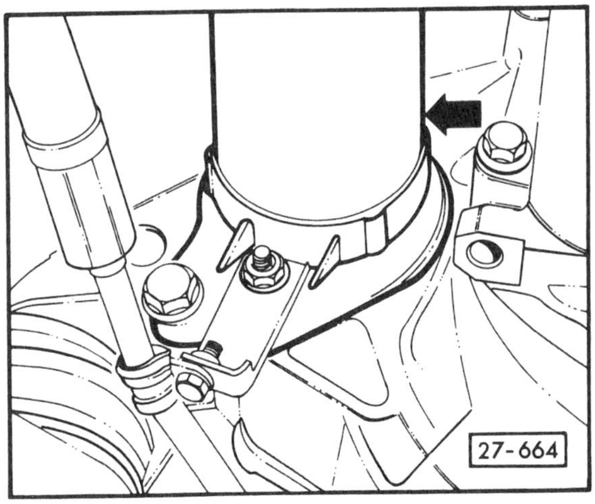

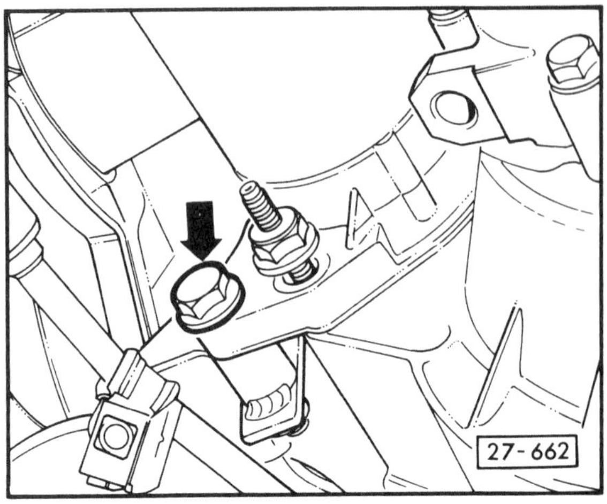

- 2 Anlasserschrauben vom Getriebe abschrauben. Die untere Schraube muß nicht gelöst werden beim 1,4- und 2,8-l-Motor.

Einbau

- **1,4-l-Motor:** Anlasser einsetzen und Sechskantschrauben mit **20 Nm** anziehen.
- Motoren ab 1,8 l: Anlasser einsetzen, obere Schraube sowie untere Mutter (Gewindedurchmesser 10 mm) mit **60 Nm** anschrauben.
- Untere Sechskantschraube mit **45 Nm** festziehen.
- Mutter am Kabelhalter (Gewindedurchmesser 8 mm) mit **10 Nm**, also nicht zu fest, anschrauben.
- Motorstütze entfernen.
- Leitung an Klemme 30 mit **15 Nm** anschrauben.
- Kabelstecker auf Klemme 50 aufschieben, er muß einrasten.
- Kunststoff-Abdeckung aufdrücken.
- Batterie-Massekabel (–) anklemmen. **Achtung:** Batterie nur bei **ausgeschalteter Zündung** anklemmen, sonst kann das Steuergerät der Einspritzanlage beschädigt werden.
- Zeituhr einstellen.
- Diebstahlcode für Radio eingeben, siehe Kapitel »Radio-Codierung eingeben«.

Magnetschalter prüfen/ersetzen

Schaltschema Anlasser

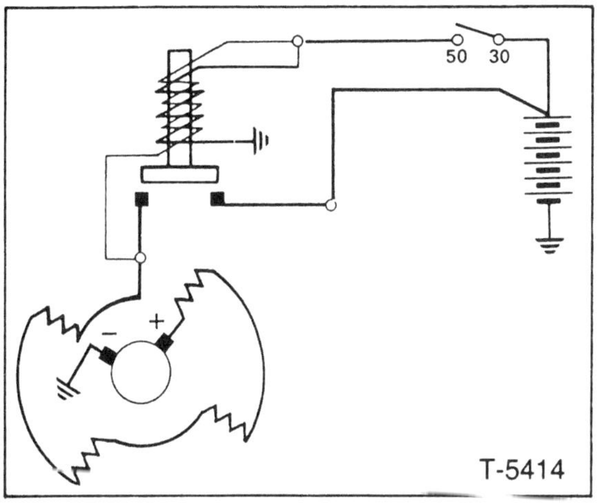

T-5414

Bei einem Defekt des Magnetschalters wird das Ritzel im Anlasser nicht gegen den Zahnkranz des Schwungrades gezogen. Dadurch kann der Anlasser den Motor nicht durchdrehen.

Prüfen

- Anlasser ausbauen.
- An Klemme 30 (Stromanschluß für dickes Kabel) des Anlassers mit Starthilfekabel Batteriespannung 12 Volt anlegen.
- Mit Hilfskabel Klemme 50 und 30 am Anlasser kurz überbrücken, das Anlasserritzel muß nach vorne schnellen.

Ausbau

- 3 Befestigungsschrauben für Magnetschalter vom Antriebsgehäuse abschrauben und Magnetschalter aushängen.

Einbau

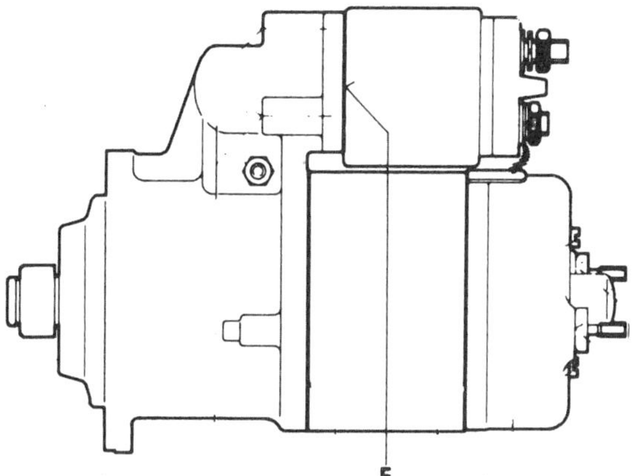

W-5415

- Magnetschalter an Anlasser anschrauben, Trennfuge –F– beim Bosch-Anlasser mit geeignetem Dichtmittel abdichten.
- Leitung für Magnetschalter anschrauben.
- Anlasser prüfen, wie oben beschrieben.
- Anlasser einbauen.

Störungsdiagnose Anlasser

Wenn ein Anlasser nicht durchdreht, ist zunächst zu prüfen, ob an der Klemme 50 des Magnetschalters die zum Einziehen benötigte Spannung von mindestens 10 Volt vorhanden ist. Liegt die Spannung unter dem genannten Wert, dann müssen die Leitungen, die zum Anlasserstromkreis gehören, nach dem Stromlaufplan überprüft werden. Ob der Anlasser bei voller Batteriespannung einzieht, kann folgendermaßen geprüft werden:

- Keinen Gang einlegen, Zündung eingeschaltet.
- Mit einer Leitung (Querschnitt mindestens 4 mm^2) die Klemmen 30 und 50 am Anlasser überbrücken, siehe auch Stromlaufplan.

Spurt der Anlasser dabei einwandfrei ein, so liegt der Fehler in der Leitungsführung zum Anlasser. Andernfalls Anlasser in ausgebautem Zustand überprüfen.

Prüfvoraussetzung: Leitungsanschlüsse müssen festsitzen und dürfen nicht oxydiert sein.

Störung	Ursache	Abhilfe
Anlasser dreht sich nicht beim Betätigen des Zündanlaßschalters.	Batterie entladen.	■ Batterie laden.
	Klemmen 30 und 50 am Anlasser überbrücken: Anlasser läuft an. Leitung 50 zum Zündanlaßschalter unterbrochen, Anlaßschalter defekt.	■ Unterbrechung beseitigen, defekte Teile ersetzen.
	Kabel oder Masseanschluß ist unterbrochen. Batterie entladen.	■ Batteriekabel und Anschlüsse prüfen. Spannung der Batterie messen, ggf. laden.
	Ungenügender Stromdurchgang infolge lockerer oder oxydierter Anschlüsse.	■ Batteriepole und -klemmen reinigen. Stromsichere Verbindungen zwischen Batterie, Anlasser und Masse herstellen.
	Keine Spannung an Klemme 50 (Magnetschalter).	■ Leitung unterbrochen Zündanlaßschalter defekt.
Anlasser dreht sich zu langsam und zieht den Motor nicht durch.	Batterie entladen.	■ Batterie laden.
	Ungenügender Stromdurchgang infolge lockerer oder oxydierter Anschlüsse.	■ Batteriepole und -klemmen und Anschlüsse am Anlasser reinigen, Anschlüsse festziehen.
	Kohlebürsten liegen nicht auf dem Kollektor auf, klemmen in ihren Führungen, sind abgenutzt, gebrochen, verölt oder verschmutzt.	■ Kohlebürsten überprüfen, reinigen bzw. auswechseln. Führungen prüfen.
	Ungenügender Abstand zwischen Kohlebürsten und Kollektor.	■ Kohlebürsten ersetzen und Führungen für Kohlebürsten reinigen.
	Kollektor riefig oder verbrannt und verschmutzt.	■ Kollektor abdrehen oder Anker ersetzen.
	Spannung an Klemme 50 fehlt (mind. 10 Volt)	■ Zündanlaßschalter oder Magnetschalter überprüfen.
	Magnetschalter defekt.	■ Schalter auswechseln.
Anlasser spurt ein und zieht an, Motor dreht nicht oder nur ruckweise.	Ritzelgetriebe defekt.	■ Ritzelgetriebe ersetzen.
	Ritzel verschmutzt.	■ Ritzel reinigen.
	Zahnkranz am Schwungrad defekt.	■ Zahnkranz nacharbeiten, falls erforderlich, Schwungrad erneuern.
Ritzelgetriebe spurt nicht aus.	Ritzelgetriebe oder Steilgewinde verschmutzt bzw. beschädigt.	■ Ritzelgetriebe reinigen, ggf. ersetzen.
	Magnetschalter defekt.	■ Magnetschalter ersetzen.
	Rückzugfeder schwach oder gebrochen.	■ Rückzugfeder erneuern.
Anlasser läuft weiter, nachdem der Zündschlüssel losgelassen wurde.	Magnetschalter hängt, schaltet nicht ab.	■ Zündung sofort ausschalten, Magnetschalter ersetzen.
	Zündschloß schaltet nicht ab.	■ Sofort Batterie abklemmen, Zündschloß ersetzen.

Die Beleuchtungsanlage

Zur Beleuchtungsanlage zählen: Hauptscheinwerfer, Heckleuchten, Bremsleuchten, Rückfahrscheinwerfer, Blinkleuchten, Nebelscheinwerfer und Nebelschlußleuchten, Kennzeichenleuchten und Innenleuchten. Die Instrumentenbeleuchtung wird im Kapitel »Armaturen« behandelt.

Normale Glühlampen (nicht Halogenlampen) unterliegen dem Verschleiß. Etwa alle 2 Jahre sollten sie ausgewechselt werden, auch wenn sie noch intakt sind. Eine Glühlampe mit verminderter Leuchtkraft erkennt man auch an schwarzen Ablagerungen auf dem Glaskolben.

Vor dem Auswechseln einer Glühlampe Schalter des betreffenden Verbrauchers ausschalten. **Achtung: Glaskolben nicht mit bloßen Fingern anfassen.** Der Fingerabdruck würde verdunsten und sich – aufgrund der Wärme – auf dem Reflektor niederschlagen und diesen erblinden lassen. Grundsätzlich Glühlampe nur durch eine gleiche Ausführung ersetzen. Versehentlich entstandene Berührungsflecken mit sauberem, nicht faserndem Tuch und Alkohol oder Spiritus entfernen.

Lampentabelle

Um jederzeit eine Lampe auswechseln zu können, sollte stets ein Kasten mit Ersatzlampen im Wagen mitgeführt werden. Der VW-Kundendienst führt solche Ersatzlampenboxen. Eine Zusammenstellung der wichtigsten im VW verwendeten Lampen enthält die Tabelle.

12-V-Glühlampe für	DIN-Bezeichnung	
Fern/Abblendlicht	H 4	60/55 W
Stand- und Parklicht vorn	HL	4 W
Blinkleuchten vorn und hinten, Nebelschlußleuchte, Rückfahrleuchte	P 25-1	21 W
Brems- und Schlußleuchte		21/5 W
Kennzeichenleuchte	Glassockel	5 W

Glühlampen der Außenleuchten auswechseln

- Schalter der betreffenden Lampe ausschalten.

Scheinwerfer

- Motorhaube öffnen.
- Nur GOLF mit separaten Fernscheinwerfern: Abdeckung an der Scheinwerfer-Rückseite abnehmen, dazu 2 Rastnasen nach unten drücken. Glühlampe wechseln, wie für »Nebelscheinwerfer« beschrieben.

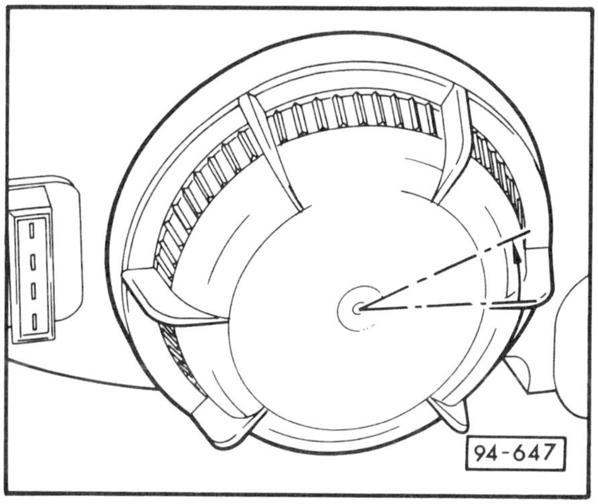

- Alle anderen Modelle: Kunststoffabdeckung an der Scheinwerfer-Rückseite nach links drehen und abnehmen.

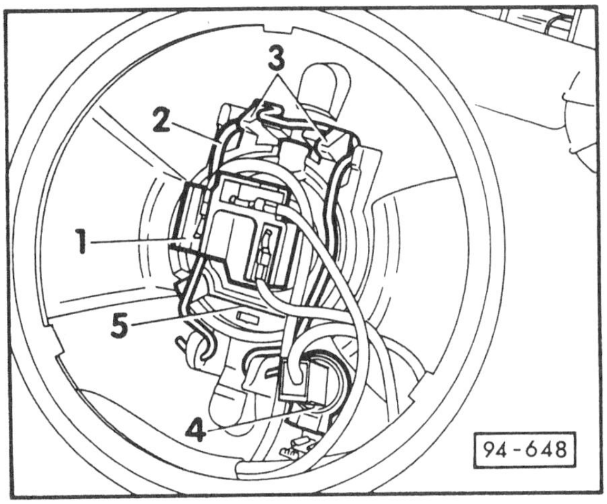

- Stecker –1– abziehen.
- Federdrahtbügel –2– der Lampenhalterung über die Rastnasen –3– nach unten klappen. 5 – Zweifadenlampe.
- Defekte Lampe herausnehmen.
- Neue Glühlampe so einsetzen, daß die Nasen in die entsprechenden Aussparungen am Gehäuse passen.
- Federklammer nach oben klappen und in die Haltenasen einrasten.
- Stecker auf die Fassung aufdrücken.
- Kunststoffverkleidung an der Scheinwerferrückseite aufsetzen, nach rechts drehen und einrasten lassen. Die Aufschrift »TOP« auf der Abdeckkappe muß nach oben zeigen. Bei der Ausführung mit separaten Fernscheinwerfern die Abdeckung in die unteren Ösen einführen und oben andrücken, die beiden Laschen müssen einrasten.
- Scheinwerfereinstellung von einer Fachwerkstatt kontrollieren lassen.

Standlichter vorn

- Abdeckkappe für Scheinwerfer abnehmen.
- Fassung –4– am Anschlußstecker herausziehen, siehe Abbildung.
- Lampe leicht in die Fassung hineindrücken, um 90° (¼ Umdrehung) nach links drehen und Lampe herausnehmen.
- Neue Lampe einsetzen, leicht eindrücken und nach rechts drehen.
- Fassung mit eingesetzter Standlicht-Glühlampe in den Reflektor stecken.
- Kunststoffverkleidung an der Scheinwerferrückseite aufsetzen und einrasten lassen, siehe Scheinwerferlampe wechseln.

Vordere Blinkleuchten

Um eine Blinkleuchte oder einen Nebelscheinwerfer auszubauen, muß zuerst die Abdeckkappe für die Abschleppöse ausgebaut werden. Besitzt das Fahrzeug keine Nebelleuchte, ist die Abdeckkappe entsprechend breiter.

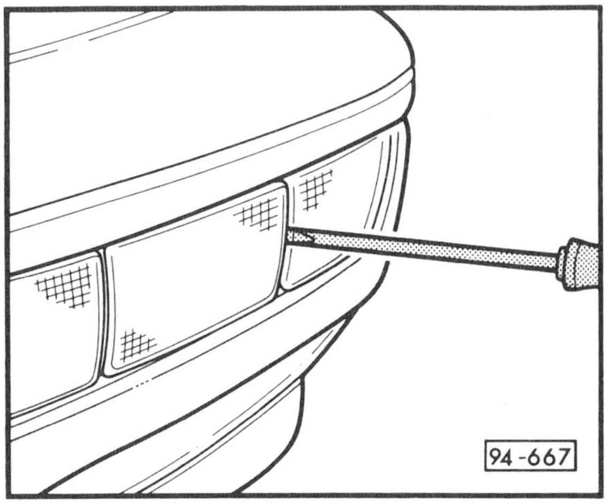

- Abdeckkappe mit einem Schraubendreher vorsichtig aus der Halterung an der Blinkleuchte heraushebeln und abnehmen.

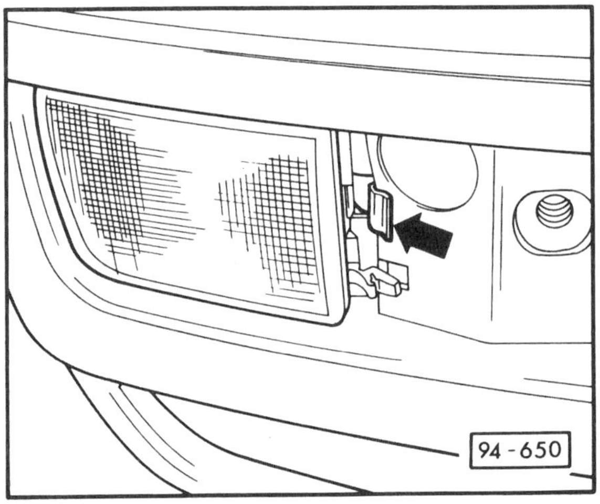

- Lasche –Pfeil– zur Blinkleuchte drücken und Blinkleuchte nach vorn herausziehen.

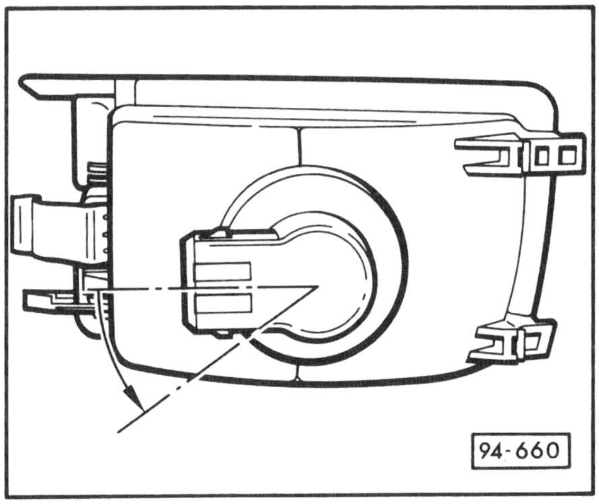

- Lampenfassung nach links drehen und aus der Blinkleuchte herausziehen.

- Lampe leicht in die Fassung hineindrücken, um 90° (1/4 Umdrehung) nach links drehen und Lampe herausnehmen.
- Neue Lampe einsetzen, leicht eindrücken und nach rechts drehen.
- Fassung in die Blinkleuchte einrasten (bis zum Anschlag nach rechts drehen).
- Blinkleuchte außen mit den beiden Haltenasen in die Karosserie-Aussparungen einsetzen und eindrücken, bis die Lasche einrastet.
- Abdeckblende in die Scharniere einstecken, zum Stoßfänger schwenken und andrücken, bis sie einrastet.

Nebelscheinwerfer

Um einen Nebelscheinwerfer auszubauen, muß zuerst die Abdeckblende für die danebenliegende Abschleppöse ausgebaut werden.

- Abdeckblende mit einem Schraubendreher vorsichtig aus der Halterung an der Blinkleuchte heraushebeln und abnehmen, siehe Blinkleuchtenlampe wechseln.

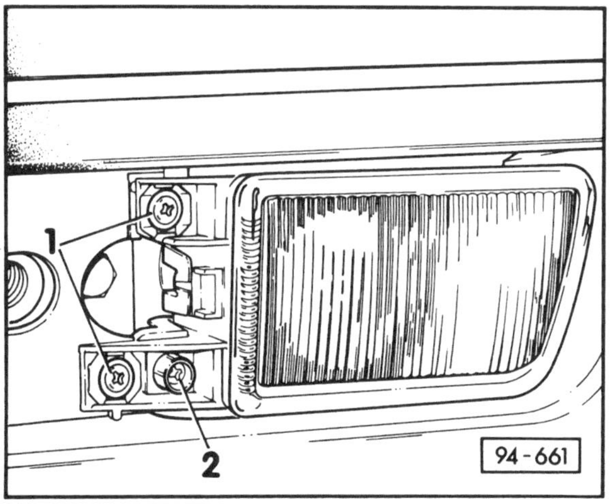

94-661

- 2 Schrauben –1– herausdrehen, Scheinwerfereinsatz nach vorn herausnehmen und Kabelstecker abziehen. (–2– = Leuchtweiten-Einstellschraube).

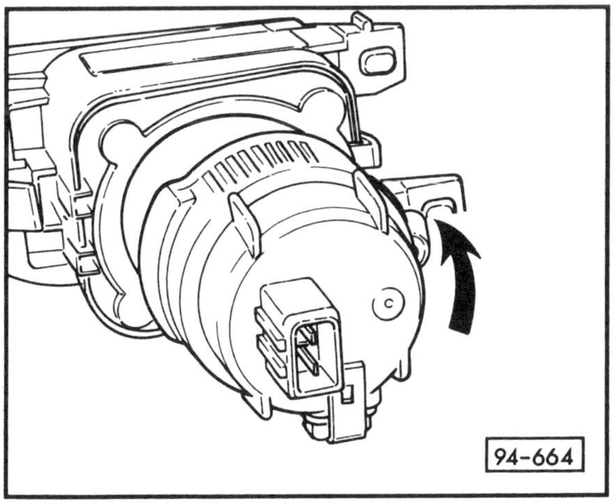
94-664

- Abdeckkappe nach links drehen und abnehmen.

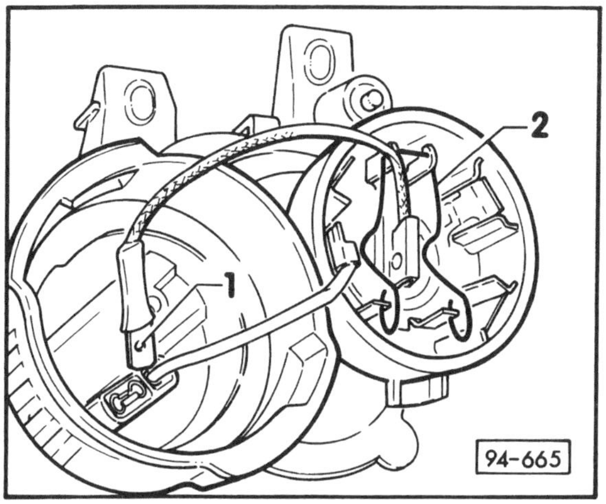

94-665

- Kabelstecker –1– an der Abdeckkappe abziehen.
- Federdrahtbügel –2– der Lampenhalterung aushaken, defekte Lampe herausnehmen.
- Neue Glühlampe so einsetzen, daß die Nasen in die entsprechenden Aussparungen am Gehäuse passen.
- Federklammer umklappen und in die Haltenasen einrasten.
- Lampenkabel in der Abdeckkappe aufstecken.
- Abdeckkappe in die Nebelleuchte einrasten (bis zum Anschlag nach rechts drehen).
- Anschlußstecker aufstecken, Scheinwerfer einsetzen und mit 2 Schrauben befestigen.
- Abdeckblende für Abschleppöse in die Scharniere einstekken, zum Stoßfänger schwenken und andrücken, bis sie einrastet.
- Nebel-Scheinwerfereinstellung prüfen lassen.

Seitliche Blinkleuchten

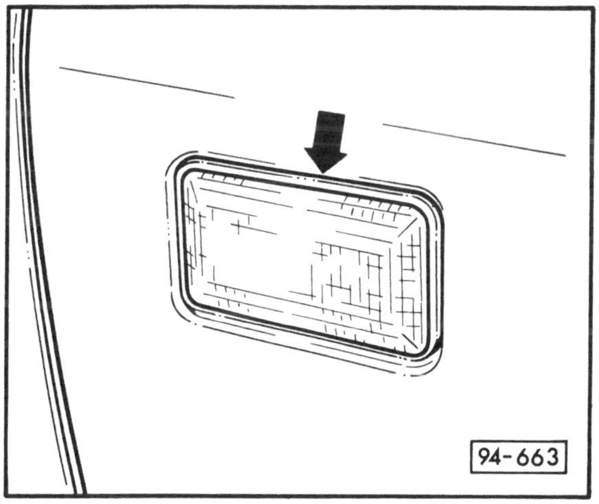
94-663

- Blinkleuchte mit einem breiten Schraubendreher oder Spachtel vorsichtig (Tuch zwischenlegen) aus dem Kotflügel heraushebeln, die Haltelasche befindet sich in der Mitte der Blinkleuchten-Unterkante.

- Fassung nach links drehen und aus dem Leuchtenglas herausziehen.
- Glühlampe aus der Fassung ziehen und ersetzen.
- Fassung in die Leuchte einsetzen und nach rechts drehen.
- Leuchte in den Kotflügel einrasten.

GOLF-Heckleuchten (VENTO: äußere Heckleuchten im Seitenteil)

- Heck- beziehungsweise Kofferraumklappe öffnen.

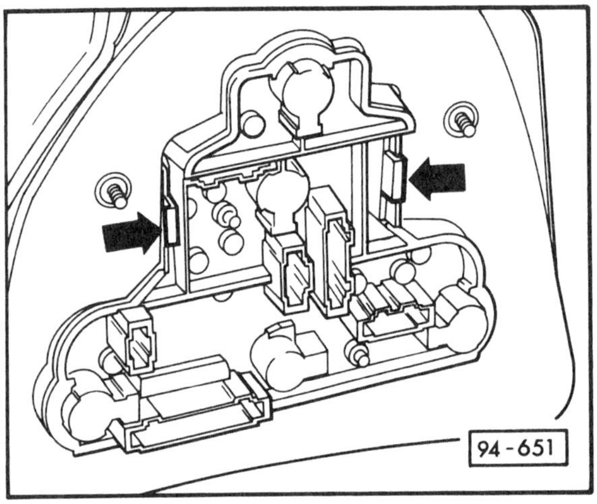

- Vom Kofferraum her die Haltelaschen –Pfeile– nach innen drücken und den Lampenträger nach innen abnehmen.
- Defekte Lampe eindrücken, um 90° (1/4 Umdrehung) nach links drehen und herausnehmen. Lampenbelegung GOLF: Die obere Lampe ist für die Blinkleuchte, die unteren Lampen, von innen nach außen: Rückfahrlicht, Schlußlicht und Bremslicht. Lampenbelegung VENTO: Brems-/Schlußlicht, Blinklicht.
- Neue Glühlampe in die Fassung eindrücken, nach rechts drehen und einrasten.
- Lampenträger in das Gehäuse einsetzen, beide Laschen müssen einrasten.

VENTO: Heckleuchten in der Kofferraumklappe

In der Kofferraumklappe des VENTO befinden sich die Rückfahrleuchten und die Nebelschlußleuchten.

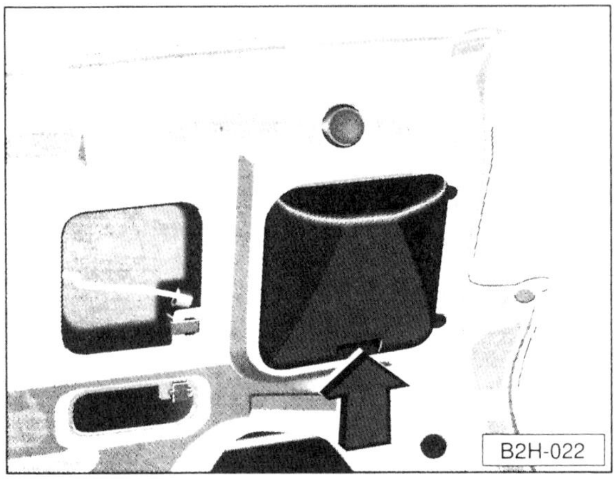

- Kofferraum öffnen, Federlasche in Pfeilrichtung drücken und Lampenabdeckung abnehmen.

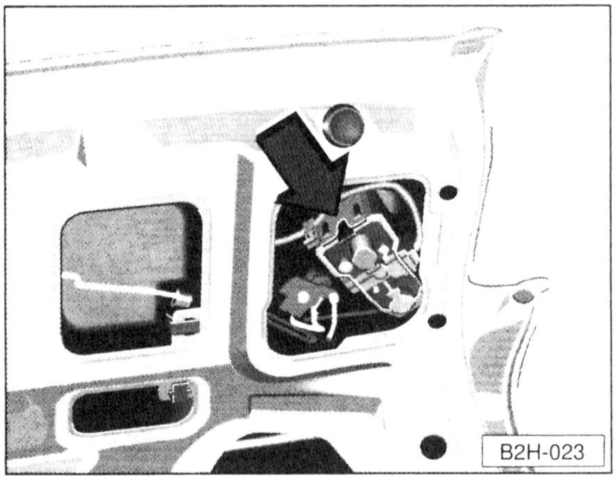

- Federlasche des Lampenträgers in Pfeilrichtung drücken und Lampenträger abnehmen.
- Defekte Lampe eindrücken, um 45° (1/4 Umdrehung) nach links drehen und herausnehmen.
- Neue Glühlampe in die Fassung eindrücken und nach rechts drehen.
- Lampenträger in das Gehäuse einsetzen, die Federlasche muß einrasten.
- Beide Nasen der Lampenabdeckung oben hinter das Karosserieblech schieben und Abdeckung andrücken, die Lasche muß einrasten.

Kennzeichenleuchten

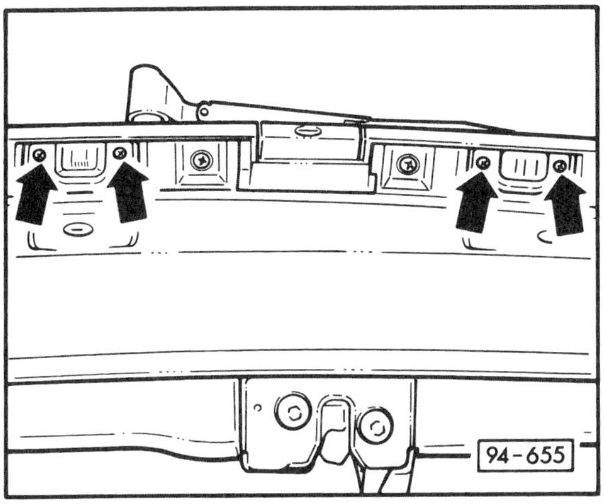

- Leuchtenglas mit Kreuzschlitzschraubendreher abschrauben und abnehmen.
- Glassockellampe aus der Fassung herausziehen, nicht drehen.
- Neue Lampe eindrücken.
- Leuchtenglas aufsetzen und nicht zu fest anschrauben. Auf richtige Lage des Dichtgummis achten, gegebenenfalls ausrichten.

Glühlampen der Innenleuchten auswechseln

- Schalter der betreffenden Lampe ausschalten.

Innenleuchte/Leseleuchte

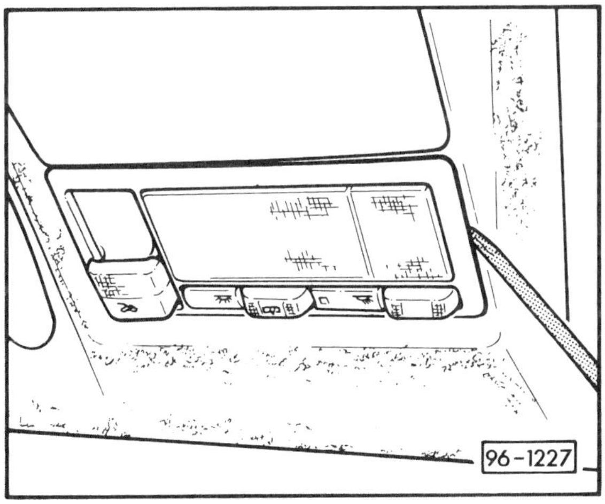

- Kompletten Leuchtenträger heraushebeln, dazu Schraubendreher rechts zwischen Leuchtenrahmen und Dachverkleidung einsetzen.
- Innenleuchte auswechseln: Leuchtenglas vom Leuchtenträger abziehen. Sofittenlampe auswechseln. Saß die Lampe locker, Kontaktzungen etwas nachbiegen.

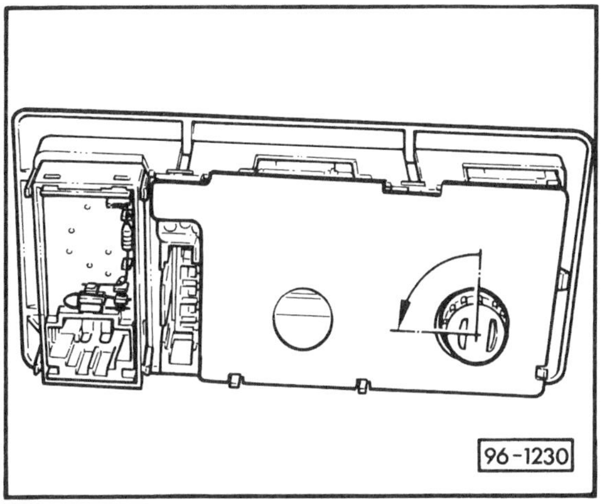

- Leseleuchte auswechseln: Dazu weiße Fassung an der Lampenrückseite nach links drehen und herausziehen. Glassockellampe aus der Fassung ziehen und ersetzen. Fassung einsetzen und durch Rechtsdrehen einrasten.
- Leuchtenträger zuerst auf der linken Seite einsetzen und anschließend in den Ausschnitt der Dachverkleidung drükken.

Gepäckraum-/Kofferraumleuchte

- Kofferraum öffnen.
- Mit einem Finger hinter die Leuchte greifen und Leuchte nach unten herausdrücken.
- Sofittenlampe auswechseln. Saß die Lampe locker, Kontaktzungen etwas nachbiegen.
- Leuchte einsetzen und hochdrücken.

Handschuhkastenleuchte

- Handschuhkasten öffnen.

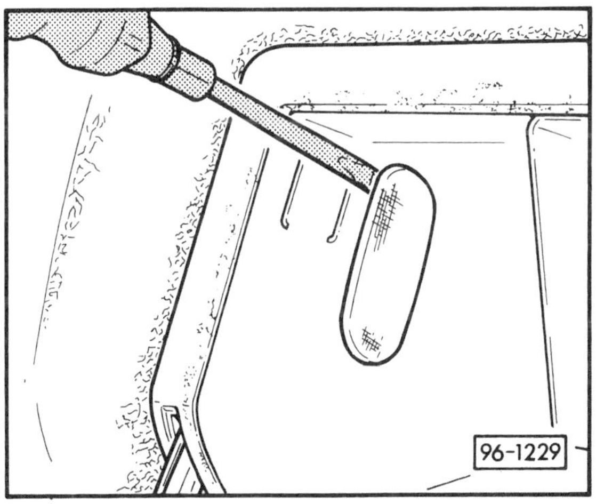

- Schraubendreher seitlich zwischen unter das Leuchtenglas schieben und Leuchte heraushebeln, dabei Schraubendreher möglichst weit oben ansetzen.

- Leuchte schräg nach oben herausziehen.
- Sofittenlampe auswechseln. Saß die Lampe locker, Kontaktzungen etwas nachbiegen.
- Leuchte mit der Unterseite zuerst einsetzen und andrücken.
- Funktionsprüfung durchführen: Handschuhkastendeckel langsam schließen, die Lampe muß bei fast geschlossenem Deckel erlöschen. Sonst Leuchte nochmals ausbauen und richtig einsetzen.

Türkontaktschalter/Schalter für Kofferraumbeleuchtung ersetzen

Die Türkontaktschalter an den Türen schalten automatisch die Innenbeleuchtung ein, wenn eine Tür geöffnet wird. Wird die Heckklappe geöffnet, schaltet ein Kontakt am Heckklappenschloß die Kofferraumbeleuchtung ein. Schalter prüfen, siehe Seite 237.

Türkontaktschalter ersetzen

- Gummimanschette abziehen.

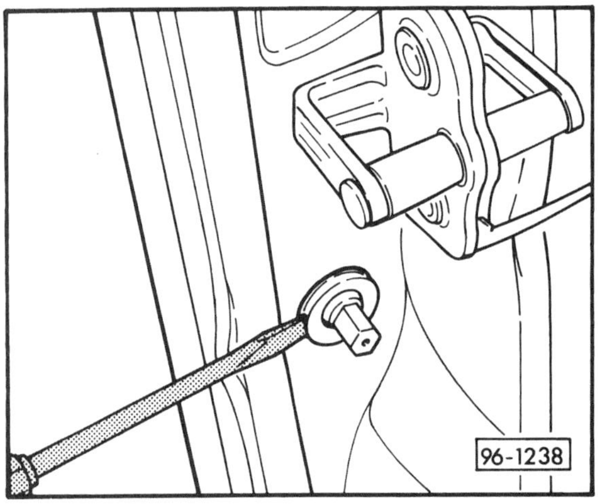

- Türkontaktschalter vorsichtig heraushebeln.
- Steckverbindung entrasten.
- Stecker auf neuen Schalter aufschieben, Kontaktschalter einsetzen und Gummikappe aufsetzen.

Schalter für Kofferraumbeleuchtung ersetzen

- Heckklappenverkleidung ausbauen, siehe Seite 190.
- Kabelstecker am Heckklappenschloß abziehen.

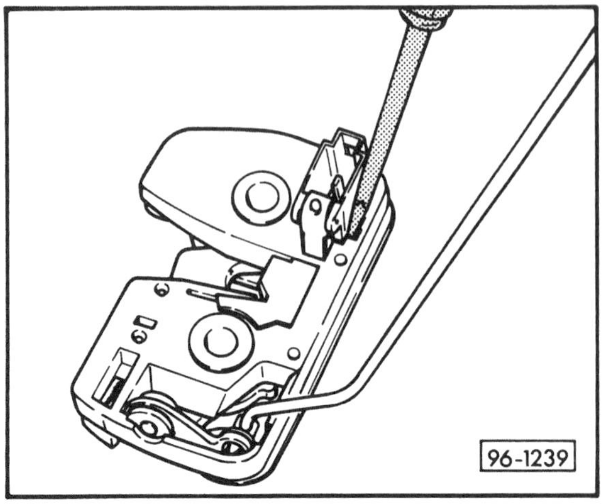

- Seitliche Rastnase mit Schraubendreher entriegeln und gleichzeitig Schalter aus dem Heckklappenschloß herausziehen.
- Neuen Schalter in das Heckklappenschloß eindrücken, er muß einrasten.
- Kabelstecker aufstecken.

Scheinwerfer aus- und einbauen

Der Scheinwerfer ist nicht zerlegbar. Ist zum Beispiel das Glas defekt, muß der ganze Scheinwerfer ersetzt werden.

Ausbau

- Scheinwerferschalter ausschalten.
- Motorhaube öffnen.
- An der Scheinwerferrückseite die Abdeckung durch Linksdrehung ausrasten und Stecker von der Scheinwerfer-Glühlampe abziehen.
- Kühlergrill ausbauen, siehe Seite 187.

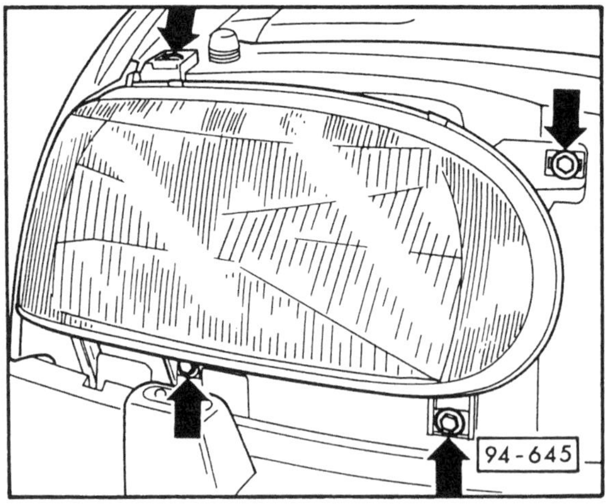

- Befestigungsschrauben –Pfeile– herausschrauben und Scheinwerfer nach vorn herausschieben.
- Stecker für Leuchtweitenregulierung abziehen.

Einbau

- Der Einbau erfolgt in umgekehrter Reihenfolge wie unter »Ausbau« beschrieben.
- Kühlergrill einbauen, siehe Seite 167.
- Scheinwerfer von einer Fachwerkstatt einstellen lassen.

Scheinwerfer einstellen

Für die Verkehrssicherheit ist die richtige Einstellung der Scheinwerfer von großer Bedeutung. Die exakte Einstellung der Scheinwerfer ist nur mit einem Spezialeinstellgerät möglich. Es wird deshalb nur gezeigt, wo die Scheinwerfer eingestellt werden können und welche Bedingungen zum richtigen Einstellen der Scheinwerfer erfüllt sein müssen.

- Die Reifen müssen den vorgeschriebenen Reifenfülldruck haben.
- Das unbeladene Fahrzeug muß mit 75 kg (eine Person) auf dem Fahrersitz belastet sein, sowie der Kraftstofftank gefüllt sein. Anschließend das Fahrzeug mindestens einige Meter rollen, damit sich die Federn richtig einstellen.
- Fahrzeug auf ebene Fläche stellen.
- Regulierknopf für Leuchtweitenregulierung auf »0« stellen.
- Die Scheinwerfer dürfen nur bei Abblendlicht eingestellt werden. Das Neigungsmaß beträgt für Normalscheinwerfer **12 cm auf 10 m** Entfernung, für Nebelscheinwerfer **20 cm auf 10 m** Entfernung.

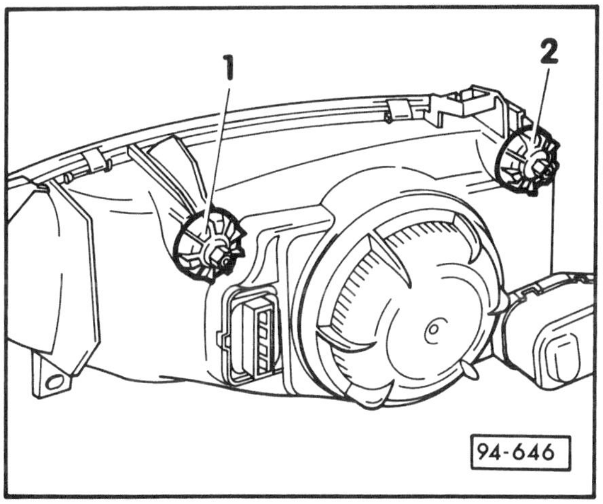

- Die Einstellschrauben sind: 1 – Seitenverstellung, 2 – Höhenverstellung. Die Abbildung zeigt den rechten Scheinwerfer; links sind die Schrauben spiegelbildlich angeordnet.

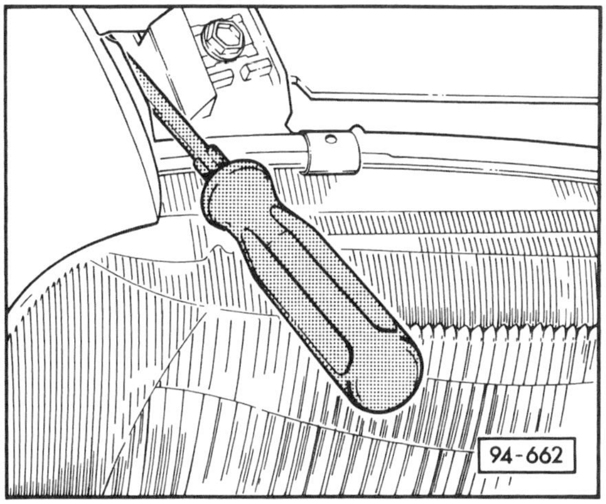

- Zur Seiten- und Höhenverstellung kann das jeweilige Rändelrad mit einem Schraubendreher von vorn verstellt werden.

Einstellung Nebelscheinwerfer

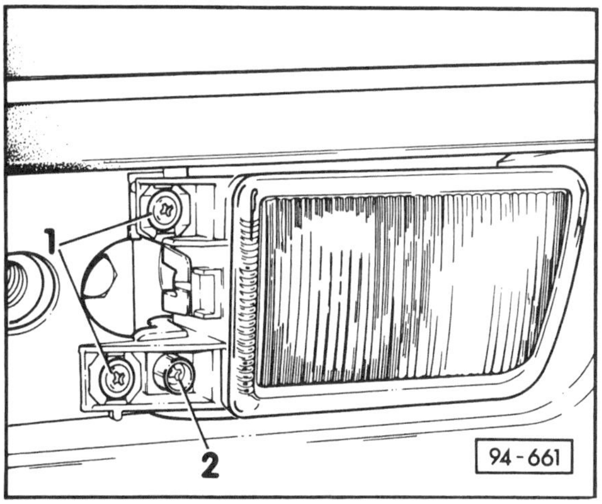

- An den Nebelscheinwerfern ist nur die Höheneinstellung möglich. Dazu Schraube –2– verdrehen. 1 – Befestigungsschrauben.

Stellmotor für Leuchtweitenregulierung aus- und einbauen

Der Stellmotor für Leuchtweitenregulierung sitzt am Scheinwerfer. Im Einstellknopf am Armaturenbrett sitzt ein Potentiometer, das dem Stellmotor die gewünschte Position übermittelt.

Ausbau

- Scheinwerfer ausbauen.

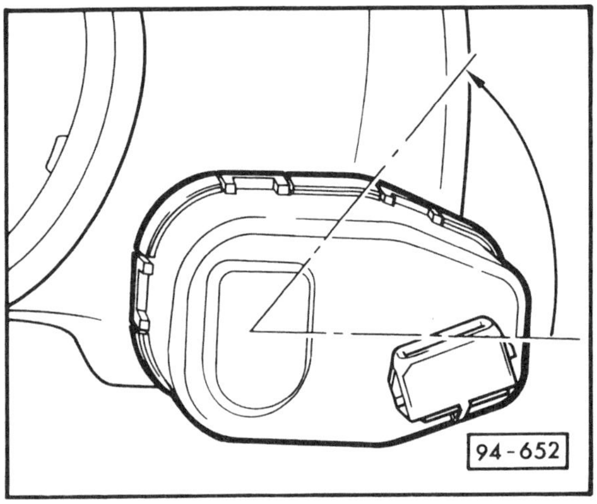

- Stellmotor durch Rechtsdrehen beim linken und durch Linksdrehen beim rechten Scheinwerfer entriegeln.
- Kugelkopf der Stellachse durch kräftigen Zug nach hinten aus der Verrastung am Reflektor ziehen.
- Stellmotor nach hinten herausziehen.

Einbau

- Glühlampe aus dem Scheinwerfer ausbauen.
- Stellachse eindrücken, bis sie ganz einrastet. Dabei Reflektor am Ausschnitt für die Glühlampe gegenhalten. **Achtung:** Reflektor nicht an der Innenseite mit bloßen Fingern anfassen, da er sonst trübe wird.
- Stellmotor schwenken und dadurch verriegeln.
- Glühlampe einbauen.
- Scheinwerfer einbauen und einstellen.

Heckleuchte aus- und einbauen

GOLF-Heckleuchte

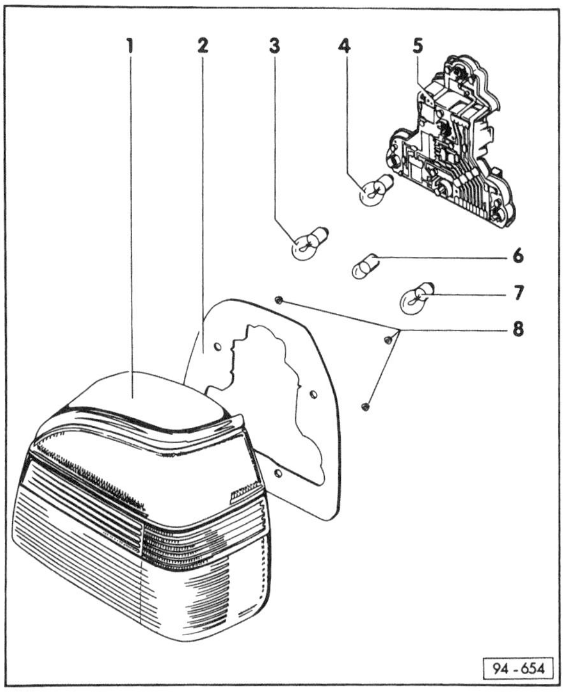

1 – Gehäuse
2 – Dichtung
3 – Glühlampe für Rückfahrlicht
4 – Glühlampe für Blinklicht
5 – Lampenträger
6 – Glühlampe für Schlußlicht
7 – Glühlampe für Bremslicht
8 – Sechskantmutter M 5

Ausbau

- Glühlampen der betreffenden Heckleuchte ausbauen, siehe Seite 255.
- **Heckleuchte im Seitenteil ausbauen:** 3 Muttern –Pfeile– vom Kofferraum her lösen.
- **VENTO-Heckleuchte in der Heckklappe ausbauen:** Abdeckung abziehen und 4 Muttern von innen her lösen.
- Leuchte nach außen abnehmen.
- Gummidichtung zwischen Leuchte und Karosserie abnehmen.

Einbau

- Poröse oder beschädigte Gummidichtung sowie gesprungene Leuchtengläser umgehend ersetzen, sonst dringt Wasser in den Innenraum.
- Leuchten mit Dichtung ansetzen, von innen her anschrauben.
- Glühlampen einbauen.

Die Armaturen

Beim GOLF/VENTO sind die Instrumente in einem Schalttafeleinsatz zusammengefaßt. Der Schalttafeleinsatz muß beispielsweise ausgebaut werden, wenn Glühlampen der Instrumentenbeleuchtung ersetzt werden sollen. Sind einzelne Instrumente defekt, muß der gesamte Schalttafeleinsatz ersetzt werden, da er nicht zerlegbar ist. In diesem Kapitel werden auch die Schalter an der Schalttafel behandelt.

Schalttafeleinsatz aus- und einbauen

Ausbau

- Batterie-Massekabel (–) abklemmen. **Achtung:** Dadurch werden die elektronischen Speicher gelöscht, zum Beispiel Motor-Fehlerspeicher oder Radiocode. Batterie nur bei **ausgeschalteter Zündung** abklemmen, da sonst das Steuergerät der Einspritzanlage beschädigt werden kann. Vor dem Abklemmen Hinweise im Kapitel »Radio« bzw. »Batterie aus- und einbauen« durchlesen.

Hinweis: Das Lenkrad muß nicht ausgebaut werden, in den folgenden Abbildungen fehlt es wegen der besseren Übersicht.

- Lichtschalter ausbauen, siehe Seite 269.

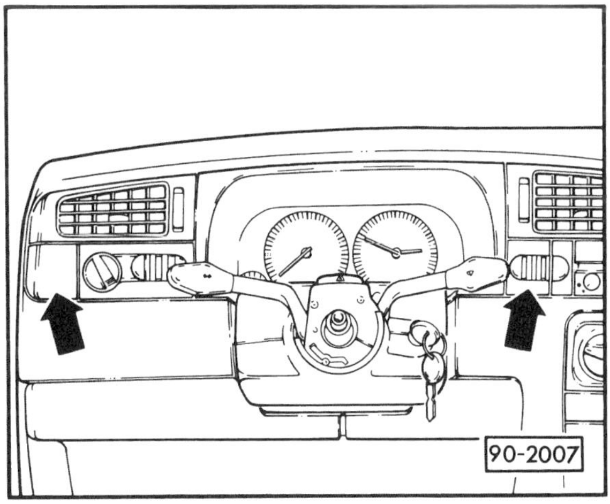

- Blende links neben dem Lichtschalter und Blende rechts neben dem Schalttafeleinsatz –Pfeile– mit einem Schraubendreher vorsichtig heraushebeln.

Achtung: Je nach Fahrzeugausstattung können sich anstelle der Blenden auch Schalter oder Kontrollleuchten befinden, diese heraushebeln, Stecker abziehen.

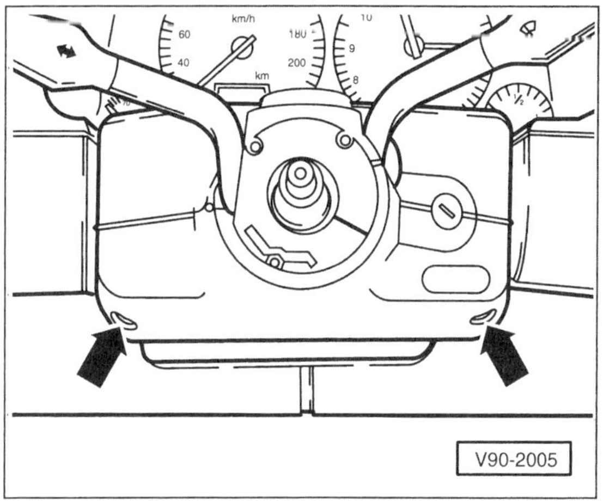

- 2 Schrauben herausdrehen und Oberteil der Lenksäulenverkleidung abnehmen. **Achtung:** Bei höhenverstellbarem Lenkrad, Lenksäule ganz nach unten stellen. Die Lenksäulenverkleidung braucht **nicht** ausgebaut zu werden.

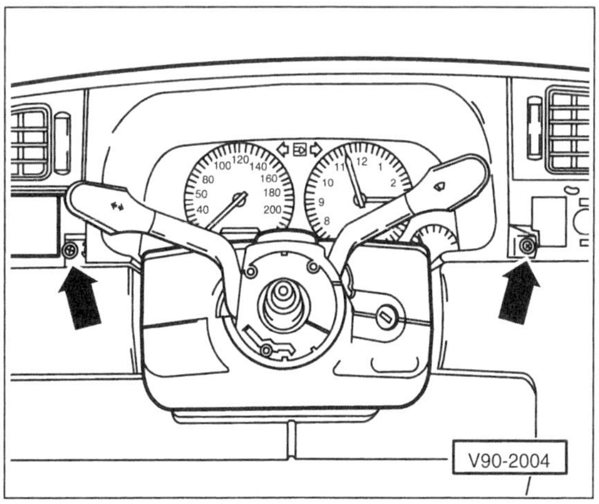

- Schrauben links und rechts herausdrehen –Pfeile–.

- Blende für Schalttafeleinsatz seitlich ausrasten. Dazu Blende im oberen Bereich kräftig vorziehen.
- Blende aus der Schalttafel herausnehmen.

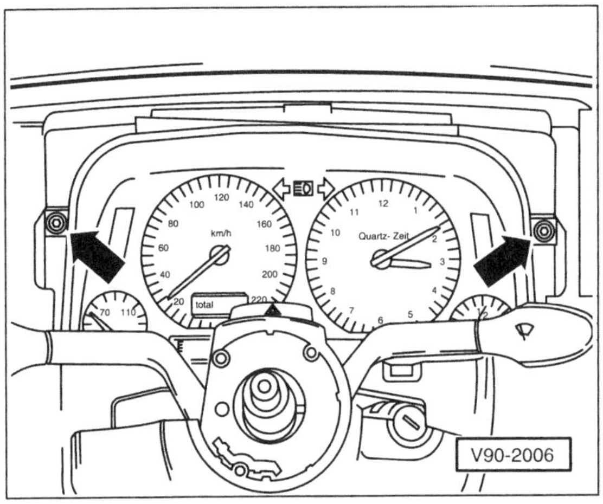

- 2 Schrauben –Pfeile– herausdrehen.
- Schalttafeleinsatz nach unten klappen und vorsichtig aus dem Schalttafelausschnitt herausziehen.
- Steckverriegelung an der Rückseite mit einem kleinen Schraubendreher bis zum Anschlag nach oben ziehen. Stecker von Hand abziehen und Schalttafeleinsatz abnehmen. **Bis 7/95:** Bei Fahrzeugen mit Ecomatic und/oder Airbag 2. Steckanschluß ebenfalls abziehen.

Einbau

- Elektrische(n) Anschlußstecker einsetzen und Verriegelung ganz eindrücken.
- Schalttafeleinsatz einsetzen und anschrauben.
- Blende einsetzen und anschrauben.
- Lenksäulenverkleidung montieren.
- Lichtschalter einbauen, siehe Seite 269.
- Abdeckungen in die Schalttafel einclipsen.
- Batterie-Massekabel (–) anklemmen. **Achtung:** Batterie nur bei **ausgeschalteter Zündung** anklemmen, sonst kann das Steuergerät der Einspritzanlage beschädigt werden.
- Zeituhr einstellen.
- Diebstahlcode für Radio eingeben, siehe Kapitel »Radio-Codierung eingeben«.

Schalttafeleinsatz-Kontrollampen/Beleuchtung aus- und einbauen

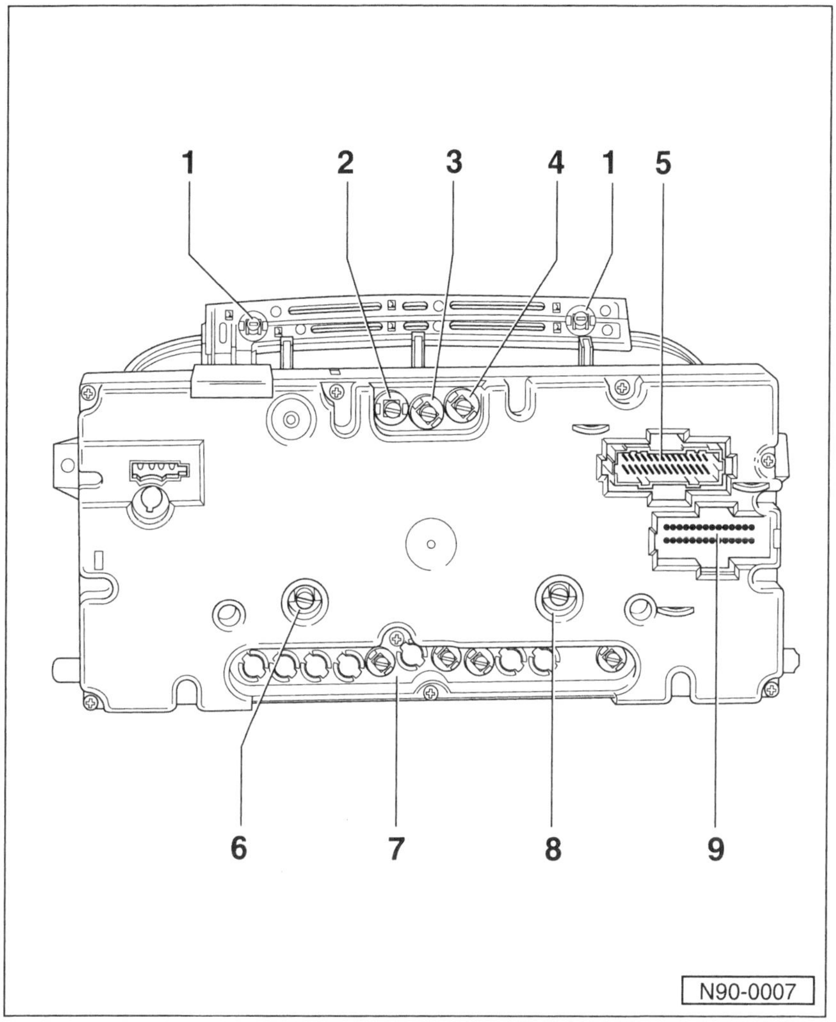

Lampenbelegung

12 Volt-Lampen* für:

1 – Instrumentenbeleuchtung 2,0 W

2 – Blinker rechts

3 – Fernlicht

4 – Blinker links

5 – Steckanschluß 1, 28fach

6 – Digitaluhr/MFA-Beleuchtung

7 – diverse Kontrolleuchten

8 – Beleuchtung Kilometerzähler

9 – Steckeranschluß 2, 28fach
Nur bis 7/95 vorhanden. Ab 8/95 sind alle Leitungen auf Steckeranschluß 1 gelegt.

*) Falls nicht anders angegeben, haben alle Lampen eine Leistungsaufnahme von 1,1 Watt.

Ausbau

- Schalttafeleinsatz ausbauen und auf eine saubere, weiche Unterlage ablegen.
- Lampenfassung für defekte Leuchte von Hand oder mit einem schmalen Schraubendreher nach links drehen und herausnehmen.

Einbau

- Glühlampe mit Fassung ersetzen. Fassung einsetzen und nach rechts drehen.
- Schalttafeleinsatz einbauen.

Cassetten-Ablage/Glühlampe aus- und einbauen

Ausbau

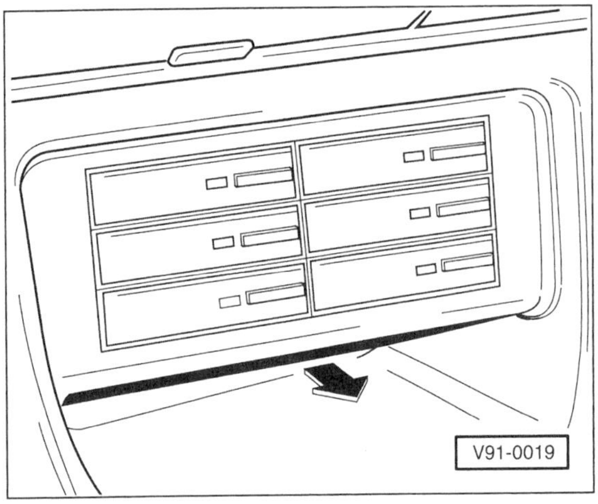

- Mit der Hand unter die Cassettenablage fassen und Cassettenablage in Pfeilrichtung herausziehen. Gelingt das nicht, Mittelkonsole ausbauen, siehe Seite 219.
- Steckverbindung abziehen.

Lampe ersetzen

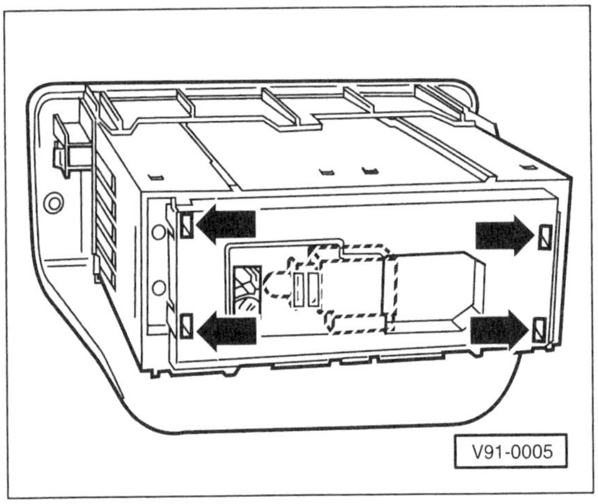

- Abdeckung auf der Rückseite vorsichtig abhebeln –Pfeile–.
- Lampe für Beleuchtung herausnehmen und ersetzen.

Einbau

- Elektrische Leitungen verbinden.
- Cassettenablage in die Öffnung einschieben und einrasten.

Blinker-/Wischerschalter aus- und einbauen

Blink-/Fernlichtschalter und Wischerschalter sind sogenannte Lenkstockschalter und werden zusammen ausgebaut. Je nach Fahrzeugausstattung werden auch die Multifunktionsanzeige (MFA) und die Geschwindigkeits-Regelanlage mit diesen Hebeln betätigt.

Ausbau

- Batterie-Massekabel (–) abklemmen. **Achtung:** Dadurch werden die elektronischen Speicher gelöscht, daher Hinweise im Kapitel »Batterie aus- und einbauen« durchlesen. Batterie nur bei **ausgeschalteter Zündung** abklemmen.

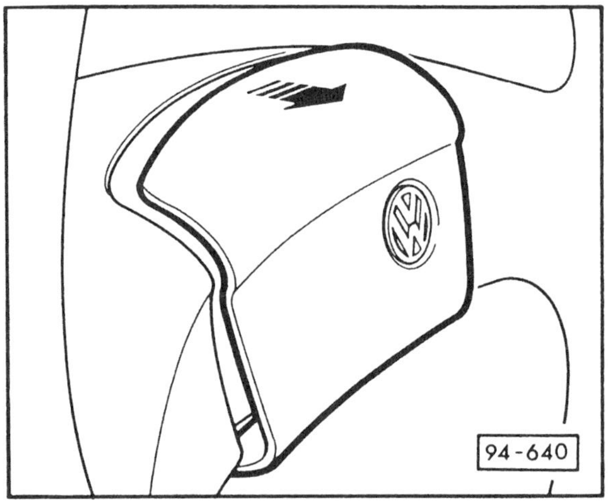

- Abdeckkappe für Lenkrad abnehmen. Dazu Kappe unten anheben und in Pfeilrichtung abziehen.

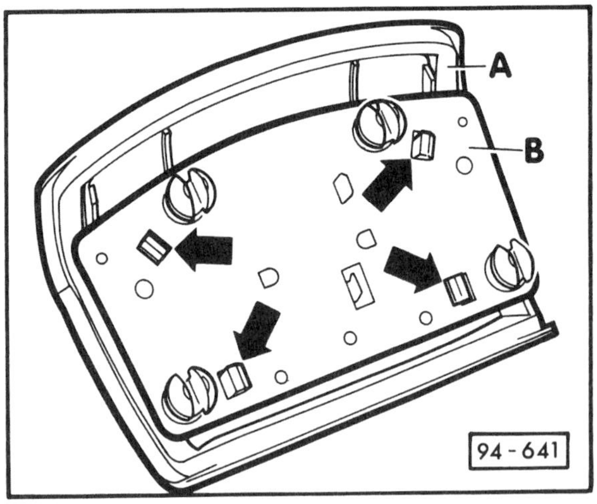

- Falls erforderlich, Taster für Signalhornbetätigung ausbauen. Dazu Rastnasen in Pfeilrichtung drücken und Kontaktplatte –A– abnehmen.

Hinweis: Die Taste besteht aus den beiden Kontaktplatten –A– und –B–, die voneinander getrennt sind. Bei Betätigung der Taste werden die Platten an den nicht isolierten Stellen gegeneinander gedrückt.

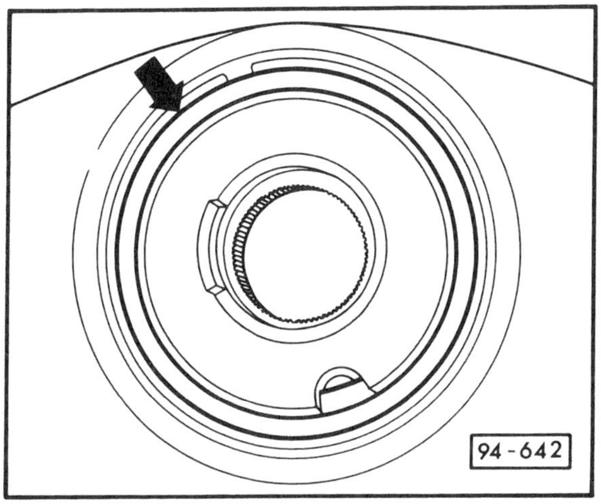

Die Plusspannung wird dem Taster über einen Federkontakt auf dem Lenkstockschalter und einem Schleifring unter dem Lenkrad zugeführt.

- Lenkrad ausbauen, siehe Seite 146.
- Verkleidung für Lenksäule von unten mit 2 Schrauben abschrauben.

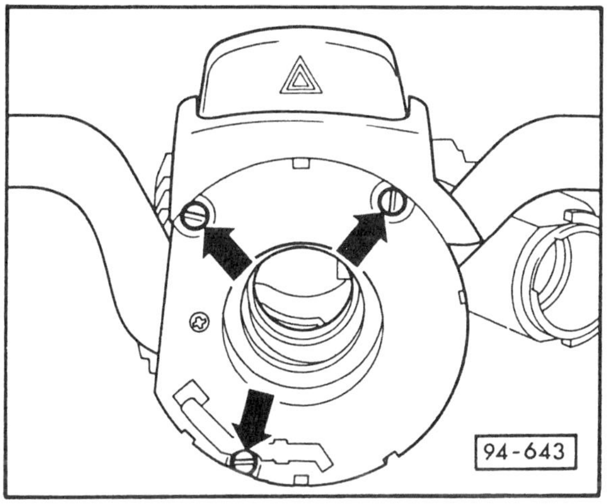

- Befestigungsschrauben herausdrehen.
- Steckverbindungen am Lenkstockschalter trennen.
- Lenkstockschalter von der Lenksäule abziehen.

Einbau

- Mehrfachstecker verbinden.
- Lenkstockschalter aufschieben und mit 3 Schrauben anschrauben.
- Lenksäulenverkleidung anschrauben (2 Schrauben).
- Lenkrad einbauen, siehe Seite 146.
- Abdeckkappe aufdrücken und einrasten.
- Batterie-Massekabel (–) anklemmen. **Achtung:** Batterie nur bei **ausgeschalteter Zündung** anklemmen, sonst kann das Steuergerät der Einspritzanlage beschädigt werden.
- Zeituhr einstellen.
- Diebstahlcode für Radio eingeben, siehe Kapitel »Radio-Codierung eingeben«.
- Funktion der Hupe prüfen.

Anschlußbelegung am Lenkstockschalter

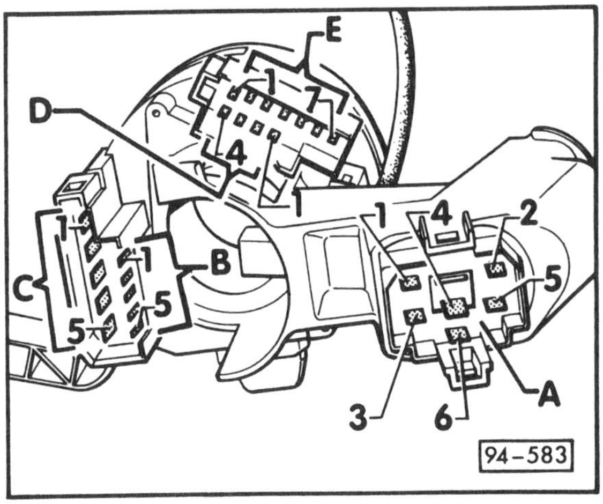

A – Zündanlaßschalter

1 – Klemme 15
2 – Klemme X
3 – Klemme 50
4 – Klemme 30
5 – Klemme SU
6 – Klemme P

B – Steckverbindung, 5-fach

1 – Scheibenwischerschalter, Klemme 53b
2 – Scheibenwischerschalter, Klemme 53a
3 – Scheibenwischerschalter, Klemme 53
4 – Scheibenwischerschalter, Klemme 53e
5 – Scheibenwischerschalter, Klemme J

C – Steckverbindung, 5-fach

1 – Warnlichtschalter, Klemme 49
2 – Schalter für Handabblendung und Lichthupe, Klemme 56b
3 – Schalter für Handabblendung und Lichthupe, Klemme 56
4 – Schalter für Handabblendung und Lichthupe, Klemme 56a
5 – Schalter für Handabblendung und Lichthupe, Klemme 30

D – Steckverbindung, 4-fach

1 – Scheibenwischerschalter, Klemme L
2 – Scheibenwischerschalter, Klemme T
3 – Scheibenwischerschalter, Klemme 31
4 – Warnlichtschalter, Klemme 15

E – Steckverbindung, 7-fach

1 – Betätigung für Hupe, Klemme 71
2 – Warnlichtschalter, Klemme 49a
3 – Blinkerschalter, Klemme L
4 – Schalter für Parklicht, Klemme PL
5 – Schalter für Parklicht, Klemme P
6 – Schalter für Parklicht, Klemme PR
7 – Blinkerschalter, Klemme R

Lenkschloßgehäuse aus- und einbauen

Ausbau

- Lenkstockschalter ausbauen.
- Klemmscheibe und Feder von der Lenksäule abziehen.
- Befestigungsschraube für Lenkschloßgehäuse herausdrehen.
- Lenkschloßgehäuse von Mantelrohr und Lenksäule abziehen.

Einbau

- Lenkschloßgehäuse auf die Lenksäule aufschieben.

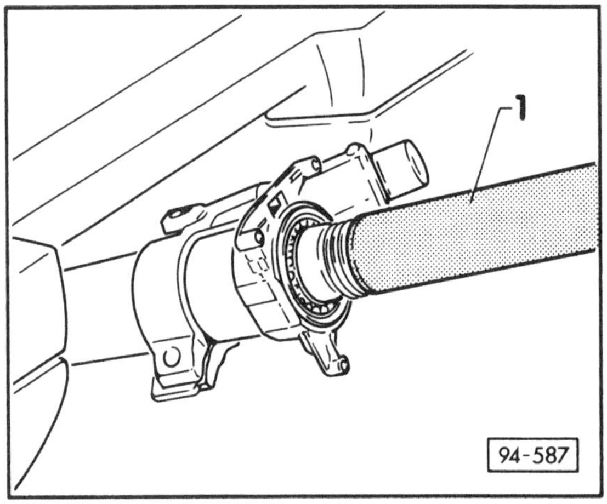

- Feder und Klemmscheibe mit geeignetem Rohr oder mit Spezialwerkzeug VW-420 –1– auf die Lenksäule auftreiben.

Achtung: Falls die Lenksäule nicht ganz aus dem Mantelrohr herausragt, Lenksäule an aufgeschraubter Sechskantmutter weiter herausziehen.

- Lenkstockschalter einbauen.

Schließzylinder für Lenk-Zündschloß aus- und einbauen

Ausbau

- Lenkstockgehäuse ausbauen.

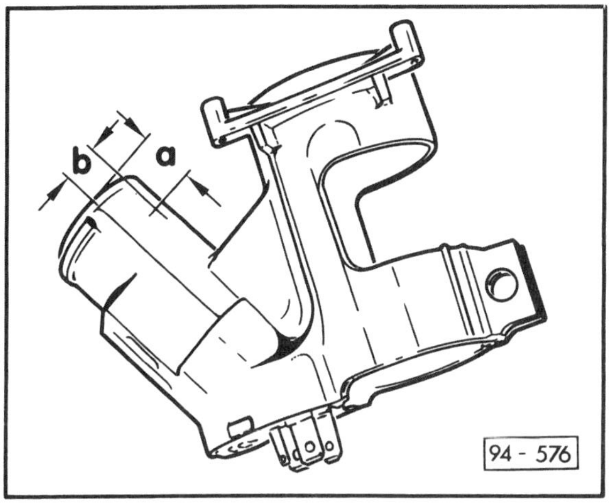

- Bohrloch am Lenkschloßgehäuse markieren: a = 12 mm, b = 10 mm.
- Lenkschloßgehäuse mit Bohrer von ca. 3 mm ∅ durchbohren, bis die Rastfeder des Schließzylinders spürbar wird. Das ist der Fall bei einer Lochtiefe von ca. 3 mm.
- Mit der Rückseite des Bohrers Rastfeder zusammendrükken und Schließzylinder mit eingestecktem Schlüssel herausziehen.

Einbau

- Schließzylinder in das Lenkschloßgehäuse bis zum Anschlag eindrücken. Dabei Schlüssel leicht drehen.
- Lenkschloßgehäuse einbauen.

Schalter für Beleuchtung/Leuchtweitenregelung/beheizbare Heckscheibe/ Sitzheizung aus- und einbauen

Ausbau

- Batterie-Massekabel (–) abklemmen. **Achtung:** Dadurch werden die elektronischen Speicher gelöscht, zum Beispiel Motor-Fehlerspeicher oder Radiocode. Batterie nur bei **ausgeschalteter Zündung** abklemmen, da sonst das Steuergerät der Einspritzanlage beschädigt werden kann. Vor dem Abklemmen sollten auch die Hinweise im Kapitel »Radio« bzw. »Batterie aus- und einbauen« durchgelesen werden.

Lichtschalter ausbauen

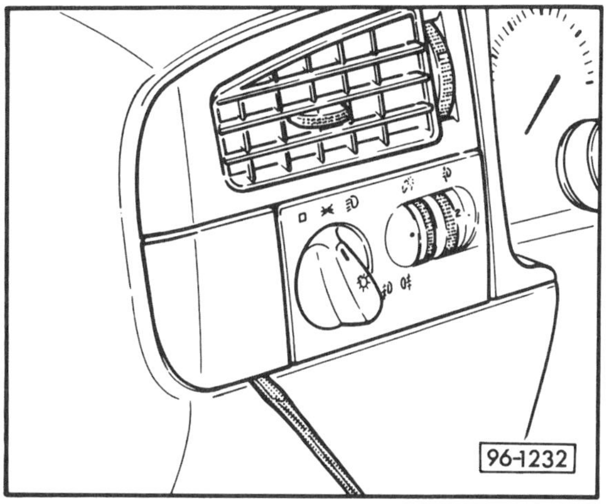

- Blende links neben dem Lichtschalter vorsichtig mit einem Schraubendreher heraushebeln.

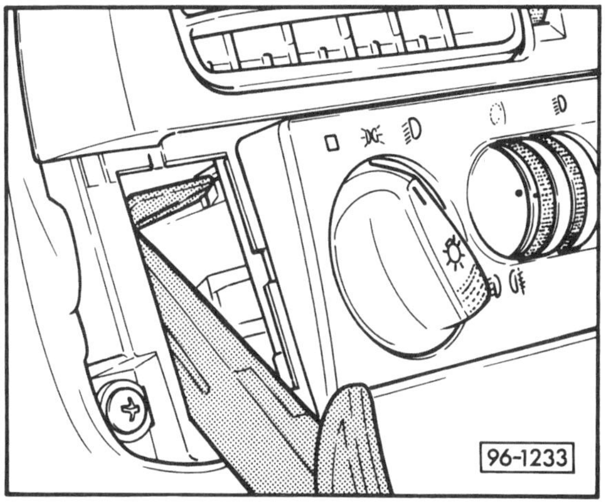

- Die jetzt sichtbare seitliche Rastnase am Lichtschalter zurückdrücken.
- Lichtschalter aus der Schalttafel herausziehen und elektrische Steckverbindung abziehen.

Einbau

- Steckverbindung aufstecken.
- Lichtschalter in die Schalttafel einsetzen und einrasten.
- Blende links neben dem Lichtschalter einsetzen.

Leuchtweitenregulierung ausbauen

- Lichtschalter ausbauen.

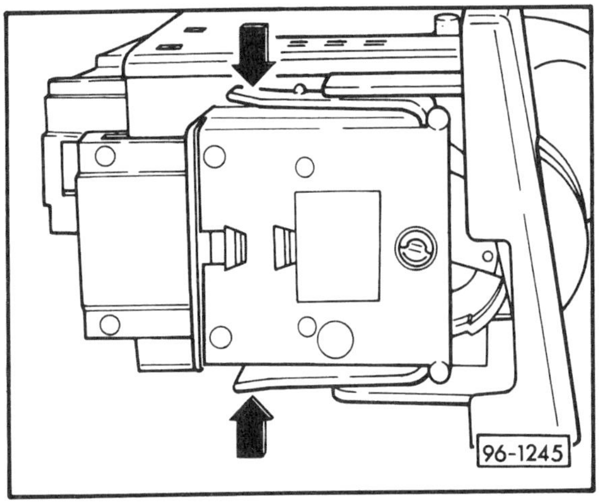

- Am Lichtschalter die seitlichen Haltelaschen am Einstellschalter zusammendrücken, dabei entriegeln sich die Rastnasen. Gleichzeitig Schalter nach hinten aus der Frontplatte des Lichtschalters ziehen.
- Elektrische Steckverbindung abziehen.

Einbau

- Steckverbindung aufstecken.
- Einstellschalter in die Führungsstege am Lichtschalter einsetzen.
- Haltelaschen nach außen drücken, bis die Rastnasen verriegeln.
- Lichtschalter einbauen.

Schalter für Heckscheibenheizung ausbauen

Hinweis: Der Aus- und Einbau des Schalters für Klimaanlage sowie für die hinteren Fensterheber (falls vorhanden) erfolgt in gleicher Weise.

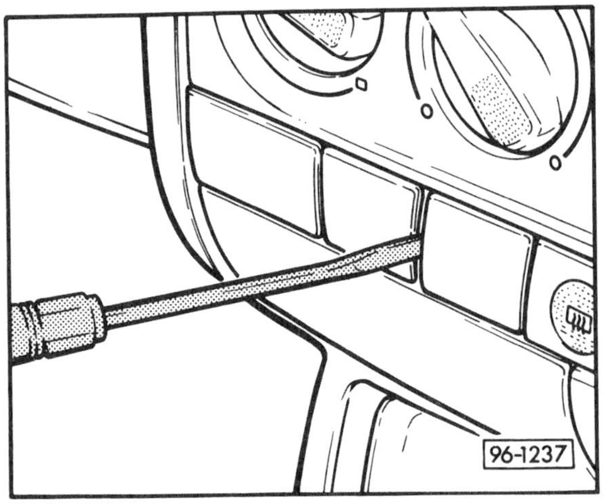

- Abdeckblende für Anschlüsse der Eigendiagnose vorsichtig mit einem Schraubendreher heraushebeln.

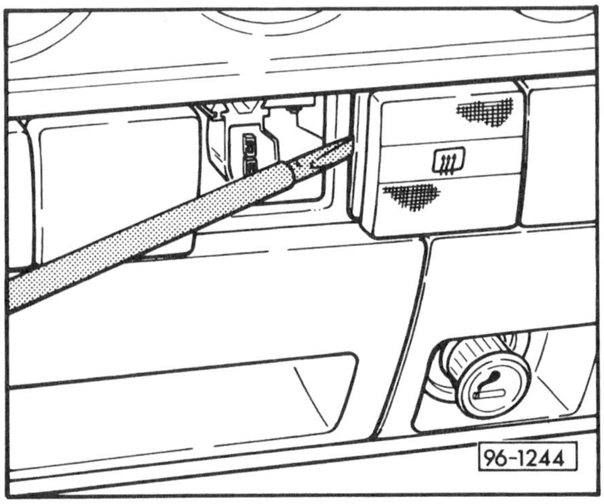

- Schraubendreher zwischen Schaltergehäuse und Verkleidung ansetzen und Schalter vorsichtig lösen.
- Schalter aus der Schalttafel herausziehen.
- Steckverbindung abziehen.

Einbau

- Steckverbindung aufstecken.
- Schalter in die Schalttafel einsetzen und eindrücken, bis er einrastet.

Schalter für Sitzheizung ausbauen

- Blende rechts neben dem Schalter vorsichtig mit einem Schraubendreher heraushebeln.

Achtung: Anstelle der Blende ist bei entsprechend ausgestattetem Fahrzeug ein Temperaturfühler für die Thermotronic (Heizungsregelung), diesen heraushebeln.

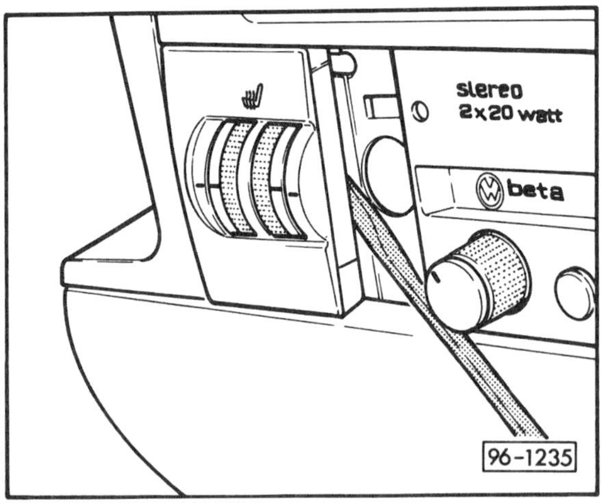

- Schraubendreher wie in der Abbildung gezeigt ansetzen und Schalter vorsichtig lösen.
- Schalter aus der Schalttafel herausziehen.
- Steckverbindung abziehen.

Einbau

- Steckverbindung aufstecken.
- Schalter in die Schalttafel einsetzen und eindrücken, bis er einrastet.
- Blende neben dem Schalter wieder einsetzen.

- Batterie-Massekabel (–) anklemmen. **Achtung:** Batterie nur bei **ausgeschalteter Zündung** anklemmen, sonst kann das Steuergerät der Einspritzanlage beschädigt werden.
- Zeituhr einstellen.
- Diebstahlcode für Radio eingeben, siehe Kapitel »Radio-Codierung eingeben«.

Schalter für Schiebedach aus- und einbauen

Ausbau

- Innenleuchte am Rahmen aus der Dachverkleidung herausheben, siehe Seite 159.
- Elektrische Steckverbindungen abziehen.

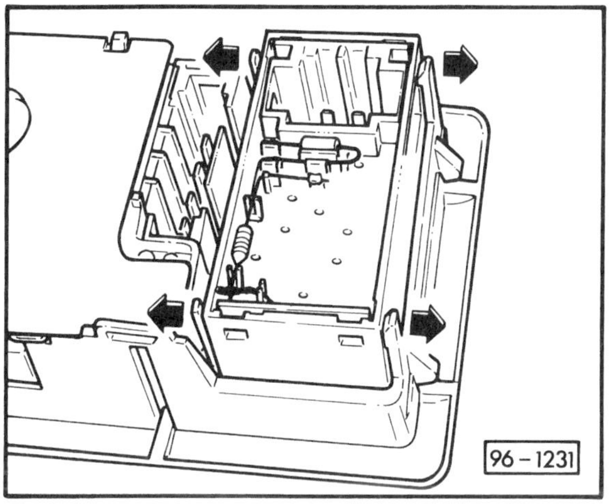

- Beidseitige Rastnasen des Schalters für Schiebedach entriegeln und Schalter aus der Innenleuchte herausnehmen.

Einbau

- Schalter in die Innenleuchte einsetzen und seitliche Halteaschen verriegeln.
- Steckverbindungen aufstecken und Innenleuchte einbauen.

Radio aus- und einbauen

Das vom Werk eingebaute Radiogerät ist mit einer Einschubhalterung ausgestattet, die den schnellen Ein- und Ausbau des Radios ermöglicht. Allerdings gelingt das nur mit Ausziehbügeln, die beim Kauf des Radios beigelegt oder im Fachhandel erhältlich sind. Ob ein Radio mit Einschubhalterung eingebaut ist, erkennt man in der Regel an den 4 Bohrungen in der Frontplatte. Stehen keine Ausziehbügel zur Verfügung, können ersatzweise 4 Nägel mit ∅ 1,5 mm verwendet werden.

Achtung: Ab 10/93 wird zum Ausbau des serienmäßig eingebauten Radios ein geändertes Entriegelungswerkzeug benötigt.

Ausbau

- Zündung ausschalten.
- Batterie-Massekabel (–) abklemmen. **Achtung:** Beim Abklemmen der Batterie werden Speicher im Radio und in elektronischen Steuergeräten gelöscht. Serienmäßig eingebaute Radios sind in der Regel mit einer Anti-Diebstahl-Codierung ausgerüstet. Diese verhindert die unbefugte Inbetriebnahme des Gerätes, wenn die Stromversorgung unterbrochen wurde. Die Stromversorgung ist beispielsweise unterbrochen beim Abklemmen der Batterie, beim Ausbau des Radios oder wenn die Radiosicherung durchgebrannt ist.
  Falls das Radio codiert ist, Radiocode vor Abklemmen der Batterie oder Ausbau des Radios feststellen. Ist der Code nicht bekannt, kann nur die VW-Werkstatt das Autoradio wieder in Betrieb nehmen.

Die individuelle Code-Nummer ist in der Radio-Bedienungsanleitung angegeben. Sie sollte nicht im Fahrzeug aufbewahrt werden.

Radio bis 9.93

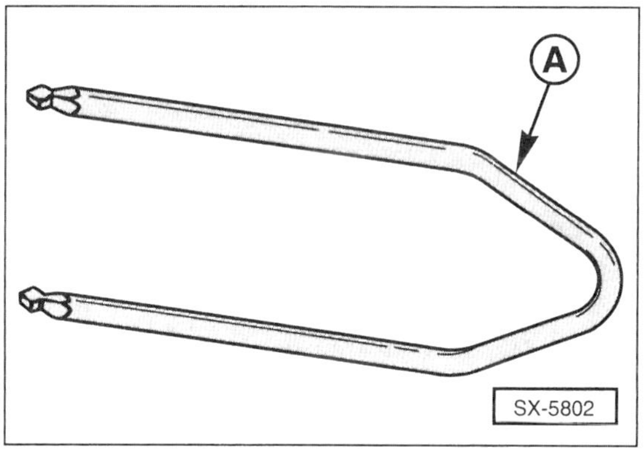

- Beide Ausziehbügel –A– links und rechts in die Öffnungen der Frontplatte einführen. Sind keine Öffnungen sichtbar, Bedienungsknöpfe und Blende abziehen.

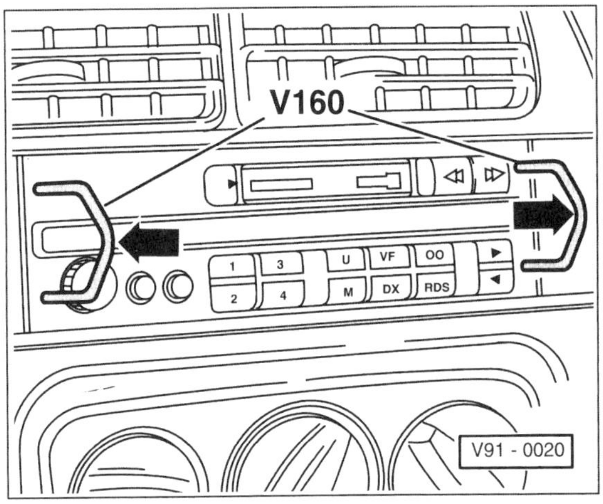

- Radio gleichmäßig herausziehen, dabei gleichzeitig Entriegelungsbügel –V160– nach außen drücken. Radio beim Herausziehen nicht verkanten.

Radio ab 10.93

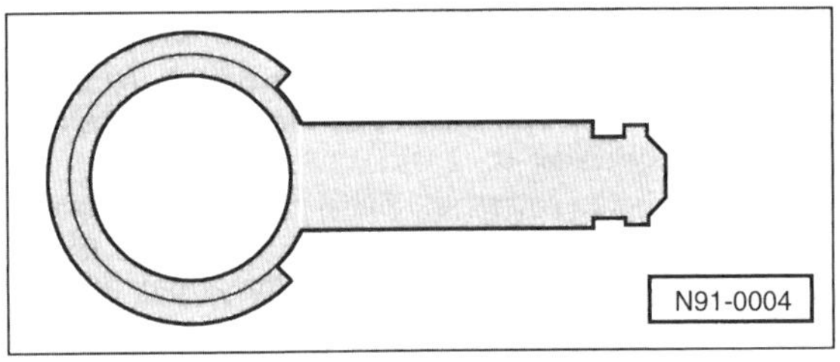

Für den Ausbau werden die beiden Entriegelungswerkzeuge 3316 benötigt.

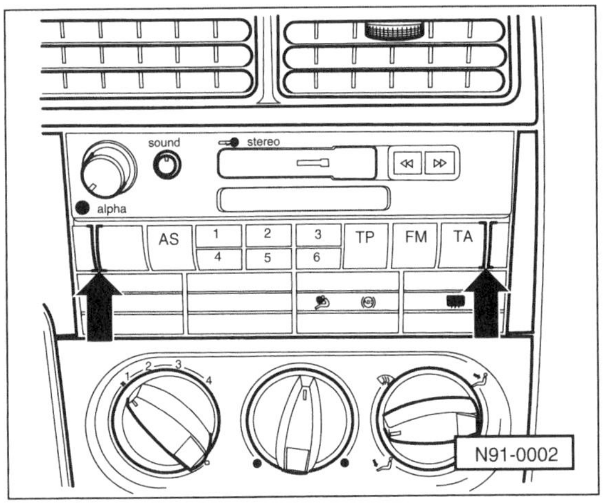

- Entriegelungswerkzeuge in die Entriegelungsschlitze –Pfeile– stecken, bis sie einrasten.

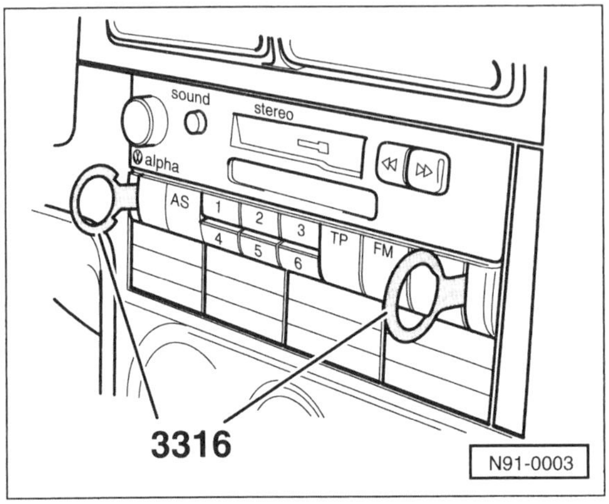

- Radio an den Grifflösen der Werkzeuge –3316– aus der Schalttafel herausziehen.

Achtung: Die Entriegelungswerkzeuge dürfen dabei **nicht** zur Seite gedrückt oder verkantet werden.

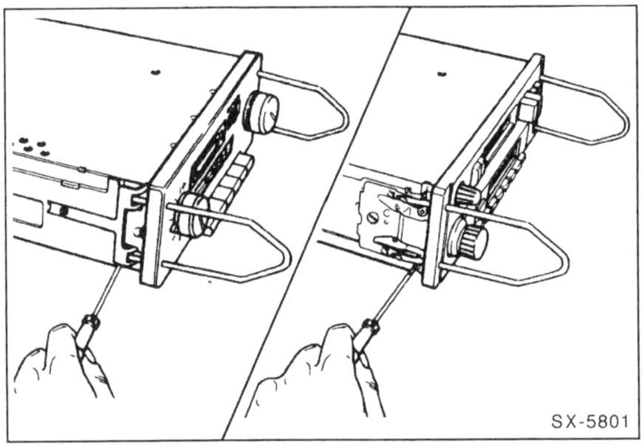

- Bei ausgebautem Radio Entriegelungswerkzeuge abnehmen. Dazu die seitlichen Rastnasen am Radio nach innen drücken
- Steckverbindungen für Lautsprecher und Antenne herausziehen, Mehrfachsteckverbindung für Stromversorgung abziehen. Falls das Radio nicht mit den serienmäßigen Mehrfachsteckern angeschlossen ist, Kabel vor dem Abziehen kennzeichnen, damit sie beim Einbau nicht vertauscht werden.

Einbau

- Beide Ausziehbügel aus dem Radio herausziehen.
- Elektrische Anschlüsse an der Rückseite des Radiogerätes anbringen.

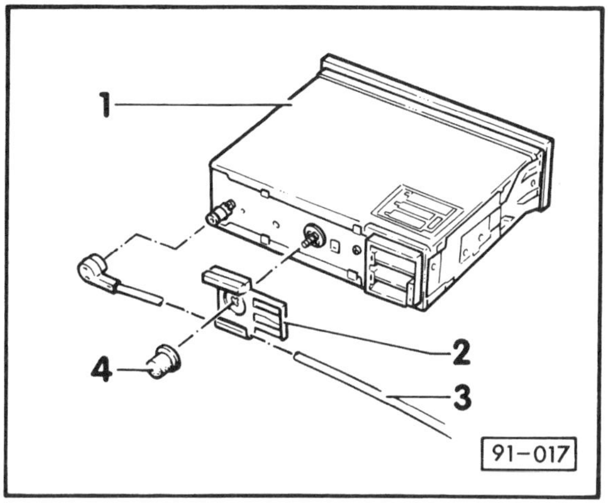

- Antennenleitung –3– in der Kabelführung –2– verlegen und am Radio –1– einstecken. Gummipuffer –4– aufstecken.
- Radio in Armaturentafel eindrücken, bis die Haltefedern einrasten.
- Batterie-Massekabel (–) anklemmen.
- Radio einschalten und Funktion überprüfen. Falls ein Radio mit Anti-Diebstahl-Codierung eingebaut ist, zuvor Geheimcode eingeben.

Hinweise für den nachträglichen Radioeinbau

- Der serienmäßig eingebaute Mehrfachstecker des Kabelstranges paßt zu allen Radiogeräten aus dem VW-Zubehörprogramm seit Modelljahr 1988. Der Versorgungsstecker hat folgende Kabelfarben und Anschlüsse:

Rot/Weiß	Dauerplus
Braun	Minus (Fahrzeugmasse)
Grau/Blau	Skalenbeleuchtung
Blau/Weiß	Geschwindigkeitssignal für automatische Lautstärkeanpassung (Sonderausstattung)
Braun/Rot	Steuerleitung für »Zündschlüssel«-gesteuerte Radio Aus-/Einschaltung. Diesen Anschluß niemals zur Betriebsspannungs-Versorgung verwenden.

- Für andere Radiogeräte ist ein VW-Adapterkabel erhältlich.

Achtung: Wird das Adapterkabel nicht verwendet, unbedingt darauf achten, daß keine unisolierten Kabel frei herumliegen. Ein sonst möglicher Kurzschluß kann zu einem Kabelbrand führen.

- Darauf achten, daß nur typgeprüfte Entstörsätze (mit allgemeiner Betriebserlaubnis, ABE) verwendet werden, sonst kann die Zulassung des Fahrzeuges erlöschen. Im Handel gibt es speziell auf den VW abgestimmte Entstörsätze mit Einbauanleitung.

Achtung: Wurde das Radio nachträglich eingebaut, Radio auf Antenne abstimmen. Dazu schwachen Mittelwellensender einstellen und an der Antennenabgleichschraube (vorn rechts in der Blende des Radios, oder am Gehäuse) mit kleinem Schraubendreher auf besten Empfang einregulieren.

Radio-Codierung eingeben

Gilt nur für VW-Radio mit Codierung (erkennbar am roten Schlüssel-Symbol auf der Frontblende)

Die Anti-Diebstahl-Codierung verhindert die unbefugte Inbetriebnahme des Gerätes, wenn die Stromversorgung unterbrochen wurde. Die Stromversorgung wird beispielsweise unterbrochen beim Abklemmen der Batterie, beim Ausbau des Radios oder wenn die Radiosicherung durchgebrannt ist.

Falls das Radio codiert ist, Radiocode vor dem Abklemmen der Batterie oder beim Ausbau des Radios feststellen. Ist der Code nicht bekannt, kann nur die VW-Werkstatt das VW-Autoradio wieder in Betrieb nehmen.

Die individuelle Code-Nummer ist in der Radio-Bedienungsanleitung angegeben. Sie sollte nicht im Fahrzeug aufbewahrt werden.

Elektronische Sperre aufheben

- Stromversorgung herstellen, Radio einschalten. Es erscheint am Radio die Anzeige »SAFE«.
- Je nach Radio-Ausführung die Wellenbereichstasten »M« und »VF« oder »TP« und »TA« **gleichzeitig** so lange drücken, bis in der Radioanzeige »1000« erscheint. Tasten loslassen.
- Mit Hilfe der Stationstasten 1 bis 4 die geheime Code-Nummer eingeben.
  Dabei wird mit Taste 1 die erste Stelle der Code-Nummer eingegeben, mit Taste 2 die zweite Stelle usw. Aus technischen Gründen kann die erste Stelle nur mit einer 1 oder keiner Zahl belegt werden, während die nachfolgenden drei Stellen mit Zahlen von 0 bis 9 belegt werden können.
- Anschließend wieder die Tasten »M« und »VF« beziehungsweise »TP« und »TA« gleichzeitig so lange drücken, bis in der Radioanzeige »SAFE« erscheint. Tasten loslassen. Das Gerät ist jetzt wieder betriebsbereit.

Achtung: Wird versehentlich eine falsche Code-Nummer eingegeben, erscheint in der Anzeige »SAFE« zunächst blinkend und dann dauernd. Jetzt kann der gesamte Vorgang **einmal** wiederholt werden. Wird erneut eine falsche Code-Nummer eingegeben, ist das Radio für ca. 1 Stunde gesperrt, es kann nicht in Betrieb genommen werden. Nach Ablauf von 1 Stunde – das Gerät muß dabei eingeschaltet bleiben – kann die elektronische Sperre wieder aufgehoben werden. Dieser Zyklus gilt für alle weiteren Versuche.

Lautsprecher aus- und einbauen

Die serienmäßigen Lautsprecher können ohne Ausbau der Türverkleidungen oder Schalttafel demontiert werden.

Ausbau

- Radio ausschalten.

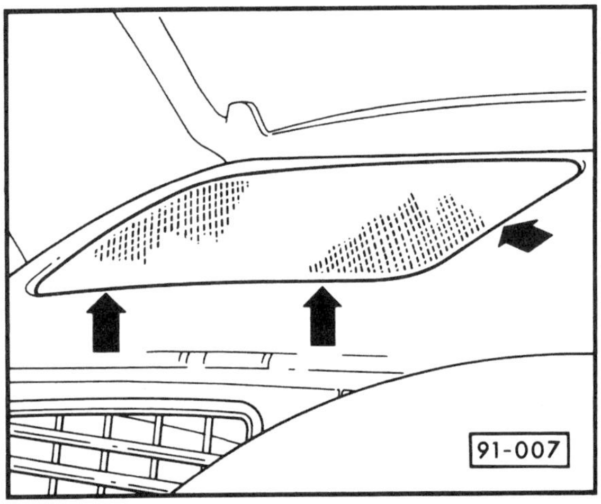

- Lautsprecherabdeckung mit einem Schraubendreher vorsichtig ausheben. Die Abbildung zeigt die oberen Lautsprecher in der Schalttafel. Bei Türlautsprechern Abdeckung in gleicher Weise abhebeln.
- 4 Schrauben am Lautsprecher herausschrauben, beziehungsweise Grundplatte mit Lautsprecher heraushebeln.
- Steckverbindung abziehen.

Einbau

- Kabelstecker am Lautsprecher aufstecken.
- Lautsprecher einsetzen, teilweise befindet sich am Lautsprecher serienmäßig eine Einbaumarkierung, damit er nicht verdreht eingesetzt wird.
- Lautsprecher gegebenenfalls mit 4 Schrauben anschrauben.

Stabantenne aus- und einbauen

Für den Radioempfang kann eine herkömmliche Stabantenne benützt oder eine elektronisch verstärkte Dachantenne verwendet werden. Beschrieben wird hier der Aus- und Einbau der Stabantenne.

Ausbau

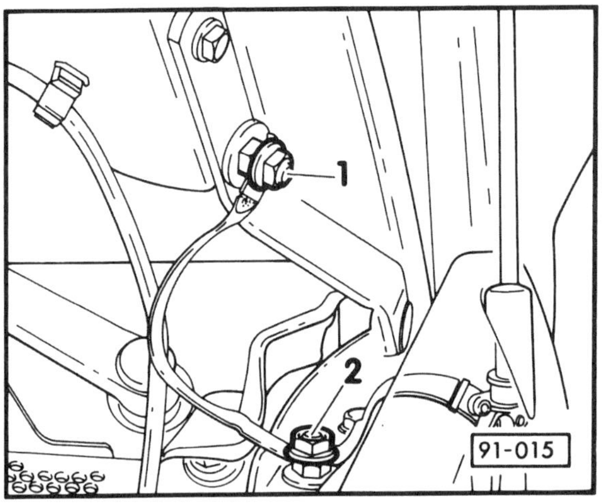

- Entstör-Masseband am linken Motorhaubenscharnier –1– und Radhaus –2– abschrauben.
- Linke untere Ablage ausbauen, siehe Seite 220.
- Antennenkabel an der Steckverbindung (im Bereich des Fahrer-Fußraums) trennen und an der Motor-Trennwand herausziehen. Vorher Bindfaden oder geeignete Schnur am Antennenkabel anbinden, um den späteren Einbau zu erleichtern.
- Gegebenenfalls Radio ausbauen.
- Überwurfmutter für Antenne abschrauben.
- Linke Radhausschale ausbauen, siehe Seite 190.

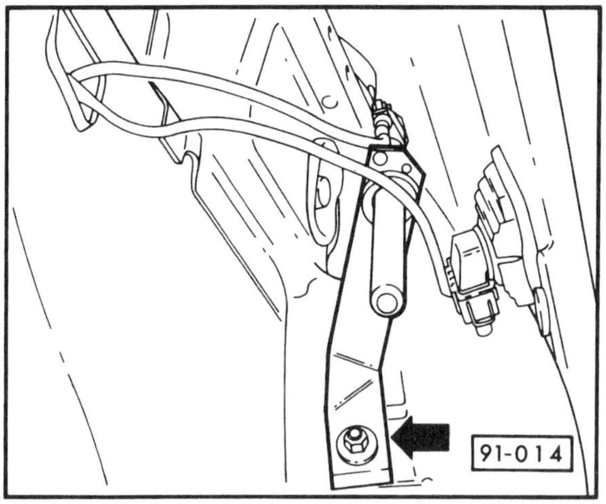

- Antennenhalter im Radhaus abschrauben und Antenne nach unten in das Radhaus ziehen.

Einbau

Für den nachträglichen Einbau ist eine Bohrung im linken, vorderen Kotflügel bereits vorgesehen. In diesem Fall Abdeckkappe abziehen.

- Antenne in den Halter einsetzen.
- Antenne von unten durch die Öffnung im Kotflügel einsetzen und mit Überwurfmutter anschrauben.
- Antennenhalter im Radhaus anschrauben.

Achtung: Falls die Antenne nachträglich eingebaut wird, Antenne so einsetzen, daß sie in ausgezogenem Zustand leicht nach hinten innen geneigt ist. Dabei Hinweise des Antennenherstellers beachten.

- Antennen-Massekabel am Kotflügel und der Motorhaube anschrauben, siehe Abbildung unter »Ausbau«.
- Gummitüllen auf Antennenkabel aufschieben.
- Antennenkabel durch die seitliche Öffnung im Radkasten in den Innenraum führen. **Achtung:** Bohrungen mit Gummitüllen beziehungsweise Karosserie-Abdichtmasse gut verschließen, sonst dringt Wasser in den Innenraum.
- Antennenkabel mit Bindfaden durchziehen und hinter der Armaturentafel verlegen.
- Radhausschale einbauen.
- Radio anschließen und Empfang prüfen.
- Radio einbauen und Antenne abstimmen, siehe Seite 271.

Dachantenne aus- und einbauen

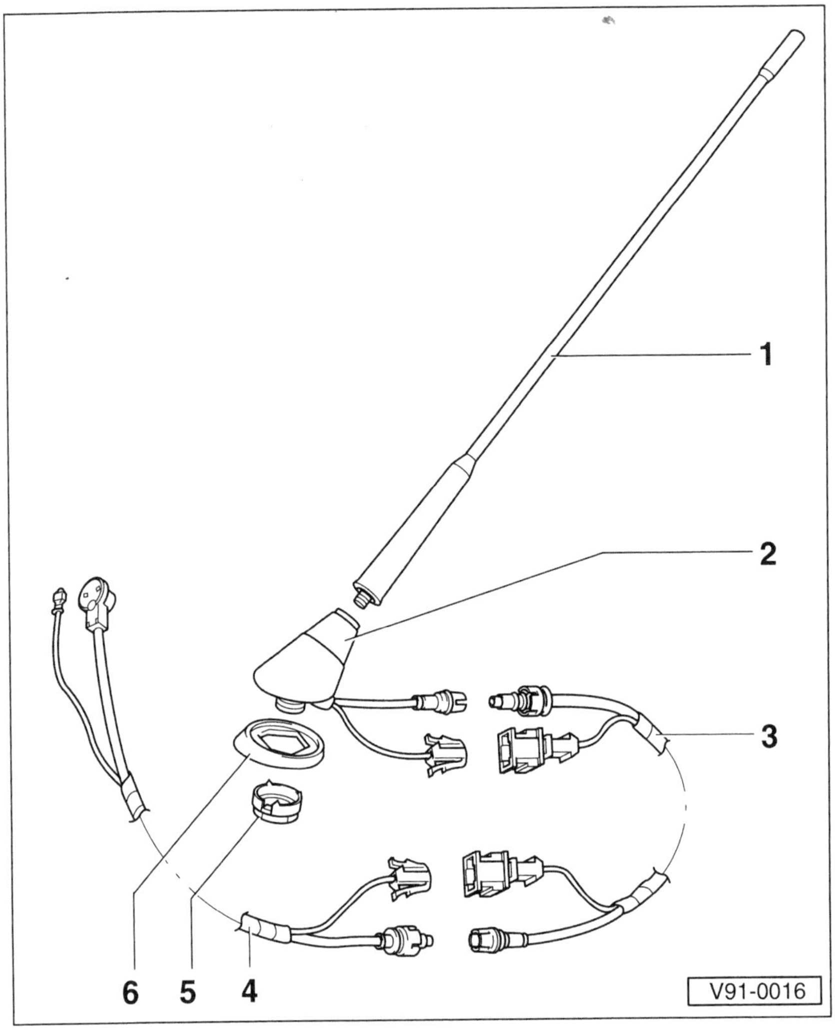

1 – **Antennenstab**

2 – **Antennenfuß**
Der Verstärker für die Dachantenne ist im Antennenfuß eingebaut. Zum Ausbau Formhimmel hinten absenken.

3 – **Antennenleitung**
Von der Dachantenne zur A-Säule, links unten. A-Säule ist die vordere Säule vom Dach zum Türanschlag.

4 – **Antennenleitung**
Von der A-Säule, links unten zum Radio.

5 – **Sechskantmutter M14 mit Zahnscheibe, 7 Nm**
Die Mutter ist mit der Zahnscheibe durch einen Kunststoffring verbunden. Im Bereich der Zahnscheibe Kontaktfett auf der Dachinnenseite auftragen.

6 – **Dichtung**

Die Scheibenwischanlage

Scheibenwischergummi ersetzen

Die Scheibenwischergummis sind bei schlechtem Wischbild zu ersetzen. Im Handel werden sowohl komplette Scheibenwischerblätter (Wischergummi mit Träger) als auch einzelne Wischgummis angeboten. Wird nur das Wischgummi ersetzt, darauf achten, daß der Träger nicht verbogen wird.

Achtung: Wenn die Scheibenwischerblätter rubbeln, genügt es in der Regel nicht, Wischerblätter oder Wischergummis zu ersetzen. Auf jeden Fall sollte der Anstellwinkel der Scheibenwischerarme kontrolliert beziehungsweise eingestellt werden.

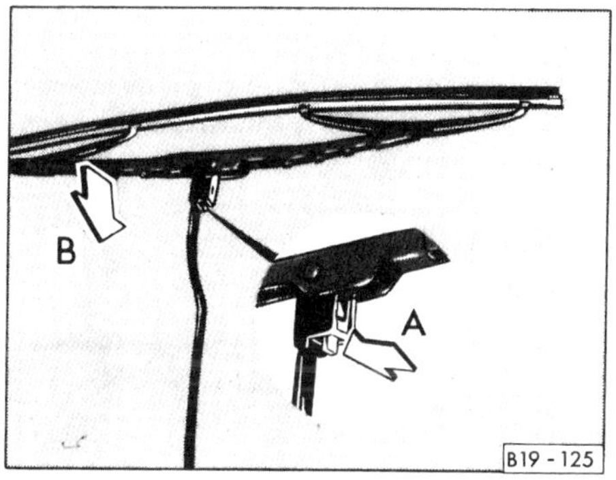

- Wischerarm hochklappen und Wischerblatt waagerecht stellen.
- Federklammer –A– niederdrücken und Wischerblatt nach unten –B– aus dem Haken am Wischerarm schieben.
- Wischerblatt nach oben schieben und vom Haken des Wischerarmes abnehmen.

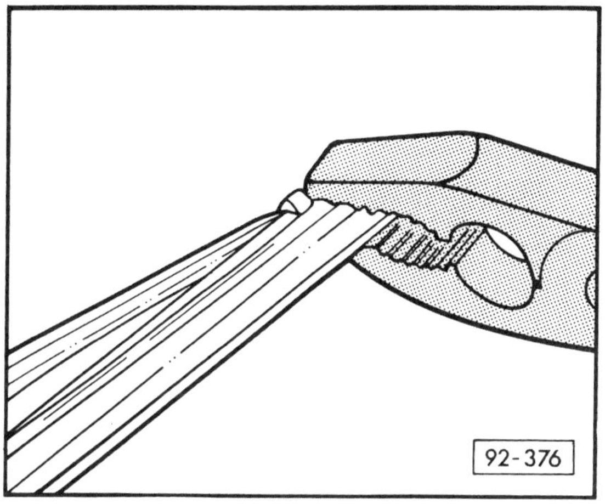

- An der geschlossenen Seite des Wischgummis beide Stahlschienen mit Kombizange zusammendrücken, seitlich aus der oberen Klammer herausnehmen und Gummi komplett mit Schienen aus den restlichen Klammern des Wischerblattes herausziehen.

Einbau

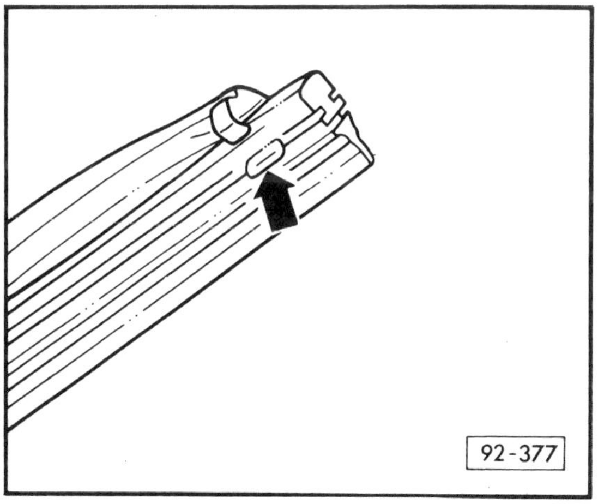

- Neues Wischgummi ohne Halteschienen in die unteren Klammern des Wischerblattes lose einlegen.

● Beide Schienen so in die erste Rille des Wischergummis einführen, daß die Aussparungen zum Gummi zeigen und in die Gumminasen der Rille einrasten. **Achtung:** Die Schienen sind leicht gebogen. Schienen so einsetzen, daß der Bauch des Bogens vom Wischerblatt weg gerichtet ist.

● Beide Stahlschienen und Gummi mit Kombizange zusammendrücken und so in die andere Klammer einsetzen, daß die Klammernasen beidseitig in die Haltenuten -Pfeil- des Wischgummis einrasten.

● Wischerblatt über den Wischerarm schieben und Federklammer in den Haken des Wischerarms einclipsen.

● Wischerarm zurückklappen. Darauf achten, daß das Wischgummi überall an der Scheibe anliegt.

Scheibenwaschdüsen aus- und einbauen/einstellen

Ausbau

● Motorhaube öffnen.

● Zulaufschlauch für Düse abziehen.

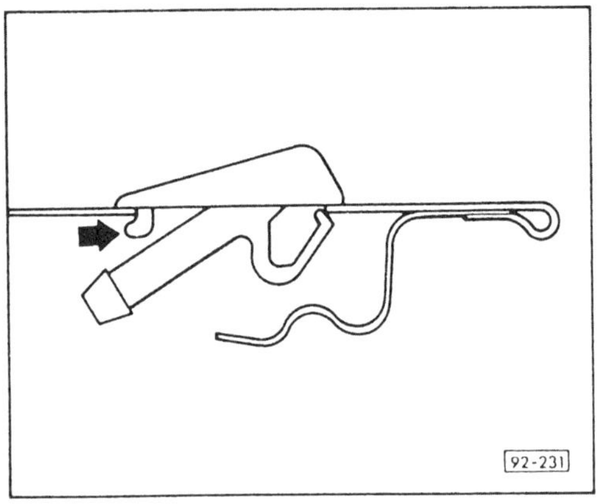

● Haltelasche der Düse in Pfeilrichtung drücken und Düse nach oben abnehmen.

Einbau

● Düse von oben einsetzen und nach hinten schieben, bis sie einrastet.

● Zulaufschlauch aufschieben.

Einstellen

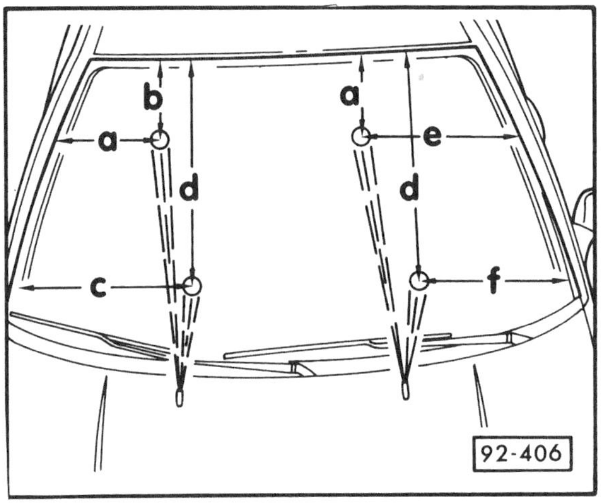

● Maße für Spritzstrahleinstellung: a = 280 mm, b = 300 mm, c = 430 mm, d = 560 mm, e = 400 mm, f = 330 mm (Toleranz ± 20 mm).

● Die Düse kann mit Preßluft gereinigt werden.

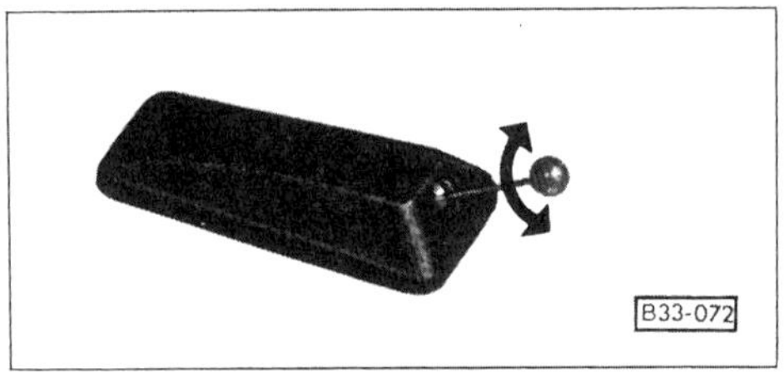

● Die Spritzrichtungen der Düsen können gegebenenfalls mit einem Dorn, ∅ 0,8 mm, korrigiert werden. Die Fachwerkstatt verwendet das Spezialwerkzeug VW-3125.

Scheinwerferreinigungsanlage

Linker Scheinwerfer

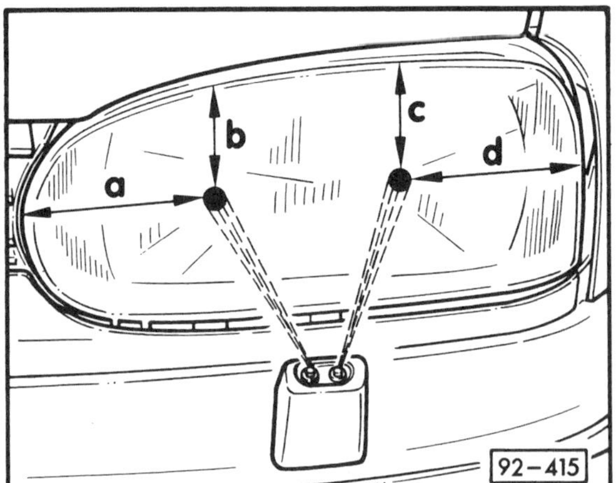

● Maße für Spritzstrahleinstellung: a = 85 mm, b = 60 mm, c = 65 mm, d = 125 mm.
Die Fachwerkstatt verwendet zur Einstellung das Sonderwerkzeug VW-3019A.

● Die Maße für den rechten Scheinwerfer sind spiegelbildlich.

Der Scheibenwischerantrieb

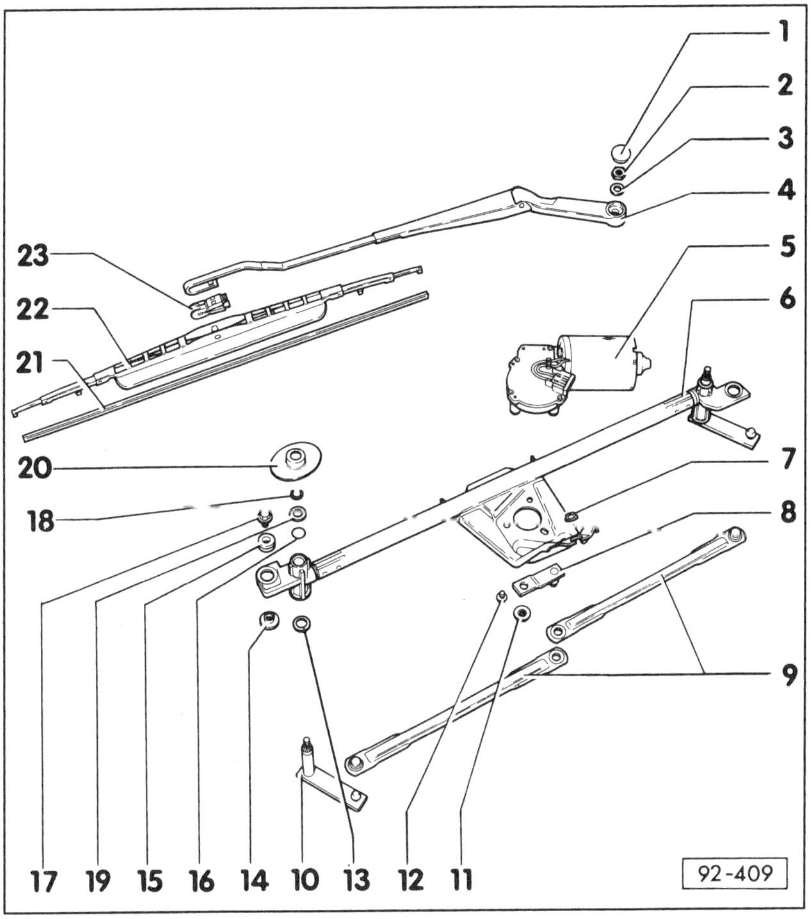

Frontscheibenwischer

1 – Abdeckkappe
2 – Sechskantmutter, 20 Nm
3 – Scheibe
4 – Wischerarm
5 – Wischermotor
6 – Wischerrahmen
7 – Sechskantmutter
8 – Kurbel
9 – Gelenkstange
10 – Gelenkhebel
11 – Sechskantmutter, 20 Nm
12 – Sechskantschraube, 5 Nm
13 – Federscheibe
14 – Scheibe
15 – Gummiring
16 – O-Ring
17 – Sechskantschraube, 5 Nm
18 – Sprengring
19 – Scheibe
20 – Abdeckkappe
21 – Wischergummi
22 – Wischerblatt
23 – Haltefeder

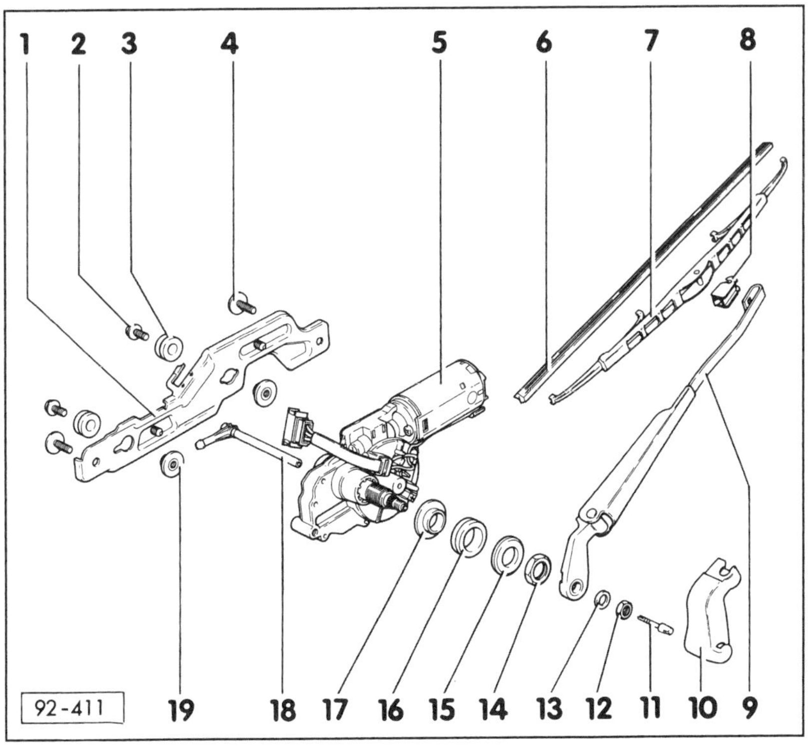

Heckscheibenwischer

1 – Wischermotorhalter
2 – Sechskantschraube, 5 Nm
3 – Gummiring
4 – Sechskantschraube, 5 Nm
5 – Wischermotor
6 – Wischergummi
7 – Wischerblatt
8 – Haltefeder
9 – Wischerarm
10 – Abdeckkappe
11 – Spritzdüse
12 – Sechskantmutter, 15 Nm
13 – Scheibe
14 – Sechskantmutter, 7 Nm
15 – Kunststoffscheibe
16 – Gummiring
17 – Distanzstück
18 – Anschlußrohr
Wird durch die Wischerarmwelle zur Spritzdüse geführt.
19 – Scheibe

Wischermotor aus- und einbauen

Ausbau

- Batterie-Massekabel (–) abklemmen. **Achtung:** Dadurch werden die elektronischen Speicher gelöscht, zum Beispiel Motor-Fehlerspeicher oder Radiocode. Batterie nur bei **ausgeschalteter Zündung** abklemmen, da sonst das Steuergerät der Einspritzanlage beschädigt werden kann. Vor dem Abklemmen sollten auch die Hinweise im Kapitel »Radio« bzw. »Batterie aus- und einbauen« durchgelesen werden.
- Frontscheibenwischer: Wasserkastenabdeckung ausbauen, siehe Seite 226.
- Heckscheibenwischer: Heckklappenverkleidung ausbauen, siehe Seite 198.
- Mehrfachstecker am Wischermotor abziehen.
- Wischerarme abschrauben und von den Wischerachsen abziehen, vorher Abdeckkappen mit schmalem Schraubendreher abhebeln.

Frontscheibenwischer

- Wischerrahmen mit Schrauben –17– abschrauben und komplett mit Wischermotor herausnehmen, siehe Abbildung 92-409.
- Antriebsstangen –9– von der Kurbel abhebeln.
- Motor vom Wischerrahmen abschrauben, dazu 3 Schrauben herausdrehen.
- Kurbel von der Motorachse abschrauben.

Heckscheibenwischer

- Überwurfmutter –14– abschrauben, siehe Abbildung 92-411.
- Wischerrahmen mit Schrauben –2– und –4– abschrauben und komplett mit Wischermotor herausnehmen.

Einbau

- Wird ein neuer Wischermotor eingebaut, Motor vor dem Einbau in Parkstellung bringen. Dazu Mehrfachstecker anschließen und Motor etwa 1 Minute laufen lassen. Anschließend Motor mit Wischerschalter ausschalten und in Endstellung laufen lassen. Mehrfachstecker abziehen.

Frontscheibenwischer

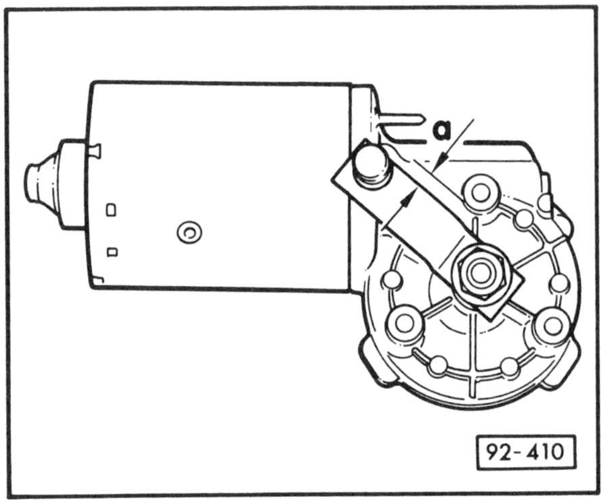

- Kurbel aufsetzen und so ausrichten, daß das Maß a = 10 mm beträgt. Kurbel mit 20 Nm festschrauben.
- Wischermotor am Wischerrahmen anschrauben.
- Antriebsstangen auf die Kurbel aufdrücken.
- Motor mit Wischerrahmen einsetzen und mit 5 Nm, also nicht zu fest anschrauben.
- Mehrfachstecker aufschieben und Wischermotor in Parkstellung laufen lassen.

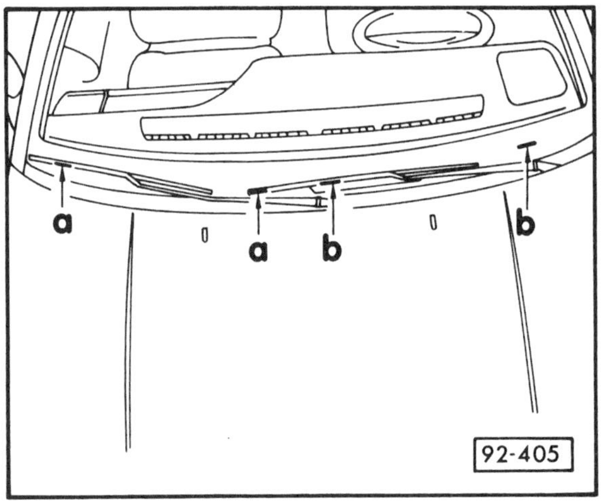

- Wischerarme entsprechend den an der Windschutzscheibe angebrachten Markierungen auf die Wischerlager schieben und mit 20 Nm festschrauben. a = Markierung für Linkslenker-Fahrzeuge (zum Beispiel deutsche Ausführung); b = Markierung für Rechtslenker.

Heckscheibenwischer

- Wischermotor am Wischerrahmen anschrauben.
- Überwurfmutter an der Wischerachse von außen aufschrauben.
- Motor mit Wischerrahmen einsetzen und mit 5 Nm, also nicht zu fest anschrauben.
- Mehrfachstecker aufschieben und Wischermotor in Parkstellung laufen lassen.

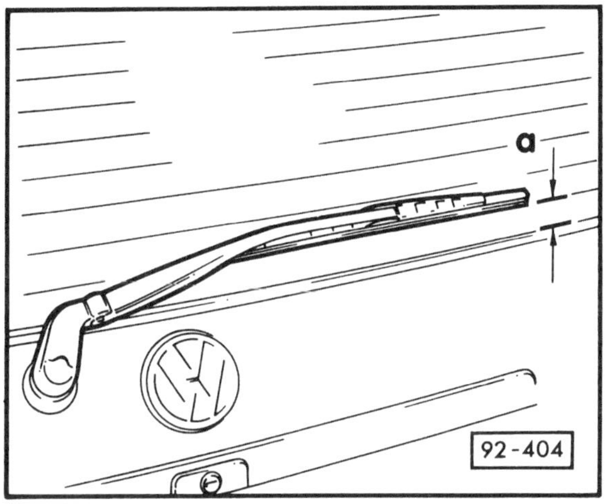

- Wischerarm so aufschrauben, daß er bei Endablage den Abstand a = 25 mm zur Scheibenunterkante hat.

- Abdeckkappen auf die Wischerachsen aufdrücken.
- Batterie-Massekabel (–) anklemmen. **Achtung:** Batterie nur bei **ausgeschalteter Zündung** anklemmen, sonst kann das Steuergerät der Einspritzanlage beschädigt werden.
- Funktion der Wischeranlage überprüfen.
- Wasserkastenabdeckung, beim Heckscheibenwischer Innenverkleidung einsetzen und anschrauben.
- Zeituhr einstellen.
- Diebstahlcode für Radio eingeben, siehe Kapitel »Radio-Codierung eingeben«.

Scheibenwaschpumpe prüfen/ersetzen

Achtung: Elektromotor der Scheibenwaschpumpe prüfen, siehe Seite 236.

Ausbau

- Damit die Pumpe besser erreicht wird, Batterie vom Halter abschrauben und seitlich verschieben.
- Stecker abziehen, dabei Drahtsicherungen zusammendrücken.

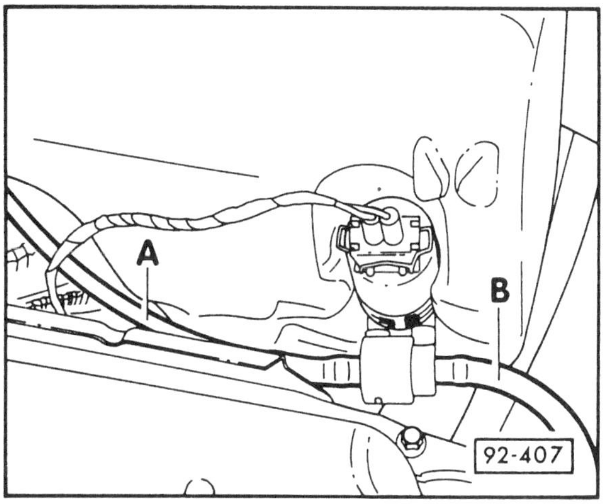

- Schläuche zur Frontscheibenwaschanlage –A– und, falls vorhanden, zur Heckscheibenwaschanlage –B– abziehen.

Achtung: Falls die Pumpe erneuert werden soll, neue Pumpe bereitlegen.

- Pumpe aus dem Vorratsbehälter herausziehen und Öffnung im Waschwasserbehälter mit dem Daumen zuhalten.

Einbau

- Neue Pumpe einsetzen, dabei läuft etwas Flüssigkeit aus.
- Schläuche aufschieben.
- Stecker aufschieben.
- Funktion der Scheibenwaschpumpe prüfen.
- Falls ausgebaut, Batterie anschrauben.

Die Scheinwerferreinigungsanlage

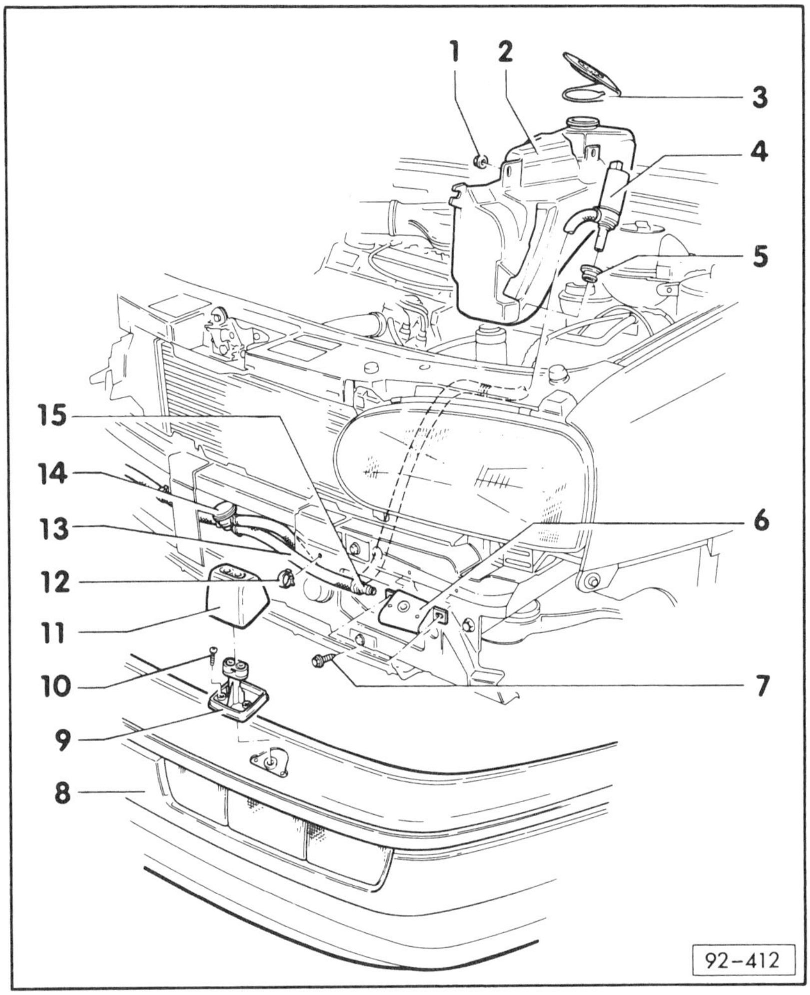

1 – **Kunststoffmutter**

2 – **Flüssigkeitsbehälter**

3 – **Verschluß**

4 – **Scheinwerferreinigungspumpe**

5 – **Dichtung**

6 – **Spritzdüsenhalter**

7 – **Sechskantschraube**

8 – **Stoßstange**

9 – **Spritzdüsen**
Einstellbar.

10 – **Blechschraube**

11 – **Abdeckkappe**

12 – **Befestigungsclip**

13 – **Schlauch 10 x 3**

14 – **Verteiler**
Schlauchanschlüsse nicht vertauschen.

15 – **Verbindungsstück**
Zur Demontage Stoßfänger ausbauen.

Störungsdiagnose Scheibenwischergummi

Wischbild	Ursache	Abhilfe
Schlieren.	Wischgummi verschmutzt.	■ Wischgummi mit harter Nylonbürste und einer Waschmittellösung oder Spiritus reinigen.
	Ausgefranste Wischlippe, Gummi ausgerissen oder abgenutzt.	■ Wischgummi erneuern.
	Wischgummi gealtert, rissige Oberfläche.	■ Wischgummi erneuern.
Im Wischfeld verbleibende Wasserreste ziehen sich sofort zu Perlen zusammen.	Windschutzscheibe durch Lackpolitur oder Öl verschmutzt.	■ Windschutzscheibe mit sauberem Putzlappen und einem Fett-Öl-Silikonentferner reinigen.
Wischerblatt wischt einseitig gut - einseitig schlecht, rattert. Wischerblatt rubbelt.	Wischgummi einseitig verformt, »kippt nicht mehr«.	■ Neues Wischgummi einbauen.
	Wischerarm verdreht, Blatt steht schief auf der Scheibe.	■ Wischerarm einstellen.
	Scheibe verkratzt.	■ Gegebenenfalls Scheibe ersetzen.
	Wischergummi ausgerastet oder eingerissen.	■ Wischergummi erneuern.
	Wischerarme/-blätter lose oder verformt.	■ Wischerarme einstellen, anschrauben. Wischerblätter ersetzen.
	Wischerblätter eingewachst oder wellig.	■ Wischerblätter ersetzen.
Nicht gewischte Flächen.	Wischgummi aus der Fassung herausgerissen.	■ Wischgummi vorsichtig in die Fassung einsetzen.
	Wischerblatt liegt nicht mehr gleichmäßig an der Scheibe an, da Federschienen oder Bleche verbogen.	■ Wischerblatt ersetzen. Dieser Fehler tritt vor allem durch unsachgemäßes Montieren eines Ersatzblattes auf.
	Anpreßdruck durch Wischerarm zu gering.	■ Wischerarmgelenke und Feder leicht einölen oder neuen Arm einbauen.

Die Wagenpflege

Fahrzeug waschen

Aus Umweltschutzgründen ist es in den meisten Gemeinden verboten, Fahrzeuge auf öffentlichen Plätzen zu waschen. Wird das Auto sehr oft in einer automatischen Waschanlage gewaschen, hinterlassen die rotierenden Waschbürsten Schleifspuren auf dem Lack. Diese lassen sich verhindern, wenn man den Wagen von Hand in einer entsprechenden Waschanlage wäscht.

- Vogelkot, tote Insekten, Baumharze, Teerflecken, Streusalze und andere aggressive Ablagerungen sofort abwaschen, da sie ätzende Bestandteile enthalten, die Lackschäden verursachen.
- Beim Waschen reichlich Wasser verwenden. Lackierung nicht scharf abspritzen. Mit einem weichen Schwamm oder Waschhandschuh beziehungsweise einer weichen Bürste auf dem Dach beginnend von oben nach unten mit geringem Druck reinigen; Schwamm oft ausspülen.
- Waschmittel nur bei hartnäckiger Verschmutzung verwenden. Mit klarem Wasser gründlich nachspülen, um die Reste des Waschmittels zu entfernen. Bei regelmäßiger Benutzung von Waschmitteln muß öfter konserviert werden. Dem Waschwasser kann ein Konservierungsmittel beigegeben werden.
- In die Eintrittsöffnungen der Belüftungsanlage nur mit einem schwachen Strahl sprühen.
- Zum Abtrocknen sauberes Leder verwenden. Verschiedene Leder für Lack- und Fensterflächen verwenden, da Konservierungsmittelrückstände auf den Scheiben zu Sichtbehinderungen führen.
- Durch Streusalze besonders gefährdet sind alle innenliegenden Falze, Flansche und Fugen an Türen und Hauben. Diese Stellen müssen deshalb bei jedem Wagenwaschen – auch nach der Wäsche in automatischen Waschstraßen – mit einem Schwamm gründlich gereinigt und anschließend abgespült und abgeledert werden.
- Wagen niemals in der Sonne waschen oder trocknen. Wasserflecken sind sonst unvermeidlich.

Achtung: Nach der Wagenwäsche Bremsscheiben kurz trockenbremsen, da sich durch Nässe eine verringerte Bremswirkung ergibt.

Lackierung pflegen

Konservieren: So oft wie nötig soll die sauber gewaschene und getrocknete Lackierung mit einem Konservierungsmittel behandelt werden, um die Oberfläche durch eine porenschließende und wasserabweisende Wachsschicht gegen Witterungseinflüsse zu schützen. Auch wenn regelmäßig Waschkonservierer verwendet wird, empfiehlt es sich, den Lack mindestens zweimal im Jahr mit Hartwachs zu schützen.

Übergelaufenen Kraftstoff, übergelaufenes Öl oder Fett, beziehungsweise übergelaufene Bremsflüssigkeit **sofort entfernen,** sonst kommt es zu Lackverfärbungen.

Spätestens, wenn Wasser nicht mehr deutlich vom Lack abperlt, muß konserviert werden. Der Lack trocknet sonst aus.

Eine weitere Möglichkeit, den Lack zu konservieren, bieten Waschkonservierer. Waschkonservierer schützen die Lackierung jedoch nur ausreichend, wenn sie bei **jeder** Wagenwäsche verwendet werden und der zeitliche Abstand zwischen 2 Wäschen nicht mehr als 2 bis 3 Wochen beträgt. Nur Lackkonservierer verwenden, die Carnauba- oder synthetische Wachse enthalten.

Polieren: Polieren ist nur dann erforderlich, wenn der Lack infolge mangelhafter Pflege beziehungsweise unter der Einwirkung von Umwelteinflüssen unansehnlich geworden ist und sich durch eine Behandlung mit Konservierungsmitteln kein Glanz mehr erzielen läßt. Zu warnen ist vor stark schleifenden oder chemisch stark angreifenden Poliermitteln, auch wenn der erste Versuch damit noch so sehr zu überzeugen scheint.

Vor jedem Polieren muß der Wagen sauber gewaschen und sorgfältig abgetrocknet werden. Im übrigen ist nach der Gebrauchsanweisung für das Poliermittel zu verfahren.

Die Bearbeitung soll in nicht zu großen Flächen erfolgen, um ein vorzeitiges Eintrocknen der Politur zu vermeiden. Bei manchen Poliermitteln muß anschließend noch konserviert werden. Nicht in der prallen Sonne polieren!

Kunststoffteile und matt lackierte Teile dürfen nicht mit Konservierungs- oder Poliermitteln behandelt werden, da sich sonst Flecken bilden.

Teerflecke entfernen: Frische Teerflecke können mit einem in Waschbenzin getränkten weichen Lappen entfernt werden. Notfalls kann auch Tankstellenbenzin, Petroleum oder Terpentinöl verwendet werden. Sehr gut gegen Teerflecke eignet sich auch ein Lackkonservierer. Bei Verwendung dieses Mittels kann auf ein Nachwaschen verzichtet werden.

Insekten entfernen: Insekten enthalten aggressive Stoffe, die den Lackfilm beschädigen können. Deshalb sofort mit lauwarmer Seifen- oder Waschmittellösung abwaschen. Es gibt auch spezielle Insekten-Entferner.

Baumaterial-Spritzer entfernen: Spritzer jeglichen Baumaterials mit lauwarmem, neutralem Waschmittel abwaschen. Nur leicht reiben, da sonst die Lackierung zerkratzt werden kann. Nach dem Waschen mit klarem Wasser nachspülen.

Kunststoffteile pflegen: Kunststoffteile, Kunstledersitze, Himmel, Leuchtengläser sowie mattschwarz gespritzte Teile mit Wasser und eventuell einem Shampoo-Zusatz säubern, Himmel nicht durchfeuchten. Kunststoffteile gegebenenfalls mit Kunststoffreiniger behandeln.

Scheiben reinigen: Schnee und Eis von Scheiben und Spiegeln nur mit einem Kunststoffschaber entfernen. Um Kratzer durch Schmutz zu vermeiden, sollte der Schaber nicht vor- und zurückbewegt, sondern nur geschoben werden. Fensterscheiben innen und außen mit sauberem, weichem Lappen abreiben. Bei starker Verschmutzung helfen Spiritus oder Salmiakgeist und lauwarmes Wasser oder auch ein spezieller Scheibenreiniger. Beim Reinigen der Windschutzscheibe Scheibenwischerarm nach vorn klappen.

Bei der Reinigung der Windschutzscheibe sind auch die Wischerblätter zu säubern.

Achtung: Bei Verwendung silikonhaltiger Mittel dürfen die zur Reinigung der Lackierung verwendeten Waschbürsten, Schwämme, Lederlappen und Tücher nicht für die Scheiben verwendet werden. Beim Einsprühen der Lackierung mit silikonhaltigen Pflegemitteln sollten die Scheiben mit Pappe oder anderem Material abgedeckt werden.

Gummidichtungen pflegen: Gummidichtungen durch Einpudern der Dicht- und Gleitflächen mit Talkum oder Besprühen mit Silikonspray geschmeidig halten. So werden auch quietschende oder knarrende Geräusche beim Türenschließen vermieden. Auch das Einreiben der betreffenden Flächen mit Schmierseife beseitigt die Geräusche.

Reifen reinigen: Reifen nicht mit einem Dampfstrahlgerät reinigen. Wird die Düse des Dampfstrahlers zu nahe an den Reifen gehalten, wird dessen Gummischicht innerhalb weniger Sekunden irreparabel zerstört, selbst bei Verwendung von kaltem Wasser. Ein auf diese Weise gereinigter Reifen sollte sicherheitshalber ersetzt werden.

Leichtmetall-Scheibenräder mit Felgenreiniger besonders während der kalten Jahreszeit pflegen, jedoch keine aggressiven, säurehaltigen, stark alkalischen und rauhen Reinigungsmittel oder Dampfstrahler über +60° C verwenden.

Sicherheitsgurte nur mit milder Seifenlauge in eingebautem Zustand säubern, nicht chemisch reinigen, da dadurch das Gewebe zerstört werden kann. Automatikgurte nur in trockenem Zustand aufrollen.

Unterbodenschutz/ Hohlraumkonservierung

Die Fahrzeugunterseite einschließlich der Radkästen ist mit Unterbodenschutz beschichtet. Die besonders stark gefährdeten Bereiche in den Radläufen sind mit Kunststoffschalen gegen Steinschlag geschützt. Darüber hinaus wurden korrosionsgefährdete Karosserieteile aus verzinktem Blech hergestellt. Vor der kalten Jahreszeit und nach einer Unterbodenwäsche sollte der Unterbodenschutz kontrolliert und gegebenenfalls ausgebessert werden.

Im Schleuderbereich des Unterbaues können sich Staub, Lehm und Sand ablagern. Den angesammelten Schmutz entfernen, zumal er während der Winterzeit auch noch mit Streusalz angereichert sein kann.

Motorwäsche/Motorraum konservieren: Vor und nach der Streusalzperiode sollte der Motorraum gereinigt und anschließend konserviert werden. Motorwäsche nur bei ausgeschalteter Zündung durchführen. Vor der Motorwäsche, die zum Beispiel mit Kaltreiniger und einem Dampfstrahlgerät durchgeführt werden kann, Generator, Sicherungskasten und Bremsflüssigkeitsbehälter mit Plastikhüllen abdecken.

Zur Verhinderung von Korrosion am Vorderwagen (zum Beispiel Seitenteile, Längsträger oder Abschlußblech) und des Antriebaggregates muß der Motorraum einschließlich der im Motorraum befindlichen Teile der Bremsanlage, Achselemente mit Lenkung sowie Karosserieteile und Hohlräume mit einem hochwertigen Konservierungswachs eingesprüht werden. Dabei den Keil- und Zahnriementrieb vor Wachs schützen.

Polsterbezüge pflegen/reinigen

Textilbezüge: Polsterbezüge mit Staubsauger und Bürste reinigen. Bei starker Verschmutzung Textilbezüge mit Trockenschaum reinigen.

Fett- und Ölflecke mit Reinigungsbenzin oder Fleckenwasser behandeln. Das Reinigungsmittel darf aber nicht unmittelbar auf den Stoff gegossen werden, da sich sonst unweigerlich Ränder bilden. Fleck durch kreisförmiges Reiben von außen nach innen bearbeiten. Andere Verschmutzungen lassen sich meistens mit lauwarmem Seifenwasser entfernen.

Lederbezüge: Bei starker Sonneneinstrahlung und längerer Standzeit Sitze abdecken, damit sie nicht ausbleichen.

Trikot- oder Wollappen mit Wasser leicht anfeuchten und Lederflächen säubern, ohne das Leder oder die Nahtstellen zu durchfeuchten. Anschließend das getrocknete Leder mit einem sauberen und weichen Tuch nachreiben.

Stärker verschmutzte Lederflächen mit einem milden Feinwaschmittel ohne Aufheller (2 Eßlöffel auf 1 Liter Wasser) reinigen. Fett- und Ölflecke vorsichtig ohne Reiben mit Reinigungsbenzin abtupfen.

Lackierte Lederpolster sollten nach dem Reinigen mit einem handelsüblichen Pflegemittel für Lederflächen behandelt werden. Solche Mittel sind bei den Fachwerkstätten und im Autofachhandel erhältlich. Das Mittel vor Gebrauch gut schütteln und mit einem weichen Lappen dünn auftragen. Nach dem Eintrocknen mit einem sauberen und weichen Tuch nachreiben. Diese Behandlung empfiehlt sich bei normaler Beanspruchung alle 6 Monate.

Motor-Starthilfe

Achtung: Werden die vorgeschriebenen Anschlußhinweise nicht genau eingehalten, besteht die Gefahr der Verätzung durch austretende Batteriesäure. Außerdem können Verletzungen oder Schäden durch eine Batterieexplosion entstehen oder Defekte an der Fahrzeugelektrik auftreten.

- Die Starthilfekabel sollten einen Leitungsquerschnitt von 25 mm^2 aufweisen und mit isolierten Kabelzangen ausgestattet sein. In der Regel ist der Leitungsquerschnitt auf der Packung der Starthilfekabel angegeben.
- Bei beiden Batterien muß die Spannung 12 Volt betragen. Die Kapazität der stromgebenden Batterie darf nicht wesentlich unter der der entladenen Batterie liegen.
- Eine entladene Batterie kann bereits bei –10° C gefrieren. Vor Anschluß der Starthilfekabel muß eine gefrorene Batterie unbedingt aufgetaut werden.
- Die entladene Batterie muß ordnungsgemäß am Bordnetz angeklemmt sein.
- Fahrzeuge so weit auseinanderstellen, daß kein metallischer Kontakt besteht. Andernfalls könnte bereits beim Verbinden der Pluspole ein Strom fließen.
- Bei beiden Fahrzeugen Feststellbremse anziehen. Schaltgetriebe in Leerlaufstellung, automatisches Getriebe in Parkstellung »P« schalten.
- Alle Stromverbraucher ausschalten.
- Grundsätzlich Motor des Spenderfahrzeuges ca. 1 Minute vor dem Startvorgang und während des Startvorganges mit Leerlaufdrehzahl drehen lassen. Dadurch wird eine Beschädigung des Generators durch Spannungsspitzen beim Startvorgang vermieden.
- Während des Starthilfevorganges offene Flammen oder brennende Zigaretten in der Nähe der Batterie vermeiden, weil aus der Batterie brennbare Gase austreten können.
- Darauf achten, daß die Starthilfekabel nicht durch drehende Teile wie z. B. Kühlerventilator beschädigt werden.

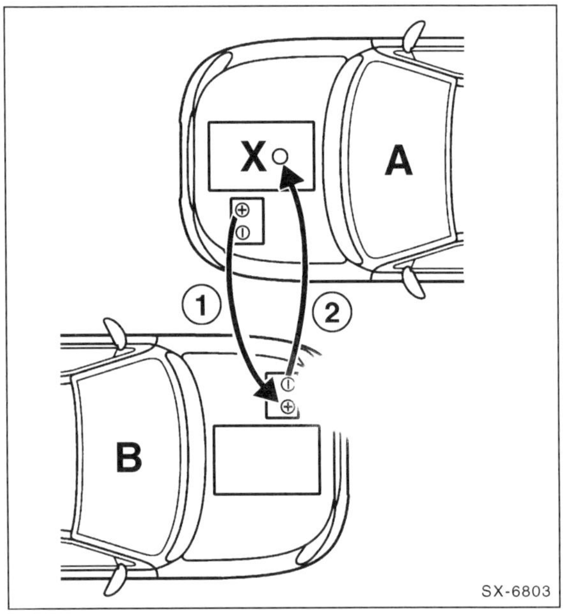

- Starthilfekabel in folgender Reihenfolge anschließen:
  1. Rotes Kabel –1– an den Pluspol der entladenen Batterie –A– anklemmen.
  2. Das andere Ende des roten Kabels an den Pluspol der stromgebenden Batterie –B– anklemmen.
  3. Schwarzes Kabel –2– an den Minuspol der stromgebenden Batterie anklemmen.
  4. Das andere Ende des schwarzen Kabels an eine gute Massestelle –X– des Empfängerfahrzeuges anschließen. Am besten eignet sich ein mit dem Motorblock verschraubtes Metallteil. Unter ungünstigen Umständen könnte beim Anschließen des Kabels an den Minuspol der leeren Batterie, durch Funkenbildung und Knallgasentwicklung, die Batterie explodieren.

Achtung: Die Klemmen der Starthilfekabel dürfen bei angeschlossenen Kabeln nicht in Kontakt miteinander kommen, beziehungsweise die Plusklemmen dürfen keine Massestellen (Karosserie oder Rahmen) berühren.

- Motor des Empfängerfahrzeuges (leere Batterie) starten und laufen lassen. Beim Starten Anlasser nicht länger als 10 Sekunden ununterbrochen betätigen, da sich durch die hohe Stromaufnahme Polzangen und Kabel erwärmen. Deshalb zwischendurch eine »Abkühlpause« von mindestens ½ Minute einlegen.
- Nicht über die Batterien beugen – Verätzungsgefahr!
- **Nach der Starthilfe** Kabel in **umgekehrter** Reihenfolge abklemmen: Zuerst schwarzes Kabel (–) am Empfängerfahrzeug, dann am stromgebenden Fahrzeug abklemmen. Rotes Kabel zuerst am stromgebenden und dann am Empfängerfahrzeug abklemmen.

Fahrzeug abschleppen

Vordere Abschleppöse

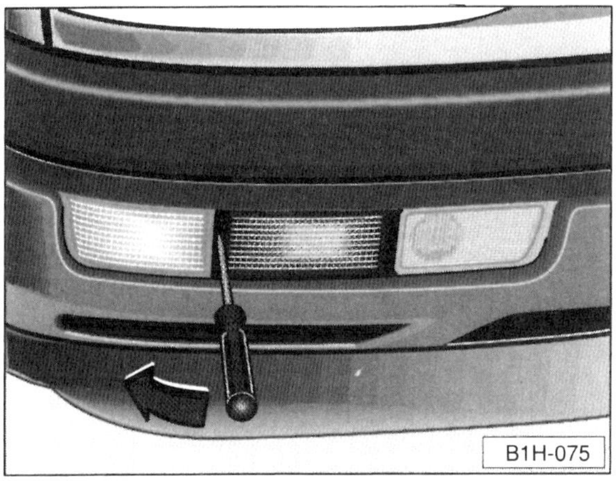

B1H-075

- Schraubendreher zwischen Blinkleuchte und Abdeckung einsetzen und Abdeckung aufhebeln.
- Abdeckung am Scharnier abclipsen.

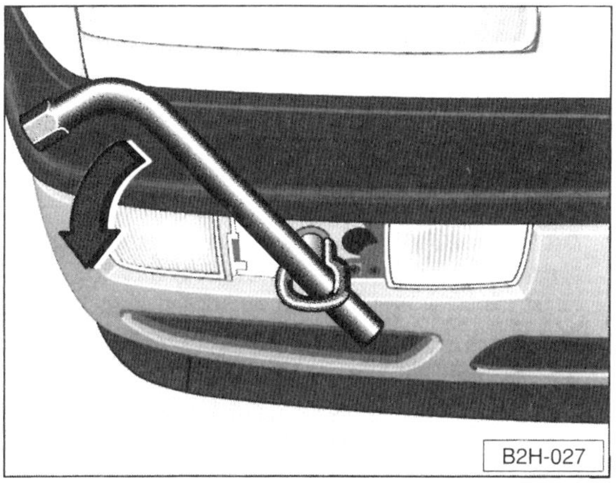

B2H-027

- Abschleppöse aus dem Bordwerkzeug in das Gewinde unter der Abdeckung einschrauben. **Achtung:** Die Abschleppöse hat ein Linksgewinde, muß also linksherum eingeschraubt werden. Abschleppöse bis zum Anschlag einschrauben und dann mit dem Radschlüssel fest anziehen, siehe Abbildung.
- Nach Gebrauch Abschleppöse wieder ausschrauben (rechtsherum drehen) und zum Bordwerkzeug legen. Abdeckung einsetzen und einclipsen.

Hintere Abschleppöse

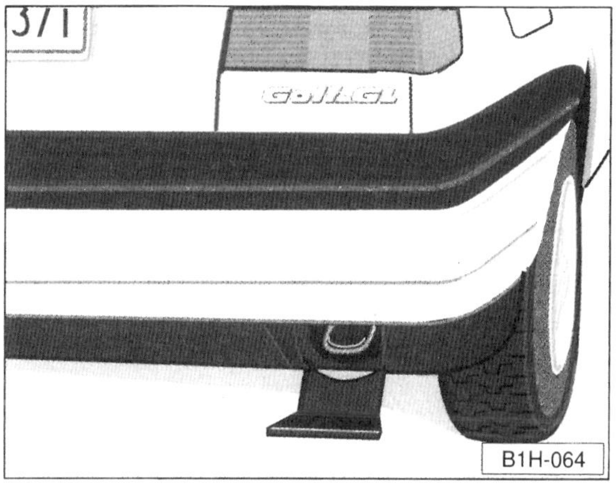

B1H-064

- Die hintere Abschleppöse befindet sich beim GOLF unter einer Abdeckung im hinteren Stoßfänger. Klappe an der Oberkante mit einem Schraubendreher nach außen hebeln und nach unten drücken. Klappe nicht abnehmen, sie bleibt während des Abschleppens am Fahrzeug.
- Nach Gebrauch Klappe an der Unterkante einsetzen und nach oben drücken, sie muß einrasten.

Regeln beim Abschleppen

- Zündung einschalten, damit das Lenkrad nicht blockiert ist und das Signalhorn und gegebenenfalls die Scheibenwischer betätigt werden können.
- In Deutschland Warnblinkanlage bei ziehendem und gezogenem Fahrzeug einschalten (gegebenenfalls anderslautende Vorschriften beachten).

- Da der Bremskraftverstärker nur bei laufendem Motor arbeitet, muß bei Fahrzeugen mit Bremskraftverstärker bei nicht laufendem Motor das Bremspedal entsprechend kräftiger getreten werden!
- Bei Fahrzeugen mit Servolenkung muß zum Lenken mehr Kraft aufgewendet werden, da bei stehendem Motor die Servo-Unterstützung fehlt.
- Das Abschleppseil soll elastisch sein, damit das schleppende und das gezogene Fahrzeug geschont werden. Nur Kunstfaserseile oder Seile mit elastischen Zwischengliedern verwenden. **Am sichersten ist die Verwendung einer Abschleppstange.**
- Ohne Getriebeöl darf das Fahrzeug nur mit angehobenen Antriebsrädern abgeschleppt werden.

Abschleppen von Fahrzeugen mit Getriebeautomatik

- Wählhebelstellung „N".

Maximale Schleppgeschwindigkeit: 50 km/h!

Maximale Schleppentfernung: 50 Kilometer!

- Über große Entfernungen muß der Wagen vorn angehoben werden. Grund: Bei stehendem Motor arbeitet die Getriebeölpumpe nicht, das Getriebe wird für höhere Drehzahlen und längere Laufzeiten daher nicht ausreichend geschmiert.
- Mit dem Abschleppwagen darf das Automatik-Fahrzeug nur vorwärts (mit angehobenen Vorderrädern) abgeschleppt werden. Bei nur hinten angehobenem Wagen würden sich die Vorderräder rückwärts drehen und das Automatikgetriebe in kurzer Zeit beschädigen.

Achtung: Das Anschleppen (Starten des Motors durch das rollende Fahrzeug) ist bei Fahrzeugen mit Getriebeautomatik nicht möglich. Bei betriebswarmem Benzinmotor mit Schaltgetriebe darf nur über eine Strecke von maximal 50 Metern angeschleppt werden, da sonst die Gefahr von Katalysatorschäden besteht.

Fahrzeug aufbocken

Für viele Wartungs- und Reparaturarbeiten muß das Fahrzeug aufgebockt beziehungsweise hochgehoben werden. In der Werkstatt wird der Wagen in der Regel mit der Hebebühne angehoben, man kann ihn jedoch auch mit dem Fahrzeug- oder Werkstatt-Wagenheber anheben. Grundsätzlich darf das Fahrzeug nur an den abgebildeten Aufnahmepunkten angehoben werden, da sonst bleibende Verformungen nicht ausgeschlossen sind.

Bei Arbeiten unter dem Fahrzeug muß dieses, falls es nicht auf einer Hebebühne steht, auf vier stabilen Unterstellböcken stehen. **Auf keinen Fall dürfen Arbeiten unter dem Fahrzeug ausgeführt werden, wenn dieses nicht ausreichend gesichert ist.**

- Das Fahrzeug darf nur in unbeladenem Zustand angehoben werden.

Aufnahmepunkte für Hebebühne und Werkstattwagenheber

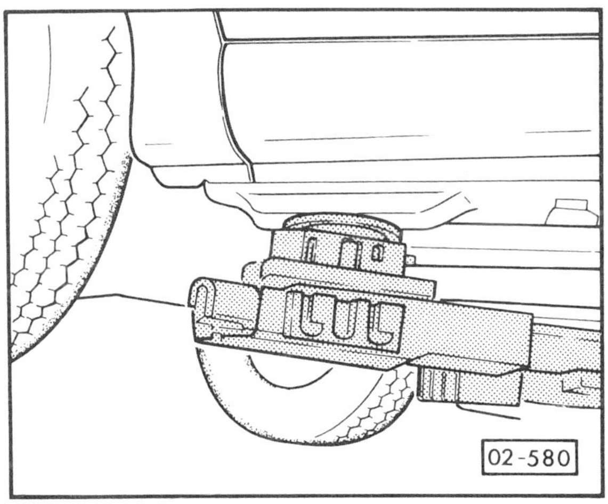

- **Vorn** an der Verstärkung am Bodenblech.

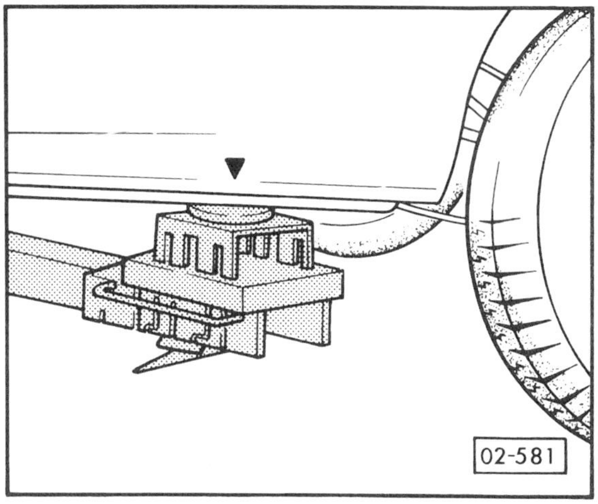

- **Hinten** an der senkrechten Versteifung des Unterholms im Bereich der Markierung für den Bordwagenheber.
- Durch eine geeignete Gummi- oder Holzzwischenlage werden beim Anheben Beschädigungen an der Karosserie vermieden.

Bordwagenheber

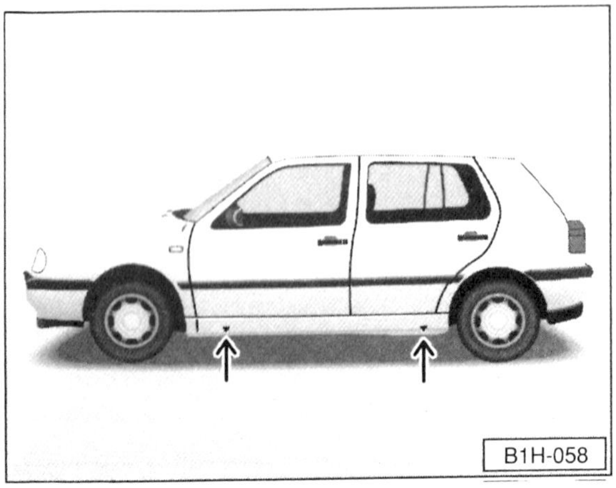

- Die Aufnahmepunkte für den Bordwagenheber sind am Unterholm durch Eindrückungen gekennzeichnet –Pfeile–. Wagenheber unterhalb dieser Eindrückungen ansetzen, dabei muß die Sicke am Schweller in die Rille des Wagenhebers eingreifen.
- Die Räder, die beim Anheben auf dem Boden stehen bleiben, mit Keilen gegen Vor- oder Zurückrollen sichern. Nicht auf die Feststellbremse verlassen, diese muß bei einigen Reparaturarbeiten gelöst werden.
- Fahrzeug nur auf ebener, fester Fläche aufbocken.

Achtung: Muß das Fahrzeug auf weichem Untergrund hochgebockt werden, müssen breite Bretter unter den Wagenheber und die Unterstellböcke gelegt werden, damit sich das Gewicht auf eine größere Fläche verteilt.

- Fahrzeug mit Unterstellböcken so abstützen, daß jeweils ein Bein seitlich nach außen zeigt.

Achtung: Keinesfalls darf der Wagen an Motor- oder Getriebeteilen sowie an Vorder- oder Hinterachse angehoben oder abgestützt werden. Niemals bei angehobenem Fahrzeug den Motor anlassen und einen Gang einlegen, solange auch nur ein Antriebsrad am Boden steht.

Das Werkzeug

Das Spezialwerkzeug

Der Aufwand an Werkzeug richtet sich ganz nach dem Umfang der Arbeiten, die am GOLF/VENTO ausgeführt werden sollen. Neben einer Grundausstattung ist in jedem Fall ein Drehmomentschlüssel empfehlenswert.

Gutes und stabiles Werkzeug wird von der Firma Hazet (42804 Remscheid, Postfach 100461) angeboten. In den Tabellen sind die Werkzeuge mit der Hazet-Bestellnummer aufgeführt. Vertrieben wird das Werkzeug über den Fachhandel.

Bauteil	Werkzeug	Hazet-Nr.
Klemmschellen für Kühlmittelschläuche	Schlauchklemmenzange	798-5
Zahnriemen	Zweilochmuttern-Dreher für Spannrolle	2587
Zentrierung für Zylinderkopfdichtung/Zylinderkopf	Führungsbolzen mit Ausdreher	2570/5
Ventilschaftabdichtungen	Aufdrücker	2577
Ventilfedern	Spanner	2577-2
Diesel: Überwurfmuttern für Einspritzleitungen	Offener Ringschlüssel	4560
Diesel (Wirbelkammermotor): Einspritzdüsen	Steckschlüssel	4555
Diesel: Glühkerzen ausbauen	Gelenkschlüssel	2530
Benziner: Lambdasonde ausbauen	Spezial-Steckschlüssel mit Schlitz für Anschlußkabel	4680-3
Getriebeöl-Einfüll- und -Ablaßschraube	Stecknuß für 17 mm Innensechskantschrauben	985-17
Türscharnierschrauben	Torx-Winkelschraubendreher T 45	2115-T45
Vordere Federbeine	Steckschlüssel-Einsatz zum Lösen, Winkelschraubendreher zum Gegenhalten	2593-21 2593-1
Edelstahl-Haltebänder für Gelenkwellenmanschetten	Klemmzange mit Anschlußstück (3/8 – 1/4) für Drehmomentschlüssel	1847/2250-2
Sicherungsring Gelenkwelle	Sicherungsring-Zange	2525K

Langfristig zahlt es sich immer aus, wenn man qualitativ hochwertiges Werkzeug kauft. Neben einer Grundausstattung mit Maul- und Ringschlüsseln in den gängigen Größen und verschiedenen Torxschraubendrehern sowie einem Satz Steckschlüssel empfiehlt sich auch der Kauf eines Drehmomentschlüssels. Darüber hinaus ist bei manchen Arbeitsgängen der Einsatz von Spezialwerkzeug zwingend erforderlich.

Gutes und stabiles Werkzeug wird von der Firma HAZET (42804 Remscheid, Postfach 100461) angeboten. In den Tabellen sind die Werkzeuge mit der HAZET-Bestellnummer aufgeführt. Vertrieben wird das Werkzeug über den Fachhandel.

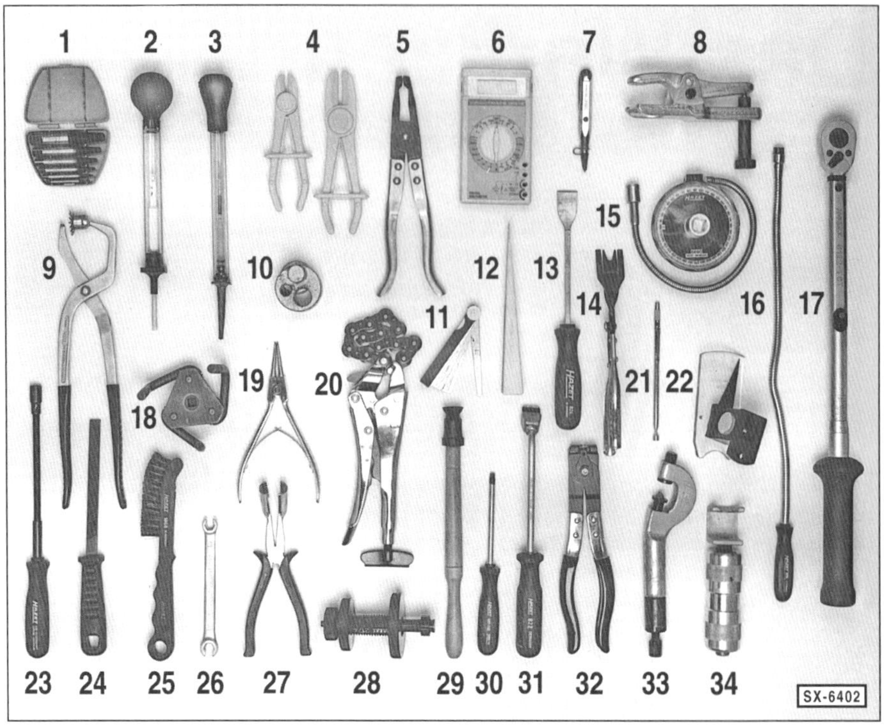

Abb.	Werkzeug	Hazet-Nr.
1	Schraubenausdrehersatz	840/5
2	Batteriesäureprüfer	4650-1
3	Kühlmittel-Frostschutzprüfer	–
4	Schlauchklemmen	4590/3
5	Zange für Ventilschaftabdichtungen	791-5
6	Multimeter	–
7	Spannungsprüflampe mit Spitze	2153
8	Ausdrücker für Spurstangenköpfe	1790-7
9	Bremsfedernzange	797
10	Stehbolzenausdreher	845
11	Fühlerblattlehre 0,05 –1,0 mm	2147
12	Montagekeil	1965-20
13	Flachschaber zur Beseitigung von Dichtungsrückständen an Zylinderkopf sowie Motorblock	824
14	Abdrückzange für Verkleidungen	799/4
15	Winkelscheibe für drehwinkelgesteuerten Schraubenanzug	6690
16	Magnet-Sucher	1976
17	Drehmomentschlüssel 40 – 200 Nm	6122–1CT
18	Ölfilterschlüssel	2172
19	Spitzzange für Sicherungsringe	1846c-2
20	Ketten-Abgasrohrschneider	4682
21	Spritzdüseneinsteller für Scheibenwaschanlage	4850-1
22	Winkeleinsteller für Scheibenwischerarme	4851-1
23	Steckschlüssel flexibel, 8 und 10 mm	426-8, -10

Abb.	Werkzeug	Hazet-Nr.
24	Bremssattelfeile	4968-1
25	Bremssatteldrahtbürste	4968-2/-3
26	Offene Doppelringschlüssel für Überwurfmuttern der Bremsleitungen	612-8x10, 612-10x11
27	Zündkerzensteckerzange	1849-1
28	Kupplungs-Zentrierwerkzeug	2174
29	Ventileinschleifer	795
30	Torxschraubendreher (verschiedene Größen)	837-T20 bis -T45
31	Ziehklinge zum Entfernen von Unterbodenschutz etc.	822
32	Klemmzange für Haltebänder der Gelenkwellenmanschetten	1847-1
33	Hydraulischer Muttersprenger	846-22
34	Schlag-Ausziehgerät für Bremsbeläge, Scheibenwischerarme etc.	1966
ohne Abbildung:		
	Zange für Federbandschellen (z.B. für Kühlmittelschläuche)	798-5
	Offener Ringschlüssel für Einspritzleitungen (Diesel)	4560
	Gelenkschlüssel für Glühkerzenausbau	2530
	Steckschlüssel für Lambdasondenausbau	4680-3
	Klemmzange für Edelstahlhaltebänder der Gelenkwellenmanschetten	1847
	Schlauchklemmenzange für CLIC-Typ-Schlauchschellen an Kraftstoffleitungen	798-2
	Bremskolbendrehwerkzeug für hintere Scheibenbremse	4970/6

Wartungsplan GOLF/VENTO W

Die Wartungsintervalle beim GOLF/VENTO sind von der Zeitdauer und den gefahrenen Kilometern abhängig und werden dem Fahrer über eine Service-Intervallanzeige angezeigt. Die Service-Intervallanzeige erscheint nach Einschalten der Zündung (Motor nicht anschalten) für einige Sekunden anstelle der Kilometeranzeige im Tachometer. Ist kein Service erforderlich, wird »**IN 00**« angezeigt.

Wird der Service-Fälligkeitstermin erreicht, blinkt beim Einschalten der Zündung und auch nach dem Anlassen des Motors für etwa 3 Sekunden die Anzeige:

OEL (Motorölwechsel) oder

IN 01 (Inspektion alle 12 Monate) oder

IN 02 (Inspektion alle 30000 km)

Der Arbeitsumfang der angezeigten Inspektion ist unterschiedlich groß. Nachdem ein Service durchgeführt wurde, muß auch die davor liegende Serviceart einzeln aufgerufen und zurückgesetzt (auf Null gestellt) werden. Wurde zum Beispiel der Inspektions-Service **IN 02** durchgeführt, müssen **OEL**, **IN 01** und **IN 02** zurückgesetzt werden. Dies geschieht folgendermaßen:

Service-Intervallanzeige zurücksetzen

- Zündung einschalten, Motor nicht starten.

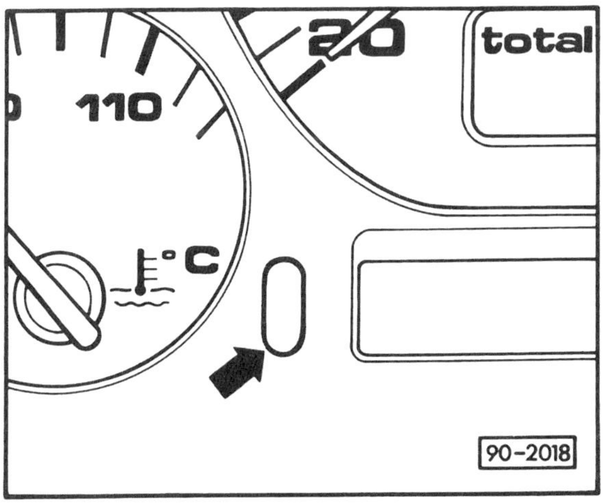

- Taste im Schalttafeleinsatz, unterhalb des Geschwindigkeitsmessers, drücken und festhalten.
- Zündung ausschalten und Taste loslassen. In der Anzeige ist der Schriftzug »OEL« zu sehen.

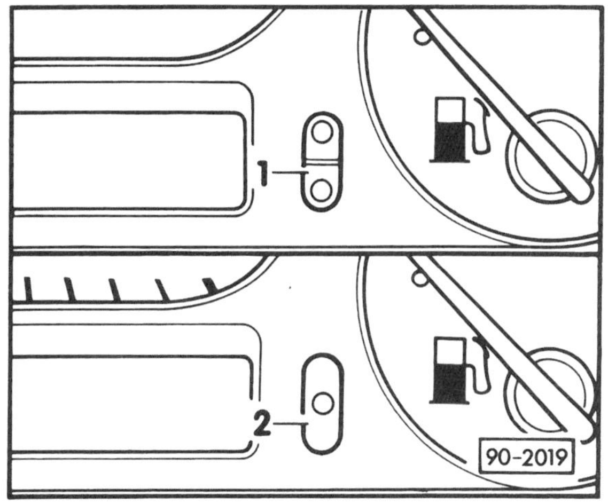

- Taste zum Einstellen der Analog-Zeituhr –2– oder den Minutenknopf der Digital-Zeituhr –1– (je nach Fahrzeugausstattung) solange drücken, bis 5 Striche (-----) in der Anzeige erscheinen. Erst dann ist der Service OEL zurückgesetzt.
- Durch erneutes Drücken der Taste unterhalb des Geschwindigkeitsmessers werden die anderen Inspektionen angezeigt und können einzeln zurückgesetzt werden.
- Zündung einschalten und nach Erscheinen von »IN 00« wieder ausschalten.

Ölwechsel-Service

Der Ölwechsel-Service ist für die Benzinmotoren **alle 15 000 km,** beziehungsweise **mindestens einmal jährlich** durchzuführen. Bei erschwerten Betriebsbedingungen, wie überwiegend Stadt- und Kurzstreckenverkehr, häufigen Gebirgsfahrten, Anhängerbetrieb und staubigen Straßenverhältnissen, Ölwechsel-Service entsprechend öfter durchführen.

- Motor: Öl- und Filterwechsel.

- ● Scheibenbremsbeläge: Dicke prüfen (je nach Fahrzeugausstattung wird die Verschleißgrenze der vorderen Beläge dem Fahrer mittels Kontrollampe automatisch angezeigt).
- ● Service-Intervallanzeige zurücksetzen.

Wartung

Die Wartung ist in folgenden Abständen durchzuführen: Alle 12 Monate die mit ● gekennzeichneten Positionen und alle 30 000 km sämtliche aufgeführten Wartungspunkte (● und ■).

Achtung: Die VW-Werkstätten fragen bei jeder Inspektion mit Hilfe eines Spezialgerätes die Fehlerspeicher der Motor-, Getriebe- und Klimaelektronik ab. Es ist daher sinnvoll, in regelmäßigen Abständen eine Fachwerkstatt aufzusuchen, auch wenn die Wartung in Eigenregie durchgeführt wird.

Motor

- ● Motor: Öl wechseln, Ölfilter ersetzen.
- ● Kühl- und Heizsystem: Flüssigkeitsstand prüfen, Konzentration des Frostschutzmittels prüfen. Sichtprüfung auf Undichtigkeiten und äußere Verschmutzung des Kühlers.
- ● Motor: Sichtprüfung auf Ölundichtigkeiten.
- ● Abgasanlage: Auf Beschädigungen prüfen.
- ■ Keilriemen: Spannung und Zustand von allen Riemen prüfen, gegebenenfalls ersetzen.
- ■ Keilrippenriemen: Zustand prüfen, gegebenenfalls ersetzen, und Spannung einstellen (1,4-l-Motor ohne Servolenkung und ohne automatische Spannrolle, Motor AAM, ANN, ADY, ADZ, ANP, AEK ab 6/95 mit Klimaanlage und ohne automatische Spannrolle).
- ■ Fahrzeuge bis 8/95: Zündkerzen ersetzen. Wechselintervall nach Motor zuordnen, siehe Tabelle auf Seite 55.
- ■ Zahnriemen: Zustand und Spannung prüfen, gegebenenfalls einstellen (Motor bis 7/95, außer Motor AEA und Motor ABF ab 2/94).
- ■ Zahnriemen: Ab 90.00 km Zustand prüfen (Motor ab 8/95).

Getriebe, Achsantrieb

- ● Gelenkschutzhüllen: Auf Undichtigkeiten und Beschädigungen prüfen.
- ● Getriebe und Achsantrieb (Allradantrieb): Sichtprüfung auf Undichtigkeiten.
- ■ Schaltgetriebe und Achsantrieb (Allradantrieb): Ölstand prüfen, gegebenenfalls auffüllen.

Vorderachse und Lenkung

- ● Spurstangenköpfe: Spiel und Befestigung prüfen, Staubkappen prüfen.
- ● Achsgelenke: Staubkappen prüfen.
- ● Lenkung: Faltenbälge auf Undichtigkeiten und Beschädigungen prüfen.
- ● Airbag: Prallflächen der Airbag-Einheiten auf Fahrer- und Beifahrerseite auf Beschädigung sichtprüfen.

Aufbau

- ● Türfeststeller: Schmieren.
- ■ Schiebedach: Führungsschienen schmieren.
- ■ Unterbodenschutz und Hohlraumkonservierung: Prüfen.
- ■ Sicherheitsgurte: Auf Beschädigungen prüfen.
- ■ Lüftung/Heizung: Pollen-/Staubfilter erneuern.

Bremsen, Reifen, Räder

- ● Bremsanlage: Leitungen, Schläuche, Bremszylinder, Anschlüsse auf Undichtigkeiten und Beschädigungen prüfen.
- ● Bremsflüssigkeitsstand: Prüfen, gegebenenfalls auffüllen.
- ● Bremsen: Belagstärke der vorderen und hinteren Bremsbeläge prüfen.
- ● Bereifung: Profiltiefe und Reifenfülldruck prüfen; Reifen auf Verschleiß und Beschädigungen (einschließlich Reserverad) prüfen.

Elektrische Anlage

- ● Alle Stromverbraucher: Funktion prüfen.
- ● Beleuchtungsanlage: Prüfen, gegebenenfalls Scheinwerfer einstellen.
- ● Signalhorn: Prüfen.
- ● Scheibenwischer: Wischergummis auf Verschleiß prüfen.
- ● Scheibenwaschanlage: Funktion prüfen, Düsenstellung kontrollieren, Flüssigkeit nachfüllen, Scheinwerfer-Waschanlage prüfen.
- ● Scheibenwischerblätter: Anstellwinkel prüfen, gegebenenfalls einstellen.
- ● Batterie: Festen Sitz und Säurestand prüfen.
- ● Service-Intervallanzeige: Zurücksetzen.

Alle 2 Jahre

- ■ Motor: Luftfiltereinsatz erneuern, Luftfiltergehäuse reinigen, spätestens alle 60.000 km/30.000 km (Motor ABD bis 7/92), wenn in 2 Jahren mehr gefahren wurde.
- ■ Bremsflüssigkeit: Erneuern.
- ■ Abgasuntersuchung durchführen (Werkstattarbeit). Die AU muß erstmalig nach 3 Jahren, dann alle 2 Jahre durchgeführt werden.

Alle 60.000 km

- ■ Servolenkung: Flüssigkeitsstand prüfen, gegebenenfalls Hydrauliköl auffüllen.
- ■ Automatisches Getriebe: Ölstand des Achsantrieb prüfen.
- ■ Automatisches Getriebe 01M ab 1/95: ATF-Stand prüfen, gegebenenfalls ATF-Öl auffüllen.
- ■ Automatisches Getriebe 096 bis 12/94: ATF-Öl wechseln.
- ■ Keilrippenriemen: Zustand prüfen, gegebenenfalls ersetzen.
- ■ Keilrippenriemen: Ersetzen und Spannung einstellen (Motor AAM, ANN, ADY, ADZ, ANP, AEK ab 6/95 mit Klimaanlage und ohne automatische Spannrolle).
- ■ Fahrzeuge ab 9/95: Zündkerzen ersetzen. Wechselintervall nach Motor zuordnen, siehe Tabelle auf Seite 55.

Wartungsarbeiten

W

Hier werden, nach den verschiedenen Baugruppen des Fahrzeugs aufgeteilt, alle Wartungsarbeiten beschrieben, die gemäß dem Wartungsplan durchgeführt werden müssen. Auf die erforderlichen Verschleißteile sowie das möglicherweise benötigte Sonderwerkzeug wird jeweils hingewiesen.

Es empfiehlt sich, Reifendruck, Motorölstand und Flüssigkeitsstände für Kühlung, Wisch-/Wasch-Anlage etc. mindestens alle 4 bis 6 Wochen zu prüfen und gegebenenfalls zu ergänzen.

Achtung: Beim **Einkauf von Ersatzteilen** sind immer der **KFZ-Schein** und die **Modellnummer** (siehe Kapitel »Fahrzeugidentifizierung«) mitzunehmen, da zur einwandfreien Fahrzeugidentifizierung oftmals die genaue Angabe der Fahrgestellnummer, des Modells oder des Baujahres erforderlich ist.

Um ganz sicher zu sein, daß man die richtigen Ersatzteile erhalten hat, empfiehlt es sich nach Möglichkeit, das Altteil auszubauen und zum Ersatzteilhändler mitzunehmen. Dort kann man es mit dem Neuteil vergleichen.

Motor und Abgasanlage

Folgende Wartungspunkte müssen nach dem Wartungsplan durchgeführt werden:

- Motor: Ölstand prüfen.
- Motor: Ölwechsel und Ölfilter ersetzen.
- Motor: Sichtprüfung auf Ölundichtigkeiten.
- Kühl- und Heizsystem: Flüssigkeitsstand prüfen. Konzentration des Frostschutzmittels prüfen. Sichtprüfung auf Undichtigkeiten und äußere Verschmutzung des Kühlers.
- Luftfilter: Filtereinsatz erneuern.
- Zündkerzen erneuern.
- Abgasanlage: Auf Beschädigungen prüfen.
- Abgasuntersuchung »AU« durchführen (Werkstattarbeit).
- Keil- und Keilrippenriemen: Spannung und Zustand prüfen.
- Zahnriemen: Zustand und Spannung prüfen.

Motorölwechsel

Zum Motorölwechsel ist folgendes Werkzeug erforderlich:

- Eine Grube oder ein hydraulischer Wagenheber mit Unterstellböcken.
- Ein Spezialwerkzeug zum Lösen des Ölfilters (Ölfilterzange, Spannbandschlüssel oder HAZET-Werkzeug 2172).
- Stecknuß-Satz zum Lösen der Ölablaßschraube sowie eine Ölauffangschale (wenn Öl nicht abgesaugt wird), die mindestens 6 Liter Öl faßt.

Folgende Verschleißteile werden benötigt:

- Nur wenn das Öl nicht abgesaugt wird: Aluminium- oder Kupfer-Dichtring für die Ölablaßschraube (wird manchmal mit dem Ölfilter mitgeliefert).
- Öl-Filterpatrone.
- Je nach Motor 3,5 bis 6,0 Liter Motoröl. Nur von VW freigegebenes Motoröl verwenden, siehe Seite 56.

Der Ölwechsel ist beim Benzinmotor alle 15000 km durchzuführen. Falls sehr wenig gefahren wird, Ölwechsel einmal im Jahr vornehmen. Bei jedem Ölwechsel wird gleichzeitig der Ölfilter gewechselt.

Bei erschwerten Einsatzbedingungen wie Kurzstreckenverkehr, häufiger Kaltstart und sehr staubigen Straßenverhältnissen, sollten Motoröl und Ölfilter in kürzeren Abständen gewechselt werden.

Das Motoröl darf auch mittels einer Sonde (an der Tankstelle) über das Ölmeßrohr abgesaugt werden. Allerdings muß das neue Öl dann meistens bei der betreffenden Tankstelle gekauft werden.

Achtung: Altöl muß auf jeden Fall bei den Altöl-Sammelstellen abgegeben werden. Die Öl-Verkaufsstellen nehmen die entsprechende Menge Altöl kostenlos entgegen, daher beim Ölkauf Quittung und Ölkanister für spätere Altölrückgabe aufbewahren! Außerdem informieren Gemeinde- und Stadtverwaltungen darüber, wo sich die nächste Altöl-Sammelstelle befindet. **Keinesfalls darf Altöl einfach weggeschüttet oder dem Hausmüll mitgegeben werden.** Größere Umweltschäden wie beispielsweise Grundwasserverseuchung sind sonst unvermeidbar.

Ölwechselmenge:

Motor	mit Filterw.	o. Filterw.
1,4-/1,6-l	3,4 l	3,0 l
1,8-/2,0 l	3,8 l	3,3 l
2,0-l 16V	4,3 l	3,8 l
2,8-/2,9-l	5,5 l	5,0 l

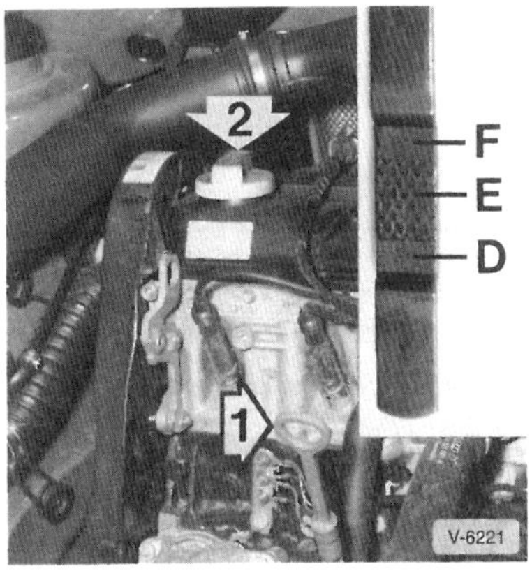

- Die Mengendifferenz zwischen oberem und unterem Falz (min.- und max.-Markierung) am Ölpeilstab beträgt: **1 Liter.** Der Ölstand sollte zwischen diesen Markierungen im angerauhten Bereich –E– liegen. Öl muß nachgefüllt werden, wenn sich der Ölspiegel im Bereich –D– befindet. Liegt der Ölstand im oberen Bereich –F–, sollte kein Öl nachgefüllt werden, da sonst die Gefahr der Überfüllung besteht. Zu viel eingefülltes Öl kann im Betrieb zu Katalysatorschäden führen.

Achtung: Besitzt der Ölmeßstab keine Kröpfungen, bildet das obere und untere Ende des angerauhten Bereichs die max.- und min.-Markierung.

Motoröl ablassen

Hinweis: Das Motoröl darf auch mittels einer Sonde (an der Tankstelle) abgesaugt werden.

- Motor auf Betriebstemperatur bringen (entspricht etwa +60° C Öltemperatur).
- Fahrzeug waagerecht aufbocken, siehe Seite 289.

- Gefäß zum Auffangen des Altöls unter die Ölablaßschraube stellen.
- Ölablaßschraube unten an der Ölwanne herausdrehen und Altöl ganz ablassen.

Achtung: Werden im Motoröl Metallspäne und Abrieb in größeren Mengen festgestellt, deutet dies auf Freßschäden hin, zum Beispiel Kurbelwellen- oder Pleuellagerschäden. Um Folgeschäden zu vermeiden, nach der Reparatur Ölkanäle sorgfältig sorgfältig reinigen.

Ölfilter wechseln

- **4-Zylinder-Motor:** Ölfilter abschrauben. Der Ölfilter sitzt seitlich am Motorblock. Die Abbildung zeigt den 1,8-l-Motor. Zum Abschrauben des Ölfilters gibt es spezielle Werkzeuge, zum Beispiel HAZET 2171-1. Man kann auch einen spitzen Schraubendreher seitlich in den Ölfilter eintreiben. Es läuft dann allerdings Öl aus – Gefäß unterstellen.
- Ölfilterflansch am Motorblock mit Kraftstoff reinigen. Eventuell dort verbliebene Filterdichtung abnehmen.
- Gummidichtring am Ölfilter dünn mit Motoröl bestreichen.
- Neuen Ölfilter nur mit der Hand festschrauben. Wenn die Filterdichtung am Motorblock anliegt, Filter noch um ½ Umdrehung weiterdrehen. Hinweise auf dem Ölfilter beachten.

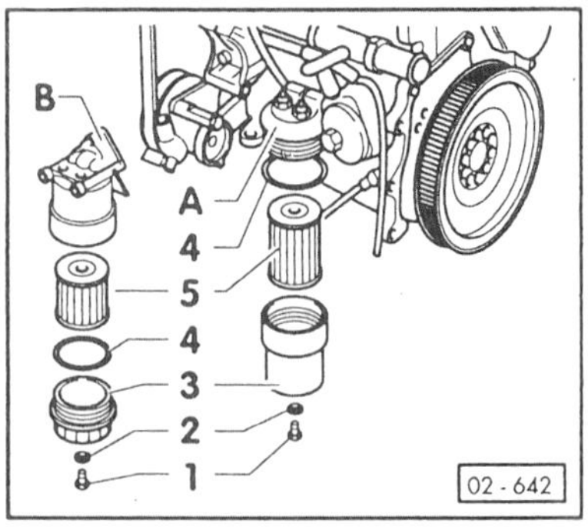

- **6-Zylinder-Motor:** Es gibt zwei unterschiedliche Ausführungen des Ölfilters, Ausführung –A– oder –B–, siehe Abbildung. Die Beschreibung gilt für beide Ölfilterausführungen:
  - ◆ Öl an der Ablaßschraube –1– ablassen.
  - ◆ Filterunterteil –3– von Hand oder mit einem Spannbandschlüssel abschrauben.
  - ◆ Filtereinsatz –5– und Dichtung –4– erneuern. Neue Dichtung mit Öl benetzen.
  - ◆ Filterunterteil mit **25 Nm** anschrauben.
  - ◆ Ablaßschraube mit neuem Dichtring –2– und **10 Nm** festziehen.

Auffüllen

- Ölablaßschraube mit neuem Dichtring einschrauben und fest, aber nicht mit zu großer Gewalt anziehen. Anzugsdrehmomente: Stahlblech-Ölwanne **30 Nm** (Motor ABF: **40 Nm**), Aluminium-Ölwanne: **20 Nm**.

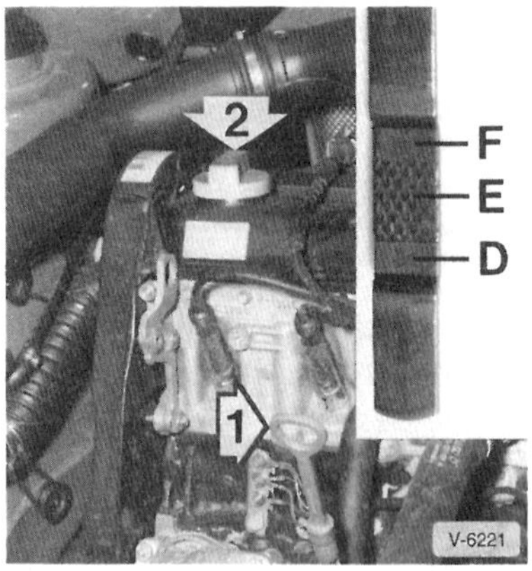

- Neues Öl am Einfüllstutzen –2– des Zylinderkopfdeckels einfüllen. Anschließend Ölstand mit Meßstab –1– kontrollieren.

Achtung: Grundsätzlich empfiehlt es sich, zunächst einen ½ Liter Motoröl weniger einzufüllen, den Motor warmlaufen zu lassen und nach einigen Minuten den Ölstand mit dem Meßstab zu kontrollieren und gegebenenfalls zu ergänzen. Zuviel eingefülltes Motoröl muß wieder abgesaugt werden, da sonst Schäden am Katalysator auftreten können.

● Nach Probefahrt Dichtigkeit der Ablaßschraube und des Ölfilters überprüfen, gegebenenfalls vorsichtig nachziehen.

● Betriebswarmen Motor abstellen und Ölstand nach ca. 2 Minuten nochmals prüfen, gegebenenfalls korrigieren.

Achtung: Um die Betriebsverhältnisse des Motors besser überwachen zu können, soll beim Ölwechsel immer ein Öl gleichen Typs und möglichst auch gleicher Marke verwendet werden. Daher ist es zweckmäßig, bei jedem Ölwechsel ein Hinweisschild am Motor zu befestigen, auf dem Marke und Viskosität des Öles vermerkt sind.

Sichtprüfung auf Ölverlust

Bei ölverschmiertem Motor und hohem Ölverbrauch überprüfen, wo das Öl austritt. Dazu folgende Stellen überprüfen:

■ Öleinfülldeckel öffnen und Dichtung auf Porosität oder Beschädigung prüfen.

■ Belüftungsschläuche vom Motorblock zum Zylinderkopfdeckel und zur Ansauglufthutze auf festen Sitz prüfen.

■ Zylinderkopfdeckel-Dichtung.

■ Zylinderkopf-Dichtung.

■ Trennstelle Zündverteilerflansch.

■ Ölfilterdichtung: Ölfilter am Ölfilterflansch.

■ Ölablaßschraube (Dichtring).

■ Ölwannendichtung.

■ Trennstelle zwischen Motor und Getriebe (Dichtung an Schwungrad oder Getriebewelle).

Da sich bei Undichtigkeiten das Öl meistens über eine größere Motorfläche verteilt, ist der Austritt des Öls nicht auf den ersten Blick zu erkennen. Bei der Suche geht man zweckmäßigerweise wie folgt vor:

● Motorwäsche durchführen. Motor mit handelsüblichem Kaltreiniger einsprühen und nach einer kurzen Einwirkungszeit mit Wasser abspritzen. Vorher Zündverteiler und Generator mit Plastiktüte abdecken.

● Trennstellen und Dichtungen am Motor von außen mit Kalk oder Talkumpuder bestäuben. **Hinweis:** Die Fachwerkstatt verwendet ein spezielles Lecköl-Suchspray.

● Ölstand kontrollieren, ggf. auffüllen.

● Probefahrt durchführen. Da das Öl bei heißem Motor dünnflüssig wird und dadurch schneller an den Leckstellen austreten kann, sollte die Probefahrt über eine Strecke von ca. 30 km auf einer Schnellstraße durchgeführt werden.

● Anschließend Motor mit Lampe absuchen, undichte Stelle lokalisieren und Fehler beheben.

Motorölstand prüfen

Etwa alle 1000 km oder vor längeren Fahrten sollte der Ölstand des Motors überprüft und gegebenenfalls ergänzt werden. Auf 1000 Kilometer soll der Motor nicht mehr als 1,0 Liter Öl verbrauchen. Mehrverbrauch ist ein Anzeichen für verschlissene Ventilschaftabdichtungen und/oder Kolbenringe beziehungsweise Öldichtungen.

● Das Fahrzeug muß beim Messen auf einer waagerechten Fläche stehen.

● Der Motor muß betriebswarm sein.

● Nach Abstellen des Motors mindestens 3 Minuten lang warten, damit sich das Öl in der Ölwanne sammelt.

● Ölpeilstab am Motor herausziehen und mit sauberem Lappen abwischen.

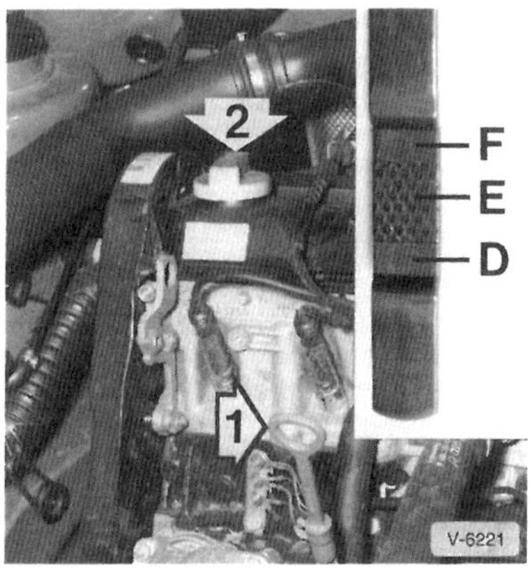

● Anschließend Meßstab bis zum Anschlag einführen und wieder herausziehen. Der Ölstand sollte zwischen oberem und unterem Falz im angerauhten Bereich –E– liegen. Öl muß nachgefüllt werden, wenn sich der Ölspiegel im Bereich –D– befindet. Liegt der Ölstand im oberen Bereich –F–, darf kein Öl nachgefüllt werden, da sonst die Gefahr der Überfüllung besteht. Zu viel eingefülltes Öl kann im Betrieb zu Katalysatorschäden führen.

Achtung: Besitzt der Ölmeßstab keine Kröpfungen, bildet das obere und untere Ende des angerauhten Bereichs die MAX.- und MIN.-Markierung.

● Neues Öl erst nachfüllen, wenn sich der Ölstand der unteren Marke nähert. Die Ölmenge von der min.- bis zur max.-Markierung beträgt bei allen Motoren 1 Liter.

● Nachgefüllt wird am Verschluß des Zylinderkopfdeckels. Beim Nachfüllen richtige Ölsorte verwenden, keine Ölzusätze verwenden.

Wahllos abwechselnder Gebrauch verschiedener Öltypen ist ungünstig. Motorenöle gleichen Typs, aber verschiedener Marken sollen möglichst nicht gemischt werden. Motorenöle gleichen Typs und gleicher Marke, aber verschiedener Viskosität können im Bedarfsfall während jahreszeitlicher Überschneidung ohne weiteres nachgefüllt werden.

Kühlmittelstand prüfen

Der Kühlmittelstand sollte in regelmäßigen Abständen – etwa alle vier Wochen – geprüft werden, zumindest aber vor jeder größeren Fahrt. Ein zu niedriger Kühlmittelstand wird außerdem bei den GOLF/VENTO-Modellen je nach Ausstattung durch Dauerblinken der Kontrolleuchte am Armaturenbrett angezeigt.

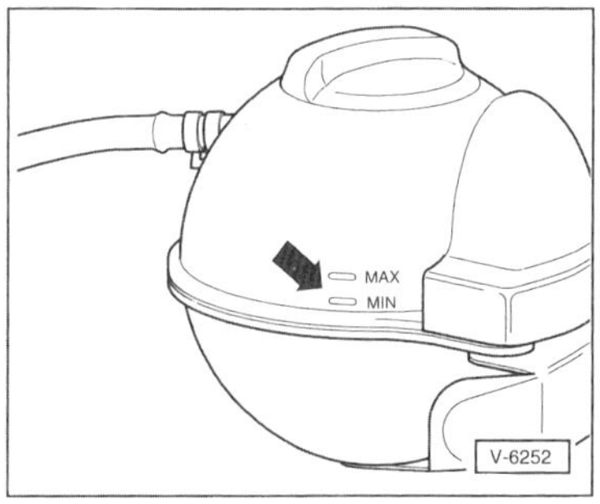

● Der Kühlmittelstand soll bei kaltem Motor (Kühlmitteltemperatur ca. +20° C) zwischen der max. und der min.-Markierung am Ausgleichbehälter liegen. Bei warmem Motor darf der Kühlmittelstand etwas über der max.-Markierung stehen.

● Größere Mengen **kaltes** Kühlmittel nur bei **kaltem Motor** nachfüllen, um Motorschäden zu vermeiden.

Achtung: Verschlußdeckel bei heißem Motor vorsichtig öffnen. Verbrühungsgefahr! Beim Öffnen Lappen über den Verschlußdeckel legen. Verschlußdeckel möglichst bei einer Kühlmittel-Temperatur unter +90° C öffnen.

● Verschlußdeckel beim Öffnen zuerst etwas aufdrehen und Überdruck entweichen lassen. Danach Deckel weiterdrehen und abnehmen.

Achtung: Um die Weiterfahrt zu ermöglichen, kann auch, insbesondere im Sommer, reines Wasser nachgefüllt werden. Der Kühlerfrostschutz muß dann jedoch baldmöglichst korrigiert werden.

- Sichtprüfung auf Dichtheit durchführen, wenn der Kühlmittelstand in kurzer Zeit absinkt.

Motor	Füllmenge
4-Zylinder-Motor	6,3 l
6-Zylinder-Motor	8,2 l

Kühlsystem-Sichtprüfung auf Dichtheit

- Kühlmittelschläuche durch Zusammendrücken und Verbiegen auf poröse Stellen untersuchen, hartgewordene Schläuche ersetzen.
- Die Schläuche dürfen nicht zu kurz auf den Anschlußstutzen sitzen.
- Festen Sitz der Schlauchschellen kontrollieren. Gegebenenfalls neue Schraubschellen anstelle der bisherigen Klemmschellen einbauen.
- Dichtung des Verschlußdeckels für den Ausgleichbehälter auf Beschädigungen überprüfen.

Achtung: Ein zu niedriger Kühlmittelstand kann auch von einem nicht richtig aufgeschraubten Verschlußdeckel herrühren.

- Wenn der Kühlmittelstand häufig absinkt, ohne daß eine undichte Stelle lokalisiert werden kann, Kühlsystem bei warmem Motor prüfen. Dazu Motor warmfahren und im Leerlauf so lange drehen lassen, bis der Lüfter einschaltet. Darauf achten, ob Kühlflüssigkeit im Bereich der Kühlmittelpumpe austritt.
- Deutlicher Kühlmittelverlust und/oder Öl in der Kühlflüssigkeit sowie weiße Abgaswolken bei warmem Motor deuten auf eine defekte Zylinderkopfdichtung hin.

Achtung: Mitunter ist es schwierig, die Leckstelle ausfindig zu machen. Dann empfiehlt sich eine Druckprüfung durch die Werkstatt (Spezialgerät erforderlich). Hierbei kann ebenfalls das Überdruckventil des Verschlußdeckels geprüft werden. **Sollwert** für Öffnungsdruck des Überdruckventils: **1,2 bis 1,5 bar** (alle Motoren).

Frostschutz prüfen

Folgendes Prüfwerkzeug wird benötigt:

- Eine Prüfspindel, die es preiswert im Zubehörhandel gibt und auch oft an Tankstellen zur Benutzung vorliegt.

Hinweis: Eventuell ist es erforderlich, die Prüfspindel zu eichen. Dabei ist folgendermaßen vorzugehen: 50 ml Kühlkonzentrat mit 50 ml Wasser mischen. Diese Mischung hat einen Frostschutz von –35° C. Frostschutz mit der Prüfspindel messen und eventuelle Abweichung zum Sollwert von –35° C notieren. **Beispiel:** Die Prüfspindel zeigt –31° C an. Die Abweichung beträgt also –4° C. Wird dann am Fahrzeug ein Wert von –16° C gemessen, dann beträgt der tatsächliche Frostschutz (–16°) + (–4°) = –20° C.

- Motor warmfahren, bis der obere Kühlmittelschlauch zum Kühler etwa handwarm ist.
- Verschlußdeckel am Ausgleichbehälter vorsichtig öffnen. **Achtung:** Nicht bei heißem Motor öffnen, siehe unter »Kühlmittelstand prüfen«.

- Mit Meßspindel Kühlflüssigkeit ansaugen und am Schwimmer Kühlmitteldichte ablesen.

VW-Kühlkonzentrat ergänzen

Bei einem Frostschutz bis –25° C müssen sich 40 % Frostschutzmittel in der Kühlflüssigkeit befinden. Soll der Frostschutz bis –35° C reichen, müssen Wasser und Kühlkonzentrat im Verhältnis 1:1 gemischt werden.

Bis 6/96 wird serienmäßig der **grün** gefärbte VW-Kühlmittelzusatz **G11** verwendet. Zum Nachfüllen kann G11 oder ein anderes Kühlkonzentrat mit dem Vermerk »gemäß TL-VW 774 **C**« verwendet werden. **Seit 7/96** wird serienmäßig der **rot** gefärbte VW-Kühlmittelzusatz **G12** verwendet. Zum Nachfüllen kann G12 oder ein anderes Kühlkonzentrat mit dem Vermerk »gemäß TL-VW 774 **D**« verwendet werden. **Achtung:** Die Kühlmittelzusätze G11 und G12 dürfen **nicht vermischt** werden, sonst kommt es zu **schwerwiegenden Motorschäden.** Braunes Kühlmittel (G11 und G12 vermischt) sofort wechseln.

Hinweis: Seit 2002 empfiehlt VW das Kühlkonzentrat **G12 plus** »gemäß TL-VW 774 **F**«für alle Motoren. Es ist an der **lila** Färbung erkennbar und darf mit beiden anderen Konzentraten G11 und G12 vermischt werden.

Achtung: Kühlmittel ist leicht giftig und sollte nicht einfach weggeschüttet werden. Gemeinde- und Stadtverwaltungen informieren darüber, wo sich die nächste Problemstoff-Sammelstelle befindet beziehungsweise wie das alte Kühlmittel entsorgt werden soll.

Die Tabelle zeigt, wieviel Frostschutzmittel zugegeben werden muß, damit der gewünschte Frostschutz erreicht wird.

Beispiel: Die Frostschutz-Messung mit der Spindel ergibt beim 4-Zylinder-Motor einen Frostschutz bis –10° C. In diesem Fall aus dem Kühlsystem 2,0 l Kühlflüssigkeit ablassen und dafür 2,0 l reines VW-Frostschutzkonzentrat auffüllen. Der Frostschutz reicht dann bis –25° C.

Gemessener Wert in °C	0	-5	-10	-15
Motor	Differenzmenge in l			
4-Zylinder	3,5	3,0	2,0	1,5
6-Zylinder	4,0	3,5	3,0	2,0

- Verschlußdeckel am Kühler verschließen und nach Probefahrt Frostschutz erneut überprüfen.

Luftfiltereinsatz wechseln

Es wird kein Sonderwerkzeug benötigt.

Folgendes Verschleißteil muß gekauft werden:

- Luftfiltereinsatz. Beim Ersatzteilkauf beachten, daß je nach eingebautem Motor unterschiedliche Luftfiltereinsätze benötigt werden.

Ausbau

- 2 Klammern –Pfeile– lösen, Deckel anheben und aus den hinteren Halterungen herausnehmen. Die Abbildung zeigt den Luftfilter vom 1,8-l-Motor.

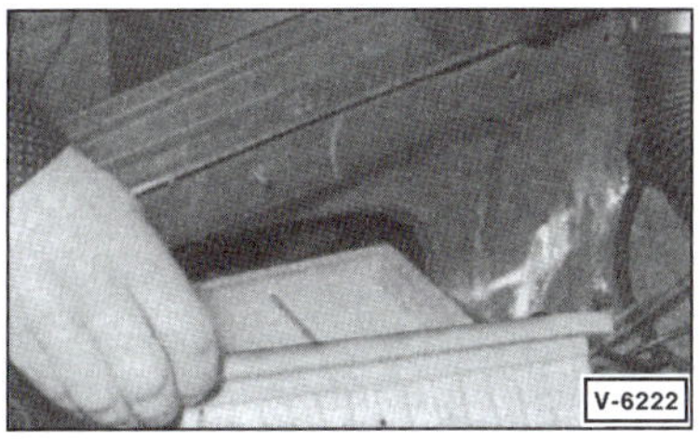

V-6222

- Luftfiltereinsatz herausnehmen.
- Filtergehäuse mit einem Lappen auswischen.

Einbau

- Neuen Filtereinsatz in das Luftfiltergehäuse einlegen.
- Deckel von oben in die hinteren Halterungen einsetzen und Schnellverschlüsse zuschnappen lassen.

Zündkerzen ersetzen/ elektrische Anschlüsse prüfen

Als Spezialwerkzeug wird benötigt:

- Ein Zündkerzenschlüssel, der preiswert im Zubehörhandel zu kaufen ist. Die Zündkerzen der 4-Zylinder-Motoren haben die Sechskant-Schlüsselweite 20,8 mm. Für 16V- und 6-Zylinder-Motor ist eine Schlüsselweite von 16 mm erforderlich. Insbesondere für diese Motoren empfiehlt sich der Kerzenschlüssel HAZET 900AKF mit Gelenk-Verlängerung. Damit wird eine Beschädigung des Keramikkörpers der Kerze beim Einschrauben weitgehend ausgeschlossen.
- Bei den 4-Zylinder-Motoren (außer 16V) erleichtert eine speziellen Zange, zum Beispiel HAZET 1849 , das Abziehen der Kerzenstecker. **Achtung:** Beim 6-Zylinder-Motor befindet sich an der Stütze der Motorraumklappe serienmäßig eine Abzieh- und Aufsteckvorrichtung für die Zündkerzenstecker, diese ist zu verwenden.

Folgende Verschleißteile müssen gekauft werden:

- Je nach Zylinderzahl des Motors, 4 oder 6 Zündkerzen. Die richtige Zündkerze, siehe Seite 55.

Ausbau

- Sämtliche Kerzenstecker abziehen, dabei nur an den Steckern und nicht an den Kabeln ziehen. Die erwähnte Zange beziehungsweise das Bordwerkzeug (beim 6-Zylinder-Motor) erleichtert das Abziehen.
- Zündkerzen-Nischen, wenn möglich, mit Preßluft ausblasen, damit bei ausgebauten Kerzen kein Schmutz in die Gewindebohrung fällt.
- Zündkerzen nur bei handwarmem Motor mit Zündkerzenschlüssel herausschrauben und den Zustand der Kerze (sogenanntes »Kerzengesicht«) prüfen. Mit einiger Erfahrung lassen sich daraus Rückschlüsse auf den Betriebszustand des Motors ziehen. Es gelten folgende Regeln:

Achtung. Eine verölte Zündkerze deutet auf Aussetzen der betreffenden Kerze oder schlecht abdichtende Kolbenringe hin (Kompression prüfen).

Einbau

- Gleichmäßigen Abstand der Elektroden zur Masseelektrode sichtprüfen. Bei neuen Zündkerzen ist der Elektrodenabstand in der Regel richtig eingestellt, siehe Seite 55.
- Zündkerzen, wenn möglich, von Hand ansetzen und bis zur Anlage am Zylinderkopf einschrauben. **Achtung:** Kerze nicht verkantet ansetzen. Beim Festziehen Kerzenschlüssel nicht verkanten, sonst kann der Keramikkörper der Zündkerze beschädigt werden. Anzugsdrehmoment, siehe Seite 55.

Sichtprüfung der Abgasanlage

- Fahrzeug aufbocken, siehe Seite 289.
- Befestigungsschellen auf festen Sitz prüfen.
- Abgasanlage mit Lampe auf Löcher, durchgerostete Teile sowie Scheuerstellen absuchen.
- Stark gequetschte Abgasrohre ersetzen.
- Gummihalterungen durch Drehen und Dehnen auf Porosität überprüfen und gegebenenfalls austauschen.
- Fahrzeug ablassen.

Keilriemen/Keilrippenriemen prüfen Zahnriemen prüfen

Es wird kein Sonderwerkzeug benötigt.

Benötigte Verschleißteile:

- Keilriemen entsprechender Größen. Der GOLF/VENTO besitzt einen breiten Keilrippenriemen, der den Generator und je nach Modell auch verschiedene Zusatzaggregate antreibt. 4-Zylinder-Motoren mit Servolenkung haben einen schmalen, zusätzlichen Keilriemen zum Antrieb der Servopumpe. Es empfiehlt sich, immer alle vorhandenen Keilriemen zu erneuern, auch wenn nur einer verschlissen ist. Die richtigen Keilriemengrößen stehen in der Betriebsanleitung.

Zu niedrige Keilriemenspannung führt zum erhöhten Verschleiß oder Ausfall des Keilriemens. Bei zu hoher Spannung können Lagerschäden an den betreffenden Aggregaten auftreten.

- ■ Ein Keil- beziehungsweise Keilrippenriemen muß ersetzt werden bei: Übermäßiger Abnutzung, ausgefransten Flanken, Ölspuren, Porosität, Oberflächenrissen.

Schmaler Keilriemen beim 4-Zylinder-Motor mit Servolenkung

- Spannung des Keilriemens prüfen, und zwar durch kräftigen Daumendruck in der Mitte zwischen den beiden Riemenscheiben, die den größten Abstand voneinander haben. Der Keilriemen für die Pumpe der **Servolenkung** darf sich um **ca. 5 mm** durchdrücken lassen.
- Keilriemen ersetzen beziehungsweise spannen, siehe Seite 41.

Achtung: Bei einem neuen Keilriemen Spannung erst nach ca. 10 Minuten Laufzeit prüfen.

Keilrippenriemen prüfen/spannen

- Der breite Keilrippenriemen ist bei allen Motoren eingebaut. Je nach Modell sind unterschiedliche Spannvorrichtungen eingebaut:
  - ◆ Der 1,4-l-Motor besitzt keine Spannvorrichtung, die Spannung muß **alle 30.000 km** eingestellt werden.
  - ◆ Alle anderen Motoren besitzen zumindest eine halbautomatische Spannvorrichtung. Beim Benzinmotor AAM, ANN, ADY, ADZ, ANP, AEK ab 6/95 mit Klimaanlage und ohne Spannfederelement muß die Spannung **alle 30.000 km eingestellt** werden und der Keilrippenriemen **alle 60.000 km ersetzt** werden.
  - ◆ Es gibt auch Motoren mit vollautomatischer Spannvorrichtung (erkennbar an der Spannrolle), hier muß die Spannung nicht mehr eingestellt werden, nur Zustand prüfen.
- Werden bei der Sichtprüfung Mängel festgestellt, Keilrippenriemen ersetzen, siehe Seite 41.

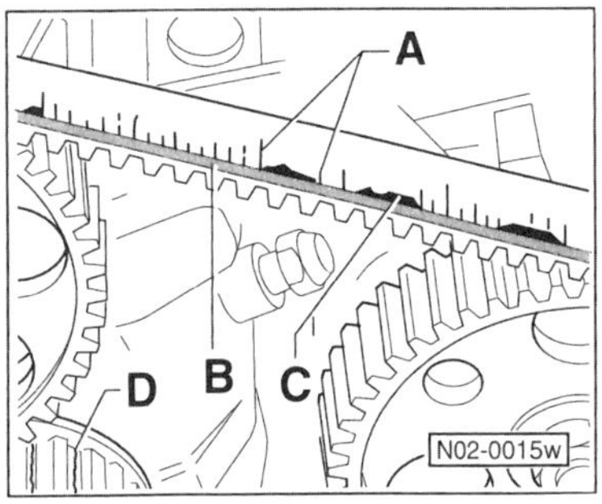

- Zahnriemenabdeckung ausbauen und Motor langsam von Hand durchdrehen, siehe Seite 19.
- Zahnriemen sichtprüfen. Dabei besonders auf folgende Schäden achten:
  A – Risse in der Abdeckung
  B – Seitliches Anlaufen
  C – Ausfransungen
  D – Risse im Zahngrund
- Gegebenenfalls Zahnriemen ersetzen. Außerdem Ursache für den Schaden ermitteln und beseitigen.

Getriebe/Achsantrieb

- Schalt- und Automatikgetriebe: Sichtprüfung auf Dichtheit.
- Schaltgetriebe: Ölstand im Achsantrieb prüfen, ggf auffüllen.
- Automatisches Getriebe: ATF-Öl wechseln. Ölstand prüfen. Ölstand im Achsantrieb prüfen.
- Achswellen (Gelenkwellen): Gelenkschutzhüllen auf Undichtigkeiten und Beschädigungen prüfen.

Achtung: Altöl muß auf jeden Fall bei den Altöl-Sammelstellen abgegeben werden. Die Verkaufsstellen für neues Getriebeöl müssen das Altöl kostenlos entgegen nehmen. Außerdem informieren Gemeinde- und Stadtverwaltungen darüber, wo sich die nächste Altöl-Sammelstelle befindet. **Keinesfalls darf Altöl einfach weggeschüttet oder dem Hausmüll mitgegeben werden.** Größere Umweltschäden wie beispielsweise Grundwasserverseuchung wären sonst unvermeidbar.

Sichtprüfung auf Dichtheit

Folgende Leckstellen sind möglich:

- Trennstelle zwischen Motorblock und Getriebe (Schwungraddichtung/Wellendichtung-Getriebe).
- Öleinfüllschraube/Ölablaßschraube.
- Gelenkwelle an Getriebe.

Bei der Suche nach der Leckstelle folgendermaßen vorgehen:

- Getriebegehäuse mit Kaltreiniger reinigen.
- Ölstand kontrollieren, ggf. auffüllen.
- Mögliche Leckstellen mit Kalk oder Talkumpuder bestäuben.
- Probefahrt durchführen. Damit das Öl besonders dünnflüssig wird, sollte die Probefahrt auf einer Schnellstraße über eine Entfernung von ca. 30 km durchgeführt werden.
- Anschließend Fahrzeug aufbocken und Getriebe mit einer Lampe nach der Leckstelle absuchen.
- Leckstellen umgehend beseitigen.

Achtung: Bei trockenem Getriebe ist eine Ölstandskontrolle nicht erforderlich. Falls jedoch Öl ausgetreten ist, muß der Ölstand überprüft werden.

Ölstand im Schaltgetriebe/ Achsantrieb prüfen

- Fahrzeug waagerecht aufbocken, siehe Seite 289.

- Einfüllschraube –1– am Getriebe mit einem Innensechskantschlüssel SW 17 herausdrehen.
- Wenn beim Herausdrehen der Einfüllschraube etwas Öl ausläuft, ist der Ölstand in Ordnung. Andernfalls mit Finger prüfen, ob der Ölstand bis zum unteren Rand der Einfüllbohrung reicht. Wenn nicht, Getriebeöl nachfüllen.
  Hierfür wird eine Ölspritzkanne benötigt. Beim Nachfüllen Gefäß unterstellen und überschüssiges Öl ablaufen lassen. Nicht zuviel Öl auf einmal einfüllen.

Getriebeölspezifikation: Synthetiköl G 50 SAE 75 W-90.

Motor	Einsatz	Getriebe	Füllmenge
1,4-l	9/91-7/95	4-G 084	2,2 l
1,4-l	9/91-7/95	5-G 085	3,1 l
1,4-l	ab 8/95	020/02K	1,9 l
1,6-/1,8-l	ab 9/91	020/02K	1,9 l
2,0-l (85 kW)	ab 9/91	020/02K	1,9 l
2,0-l (110 kW)	ab 8/92	02A	2,2 l
2,8-l	ab 9/91	02A	2,0 l
1,8-/2,0-/2,9-l »syncro«	–	02C	2,4 l

Achtung: Grundsätzlich darauf achten, daß nicht mehr Öl eingefüllt wird als bis zur Unterkante der Öleinfüllbohrung.

- Einfüllschraube festziehen, Fahrzeug ablassen.

Automatik-Getriebe: Öl wechseln/Ölstand prüfen

Die ATF-Füllung wird alle 60.000 km gewechselt. Anschließend wird der Ölstand geprüft. Eine separate Ölstandprüfung ist nicht vorgesehen.

Achtung: Da zur genauen Messung der Getriebeöltemperatur sowie zum Auslesen des Fehlerspeichers ein Diagnosegerät von VW benötigt wird, ist es empfehlenswert, diese Arbeit bei der VW-Werkstatt durchführen zu lassen.

Allgemeine Hinweise:

- Ohne ATF-Füllung darf der Motor nicht laufengelassen werden. Auch darf das Fahrzeug ohne ATF-Füllung nicht abgeschleppt werden.
- Bei allen Arbeiten auf peinliche Sauberkeit achten, da geringste Verunreinigungen zu Getriebestörungen führen.

Automatikgetriebe »096« bis 12/94

Beim Ölwechsel wird auch das Ölsieb in der Ölwanne ersetzt.

- Getriebe-Ölwanne und ATF-Sieb oberhalb der Ölwanne ausbauen. **Achtung:** Altöl bei der Sondermüllstelle abgeben.
- Ölwanne mit sauberem Lappen reinigen.

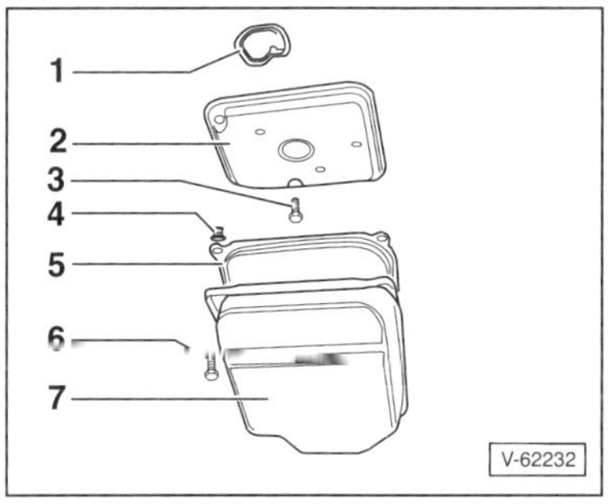

- Neue Dichtung –1– in das neue ATF-Sieb –2– einknöpfen.
- Abstandsbuchsen –4– in die neue Ölwannendichtung –5– einknöpfen.
- ATF-Sieb einbauen, Befestigungsschraube –3– mit **8 Nm** anziehen.
- Ölwanne –7– anschrauben, Befestigungsschrauben –6– gleichmäßig mit **10 Nm** festziehen.
- Zunächst **3,0 Liter** ATF über Trichter und Verlängerungsschlauch an der Peilstaböffnung einfüllen. **Achtung:** Es dürfen nur ATF-Öle mit der Bezeichnung »Dexron II« oder VW-ATF G052162-A1 bzw. G052162-A2 verwendet werden.

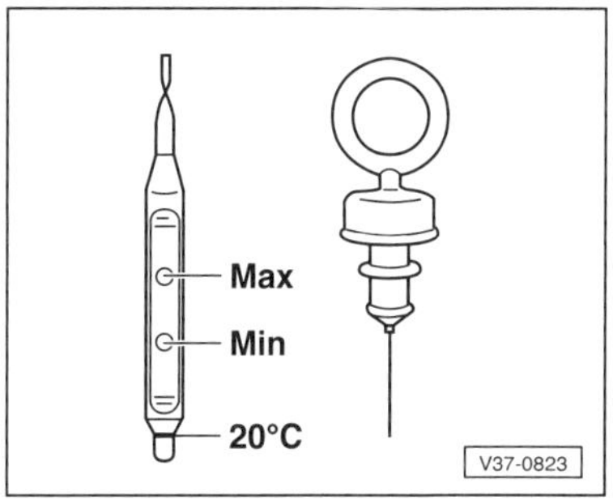

- Motor starten und bei Leerlaufdrehzahl des Motors, Wählhebelstellung »P« und angezogener Handbremse ATF-Stand mit dem Meßstab prüfen. Bei kaltem Motor muß gegebenenfalls ATF bis zur +20° C-Markierung aufgefüllt werden.
- Getriebe warmfahren und Ölstand kontrollieren, siehe unter »Ölstand prüfen«.

Ölstand prüfen

Der vorgeschriebene Ölstand ist für die einwandfreie Funktion des automatischen Getriebes äußerst wichtig. Darum ist die Prüfung mit großer Sorgfalt durchzuführen.

- Getriebe auf Betriebstemperatur bringen, Getriebeöltemperatur soll etwa +60° C betragen. Diese wird nach einer ca. 10 km langen Fahrt erreicht.
- Fahrzeug unbeladen auf ebene Fläche fahren.
- Wählhebel in Stellung »P« legen, Feststellbremse anziehen.
- Motor während der Prüfung im Leerlauf laufen lassen.
- Der Peilstab für die Prüfung befindet sich im Motorraum. Hier wird auch das ATF (Automatic Transmission Fluid) eingefüllt. Ölmeßstab herausziehen und mit einem sauberen, nicht fasernden Lappen, am besten mit Leder abwischen. Anschließend Meßstab voll eintauchen, wieder herausziehen und Ölstand ablesen.

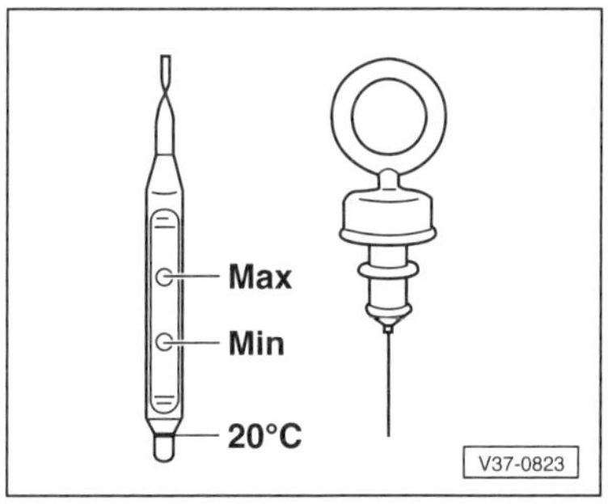

- Der Flüssigkeitsstand muß bei warmem Getriebeöl (ca. +60° C) zwischen der Min.- und Max.-Markierung des Peilstabes liegen.
- Altes Öl am Peilstab auf Aussehen und Geruch prüfen. Verbrannte Reibbeläge verursachen Brandgeruch. Durch verschmutztes Öl können Störungen in der Getriebesteuerung auftreten.
- Gegebenenfalls ATF-Öl nachfüllen. Es dürfen nur die vom Werk freigegebenen ATF-Öle verwendet werden. Im allgemeinen sind Automatic-Transmission-Öle mit der Bezeichnung »Dexron« zugelassen. Alle zugelassenen ATF-Öle lassen sich miteinander mischen. Keine Zusatzschmiermittel verwenden.

Achtung: Nicht zuviel Öl einfüllen. Zuviel Öl kann Störungen in der Automatik hervorrufen. In jedem Fall muß zuviel eingefülltes Öl wieder abgelassen oder mit einer Spritze abgesaugt werden.

- Nach erfolgter Prüfung oder Korrektur des Ölstandes Meßstab wieder ganz einführen.
- Fußbremse betätigen und sämtliche Wählhebelstellungen langsam durchschalten. Anschließend Ölstand nochmals kontrollieren.

Automatikgetriebe »01M« ab 1/95

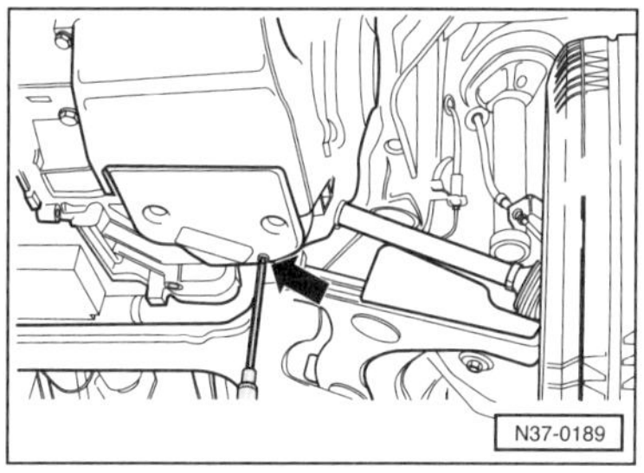

- Auffanggefäß für ATF-Flüssigkeit unterstellen.
- Verschlußschraube –Pfeil– zur ATF-Kontrolle in der Ölwanne herausschrauben.
- Dichtring an der Verschlußschraube mit Seitenschneider durchkneifen und entfernen.
- Überlaufrohr durch die Kontrollbohrung ausbauen und ATF vollständig ablaufen lassen.
- Überlaufrohr einbauen und Verschlußschraube mit neuem Dichtring einschrauben.

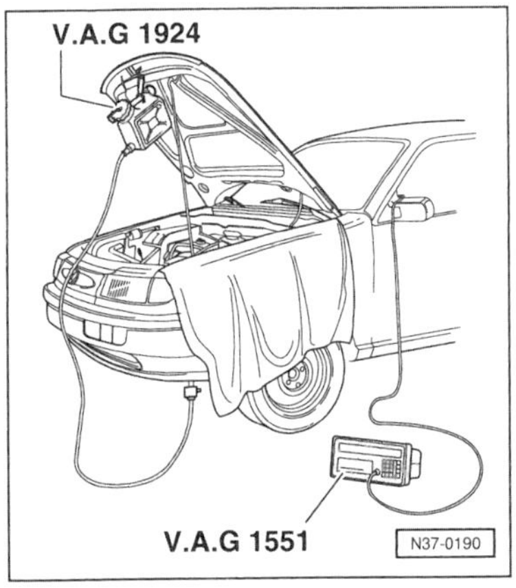

- Vorratsbehälter mit ATF an der Motorhaube aufhängen. **Achtung:** Es darf nur VW-ATF G052162-A1 bzw. -A2 verwendet werden.

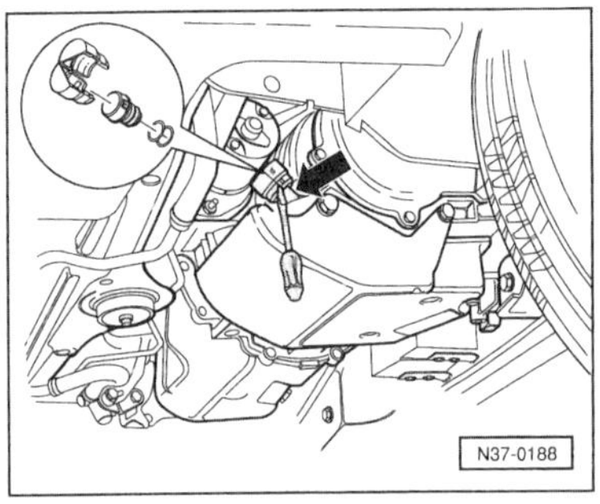

- Sicherungskappe für Verschlußstopfen –Pfeil– mit Schraubendreher abhebeln. Die Kappe wird dabei zerstört und muß ersetzt werden. Sie sichert den Sitz des Verschlußstopfens.

Achtung: Es kann auch eine Sicherungskappe mit Spangenverschluß eingebaut sein. Diese Kappe kann wiederverwendet werden.

- Verschlußstopfen vom Einfüllrohr ziehen.

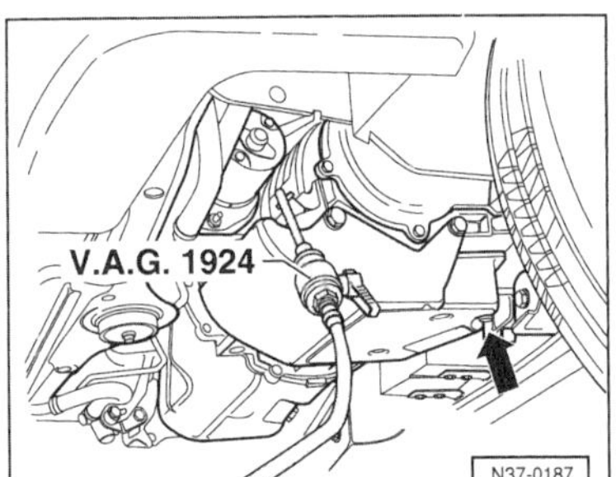

- Adapter V.A.G-1924 einsetzen und 3 Liter ATF einfüllen.
- Verschlußstopfen einsetzen.
- Motor starten und im Stand einmal alle Wählhebelstellungen durchschalten.
- Motor abstellen und ATF-Stand prüfen.

ATF-Stand prüfen

Achtung: Die ATF-Temperatur darf vor der Prüfung nicht mehr als +30° C betragen.

- Verschlußschraube herausdrehen.
- Auffanggefäß unterstellen.
- ATF auf Prüftemperatur von 35° C bis 45° C bringen.

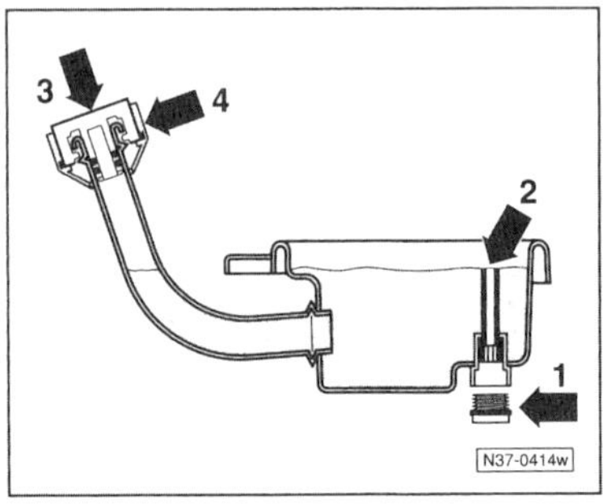

- Das im Überlaufrohr –2– vorhandene ATF läuft ab.
  1 – Verschlußschraube;
  3 – Verschlußstopfen;
  4 – Sicherungskappe.
- Wenn anschließend ATF aus der Bohrung tropft, ist der Ölstand in Ordnung.
- Falls nur das Öl aus dem Überlaufrohr herausläuft, ATF über die Einfüllbohrung nachfüllen, bis es an der Kontrollbohrung austritt.

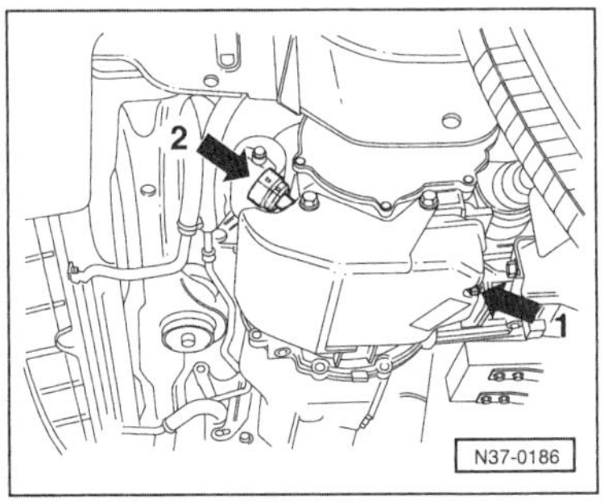

- Verschlußschraube –1– mit **neuem** Dichtring und **15 Nm** festziehen.
- Verschlußstopfen –2– auf das Einfüllrohr stecken und aufdrücken, bis der Sicherungsbügel einrastet. Ist kein Bügel vorhanden, neue Sicherungskappe aufstecken und einrasten.

Automatik-Getriebe: Ölstand im Achsantrieb prüfen

Es wird kein Sonderwerkzeug benötigt. Da die Arbeit jedoch einige Erfahrung voraussetzt, empfehlen wir, diese Arbeit von einer VW-Werkstatt durchführen zu lassen.

Verschleißteile:

- Falls nachgefüllt werden muß: Getriebeöl SAE 75 W 90 (Synthetiköl). Nur beim Automatikgetriebe »01M« von 1. 1. 95 bis 24. 8. 96 muß VW-ATF, ET-Nr. G052162-A1, verwendet werden. **Hinweis:** Die Schmierstoffe VW-ATF und SAE 75 W 90 dürfen nicht untereinander vermischt werden.

Prüfen

Der vorgeschriebene Ölstand ist für die einwandfreie Funktion des Achsantriebs beim automatischen Getriebe äußerst wichtig. Ein Ölwechsel ist nicht nötig.

- Fahrzeug auf eine waagerechte Fläche fahren.

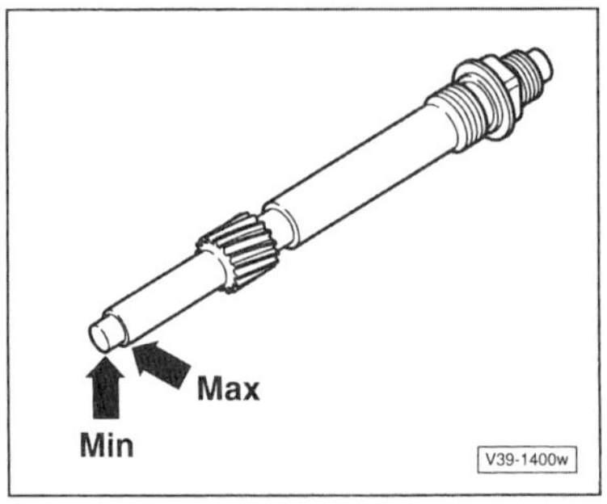

- Antrieb für Geschwindigkeitsmesser am Getriebe herausschrauben und mit einem Lappen abwischen.
- Antrieb ein- und wieder herausschrauben und Ölstand am Antrieb ablesen. Der Ölstand muß zwischen der Min.- und Max.-Markierung liegen, siehe Abbildung.
- Gegebenenfalls Getriebeöl nach angegebener Spezifikation auffüllen. Die Ölmenge zwischen der Min.- und Max.-Markierung beträgt nur 0,1 Liter, also nicht zuviel Öl auf einmal einfüllen. Zuviel eingefülltes Öl muß abgesaugt werden, zum Beispiel mit einer Spritze, an die ein Plastikschlauch angeschlossen ist.
- Antrieb für Geschwindigkeitsmesser am Getriebe einschrauben.

Achtung: Wird bei der Ölstandkontrolle im Achsantrieb des Automatik-Getriebes festgestellt, daß zuviel oder zuwenig Öl im Achsantrieb ist, liegt Ölaustausch mit dem Planetengetriebe vor. Ursache von einer VW-Werkstatt ermitteln und reparieren lassen.

Bremsen/Reifen/Räder

Gummimanschetten der Gelenkwellen prüfen

- Fahrzeug aufbocken.

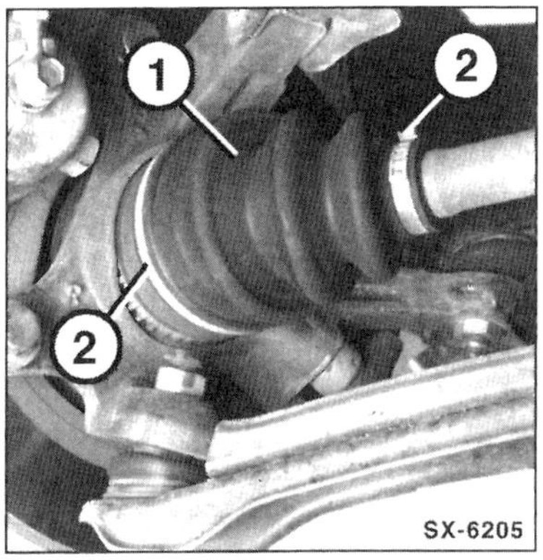

SX-6205

- Auf sichtbare Fettspuren an den Manschetten –1– und in deren Umgebung achten.
- Festen Sitz der Klemmschellen –2– prüfen.
- Gummi der Manschette mit Lampe auf Porosität und Risse untersuchen. Eingerissene Gelenkschutzhüllen umgehend erneuern.
- Sollte die Manschette durch Unterdruck im Gelenk nach innen gezogen oder defekt sein, so ist sie umgehend auszutauschen.

- Bremsanlage: Leitungen, Schläuche, Bremszylinder und Anschlüsse auf Undichtigkeiten und Beschädigungen prüfen.
- Bremsanlage: Bremsflüssigkeitsstand und Dicke der Bremsbeläge prüfen.
- Alle 2 Jahre Bremsflüssigkeit wechseln.
- Bereifung: Profiltiefe und Reifenfülldruck prüfen; Reifen auf Verschleiß und Beschädigungen (einschließlich Reserverad) prüfen.

Bremsflüssigkeitsstand prüfen

Der Vorratsbehälter für die Bremsflüssigkeit befindet sich im Motorraum. Er hat zwei Kammern, je eine für jeden Bremskreis. Der Schraubverschluß hat eine Belüftungsbohrung, die nicht verstopft sein darf.

Der Vorratsbehälter ist durchscheinend, so daß der Bremsflüssigkeitsstand jederzeit von außen überwacht werden kann. Außerdem wird beim GOLF/VENTO ein zu niedriger Bremsflüssigkeitsstand durch eine Warnleuchte an der Schalttafel signalisiert. Dennoch ist es ratsam, regelmäßig einen Blick auf den Vorratsbehälter zu werfen.

V-6230

- Der Flüssigkeitsstand soll zwischen der MAX. und der MIN.-Marke liegen.
- Nur **neue** Bremsflüssigkeit der Spezifikation **FMVSS 116 DOT 4** einfüllen.
- Durch Abnutzung der Scheibenbremsen entsteht ein geringfügiges Absinken der Bremsflüssigkeit. Das ist normal.
- Sinkt die Bremsflüssigkeit jedoch innerhalb kurzer Zeit stark ab, ist das ein Zeichen für Bremsflüssigkeitsverlust.

Die Leckstelle muß dann sofort ausfindig gemacht werden. In der Regel liegt es an verschlissenen Manschetten in den Radbremszylindern. Sicherheitshalber sollte die Überprüfung der Anlage von einer Fachwerkstatt durchgeführt werden.

Bremsbelagdicke prüfen

Bei Fahrzeugen mit Bremsbelag-Verschleißfühlern (Sonderausstattung) wird eine zu geringe Bremsbelagdicke der **Vorderrad-**Scheibenbremse dem Fahrer durch eine Warnleuchte am Armaturenbrett signalisiert. Es ist dennoch ratsam, bei der regelmäßigen Kontrolle die Bremsbeläge aller 4 Räder zu kontrollieren.

Vorderrad- sowie Hinterrad-Scheibenbremse:

- Vorderrad zur Radnabe mit Farbe kennzeichnen, damit das ausgewuchtete Rad wieder an gleicher Stelle montiert werden kann. Radschrauben lösen.
- Fahrzeug aufbocken, Vorderräder abnehmen.

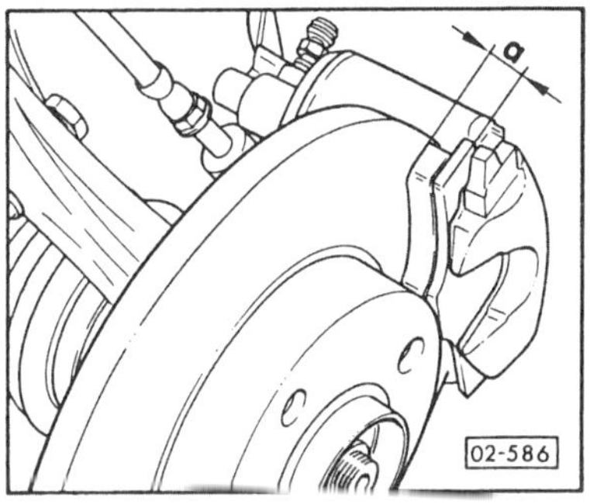

02-586

- Belagdicke – mit metallner Rückenplatte – des inneren und äußeren Belages mit einer Schieblehre messen.

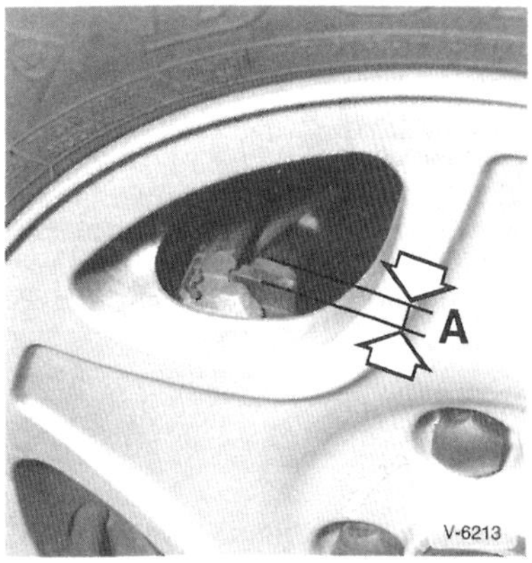

● Hinterrad-Scheibenbremse: Die Hinterräder brauchen nicht ausgebaut werden. Mit einer Taschenlampe durch die Radfelge strahlen und Dicke der äußeren Bremsbeläge sichtprüfen. Die inneren Bremsbeläge von der Radinnenseite her mit Hilfe einer Taschenlampe und eines Spiegels überprüfen.

● Die Verschleißgrenze der vorderen wie auch der hinteren Scheibenbremsbeläge ist erreicht, wenn der Belag nur noch eine Dicke von **7 mm** (mit Trägerplatte) aufweist.

Hinterrad-Trommelbremse

● Fahrzeug aufbocken, siehe Seite 279.

● An den hinteren Bremsträgern Verschlußstopfen abnehmen und mit Taschenlampe durch die Öffnung leuchten. Die Verschleißgrenze ist erreicht, wenn der Belag eine Stärke von **2,5 mm** (ohne Metallträgerbacke) hat. Im Zweifelsfall Bremstrommel ausbauen und Belagstärke messen. Bei der Belagkontrolle gleichzeitig auf durch Bremsflüssigkeit oder Öl verschmierte Beläge achten. In diesem Fall Bremsbeläge umgehend erneuern.

● Ist die Verschleißgrenze erreicht, Bremsbeläge auswechseln. Grundsätzlich alle Beläge einer Achse erneuern.

Hinweis: Nach einer Faustregel entspricht 1 mm Bremsbelag einer Fahrleistung von mindestens 1000 km. Diese Faustregel gilt unter ungünstigen Bedingungen. Im Normalfall halten die Beläge viel länger. Bei einer Belagdicke der Scheibenbremsbeläge von 10,0 mm (mit Rückenplatte) beträgt die Restnutzbarkeit der Bremsbeläge also noch mindestens 3000 km.

Sichtprüfung der Bremsleitungen

● Fahrzeug aufbocken, siehe Seite 279.

● Bremsleitungen mit Kaltreiniger reinigen.

Achtung: Die Bremsleitungen sind zum Schutz gegen Korrosion mit einer Kunststoffschicht überzogen. Wird diese Schutzschicht beschädigt, kann es zur Korrosion der Leitungen kommen. Aus diesem Grund dürfen Bremsleitungen nicht mit Drahtbürste, Schmirgelleinen oder Schraubendreher gereinigt werden.

● Bremsleitungen vom Hauptbremszylinder zu den einzelnen Radbremszylindern mit Lampe anstrahlen und überprüfen. Der Hauptbremszylinder sitzt im Motorraum unter dem Vorratsbehälter für Bremsflüssigkeit.

● Beim Antiblockiersystem ABS führen die Bremsleitungen vom Hauptbremszylinder zur Hydraulikeinheit und von dort zu dem Radbremsen. An der Hydraulikeinheit darf keine Bremsflüssigkeit austreten.

● Bremsleitungen dürfen weder geknickt noch gequetscht sein. Auch dürfen sie keine Rostnarben oder Scheuerstellen aufweisen. Andernfalls Leitung bis zur nächsten Trennstelle ersetzen.

● Bremsschläuche verbinden die Bremsleitungen mit den Radbremszylindern an den beweglichen Teilen des Fahrzeugs. Sie bestehen aus hochdruckfestem Material, können aber mit der Zeit porös werden, aufquellen oder durch scharfe Gegenstände angeschnitten werden. In einem solchen Fall sind sie sofort zu ersetzen.

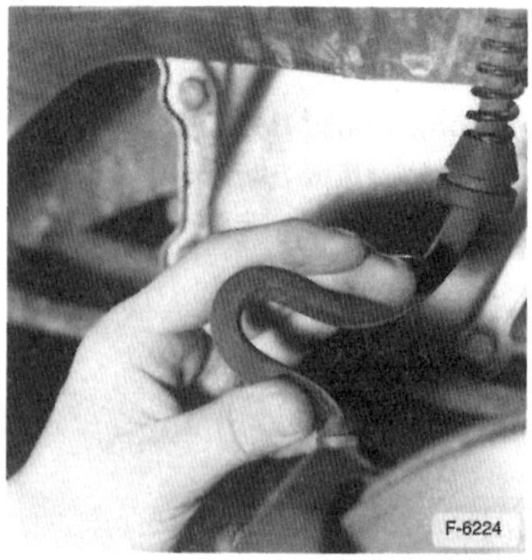

● Bremsschläuche mit der Hand hin- und herbiegen, um Beschädigungen festzustellen. Schläuche dürfen nicht verdreht sein, farbige Kennlinie beachten, falls vorhanden!

● Lenkrad nach links und rechts bis zum Anschlag drehen. Die Bremsschläuche dürfen dabei in keiner Stellung Fahrzeugteile berühren.

● Anschlußstellen von Bremsleitungen und -schläuchen dürfen nicht durch ausgetretene Flüssigkeit feucht sein.

Achtung: Wenn der Vorratsbehälter und die Dichtungen durch ausgetretene Bremsflüssigkeit feucht sind, so ist das nicht unbedingt ein Hinweis auf einen defekten Hauptbremszylinder. Vielmehr dürfte die Bremsflüssigkeit durch die Belüftungsbohrung im Deckel oder durch die Deckeldichtung ausgetreten sein.

● Fahrzeug ablassen.

Bremsflüssigkeit wechseln

Benötigtes Sonderwerkzeug:

● Ringschlüssel für Entlüfterschrauben.

Benötigte Verschleißteile:

● Bremsflüssigkeit der Spezifikation **FMVSS 116 DOT 4**.

Die Bremsflüssigkeit nimmt durch die Poren der Bremsschläuche sowie durch die Entlüftungsöffnung des Vorratsbehälters Luftfeuchtigkeit auf. Dadurch sinkt im Laufe der Betriebszeit der Siedepunkt der Bremsflüssigkeit. Bei starker Beanspruchung der Bremse kann es deshalb zu Dampfblasenbildung in den Bremsleitungen kommen, wodurch die Funktion der Bremsanlage stark beeinträchtigt wird.

Die Bremsflüssigkeit soll alle 2 Jahre, möglichst im Frühjahr, erneuert werden. Bei vielen Gebirgsfahrten, Bremsflüssigkeit in kürzeren Abständen wechseln.

Die Bremsanlage wird durch Pumpen mit dem Bremspedal entlüftet, dazu ist eine zweite Person notwendig. Der Arbeitsablauf ist bei allen GOLF/VENTO-Fahrzeugen gleich, unabhängig davon, ob ABS (Antiblockiersystem) eingebaut ist oder nicht.

- Vorsichtsmaßregeln beim Umgang mit Bremsflüssigkeit beachten, siehe Seite 170.
- Mit einer Absaugflasche aus dem Bremsflüssigkeitsbehälter Bremsflüssigkeit bis zu einem Stand von ca. 10 mm absaugen.

Achtung: Vorratsbehälter nicht ganz entleeren, damit keine Luft in das Bremssystem gelangt.

- Vorratsbehälter bis zur Max.-Marke mit **neuer** Bremsflüssigkeit füllen.

U-4402

Achtung: Entlüftungsventile vorsichtig öffnen, damit sie nicht abgedreht werden. Es empfiehlt sich, die Ventile ca. 2 Stunden vor dem Entlüften mit Rostlöser einzusprühen. Bei festsitzenden Ventilen das Entlüften von einer Werkstatt vornehmen lassen.

- Am rechten hinteren Bremssattel beziehungsweise Radbremszylinder saubeen, durchsichtigen Schlauch auf Entlüfterventil aufschieben, geeignetes Gefäß unterstellen.
- Von Helfer das Bremspedal mehrmals durchtreten lassen, bis sich ein Gegendruck aufgebaut hat. Bremspedal getreten lassen, Entlüfterventil öffnen. Entlüfterschraube schließen, wenn das Pedal am Bodenblech anstößt. Fuß vom Bremspedal nehmen. Diesen Vorgang so lange wiederholen, bis ca. 400 cm^3 Bremsflüssigkeit herausgepumpt sind.
- Entlüfterventil schließen, Vorratsbehälter mit **neuer** Bremsflüssigkeit auffüllen.
- Auf die gleiche Weise alte Bremsflüssigkeit aus den anderen Bremssätteln beziehungsweise Radbremszylindern in der Reihenfolge – hinten rechts, hinten links, vorne rechts, vorne links – herauspumpen.

Achtung: Die abfließende Bremsflüssigkeit muß in jedem Fall klar und blasenfrei sein. An jedem Bremssattel sollen ca. 400 cm^3 bis 500 cm^3 Bremsflüssigkeit herausgepumpt werden. ABS-Sicherheitshinweis beachten, siehe Seite 175.

- Pedaldruck und Leerweg am Bremspedal prüfen. Der Leerweg darf maximal ⅓ des Pedalwegs betragen.
- Alte Bremsflüssigkeit bei der örtlichen Deponie für Sondermüll abgeben.

Reifenfülldruck prüfen

- Reifenfülldruck nur am kalten Reifen prüfen.
- Reifenfülldruck einmal im Monat sowie im Rahmen der Wartung prüfen. Fülldrucktabelle, siehe Aufkleber am Fahrzeug beziehungsweise Betriebsanleitung.
- Zusätzlich sollte der Fülldruck vor längeren Autobahnfahrten kontrolliert werden, da hierbei die Temperaturbelastung für den Reifen am größten ist.

Reifenprofil prüfen

Die Reifen ausgewuchteter Räder nutzen sich bei gewissenhaftem Einhalten des vorgeschriebenen Fülldrucks und bei fehlerfreier Radeinstellung und Stoßdämpferfunktion auf der gesamten Lauffläche annähernd gleichmäßig ab. Bei ungleichmäßiger Abnutzung, siehe Störungsdiagnose im Kapitel »Reifen«. Im übrigen läßt sich keine generelle Aussage über die Lebensdauer bestimmter Reifenfabrikate machen, denn die Lebensdauer hängt von unterschiedlichen Faktoren ab:

- Fahrbahnoberfläche
- Reifenfülldruck
- Fahrweise
- Witterung

Vor allem sportliche Fahrweise, scharfes Anfahren und starkes Bremsen fördern den schnellen Reifenverschleiß.

Achtung: Die Rechtsprechung verlangt, daß Reifen lediglich bis zu einer Profiltiefe von 1,6 mm abgefahren werden dürfen, und zwar müssen die Profilrillen auf der gesamten Lauffläche noch mindestens 1,6 mm Tiefe aufweisen. Es empfiehlt sich jedoch, sicherheitshalber die Reifen bereits bei einer Mindestprofiltiefe von 2 mm auszutauschen.

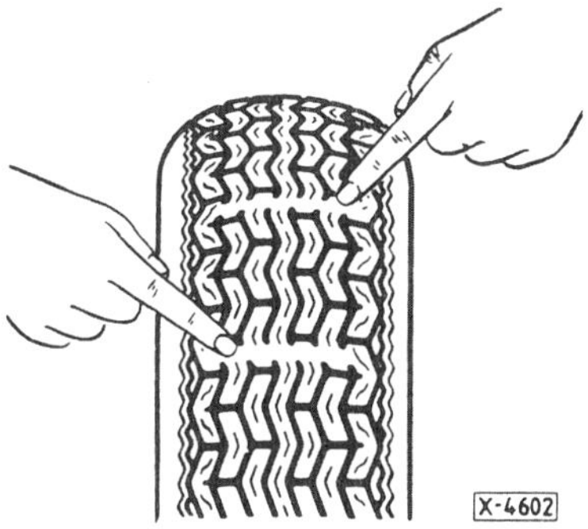

X-4602

Nähert sich die Profiltiefe der gesetzlich zulässigen Mindestprofiltiefe, das heißt, weist der mehrmals am Reifenumfang angeordnete 1,6 mm hohe Verschleißanzeiger an diesen Stellen kein Profil mehr auf, müssen die Reifen gewechselt werden.

Achtung: M + S-Reifen haben auf Matsch und Schnee nur ausreichende Wirkung, wenn ihr Profil noch mindestens 4 mm tief ist.

Achtung: Reifen auf Schnittstellen untersuchen und mit kleinem Schraubendreher Tiefe der Schnitte feststellen. Wenn die Schnitte bis zur Karkasse reichen, korrodiert durch eindringendes Wasser der Stahlgürtel. Dadurch löst sich unter Umständen die Lauffläche von der Karkasse, der Reifen platzt. Deshalb: Bei tiefen Einschnitten im Profil aus Sicherheitsgründen den Reifen austauschen.

Reifenventil prüfen

- Staubschutzkappe vom Ventil abschrauben.
- Etwas Seifenwasser oder Speichel auf das Ventil geben. Wenn sich eine Blase bildet, Ventil mit umgedrehter Schutzkappe festdrehen.

Achtung: Zum Anziehen des Ventils kann nur eine Metallschutzkappe oder das HAZET-Werkzeug 666-1 verwendet werden. Metallschutzkappen sind an der Tankstelle erhältlich.

- Ventil erneut prüfen. Falls sich wieder Blasen bilden oder sich das Ventil nicht weiter anziehen läßt, Ventil erneuern.
- Grundsätzlich Schutzkappe wieder befestigen.

Lenkung/Vorderachse

- Spurstangenköpfe: Spiel und Befestigung prüfen, Staubkappen prüfen.
- Achsgelenke: Staubkappen prüfen.
- Lenkung: Faltenbälge auf Undichtigkeiten und Beschädigungen prüfen.
- Servolenkung: Flüssigkeitsstand prüfen, gegebenenfalls Hydrauliköl auffüllen.
- Airbag: Prallflächen der Airbag-Einheiten auf Fahrer- und Beifahrerseite auf Beschädigung sichtprüfen.

Staubkappen für Spurstangen- und Achsgelenke prüfen

- Fahrzeug vorn aufbocken.

V-6211

- Staubkappen links und rechts mit Lampe anstrahlen und auf Beschädigungen überprüfen, dabei auf Fettspuren an den Manschetten und in deren Umgebung achten.
- Bei beschädigter Staubkappe, sicherheitshalber entsprechendes Gelenk mit Schutzkappe auswechseln. Eingedrungener Schmutz zerstört mit Sicherheit das Gelenk.
- Befestigungsmutter für die Gelenke auf festen Sitz prüfen, dabei Mutter jedoch nicht verdrehen.

Lenkmanschetten prüfen

- Fahrzeug vorn aufbocken.

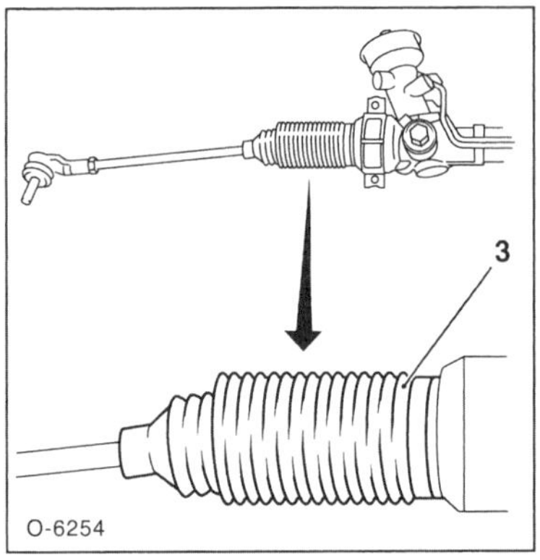

O-6254

- Gummimanschetten –3– links und rechts mit Lampe anstrahlen und auf Beschädigungen überprüfen, dabei auf Fettspuren an den Manschetten und in deren Umgebung achten.
- Manschetten auf Risse, Einschnitte oder Marderbisse prüfen.
- Festen Sitz der Manschettenbänder prüfen.
- Fahrzeug ablassen.

Ölstand für Servolenkung prüfen

Benötigtes Sonderwerkzeug: Keines.

Benötigte Verschleißteile:

- ATF-Öl nach angegebener VW-Spezifikation.

Prüfen

- Motor starten und im Leerlauf laufen lassen.
- Vorderräder geradeaus stellen.

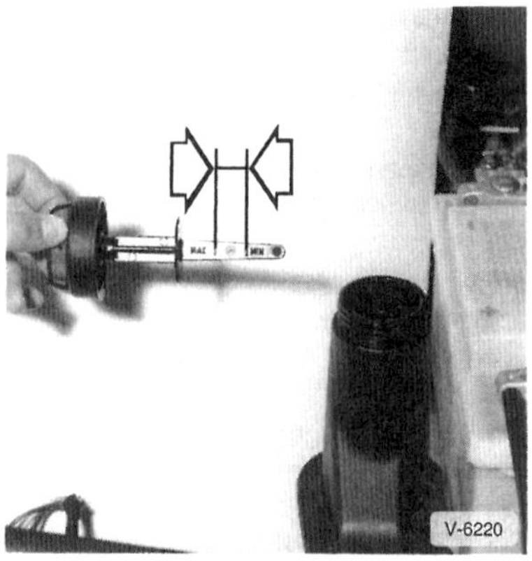

V-6220

- Ölstand **bei laufendem Motor** und Geradeausstellung der Vorderräder prüfen. Verschlußkappe abschrauben. Meßstab am Deckel mit sauberem, fusselfreiem Lappen abwischen.
- Deckel wieder aufsetzen und abnehmen (nicht einschrauben). Der Ölstand soll bei aufgelegtem Deckel zwischen den Markierungen am Meßstab liegen. Normalerweise darf der Ölstand nicht absinken. Wenn der Ölstand bis zur Min.-Markierung gesunken ist, Undichtigkeit von einer VW-Werkstatt beseitigen lassen.
- Nachgefüllt werden darf nur **»Hydrauliköl G 002 000«**, erhältlich in der VW-Werkstatt. Grundsätzlich nur **neues Öl** nachfüllen, da bereits kleinste Verunreinigungen zu Störungen an der hydraulischen Anlage führen können.

Elektrische Anlage

- Beleuchtungsanlage: Sämtliche Scheinwerfer, Schlußleuchten und Blinklampen prüfen, gegebenenfalls Scheinwerfer einstellen.
- Signalhorn: Prüfen.
- Scheibenwischer: Wischergummis auf Verschleiß prüfen.
- Scheiben- und Scheinwerferwaschanlage: Funktion prüfen, Düsenstellung prüfen, Flüssigkeit nachfüllen, Scheinwerfer-Waschanlage prüfen.
- Batterie: Prüfen.
- Scheibenwischerblätter: Anstellwinkel prüfen, gegebenenfalls einstellen.

Batterie prüfen

Benötigtes Sonderwerkzeug:

- Säureschutzfett, zum Beispiel BOSCH-Polfett.
- Stahldrahtbürste (Pol- und Klemmenreinigungsbürste).
- Geeignetes Spannungs-Meßgerät.
- Destilliertes Wasser.

Batterie auf festen Sitz prüfen

Eine lockere Batterie hat eine verkürzte Lebensdauer durch Rüttelschäden. Außerdem kann im Fahrbetrieb Batteriesäure austreten und die umliegenden Bauteile beschädigen.

- Batterie kräftig hin- und herbewegen.
- Gegebenenfalls Halter lösen, Batterie fest an die Führungen andrücken und Halter festziehen.

Batterie-Pole reinigen/Klemmen auf festen Sitz prüfen

- Anschlußklemmen reinigen und mit Säureschutzfett einreiben.
- Festen Sitz der Batterie-Plusklemme prüfen, dazu Plusleitung hin- und herbewegen. Ggf. Plusklemme mit **5 Nm** festziehen. **Achtung:** Aus Sicherheitsgründen vorher Batterie-Masseband abklemmen, siehe Seite 240.

Ruhespannung messen

- Batterie abklemmen. Dabei erlischt unter anderem der Radio-Code. Deshalb vor dem Abklemmen Hinweise beachten, siehe Seite 240.
- Nach ca. 2 Stunden Spannung zwischen den Batteriepolen messen. Zeigt das Meßgerät 12,5 Volt oder darüber an, so ist die Batterie in Ordnung. Liegt sie darunter, ist die Ursache zu ermitteln, gegebenenfalls Batterie ersetzen.

Ladezustand/Säurestand prüfen

Normalerweise reicht die einmal eingefüllte Säuremenge für die gesamte Lebensdauer der Batterie.

Batterie mit magischem Auge

Das magische Auge befindet sich oben auf der Batterie. Anhand der Farbe des magischen Auges können der Säure- und der Ladezustand der Batterie abgelesen werden.

Je nach Ausführung kann die Anzeige 2- oder 3-farbig sein.

Magisches Auge prüfen

- Magisches Auge mit einer Taschenlampe anleuchten und Farbanzeige prüfen. **Hinweis:** Durch Luftblasen unter dem magischen Auge kann die Farbanzeige verfälscht werden. Daher bei der Prüfung mit einem Schraubendrehergriff leicht auf das Batteriegehäuse klopfen.

3-farbige Anzeige beurteilen:

- Grün – die Batterie ist ausreichend geladen, der Säurestand ist in Ordnung.
- Schwarz – die Batterie ist zu gering geladen oder entladen. Batterie laden.
- Farblos oder gelb – der Säurestand ist zu niedrig. Die Batterie muss ersetzt werden.

2-farbige Anzeige beurteilen:

- Schwarz – der Säurestand ist in Ordnung. Der Ladezustand kann nur mit einer Batterie-Belastungsprüfung festgestellt werden.
- Farblos oder gelb – der Säurestand ist zu niedrig. Die Batterie muss ersetzt werden.

Achung: Batterien, bei denen das magische Auge farblos oder hellgelb anzeigt, dürfen nicht unter Belastung geprüft oder geladen werden. Es darf auch keine Starthilfe gegeben werden. Beim Prüfen, Laden oder bei der Starthilfe besteht Explosionsgefahr!

Anstellwinkel der Scheibenwischerblätter prüfen

Benötigtes Sonderwerkzeug:

Die Werkstatt verwendet das Spezialwerkzeug VW-3358 oder Hazet-4851-1.

Prüfen

- Wischerarme in Ruhestellung bringen. Dazu Windschutzscheibe mit Wasser benetzen, Scheibenwischer kurze Zeit laufen lassen und anschließend mit Wischerschalter abschalten.
- Wischerblatt ausbauen, siehe Seite 277.

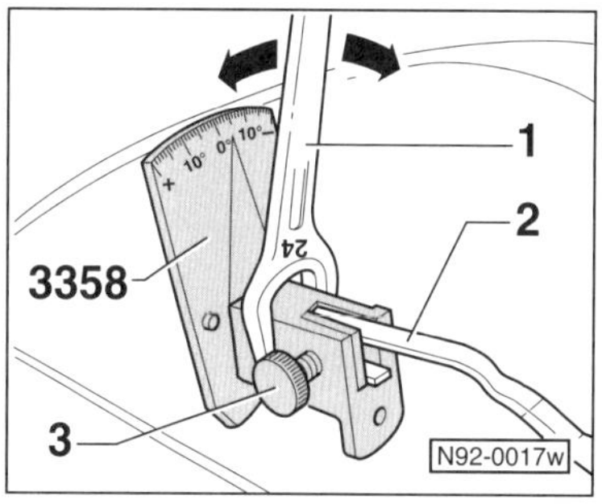

- Falls das Spezialwerkzeug vorhanden ist, Wischerarm –2– in Werkzeug einlegen und mit Schraube –3– arretieren.

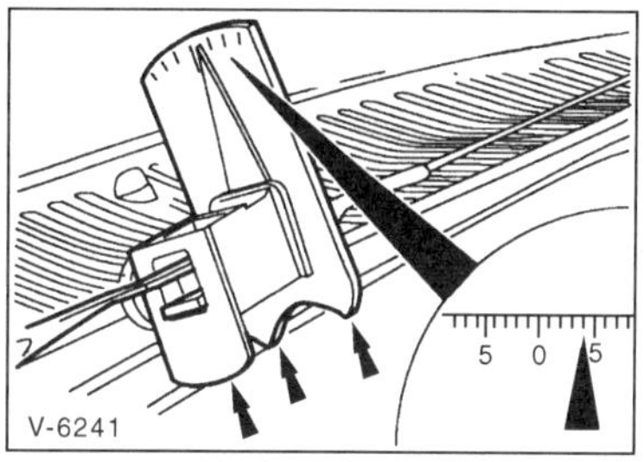

- Wischerarm mit Spezialwerkzeug zurückklappen. Darauf achten, daß die 3 Auflagepunkte –Pfeile– auf der Scheibe aufliegen.
- Einstellwinkel des Wischerarms auf der Skala ablesen.
  Sollwerte:
  Fahrerseite bis 10/94: 0° ± 2°
  Fahrerseite ab 11/94: –3° ± 2°
  (mit Kunststoffspoiler)
  Beifahrerseite: 0° ± 2°
  Heckklappe: +3° ± 2°
- Falls erforderlich, Werkzeug mit Maulschlüssel –1– vorsichtig drehen bis an der Skala der Sollwert angezeigt wird. **Achtung:** Dazu Wischerarm von der Scheibe abheben, da diese sonst beschädigt werden kann.
- Anschließend Werkzeug abbauen und nochmals neu aufsetzen und arretieren. Einstellwert prüfen, gegebenenfalls korrigieren. Diesen Vorgang so oft durchführen bis der Sollwert erreicht ist.
- Einstellwerkzeug abnehmen und Scheibenwischerblatt einbauen.
- Windschutzscheibe mit Wasser benetzen und Scheibenwischer laufen lassen. Wischerblätter auf rubbelfreies Wischen prüfen.

Karosserie/Innenausstattung

- Sicherheitsgurte: Auf Beschädigungen prüfen.
- Türfeststeller und Türbefestigungsbolzen: Schmieren.
- Unterbodenschutz und Hohlraumkonservierung prüfen, siehe Seite 285.
- Lüftung/Heizung: Falls vorhanden, Pollen- und Staubfilter erneuern.

Sichtprüfung aller Sicherheitsgurte

Achtung: Geräusche, die beim Aufrollen des Gurtbandes entstehen, sind funktionsbedingt. Bei störenden Geräuschen kann nur der Sicherheitsgurt ausgetauscht werden. Auf keinen Fall darf zur Behebung von Geräuschen Öl oder Fett verwendet werden. Der Aufrollautomat darf nicht zerlegt werden, da hierbei die vorgespannte Feder herausspringen kann. Unfallgefahr!

- Sicherheitsgurt ganz herausziehen und Gurtband auf durchtrennte Fasern prüfen. Beschädigungen können zum Beispiel durch Einklemmen des Gurtes oder durch brennende Zigaretten entstehen. In diesem Fall Gurt austauschen.
- Sind Scheuerstellen vorhanden, ohne daß Fasern durchtrennt sind, braucht der Gurt nicht ausgewechselt zu werden.
- Schwergängigen Gurt auf Verdrehungen prüfen, gegebenenfalls Verkleidung an der Mittelsäule ausbauen und Gurt richtig verlegen.
- Wenn die Aufrollautomatik nicht mehr funktioniert, Gurt auswechseln.
- Gurtbänder nur mit Seife und Wasser reinigen, keinesfalls Lösungsmittel oder chemische Reinigungsmittel verwenden.

Pollen- und Staubfilter erneuern

Der Pollen- und Staubfilter befindet sich am Ansaugstutzen für die Innenraumbelüftung rechts im Wasserkasten. **Hinweis:** Der Filter kann auch in frühere Modelle nachträglich eingebaut werden.

Achtung: Ab Fahrgestellnummer »1H-R-000 001« wird ein geänderter Pollenfilter eingebaut. Bei bisherigen Fahrzeugen empfiehlt es sich anläßlich des Filterwechsels, das Filtergehäuse komplett mit dem Einsatz auszubauen und durch den neuen Filter zu ersetzen.

Ausbau

- Rechte Wasserkastenabdeckung ausbauen, siehe Seite 226.

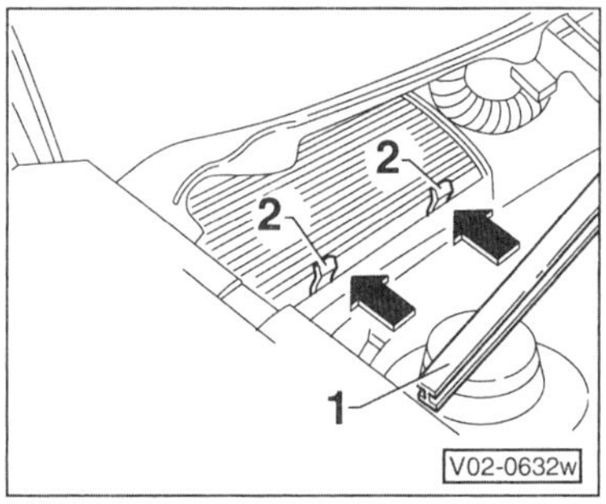

- Gummidichtung –1– von der Spritzwand bis etwa zur Fahrzeugmitte hin abziehen.
- Laschen des Filtergehäuses in Pfeilrichtung drücken und Abdeckung vorn nach oben drücken.

Bisheriger Filter

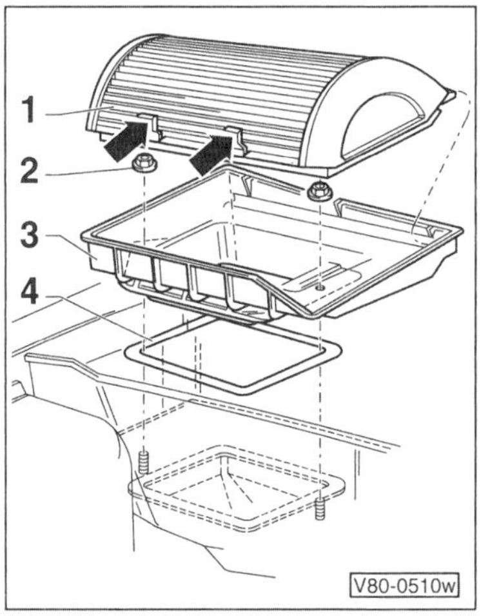

Pollen- und Staubfilter bis Fahrgestellnummer »1H-P-990 000«:

1 – Filtereinsatz, 2 – Kunststoffmutter, 3 – Filtergehäuse, 4 – Dichtung.

- Federlaschen –Pfeile– des Filtereinsatzes in Pfeilrichtung drücken und Filtereinsatz nach oben herausnehmen.
- Gehäuse –3– abschrauben und mit Dichtung –4– herausnehmen.

Neuer Filter

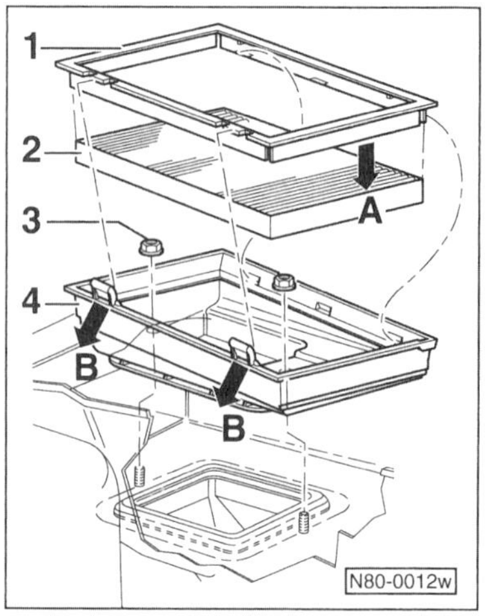

Pollen- und Staubfilter ab Fahrgestellnummer »1H-R-000 001«:

1 – Rahmen, 2 – Filtereinsatz, 3 – Kunststoffmutter, 4 – Filtergehäuse.

- Laschen des Filtergehäuses in Pfeilrichtung –B– drücken und Filtereinsatz mit Rahmen herausnehmen.

Einbau

- Falls erforderlich, Gehäuse –4– mit Dichtung einsetzen und anschrauben.
- Neuen Filtereinsatz einsetzen.
- Rahmen –1– so aufsetzen, daß er in die erste Lamelle des Filtereinsatzes eingreift –Pfeil A–. Rahmen in das Gehäuse einrasten.
- Wasserkastenabdeckung einsetzen und anschrauben.
- Gummiabdichtung aufdrücken.

Türfeststeller schmieren

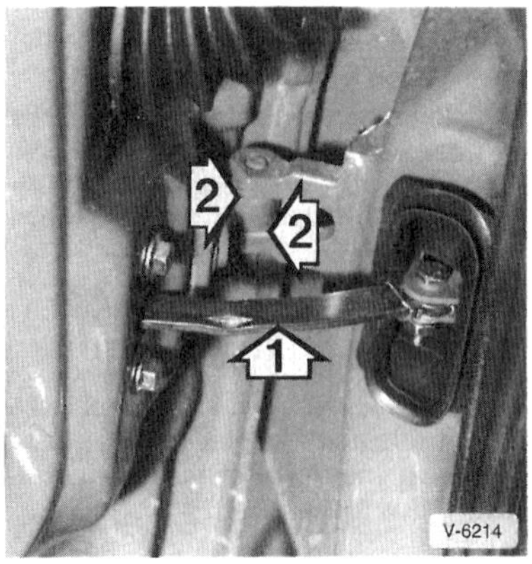

- Die Türfeststeller –1– mit VW-Schmierfett G 000 400 schmieren.
- Türscharniere –2– mit Schließzylinder-Fettspray G00040001 schmieren.

Stromlaufpläne

Der Umgang mit dem Stromlaufplan

In einem Personenwagen werden je nach Ausstattung bis über 1000 Meter Leitungen verlegt, um alle elektrischen Verbraucher (Scheinwerfer, Radio usw.) mit Strom zu versorgen.

Will man einen Fehler in der elektrischen Anlage aufspüren oder nachträglich ein elektrisches Zubehör montieren, kommt man nicht ohne Stromlaufplan aus; anhand dessen der Stromverlauf und damit die Kabelverbindungen aufgezeigt werden. Grundsätzlich muß der betreffende Stromkreis geschlossen sein, sonst kann der elektrische Strom nicht fließen. Es reicht beispielsweise nicht aus, wenn an der Plusklemme eines Scheinwerfers Spannung anliegt, wenn nicht gleichzeitig über den Masseanschluß der Stromkreis geschlossen ist.

Deshalb ist auch das Massekabel (–) der Batterie mit der Karosserie verbunden. Mitunter reicht diese Masseverbindung jedoch nicht aus, und der betreffende Verbraucher bekommt eine direkte Masseleitung, deren Isolierung in der Regel braun eingefärbt ist. In den einzelnen Stromkreisen können Schalter, Relais, Sicherungen, Meßgeräte, elektrische Motoren oder andere elektrische Bauteile integriert sein. Damit diese Bauteile richtig angeschlossen werden können, haben die einzelnen Kontakte entsprechende Klemmenbezeichnungen.

Um das Kabelgewirr zumindest auf dem Stromlaufplan übersichtlich zu ordnen, sind die einzelnen Strompfade senkrecht nebeneinander angeordnet und durchnumeriert.

Die senkrechten Linien münden oben in einem meist grau unterlegtem Feld. Dieses Feld symbolisiert die Relaisplatte mit Sicherungshalter und damit die plusseitigen Anschlüsse des Stromkreises. Allerdings befindet sich in der Relaisplatte auch eine interne Masseleitung (Klemme 31). Die feinen Striche in dem Feld machen deutlich, wie und welche Stromkreise intern in der Relaisplatte miteinander verschaltet sind. Unten mündet der Stromkreis auf einer waagerechten Linie, die den Masseanschluß symbolisiert. Die Masseverbindung wird normalerweise direkt über die Karosserie hergestellt oder aber über eine Leitung von einem an der Karosserie angebrachten Massepunkt.

Wenn der Stromkreis durch ein Quadrat unterbrochen wird, in dem eine Zahl steht, weist die Ziffer auf den Strompfad hin, in dem der Stromkreis weitergeführt wird.

Am sinnvollsten geht man bei der Benutzung des Stromlaufplanes folgendermaßen vor:

Man sucht in der Legende das betreffende Bauteil, zum Beispiel das »Frischluftgebläse«. Links neben der Bauteil-Benennung steht der Kennbuchstabe (V2), mit dem das Bauteil im Stromlaufplan bezeichnet ist.

Um den Stromlaufplan lesen zu können, ist die Kenntnis einiger Bauteil-Bezeichnungen erforderlich, außerdem sollte man die wichtigsten Schaltzeichen kennen.

Die Kennbuchstaben der wichtigsten Bauteile sind:

Kennbuchstabe	Bauteil
A	Batterie
B	Anlasser
C	Drehstromgenerator
D	Zündanlaßschalter
E	Schalter für Handbedienung,
F	Mechanische Schalter
G	Geber, Kontrollgeräte
H	Horn, Doppeltonhorn, Fanfare
J	Relais, Steuergerät
K, L, M, W, X	Kontrollampen, Lampen, Leuchten
N	Elektroventile, Widerstände, Schaltgeräte
O	Zündverteiler
P, Q	Zündkerzenstecker, Zündkerzen
R	Radio
S	Sicherungen
T	Steckverbindungen
V	Elektromotoren

Zur genaueren Unterscheidung werden zu den Kennbuchstaben noch Zahlen angefügt.

Relais und elektronische Steuergeräte sind in der Regel grau unterlegt. Die darin eingezeichneten Linien sind interne Verdrahtungen. Sie zeigen, wie Relais und andere elektrische/elektronische Bauteile sowohl zueinander als auch auf der Relaisplatte verschaltet sind.

Eine Ziffer im schwarzen Quadrat kennzeichnet den Relaisplatz auf der Relaisplatte mit Sicherungshalter. Direkt am eingezeichneten Relais befindet sich die Kontaktbezeichnung. Beispiel: Lautet die Kontaktbezeichnung im Stromlaufplan 17/87, dann ist 17 die Bezeichnung der Klemme auf der Relaisplatte, 87 ist die Bezeichnung der Klemme am Relais/Steuergerät.

Die Bezeichnung der Klemmen ist nach DIN genormt. **Die wichtigsten Klemmenbezeichnungen sind:**

Klemme 30. An dieser Klemme liegt immer die Batteriespannung an. Die Kabel sind meist rot oder rot mit farbigem Streifen.

Klemme 31 führt zur Masse. Die Masse-Leitungen sind in der Regel braun.

Klemme 15 wird über das Zündschloß gespeist. Die Leitungen führen nur bei eingeschalteter Zündung Strom. Die Kabel sind meist grün oder grün mit farbigem Streifen.

Klemme X führt ebenfalls nur bei eingeschalteter Zündung Strom, dieser wird jedoch unterbrochen, wenn der Anlasser betätigt wird. Dadurch ist sichergestellt, daß während des Startvorganges der Zündanlage die volle Batterieleistung zur Verfügung steht. Alle größeren Stromaufnehmer liegen in diesem Stromkreis. Das Fernlicht wird ebenfalls über diese Klemme mit Strom versorgt. So wird bei eingeschaltetem Fernlicht und ausgeschalteter Zündung automatisch auf Standlicht umgeschaltet.

Im Stromlaufplan sind in den einzelnen Leitungen Ziffern und darunter Buchstabenkombinationen eingefügt.

Beispiel: **1,5**
ws/ge

Die Ziffern geben an, welchen Leitungsquerschnitt die Leitung hat. Die Buchstaben weisen auf die Leitungsfarben hin. Besteht die Kennzeichnung aus zwei Buchstabengruppen, die durch einen Schrägstrich getrennt sind, wie im Beispiel, dann nennt die erste Buchstabenfolge die Leitungsgrundfarbe: ws = weiß und die zweite: ge = gelb – die Zusatzfarbe. Da es vorkommt, daß gleichfarbige Leitungen für verschiedene Stromkreise verwendet werden, empfiehlt es sich, die Farbkombination an den betreffenden Anschlußklemmen zu kontrollieren. Weiße Leitungen sind zur Unterscheidung zusätzlich mit einer Kennummer versehen, die im Stromlaufplan unter der Farbkennzeichnung steht.

Schlüssel für Leitungsfarben

bl = blau
br = braun
ge = gelb
gn = grün
gr = grau
rt = rot
sw = schwarz
li = lila
ws = weiß

Leitungen, die mittels Einzel- oder Mehrfachsteckverbindungen miteinander verbunden sind, haben zum Buchstaben »T« für die Steckverbindung eine zusätzliche Ziffern-Kombination. Beispiel: T2p = Zweifachstecker, T32/27 = 32fach Steckverbindung mit Kontaktpunkt 27.

Im Stromlaufplan sind alle Verbraucher und Schalter in Ruhestellung gezeichnet. Der geänderte Stromverlauf nach Betätigung eines Schalters wird hier am Beispiel eines Zweistufen-Schalters erläutert:

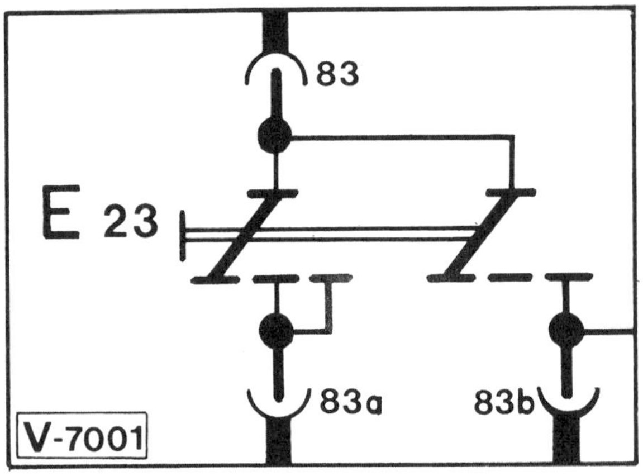

Wird am Schalter E23 die erste Stufe gedrückt, fließt der Strom von der Klemme 83 kommend über die Klemme 83a. Die zweite Brücke rückt eine Stufe weiter, jedoch ohne eine Verbindung herzustellen. Erst beim Drücken der zweiten Schalterstufe rückt die zweite Brücke von der internen Leitung 83 auf 83b und gibt den Strom über 83b weiter. Dabei bleibt über eine interne Verbindung im Schalter der Stromfluß der ersten Schalterstufe über 83a bestehen.

Gebrauchsanleitung für Stromlaufpläne

Hinweis:
Alle Schalter und Kontakte sind in mechanischer Ruhestellung gezeichnet

Klemmenbezeichnung
15 – bei eingeschalteter Zündung liegt Batteriespannung an.

Interne Verbindungen
(dünne Striche). Diese Verbindungen sind nicht als Leitungen vorhanden. Sie sind jedoch elektrisch leitende Verbindungen. Sie ermöglichen die Verfolgung des Stromverlaufes innerhalb von Bauteilen.

Kontaktbezeichnung
am Relais/Steuergerät und auf der Relaisplatte/Zusatzrelaisträger – z. B.: 17/87 = auf der Relaisplatte

Relaisplatz-Nummer
kennzeichnet den Relaisplatz auf der Relaisplatte bzw. auf dem Zusatzrelaisträger

Leitungsquerschnitt in mm².

Leitungsfarbe
entspricht der Leitungsfarbe im Auto, hier: grün/weiß.

Teile-Bezeichnung
Damit findet man in der Legende, wie das als Schaltzeichen dargestellte Bauteil heißt, hier – Lüfter für Kühlmittel.

Bezeichnung der Teile, deren Schaltzeichen sich in den Strompfaden darüber finden.

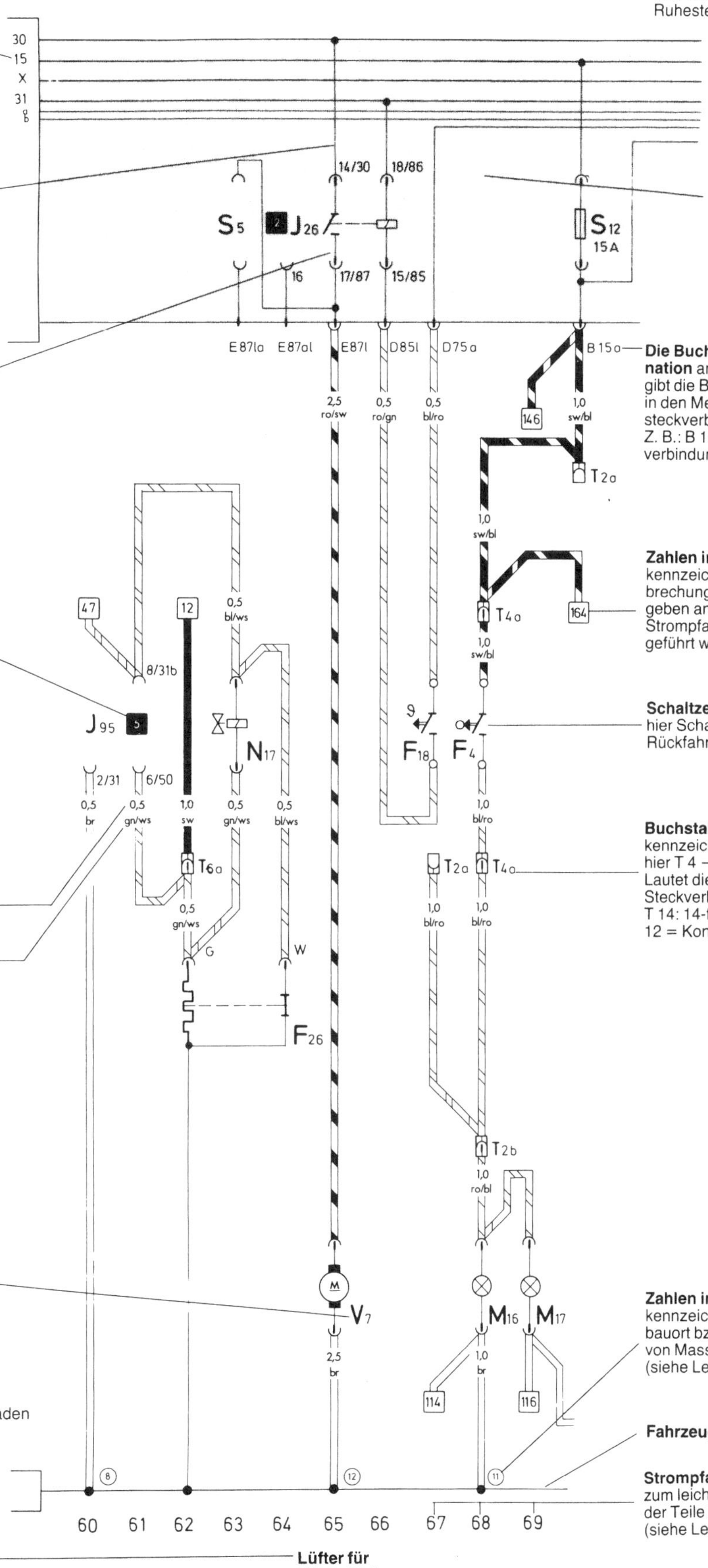

Lüfter für Kühlmittel

Dieses Feld
kennzeichnet die Relaisplatte mit Sicherungshalter.

Die Buchstaben-Zahlenkombination an den Anschlüssen gibt die Belegung der Leitungen in den Mehrfach- bzw. Einzelsteckverbindungen an.
Z. B.: B 15 a – Mehrfachsteckverbindung B, Kontakt 15 a.

Zahlen in Quadraten
kennzeichnen eine Unterbrechung der Leitung und geben an, in welchem Strompfad diese weitergeführt wird.

Schaltzeichen
hier Schalter für Rückfahrleuchte

Buchstaben/Zahlenkombination
kennzeichnen Steckverbindungen, hier T 4 – Steckverbindung 4-fach. Lautet die Bezeichnung der Steckverbindung: T 14/12, bedeutet T 14: 14-fach-Steckverbindung, 12 = Kontakt 12

Zahlen in den Kreisen
kennzeichnen den Einbauort bzw. die Lage von Masseanschlüssen (siehe Legende).

Fahrzeugmasse

Strompfadnummern
zum leichteren Auffinden der Teile im Stromlaufplan (siehe Legende).

Sicherungs- und Relaisbelegung

Die Sicherungs- und Relaisbelegung kann je nach Fahrzeugausstattung und vom Baujahr des Fahrzeuges abweichen. Die aktuelle Belegung der Sicherungen befindet sich in der Betriebsanleitung sowie an der Rückseite des Sicherungsdeckels. Gezählt werden die Sicherungen von links nach rechts.

Relaisbelegung

Hinweis: Die Klammer hinter der Bauteilebezeichnung verweist auf die Zahl, die auf das jeweilige Relais aufgedruckt ist (sogenannte Produktionssteuerungsnummer).

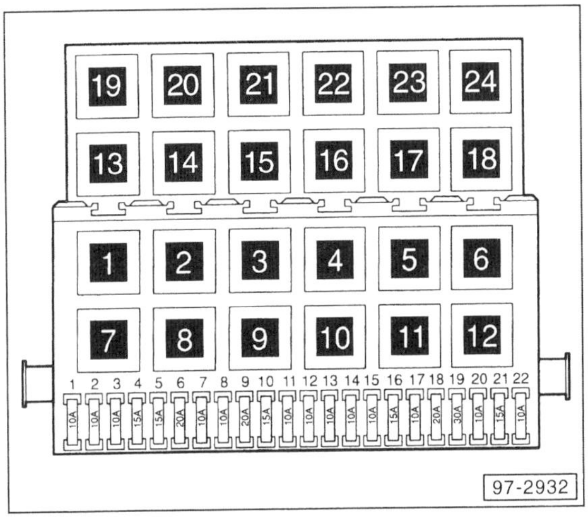

1 – **Relais für Klimaanlage (13)**
2 – **Relais für Heckscheibenwischer mit Intervallautomatik (72)**
3 – **Relais für Motor-Steuergerät (30, 109, 288)**
4 – **Entlastungsrelais für X-Kontakt (18)**
5 – **Nicht belegt**
6 – **Warnblinkrelais (21) oder Warnblinkrelais für Anhängerbetrieb (22)**
7 – **Relais für Scheinwerfer-Reinigungsanlage (33)**
8 – **Relais für Wisch-Wasch-Intervallautomatik (19, 99)**
9 – **Steuergerät für Sicherheitsgurt-Warnsystem (4, 29)**
10 – **Steckbrücke für Nebelscheinwerfer**
11 – **Relais für Doppeltonhorn (53) oder Steckbrücke für Signalhorn**
12 – **Kraftstoffpumpenrelais (67, 80, 167)**
13 – **Relais für Ansaugrohrvorwärmung (92) oder Relais für Anlaßsperre (53)**
14 – **Relais für ABS (79)**
15 – **Relais für Hydraulikpumpe ABS (179)**
16 – **Relais für ABS (79)**
17 – **Sicherung für Ventile ABS, Hydraulikpumpe ABS**
18 – **Sicherung für elektrische Sitzverstellung, Klimaanlage**
19 – **Nicht belegt**
20 – **Relais für Anlaßsperre und Rückfahrlicht (150)**
21 – **Relais für Lambdasondenheizung**
22 – **Nicht belegt**
23 – **Nicht belegt**
24 – **Sicherung für Fensterheber**

Zuordnung der Stromlaufpläne

VW GOLF/VENTO ab 8/95 (Modelljahr 1996)

Motor (Kennbuchstaben) Zubehör	**Stromlaufplan**
1,4-/1,6-l ab 8/95 (AEX/AEE)	1-2, 4-17, 19, 30
1,4-/1,6-l von 9/91-7/95 (ABD/ABU/AEA)	18 – 19, 24 – 37
1,6-l von 8/94-6/97 (AEK/AFT)	18 – 19, 24 – 37
1,6-l ab 7/97 (AKS)	2, 5 – 17, 30
1,8-l ab 8/95 (AAM/ADZ)	18 – 37
1,8-l von 9/91-7/95 (AAM/ABS/ADZ)	18 – 19, 24 – 37
2,0-l (ABF/ADY/AGG/AKR)	18 – 19, 24 – 37
2,8-l, 2,9-l von 9/91-7/95 (AAA/ABV)	18 – 19, 24 – 37
2,8-l, 2,9-l ab 8/95 (AAA/ABV)	2, 5 – 17, 30
Außenspiegel beheizbar ab 10/91	38
Radio beta ab 10/91	39
Schiebedach ab 8/94	40

Wegen des großen Umfangs können nicht alle Stromlaufpläne aus jedem Modelljahr berücksichtigt werden. Jedoch kann man sich auch an den vorliegenden Stromlaufplänen orientieren, wenn das eigene Fahrzeug einem anderen Modelljahr angehört, da die Änderungen in der Regel nur Teilbereiche betreffen.